全国高等林业院校试用教材

林产食品加工工艺学

邓毓芳　主编

中 国 林 业 出 版 社

图书在版编目（CIP）数据

林产食品加工工艺学/邓毓芳主编. 一北京：中国林业出版社，1995. 6
全国高等林业院校试用教材
ISBN 7-5038-1384-9

Ⅰ. 林… Ⅱ. … Ⅲ. ①水果加工-食品工艺学-高等学校-教材②林副产品-食品加工-食品工艺学-高等学校-教材 Ⅳ. ①TS255. 4②TS205

中国版本图书馆 CIP 数据核字（95）第 02842 号

中国林业出版社出版
（100009 北京西城区刘海胡同 7 号）
三河市富华印刷厂印刷 新华书店北京发行所发行
1995 年 5 月第 1 版 2003 年 5 月第 4 次印刷
开本：787mm × 1092mm 1/16 印张：25
字数：565 千字 印数：6001 ~ 8000 册
定价：26.00 元

主　　编：　邓毓芳（中南林学院）

副 主 编：　蒋俊兰（西南林学院）李来庚（中南林学院）

编写人员：　邓毓芳、李来庚、钟海雁（中南林学院）

蒋俊兰（西南林学院）

张景芳、孙波（西北林学院）

邸凤兰（河北林学院）

仲山民（浙江林学院）

丁之恩（安徽农学院）

主　　审：　罗泽民（湖南农学院）

前　言

为扩大专业知识面，满足林产食品加工业迅速发展的需要，在林业部教材编审领导小组的支持下，经全国高等林业院校经济林专业指导委员会讨论，决定编写《林产食品加工工艺学》。

《林产食品加工工艺学》主要是阐述以林产食物资源（主要为植物、菌类）为原料，以食品保藏原理为基础，采用现代生产方式，进行食品加工或处理所采取的手段、方法和工艺的一门科学。本教材结合林业院校的特点，精选内容，使它既不同于以肉类、乳品加工为主的轻工业院校使用的食品加工工艺学，又有别于以果品贮藏加工为主的农业院校使用的果品加工学。编写时，尽量采用近代科学研究的成果和生产经验，注重理论联系实际。通过本教材的学习，使学生掌握利用干鲜果品，植物叶、花、树液、中药材及其它土特产品，野生植物等林产食物资源加工生产各类食品的基本原理、基本知识和基本技能。

该教材可作为经济林专业，经济林产品加工专业教学用书，也可供有关企业、科研等部门的人员参考。

本教材共五篇三十章，参加编写人员如下：西南林学院蒋俊兰（第三篇第十六章和第十七章第五节；第五篇第二十七、二十八、二十九、三十章第二十四章第四节三、四），西北林学院张景芳（第二篇第七、八、九章）、孙波（第五篇第二十四章第四节二、五），河北林学院邸风兰（第一篇第二章），浙江林学院仲山民（第四篇第二十二章第一、七节），安徽农学院丁之恩（第四篇第十九章和第二十二章第四、五、六节），中南林学院钟海雁（第四篇第二十章）、李来庚（第一篇第四、五章及附录），邓毓芳（前言；第一篇第一、三、六章，第二章第六节和第五节二、五；第二篇第十、十一章；第三篇第十二、十三、十四、十五章，第十七章一、二、三、四节；第四篇第十八章和第二十二章第二、三节；第五篇第二十三、二十五、二十六章，第二十四章一、二、三节）。

编写《林产食品加工工艺学》是新的尝试，由于我们水平有限，错漏不适之处，敬请同行专家及读者批评指正。

编　者

目　录

第二篇　食 品 干 制

第三篇 食品糖制

第四篇　食品罐藏

第一篇　原辅材料及用水

第一章　原料来源及种类

第一节　原料来源

我国幅员辽阔，地跨寒、温、热三带，气候、土壤等自然条件适宜。森林资源极为丰富，种类繁多，据不完全统计，我国林区仅木本植物就有约1900种。其中，芳香植物340多种；可食植物120种以上；药用植物约有400种；经济植物100多种；蜜源植物80多种；此外还有多种食用菌，故被人们称为大自然的“绿色植物宝库”，“绿色金子”。在这个绿色宝库里，除了木材资源外，许多树木的果实、种子、花、根、皮、树液、枝叶以及蕴藏的其他非木质性资源，都是食品、酿造、医药、轻工、化工、工艺美术等产品的重要原料。森林生态系统的生产力在天然生态系统中最高，每年固定的太阳能占陆地全部生态系统固定总能量的63%，积蓄的碳量占90%，一般每公顷森林的生物总产量可达100—400t（干物重量），为一般农田、草原的20—100倍。

林业生产的目的，一方面为了保护自然生态平衡，发挥多种防护效能；另一方面为了获得高产优质的林产品，以满足国民经济各部门和广大人民生活的需要，因此，充分合理地利用植物资源，既可物尽其用，变废为宝；又可发展商品生产，活跃市场，广开财源，繁荣经济，支援国家建设。同时，又有利于逐步改变以原木生产为中心的林业经济结构，有利于广开生产门路，增加收入，积累资金，加快林业生产步伐；有利于广开就业门路，发展劳动密集型生产项目，合理安排，改善林业职工家属、子女，剩余劳动力的就业；使林业生产与林产品加工和销售成为密切联系的林业联合经济体制，实现“种植、加工、销售”一条龙的产业实体。

近年来，各山区还因地制宜大量发展水果基地，引种、驯化野生果品，选择优良品种，这都为发展林产品加工提供了有利条件。

第二节　林产食品加工的原料种类

一、果　品　类

仁果类：苹果、沙果（花红）、海棠果、梨、山楂、枇杷等。

核果类：桃、杏、梅、李、橄榄等。

浆果类：葡萄、草莓、猕猴桃、樱桃、无花果、杨梅等。

干果类：椰子、枣、栗、君迁子、柿、核桃、银杏等。

柑橘类：酸橙、甜橙、柑、橘、柠檬、金橘、香橼等。

其他类：芒果、菠萝、香蕉、荔枝、番木瓜、杨桃等。

二、野 果 类

山葡萄、越橘、悬钩子、山丁子、野梨、野猕猴桃、榛子、山杏、金樱子、沙棘、刺梨、桃金娘、西蕃莲、野香橼、山梅等。

三、山珍野菜及食用菌类

蕨菜、香椿、竹笋、芦笋、猴头、香菇、发菜、木耳、草菇等。

四、土特产品类

莲子、藕、菱、甘薯、油橄榄、哈蜜瓜、香荸、马蹄（荸荠）等。

五、食用药用植物类

地黄、黄精、天冬、长山药、何首乌、桔梗、枸杞、茯苓、天麻、百合、白果、藿香等。

六、食 用 花 类

桂花、玫瑰花、紫茄花（苏丹红）、各种蜜源花粉等。

第二章　原料的采收、分级和贮藏

原料的采收、分级和贮藏是林产品贮藏加工的重要组成部分，是减少原料损耗，延长加工期限，保证加工质量的重要环节。因此，必须给予足够的重视。

第一节　果实的成熟和采收

果实内含有许多化学成分。这些成分在果实成熟过程中都在不断地发生变化，既有合成，也有生物降解。当果实进入衰老期时，生物降解变化就居于首位。因此，了解它们在成熟过程中化学成分变化的规律，对于确定适宜的采收期，提高加工品质量具有重要的意义。

一、果实在成熟过程中化学成分的变化

（一）碳水化合物的变化

未成熟果实中淀粉含量较多，可溶性糖含量很少。随着果实的成熟，淀粉在淀粉水解酶及淀粉磷酸化酶的作用下逐渐被分解，可溶性糖的含量迅速增多，淀粉含量则逐渐减少。当果实进入衰老阶段时，由于果实呼吸作用的消耗，又使其糖量逐渐减少，甜味逐渐变淡。

未成熟的果实中原果胶含量高，致使果肉组织坚硬。随着果实的成熟，原果胶酶和果胶酶的活性增强，将原果胶逐渐分解为可溶性果胶，果实坚硬度降低。当果实过熟时，果胶在果胶酶的作用下分解为果胶酸及半乳糖醛酸，果实变软，甚至变成软烂状态，失去商品价值。

纤维素是果实中石细胞的主要成分，随着果实的成熟，纤维素被分解，石细胞被消失，使果实品质变佳。

（二）色素的变化

果实中含有叶绿素、类胡萝卜素、花青素及黄酮素等多种色素，使果实呈现各种各样的颜色。这些色素在果实成熟过程中也在不断地发生变化。如叶绿素随着果实的成熟逐渐被分解直至消失，而原有的类胡萝卜素就显现出来。此外，在较高温度及充足氧气的条件下，利于花青素的形成，使果实呈现鲜艳的色泽。成熟果实的向阳面着色好就是这个缘故。

（三）有机酸及其他化学成分的变化

果实种类不同，在成熟过程中有机酸的变化情况也不尽相同。一般果实中有机酸的含量随着果实的成熟逐渐降低。如浆果类、柑橘类及仁果类等。有的则相反，如核果中的樱桃有机酸含量随着果实的成熟而增加。

此外，维生素、芳香类物质及脂类随着果实的成熟其含量逐渐增高，使果实具有香味。当果实进入衰老阶段后又逐渐减少，使品质变劣。糖苷类及单宁物质随着果实的成熟而逐渐减少，使苦涩味消失，品质变佳。

二、适 时 采 收

果实采收是加工工作的开始,采收期与果实品质及加工品质量有着非常密切的关系。采收过早，不仅果实内部的营养物质含量较低，果实个小、着色差、汁少、风味欠佳，而且果实的角质层尚未充分发育，采后易失水萎蔫，不易保存，影响加工品质及加工期限；采收过晚，果实组织结构疏松，营养价值下降，影响加工品质，因此，只有适时采收才能满足不同加工品的需要，保证加工品质量，延长加工期限。

适时采收就是在适宜的成熟度时采收果实。采收成熟度的标准依果实的种类、品种及采后用途不同而有差异。果实成熟度一般分为三个阶段。

（一）采收成熟度

此时的果实已长到了本品种应有的大小，种子已经发育成熟，母株已不再向果实输送营养物质，达到了可以采收的程度，但风味欠佳，采收后，需放置一段时间，才能呈现本品种应有风味。这个时期是长途运输、长期贮藏及制作果脯的适采期。

（二）食用成熟度

这时的果实已达到了生理成熟阶段，即果实的色泽、风味、外观等方面都以最佳状态表现出来，此时的营养价值最高，质量最好，是鲜销、制作果汁、果酒、罐头及干制品的适采期。

（三）过熟

过熟是果实到了充分生理成熟阶段，此时果实中的复杂有机物质已全部转化为简单的物质，而且含量逐渐减少，风味变淡，营养价值降低，品种趋于恶化。但板栗、核桃及留种用的果实过熟阶段是适宜采收期。

根据以上三种划分果实成熟度的标准，结合采后用途，确定果实的采收成熟度。判断果实的成熟度方法有以下几种：

1．果实的大小

在果实充分膨大，甚至近于停止生长时，也就是果实长到了本品种应有大小时进行采收。但因气候、栽培管理技术等因素的影响，即使是同一品种的果实，每年个儿大小也有差异。因此要凭多年的实践经验进行判断。

2．果梗与果枝分离的难易

有的果实在成熟时，果梗与果枝间形成离层。只要稍加触动，果实就脱落。在生产中常用离层的形成的情况判断果实的成熟度。但是离层的形成受气候条件的影响，如在果实生长后期，天气干旱或气温偏高，离层就易形成。因此，要根据当年的气候情况进行判断。

3．果实颜色的变化

果实在成熟过程中，由于色素的变化，致使果实色泽也相应地变化。当果实达到食用成熟度时，果皮就呈现出本品种应有的颜色。在生产中可根据果皮颜色变化的规律来判断果实的成熟度。如大枣在成熟过程中果皮色泽变化的规律是：由深绿转为浅绿转为绿白色（乳白色）转为半红半白转为深红色（紫红色）。制作蜜枣一般在枣皮由浅绿转为乳白色时为适采期，此时枣已停止生长，肉质疏松，果皮薄且有韧性，加工时皮肉不易分离；制作干枣、枣酱及鲜食时，枣皮全部变为紫红色时采收为宜。果皮的颜色受地理条件、日照强度及栽培技术措施的影响，如山地的果实比平原着色好，多阴雨天的年份比少阴雨天的年份的果实着色差（尤其是在果实生长后期）。同一株树的树冠外围与内膛枝果实的果皮颜色也不一样，树冠外围的果实比内膛枝的着色好。所以着色与成熟并不是必然的因果关系。在生产中应根据具体情况酌情考虑。

有些果实在成熟时，果面上生成一层不同颜色的果粉，这也是该品种成熟特性的一种表现。如柿子、李子、葡萄等。

此外，有些果实在成熟时散发出本品种应有的香气，这也是果实成熟的标志。如菠萝成熟时散发出菠萝特有的香气，元帅系的苹果成熟时期散发出“香蕉”香气。

4. 果实硬度

果实的硬度与果实中果胶物质的含量及形态有密切的关系。未熟的果实含量较多（尤其是细胞间的原果胶含量多），果实坚硬。随着果实的成熟，原果胶在原果胶酶的作用下逐渐被分解为果胶，使果实坚硬度随之下降。在生产中根据这一变化规律可以判断果实的成熟度。

5. 果实中化学成分的变化

根据果实在成熟过程中化学成分变化的规律判断果实的成熟度。如未成熟果实中糖含量少，酸含量多，糖酸比值小，随着果实的成熟，糖的含量增多，酸的含量则减少，糖酸比值增大。用糖酸比值的变化规律来判断果实的成熟度。

有些果实含糖少，含淀粉多。如香蕉含淀粉为15%—25%，板栗含淀粉为40%—60%，随着果实的成熟，淀粉含量逐渐减少。利用淀粉与碘呈蓝色反应的特性，测定果实中淀粉含量变化情况判断果实的成熟度。

6. 果实的生长天数

在生产中通常用果实的生长天数作为判断成熟的标志。在正常气候条件下，果树从盛花期到某种成熟度的果实生长天数基本是稳定的。据全国十多个点的记录，元帅系苹果生长天数为142±12.5天。但因果树受外界环境的某些影响，这些指标并不是固定不变的，应根据当年的气候条件，参考数年的平均数据判断成熟度。有的地区，从盛花期起计算到采收时每日平均气温的总和达到某一积温值作为适采期。这种方法需要依据多年的经验，才能确定合适的积温值，因此在生产中使用不多。

此外，国外有些国家使用仪器测定果实成熟度。如美国密执安大学设计出了乙烯测定仪，根据测定果实中乙烯的浓度确定成熟度。另外，利用滞后光测定计测定果实的成熟度，其原理是，用一光源照射果实，果实产生一种滞后光，然后用光敏元件测出滞后光与标准光度板对照，确定成熟度。

三、采收方法及注意事项

果实的采收方法有人工、化学药品及机械采收等。依据果实的生物学特性，结合当地的具体情况选择适宜的采收方法。但无论是哪一种方法采收，都要避免果实损伤，如碰伤、挤伤、压伤、指甲伤、剪伤、擦伤及刺伤等，以防微生物侵蚀，保证果实质量，提高原料的利用率。因此，采收时要特别注意以下事项：采收用的筐或篮子里面要有衬布，摘果时要轻拿轻放，用杆打或用机械振落时，树冠下的地面要清扫干净，最好用布单接果，以防果实受伤，特别是对于皮薄含汁液多及成熟度较高的水果就更为重要。如采收桑果多用人工振落方法，树冠下用布单接果，这样既防果实受伤，又加快了采收速度。

第二节　果实的后熟与催熟

一、果实的后熟

生长在树上的果实，由于受气候条件的限制，或是由于其本身成熟过程中的生物学特性，或是为了调节市场及为了运输中的安全等原因，在果实长到应有大小，但还未充分成熟时采收，这时的果实糖酸比值小，味淡，果肉较坚硬，涩味浓，口感差，有的甚至不能食用，需要放置一段时间进行自然成熟，才能加工或食用，这是果实的后熟（又称为追熟）。如采收未熟的柚子，涩味很浓，不能食用，经过后熟涩味消失，甘甜味美。

果实的后熟实际上是果实在树体上成熟过程的继续，不同之处是果实离开了母体，隔断了水分和营养物质的供给，利用果实本身积累的营养物质进行复杂的生理生化过程，将复杂的有机物质转化成简单的物质。如淀粉在淀粉酶及淀粉磷酸化酶的作用下分解为糖，果实变甜；可溶性单宁分解或凝固，涩味消失；原果胶水解为果胶，果实硬度降低。同时果实色泽变得鲜艳，香味变浓，使果实具有本品种应有的风味和品质。如巴梨、长把梨及锷梨不能在树体成熟，刚采下时，味淡，单宁含量高，制作罐头质量较差，只有经过后熟才能加工利用。而苹果则恰恰相反，后熟过的苹果组织疏松，硬度低，在制作罐头的过程中，经热处理果肉易软烂，块形不完整，严重影响制品质量。因此原料是否需要后熟，应根据原料在后熟过程中的生物学特性及加工品种类来决定。

二、果实的催熟

果实自然后熟需要的时间较长，为缩短成熟时间，人为地创造条件促进果实后熟，为人工催熟。

果实的成熟过程是在各种酶的参与下进行的极复杂的生理生化过程，一些复杂的有机物质在有关酶的催化下降解为简单的物质，使果实成熟。如果增加这些酶的活性，果实中的有机物质的降解速度就要加快，从而缩短成熟时间。人工催熟就是采取有关措施增加酶的活性，促进果实的呼吸作用，加速有机物质的转化，促进果实成熟。

加速果实成熟的因素有三个：适宜的高温、充足的氧气及催化剂。适宜的高温和充足的氧气均能促进酶的活性，使果实的呼吸作用加强，加快了有机物质的降解速度，促进果实成熟。

催化剂的种类很多，如乙烯、乙烯利、乙炔、乙醇、丙烯、二氧化碳及溴乙烷等，均能使水解酶的活性加强，同时还能提高果实细胞原生质对氧的渗透性，提高果实的呼吸强度和有氧参与的其它生化过程，加速果实成熟。

果实催熟的方法很多，目前普遍使用的有以下几种：

加温法：是将果实保存在适宜的空气相对湿度和温度的环境中促进成熟的方法。其温度依果实种类、品种及成熟度不同而有差异。如巴梨为22—24℃，枣、椰子为35—40℃，相对湿度为85%—90%。这种催熟方法需要时间较长，果实易失水，导致果实萎蔫。

催熟剂处理法：是用具有催熟作用的化学药品将果实进行处理。目前生产中常使用的催熟剂有乙烯和乙烯利。乙烯催熟是一种气体催熟，需在密闭的场所进行，使用浓度依果实种类及成熟度而异。如柿子脱涩一般用浓度0.05%的乙烯，温度为18—25℃，相对湿度以85%为宜。乙烯利是一种酸性、淡棕色液体，溶于水，加水稀释后逐渐分解，缓慢放出乙烯气体，故催熟时不需密闭容器，将乙烯利配成一定浓度的水溶液，喷在果面上即可催熟果实，一般浓度为0.05%—0.10%，使用方便，效果又好。如香蕉催熟，将香蕉置于一般房屋中，每100kg香蕉约用浓度0.05%—0.10%的乙烯利溶液2kg，用喷壶均匀地喷在香蕉上，温度为18—22℃，相对湿度为90%，经3—4天即可成熟。关于配制乙烯利的方法可用下列公式计算或查阅下列配制表（见表1—1）：

$$需用的乙烯利量（kg）=\frac{欲配浓度\times需配量（kg）}{市售的乙烯利浓度}$$

$$需用的乙烯利量（ml）=\frac{需用的市售乙烯利（g）}{1.28}$$

表1—1　乙烯利药剂配制表

欲配制浓度（%）	需用的乙烯利量（g）	需用的乙烯利量（ml）
0.01	1.25	0.98
0.025	3.13	2.44
0.05	6.25	4.00
0.10	12.50	9.80
0.25	31.25	24.40
0.50	62.50	48.80

注：一般乙烯利含量40%，比重1.28，以5kg水为单位。

第三节　果实的分级、包装和运输

果实采收后要经过挑选分级和包装，使果实标准化，以便于运输、贮藏及加工。

一、果实的分级

果实分级就是根据果实的大小、色泽、成熟度及病虫伤害等情况，依果实种类、品种及加工种类进行挑选分级，使果实大小、成熟度及色泽一致，便于加工处理，制得形态整齐、色泽一致的加工品。特别是供罐藏用的原料分级后适应机械化操作，并能按统一工艺进行加工，获得质量一致的产品。分级时挑选出病虫果，防止病菌、虫害的传播和蔓延。

果实分级有人工分级及机械分级两种方法。人工分级是用目测和手测，凭经验分级，在我国目前生产中使用较广泛。器械分级常见的有下列几种：

图1—1　果品圆孔分级板

（一）分级板

是人工分级时配备简单的辅助工具，如图1—1。

（二）滚筒式分级机

滚筒式分级机如图1—2。

主要部件是滚筒。滚筒实际上是一个圆柱形的筒状筛。由于滚筒上有很多圆孔，果品在内滚转的过程中即进行分级。

滚筒分为几种（组数为须分级数减1）。组与组的漏孔孔径不同，从原料进口至出口，后组孔径大于前组，每组滚筒下均装有收集料斗。为使原料从滚筒内向外出口运动，整个滚筒的装量带有倾斜性，其倾斜角度一般为3°—5°。此种机较适用于山楂一类的小型圆果的分级。

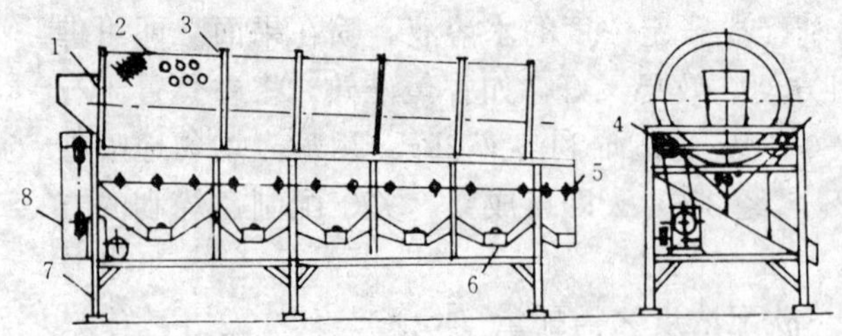

图 1—2　滚筒式分级机

1. 进料斗　2. 滚筒　3. 滚圈　4. 摩擦轮　5. 铰链　6. 收集料斗　7. 机架　8. 传动系统

（三）振动筛

是食品加工厂常用的一种筛具器械，多数水果利用振动筛进行分级。筛子本身带有冲孔（或钻孔）的金属板。用铜或不锈钢制成。使用此种筛，可得几种不同级别的果品，对果实的损伤也较小。

操作时，机体沿着一定的方向作往复运动。对出料口有一定的倾斜度，筛面上的果品以一定的速度向前移动，在移动过程中进行分级。小于第 1 层筛孔的果实，落进第 2 层筛子，小于第 2 层筛孔的果实，通过第 2 层落入第 3 层筛子，以下以此类推。每一层的果实从出料口排出，每级筛子的末端，均装有出料口，由此获得不同级别的原料。

这种分级器械结构简单，更换筛面方便，适宜于多种果品不同规格的分级。缺点是动力平衡困难，连杆易损，噪声较大。

振动筛的动力是由电动机通过皮带传动使偏心轮回转，偏心轮带动曲柄连杆使机体沿一定方向作往复运动。其传动情况如示意图 1—3。

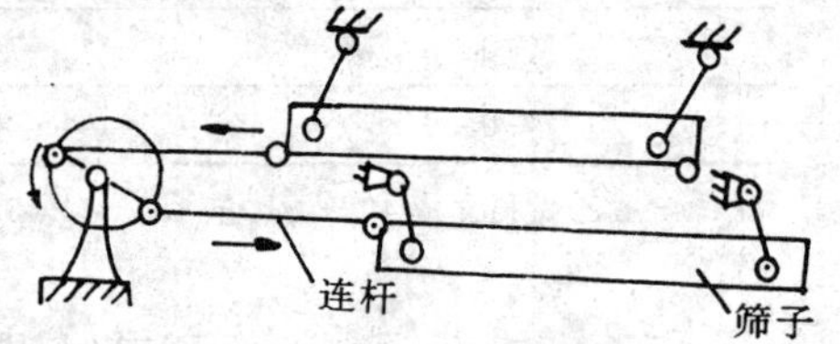

图 1—3　振动筛的摆动示意图

（四）三辊筒式分级机

本机适用于球形或近似球形体的较大型的果实原料。如苹果、柑橘、番茄和桃子等。按大小直径的分级范围 50—100mm，共可分为 5 级。常用的 GT_5C_9 三辊筒式分级机生产能力对苹果来说约为 7t/日，每分钟约可分 950 个。

二、果实的包装

适宜的包装是保证果实安全运输，减少果实机械损伤，延长加工期和保证加工品质量的重要措施。

目前我国使用的包装容器有筐类（柳条筐、荆条筐及竹条筐）、箱类（木箱、纸箱）及麻袋等。

依据果实的种类、运输路程及果实的用途，结合当地的具体条件，选用适宜的包装容器。作为加工用的果实一般多用筐类包装。如南方多用竹筐包装柑橘类，北方多用柳条筐或荆条筐包装苹果、山楂等。

包装方法依照果实的大小及包装容器种类不同选用适宜的包装方法。以苹果为例的筐装方法是：在筐底及筐壁衬垫蒲包或干草（约 3—4cm 厚），苹果沿筐壁外围顺序排放，呈同心圆形排列，排满底层后，再按上法排第二层，依此类推直至筐口，然后将外露的衬垫物折回覆盖，上面再铺一层干草，加盖捆紧。装果时一定要装紧、装实，以不能播动为宜。长途运输的果实在采收后必须预冷，散除田间余热后再进行包装。

三、运　　输

果实包装后还要通过各种运输途径运往目的地。不论用哪种运输工具都必须做到快装、快运、快卸，要轻拿轻放，严防野蛮装卸。特别是用汽车、拖拉机运输时，装载要合理，排列要稳妥，固定牢固，严防日晒雨淋。运输途中要开稳车，以防颠簸损伤果实。随着交通事业的发展，在长途运输中利用加冰车厢、机冷车厢及冷藏车、冷藏船等运输果实，可减少果实在运输途中的损耗，提高原料的利用率。在国外均使用运输专用的卡车、拖车、车厢或船舱，有空调、气调或减压设备，为果实运输创造了良好的条件。近几年来，我国果实的运输设备发展也很快，如冷藏车及集装箱的使用也越来越多。

第四节　果实的贮藏

果实采收后仍是活的有机体，继续进行着生命活动。但因为离开了母体，隔断了营养物质的供应，使其化学反应向着分解的方向进行。因此不断的消耗自身的营养物质，随着贮期的延长，消耗的量也就越多。

果实在贮藏期间随时都会受到微生物的危害，破坏果实的组织结构，降低对病虫害的抵抗能力，以至使果实腐烂变质。因此果实在贮藏环境中，由于贮藏条件的不适宜，使其生理失调，导致生理病害的发生。加之果实自身组织的衰老，使其品质变劣。

果实在整个贮藏期间，由于多种因素的影响，致使果实的色泽、风味、外观及化学成分等均发生着不良变化，影响加工品的质量甚至失去加工利用价值。因此了解果实在贮藏过程中的变化规律，采取有关措施，延缓有关变化速度，提高贮藏效果，对于提高原料的利用率，延长加工期限及保证加工品的质量有着重要意义。

一、果实在贮藏过程中的变化

（一）水分蒸发

果实在贮藏期间，由于贮藏环境中的空气相对湿度低，果实中的水分就向外蒸发，使果实失水，细胞膨压降低，重量减轻，果皮皱缩，呈萎蔫状态。萎蔫使水解作用增强，呼吸底物增多，促进果实的呼吸作用，加速营养物质的损耗。同时，由于水果失水，使细胞液的浓度升高，一些物质和离子可能升高到有害的程度，引起细胞中毒。此外，由于原生质大量失水，使其透性增强，细胞内的物质外渗，使果实出现生理失调，降低了果实的抗病性及耐贮性。

果实水分蒸发与贮藏环境中的相对湿度及温度有着密切的关系。适宜的低温和较高的相对湿度（80%—90%），使水分蒸发速度减慢，水分损失减少，此外水分蒸发与果实的种类、品种、果实的成熟度、表皮细胞角质的薄厚、原生质的持水力及表面积比大小、空气的流速及包装情况等都有着密切的关系。因此防止水分蒸发是搞好贮藏的重要措施之一。

（二）呼吸作用

果实的呼吸作用是在酶的参与下进行的一种极为复杂的氧化过程，它把复杂的有机物质分解为简单的物质，并释放出能量，其中一部分用来维持果实的正常生命活动，其余的以热的形式释放到贮藏环境中。

果实的呼吸作用有两种类型，即有氧呼吸和无氧呼吸（缺氧呼吸）。

有氧呼吸是在有氧的情况下氧化分解有机物质，经过一系列的复杂反应，最后生成二氧化碳和水，并释放出大量的能量。以还原糖为呼吸底物的总的化学反应为：

$$C_6H_{12}O_6+6O_2\longrightarrow 6H_2O+6O_2+（28.2\times10^6J）$$

无氧呼吸（缺氧呼吸）是在无氧或缺氧时进行的呼吸作用，最后生成乙醇及二氧化碳，释放出少量的能量。以还原糖为底物的总的化学反应式为：

$$C_6H_{12}O_6 \longrightarrow 2C_2H_5OH + 2CO_2 + (11.7\times10^4J)$$

由以上两个反应式表明，有氧呼吸释放的能量是缺氧呼吸的24倍。当果实进行有氧呼吸时，释放的大部分能量均以热的形式释放到贮藏环境中，使贮温升高，又促进果实的呼吸作用。这种恶性循环，加速了果实的衰老进程。若进行缺氧呼吸时，则需分解大量的有机物质，用释放的能量才能维持果实正常的生命活动。由于生成乙醇量的增多，使其细胞中毒，出现生理病害。但是当果实短时间处于缺氧状态时，迫使果实进行缺氧呼吸来维持正常的生命活动。因此，缺氧呼吸也是对不良环境（短时间内）的一种适应。

呼吸作用的快慢，一般用呼吸强度表示，即在一定的温度下，1kg果实在1h内释放出的二氧化碳的量或吸收氧的量（CO_2mg/kg/h、O_2mg/kg/h）。果实在贮藏期间，呼吸强度增强，标志着消耗的有机物质就多，衰老过程就会加快，贮藏寿命就会缩短。若抑制呼吸强度，则会延长贮藏期限，但是不能无限地抑制，以防果实进行无氧呼吸，影响贮藏效果。因此了解影响呼吸作用的因素，采取有效的措施，抑制呼吸强度，是搞好贮藏的关键。

影响果实呼吸作用的因素可归纳为两大类：

1. 内在因素：即果实的种类、品种及成熟度等。果实的种类不同，其生物学特性也不同，呼吸强度也有差异。一般规律是浆果类的呼吸强度大于核果类大于仁果类大于干果类。所以干果类远比浆果类耐贮藏。同一种类不同品种的呼吸强度也有差异。但是呼吸强度与耐贮性并没有什么规律性的联系。因此，要准确地比较成熟期不同的品种间的呼吸强度是困难的。还有待于进一步系统研究。

2. 外在因素：外在因素很多，其中主要是贮藏环境中的温度、湿度、光照、气体成分、乙烯及果实的机械伤害等。温度是影响果实呼吸作用的主要因素。温度在一定范围内（0—35℃），随着温度的升高，酶的活性增强，使呼吸强度升高，若超过35℃时，呼吸强度则随着时间的延长而降低。但温度过低使果实出现低温伤害或冻害，引起生理代谢失调。只有适宜的低温才能有效的抑制呼吸作用。光照使果温升高，促进呼吸作用，光照使其化学成分分解，降低营养价值。因此贮藏应避免光照。果实的机械伤害使果实组织结构受到破化，使酶与呼吸底物直接接触，促进呼吸作用。特别是开放性伤口，使果实内层组织上氧的含量增加，同时活化过氧化酶，促进乙烯的合成（内源乙烯），并又释放到贮藏环境中，促进果实成熟的衰老进程。气体成分与呼吸作用有着非常密切的关系。适当提高二氧化碳的浓度及降低氧的浓度，使其成为一定的比例（依果实的种类、品种、成熟度及贮藏环境中的温度等因素而定），可抑制果实的呼吸作用。

（三）微生物

微生物在果实上寄生为害是影响果实贮藏的重要因素。果实在贮藏过程中发生病害的种类很多，但多以真菌类的霉菌为主，使果实生霉腐烂变质。烂果还放出乙烯气体，促进果实的呼吸作用，加速衰老过程，缩短贮藏期限。因此，要搞好果实贮藏，除选择抗病性及耐贮性的品种、适期采收及适宜的贮藏条件外，还应加强栽培技术管理，才能减缓果实不良变化的速度，提高贮藏效果，延长加工期限，保证加工品的质量。

二、果实的贮藏形式

果实的贮藏形式多种多样，随着科学技术的发展，果实贮藏形式及贮藏技术日新月异，贮藏效果也随之提高，为果品加工工业提供了有利条件。

果实贮藏形式归纳起来有以下几大类：

（一）自然温度冷却贮藏

自然温度冷却贮藏是利用和调节自然温度使贮藏场所维持较低温度或使果实冻结后进行贮藏。如堆藏、埋藏、窖藏、冻藏及通风贮藏库等。这些贮藏方法受地区和季节的限制，在气温高、冬季短的地区不适用，只能在寒冷、冬季长、昼夜温差大的我国北方地区的秋末、冬季及初春采用。因构造简单，贮藏效果也较好，是北方果农及果品加工厂广泛应用的一种贮藏形式。

（二）人工冷却贮藏

人工冷却贮藏是在具有良好隔热保温性能的贮藏库中利用机械制冷设备或加冰来调节库内温度进行的贮藏。这种贮藏形式不受自然温度的影响和季节的限制，贮量大、贮期长且效果好。如冷冻库就是其中的一种，适于我国南北方大型果品加工厂应用。

（三）调节气体贮藏

调节气体贮藏简称气调贮藏（CA）。这种贮藏形式是将果实放在密闭的环境中，降低贮藏环境气体中氧的含量，适当提高二氧化碳的含量，使其成适宜的比例，在适宜低温下进行的贮藏。

气调贮藏的原理是果实在贮藏过程中，由于呼吸作用，促进果实后熟及衰老的生理变化。因此，降低果实的呼吸强度，就要减缓其后熟及衰老的速度，以保持较好的品质，延长贮藏期限。

适当的降低氧的含量和提高二氧化碳含量，可降低果实的呼吸强度，同时阻碍果实的催熟剂——乙烯的形成，从而减弱果实的催熟作用，延缓果实的催熟过程。此外，还能抑制病原菌生长，使果实保持良好的状态。因此气调贮藏的效果好，贮期长。这种贮藏形式在一些国家已得到广泛应用。

目前我国使用的气调方法有气调库、塑料薄膜帐（袋）、硅橡胶窗薄膜袋（帐）等。

气调库贮藏是在气密性很高的冷库中配装调节气体成分的设备，调节库中气体成分的贮藏，这种贮藏方法不受外界气温的影响，可周年贮藏且效果好，是一种理想的贮藏方法。

塑料薄膜袋（帐）贮藏是将一定厚度的薄膜压制成一定大小的袋（帐），置于适宜低温下进行的贮藏。贮藏期间可用自然降氧或快速降氧法来调节袋（帐）内的气体成分，抑制果实的呼吸作用，减缓成熟衰老速度。这种贮藏方法简单，成本低，效果好。若将其袋（帐）置于窖或冷库等贮藏设施中效果更佳。是目前我国生产上广为应用的一种贮藏辅助措施之一。

硅橡胶窗薄膜袋（帐）贮藏是将一定厚度的塑料薄膜压制成袋（帐），然后用一定面积的硅橡胶镶嵌在塑料袋（帐）上，制成一个有气窗的硅窗调节气体袋（帐），放在适宜低温下进行的贮藏。这种贮藏方法主要是利用硅橡胶对二氧化碳、氧及氮的渗透比值为12：2：1，对乙烯有较大的渗透性，而且能使混合气体中各气体渗透方向和速度彼此独立，互不影响。在贮藏期间自动调节气体成分。因此这种贮藏方法比塑料薄膜袋（帐）还简便，贮藏效果还好。也是我国目前生产中广为应用的一种贮藏辅助措施。

（四）其它贮藏形式

随着果品贮藏事业的不断发展，果品贮藏形式日益增多。目前世界上一些先进的国家利用辐射、减压及磁场等现代化贮藏方法，其中有的方法我国已正在研究和推广使用，并取得了好的效果。

三、果实的加工保藏

果实的保藏方法分为两大类：一类是将采后的鲜果进行贮藏。它是维持果实正常生命活动下进行的保藏，因而贮藏期有一定的限度。一类是果实的加工保藏。这种保藏方法以新鲜果实为原料，依据果实的理化特性，通过不同的工艺，制成多种多样的加工品，使保藏期限得以延长。要保证加工品的质量，就必须首先了解果实败坏的原因，针对其原因，采取有关的措施，控制败坏的因素，以达长期保藏的目的。

（一）果实败坏的原因

果实由于本身及外界环境因素的作用，致使果实败坏，其原因很复杂，归纳起来主要有以下三种：

1. 物理因素

引起果实败坏的物理因素主要有光、温度、机械伤害、空气相对湿度等。果实经日光照射使其化学成分分解，导致果实变色变味，光照还可使果实温度升高，使呼吸作用加强，加速果实的成熟衰老。温度是影响果实败坏的主要因素之一。高温促进果实的呼吸作用，加速营养物质的消耗，促进果实的成熟衰老及变色变味。此外高温有利于生物的活动，易侵蚀果实，使其腐烂变质。若温度过低，易使果实遭受冻害或冷害。机械伤害使果实的呼吸作用加强，加速衰老过程。尤其是开放性的伤害，极易被微生物侵染，使其腐烂变质。空气相对湿度过低，使果实中的水分蒸发，致使果实萎蔫，加速果实的败坏。

2. 生物因素

有害微生物侵染是果实败坏的主要因素。微生物广泛存在于一切环境中，果实又含有丰富的营养物质和较多的水分，是微生物生长繁殖最适宜的环境，因此很易被微生物侵蚀，致使果实腐烂变质。

3. 化学因素

果实的氧化还原及分解等各种化学变化都能引起果实的变质。如氧化作用使果实变味、变色、维生素被分解。果实中的生物化学变化都是在酶的参与下进行的。因此，凡是影响酶的活性及其作用方向的因素都影响果实的风味及品质。

影响果实败坏的这3种因素不是孤立的，而是互相联系、彼此间相互影响的。因此，要防止果实败坏必须给以综合考虑，采取有关措施，使其加工品得以长期保藏。

（二）果实加工保藏的方法

果实加工保藏是依据果实败坏的原因，采取有效措施来控制这些因素。主要是抑制或杀死微生物，以使果实长期保藏。加工保藏的方法很多，目前常使用的有以下几种：

1. 果实干藏

果实干藏是在自然条件或人工控制条件下使果实水分蒸发到微生物不能利用的程度，始终保持在低水分条件下进行长期贮藏的过程。如：果干含水量为15%—20%，在通风干燥环境中可保藏1—2年。

水分是微生物生命活动最主要的条件，如果实水分含量较低，微生物就不能从其上吸收水分营养物质，微生物的生命活动受到抑制，但并未被杀死，而只是处于潜伏状态，一旦果干吸湿回潮，含水量升高后，仍会被微生物危害。因此，干制品保藏应注意防潮，以免发霉变质。

2. 利用高渗透物质溶液保藏

利用高渗透物质溶液保藏就是利用能产生很高渗透压的物质溶液进行长期保藏的过程。微生物是单细胞生物，它所需要的营养物质及代谢物的排谢，均以渗透的方式进行。也就是当微生物细胞外的渗透压低于细胞内渗透压时，才能从外界摄取水分和营养物质，维持生命活动。反之，细胞内的水分则向细胞外渗透，引起细胞原生质收缩，使微生物的生命活动受到抑制。

在果实加工中通常使用的高渗透压物质有食盐溶液和糖液两种。食盐溶液的渗透压很高，1%的食盐溶液能产生10.13kPa的渗透压，而细菌细胞液的渗透压一般为355—1692kPa。因此，食盐溶液的浓度为10%—18%时即可长期保存。在果品加工中多用于腌制果胚或半成品保藏。糖液也有较高的渗透压，1%的蔗糖溶液能产生70.9kPa的渗透压，1%葡萄糖溶液能产生121.59kPa的渗透压，因此，糖液浓度提高到60%—70%时就能抑制微生物的活动，使加工品得以长期保藏。如糖制品就是用此法保藏的。但也有少数霉菌、酵母菌能低抗这样高的糖液浓度，如果酱败坏就是这个原因。

利用这种方法保藏果实加工品并未杀死微生物，而使其处于被抑制的状态，一旦溶液浓度被稀释后，微生物则会重新为害。因此，糖制品要注意防潮保藏。

3. 果胚的腌制—盐渍保藏

在食品加工中，有些原料，特别是果品原料的供应过于集中，一时难于处理完毕。为了防止新鲜原料的腐烂变质，常需把新鲜果品用食盐腌成果胚保存起来，延长加工时间。有些制品，由于加工工艺的需要，将原料先进行盐腌处理。

果胚是蜜饯的一种半成品，以食盐为主腌渍而成。有时加用少量明矾与石灰，使之适度硬化。果品经盐腌后，成分发生很大变化，所以只适宜于制取少数蜜饯，主要用于凉果制造。

果胚的腌制过程为腌渍、曝晒、回软和复晒。个别果品在腌渍前也须适当处理。例如柑桔宜刺孔或划缝、压扁；三稔宜切分，桃宜对切，橄榄与李宜用盐擦皮。

腌渍有干盐和盐水两种方法。

干盐法：用于成熟度较高、果汁较多的种类，用盐量以果品种类和制品贮存期的长短而有较大变化。如表1—2。

表1—2　果胚的腌渍

果胚种类	每100kg果实的用料量			腌制天数(天)	备注
	食盐(kg)	明矾(kg)	石灰(kg)		
梅	16—24	少量		7—15	
桃	18	0.125—0.25		15—20	
毛桃	15—16	0.125—0.25	0.25	15—20	
杨桃	8—14	0.1—0.3		5—10	
李	16			20	
杏	16—18				
桔	8—12		1—1.25	30	水胚
金橘	24			30	分两次腌渍
柠檬	22			60	
橄榄	20			1	
三稔	6			7	
仁面	10			15	另加他种果品腌制的剩余液

盐水法：用于未成熟果或果汁稀少、肉质坚密以及酸涩味较强的种类，盐水浓度约为10%左右，用量以淹没果实为度。上加竹帘和重物，不使上浮。盐水腌渍过程所发生的轻度乳酸与酒精发酵，有利于糖分和部分果胶物质的水解，使果肉组织易于渗透，同时也可使苦味和涩味物质水解。腌渍以果实半透明时为度，取出晒成干胚，也可作水胚保存。

4. 杀菌密封保藏

杀菌密封保藏是将果实处理后，密封在容器中，用高温处理杀死大部分微生物，防止微生物再侵染，而长期进行的保藏。如水果罐头、果汁等就是用这种方法保藏的。

杀菌的方法很多，目前使用的有加热杀菌、光杀菌、高频率电流杀菌及放射线杀菌等。其中加热杀菌为我国广泛使用。

加热杀菌的原理在于高温对微生物细胞的破坏作用，细胞原生质因遇高温而凝固，使酶失去活性，微生物也就失去了生命，温度越高时间越长，杀菌效果就越彻底。为了保证加工品品质，必须根据加工品的种类及加工品 pH 值的高低选用适宜的温度和时间，以保持其原有的色香味。

加热杀菌的方法有三种：常压杀菌，是在 101.325kPa（1 个大气压）下，温度为 100℃杀菌时间为 15—30min。此法多用于 pH 值低于 4.5 的加工品，如水果罐头类等。巴氏杀菌的温度为 55—85℃。常用于果汁果酒的杀菌。高压杀菌：增加杀菌锅中的压力，一般高于 101.325kPa、温度在 100℃以上，多用于 pH 值高于 4.5 的加工品，如肉类罐头和蔬菜罐头等。

5. 发酵保藏

发酵保藏是利用有益微生物在果实生长发育过程中产生和积累的代谢产物，抑制有害微生物的活动，使制品长期进行保藏。如酒精发酵、乳酸发酵及醋酸发酵等。

酒精发酵应用于果酒酿造，是在酵母菌的作用下使果实中的糖变为酒精。酒精对微生物有很强的毒害作用，一般酒精浓度在 10%时均能抑制微生物活动。

醋酸是由醋酸菌作用引起的，多用于果实制醋。酸对微生物有很强的毒性，一般浓度 1%—2%的醋酸就可抑制微生物活动，浓度 5%—6%时可杀死。其主要是由于电离出的氢离子使微生物细胞原生质的等电点发生变化，凝固或变成更分散的胶体，使原生质胶体性质完全改变，致使代谢作用受到破坏。因此酸对微生物的毒害作用不仅与酸的浓度有关系，而且与氢离子的浓度关系也很密切，所以对于 pH 值偏低的加工品杀菌时间可适当缩短。

6. 防腐剂保藏

防腐剂是具有杀死或抑制微生物生长活动的化学物质或生物代谢的物质。在果实加工品中加入适量的防腐剂进行的保藏为防腐剂保藏。这种保藏方法简便，一般不需要专用设备，在常温或简单包装的条件下均能短期保藏。若作为一种辅助保藏手段效果则更佳。但随着保藏方法的不断改进，防腐剂的使用则有逐渐减少的趋势。

防腐剂的种类很多，目前我国允许使用的主要有苯甲酸及其盐类、山梨酸及其盐类、亚硫酸及其盐类等（具体使用方法见第四章）。

7. 速冻保藏

速冻保藏是将采后的果实经过工艺处理，置于－25—－35℃的低温下迅速冻结，尔后在－18—－20℃温度下进行长期保藏。由于果实在很低温度下，果实组织中的自由水迅速冻结成多微细的冰晶体，对果实细胞壁不会发生什么危害。若解冻方法得当，能恢复原来状态。在速冻时，冻结的时间越短效果则越好，一般在 40min 以内冻结为宜。若果实个大，可进行去皮、切块或加糖浆等工艺处理，但要注意护色，以防褐变影响质量。速冻时如果需要包装，应选择导热快的包装容器，包装量要适宜，以便包装容器与其内的加工品基本上在同一时间内结冻，以防结冻速度缓慢，保证速冻质量。

果实的种类不同，其生物学特性也不同，对冷冻保藏的适应性也不同。如有的能长期进行冷冻保藏，有的冷冻保藏时间很短，有的则不适于冷冻保藏。一般浆果类、桃、杏、菠萝、苹果及葡萄则差些。当然同一种类不同品种间的适应性也有差异。因此，选择成熟的适于冷冻保藏的品种，及时合理处理及速冻后在相对稳定的低温下（－18℃）贮藏是保证速冻产品质量的关键。

速冻是以迅速结晶的理论为基础，采取各种方法加快热交换作用，使产品能在几十分钟内通过冰晶体最高形成阶段。这是当前果实加工保藏技术中保存风味及营养素较为理想的方法。在一些工业发达的国家，冷冻保藏已成为食品工业的重要组成部分。当前我国食品冷冻保藏发展速度也很快，一些大中城市已进行了研究和推广，并取得了良好的效果。

第五节　山珍野菜的采集及保藏

一、蕨菜的采集及保藏

蕨菜为多年生草本，是世界性的重要野菜。其质地柔嫩，富含营养，并具有医疗价值，曾享有“山菜之王”的美称。我国资源丰富，生产量大，每年均有大批量加工品销往日本、香港和南亚等地，在国际市场上占有重要地位。

（一）采集

蕨菜在我国北方每年春季当气温回升时开始生长。早春生长速度较慢，初夏则加快，春夏之交则是蕨菜的采收季节。采收过早，蕨菜太小；采收过晚，叶柄纤维素增加，使叶柄变硬，甚至老化不能食用。因此，必须及时采收。一般在蕨菜出土 20cm 以上，羽状小叶尚未展开时为适采期。蕨菜只能用手采。采收时要选择长势好，鲜嫩粗壮的叶柄从地上适当的部位（鲜嫩部分）采下，整齐地摆放在筐（篮）里，不要压实，以防摩擦变色、老化变色，将盛有蕨菜的容器放在阴凉处，防止日晒。

（二）保藏

蕨菜为叶菜类植物，含水量较高，呼吸作用较强，故鲜嫩蕨菜不易保藏。一般将采后的蕨菜及时挑出杂质或老化菜，按其长短、叶柄的粗细及幼嫩程度分级整理，捆成 0.5kg 的束把上市销售或加工处理。

加工方法很多，目前我国主要是干制或淹渍两种。

干制可采用自然干制和人工干制两种方法，在目前生产中多以自然干制为主，人工干制为辅。晴朗天气用自然干燥法干制，若遇阴雨天气就用人工干燥法干制。干制方法是将已分级整理好的蕨菜用手轻轻搓去小羽叶和叶柄上的细绒毛，然后漂烫 5min 左右，捞出立即冷却沥干，放在空旷高燥、通风、无空气污染的阴冷处的苇席上晾晒，经多次揉搓即为干菜。用塑料袋包装贮于通风、干燥的库房中保藏。

腌渍：在洗净的缸等容器底部撒一层盐，将已分级整理好的蕨菜捆（直径为 5—6cm）摆放一层，再撒放一层盐。这样一层菜一层盐码至容器口，菜要挤紧压实。经 7 天后倒缸，其方法是一层层地倒入另一容器中，倒一层撒一层盐，最上层盐要加厚些，用石头压实，然后用波美 23°洁净盐水注满容器，盖盖儿，置于阴凉处保藏。

此外，在一些发达国家多采用深加工。如加拿大、美国主要进行速冻，将采回的蕨菜挑选分级后洗净沥干，经预冷后用小包装速冻。日本除速冻外，还生产酱制品及罐头。因此，我国应根据国际市场的需求改进生产，增加产品，以增强出口竞争力。

二、发菜的采集及保藏

发菜是一种野生藻类，属蓝藻门、念球藻科。藻体细长，呈黑绿色的毛发状，因而得名。主要分布于我国西北部的宁夏、陕西、甘肃一带的流水中。每年春秋两季为加工生产季节。采收发菜多在每天黎明前后，空气比较潮湿，不易拉断，先用铁笆捞取，经加工洗净晒干后，即为成品，进行干藏。

三、香菇的采集及保藏

（一）采集

香菇子实体形成后，依据它的生长情况适期采收。采收过早影响产量；采收过晚，菌伞充分展开，菌褶变色，肉薄，影响品质。一般菌盖呈“铜锣边”形状，即菌盖尚未完全展开，边线缘稍内卷，菌褶全部伸直，并由黄色转为黄褐色时为适宜采收期。采期应停止喷水。

采收时用拇指和食指捏住菌柄基部，左右摆动，然后轻轻一提即可采下。注意菌脚不要残留在菌筒上，以免影响以后出菇。若香菇长得较密且基部长得又较深时，可用小刀从菇脚的基部挖出。将采下的香菇轻轻放入小筐或小篮里，不要互相挤压，以保持其完整的形状。采时最好在晴天的早晨，若阴天采收，香菇含水量过高，不利于干燥。

（二）保藏

香菇的含水量较高，一般为80%—90%，呼吸作用较强，尤其是在气温较高、氧气充足的条件下，呼吸作用就更加旺盛。采后若不及时加工处理，则会引起褐变，致使腐烂变质。因此，香菇采收后，应及时销售或进行脱水干燥或制作罐头等加工品，以便长期保藏。若不能及时加工，可将鲜菇单层摆放在竹帘（苇席）上，置于阴凉通风处进行短时间保藏，以防褐变。

脱水干燥有晒干、烘干及晒烘结合三种方法，在生产中后一种方法广为应用。其方法是：将采摘的香菇单层（菌褶向上）摆放在苇席上，置于太阳光下晒6h左右后，立即烘烤，当烘至八成干时从烘烤房取出数小时进行回软，使香菇里的水分均匀一致，然后再烘烤4h左右即可分级，在尚有余温时装入塑料袋或装入衬有塑料薄膜或防潮纸的木箱中密封（最好在箱内放入适量的无水氯化钙或胶硅），置于通风干燥、无空气污染的库房中保藏，以防吸湿回潮，发霉变质或虫蛀。

四、木耳的采集及保藏

木耳是我国的主要食用菌之一，长期以来人们有食用木耳的习惯。在采集和保藏中也积累了丰富的经验，并将木耳由野生逐渐改为人工栽培，且产量高、质量好。依据不同栽培原料，选择适宜的采收标准及采收方法，是保证木耳质量及产量的关键。

（一）段木栽培的采集方法

段木栽培的木耳生长季节较长，一般从上架到10月底这段时间均为木耳的生长期。当然各地气候不同，生长期也有差异。木耳在整个生长期中，由于生长季节的不同，分为春耳、伏耳和秋耳三种。春耳是入伏以前采收的木耳，朵大肉厚，色泽黑，吸水膨胀率大，质量最好，产量也最高，一般占全年产量的70%左右；伏耳是从入伏至立秋期间采收的木耳，质量最差，产量也最低，占全年产量的10%左右；秋耳是立秋以后采收的，质量中等，占全年产量的20%左右。

木耳成熟的标准是耳片充分展开，并开始收边，耳根由大变小，耳片直立，耳片颜色由褐色变黑时即可采收。春耳和秋耳采收时均应按其成熟标准采摘，一般采大留小，以使小的长大后再采收。伏耳则不同，由于此时气温高、雨水多，易造成虫害及流耳，应大小一起采收。因此，依据木耳成熟的标准，勤采、细采是保证质量及产量的关键。

采摘时间最好在晴天的早晨，趁露水未干木耳还在潮软或雨后初晴木耳收边时采收，但在连阴雨天时，也应及时采收成熟的木耳，以免造成大批的烂耳，影响产量。采耳时用手指捏住木耳基部将其采下，要注意不要伤及耳芽，以免影响下茬生长，保证质量。

（二）代用料栽培木耳的采收方法

以袋栽木耳为例，一般耳芽形成后2周可采收。其成熟标准是：耳片由多皱的核桃状逐渐伸展成片状，耳片边缘有明显的波浪状；子实体腹面产生白色的孢子，在耳片上可看到孢子粉，颜色由深褐黑色变为浅褐色，此时为适采期。由于子实体在栽培袋着生的部位不同，故成熟的时间亦异。因此应依据成熟的标准分批采摘。采摘时用手指抓住整朵木耳，用力摘下，忌留残片，以免发霉腐烂，影响下一茬出耳。

（三）木耳的保藏

采收的木耳均需用脱水干燥法保存，否则易发霉变质，不能食用。脱水干燥法通常用晒干及烘干两种。用段木栽培的木耳和野生的木耳可用晒干法脱水，而袋用料栽培的木耳由于栽培的条件好，所以子实体肥厚、朵大，多用烘干法脱水，其方法是：用木板制作烘箱，箱下放置一电炉为热源，在距电炉60cm处安置一层铁丝网，其上每隔15cm安置一层，共5—6层。箱的顶部设有通风管，定时排湿，烘20h以上即可烘干。

脱水干燥的木耳应及时包装密封于容器中，置于已消过毒的干燥通风库保藏。防止吸湿回潮，以防发霉变质及虫危害。

五、竹笋的采集

竹笋植物的种类品种很多，绝大多数生竹种的笋可以食用。但常用于加工的竹种有毛竹、哺鸡竹、早竹、石竹、麻竹等。由于竹种特性，和加工对原料的要求不同，采种期也不同。

（一）采冬笋

毛竹、哺鸡竹、早竹、石竹等。散生竹类的笋芽在秋季7—8月份开始萌动，到冬季芽体膨大成为冬笋，可挖取食用或加工。挖冬笋与深翻结合，同时增施有机肥，达到“挖冬笋，促春笋”的作用。注意避免伤鞭和伤芽。

挖冬笋的方法有3种。

1. 全面翻土挖笋。可结合冬季垦复或松土进行。

2. 沿鞭翻土挖笋。即选择枝叶浓密，叶色深绿的孕笋竹，在其附近浅挖，找出黄色或棕色的壮鞭，沿鞭翻土就可以找到冬笋。

3. 开穴挖笋。即在孕笋竹的周围，若地表泥块松动或开裂，脚踩后感到松软的地方，地下必有冬笋，再用锄头开穴挖取。

（二）采春笋

春笋一般三月中、下旬开始出土，挖春笋要做到“早挖笋，不断挖笋，中后期笋选留母竹，后末期笋全部挖光的原则”。即清明后10天以内的笋全部挖光，谷雨前后10天内出土的笋适当留竹，以后出土的笋也全部挖光。

（三）采鞭笋

夏秋季节，部分鞭梢伸出地面，群众称大暑前露出地面的鞭为“梅鞭”，大暑后露出地面的鞭为“伏鞭”。“梅鞭”发芽早，生长期长，鞭粗壮有力，鞭芽饱满，发笋力强；而“伏鞭”生长期短，比较细弱，发笋少。因此，挖鞭笋主要是挖取大暑以后（8月份）的“伏鞭”笋，挖后填平笋穴。而大暑以前的“梅鞭”笋主要以埋为主，留养新鞭，以提高来年的竹笋产量。

（四）割笋

丛生竹类的竹笋，都是出土后才割笋。未出土竹笋，笋箨黄褐色，笋质细白幼嫩味鲜，竹笋出土受光后，笋质变绿或暗褐，割竹笋老化，笋质降低。割笋过嫩，产量少，割笋过老，笋质差。一般出笋的初期和末期气温较低，竹笋生长缓慢，可隔5—6天采割一次。出笋盛期气温高，竹笋生长快，笋质易老化，每隔3—4天就需采割一次。总之，根据竹笋出土后的生长状况，及时割。

采割时，先扒开竹笋周围的泥土，用采笋刀沿笋蔸上部割断。由于笋蔸上的大型芽（笋目），如水肥条件充足，还可继续发育成笋。因此，割笋后必须用细土覆盖好已割的笋蔸，促使笋目不断发育成笋。

各种竹笋，因含水量很高，组织幼嫩，气温较高，故原料自采收至加工完成，流程要快速，不得超过70h，严防原料及半成品积压，否则易引起酸败变质。

第六节　树液的采集及保藏

树液是树体中产生和贮存的液体。由于树木的种类不同，树液所含有的化学成分也不同，故其用途也不尽相同。有的树液是工业的重要原料，如橡树采割的橡胶、漆树采割的生漆等；有的树液则含有人体所需要的营养物质，如桦树和槭树的树体汁液是理想的天然饮料，很有开发利用的价值。

一、桦树汁的采集及保藏

桦树液亦称桦树汁，系白桦（Betula platyphylla Suks）树皮划开流出的汁液，多为早春时节采集。桦树液营养丰富，并有医疗保健作用，被人们誉为“神奇的树水”，国外早已开发利用，国内尚属试验研究阶段。

我国桦树资源十分丰富。有34种，面积达千万公顷，主要分布在华北、东北、西北和西南地区。如黑龙江省约有150万公顷，内蒙古有396万公顷，吉林有桦树近成熟林29万公顷。桦树汁制成的饮料，投放市场，受到消费者的欢迎。

桦树是喜光、高大的阔叶乔木，生长速度较快，在较好的条件下，当年生长达50cm，50年可达25m。桦树体内的汁液是一种无色透明的液体，富含营养，是一种有益健康的美味饮料。

（一）桦树液的采集

采集桦树液前应将采汁用具准备好，并洗净、消毒。

桦树在春季展叶前分泌汁液，随着气温的升高，枝芽膨大，汁液分泌量则逐渐减少，因此在春季气温刚刚回升，一般昼夜气温平均4℃时为适宜采收期。此时，由于桦树还没有树叶，水分蒸发量很少，汁液含量最高，且质量也最好。

采前首先视查桦树林，依据桦树的采伐期及胸高直径做好采汁计划，安排好劳力。如：在5年内采集的桦树，依胸高直径不同，钻孔的个数、深度及孔径都有差异。胸高直径为20—26cm的，设一个采集孔；胸高直径为27—34cm的应设2个；35—40cm的为3个；40cm以上的为4个以上。孔的直径为1cm，深为2cm。在2年内采伐的桦树，孔的直径为1.5cm，深为5—6cm。有病害及干梢的树均不能采汁。

采汁孔的高度一般距树干基部30—35cm。若钻2个或2个以上的采汁孔时应在树干的同一面，孔间相距15cm。

采汁前在计划的钻孔处先用斧子砍去粗糙的树皮（不要损伤韧皮部），其面积为5cm×5cm的正方形，然后用手摇钻或木尾钻锥慢慢钻入木质部，采汁孔应与树干垂直或稍下倾，钻孔后应立即清除木屑并及时接装导液器，以免汁液外流。

采液器由普通橡皮塞和硬质塑料管或尼龙管（∅0.3—0.5mm）组成。橡皮塞规格要求下底径小于孔径2mm左右，长2cm，使用时用打孔器在正中打孔并将导管插入，然后塞紧树孔，导管另一端插入采汁桶。这种导管装置收液率很高，基本上不发生漏液现象。

现场取得的汁液用5kg塑料桶单株接收，再于每日早、晚各一次集中于25kg塑料桶内，运出树林，于阴凉处（最好有冰雪地）贮存待运。

为降低采汁成本，提高工作效率，可将采液导管延长，采用分枝汇流方法，将数株树液直接收入大采集桶内。待汁液流完后拔出导管，用活皮或活枝条充填钻孔，然后用松脂膏或蜡涂平、密封，以防杂菌侵入，影响树木生长，来年再采汁时，在头一年采汁的孔道上沿着树干周围两面相距10cm选择孔道，其采汁方法同前一年。

（二）桦树汁的保藏

桦树液的比重为1.003，含糖量为0.5%—1.1%，酸度为0.01%—0.02%，含氮为0.0021%，此外还含有钾、钙、铁及盐等多种矿物质。它具有迅速和自发地发酵的特性，使桦树汁变成了格瓦斯。新鲜桦树汁不易保藏，因此采集的桦树汁应及时加工，及时销售，若需暂时存放，将采后的桦树汁及时过滤，并采取以下措施，方能保存。

1. 添加0.1%—0.2%苯甲酸钠防腐剂，搅拌均匀，保鲜期可达一年。
2. 低温冷藏，保持在0—3℃的温度下保鲜期1年以上。
3. 加糖浓缩，亦可保存1年。
4. 酒精密闭法，加15%食用酒精后密封贮存，此法只适用于生产含酒精饮料。

此外，亦可用煮沸灭菌，密封法，加酵母菌发酵贮存等均可。

二、槭树汁液的采集及保藏

槭树体内的汁液也是一种很理想的天然饮料，它的含糖量较桦汁高，一般为1.2%—4.3%，有的可达10.2%。在一些发达国家如美国、德国、西班牙、加拿大及原苏联等国已广泛采集和加工利用。其采集、保藏及加工方法与桦树汁相同。

第三章　原料中主要化学成分的加工特性

食品原料中主要成分，绝大部分是水，含量一般为75%—90%，其余部分为干固物。干固物中主要有糖、淀粉、果胶物质、纤维素、半纤维素、有机酸、含氮物质、单宁、色素、维生素、糖苷类、矿物质、脂类、挥发油等。这些成分具有一定的营养价值，有些是人体所需要的。在贮藏过程中，这些成分常发生各种不同的变化，从而影响新鲜果品及其制品的食用品质和营养价值。食品加工的主要目的，在于防止腐败变质并保存其营养和风味，实质上就是控制原料中化学成分的变化，使之符合于食用的要求。故本章的重点是论述它们与加工有关的特性。

食品原料中所含化学物质，按其能否溶解于水分为两类：

水溶性物质：有糖类、果胶、有机酸、单宁、矿物质以及部分色素、维生素、酶、含氮物等。

非水溶性物质：有纤维素、半纤维素、原果胶、淀粉、脂肪、及部分维生素、色素、含氮物质、矿物质和有机酸盐等。

第一节　碳水化合物

植物性原料中所含的主要碳水化合物可分为以下四种：

一、可溶性糖类

可溶性糖是食品原料中甜味的来源。它的含量对食品原料的风味、品质、营养价值和贮藏性状有很大影响。

原料中糖的种类主要是葡萄糖、果糖和蔗糖，其次是阿拉伯糖、甘露糖以及山梨醇、甘露醇等糖醇。葡萄糖和果糖是单糖，为还原糖；蔗糖为双糖，属非还原糖。

果实中的蔗糖，在弱酸或转化酶的作用下能水解转化成果糖和葡萄糖，其水解的混合产物称为转化糖，其反应：

$$\underset{\text{蔗 糖}}{C_{12}H_{22}O_{11}} + H_2O \xrightarrow[\text{酶}]{\text{酸}} \underset{\text{葡萄糖}}{C_6H_{12}O_6} + \underset{\text{果糖}}{C_6H_{12}O_6}$$

在加工过程中，这个反应是不可逆的。蔗糖的转化速度与温度、pH值的关系如图1—4。

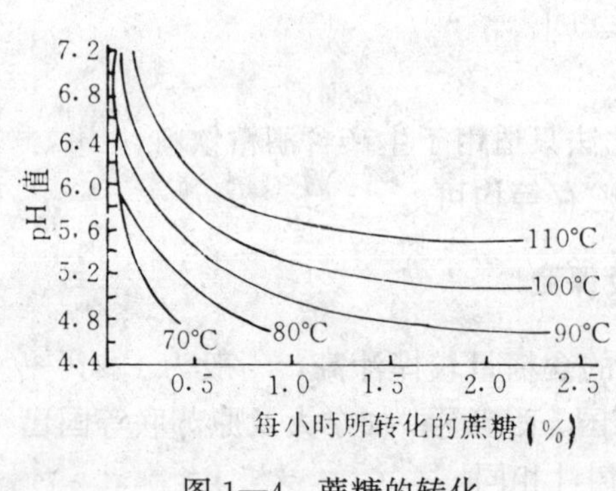

图1—4　蔗糖的转化

在果实的加工过程中，尤其是脯饯加工中，要特别注意蔗糖转化反应的影响。

各种糖的甜度差异很大。果实甜味的强弱，不仅取决于糖的种类和含量，而且在很大程度上受酸和单宁的影响。在评定果实风味时，常用糖酸比值

(糖/酸)来表示，即比值大的口味较甜，比值小的则酸味强。

糖在不同果实中的含量及种类都不同，即使同种果实，不同品种的果实含糖量及甜酸口味差别也很大。如表1—3和1—4。

表1—3 不同果实中糖的种类及含量（%）

果实	果糖	葡萄糖	蔗糖	果实	果糖	葡萄糖	蔗糖
苹果	6.5—11.8	2.5—5.5	1.0—5.3	葡萄	7.2	7.2	0—1.5
梨	6.0—9.7	1.0—3.7	0.4—2.6	李	1.0—7.0	1.5—5.2	1.5—9.2
桃	3.9—4.4	4.2—6.9	4.8—10.7	香蕉	6.9	6.9	2.70
杏	0.1—3.4	0.1—3.4	2.8—10.7	橘	1.48	0.66	4.53
草莓	1.6—3.8	1.8—3.1	0—1.1	橙	1.32	1.13	3.24

表1—4 苹果不同品种的糖酸含量（%）

品种	总糖量	总酸量	糖/酸	品种	总糖量	总酸量	糖/酸
祝光	9.65	0.37	26.1	大国光	8.49	1.01	8.4
红玉	14.94	0.93	16.0	青香蕉	12.95	0.77	16.7
金冠	13.06	0.44	29.7	印度	18.98	0.25	75.0
元帅	15.00	0.26	57.7	小国光	12.90	1.00	12.9
鸡冠	12.46	0.88	14.2				

果实汁液中的糖，在其可溶性物质中占比例最大，实践中常用手持糖量计，测定果汁可溶性物质浓度来表示果实的含糖量。

在果实贮藏过程中，糖分变化的总趋势是含量逐渐减少。贮藏越久，口味越淡。从广西农学院分析古风荔枝的含糖中发现，在含糖量达到顶点后，总糖及蔗糖即渐次减少，还原糖（葡萄糖、果糖）开始有所增加，最后也减少。

表1—5 古风荔枝在贮藏期糖分的变化

（实温26℃，贮藏6天）

含糖种类(%) \ 时期	刚采收的鲜果	果皮变黑	果肉软烂
蔗糖	10.06	痕迹	无
葡萄糖	0.50	3.40	11.36
果糖	5.47	8.60	11.36

有些含酸量较高的果实，经贮藏后口味变甜，其原因之一是含酸量降低比含糖量降低更快，引起糖酸比值增大，实际含糖量并未提高。

糖在加工过程中，由于酸、碱、酶、高温氧化等作用的影响下会发生各种物理、化学方面的反应，将在第三篇第十四章中详谈。

二、淀　　粉

淀粉在果实中含量以未熟青果中较多，在后熟时，由于淀粉酶的作用，将淀粉转化为可溶性糖，甜味逐渐增加。如香蕉在成熟过程中淀粉由26%降至1%，而糖则由1%增至19.5%。苹果未熟时淀粉含量达12%—16%，随着成熟，淀粉逐步转化为糖，采收时淀粉含量仍有1%—2%，经贮藏后才完全转化为糖，味道变得更甜。梨也有类似的现象。因此淀粉含量高的果实，在采收后，应进行贮藏催熟。淀粉含量不多的果实（桃、李、杏、柑橘等），成熟后已不含淀粉，故含糖量也不会增高。

淀粉不溶于冷水，其比重在1.5—1.6，在冷水中易沉淀。工业上提取淀粉即利用此特性。当加温至55—66℃时，淀粉则膨胀而变成带粘性半透明凝胶或胶体溶液。

淀粉与稀酸共热或在淀粉酶作用下，能分解成葡萄糖。

$$(C_6H_{10}O_5)_m+nH_2O \xrightarrow[\text{或酶}]{\text{酸}} nC_6H_{12}O_6$$

淀粉遇碘变成蓝色，常用碘或碘酒加在果肉上，根据蓝色反应，可以观察淀粉的存在部位和大概含量，以确定果实的成熟度或贮藏状况。

三、纤维素和半纤维素

纤维素是植物细胞壁的主要组成部分，质地坚硬。纤维素很少单独存在，通常与半纤维素结合成为植物细胞壁和输导组织的主要成分。同时还常与木质、角质、栓质和果胶等结合成为复合纤维素。

食品原料中含纤维素、半纤维素太多时，吃起来便有渣多、粗糙的感觉。如果品中的原生梨、遗生梨等，因含有多量的石细胞，质地粗糙。石细胞就是由含纤维素和半纤维素的细小厚壁细胞聚积而成的，形态似砂粒，吃时感到坚硬，影响食用品质。但有些梨，如巴梨，随着果实的后熟，在内部酶的作用下，石细胞纤维的木质还原后，质地随之变软，而适于食用。

纤维素不溶于水，在稀酸作用下难水解，但在纤维素分解酶或与浓酸长时间加热下，才分解为β-葡萄糖。

果实中纤维素的含量一般在0.2%—4.1%（以粗纤维计算）。其中柿为3.1%，梨2.58%，桃4.1%，苹果1.28%，橘子0.2%，西瓜0.3%，杏0.8%。热带果品如芒果、菠萝等纤维素含量较多。

从品质来说，纤维素、半纤维素的含量越少越好，但从贮运性而言则相反。

纤维素不能被人体消化，但它可以促进肠的蠕动和刺激肠消化腺的分泌，起着间接的助消化作用。

四、果胶物质

（一）果胶物质在果实中的含量及变化规律

果胶物质是植物组织中普遍存在的一类比较复杂的多糖物质，是构成细胞壁的成分之一，也是影响果实质地软硬或发绵的重要因素。

果胶物质主要存在于果实、块茎、块根等植物器官中。山楂、苹果、番石榴、柑橘等果实中含量丰富。野菜蕨中含量也高。

果胶物质以原果胶、果胶（可溶性）和果胶酸三种不同形态存在于果实组织中，各种形态的果胶物质，具有不同的特性。因此，果实中果胶物质存在的形态不同，就直接影响它们的食用性和工艺性质及其耐贮性。

原果胶多存在于未成熟果实的细胞壁间的中胶层中，不溶于水，无粘着性质，常和纤维素结合使细胞粘结。故未成熟的果实显得脆硬。随着果实的成熟，原果胶在原果胶酶的作用下，分解为果胶。果胶溶于水，与纤维素分离，转渗入细胞内，使细胞间的结合力松弛，具粘性，使果实质地变软。成熟的果实向过成熟期变化时，果胶在果胶酶的作用下转化为果胶酸，果胶酸无粘性，果实便成水烂状态。果胶酸进一步分解成为半乳糖醛酸，组织也就解体。果胶物质的变化过程如表1—6。

表 1—6 果胶物质的变化过程

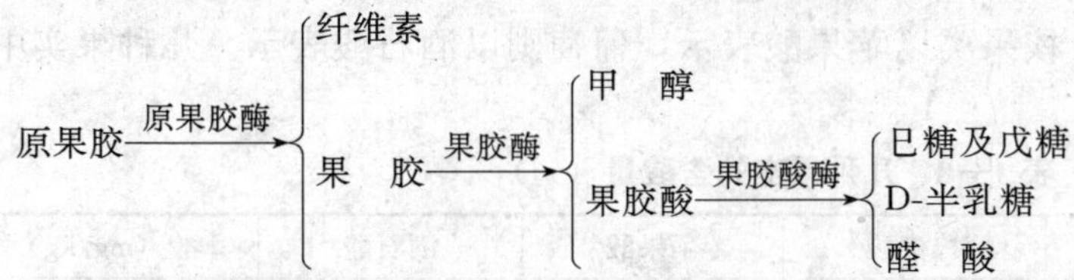

不同果实果胶含量如表 1—7：

表 1—7 不同果实的果胶含量

种 类	果胶含量（%）	种 类	果胶含量（%）
山 楂	6.40	桃	0.56—1.25
苹 果	0.80—1.80	杏	0.50—1.20
梨	0.50—1.40	草 莓	0.70
李	0.20—1.50	柑 橘	1.20

（二）果胶物质与加工的有关特性

1. 原果胶在水中加热时，会发生水解作用。水解速度的快慢与 pH 值、温度和加热的时间有关。它在 pH5.0 的微酸条件下，水解的速度较慢，在 pH5.0 以下的的酸性条件下，水解速度可增加，比中性时水解速度加快一倍。温度的升高也会加快果胶的水解，温度超过 80℃时，水解速度更快。

延长与水一起加热的作用时间，开始时原果胶的溶解几乎与时间成正比，当作用时间超过 90min，温度达 90℃时，则溶解速度更快。

2. 果胶为白色无定形的物质，无味，能溶于水成为胶体溶液。而在酒精和盐类的溶液中凝结沉淀。可用此特性提取果胶。果胶和稀酸或碱一起加热时，被水解产生果胶酸，失去了果胶的粘性。

3. 果胶具有很好的凝冻能力。它和适量的糖及酸结合，可形成凝胶。果冻、果酱的加工依此特性。

果胶的凝冻能力与其分子量和甲氧基含量有关。一般认为，果胶分子量越大，凝胶能力越强，果胶中甲氧基百分含量越高，凝胶能力越强。另外，糖与酸的比例，糖的浓度必须在 50%以上，酸含量 1%左右，果胶含量 1%左右，方可形成凝胶。

现介绍几种果实中果胶的分子量：

柠檬	10 万—20 万
柑橘	4 万—5 万
苹果	2.5 万—3.5 万

第二节 有 机 酸

一、有机酸的种类

果实中含有多种有机酸，因而具有酸味，酸味是影响风味的重要指标。各种有机酸在果实组织中以游离或酸式盐类的状态存在，它们的含量不仅由于果实的种类和品种不同而差异，即使同一品种，在不同的成熟期，或同一果实的不同部位，含量亦有差异。

果实中主要含有苹果酸、柠檬酸和酒石酸。这三种酸通常称为果酸。此外，有些果实还含有少量的草酸、水杨酸、苯甲酸等。

分析测定果实中酸的含量时，多以该果实所含的主要的有机酸种类为计算标准。如柑橘类以柠檬酸表示，仁果类、核果类以苹果酸表示，葡萄则以酒石酸表示。几种果实中有机酸含量如表1—8。

表1—8　几种果实的含酸量（%）

种　类	总酸量	柠檬酸	苹果酸	酒石酸	草酸（mg/kg）
苹　果	0.2—1.6	＋	＋	0	微量
梨	0.1—0.5	0.24	0.12	0	30
桃	0.2—1.0	0.20	0.50	—	微量
杏	0.2—2.6	0.10	1.30	微量	140
李	0.4—3.5	＋	0.40—2.90	0	60—120
葡　萄	0.3—2.1	0	0.21—0.92	0.21—0.74	80
草　莓	1.3—3.0	0.90	0.10	微量	100—600
温州草莓	0.95—1.00	—	—	—	—
甜　橙	0.42—2.55	1.35	0	—	—
柠　檬	5.74—8.33	5.83	0	—	—
柑	0.44—0.74	0.63	0	—	—

注：＋表示存在，0表示缺乏。

二、有机酸的含量及变化

一般来说，酸味是氢离子的性质，但果实中酸味的强弱与酸的浓度之间不是简单的正比关系。各种不同的酸有不同的味感，在人们口腔中造成的酸感与酸的基团，总酸量，pH值(可滴定酸度)，缓冲效应以及其它物质特别是糖的存在有关。

表1—9　苹果糖、酸比例与果实味感关系

含糖量（%）	含酸量（%）	果实味感
10	0.1—0.25	甜
10	0.26—0.35	甜酸
10	0.36—0.45	微酸
10	0.46—0.60	酸
10	0.61—0.85	强酸

糖、酸比例对味感的影响，由表1—9说明。

由上可知，有机酸的含量和糖的比例，是决定鲜果及其制品味感的关键因素。此外，单宁及其它带苦涩味的甙类物质含量的大小亦有一定的影响。

果实中酸的来源，部分是由果实形成，部分是由叶运到果肉。故叶果比大酸量也大，去叶后酸量就减少。有机酸的形成也和呼吸有关，高温时，酸的氧化快，积累少；低温时积累多。成熟时低温多雨糖少酸多，糖酸比下降。

果实在贮藏时，含酸量逐渐减少，常出现糖酸比值加大，口味变甜，但实际含糖量并未增高的现象。

三、有机酸与加工有关的特性

1. 果实在加热处理中，常发现有酸味增强的情况。原因一方面是氢离子离解度小的酸溶液，当温度增高时，氢离子离解度加大。另一方面是果实为保持生命活动时的一定的pH值，其组织中含有蛋白质、氨基酸或各种弱酸盐类组成的缓冲物质，当组织中酸的浓度改变时，其pH值很少变动，但一经加热，缓冲物质中的蛋白质凝固，失去缓冲作用，氢离子浓度随之增加，酸味也就增强。

2. 在食品加工时，提高食品的酸度（降低pH值）能减弱微生物的抗热性和抑制其生长，所以果实的pH值是制定果实的加热时间，加热温度和罐头杀菌条件的主要依据之一。

几种果实的 pH 值如表 1—10。

表 1—10　几种果实的 pH 值

名　称	pH 值	名　称	pH 值
苹　果	3.00—5.00	酸樱桃	2.50—3.70
梨	3.20—3.95	柠　檬	2.20—3.50
桃	3.20—3.90	橙	3.55—4.90
杏	3.40—4.00	葡　萄	2.55—4.50
甜樱桃	3.20—3.95	草　莓	3.50—4.40

3. 有机酸在果实加热时，能促进蔗糖、果胶物质的水解，能与铁锡等金属反应，促进设备和容器的腐蚀作用，影响果实制品的风味和色泽。此外还与抗坏血酸的保存性有关。

第三节　单宁物质

一、果实中单宁物质的含量及变化

单宁物质是几种多酚类化合物的总称，存在于大多数种类的树体和果实中。它们易溶于水，有涩味，含量低时，使人感觉有清凉味，含量高时则有强烈的涩味。

单宁含量与食品原料的种类和品种以及成熟度有密切的关系。未成熟的果实单宁含量远高于成熟的果实，在成熟过程中，经过一系列的氧化，或与醛酮等作用，而逐渐失去涩味。据轻工部食品所对李子在不同成熟度时单宁含量的分析结果：未成熟果实单宁含量为 0.32%，成熟果实为 0.22%，过熟果为 0.10%。如表 1—11。

表 1—11　几种果实单宁含量（%）

果实名称	最小量	最大量	平均量
苹　果	0.025	0.370	0.100
梨	0.015	0.170	0.032
李	0.065	0.200	0.127
桃	0.063	0.220	0.100
杏	0.063	0.100	0.074
樱　桃	0.053	0.151	0.098
草　莓	0.120	0.410	0.200

二、单宁的加工特性

单宁对食品原料和制品的品质影响很大，与风味和色泽有密切关系。在加工过程中，对含单宁多的原料，若处理不当，常会引起各种不同的变色。

1. 单宁能被氧化生成根皮鞣红，变成褐色。

有些原料去皮或切分后与空气接触变成褐色，接触时间越长，变色越深，变色的程度又与单宁含量成正比。这是由于原料中酶的作用，使单宁被氧化生成根皮鞣红，并呈暗色。要防止这一现象，在加工过程中应采取必要的措施进行护色。

常采取的护色措施有：热烫、熏硫、浸硫、盐水浸泡等。使用抗坏血酸（维生素 C）、异抗坏血酸和异抗坏血酸钠处理原料，也是防止单宁氧化变色比较理想的方法。

另外，在加工过程中，尽量设法使原料同氧气隔绝或减少与氧的接触，亦可有效的防止或抑制单宁氧化变色反应的发生。

选用单宁含量较少的品种为原料，也是减轻加工过程中色变的一个途径。

2. 单宁具有强化酸味的作用。

可由表 1—12 中的例子说明。

3. 单宁遇铁变黑色（没食子类单宁呈微蓝的黑色，儿茶素类单宁呈发绿的黑色）；与锡长时间共热呈玫瑰色；遇碱则变蓝色。

表 1—12 单宁对果实酸味的强化作用

酸类名称	酸味 pH（单宁加入量 16mg%）			
	不加单宁	pH 值	加单宁后	pH 值
酒 石 酸	7.5（mg%）	3.98	3（mg%）	3.69
苹 果 酸	10.7（mg%）	3.34	4（mg%）	3.52
柠 檬 酸	11.5（mg%）	3.40	5.7（mg%）	3.59

4. 单宁具有收敛性的涩味，果实中单宁的含量高时，有很强的涩味，影响制品的风味。但若单宁与糖和酸的比例适当时，能表现良好的风味；果酒、果汁中均应含有少量的单宁。

5. 单宁能与蛋白质结合，使蛋白质由亲水胶体变为疏水胶体，从而形成不溶性化合物，有助于汁液的澄清。在果汁、果酒生产中，常用单宁与明胶作用，澄清汁液。

第四节 芳 香 物 质

食品原料中的香味，来源于各种不同芳香物质。芳香物质是油状的挥发性物质，故又称挥发油。由于含量很少，故有精油之称。它的种类很多，化学结构复杂，往往由几种化合物混合而成。其中包括醇、醛、酯、酸、酮、酚、烃、萜及烯等。现将几种果实中的芳香物质含量及成分列表 1—13。

表 1—13 果实中芳香物质的含油量及其成分

果实名称	采样部位	香料名称	含油量（%）	主要成分
苹 果	果 实	苹果油	0.0007—0.0017	乙酸戊酯、已酸戊酯等
桃	果 实	桃 油	0.00074—0.00082	甲酸、乙酸、戊酸等三葵醇酯
柠 檬	果 实	柠檬油	1.5—2	柠檬醛、辛酸二壬醛、柠檬烃
甜 橙	果 皮	甜橙油	1.2—2.1	葵醛、柠檬醛辛醇
橘	果 皮	橘皮油	1.9—2.5	及柠檬醛、橙花醇

但有些物质的芳香物质不是以精油的状态存在，而是以糖甙或氨基酸状态存在的，必须借酶的作用进行分解，生成精油才有香气，如苦杏仁油。

芳香物质在果品中多存在于核果类的种子中和其他类的果皮中，而果肉含量很少。如温州蜜柑，挥发油在外果皮中含量为 1.2%，在整个果实中含量仅有 0.23%。

各种果实中所含有的芳香物质的种类十分复杂，据研究，从葡萄的香气中已分离出 78 种成分，从草莓的香气中分离出 150 多种成分。由于各种果实所含芳香物质的组成不同，所以，它们各自具有独特的香味。果实中所含各种挥发油的总体，一般就以该种果实的名称命名为某某油。如苹果油、柠檬油、橘子油……等。

原料中含有的各种芳香物质，不仅构成原料的香味，而且能刺激食欲，有助于人体对其它营养成分的吸收。有的挥发油，如苯甲醛氧化后的苯甲酸，具有杀菌力，在食品保藏上具有一定的意义。

原料在成熟及贮藏加工过程中温度的高低对其风味影响很大，如温度过高，则芳香物质很快分解，香味因而消失，如在低温下贮藏，香气的损失大大减少。为了保持果食加工品的香气，应尽可能降低加热的温度和缩短加热时间或增设芳香物质回收装置。

第五节　维　生　素

果品、蔬菜均含有多种多样的维生素，是人体所需维生素的重要来源。在果品贮藏和加工时，保存和强化维生素在制品中的含量，是一个重要的课题。现介绍几种重要维生素加工的特性。

一、维生素 C（抗坏血酸）

维生素 C 具有防治人体坏血病的作用，故称抗坏血酸。广泛存在于果实、野菜中，含量最多的是沙棘、刺梨、山楂、猕猴桃、柑橘、枣等。维生素 C 在果皮中的含量远远高于果肉，因此，果实的带皮食用与果皮的加工利用值得重视。

据报道，维生素 C 能阻止致癌物二甲基硝胺的形成，对防治癌症起重要作用。

维生素 C 是单糖的衍生物。它在抗坏血酸氧化酶的作用下，被氧化为脱氢抗坏血酸，这个反应是可逆的。但脱氢抗坏血酸再进一步氧化，即不可逆而失去生理活性。在果实加工过程中，常采取隔氧和抑制抗坏血酸氧化酶活性的措施，以防止或减少抗坏血酸的损失。

维生素 C 易溶于水，呈酸性，在酸性介质中比较稳定。在有空气及其氧化剂存在时，非常不稳定，分解速度受温度、pH 值、金属离子及紫外线等影响。如在 pH 值高于 7 的介质中受破坏；在铜、铁等金属的催化下，氧化作用增强；在低温下较稳定，在较高温度时，则不稳定。据报道，浆果类在 20℃下贮藏 1—2 天，维生素 C 损失率达 30％—40％。采后果实在日光照射下也会加速维生素 C 的破坏。

维生素 C 因具有重要的营养作用和强还原性，所以常被用作为营养强化剂和抗氧化剂、护色剂等。

二、维生素 B_1（硫胺素）

果实中维生素 B_1 的含量为 0.1—0.2mg/100g，它在酸性条件下，稳定、耐热。在 pH3.5 时加热到 120℃仍可保持活性，在碱性条件下极易被破坏。氧、氧化剂、紫外线及 γ-射线可破坏维生素 B_1。金属离子（铜离子等）及亚硫酸根也可分解钝化维生素 B_1，特别是在 pH6 时瞬时即可发生。

维生素 B_1 多存在于谷物的胚及豆类、香菇中。

三、维生素 A（抗干眼病维生素）

在植物本身并不存在维生素 A，只含有胡萝卜素（又叫维生素 A 原），被人体吸收后，可以在肝脏中水解而生成维生素 A。一分子 β-胡萝卜素在动物体可产生两分子维生素 A。

$$\underset{\beta\text{-胡萝卜素}}{C_{40}H_{56}} + 2H_2O \longrightarrow 2\underset{\text{维生素 A}}{C_{20}H_{28}OH}$$

维生素 A 和胡萝卜素均不溶于水，而溶于脂肪。易被空气氧化而失去活性。在无氧条件下，加热至 120—130℃，不发生任何变化，所以维生素 A 在罐藏加工中损失较少。

水果中的胡萝卜素大多为 β 型，营养价值高，成年人每日需要量为 2—5mg。果实在贮藏过程中胡萝卜素损失不显著，只有在过分失水或干制的情况下，损失量才显著增加。

四、维 生 素 P

维生素 P 开始是从柠檬中提取出来的，具有调节毛细血管透性功能的有效成分，也有预防血管性紫斑病和溢血病的效果，但需有维生素 C 同时存在才能发生作用。许多果实中均有一定量的维生素 P。其中柑橘类、杏、柿子和香蕉中的含量较高。一般每 100g 可食部分中约含有 0.5—0.8mg。果蔬是人体所需维生素 P 的主要来源。

五、维 生 素 E

食品中维生素 E 的含量以绿色植物种子及胚芽最丰富，其它部分含量也较多。

维生素 E 很易被氧化，特别有金属离子如 Fe^{2+} 等存在可促进其氧化。对热、酸、碱等条件都比较稳定。在食品加工及油脂贮藏中，常用作抗氧化剂。

表 1—14、1—15 分别列举了几种主要水果和山珍野菜中有关维生素的含量。

表 1—14　几种重要维生素在果实中的含量

（以可食部分计）　(mg/100g)

果实名称	胡萝卜素 (A_1A_2)	硫酸素 (B_1)	核黄素 (B_2)	抗坏血酸 (C)
苹　果	0.08	0.01	0.01	5
梨	0.01	0.01	0.01	3
桃	0.01	0.01	0.02	6
杏	1.79	0.02	0.03	7
葡　萄	0.04	0.04	0.01	4
橘	0.55	0.08	0.03	30
甜　橙	0.11	0.08	0.03	49
柿	0.16	0.01	0.02	16
枣	0.01	0.06	0.04	270—600
山　楂	0.82	0.02	0.05	89
香　蕉	0.25	0.02	0.05	6

表 1—15　几种重要维生素在山珍野菜中的含量

（以可食部分计）　(mg/100g)

原料名称	胡萝卜素 (A_1A_2)	硫酸素 (B_1)	核黄素 (B_2)	抗坏血酸 (C)
蕨　菜	1.68	—	—	35
黄花菜	1.17	0.19	0.13	33
竹笋（冬笋）	0.08	0.08	0.08	1
香　菇	—	0.07	1.13	—
黑木耳	0.03	0.15	0.55	—
荠　菜	3.2	0.14	0.19	55
大叶枸杞（叶）	3.96	0.23	0.33	3
紫苏（叶）	9.09	0.02	0.35	47*
香椿（芽）	1.36	0.05	0.13	115

* 包括脱氢抗坏血酸。

摘自中国医学科学院卫生研究所编著的《食物成分表》。

第六节　色 素 物 质

色素物质为表现果实色彩物质的总称，色素表现出果实的各种颜色。颜色不仅是鉴定果实品种的重要指标，同时也直接关系到果实加工品质量的优劣。

果实的各种颜色，是由多种色素混合而成，随着成熟期的不同或环境条件的改变，它们都在进行着各种变化，不同颜色的形成是由于所含色素种类和数量上的差别，以及它们之间相互影响的结果。

植物色素依其溶解性能及植物体中存在状态分为二类：即脂溶性色素和水溶性色素。

一、脂溶性色素（质体色素）

（一）叶绿素

未熟的果实呈现绿色，是由于果皮细胞内含有大量的叶绿素，它不溶于水，存在于叶绿体内。随着果实的成熟，叶绿素在酶的作用下水解生成叶绿醇和叶绿酸盐等溶于水的物质。于是绿色逐渐消退，而显出其它色素的黄色或橙色，这个变化称为果实花色的变化。在许多果实成熟以及衰老的过程中，这个由绿变黄的花色变化非常明显，因而常被用来作为成熟度和贮藏质量变化的标志。

(二)类胡萝卜素

主要包括胡萝卜素、叶黄素、蕃茄红素。绿色果实中，除了叶绿素之外，还含有类胡萝卜素。当叶绿素被分解之后，这些色素便显现出它们的颜色来。类胡萝卜素是胡萝卜素、叶黄素、隐黄素和蕃茄红素的总称。它们的颜色由黄到橙红，属于非水溶性色素。柑橘、柿子、杏、黄肉桃等，所表现的橙黄色，都是类胡萝卜素的颜色。

二、水溶性色素(液泡色素)

(一)花青素(红、蓝等色)

溶于水，存在于果皮、果肉中，表现为红紫色。果实进入成熟，糖有了一定的积累后，便逐渐生成花青色素，覆盖在底色上面，被称为面色或彩色。面色的产生与阳光照射有关，也与含糖量有关。据研究，果实内产生乙烯，能促进花青素的形成。因此，在苹果采收前喷洒乙烯利有明显的增色作用。

花青素存在于果皮(苹果、葡萄、李等)和果肉(紫葡萄、草莓等)中。在加工时(如水洗、预热)会大量流失，因此操作要注意。

花青素对温度和光都敏感，随贮藏期延长而变色(红色—紫红色—红褐色—褐色)，红色的果汁保存不当时，极易发生这种变化。加热可促使色素分解破坏。例如：草莓、樱桃等煮后其色泽减退，变暗或完全消失。

(二)花黄素

是最重要的植物色素之一，溶于细胞液中，常为浅黄色至无色，偶尔为鲜橙色，普遍存在于果实中。

果实中的花黄素主要有橘皮素、柠檬素、圣草素等。它们都具有血管渗透性的作用，是维生素P的组成成分，现提取此类色素作为食用色素是综合利用途径之一。

花黄素遇碱呈深黄色，橙色至褐色，当含花黄素的果实在碱性水中预煮发生黄变时，可加入少量酒酸氢钾调节pH值来克服。

总之，果实的色泽可以外观影响产品质量，根据色泽的变化规律可以使果实具备应有的美好色泽，增进外观。在加工中，应尽量保持原有的色泽，防止色变。

第七节　糖　苷　类

糖苷又称糖甙或配糖物。是由单糖与其他化合物脱水缩合而成。在糖苷分子中，糖的部分称为糖基，非糖的部分称为配基。果实中存在各种各样的苷，大多数苷都具有苦味或特殊的香味。其中一些苷类不只是果实独特风味的来源，也是食品工业中主要香料和调味料的来源，但有些苷类有剧毒，在食用时应予以注意。常见的苷类有以下种类。

一、苦杏仁苷

存在于多种果实的种子中，以核果类含量最多，如表1—16。

表1—16　果实种子中苦杏仁苷含量(%)

果实名称	苦杏仁苷	果实名称	苦杏仁苷
杏扁桃	2.5—3.0	苹　果	0.5—1.2
杏	0—3.7	桃	0.8
李	0.9—2.5		

苦杏仁苷在酶或酸或热的作用下水解，生成葡萄糖、苯甲醛或氢氰酸，反应为：

$$C_{20}H_{27}NO_{11} + 2H_2O \longrightarrow 2\,C_6H_{12}O_6 + C_6H_5CHO + HCN$$

苦杏仁酸　　　　　　　　葡萄糖　苯甲醛　　氢氰酸

氢氰酸剧毒，故在用含有苦杏仁苷的种子作食用时，应事先加以处理。如在温水浸泡，让苦杏仁苷发生上述水解反应，使反应产物氢氰酸逸出，除去。反应产物苯甲醛具有一种特殊的香味，为主要的食品香料之一。工业上多利用苦杏仁苷等为提取苯甲醛的原料。

二、橘　皮　苷

橘皮苷是柑橘类果实中普遍存在的一种苷类，在橘皮、橘络内含量最多，其次是囊衣和砂囊。果汁中含量极少。橘皮苷为柑橘类果实苦味的来源，含量随品种及成熟度而异。

橘皮苷具有维持人体血管正常渗透作用的功效，它是维生素 P 的重要组成部分。一般从柑橘类果皮中提取，是柑橘皮综合利用途径之一。维生素 P 在未成熟的橘子中较多，它是无色的针状结晶，难溶于水。在温州蜜柑的幼果中含量特高，果皮占 34%，随着成熟，橘皮苷逐渐减少，只占 3%—5%左右。

橘皮苷在烯酸中加热或随着果实成熟，逐渐起水解作用，生成橘皮素、葡萄糖和鼠李糖。

橘皮苷难溶于水，而易溶于酒精及碱液中。溶于碱液中呈黄色，溶解随着温度和 pH 值的增高而加大，但这两种作用都是可逆的，pH 值和温度逐渐降低时，溶解了的橘皮苷就生成白色沉淀析出。橘皮苷是形成柑橘皮罐头白色混浊沉淀的主要成分之一，生产时应从原料及加工中引起注意。

第八节　酶

酶是有机体生命活动中不可缺少的因素。它决定着有机体新陈代谢的强度和方向。

新鲜果实的耐藏性和抗病性的强弱直接与它们代谢过程中的各种酶有关。在加工过程中，酶也是引起果实品质变坏和营养成分损失的重要因素。果实中的酶种类很多，其中与加工相关的主要有两大类：

Ⅰ类是氧化酶：包括酚酶、维生素 C 氧化酶、过氧化物酶及过氧化氢酶。Ⅱ类是水解酶类：包括果胶酶、淀粉酶、蛋白酶等。

酶与果实加工的关系主要有两方面，一方面是抑制酶的作用，如防止酶褐变、防止混浊果汁的分层等都要钝化酶的活性；另一方面是利用酶的活性，如果实的后熟、蔗糖的酶促转化和果汁、果酒的澄清等。合理的控制和利用这些酶，是果实贮藏加工中进行各种处理的理论基础。

第九节　矿　物　质

果实中含有各种矿物质，如钙、磷、镁、铁、钾、钠、碘、铝、铜等，它们是以硫酸盐、碳酸盐或与有机物结合的盐类存在。其中与人体的营养关系最密切的矿物质有钙、磷、铁等。在果实和山珍野菜中的含量如表 1—17、表 1—18。

表 1—17　果实中主要矿物质含量　　(mg/100g)

(以可食部分计)

果实名称	钙	磷	铁	果实名称	钙	磷	铁
苹 果	11	9	0.3	枣	14	23	0.5
梨	5	6	0.2	山 楂	85	25	2.1
桃	8	20	1.0	草 莓	32	41	1.1
杏	26	24	0.8	香 蕉	10	35	0.8
葡 萄	4	15	0.6	芦 笋	32	14	14
甜 橙	26	15	0.2	蘑 菇	8	86	1.3

表 1—18　山珍野菜中主要矿物质含量　　(mg/100g)

(以可食部分计)

原料名称	钙	磷	铁	原料名称	钙	磷	铁
蕨 菜	24	29	6.7	荠 菜	420	73	6.3
黄花菜	73	69	1.4	大叶枸杞（叶）	155	67	3.4
竹笋（冬笋）	22*	56	0.1	紫苏（叶）	3	44	23
香 菇	124	415	25.3	香椿（芽）	140	135	4.3
黑木耳	357	201	185	木槿花（白）	12	36	0.9

* 竹笋中的钙，因草酸含量高，钙不能被身体吸收。

摘自中国医学科学院卫生研究所编著《食物成分表》。

原料中所含的矿物质，对构成人体组织与调节生理机能起着重要的作用。

此外，果实中也常残留有在其生长时间所使用的农药，易造成铜、铅、砷等中毒，因此，食用及加工时应洗涤干净。

第十节　特种有效成分

林产食品原料，在森林这个绿色的宝库里，除了果实可供加工利用外，许多树木的根、皮、花、树液、枝叶及森林内蕴藏的其他植物资源，也可作为食品、医药的重要原料。如肉楂、杜仲、厚朴、刺五加、枸杞、槟榔等又是重要的药用植物。近几年，利用海南粗榧（又名红壳松）的树皮、枝叶提取的生物碱、生物胶，对白血病有特殊疗效，对一般癌症也有一定疗效。又如著名的猴头、香菇、灵芝、木耳、银耳等食用真菌，除含有丰富的蛋白质、脂肪、碳水化合物、纤维素、铁、钙、磷和多种人体所必须的氨基酸、维生素、微量元素外，还具有特殊的香味和很高的医药价值。有些营养成分是一般蔬菜缺乏的。近几年来从某些食用菌中提取使人体产生干扰素的诱发剂（双链核糖酸）能使人体产生大量对病毒的抗体，增强人体抗病毒的能力，预防由病毒引起的疾病。从真菌中提取的多糖体等还有抗癌和抑制癌变的作用，腺嘌呤有降低胆固醇，降低血压的作用。有的真菌对胆结石、糖尿病、动脉硬化、肝硬变、高血压、心脏病有预防和治疗作用。有的真菌含有一种黑素，经常食用能使白发变黑而滋润。因此，近年来世界舆论对食用真菌有“健康食品”之称。

第四章　食品添加剂

随着经济的发展，人们生活水平不断提高，要求食品工业提供食用方便，具有营养与保健作用，风味独特，可满足人们不同需要的多样化食品。食品添加剂已成为现代食品工业中最富有创造力、能获得更多的经济效益，开发多样化食品中最活跃的因素。

第一节　食品添加剂概述

一、食品添加剂的定义

食品添加剂的范围和概念，目前各国尚不统一。我国一般认为食品添加剂是指在食品生产、加工、保藏等过程中，为了改良食品品质及其色、香、味，改良食品结构，防止食品氧化、腐败、变质和为了加工工艺的需要而加入食品中的化学合成或天然物质。这些物质在食品中必须对人体无害，也不影响食品的营养价值，而且要具有增进食品的感官性状或提高食品质量的作用。

为了严格确定食品添加剂的定义及使用范围，《中华人民共和国食品卫生法》第四十三条对食品添加剂与食品强化剂作了明确的定义与区分：

食品添加剂：指为改善食品品质和色、香、味，以及为防腐和加工工艺的需要而加入食品中的化学合成或天然物质。

食品强化剂：指为了增加营养成分而加入食品中的天然或者人工合成的属于天然营养素范围的食品添加剂。

二、食品添加剂的种类及分类

目前世界上直接使用的食品添加剂大约有4000多种，常用的有600多种。我国已批准使用的食品添加剂有近800种，其中香精、香料约600种。

食品添加剂种类繁多，功能各异。有的一物多功，对其分类目前尚无统一标准。我国根据GB2760—86中的规定，分为防腐剂、发色剂、漂白剂、酸味剂、凝固剂、疏松剂、增稠剂、消泡剂、甜味剂、着色剂、乳化剂、品质改良剂、抗结剂、香料和其它共16类。

国际粮农组织和世界卫生组织（FAO/WHO）食品添加剂法典委员会1983年在荷兰海牙举行的第16次会议讨论了食品添加剂编号分类问题，根据安全评价资料把食品添加剂分成A、B、C 3类；每类再分为1、2两类。

A类：

A（1）类：经FAO/WHO食品添加剂联合专家委员会（JECFA）认为：毒理学资料清楚，已制订出ADI的值（Acceptable Dailyintake，每人每天容许摄入量，以mg/kg体重计算）。或者认为毒性有限，不需规定ADI值。

A（2）类：JECFA已制定暂定ADI值，但毒理学资料不够完善，暂时允许使用于食品。

B类：本类添加剂工业对它们有兴趣。

B（1）类：JECFA 曾进行评价，由于毒理学资料不足，未建立 ADI 值。

B（2）类：JECFA 未进行过评价。

C 类：

C（1）类：JECFA 根据毒理学，认为在食品使用上是不安全的。

C（2）类：JECFA 根据毒理学资料，认为应严格控制在某些食品的特殊用途上。

三、食品添加剂选用原则

化学物质毒性是相对的，与剂量有关。毒性较高的化学物质，在很微的剂量时不一定导致机体损伤，而毒性小的物质在大剂量时也能损伤机体。毒性高低只是相对的。几乎所有的物质都具有毒性，只是在一定条件下才引起人体损伤。所谓条件，除化学物质本身毒性之外，还与机体的生化代谢、机能状态、物质进入身体方式（经消化道、呼吸道、皮肤、粘膜）、时间、分布一次食入量或多次重复等有关，其中剂量是一个重要条件。

食品添加剂有助于加工和改良食品品质，但多系化学合成物质，故必然具有一定的毒性。因此，使用食品添加剂时，除要遵守我国制定的有关食品添加剂的卫生法规外，还要遵循以下原则：

（一）使用食品添加剂应保持和改进食品营养质量，而不能降低或破坏营养质量。

（二）使用食品添加剂不得用于掩盖食品变质、变坏等特点，或为了粗制滥造而降低应有良好的加工措施和卫生要求。

（三）食品添加剂应符合质量标准，不得含有有害杂质，不能超过允许限量。加入食品后应能被分析鉴定出来。

四、食品添加剂的卫生管理

我国政府从 50 年代开始，逐渐对食品添加剂采取管理措施。60 年代后，逐渐加强了对食品添加剂的生产管理和质量监督，公布了一系列有关食品添加剂的法规和标准。如 1980 年国家标准局公布了《中华人民共和国国家标准——食品添加剂》（GB1886—1906—80）；1986 年 12 月国家标准局批准了《中华人民共和国国家标准——食品添加剂卫生管理办法》。第五届全国人大常委会第 25 次会议于 1982 年 12 月 19 日通过并公布了《中华人民共和国食品卫生法（试行）》。这些法规的公布，为我国食品添加剂的卫生管理，奠定了法律基础。

第二节　常用食品添加剂各论

一、甜味剂（Sweetening Agents）

甜味剂包括天然甜味剂及不产生热量的人工合成甜味剂。天然甜味剂中蔗糖、果糖、葡萄糖及淀粉浆糖等具有较高的营养价值，属于食品原料，不做为食品添加剂来限制使用。我国食品添加剂允许使用的甜味剂包括人工合成的糖精及其钠盐、环巳基氨基磺酸钠、天门冬酰苯丙氨酸甲酯。部分天然甜味剂如甜叶菊苷、甘草、麦芽糖醇及山梨糖醇液等，见表 1—19。

表 1—19 常用甜味剂及使用标准

名称	应用范围	最大使用量（g/kg）
糖精钠	酱菜类、调味酱汁、浓缩果汁、蜜饯类、配制酒、冷饮类、糕点、饼干、面包	0.15
	盐汽水	0.08
甜叶菊苷	液体、固体饮料、糖果、糕点	正常生产需要
环已基氨基磺酸钠（甜蜜素）	清凉饮料、冰淇淋、糕点	0.25
	蜜饯类	1.0
天门冬酰苯丙氨酸甲酯（甜味素）	汽水、饮料、醋、咖啡饮料、喱	正常生产需要或与其它甜味剂合用
麦芽糖醇	冷饮类、糕点浓缩果汁、饼干、面包、酱菜类、糖果	正常生产需要
D-山梨糖醇液	糕点	5.0
天门冬酰胺酸钠	饮料	3.0
甘草	罐头、调味剂、糖果、饼干、蜜饯类（广式凉果）	正常生产需要

甜味的高低，称为甜度。但甜度的大小至今尚不能用客观的分析方法来测定，而只能凭人们的味觉来判断，这不但受主观上的影响，而且浓度、温度和水溶性对甜度影响很大，同时还受食品中其它成分的影响，所以现在还没有标准来表达甜度的绝对值。一般以蔗糖为标准，其他甜味剂的甜度则是与蔗糖比较的相对甜度。以蔗糖的甜度为100。其它糖和甜味剂相对甜度如表 1—20。

表 1—20 各种甜味物质的相对甜度（%）

甜味物质	相对甜度	甜味物质	相对甜度
蔗糖	100	山梨醇	50—70
麦芽糖	32—60	肌醇	50
葡萄糖	50—74	甘露醇	70
果糖	114—175	麦芽糖醇	75—95
糖精	20000—7000	水糖醇	100—140
乳糖	16—27	甜叶菊提取物	150—200
棉子糖	23	环已基氨基磺酸钠	3000—4000
鼠李糖	30	天门冬酰苯丙氨酸甲酯	10000—20000
丰乳糖	30—60	甜草酸	20000—25000
木糖	40—70	柚苷二氢查尔酮	10000
D-甘露糖	32—60	新橙皮二氨查尔酮	150 000—200 000
紫苏糖	200 000	D-色氨酸	3500

（一）糖精钠

为无色透明结晶或结晶性粉末，无臭，加热时会发生轻微的苯醛芳香。易溶于水，20℃时可溶解 66%，难溶于无水乙醇，在空气中缓慢风化，失去结晶水而成白色粉末。不耐热和碱，溶液煮沸后易分解，生成邻磺胺苯甲酸而减弱甜味，有机酸存在会加速分解。

糖精钠离解成阴离子有强甜味，而分子状态下没有甜味，反而感到有苦味。浓度高时也会感到苦味。与酸味并用，有爽快地甜味。

近年来对糖精的安全性、致癌性引起了很多争议，但至今尚未有结果。

（二）甜蜜素（环巳基氨基磺酸钠）

白色结晶性粉末，无臭，易溶于水，极微溶于乙醇，不溶于氯仿和乙醚。本品曾被怀疑为致癌物质而被禁用，后来许多实验报告表明无致癌性。现仍然广泛地使用。

（三）甜味素（天门冬酰苯丙氨酸甲酯）

白色粉末，易溶于水。为一种二肽的衍生物。具有氨基酸的一般性质。在干燥状态下可长期保存，当温度升高到一定高度时，则环化生成三酮哌嗪而失去甜味。尤其在潮湿条件下，稳定性降低。

本品品质好，且几乎不增加热量，可作糖尿病、肥胖症等疗效食品的甜味剂，亦可用作防龋齿食品的甜味剂。

（四）甜叶菊苷

为甜叶菊叶和茎中的甜味成分，主要有效成分为甜叶菊苷，为白色粉末状结晶，可溶于水和乙醇，吸湿性强，精制程度越高，在水中溶解速度越慢，热稳定性强，遇碱易分解而降低甜味。

本品适度可口，浓度高时有异味，与柠檬酸或甘氨酸并用，味道良好。食后不被吸收，不产生热量，不被微生物所利用。用于腌制果蔬不发生收缩，能较好地保持原状。

（五）甘草

为豆科植物（Glycyrrhiza glabra L.）的干燥根茎。为我国常用的中草药。其甜味的主要成分为甘草甜素或甘草酸。

甘草末为淡黄色粉末，甜而略带苦味。甘草水浸液为淡黄色，浓缩物质通常为黑褐色粉粘液体，有特殊的香气及甜味。与柠檬酸配合，甜味更佳。甘草甜素不为微生物利用，所以不引起发酵，可避免加糖出现的发酵变色、硬化等现象。

二、酸味剂（Acids，Acidifiers）

酸味剂又称酸化剂，是赋予食品以酸味为主要目的的添加剂，它可以改善食品的风味，使产品标准化。此外，还常用为护色剂和抗氧化剂的辅助剂、防腐剂的增效剂以及缓冲剂、疏松剂的重要组成成分。食品中常用的酸味剂有：柠檬酸、苹果酸、乳酸、酒石酸、醋酸及磷酸等。大多数有机酸都是安全无毒的，没有规定其 ADI 值。如柠檬酸、苹果酸、乳酸、醋酸等可进行代谢，无蓄积作用。在食品加工时可按正常生产需要量添加。

（一）柠檬酸

为无色半透明结晶，或白色颗粒，白色结晶粉末，无臭，味极酸；易溶于水及乙醇。在干燥空气中可失去结晶水而风化，在潮湿空气中可缓缓潮解结成块。

柠檬酸使用方便，酸味纯正，温和，芳香可口。其刺激阈的最大值为 0.08%，最小值为 0.02%。易与多种香料配和而产生清爽的酸味，是适用于各类食品的酸化剂。食品工业所消费的有机酸半数以上是有机酸。

本品有较好的防腐作用，特别对抑制细菌的繁殖效果较好。本品螯合金属离子的能力较强，作为金属封锁剂，作用之强居有机酸之首，能与本身量的 20%的金属离子螯合。可作为抗氧化增强剂，延缓油脂酸败，也可作色素稳定剂。还可防止果蔬褐变。在凝胶食品如果酱、果冻等中，柠檬酸不仅可突出鲜果味，而且还可促进凝胶。柠檬酸和柠檬酸钠、钾盐等配成的缓冲液可与碳酸氢钠配制起泡剂及 pH 调节剂等。

（二）乳酸

为透明无色或淡黄色透明糖浆状液体，无臭或有轻微酸臭，有吸湿性，与水、醇、甘油可任意混合，不溶于氯仿，浓缩至 50％时，部分变成乳酐，一般 85％—90％的乳酸中含 10％—15％的乳酸酐。

乳酸具有较强的杀菌作用，可以防止杂菌生长，抑制异常发酵作用。因具有特异收敛性酸味，故使用范围不如柠檬酸广泛。可用于果酱类、饮料、罐头和糖果。一般与柠檬酸合用。

（三）酒石酸

为无水结晶或白色结晶性粉末，无臭，有酸味，易溶于水，难溶于乙醚。

酸度比柠檬酸强 1.2—1.3 倍，D-酒石酸对金属离子有螯合作用，但比柠檬酸差。多用于果酱、饮料、罐头及糖果。一般单独使用较少，多与柠檬酸、苹果酸等合并使用。

（四）苹果酸（马来酸、顺丁烯二酸）

为白色结晶或结晶性粉末，无臭或少有特异臭，有刺激性酸味，易溶于水，可溶于乙醇，但不溶于乙醚，有吸湿性。

酸性比柠檬酸强 20％左右，但其对味觉的作用与柠檬酸相反。柠檬酸的酸味可迅速达到高点，然后很快降低，而苹果酸的酸味呈味缓慢，并能维持较长时间。因此，效果更好。苹果酸与柠檬酸以 5：2 比例合并使用可接近天然苹果酸味。

三、防腐剂（Preservatives）

为防止食品因污染微生物而腐败，往往添加化学物质来抑制微生物的增殖，以延长食品的保藏期限，这些化学物质称为防腐剂或保藏剂。

食品腐败变质是食品本身、环境因素和微生物三者相互影响，综合作用的结果，而以微生物作用为主。防腐剂主要是使微生的蛋白质变性或凝固；或改变细胞膜的正常透性；使菌体不能正常生长；或干扰微生物和酶的活动，破坏正常代谢等，从而抑制微生物生长繁殖、杀死微生物。具有防腐作用的药物很多，但直接用于食品的防腐剂有：苯甲酸及其盐类、山梨酸及其盐类、对羟基苯甲酸酯类等，见表 1—21。

常用防腐剂能控制低程度污染，不足以控制较高程度的污染。要保证食品不腐败还必须与其他加工措施配合。

（一）苯甲酸（安息香酸）及其钠盐

苯甲酸为白色片状、针状结晶，或单斜棱晶，质轻无臭带有丝光；或微带安息香或苯甲醛气味。100℃时开始升华，可随水蒸气挥发。本品性质稳定，有吸湿性；不溶于水或微溶于水。

苯甲酸钠为白色粒状，或结晶粉末；无臭具甜、涩味。易溶于水，在空气中稳定。1g 苯甲酸钠相当于 0.847g 苯甲酸。

二者都具有杀菌或抑菌作用，其效力随介质的 pH 值不同而有很大差异，随酸度增加而加强。在碱性条件下失去抗菌作用。在酸性溶液中的有效浓度 0.05％。

苯甲酸及其盐之所以能抑制或杀死多种细菌、霉菌和酵母菌，是由于苯甲酸干扰了微生物细胞膜的通透性。抑制细胞膜对氨基酸的吸收；还能引起氧化磷酸化电子传递系统与

表 1—21　常用防腐剂及使用标准

<table>
<tr><th>名　称</th><th>使用范围</th><th>用量（g/kg）</th><th>备　注</th></tr>
<tr><td rowspan="5">苯甲酸
苯甲酸钠</td><td>酱油、醋、果汁、果酱
果子露、罐头</td><td>1.0</td><td>浓缩果汁不得超过 2g/kg</td></tr>
<tr><td>葡萄酒、果子酒、琼脂软糖</td><td>0.8</td><td rowspan="4">苯果酸与苯果酸钠同时使用，以苯果酸汁，不得超过最大使用量</td></tr>
<tr><td>汽酒、汽水</td><td>0.2</td></tr>
<tr><td>果子汽酒</td><td>0.4</td></tr>
<tr><td>低盐酱菜、面酱类
蜜饯类、山楂糕、果子露</td><td>0.5</td></tr>
<tr><td rowspan="4">山梨酸
山梨酸钾</td><td>酱油、酯、果酱类
人造奶油、琼脂软糖</td><td>1.0</td><td>浓缩果汁不得超过 2g/kg</td></tr>
<tr><td>低盐酱果、面酱蜜饯类
山楂糕、果子露、罐头</td><td>0.5</td><td rowspan="3">山梨酸及山梨酸钾同时使用时，以山梨酸汁，不得超过最大使用量</td></tr>
<tr><td>果汁类、果子露、
葡萄酒、果酒</td><td>0.6</td></tr>
<tr><td>汽水、汽酒</td><td>0.2</td></tr>
<tr><td>二氧化硫
焦亚硫酸钠
焦亚硫酸钾</td><td>葡萄酒、果酒</td><td>0.25</td><td>二氧化硫残留量不得超过 0.05g/kg</td></tr>
<tr><td rowspan="3">对羟基苯甲酸丙酯
（氏泊金丙酯）</td><td>清凉饮料</td><td>0.10</td><td rowspan="3"></td></tr>
<tr><td>水果、蔬菜表皮</td><td>0.012</td></tr>
<tr><td>果汁、果酱</td><td>0.20</td></tr>
</table>

底物间的解偶联反应（uncoupling），使 ATP 的合成反应受到障碍。此外，苯甲酸还是自由基的清除剂，D-氨基酸，氧化酶及阳离子转移的抑制剂。

苯甲酸进入人体消化道，经小肠吸收，首先结合成酶，然后经酰基转移酶催化，有 66%—95%。在肝脏与甘氨酸结合生成马尿酸，在 24h 内由肾排出。其余部分与葡萄糖醛酸结合，也由尿排出。虽然各国进行的大量毒理学试验结果表明，按标准添加于食品中，未出现有毒作用，但人们根据其化学结构推测其有某种毒害作用，故不少国家已限制其使用。

由于苯甲酸在水中的溶解度不如苯甲酸钠，故在实际作用中多用苯甲酸钠。苯甲酸在沸水中易挥发，应在加热后再加入。饮料中的 pH 值为 2—3.5 时，0.1%的苯甲酸有添加效果，但盐汽水的容许量为 0.08%，达不到防腐作用，则可与其它防腐剂或物理方法配合应用。

（二）山梨酸（乙二烯酸）及其钾盐

山梨酸为无色透明针状结晶或白色结晶性粉末，无臭或稍带刺激性臭味，对光、热稳定，微溶于水，易溶于乙醇等多种有机溶剂，久置空气中则氧化变色。在水中加热可随同水蒸气挥发。

山梨酸钾为白色或淡黄色鳞片状结晶，易溶于水，在空气中吸湿则氧化分解。也易溶于高浓度蔗糖或食盐溶液，故用于各种饮料。

山梨酸及其钾盐亦属于酸性防腐剂，对霉菌、酵母菌及需氧菌均有明显抑制作用，但对乳酸菌及厌氧性芽胞菌无效。其抑菌有效浓度为 0.05%—0.3%。

山梨酸 1g 相当于钾盐 1.33g，山梨酸钾 1g 相当于山梨酸 0.746g。按我国使用标准，果酱类最大用量为 1g/kg，汽水为 0.2g/kg，使用山梨酸钾时，按山梨酸含量计算。

山梨酸作为防腐剂的抑菌作用，主要是抑制了微生物的各种酶系统。其中主要是含硫基的酶类，如酵母和霉菌的延胡索酸酶、天门冬酸酶、琥珀酸脱氢酶和酵母的脱氢酶。此外，还能抑制烯醇化酶、蛋白酶和过氧化氢酶。并在乙酰辅酶 A 处竞争乙酸，从而抑制微生物的呼吸。

由于山梨酸在水中的溶解度很低，使用时可先溶于乙醇或碳酸钾（或碳酸氢钾），但应现用现配，并防止加入过量，造成溶液呈碱性而影响效果。可参考表 1—22。

使用山梨酸时，不得接触铜、铁等金属。山梨酸对被微生物严重污染的食品，不仅不能起防腐作用，反而会成为微生物的营养源而加速食品的腐败。这样必须与其它防腐剂合并使用。如食盐蔗糖、抗氧化剂等。

山梨酸进入人体，可参加体内正常代谢，最后分解为二氧化碳和水，故安全无毒。

表 1—22　溶解山梨酸需要加人的碳酸氢钠量

山梨酸溶液浓度	1%	2%	3%	4%	5%	6%	7%	8%	9%
山梨酸（g）	1.0	2.0	3.0	4.0	5.0	6.0	7.0	8.0	9.0
碳酸氢钾（g）	0.89	1.79	2.68	3.57	4.47	5.38	6.25	7.14	8.04

四、抗氧化剂（Antioxidants）

抗氧化剂指能推迟食品的氧化变质，以延长食品的保藏期的物质。

抗氧化剂作用机理一方面是终止食品中脂质的自身氧化作用，同时通过本身的还原作用消耗周围的氧，并产生二氧化碳，而起到减弱氧化反应保护食品的作用。

抗氧化剂有油溶性和水溶性两类。林产食品加工常用水溶性抗氧化剂，如抗坏血酸及其盐类、异抗坏血酸及其盐类、亚硫酸盐类、植酸及乙氧基硅等。此类抗氧化剂多用于食品颜色的抗氧化作用和果蔬保鲜等。

异抗坏血酸及其钠盐（异维生素 C 盐）：

异抗坏血酸为白色或黄色结晶或结晶性粉末，无臭，有酸味。易溶于水。（55g/100ml）水溶液呈酸性。遇光色变暗，遇热及重金属离子易氧化。

异抗坏血酸钠为白色至黄白色颗粒，细粒或结晶性粉末，无臭，稍有咸味。可溶于水，(15g/100ml) 水溶液呈中性，本品在固体状态下十分稳定，溶解后则易氧化，应现用现配。尽量避免与空气接触。

本品是抗坏血酸的一种立体异构体，具有强的抗氧化作用。无毒，使用不加限量。但用量过多，还原作用强，会引起褪色作用，反而达不到保色、保味的目的。

作为抗氧化剂用于水果、罐头、果酱等最大量为 0.04%—0.1%，葡萄酒、果汁为 0.015%。

五、增稠剂（Thickening Agents）

能增加液态食品混合物或食品溶液的粘度，保持体系的相对稳定性的亲水物质，称为食品增稠剂。食品增稠剂又称糊料，是一类具有胶体性质的物质，亦可称为食品胶。食品胶主要为多肽和多糖物质。

食品胶主要起稳定食品“型”态的作用。如乳化稳定、悬浮稳定、泡沫稳定、凝胶赋型等。此外，对改善食品的触感及对加工食品的色、香、味和水相等的稳定性，亦起相当重要作用。食品胶广泛用于果冻、奶冻、咖喱、果酱、蜜饯、软糖、人造营养品、果汁等。常用增稠剂见表1—23。

表1—23 常用食品增稠剂及使用

名　称	使用范围及作用	最大用量（g/kg）
明　胶	冰淇淋稳定剂，糖果中赋型作用，果汁、露酒澄清剂，糕点作搅打剂、胶粘剂，山楂糕、栗子羹等增稠剂	生产需要量
褐藻酸钠	制造耐热冻胶；冰淇淋等的稳定剂与组织改良剂；水果、蔬菜保鲜；饮料的稳定剂；保健疗效食品的基料等	生产需要量
琼　脂	制造果冻；果酱增稠及增加粘度；果酒澄清剂；水果保鲜剂的披膜剂等等	生产需要量
果　胶	制造果冻；果酱中增稠与稳定作用；软糖中增加弹性、改善口感；在浓缩果汁、果汁、果汁饮料、汽水等中起增稠作用	生产需要量

六、着色剂（Food Colour）

着色剂又称实用色素或食用染料，是以食品着色为目的的食品添加剂。

色素根据来源不同，可分为天然色素和人工合成色素两大类。一般来说，合成色素具有色泽鲜艳、着色力强、稳定性好，无臭无味，易于溶解和调色，品质均匀，成本低廉等优点。天然色素则色泽自然，种类繁多，不少品种兼有营养价值，有的还有一定的药物疗效，尤其是安全性为人们所信赖，使用范围与用量比合成色素宽。不足之处为天然色素的着色力和稳定性较差，成本高。常用的食用合成色素性质见表1—24，天然色素见表1—25。

表1—24 几种食用合成色素性质表

色素名称	0.1%水溶液色调	溶解度20℃（50%）	稳定性							
			热	光	氧化	还原	酸	碱	食盐	微生物
苋菜红	带紫红色	11（17）		○	△	×	○		△	△
赤鲜红	带绿红色	7.5（15）	*	△	△	○	×	○	△	*
胭脂红	红　色	41（51）	○	○	△	×	○	△	*	△
柠檬黄	黄　色	12（60）	*	○	△	×	*	○		
夕阳黄	橙　色	26（38）	*	○	△	×	*	○		
亮　蓝	蓝　色	18	*	*	△	○	*	○	*	
靛　蓝	紫蓝色	1.1（3.2）	△	△	△	×		△	△	

注：*非常稳定　○稳定，空栏一般　△不稳定　×很不稳定

使用合成色素时应注意事项：

1. 称量一定要准确，以免形成色差。改用强度不同的色素时，必须经折算和实验后确定新的添加量，以保证前后产品色调一致。

2. 色素粉末应配成溶液后再加入，以利均匀分布。

3. 配制合成色素用水，必须经脱氯和去离子处理，溶解色素所用容器宜用玻璃、陶瓷、搪瓷制品等。

表 1—25　几种食用天然色素性质一览表

色素名称	溶解性			分散乳化性	颜色	稳定性											染色性	特异性
	水	乙醇	油		pH 变化 3、4、5、6、7、8	热	光	氧化	还原	维生素C	酸	碱	蛋白	微生物	金属	食盐		
β-胡萝卜素	×	△	○	○	黄黄黄	○	○	×	○	○	○		○	○	○	○	×	△
辣椒色素	×	△	*	○	黄　橙	○	○		○	○	○	×	○	○	○	○	×	○
栀子黄色素	*	○	×		鲜　黄	△	○	△	○	○	○	○	○	○	△	○	*	×
红花黄	*	○	×		黄黄黄	△	○	△	○	○	○	○	○	○	△	○	△	△
甜菜红	*	○	×		红黄、鲜红	△	△			○	△	×	○	○	×	○	△	○
胭脂虫红色素	*	○	×		红橙红红紫	*	*	○		○	○	△	×	○	×	○	△	△
虫胶色素	△	△	×		红橙红红紫	*	*	○			○	△	×	○	×	△	○	△
叶绿素	×	○	*		褐变←绿色	○	△				×							
高粱色素	△	△	×		不溶→红褐色						×	○	○	△	△	△		
可哥色素	*	△	×		褐　色	*	*	*	○	○	○	○	○	△	△	○	○	
红曲色素	○	*	×		不溶←红橙	○	△			○		△	○	○	○	○	*	
核黄素					黄　色	○	△	*	○	○	○		○	○		○		
焦　糖	*	○	×		红　褐	*	*	○	○						○	○	*	
姜　黄	△	*	○	○	黄　色		×	△						○	×		○	×
叶绿素铜钠	○	△			褐变←绿色	△	△							○	△	△	*	×
红米色素	*	*	×			○	○							○	×	○	△	

注：* 非常好　○良好　△不好（溶解性为微溶）×差（溶解性不溶）

4. 我国允许使用的合成色素和颜色种类虽然不多，但可利用红、黄、蓝三种基本色，按不同的比例可配制成不同的色谱。

5. 各种合成色素溶解于不同的溶剂中，可产生不同色调与强度，尤其是使用两种或数种合成色素拼色时，情况更为明显。

6. 食品加工过程中，为避免各种因素对合成色素影响，应尽可能最后加入。

使用不同天然色素时应注意事项：

1. 要考虑天然色素与食品中成分之间的相互影响。如蒽醌类色素与蛋白质接触时，其红色可转变为紫色，若添加明矾、磷酸等，可防止这种变化。

2. 注意天然色素的溶解性，着染性，坚牢度等对食品风味有无影响等。

表 1—26 为林产食品中常用着色剂的使用范围及标准。

七、漂白剂（Bleaching Agents）

漂白剂主要是抑制或破坏食品中的各种发色因素，使色素褪去，以免于食品褪变，提高食品品质。

漂白剂可分为氧化型和还原型二种。在食品加工中，主要是使用还原型漂白剂。目前使用的这类漂白剂主要为亚硫酸盐类。表 1—27 列举了常用漂白剂的使用标准。

表 1—26　常用着色剂使用范围与标准

名　称	使用范围	最大使用量（g/kg）
苋菜红、胭脂红 赤藓红、新　红	果味水、果味粉、果子露、 汽　水、配制酒、糖　果、 罐头、浓缩果汁、青梅	0.05
柠檬黄、日落黄、靛蓝		0.10
亮　蓝		0.025
甜菜红、姜黄	果味水、果味粉、汽水、 配制酒、红绿丝罐头、 浓缩果汁、青梅、冰淇淋	正常生产需要
红花黄		0.20
虫胶红		0.50
叶绿素铜钠盐		0.5
越橘红	果汁、冰淇淋	正常生产需要
辣椒红	罐头	
辣椒橙	罐头	
红米红	配制酒	
栀子黄	饮料配制酒	0.3
菊花黄浸膏	饮料、糖果	0.3
黑豆红	饮料、糖果、配制酒	0.8
萝卜红	饮料、配制酒、糖果、罐头、蜜饯	正常生产需要
可可壳	汽水、配制酒	1.0
	可乐型饮料	2.0
	糖果	3.0
红曲米	配制酒、糖果	正常生产需要
玫瑰茄红	饮料、糖果、配制酒	

表 1—27　漂白剂使用卫生标准

名　称	使 用 范 围	最大使用量 g/kg	备　注
二氧化硫 焦亚硫酸钾 焦亚硫酸钠	葡萄酒、果酒	0.25	SO_2 残留量不得 超过 0.05g/kg
亚硫酸钠	蜜饯类、罐头、 竹笋、蘑菇等	0.6	SO_2 残留量罐头不得 超过 0.05g/kg 竹笋、蘑菇、不得超过 0.025g/kg
低亚硫酸钠		0.4	
亚硫酸氢钠		0.45	
硫　磺	蜜饯类、干果、干菜等	只限于熏蒸	

一般来说，应用亚硫酸盐应注意：

1. 亚硫酸盐溶液不稳定，易分解而挥发，应现配现用，不可久贮。

2. 金属离子不能促进亚硫酸氧化，但可促进还原色素的氧化变色，使用时应避免与金属接触。

3. 亚硫酸盐可破坏食品中的维生素 B_1。

4. 漂白剂只适用于植物性食品。

5．用亚硫酸盐保藏的水果难以除尽残留的二氧化硫，不能用于整形的罐头。只适用于果酱、果干、果酒、果脯、蜜饯等。

八、增香剂（Flavouring Agents）

增香剂包括香精和香料，是食品加工中所添加的少量的赋香物质，以改善或增强食品的香气和香味。

香料又叫香原料，是制作香精的原料，种类很多，占整个食品添加剂的80%以上，现已批准使用的食品香料达600种。

食用香料可分为天然香料和合成香料两大类。天然香料有如下9类：精油、压榨油、浸膏、香脂、净油、町剂、单离香料、香树脂等。

在食品加工中，香料中除橙油、香蓝素等少数几种可单独使用外，通常需要数种至数十种香料经调和后才能加到食品中，这种经调合而成的混合香料，亦称调合香料。

食用香精按形态大致可分为4类：水溶性香精、油溶性香精、乳化香精、粉末香精。按香型可分为：

1．柑橘型香精：甜橙、柠檬、橘子等。

2．果香型香精：苹果、香蕉、桃、菠萝、草莓、葡萄、哈密瓜等。

3．豆香型香精：香荚兰、可可、巧克力等。

4．薄荷型香精：薄荷、留兰香等。

5．辛香型香精：肉桂、肉豆蔻等。

6．坚果型香精：杏仁、花生等。

7．奶香型香精：牛奶、白脱等。

8．酒香型香精：香槟酒、白兰地等。

9．花香型香精：菊花、桂花等。

食品加工选用增香剂时应注意事项：

1．选用香型应与食品颜色、形态、性质相一致。

2．香料、香精易挥发，贮藏、食用均不能温度过高。

3．一般香料、香精在碱性条件下不稳定。

4．取用香精时，采用称量法较准确，以避免用量杯取时由于比重和温度引起的误差。

九、硬化剂（Firming Agents）

硬化剂又叫凝固剂，它通过与蛋白质或多糖物质等形成凝胶固体，而使食物结构变紧、硬度增加。过去主要用于豆制品上，现还广泛的应用于果蔬的深加工，以增加果蔬制品的脆变和硬度，增加食品的耐煮性。

常用的食品硬化剂有硫酸钙（石膏）、硫酸铝钾（明矾）、氯化钙、石灰等。

十、品质改良剂（Improving Agents）

广义上讲，在食品加工中凡能提高和改善食品质量的各种食品添加剂，都称之为品质改良剂。下面所述的品质改良剂具有以下作用：

1．络合和螯合溶液中的金属离子，防止金属离子可溶性盐的活动，以保持食品正常颜色和抗氧化作用。

2. 悬浊难溶性物质，使水中难溶或不溶性物质分散在食品中，防止凝集或析出沉淀影响食品的品质。

(一）三聚磷酸钠（又名三磷酸钠、三磷酸五钠、五缩三原磷酸钠）

可利用它与各种离子的络合作用作为稳定剂和软化剂。在果蔬加工中作为软化剂。有些水果、蔬菜的外皮，随着成熟而逐渐坚韧，其坚韧度与外皮的果胶酸钙和草酸钙等有关。聚磷酸盐可结合钙离子，以促进细胞间果胶酸钙和草酸钙的分解，从而使外皮软化，提高产品品质。三聚磷酸钠用于果汁、饮料、罐头等的最大使用量为1—2g/kg。

(二）六偏磷酸钠（又名磷酸盐玻璃、格来汉氏盐、六聚磷酸钠）

本品的水溶物可与金属离子形成稳定的结合物，能阻止溶液中钙、镁、铁等盐的结晶，在食品加工中可利用其强力的络合作用使果胶酸钙中的钙离子脱出，而使组织软化；用于水果、清凉饮料，可提高果汁的提出率，使粘度增大，防止维生素C分解；用于冰淇淋可提高其膨胀力、乳化力防止形体破坏，改良口感与色泽。最大使用量为1g/kg。

另外，焦磷酸钠（焦磷酸四钠）、磷酸三钠（正磷酸钠、磷酸钠）、磷酸氢二钠等都具有类似作用，常作品质改良剂之用。

十一、酶制剂（Enzyine）

酶，又叫酶素，是一类由细胞产生，具有催化活性的特殊蛋白质，是一种生物催化剂。从生物中提取的具有酶的特性的制品，称为酶制剂。酶制剂在食品工业方面的应用用于以下几方面：

1. 淀粉糖的制造，如酶法生产饴糖等，通常使用各种淀粉酶。

2. 蛋白类食品加工，如酶法制干酪，蛋白饮料等使用的蛋白酶。

3. 水果、蔬菜加工，如水果罐头防浊、果汁澄清等应用果胶酶、维生素酶。

4. 酿造上应用，如葡萄酒及其它果酒等，使用的酶种类很多。

5. 固定化酶，又称“固相酶”是60年代以来，急速发展起来的一门新技术——固定化酶技术，又叫固化酶。它是用物理或化学方法使酶与某种固体物质结合并保持酶的活性。固定化酶比自然酶稳定性好，可以反复使用，生产成本低，加工工艺可自动化、连续化，产物与底物容易分开，产品纯度高等优点。我国采用固定化葡萄糖异构化酶生产果脯，糖浆形成了工业规模的生产。

(一）α-淀粉酶

是一种内酶，水解淀粉，糊精、糖原等中的α-1，4-葡萄糖苷键，生成大小不等的寡聚葡萄糖片段。

此酶是应用最广泛的一种酶。主要用于饴糖、葡萄糖、葡萄糖浆等制造及啤酒、黄酒等的加工。

(二）木瓜蛋白酶

能水解蛋白质中肽键，一般从未成熟的木瓜果实的汁液中提取。主要用于如下方面：(1）肉类嫩化；(2）啤酒和其它酒类的澄清；(3）糕点、饼干松化。

(三）果胶酶

果胶酶是指能催化果胶或果胶酸进行生化反应的酶制剂。

果胶酶存在于高等植物和微生物中，生产上使用的果胶酶主要来自霉菌。它们往往是几种果胶酶的混合物。目前工业上果胶酶大部分采用发酵法制取，一般用曲霉菌生产。如黑曲霉、米曲霉等。

果胶酶是果汁、果酒生产中应用最主要的酶。果汁中含有较多的果胶物质，富于粘性，可使混浊粒子保持稳定的胶体体系。使多种混合物悬浮于汁液中。因此给榨汁、澄清带来一定困难，仅依赖于过滤和离心很难达到澄清效果。使用果胶酶将果胶物质分解以后，果胶粘度降低，胶体保护作用被破坏。因此可提高果汁出汁率、加快过滤速度、加速果汁澄清、保证果汁货架贮存的稳定性。另外还可用于橘子脱囊衣，莲子脱内皮，产品质量优于酸碱法。

在果汁澄清中，果胶酶的用量及作用条件，因酶制剂的种类、活力不同而不同，也因果实的种类、品质及成熟度不同而异。参考用量为3%（1000单位/ml）于10—20℃下澄清20h左右，或于50℃下澄清2—3h后过滤。将果类放在pH3.0的酶液中，搅拌0.5h，酶液可反复使用多次。

第五章　食品加工用水及水处理

水是食品加工的重要原料之一，同时在加工过程中，用具、设备的冲洗，锅炉供气等都需要大量用水。水质的好坏直接影响产品质量，而且还与加工设备保养、生产安全有关，因此，全面了解水的各种性质，对于加工用水的处理工作具有重要的意义。

第一节　加工用水的水质要求

一、天然水的特点

天然水包括地表水、地下水两大类。地表水指河水、江水、湖水和水库存水等。这类水常含有粘土、砂、水草、腐殖质、钙镁盐类、其它盐类及细菌等。近年来，由于工业发展，含大量有害成分的废水排入江河，引起地表水污染的加剧。地下水主要指井水、泉水和自流水等。这类水一般含盐类较高，为100—5000mg/l，硬度较大，约为0.2—1mol/l，有的高达1—2.5mol/l。但它很少含有泥沙，悬浮物和细菌。

由于天然水含有大量的杂质，对食品加工影响很大。天然水中悬浮物、胶体物质不仅影响产品风味，而且还会导致产品变质、甚至致病。溶解于水中的无机盐构成了水的硬度和碱度。水的硬度是指水中离子沉淀肥皂的能力。

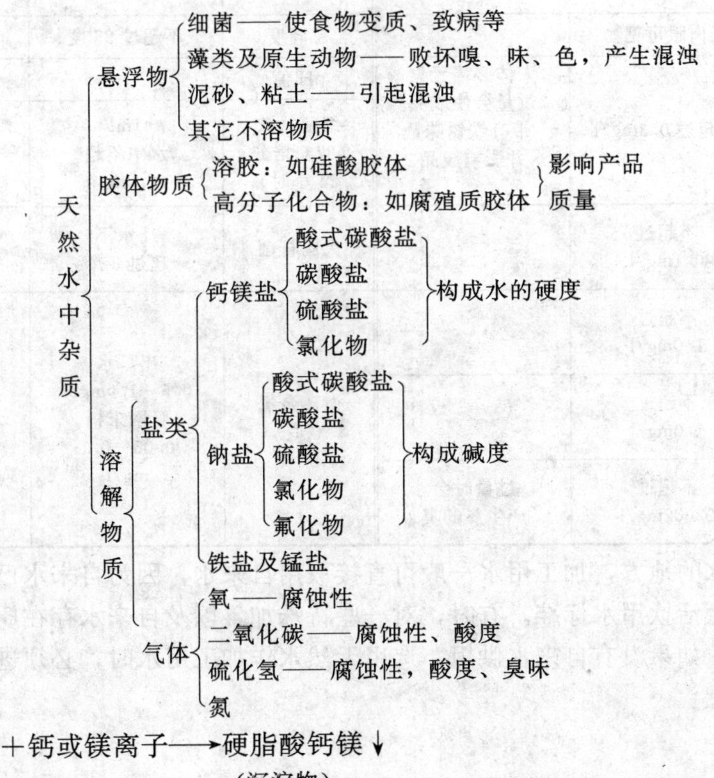

硬脂酸钠＋钙或镁离子——→硬脂酸钙镁↓

（肥皂）　　　　　　　　　　（沉淀物）

0.1mol/l 硬度相当于 1L 水中含 20.04mgCa^{2+}或者含 12.16mgMg^{2+}。

水中碱度是指天然水中能与 H^+结合的 OH^-、CO_3^{2-} 和 HCO_3^- 的含量，以 mol/l 表示。

这些溶解在水中盐类物质如钙镁离子在果实加工中能与果实中有机酸结合，使果肉变硬；在罐头加工中引起汁液混浊，产生沉淀；在饮料加工中，影响产品口味及质量。钙镁离子还能与溶于水中的 CO_2 形成碳酸盐沉淀物，在管道及锅炉壁上形成水垢，不仅浪费燃料而且使锅炉局部过热，从而降低金属强度，以致可能发生事故。溶于水中的硫化氢等物质具有特别嗅味和腐蚀性。

二、加工用水的水质要求

加工用水应无色、无臭、无味，不浑浊、无有害物质，特别不含传染病菌。基本上符合我国生活饮用水卫生标准（TJ20—76）表 1—28。

表 1—28 生活饮用水卫生标准

项目	要求	说明
色	色度不超过15度，并不得呈现其它异色	这些指标过高后，不但给人有嫌恶的感觉也可能是水中含有害物质的某些病菌的标志
嗅和味	在原水中或者煮沸后饮用时保证无异臭和异味	
混浊度	不超过 5 度	
肉眼可见物	无肉眼可见物	
总铁	不超过 0.3mg/l	人体必需元素过量会使成品带有铁锈味，并影响成品色泽
锰	不超过 0.1mg/l	
铜	不超过 1.0mg/l	
锌	不超过 1.0mg/l	
挥发酚类（以苯酚计）	不超过 0.002mg/l	过量时会产生氯酚臭

项目	要求	说明
阳离子合成洗涤剂（以烷基苯磺酸钠计）	不超过 0.3mg/l	过量会使水产生异臭、异味和泡沫，并阻碍净水处理过程
氯化物	不超过 200 mg/l	过量会产生咸味影响成品口味
硫酸盐	不超过 250mg/l	过量会引起腹泻
总硬度	不超过 25 度	
pH 值	6.5—8.5	
细菌总数（37℃培养24 小时）	1ml 水中不超过 100 个	
大肠杆菌	1l 水不超过 3 个	
游离余氯（Cl_2）	出厂水 0.5—1.0mg/l 管网末梢 0.05—0.1 mg/l	余氯量过高，产生氯臭，影响产品风味

如果有自来水的地方，加工用水一般可直接取用自来水，因为自来水已在水厂经过各种处理，达到了生活饮用水标准。有时，对一些特殊加工以及自来水存在质量问题时，仍需做进一步处理。如果没有自来水供用，选用天然水作加工用水时，必须进行水处理。

第二节　加工用水的处理

水处理的目的是除去水中悬浮物质、胶体物质、病菌及水中其它有害人体健康和影响加工生产的有害杂质。水处理必须经过混凝与沉淀、过滤、软化、消毒等过程。

一、混凝与沉淀

天然水中的细微浑浊物质以分散的胶体微粒状态存在。其中主要是粘土微粒，这些胶体颗粒在水中悬浮分散，不易沉降，这主要是由于胶体颗粒表面带有相同的电荷，相互排斥，相互不能接近而凝聚，因而不易沉淀。如在其中加入某种物质以中和胶体表面电荷，破坏其稳定性，促使小颗粒变成大颗粒而下降。混凝与沉淀处理就是在水中加入混凝剂，破坏胶体的稳定性，沉淀胶体物质，从而得到澄清的水。

常用混凝剂有：硫酸铝（$Al_2(SO_4)_3\cdot 8H_2O$）、硫酸亚铁（$FeSO_4\cdot 7H_2O$）、三氯化铁（$FeCl_3\cdot 8H_2O$）、明矾（$KAl(SO_4)_2\cdot 12H_2O$）或（$K_2SO_4\cdot Al_2(SO_4)_3\cdot 24H_2O$）以及高分子有机聚合物，如聚丙烯酰胺等。

混凝剂加入水中，首先发生离解。例如铝盐的离解过程为：

$$Al_2(SO_4)_3 \longrightarrow 2Al^{3+} + 3SO_4^{2-}$$

$$Al^{3+} + H_2O \longrightarrow Al(OH)^{2+} + H^+$$

$$Al(OH)^{2+} \longrightarrow Al(OH)^{+} + H^+$$

$$Al(OH)^{+} + H_2O \longrightarrow Al(OH)_3\downarrow + H^+$$

在中性或酸性条件下，氢氧化铝带电荷，而天然水中的自然胶体一般都带负电荷，这样水中胶体颗粒表面电荷被中和而失去稳定性，小颗粒胶体逐渐凝聚结絮而下沉。沉淀过程在沉淀池中进行。

为了提高混凝效果，有时还须加入一些辅助物质，称助凝剂。助凝剂本身不起凝聚作用，仅帮助凝絮的形成。如加石灰用来调节 pH 值，有水中凝聚不足，为了加速完成这一过程，还可以加入粘土。

二、过　滤

水的过滤处理是使原水流入装有滤料的滤池，通过滤料层的吸附、筛滤、沉淀等作用，截留水中杂质，使水得到澄清。水过滤工艺由两个过程组成，即过滤和冲洗两个循环过程。过滤为生产清水过程，而冲洗为从滤料表面冲掉污物，使之恢复过滤能力的过程。由于冲洗的水流方向与过滤水流方向相反，有时把冲洗称为反冲或反洗。

（一）滤料

滤料是完成过滤过程的基本介质，良好的滤料应符合下列要求：

(1) 足够的化学稳定性，不溶于水，不产生有害有毒物质；(2) 足够的机械强度；(3) 适宜的级配，足够的孔隙率。

所谓级配就是指滤料粒径范围及在此范围内各种粒径的数量比例。用不均匀系数 K 衡量。

$$K=\frac{d_{80}}{d_{10}}$$

d_{80}是指通过 80%重量的滤料的筛子孔径；

d_{10}是指通过 10%重量的滤料的筛子孔径。

对于普通滤料池 K=2 左右，d_{10}=0.5—0.6mm。

可作滤料的材料有石英砂、无烟煤渣、柘榴石粒、磁铁矿粒、聚氯乙烯发泡塑料珠以及破碎陶粒等。可根据需要选用，来组装不同滤料的滤池。

（二）滤池

目前生产上在使用的滤池有很多类型。如普通快滤池、双层和多层滤池、重力式无阀滤池、虹吸滤池以及移动冲洗罩滤池等。下面介绍三层滤池的结构。如图 1—5。

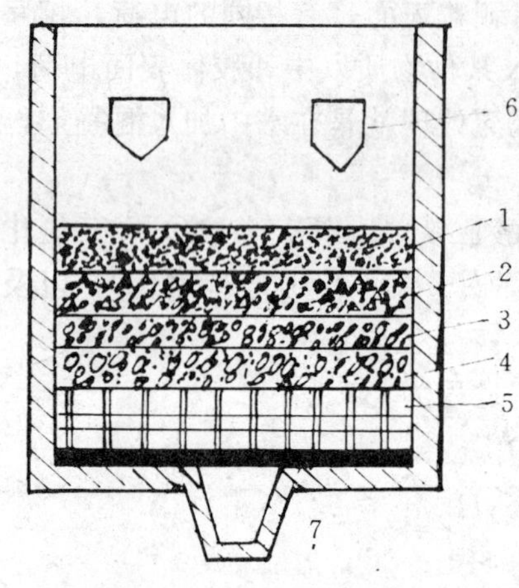

图 1—5　三层滤料池

1. 无烟煤　2. 石英砂　3. 磁铁矿　4. 承托层　5. 滤砖　6. 冲洗排水槽　7. 冲洗干渠

三层滤池由 3 种不同的滤料构成三层过滤层。一般由无烟煤、石英砂和柘榴石粒（或磁铁）矿、重晶石等组成。

正确的滤料层结构应满足下列要求：

（1）含污能力（kg/m^3 表示）大。（2）产水能力（$m^3/m^2 \cdot h$ 或 m/h 表示）高。符合以上条件的过滤池才能保证处理水的质量。

过滤时水流方向多采用自上而下的水流，这样可以保持较大的过滤速度及较好的反冲效果、滤料粒径上粗下细，密度上小下大，这样可以使原水中的杂质首先被截留在颗粒较大的滤料层中，并向下沤层转移，以充分利用滤料使滤层含污能力强。图 1—5 中无烟煤层粒径一般为 0.8—1.8mm 左右，密度 1.4—1.7；石英砂粒径 0.5—1.2mm，密度 2.55—2.65；磁铁矿粒径小于 1mm。

为了防止过滤时滤料进入配水系统以及反冲时能均匀布水，在滤料层和配水系统之间设置承托层。

承托层应符合下列要求：

（1）在高度水流反冲的情况下不被冲动；（2）要形成均匀的孔隙以保证冲洗水的均匀分布；（3）材料坚固，不溶于水。

承托层一般采用天然卵石或碎石。粒径为 2—32mm。

（三）冲洗

滤池必须定期冲洗，使滤料吸附的悬浮物剥离下来，以恢复滤料的净化与产水纯度。冲洗方式多采用逆水流冲洗。冲洗效果取决于冲洗强度。强度过小，不能剥离滤料表面吸附的杂质，强度过大，引起滤料层过分膨胀，减少了滤料间颗粒碰撞的机会，对冲洗不利，还会造成滤料层小颗粒流失，浪费冲洗水等。

三、软　化

软化是指降低水的硬度的水处理过程，也就是减少水中 Ca^{2+}、Mg^{2+} 的浓度。软化的方法很多，可根据需要软化的程度和原水水质选择使用。

软化的方法有：加热法、药剂软化法、离子交换法等。

（一）加热法

水在加热煮沸后，水中钙、镁的碳酸氢盐（如 $Ca(HCO_3)_2$、$Mg(HCO_3)_2$ 等。）以 $CaCO_3$、$MgCO_3$ 的形式沉淀下来。因此，水中大部分的钙、镁离子可随 $CaCO_3$、$Mg(OH)_2$ 沉淀而除去。使大量加工用水不可能靠加热方法使其软化，而且也不能解决非碳酸盐的硬度问题，必须采取其它软化方法。

（二）药剂软化法

常用的药剂软化法有石灰——苏打法，在水中加入石灰可除去碳酸盐硬度和镁硬度，而苏打可除去非碳酸盐硬度，其化学反应式如下：

$$Ca(HCO_3)_2 + Ca(OH)_2 \longrightarrow CaCO_3\downarrow + 2H_2O$$

$$Mg(HCO_3)_2 + 2Ca(OH)_2 \longrightarrow CaCO_3\downarrow + Mg(OH)_2\downarrow + 2H_2O$$

$$CaSO_4 + Na_2CO_3 \longrightarrow Na_2SO_4 + CaCO_3\downarrow$$

$$MgSO_4 + Na_2CO_3 \longrightarrow MgCO_3\downarrow + Na_2SO_4$$

$$MgCO_3 + Ca(OH)_2 \longrightarrow CaCO_3\downarrow + Mg(OH)_2\downarrow$$

生成的碳酸钙和氢氧化镁沉淀物可借澄清设备加以除去。

由以上反应可以看出，虽然此法能有效地除去水中的硬度，但由此产生了许多可溶性物质如 Na_2SO_4 等。因此，目前此法不常用。

（三）离子交换法

离子交换法即利用离子交换剂，把原水中我们不需要的离子交换到离子剂上暂时占有，然后再将它释放到再生液中，离子剂复活再用，使水得到软化。

离子交换剂的种类很多，按来源的不同可分为：矿物离子交换剂如泡沸石（$Na_2O\cdot nAl_2O_3\cdot Fe_2O_3\cdot xSiO_2\cdot yH_2O$）；碳质离子交换剂，如磺化煤；有机合成离子交换树脂等三大类。前两类一般用于水质软化处理，如锅炉用水、冷却水及洗瓶水的水质软化。加工中作原料用水一般采用有机合成离子交换树脂。

离子交换树脂按所带功能基因的特性可分为阳离子交换树脂和阴离子交换树脂。用离子交换法去除钙、镁等阳离子的离子交换剂，称为阳离子交换剂。用离子交换法去除水中阴离子的交换剂，称为阴离子交换剂（除盐用）。

水软化用阳离子交换剂有：RNa 钠离子交换剂和 RH_2 氢离子交换剂。

应用 RNa_2 阳离子交换剂软化水时，水中钙镁离子被 Na 阳离子交换剂交换而吸收，水被软化，剩余的硬度一般不超过 0.03 毫克当量/升。

$$RNa_2 + \frac{Ca(HCO_3)_2}{Mg(HCO_3)_2} \rightleftharpoons \frac{RCa}{RMg} + 2NaHCO_3$$

$$RNa_2 + \frac{CaSO_4}{MgSO_4} \rightleftharpoons \frac{RCa}{RMg} + Na_2SO_4$$

$$RNa_2 + \frac{CaCl_2}{MgCl_2} \rightleftharpoons \frac{RCa}{RMg} + 2NaCl$$

从上述反应可以看出，软化后水中含盐量略有增加，原水碱度不变。如需降低碱度，常需与加石灰处理相结合。

应用 RH_2 氢离子交换剂时，反应如下：

$$RH_2 + \frac{Ca(HCO_3)_2}{Mg(HCO_3)_2} \rightleftharpoons \frac{RCa}{RMg} + 2H_2O + 2H_2CO_3$$

$$RH_2 + \frac{CaSO_4}{MgSO_4} \rightleftharpoons \frac{RCa}{RMg} + 2H_2SO_4$$

$$RH_2+\frac{CaCl_2}{MgCl_2}\rightleftharpoons\frac{RCa}{RMg}+2HCl$$

离子交换树脂使用一段时间以后，交换能力降低，通常称为树脂“老化”或“失效”，必须进行树脂再生。树脂再生就是水处理的逆反应，用 Na^+ 或 H^+ 溶液去洗涤树脂所吸附的 Ca^{2+} Mg^{2+} 等离子，从而恢复其功能。图1—6为钠离子交换器示意图。它的工作过程包括：

(1) 软化：原水由1进入2中，通过交换层3进行交换反应，软化水由闸阀5引出。

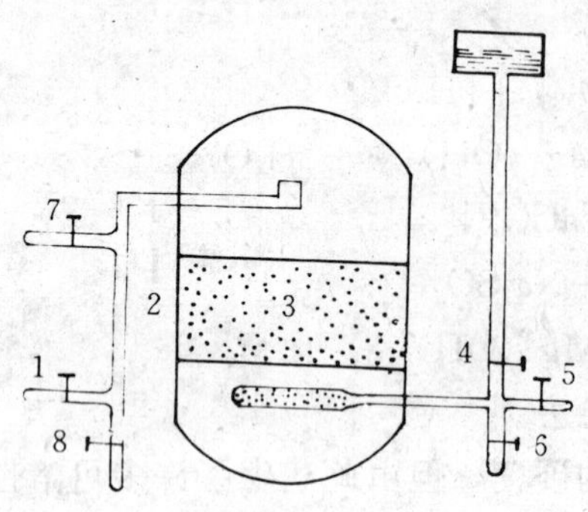

图1—6 钠离子交换器示意图

1. 进水阀 2. 交换器 3. 交换层 4. 反冲阀 5. 出水阀 6. 软化效果检查阀 7. 再生液入口阀 8. 反冲水排出阀

(2) 反冲：离子交换剂失效后，首先用反冲洗水冲松阳离子交换剂层，打开闸阀4，冲洗水进入离子交换器，自下而上冲动离子交换剂层，并除去水中细微悬浮物及交换剂碎粒，冲洗水由上部排除，经闸门8至下水道。

(3) 再生：钠离子交换剂用10%食盐水溶液再生，再生时间10—20min；氢离子交换剂用5%—10%盐酸溶液或者1.5%硫酸溶液再生，再生液经闸阀7供给。

(4) 清洗：用原水由上而下清洗再生废液和再生残液。

四、消　毒

在水质处理过程中，会有相当多的致病微生物被除水。例如混凝、过滤、软化等都能除去一定量的致病微生物。如果这些方法联合使用，能更有效的降低致病菌的数量。虽然如此，为了确使加工用水达到生活用水的标准，因此需要消毒。

消毒方法有物理法和化学方法。物理方法有加热、紫外线、超声波及激光和放射线等；化学方法有氯消毒法，高锰酸钾以及重金属离子（铜银等）法等。但目前广泛采用的方法是氯消毒，紫外线消毒等。

（一）氯消毒

氯在水中，发生水解生成次氯酸。

$$Cl_2+H_2O\rightleftharpoons HOCl+HCl$$

$$HOCl\rightleftharpoons H^++OCl^-$$

由于次氯酸（HOCl）的分子量和体积均很小，而且是中性分子，当其扩散到带有负电荷细胞表面时，能穿过细胞膜进入细胞内部，并以HOCl分子中的氯原子氧化破坏细胞内部酶系统，最后导致细菌死亡，从而达到杀菌的目的。

氯消毒可在过滤前进行，也可在过滤后进行。一般来说选择过滤后消毒较好。因为在滤前清毒由于原水水质差，有机物多，加氯量大，而滤后消毒需氯量小，且效果好。

加氯量多少，根据需要氯的量和要求剩余氯量而定：

加氯量＝需氯量＋剩余氯量

我国生活饮用水水质标准规定，管网末梢自由性余氯保持在0.1—0.3mg/l，小于0.1mg/l时不安全，大于0.3mg/l时则含有明显的氯臭。需氯量是和水中微生物、有机物及其它还原性盐类（如亚铁、亚硝酸盐等）进行反应的部分，要根据原水的情况确定，一般总加氯量为0.1—2.0mg/l。

氯消毒法常用药剂有：液氯（有时与硫酸铵、氯化铵混合使用）、漂白粉、次氯酸钠等。

漂白粉是氯与石灰反应的产物，习惯以 $CaOCl_2$ 分子表示，一般有效氯 30%左右。如受热、光和潮气作用则分解。漂白粉加入水中后反应如下：

$$2CaOCl_2 + H_2O \longrightarrow 2HOCl + Ca(OH)_2 + CaCl_2$$

反应后，生成 HOCl 可起消毒作用。

（二）紫外线消毒

由于蛋白质、核酸对紫外线有特定的吸收锋，所以微生物在受到紫外线照射后，其蛋白质、核酸可产生变化而导致微生物死亡。同时紫外线对水的穿透能力强，故紫外线可用来消毒。

紫外线一般由特定的紫外灯产生。紫外线消毒时间短，杀菌能力强，设备简单，操作管理方便，便于自动控制。但它没有持续杀菌作用，灯管使用寿命短，成本略高。

第六章　食品加工原料预处理

第一节　原料的组织结构

一、构成植物组织的细胞

植物组织由各种机能不同的细胞群所组成。细胞的形态、大小常随植物种类、细胞所在部位和担负的任务不同而不同。细胞的直径一般在 10—100μm。而多汁的果实（如成熟的西瓜、番茄）果肉细胞直径可达 1mm。

细胞一般是由细胞壁、原生质体和液泡等构成。

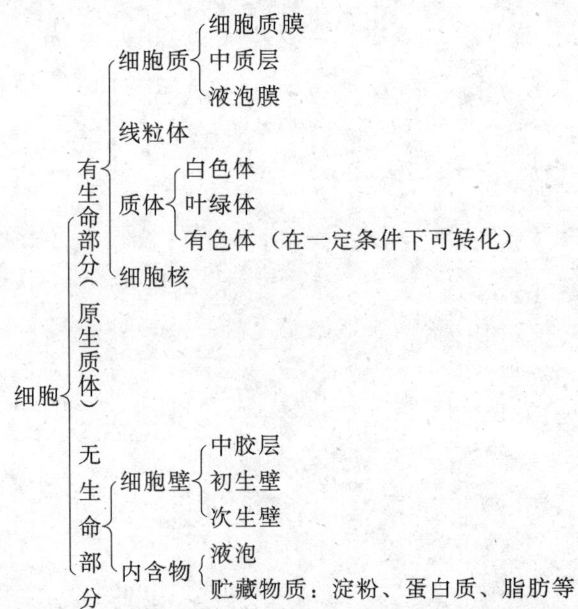

（一）原生质体

原生质体是细胞内有生命现象的物质。包括细胞质、细胞核、线粒体、质体等。各部分都具有一定的结构和功能。彼此之间关系密切、相互制约，有机地配合而呈现出生命的特征。

（1）细胞质：是细胞的生活基础物质，为无色半透明、有弹性和粘性的胶状物质（亲水胶体）。位于壁以内，核以外，又称原生质。

幼小的细胞里只有细胞质和细胞核，随着细胞的生活过程不断产生各种有机物和无机物混合的水溶液，称为细胞液。它呈泡状分布在细胞质内，故又称“液泡”。

（2）细胞核：是细胞内最大的细胞器。在一般情况下通常每个细胞只有一个细胞核，但也有多于一个的。细胞核的形状和大小差异很大，一般呈圆球形或椭圆形，少数呈杆状、纺锤形或马蹄形。是原生质的重要组成部分。无色透明，一般位于细胞中央，随着细胞长大，液泡的形成，核被挤到边缘。它是一种复杂的胶体。

（3）线粒体：在活细胞中常呈线状、粒状和棒状，其大小不一，分散在细胞质中。无色透明，含有酶、维生素等。它的主要功能是把能源物质（糖、脂肪、蛋白质）的化学能转变成可供细胞内直接使用的活跃化学能，这种化学能贮藏在三磷酸腺苷分子中，以供生物体内的各种活动使用。因此，线粒体是细胞能量代谢的中心，是呼吸酶其中的基地，在细胞的呼吸作用中起重要作用。

（4）质体：为绿色植物所特有，依其所含的色素及生理机能不同，可分为 3 种：①白色体是一种无色微小的球形或纺锤形的质体，在植物的幼嫩组织、根、茎的无色部分，可以转化为淀粉；②叶绿体是含有叶绿素的质体，呈粒状或椭圆垂状。叶中分布最多，茎和果实等绿色部分的细胞里均有。叶绿体内含有叶绿素、胡萝卜素和叶黄素等色素，以叶绿素为主，这些色素的比例不同时，叶子就呈现不同的颜色；③有色体。有含有胡萝卜素和叶黄素的质体，使器官呈红、黄、橙等颜色。

（二）液泡

在原生质生命活动过程中，成熟的细胞内形成了充满汁液的泡状物，为液泡。液泡内细胞液中除了含有 90%以上的水分外，还含有许多溶于水的无机盐、有机酸、糖、植物碱、单宁和花青素等。使果实具有甜、酸、苦、涩等味道。此外，花青素的存在使果实形成不同的颜色。

液泡在植物生活中有着重要的作用，它能控制细胞吸水，能使细胞保持紧张状态，以利于各种生理活动的正常进行，同时是营养物质的贮藏场所。

（三）细胞壁

细胞壁由纤维素、果胶物质等构成。有弹性，较坚韧，对原生质有支持和保护的作用，使细胞维持一定的形状。

有些部位的细胞由于生理上的分工与原生质分泌物的不同，使细胞壁发生不同的变化，常见的有木质化、木栓化、角质化等。

活的植物细胞，细胞壁为全透性膜，而原生质膜为半透性膜，使细胞经常保持着较高的浓度，具有较高的渗透压力。当它处于低浓度溶液中，水分从外面渗入细胞内部，原生质施压力于细胞壁上产生膨压；相反，细胞置于浓溶液中，细胞中的水分自由渗透而出，原生质体失水，其体积缩小，所以原生质体与细胞壁分离，产生质壁分离，这些特征与果实加工关系密切。

细胞是果实组织的重要部分之一，它牢固地被胞间质连在一起，在相邻的细胞间形成细胞间隙，蓄积着空气和二氧化碳。果实加工时，须排除细胞间隙中的空气，以增加产品的透明度和防止氧化变色，确保产品的质量。

二、植物组织的种类

多细胞植物的各个细胞，因功能上的分工而发生形态、构造上的变化，形成不同的细胞群，行使相同功能的细胞群称为组织。依其组织的各种生理机能、形态结构的特点及其分化的先后，将植物的组织分为下列几种：

（一）分生组织

存在于根、茎等的先端或根茎的内部。具有薄的细胞壁，里面充满原生质，细胞核较大，液泡非常小，并具有分裂能力。

（二）薄壁组织

薄壁组织又称营养组织，在植物体内的分布最广，并且存在于其它的组织之间。这种组织具有薄的细胞壁，并且有很大的液泡。细胞彼此的结合常很疏松，细胞间隙大，有利于物质的贮藏和交换。

果实可食部分绝大多数是由薄壁细胞组成的薄壁组织，此外还有输导组织和机械组织等。但果实的食用价值直接取决于其中薄壁组织的比例。

（三）保护组织

植物体的表面有一层或数层的细胞所组成的起保护作用的组织，有防止体内水分过度蒸发、抵抗外界风雨和病虫等侵害作用，这类组织的细胞特点是细胞扁平、排列紧密。细胞发生角质化和木栓化。果实根茎等表皮保护组织在加工时应修整去除。

（四）机械组织

机械组织的功能在于支持和加固植物体，它的细胞具有强烈增厚的细胞壁。如厚角组织的细胞壁通常在彼此接触的角隅部分增厚，这种机械组织是活细胞，除含原生质体外，常有叶绿体；厚角组织其细胞内全面平均加厚，由纤维素和木质素构成，含水量低，原生质全部消失，只有狭小的胞腔。厚壁组织中一种由狭长、两端尖锐的纤维组织组成，另一种是短而宽的石细胞。石细胞的细胞壁特别厚，并且木质化。如桃、杏等果实中坚硬的核心和梨肉中所含沙粒状的结构。含石细胞多的果肉，质地粗糙，不适宜加工。

（五）输导组织

它的特点是细胞呈长形，通常上下相连接，有的甚至失去原生质体，形成管道。这些管道的排列方向与植物器官的长轴平行，贯穿在整个植物体的各器官中，彼此联系成一个非常复杂而完善的交通运输网。

第二节　原料的分级与洗涤

一、原料的分级

原料在加工前进行分级，便于按同一工艺条件进行加工，制得品质一致的产品。

分级前应先除霉烂变质及病虫严重危害的果实，其次对畸形果，成熟度不一、品种不一、破裂，受机械伤的果实，分别挑出，作不同情况分别加工处理。

果实大小的分级，在小型加工厂中，一般多采用人工分级，有条件的可配备机械分级设备。

如原料是作果酒、果汁、果酱用，则不须进行分级。

二、原料的洗涤

果实在生长、采收、贮藏、运输过程中，果面沾附有尘土、泥沙、微生物和防治病虫害的残留药剂。因此，在加工之前必须进行洗涤，以保证产品的清洁卫生。

洗涤用水：除蜜饯、果脯可用硬水外，其余加工原料的洗涤都必须用软水。水温一般采用常温，为了增加洗涤效果，也可用温水。洗涤前应先用水浸泡，以利于使污物容易清洗。

洗涤方法因果品被污染程度、果实表面状态，以及耐压、耐磨能力等不同而异。洗涤时，水必须保持流动状态，最常用的有荡涤法和震动喷洗法。

1. 荡涤法：是用流水冲洗，或在静水槽中装一螺旋桨转动，也可用有孔的圆筒形金属或铁丝编成的篮盛装果实，安装在水槽中使它转动。

2. 震动喷洗法：是借高压的水源，经过喷水龙头，将水喷于震动的金属筛上来冲洗果实，果实由筛盘上端投入，由于震动而散铺于网上。继续跳跃前进至低的一端卸出。筛盘的孔、眼形式大小及震动程度，都可调节更换。如图1—7。

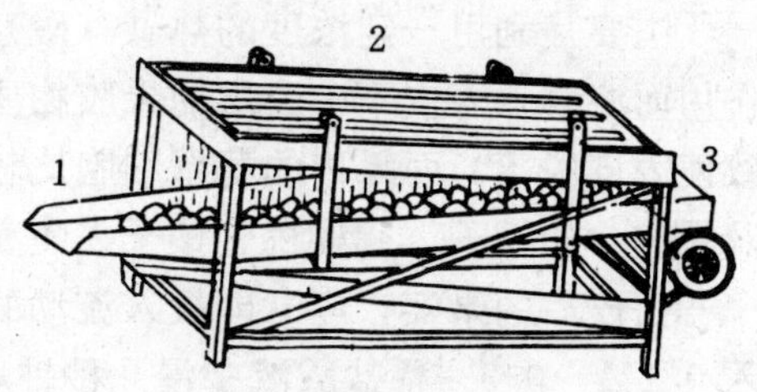

图1—7 震动喷洗机

1. 筛盘 2. 喷淋管 3. 震动器

第三节 原料的预处理

一、原料的去皮、去核、去心

因果实的果皮或果心，一般都比较坚硬、粗糙，有的具有不良风味或加工中容易引起不良后果，所以必须除去。

去皮、除核的方法很多，应根据原料的不同而进行选择。去掉的皮核会增加原料的损耗。原则上要求除尽，但应避免过多的削除。削下的皮、屑、核可作为综合利用的原料。

（一）手工去皮

利用去皮刀，刀口上安装一金属片，可控制削皮的厚度，去皮刀应以不锈钢为好。铁质与果实中单宁结合引起制品变色。铁还会受酸腐蚀而增加成品的金属指标。

手工去皮的优点是简单易行，损耗少，细致、彻底。但工效低、速度慢、成本高。

（二）机械去皮

一般采用去皮机，去皮机的种类很多，但由于果品种类不一样，使用的机械也不一样。例如：

1. 旋皮机：是一种利用机械作用，使原料在刀下转动去皮的去皮机。适用于苹果、梨、柿子等肉质坚实、果型大、皮薄的果实去皮。

旋皮机的动力，有用手摇、脚踏、电动等几种。

此机主要由机架、旋动轴杆、弯月形去皮刀等组成。刀把由弹簧控制，使刀口紧贴在果面上。去皮时，轴杆插入果实的果梗或萼筒处，果实随转动轴杆上下转动，刀就从旋转的果面削下一条带状的果皮。然后由转动轴杆上的半圆形小刀挖去果心，由销子顶出。

2. 菠萝除皮通心机：一次完成去皮、切头尾两端、通心四道工序，得圆柱形菠萝圆筒，功率为30—60kg/min。

此机主要部件是由圆形的去皮刀和通心刀。如图1—8。

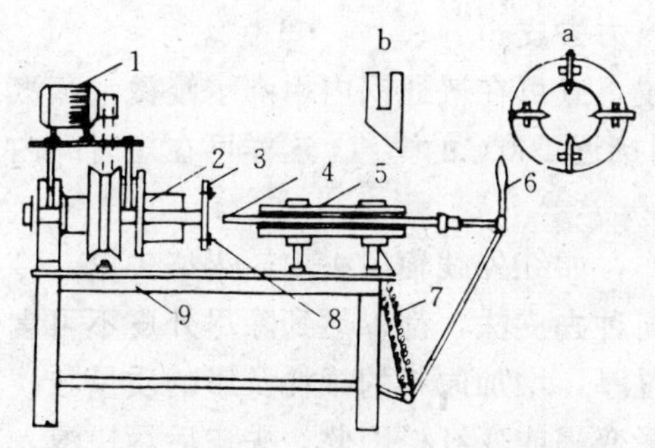

图1—8 菠萝除皮通心机简图

1. 电动机 2. 套筒 3. 圆环 4. 心筒 5. 圆 筒 6. 手柄 7. 弹簧 8. 刀片 9. 机架（刀片共4把，成十字形，如a；刀片形状如b）

（三）化学去皮

主要是利用一定浓度的热碱（酸）液，使果实表面的角质、半纤维受酸（碱）的腐蚀作用而溶解，表皮下中胶层的果胶物质失去凝胶性。在短时间造成1—2层薄壁细胞破坏，致使表皮脱落。而果肉的薄壁细胞比较抗碱（酸）被保存下来，但处理时间过长，也会伤及果肉。如桃子、猕猴桃、橘子去囊衣等都用此法。

去皮后的果实，应立即投入流动的水中，彻底漂洗。为防止果实表面发生褐变，需投入0.1%—0.3%稀盐酸液中浸几秒钟，再用清水冲洗，除去残留的碱液，并擦去皮屑。

常用碱液为氢氧化钠或氢氧化钾。也可用烧碱和石灰制成碱液。

碱液去皮的效果，决定于碱液的浓度，处理的温度和处理时间长短等三个因素。应根据原料的成熟度、种类、品种特性不同使三因素适当地配合以达到良好的效果。经试验介绍几种果品碱液去皮的浓度、温度和时间如表1—29。

表1—29　几种果品用碱液去皮条件

果品种类	HaOH 溶液浓度（%）	碱液温度（℃）	处理时间（s）
桃	15	90℃以上	60—120
李	2—8	90℃以上	60—120
杏	3—6	90℃以上	60—120
苹　果	8—12	90℃以上	60—120
梨	8—12	90℃以上	60—120
橘　瓣	0.8—1.0	30—60—90℃	15—60
猕猴桃	20—30	92—97℃	180—240

碱液法去皮应用方便，效率高、成本低、适应性广，配制碱液一般采用氢氧化钠，纯度应在95%以上，氢氧化钾因价格贵而少用。

目前碱液去皮设备最简单的为不锈钢夹层锅，用蒸汽加热、温度易于控制。大型加工厂可使用全自动控制的碱液去皮机。如旅大食品罐头厂设计制造的连续螺旋推进式碱液去皮机，北京人民食品厂革新制造的桃子淋碱去皮机。

（四）热力去皮

果实用高压蒸汽或开水短时间加热，由于高温作用，使果实表面迅速受热，造成果皮膨胀破裂，与果肉组织脱离，然后迅速冷却去皮。此法适宜于桃、杏、枇杷等皮薄的果实。但果实成熟度要高，成熟度低的果实不适宜于采用热力去皮。

热力去皮可利用蒸汽或热水进行。简易的热力浸、煮可在普通锅内用沸水浸烫。蒸汽去皮可用普通蒸笼或用蒸汽去皮机。去皮时一般采用接近100℃的蒸汽。这样可在短时间内达到果皮松软，便于分离。

近年来，国内外对果实去皮进行了大量研究工作，如红外线辐射去皮、火焰去皮、冷却去皮、酶法去皮等收到了一定的效果。无论采用何种去皮法，都以达到除尽外皮不可食部分，保持去皮后的果实表面光洁完好，防止去皮过厚，增加原料的损耗及影响质量。

有些果实去皮后暴露在空气中，会迅速发生色泽变褐或变红。因此，去皮后尽快浸入稀酸或稀食盐水中护色。尽快进行下一步工序。

果实的去核，有人工去核、机械去核。人工去核工具多用去核刀。可用于核果类和仁果类。小型果如樱桃去核，多用打孔的方法。

二、原料的切分与破碎

对体积大的果品供干制、罐头、蜜饯、果脯等加工时，需要适量的切分、划缝，保持一定形状和大小。供作果酱、果泥用原料，需要破碎，以便煮制。

原料切分和破碎方法，依原料的形状性质和加工需要等不同而采用各种机具进行。如：

（一）**劈桃机**：利用圆柱式的刀片来进行劈桃。果实进入机内，经劈切后推出。

（二）**手摇双刀切片机**：用于苹果等切片。此机由山西汾阳县果品加工厂设计制造。

（三）**菠萝切片机**：此机在1975年由菠萝罐头机械作业线设备设计组设计制造。供作菠萝果筒切片用。

（四）**打浆机**：全国许多食品机械加工厂都能生产。规格、型号、大小各不一样。可根据生产规模及需要选用。上海轻工业设计院设计制造的自动打浆机。为定型产品、供果品粉碎、打浆用。

三、原料的护色和染色

果实在加工过程中。经过切分、破碎后，往往引起原料变色，影响制品的外观。使制品营养成分受损，品质下降。因此，原料护色是工序中重要的环节。

颜色、香气、口味是鉴定食品的3项重要感官指标。在果品加工中，原料的护色是一个比较复杂的问题，处理不好，不仅影响制品美观，同时，营养成分也会发生很大的变化，使制品质量低劣。

（一）护色

1. 变色的原因

许多果品含有糖、有机酸、单宁、色素和含氮物质等。这些物质在加工过程中，容易引起颜色的变化。由于变色的原因不同，归纳成以下三种类型。

（1）酶褐变：即加工制品变成褐色。产生酶褐变的原因是由于含有单宁和其它酚类的化合物，以及酪氨酸等氧化基质的原料，在氧化酶和过氧化酶的作用下，逐渐变成褐色。原料中的单宁属于多元酚类物质，主要成分是儿茶酚（即邻苯酚）。儿茶酚受氧化酶的氧化作用能缩合成更高分子的根皮鞣红，呈暗褐色。其过程表示如下：

①儿茶酚在氧化酶的催化下，与空气中的氧相互作用形成过氧儿茶酚。

$$\underset{\text{儿茶酚}}{C_6H_4(OH)_2} + \underset{\text{氧}}{O_2} \xrightarrow{\text{氧化酶}} \text{过氧化儿茶酚}$$

②过氧儿茶酚与水作用，形成过氧化氢。

过氧儿茶酚$+H_2O \longrightarrow H_2O_2+$氧化儿茶酚

③儿茶酚在过氧化酶的作用下，被过氧化氢中的氧氧化形成相应的邻苯醌。

$$\underset{\text{儿茶酚}}{C_6H_4(OH)_2} + \underset{\text{过氧化氢}}{H_2O_2} \xrightarrow{\text{过氧化酶}} \underset{\text{邻苯醌}}{C_6H_4O_2} + 2H_2O$$

④邻苯醌进一步聚合成根皮鞣红，呈暗褐色。

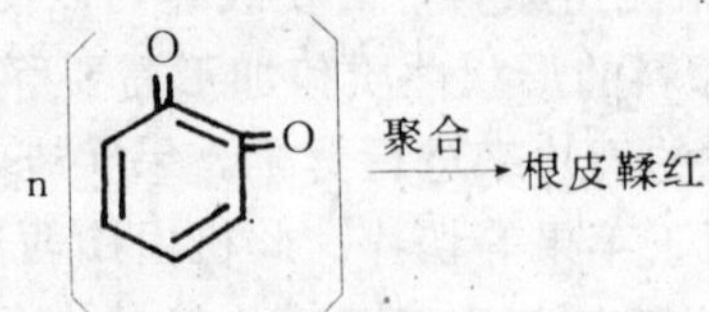

因此，要防止酶褐变，就必须控制果实中单宁含量，氧化酶和过氧化酶的活性及氧气的供应等任何一个因素，就可抑制由单宁引起的氧化变色。

单宁是果实褐变的基质之一，其含量越高，变色越快。它的含量因果实的种类、品种、成熟度不同而有差异。如表 1—30。

表 1—30　几种主要果实的单宁含量

果实名称	单宁含量（%）	果实名称	单宁含量（%）
苹　果	0.100	桃	0.100
苹果（野生）	0.250	李	0.127
梨	0.032	杏	0.074
柿	0.500—0.200	草　莓	0.200

同一种类不同品种，单宁含量不同。如桃子，上海西洋黄肉单宁含量为 0.038%，而四川万县黄肉则为 0.22%，相差 5.8 倍。

单宁含量随果实成熟逐步下降，成熟度越高，单宁含量越少，又如河南周口鸡嘴白桃：6 月 29 日采收（7 成熟）单宁含量 0.26%，7 月 3 日采收（8 成熟）单宁含量为 0.024%下降 90.8%。

同时经研究证明，酶褐变强度除与单宁及酚类物质含量多少有关外，还与多酚氧化酶的含量及生活习性有关。例如果品经碱液去皮后的漂洗过程，由于温度与 pH 值符合于酶活化的条件，所以果块变色显著。若经顶煮后，破坏了酶的活性，色泽即可稳定，故在去皮后缩短漂洗时间，对防止和减轻变色有明显效果。

果实中的酪氨酸在酪氨酸酶的作用下形成黑色素，引起制品变色。

（2）非酶褐变：非酶褐变是无酶参与的作用下形成的褐变。发生非酶褐变的制品，不仅颜色变褐，同时，还发生制品风味、营养成分的变化，使制品品质下降。

非酶褐变涉及面广，归纳起来有氨基酸与还原糖反应变色；含氮物质与有机酸反应变色；单宁与碱作用变色；糖的焦化变色等。其中尤以氨基酸与还原糖反应变色在果品加工中最为突出。黑蛋白素的形成与氨基酸含量的多少成正相关。例如富含氨基酸的葡萄汁（0.14%）比氨基酸含量少的苹果汁（0.034%）变褐色既迅速又强烈。

糖对褐变的影响以单糖最快。双糖及多糖极为缓慢，乃至相当高温下才起反应。

（3）色素物质变色：果实本身含有色素，主要有四种。即胡萝卜素、花青素、叶绿素、叶黄素。其中以胡萝卜和叶黄素在加工过程中比较稳定，不易引起变色。

叶绿素，不溶于水，但溶于乙醇、乙醚等有机溶剂。在氧和阳光下都极易受到破坏而失去鲜嫩的颜色。它在酸性环境中，氢离子容易取代叶绿素中的镁而形成植物黑素（失去绿色），使制品由绿变成黄或褐色。在碱性环境中，与碱作用生成叶绿酸盐，叶绿酸盐仍系绿色，叶绿酸的钾盐或钠盐都比较稳定，能使制品保持绿色。

花青素种类很多，通常以花青素甙的形态存在于果实及植物细胞的液泡中。花青素甙能溶于水，其颜色以介质的 pH 不同而异。酸性中为红色；碱性中为蓝色；中性中或微酸盐中为紫色。因此，花青素在加工过程中很不稳定，常引起内溶物的变色，使制品失去美观。

（4）金属变色：重金属亦会促进褐色，如单宁与铁变黑色；与锡长时间加热变成玫瑰色。在加工中蛋白质的分解或脱硫不完全，硫与铁或铜作用，生成硫化铁或硫化铜而呈黑色。

2. 护色措施

（1）防止酶褐变措施

①热烫。在一般情况下，氧化酶在71—73.5℃温度下，过氧化酶在90—100℃温度下处理5min失去活性。因此，将去皮、切分后的原料，迅速在热水或蒸汽中进行热烫，能起到良好的护色效果。

②硫处理。熏硫或用亚硫酸氢钠的溶液浸泡，能抑制酶的活性。据试验：溶液中二氧化碳含量为1ppm时，能降低褐变率20%，10ppm时完全不变色。此法对于各种加工原料，加工工序间的护色都适用。

③食盐溶液处理。原料经过去皮、切分后，浸渍于1%—2%食盐溶液中，能抑制酶的活性达3—4h，对易变色的品种，添加0.1%柠檬酸，可以增强抑制效果。

生产上使用氯化钙溶液浸渍，既有护色作用，又增进果肉的硬度，提高耐煮性，此法常用于蜜饯、果脯原料的护色。

（2）防止非酶褐变的措施

①加碱保绿。在烫漂的热水中加入0.5%$NaHCO_3$，经过烫漂，或者在加工前用低浓度石灰水浸泡，使叶绿素变成比较稳定的钠盐，它具有和叶绿素相似的绿色。可以利用它来保护鲜嫩的颜色。

②降温。非酶褐变与温度成正比。据实验，非酶褐变的温度系数高。温度上升10℃褐变率增加5—7倍。因此，降温抑制褐色亦为有效。

（二）染色

一些作配色用的蜜饯，要求具有鲜明的色泽，常需人工染色。如樱桃和青梅等蜜饯原料在加工过程中常失去原有的光泽。而红绿丝和红云片等原料本身无色。二者都需染色。

此外为了增进制品的感官品质，有时在话梅、丁香山楂、福州橄榄、姜片以及多种甘草凉果的加工品上，也进行染色。

染色用的食用色素有天然色素和人工色素。果品染色时，可将果品浸于色素中着色或将色素溶于稀糖液中，使在糖制的同时进行着色。为了增进染色效果。常以明矾作媒染剂。

例如，樱桃的染色，将果实浸于含有0.5%柠檬酸和0.02%酸性红的30%的糖液中，煮沸2—3min，放置24h，以利糖分和色素的渗入，而后取出继续糖制。

糖青梅为我国的一种传统蜜饯，呈翠绿色。它是用柠檬黄和靛蓝以6∶4的配比染色而成。梅子先盐渍，数天后取出刺孔和漂洗脱盐，加糖30%，同时加入以上色素。剂量约为果实重的0.2%，使在糖制过程中逐渐着色。

红绿丝和红云片等系用柚子幼果皮制取。经刨丝或切片、热烫、漂洗，明矾液浸渍后的原料，用60%左右的糖液和0.1%的色素着色。红丝、云片多用胭脂红，绿丝用柠檬黄和靛蓝染色。

凉果类制品若需染色，除了山楂、杨梅和三稔等使用红色食用色素外，其余一般采用柠檬黄染色。

四、原料的硬化和保脆

许多脯饯类产品，常要求有不同程度的松脆质地。加工上除了原料选择和糖制技术外，往往采取硬化来保脆。对某些肉质柔软原料，经硬化处理后，使其组织团结，硬度增加，提高原料的耐煮性和肉质的硬度使产品保持形状美观，所以在果脯蜜饯加工中常用。

硬化的处理即是将原料放在石灰、氯化钙、亚硫酸氢钙等稀溶液或梅卤中，浸渍适当时间。也可以在腌胚时或腌胚漂洗脱盐时，用少量硬化剂进行硬化。石灰明矾和氯化钙等都属于钙或铝盐类。钙、铝离子都能与果实中果胶物质生成不溶性盐类。故能使组织坚硬。明矾还有媒染作用，使某些需要染色的制品容易着色，并有增进制品色泽和鲜明度的作用。亚硫酸氢钙具有脱色和硬化双重作用。梅卤是梅胚腌渍剩余液，浓度约为18波美度，含柠檬酸4%和少量明矾。一般容易腐烂变质的果品原料，都可在梅卤中暂作保存及适度硬化。

果品干制时，如用氯化钙处理，可提高制品的脆度。因此，目前多数加工厂在水果干制中也常采用氯化钙溶液取代食盐液进行护色保脆。

硬化剂用量应适当，过量会引起部分纤维的钙化，从而降低了果实对糖分的吸收量，并使制品质地粗糙，品质低劣。

经硬化后的原料，糖制前应加漂洗，去除剩余的硬化剂。

五、二氧化硫及亚硫酸盐处理

二氧化硫及亚硫酸盐等都是广泛使用于食品工业中的酚酶抑制剂。

果品在加工前进行硫处理其作用是：

第1，可防止原料在加工和贮藏期间发生褐变。因为二氧化硫具有强烈的还原性，易与原料中有机过氧化物中的氧化合，而不生成过氧化氢，使过氧化物酶失去氧化作用，从而抑制原料的氧化变色。二氧化硫又能与鞣质的酮基结合，使鞣质不能氧化成褐色。二氧化硫还能与许多有机化合物结合而变成无色的衍生物。对花青素中的紫色和红色影响特别显著，对类胡萝卜素影响较小，对叶绿素则不起作用。脱硫后，酶的活性有可能恢复，又可能产生褐变。因此，应注意硫处理的浓度和处理时间，尽快地进入下一个工序的处理。

第2，可减少营养物质的损失，特别是维生素C，许多营养物质，特别是维生素C极易氧化破坏。由于二氧化硫的还原性，使原料组织中氧含量减少。二氧化硫还能与原生质成分内某些化合物的原子团起作用。如能连接水解酶的醛基，破坏酶的水解活性，而使营养物质得以保存。

第3，抑制原料表面的微生物活动。从而使原料不致因微生物的浸染而腐坏变质。

第4，硫处理能增强原料细胞膜的渗透性，有利于糖分渗透。

硫处理的方法有下列几种：

(一) 熏硫

即在一个熏硫室或容器内，将一定量的硫磺燃烧，产生SO_2熏制果块，叫熏硫。硫磺粉要品质纯正，其中砷的含量不得超过0.015%，并不得含有油质，以免有毒气体污染果块和影响风味。硫磺粉用量每1000kg果块使用量2—4kg。熏硫时，将硫磺置于果块下面，熏硫室门窗应紧闭，以防熏硫时SO_2逸散，影响熏硫效果。熏硫结束后应立即开启门窗，通过空气对流使SO_2散失，待SO_2散尽后方可进入室内，取出熏硫的果块。

为了方便观察室内，可在熏硫室的墙壁上开一个小观察窗，将少量果块置于窗前，随时进行观察，掌握熏硫情况。

因硫具有不良气味并对人体有害，故熏硫室应安排在远离宿舍和车间，以防污染环境。

经熏硫处理后的果块，须进行脱硫，使 SO_2 量降至 20ppm 方可食用。脱硫的方法可通过漂洗吸水复原或加热煮沸等工艺解决。有些在加工煮制的过程的同时即可脱硫。

（二）浸硫

浸硫是用亚硫酸或亚硫酸盐溶液浸泡果品进行硫处理。

操作时，只要将已去核、去皮、切分或划缝、刺孔的果品放入容器中，将配好的亚硫酸溶液倾入，浸泡一定的时间，取出用水冲净即可。

亚硫酸的浓度以有效 SO_2 计算，一般要求为浸入果品与水的总重量的 0.1%—0.2%。例如：果重 100kg 溶液需 50kg，要求 SO_2 浓度为 0.2%，则加入的亚硫酸应含 SO_2 的浓度：

$$0.2/100\times(100+50)/50\times100\%=0.6\%$$

一般亚硫酸工业品含有效 SO_2 的浓度为 6%，使用时可依需要浓度配制。

此外，也可直接在水中加入亚硫酸盐配成溶液浸泡果品。不同的亚硫酸盐含有效 SO_2 不同，配制溶液时应依据其含量计算用量。

配制亚硫酸盐溶液时，须在溶液中加入一定量的柠檬酸或盐酸，使溶液呈酸性，一般在 pH=6 的条件下对酚酶抑制的效果最好。因亚硫酸盐呈碱性，SO_2 在碱性溶液中不易释放出来，同时，碱液还会破坏果肉中的维生素 C。

几种不同的亚硫酸盐，其有效二氧化硫含量见表 1—31。

表 1—31　不同亚硫酸盐有效 SO_2 含量（%）

名　称	有效 SO_2（%）	名　称	有效 SO_2（%）
亚硫酸钙（$CaSO_3$）	23.00	亚硫酸钠（Na_2SO_3）	50.84
亚硫酸钾（K_2SO_3）	33.00	亚硫酸氢钠（$NaHSO_3$）	61.59
亚硫酸氢钾（$KHSO_3$）	53.31	焦亚硫酸钠（Na_2SO_3）	67.43
焦亚硫酸钾（K_2SO_3）	57.65		

用燃烧硫磺产生 SO_2 气体直接熏制果品，渗入组织较快，但浸硫使用方便。不管熏硫或浸硫，只有游离的 SO_2 才起作用。

硫处理的优点是使用方便，效力可靠，成本低，有利于保持维生素 C，残留的 SO_2 易除去。缺点是使食品失去原色，有不愉快的嗅感和味感。残留浓度超过 0.064%即可感觉出来，并且破坏维生素 B_1。

六、预煮（热烫）

不论是新鲜还是保藏的原料，必要时都可预煮。预煮时间一般不长，加水量亦视需要而定。

新鲜原料预煮的目的，在于破坏酶的活性，排除果实组织中的空气，有利于防止氧化变色和减少营养物质的损失，并能使果实中蛋白质胶体凝固，细胞壁分离、组织透性强。有利于干制、糖制和罐藏。预煮也可以杀死部分微生物，减少食品的污染。生产果脯、蜜饯的原料更多的情况是为了适度软化肉质坚硬的果实，使糖制时糖分易于渗透。用真空渗汁的果实尤为重要。此外经硬化处理后的果实，必要时经预煮，使之回软。柑橘类果实的预煮，可同时减轻或脱去苦味。盐胚和亚硫酸保藏或硫处理后的果实，预煮有助于脱盐或脱硫。

预煮可用普通沸水和蒸汽进行。目前一般广泛使用热水。将切分处理好的原料置于沸水中，依果实的种类、切分的大小和预处理等来确定预煮时间。原则上应使组织透明，失去新鲜硬度，以热力刚刚达到原料中部为原则。

可用愈创木酚（gnaiacol）或联苯胺（benzidin）检查热烫作用是否安全。方法是将以上化学药品配成 0.1%的溶液，将以热烫过的原料抽取样品，横切，随即浸入愈创木酚或联苯胺溶液内，然后取出，在横切面上滴 0.3%双氧水（H_2O_2），数分钟后，如果愈创木酚变成褐色，联苯胺变成深蓝色说明过氧化酶未被破坏，热烫效果不佳；如果不变色，则表示热烫效果好。热烫后应立即投入冷水中冷却，停止热力作用，防止果肉腐烂。

苹果的果肉中含有较多的空气，热烫时不易除尽，可先用 2%的食盐水溶液浸渍 18—24h，使果肉在水中进行呼吸，以除去部分氧气，然后再进行热烫。沸水处理，除蜜饯类原料外，必须用软水，避免果肉组织变得粗硬。

第二篇　食　品　干　制

食品干制在我国有着悠久的历史。由于它要求的设备可简可繁，加工技术较易掌握，因此是适合于广大农村和山区普遍采用的一种加工方法，也是发展山区经济的有效措施之一。干制食品营养丰富，重量减轻，体积缩小，不易变质，便于运输，食用方便。

我国劳动人民在食品干制技术方面积累了丰富的经验，创造了多种多样的干制品，如柿饼、红枣、葡萄干、龙眼干、荔枝干、杏干、酸梅干等都是畅销国内外的著名特产。

第七章　食品干制的原理

食品干制，目的在于将食品原料中的水分减少；而将可溶性物质的浓度增高到微生物不能利用的程度，同时，食品本身所含酶的活性也受到抑制，产品能够长期保存。

第一节　干制食品对原料的选择

干制原料宜选择干物质含量高，肉质厚，组织致密，风味色泽好，酶褐变不严重，成熟度适宜者。另外皮部的厚薄、心部的大小、种核的大小与数量、粗纤维的多少等，都关系到干制品的品质和产量。表 2—1 列举了几种果实干制原料的要求和适宜干制的品种。

表 2—1　几种果品干制原料的要求和适宜干制的品种

种　类	原　料　要　求	适　宜　干　制　品　种
苹果	果型中等，肉质致密，皮薄，单宁含量少，干物质含量高，充分成熟	熟金冠、小国光、大国光等
梨	肉质柔软细致，石细胞少，含糖量高，香气浓，果心小	巴梨、茌梨、茄梨等
荔枝	果形大而圆整，肉厚，核小，干物质含量高，香味浓。涩味淡，壳不易太薄，以免干燥时裂壳或破碎凹陷	糯米糍、槐枝
桂圆（龙眼）	果型大而圆整，肉厚，核小，干物质或糖分含量高，果皮厚薄中等，过薄则易凹陷或破碎	大元、乌头岭、油潭本、普明庵等
柿	果型大，呈圆形，无沟纹，肉质紧密，含糖量高，种子小或无核品种，充分成熟，色变红但肉坚实而不软时采收	河南荥阳水柿、山东菏泽镜面柿、陕西牛心柿、尖柿
枣	果型大（优良小品种也可），皮薄，肉质肥厚致密，含糖量高，核小	山东乐陵金丝小枣、山西稷山板枣、河南新郑灰枣、浙江义乌大枣
杏	果型大，颜色深浓，含糖量高，水分少，纤维少而充分成熟，有香气	河南荥阳大梅、河北老爷脸、铁叭哒、新疆克孜尔苦曼提等
桃	果型大的离核种，含糖量高，纤维素少，肉质细密而少汁液，果肉金黄色具有香气的为最好，以果实皮部稍变软时采收的为宜	甘肃宁县黄甘桃、砂子早生等
葡萄	皮薄，肉质柔软，含糖量在 20%以上，无核，充分成熟	无核白、秋马奶子

第二节 食品原料中水分存在的状态

了解水分在原料存在的状态对控制水分蒸发十分重要。原料中含有大量的水分，一般在70%—90%，含水量的多少因种类、品种不同而异。果实中的水分以游离水、胶体结合水和化合水三种不同的状态存在。

一、游 离 水

以游离状态存在于果实组织中，是充满在毛细管中的水分，又称毛细管水。游离水是主要的水分状态，约占果实中水分总量70%—75%。游离水的特点是能溶解糖、酸等多种物质，流动性大，借毛细管和渗透作用可以向外或向内迁移，所以在干制时容易被排除。

二、胶体结合水

这部分水分与果实本身所含的蛋白质、淀粉、果胶等亲水性胶体物质有比较牢固的结合能力，对那些在游离水中易溶解的物质不表现溶剂作用，干制时除非在高温下，不然结合水难于被排除，也不易被微生物所利用。由于胶体的水合作用和膨胀的结果，这部分水分比重大，约为1.02—1.45，热容量比游离水小，低温下不易结冰。

三、化 合 水

化合水是指存在于果实化学物质中与物质分子呈化合状态的水，很稳定，一般不会因干燥作用而被排除，也不能被微生物利用。

在干燥过程中，按水分是否可以被排除而分为平衡水分与自由水分。在一定温湿度条件下，原料中排除的水分与吸收水分相等时，只要外界的温湿度条件不发生变化，这时的含水量称为该温、湿度条件下的平衡水分，也称作平衡湿度和平衡含水率。平衡水分也就是在该温、湿度条件下，可以干燥的极限。干燥过程中，能除去的水分，即是原料所含水分大于平衡水分的那部分水，称为自由水。自由水主要是果实中的游离水，也有部分胶体结合水。

第三节 食品干燥原理

在干制过程中，原料水分的蒸发主要是依赖两种作用，即水分的外扩散作用和内扩散作用。干燥时，排除的水分是游离水和部分胶体结合水。果实干燥时，首先是水分从原料表面蒸发（外扩散）；然后是原料内部水分向表面移动（内扩散）；当原料温度与干燥介质温度相同时水分蒸发停止，干燥过程结束。

开始干燥时，原料表面首先吸热，使得水分子挣脱其他分子的阻碍而蒸发，此时的水分蒸发速度快；当果实的含水量蒸发掉50%—60%也就是大部分游离水被蒸发时，水分蒸发的速度就变慢。水分从果实表面蒸发以后，造成原料表面与内部之间的水蒸汽分压差，水分即由内部向表面移动，以求原料各部位水分的平衡，此时蒸发少量的游离水和部分胶体结合水，水分的蒸发速度慢多了。

干燥过程可分为两个阶段，即恒速干燥阶段和降速干燥阶段。在两个阶段交界点的水分称为临界水分，这是每一种原料在一定干燥条件下的特性。

干燥初期原料内部压力增大，促使原料内部的水分向表面移动而蒸发，这时只要原料表面有足够的水分，原料表面的温度维持在湿球温度。此时，水分在表面汽化的速度是起控制作用的，称之为表面汽化控制，干燥速度不随时间的变化而变化，所以称之为恒速干燥阶段。随着干燥作用的进行，当原料的水分含量减少到50%—60%时，游离水已大为减少，开始蒸发部分胶体结合水，这时，内部水分扩散速度较表面汽化速度小，内部水分扩散速度对于干燥作用起控制作用，这种情况称为内部扩散控制，干燥速度随着干燥时间的延长而下降，这一阶段称为降速干燥阶段。

干燥后期，干燥的热空气使原料品温上升得较高，当原料表面和内部水分达到平衡状态时，原料的温度与空气干球温度相等，水分的蒸发作用停止，干燥过程结束。

果实的干制还会有热扩散和壳化现象发生，热扩散是果实干燥时，会发生与水分扩散相反方向的作用，即当原料受热后，果实表面和内部形成温差，使水分由原料的四周向中央移动，影响水分向外蒸发，对干燥不利。为避免热扩散作用，对于大型果实适当切分。另外，在干制过程中水分的外扩散速度过快，内部水分来不及向外部转移，就会使果实表面干结形成硬壳。硬壳不仅阻碍了水分的继续蒸发，同时，由于内部水分含量较高，蒸汽压大，还会使制品表面破裂，降低制品品质，影响外观。因此，干制时，干燥环境温度要适宜，使水分内扩散速度适当配合，达到良好的干燥目的。

第四节　干制和微生物的关系

一、水分和微生物的关系

微生物经细胞壁从外界摄取营养物质并向外界排泄代谢物时都需要水作为溶剂或媒介，故而水是微生物生长活动所必需的物质。

一般来说，含水分多的食品，微生物容易生长；含水分少的食品，微生物不容易生长。那么食品含有的水分减少到怎样的程度，微生物就不能生长呢？就细菌方面的情况来说，例如：有些食品含水60%，细菌就不能生长；而有些食品的含水量必须降低至40%时，细菌才不能生长。这是因为食品中，除自由水外，水分都是程度不同地被束缚着。含有60%水分的食品中，有较多的可溶性物质被溶解在水中，这样势必就会有较多的水分被可溶性物质结合，微生物可利用的水分因此而减少；在40%水分的食品中，虽然水分含量较低，可是可溶性物质较少，因此微生物可利用的水分降低不多。

食品所含的水分有结合水和游离水，但只有游离水才能被细菌、酶和化学反应所触及，此即为有效水分，可用水分活度（A_w）进行估量。为此，水分活度就是对介质内能参与化学反应的水分估量。因此，两种食品的绝对水分可以相同，水分与食品的结合程度或它的游离程度并不一定相同。水分活度也不相同。在研究水分与微生物的问题时，采用水分活度（Water Activity）来表示。

水分活度是指溶液中水的逸度与纯水逸度之比。可近似的表示为溶液中水蒸汽分压与纯水蒸汽压之比。

$$A_w = P/P_o = ERH/100$$

式中，A_w 为水分活度，P 为溶液或食品中的水蒸汽分压，P_o 为纯水蒸汽分压，ERH 是平衡相对湿度，即物料既不吸湿也不散湿时的大气压相对湿度。

对食品中有关微生物需要的水分活度进行大量的研究结果表明，各种微生物都有它自已生长最旺盛的适宜水分活度。水分活度下降，它们的生长率也下降。最后，水分活度还可以下降到微生物停止生长的水平。不同种类的微生物保持生长所需的最低 A_w 值各不相同。见表 2—2。

表 2—2 食品中重要微生物类群生长的最低 A_w 值范围

类　群	最低 A_w 范围	类　群	最低 A_w
大多数细菌	0.99—0.94	嗜盐性细菌	0.75
大多数酵母	0.94—0.88	耐渗透压酵母菌	0.60
大多数霉菌	0.94—0.73	干性霉菌	0.65

从细菌、酵母、霉菌三大类微生物来比较，当 AW 接近 0.9 时，绝大多数细菌生长的能力已很微弱；当低于 0.9 时，细菌几乎已不能生长。其次是酵母，当 A_w 值下降至 0.88 时，生长受到严重影响，而绝大多数霉菌却还能生长。多数霉菌生长的最低值 A_w 值为 0.80。可见，一般霉菌生长所要求的 A_w 值最低，但从总的来看，生长所需最低的 A_w 值的微生物是少数耐渗透压的酵母菌。

微生物生长所需要的 A_w 界限是非常严格的，微生物生命活动的正常进行，必须要求有一定的 A_w 值，A_w 值稍有变化，微生物非常敏感。在微生物所需的最低营养要求能够满足时，尤其在营养条件非常充分时，微生物生长的最低 A_w 值一般是不会变动的。

二、干制对微生物的影响

干制过程中，食品及其所污染的微生物均同时脱水，干制后，微生物就长期处于休眠状态，一旦环境条件适宜，又会重新吸湿恢复活动。所以干制并不能将微生物全部杀死，而只能抑制微生物的活动。

干食品的 A_w 值，较低的在 0.80—0.85，象这样含水量的食品，在一至两周内，可以被霉菌等微生物引起变质败坏。若食品的 A_w 值保持在 0.70，就可较长期防止微生物的生长。A_w 值为 0.65 的食品，仅是极为少数的微生物有生长的可能，即使生长，也是非常缓慢，甚至可以延续两年还不易引起食品败坏。由此可见，要延长干制品的保藏期，就必需考虑到要求更低的 A_w 值。

虽然微生物能忍受干制品中的不良环境，但在干制品干藏过程中微生物总数仍会缓慢下降。干制品复水后，只有残留的微生物仍能复苏并再生长。

第五节　干制对酶活性的影响

长期以来，人们已经了解到水能影响食品中酶催化反应的速度，并且早已采用降低食品中水的含量的方法来阻滞酶作用引起的变质。现在已经知道水对某种体系的反应能力的影响，不仅与它的实际含量有关，而且还和水在体系中的存在状态有关。水分减少时，酶的活性也就下降。食品干制后，干制品中水分含量减少，水分活度降低，酶活性下降。只有干制品水分降低到 1%以下时，酶的活性才会完全消失。但当干制品吸湿后，酶仍然会缓慢地活动，从而使干制品品质变劣。

由于酶在湿热条件下处理易钝化，而在干热条件下难于钝化，为此，在干制前常常对原料进行湿热或化学处理（如热、烫、硫处理等），以使酶失活。

第六节 影响干燥速度的因素

干制速度的快慢，对干制品的品质好坏起决定性的作用。当其它条件相同时，干燥得愈快，愈不易发生不良变化，成品的品质就愈好，干燥的速度在很大程度上决定于干燥环境的温度、相对湿度和气流循环的速度以及果实种类、状态等。

一、干燥的环境条件

（一）温度

干燥介质是热空气，这种热空气是干空气和水蒸汽的混合物。它有两个作用：一是把热传递给原料，原料吸热后使其所含的水分汽化；二是把原料汽化的水气排出于室外。只有连续不断地提高干燥介质的温度并维持在一定的限度内，并把湿热空气排除，才能有效地完成干燥过程。

表 2—3 在 80%的相对湿度下，不同温度时的湿度饱和差

温度（℃）	饱和差（kPa）	与温度 10℃时空气饱和差相比的%
10	0.246	100
15	0.341	139
20	0.408	190
25	0.633	258
30	0.849	345

由表 2—3 可见，空气温度自 10℃升高到 20℃，其饱和差比在 10℃时几乎增加 1 倍，温度继续升高到 30℃，饱和差则增加 3 倍。这说明，空气中水蒸汽饱和差随温度的变化而变化，在一定的水蒸汽含量的空气中，温度越高，达到饱和所需的水蒸汽就越多，水分越容易蒸发，干燥速度就越快。相反，温度越低，干燥速度也越慢。但在干燥时，一般不宜采用过高的温度，以免引起下列不良现象。

1. 若果实含水量很高，骤然和干燥的热空气相遇，由组织中汁液迅速膨胀，细胞壁容易破裂而使内容物流失。

2. 原料中的糖分和其它有机物因高温分解或焦化，有损成品外观或风味。

3. 在高温低湿的情况下，尤以干燥初期，原料表面易于结壳，相反地，温度过低，干燥时间延长，产品容易发生氧化褐变，甚至生霉变质。

因此，在干燥过程中，要控制干燥介质的温度稍低于果实的变质温度，尤其对于富含糖分和芳香物质的原料，应特别注意。

（二）湿度

在温度不变的条件下，干燥介质的相对湿度愈低，则空气的饱和差愈大，如表 2—4 原料干燥的速度愈快。

表 2—4　温度为 10℃时，不同相对湿度的饱和差

空气相对湿度（%）	饱和差（kPa）	与相对湿度 90%时饱和差相比（%）
100	0	0
90	16.370	100
80	32.741	200
70	41.111	300
60	65.481	400
50	81.851	500

升高温度同时又降低相对湿度，原料与外界水蒸汽分压相差愈大，水分的蒸发就愈容易，不但能使干燥迅速，干制品的含水量也可以达到更低的程度。特别是在干燥后期更为显著，空气相对湿度愈低，干制品的含水量也愈低。例如干燥后期的红枣，分别在温度同为 60℃烘房中干制，一个烘房的相对湿度为 65%，干制后的红枣含水量为 47.2%，另一个烘房的相对湿度为 56%时，则干制后的红枣含水量为 34.1%。因此干制介质相对湿度高低直接影响原料干燥质量。

（三）气流循环的速度

干燥空气的流动速度愈大，原料表面的水分蒸发也愈快；反之，则愈慢。加大气流速度有两个作用：一是有利于将空气的热量迅速传递给原料，以维持其蒸发温度；二是从原料周围迅速带走蒸发出的水分，不断补充新鲜的未饱和空气，促进原料表面水分的不断蒸发。据测定，风速在 3m/s 以下范围内，原料中水分蒸发的速度与风速快慢大体成正比例的增加。人工干制时，采用鼓风机或排风扇，都是为了加快干燥时空气的流速，缩短干燥时间。

二、原料种类和状态

原料种类不同，所含化学成分及其组织结构也不同。即使是同一种类，因品种不同，其成分及结构也有差异，因而干燥速度也各不相同。河南产的泡枣与陕西产的疙瘩枣，干燥条件一致，需要的时间却不同。泡枣因组织比较疏松，24h 即可达到干燥，而疙瘩枣需 36h 才能达到干燥。

由于水分是从原料表面蒸发的，所以原料切分的大小也与干燥速度直接有关。原料切分成薄片或颗粒后，缩短了热量向食品中心传递和水分从食品中心外移的距离，另外，切分愈小，其蒸发面（即表面积与体积的比值）愈大，干燥速度也愈快。此外，经过热烫、熏硫等处理的原料，由于降低了细胞的持水力，也能加快水分的蒸发。

三、原料的装载量

烘盘单位面积上装载的原料量，对于干燥速度也有很大影响。烘盘上原料装载愈多，厚度愈大，愈不利于空气流通，影响水分蒸发。装载量多少与厚度以不妨碍空气流通为宜。干燥过程中应随着原料体积的变化来改变厚度和装载量。干燥初期应薄些，量小些。干燥后期，由于体积的变化，也可适当地改变其厚度。

总之，控制好干燥时空气的温度、湿度和流速，选择适宜的原料，进行适当的处理，以及适宜的装载量，是加速干燥过程，提高制品品质的根本途径。

四、干制工艺条件

食品干制工艺条件主要是由干制过程中控制干燥速度、物料临界水分和干制食品品质的主要参数组成。用热空气干制食品时，它的温度、相对湿度和流速等主要参变数和食品温度是它的主要工艺条件。食品温度是干制过程中控制食品品质的重要因素，却决定于空气温度，相对湿度和流速等主要参变数。

如干制过程中所选用的工艺条件能达到最高技术经济指标的要求，即干制时间最短、热能、电能消耗量最低和干制品质量最高，这就称为最适宜的干制工艺条件，它随食品种类而不同。不过，在具体干燥设备中难以构成最理想的干制工艺条件，为此作必要修改后的适宜干制工艺条件称为合理干制工艺条件。

空气主要参变数对食品干制过程的影响前已述及，不再重复。下面根据食品干制过程的特性和湿、热交换的规律阐述如何合理选用食品干制工艺条件。

（1）食品干制过程中所选用的工艺条件，必须使食品表面水分蒸发速度，尽可能等于食品内部水分扩散率，同时，力求避免在食品内部建立起和湿度方向相反的温度梯度，以免降低食品内部水分扩散率。在导热性较小的食品中，如果食品表面水分蒸发速度远比它内部水分扩散迅速，水分蒸发就会从表面向内层深处转移，外层由于迅速干燥，它也就迅速加热到和周围介质相同的温度。表面上热量的聚积不但会建立起温度差，不利于内部水分向外扩散，而且表面层受热过度就会形成不可溶性的干硬膜，甚至于还出现表面焦化和干裂。如降低空气温度和流速，提高空气相对湿度就能对表面水分的蒸发进行有效的控制。提高空气相对湿度还有利于增加食品导湿性，必要时就可以防止干裂，而降低空气温度还有利于减少食品内部的温度梯度。

（2）在恒率干燥阶段中，物料表面温度不会高于湿球温度。此时空气向物料提供的热量全部用于蒸发水分，因而物料内部就不会建立起温度梯度。在这阶段内为了加速蒸发，在保证食品表面水分蒸发，不超过物料内部导湿性所能提供的扩散水分的原则下，允许尽可能提高空气温度，以不致于对食品产生不良后果。多数食品在初期干制阶段都可以采用较高的空气温度，然而干制淀粉、果胶和其经胶粘性物质含量较多的食品时，却不能这样做。因为这种食品表面层过干时极易形成不透水薄层干膜，阻止物料内部水分蒸发，只能选用不会形成干膜的较低温度进行干燥。

（3）干制过程中食品表面水分蒸发接近结束时，应设法降低食品表面水分蒸发率，使它能和逐步降低了的内部水分扩散率一致，以免食品表面层受热过度，导致不良后果。为此可降低空气温度和流速，提高空气相对湿度（如加入新鲜空气）进行控制。此时还要注意食品温度的控制，以免它的温度上升过高。故而干燥末期宜将接触食品的干燥介质温度降低，使食品温度上升到干球温度时不致超出导致品质变化的极限温度（一般为90℃），它为导致糖分焦化的极限温度。

（4）干燥末期干燥介质的相对湿度应根据预期干制品水分加以选用。如干制品水分低于当时介质温度和相对湿度条件相适应的平衡水分时，这就要求降低空气相对湿度，才能达到最后干制品水分要求。

按照模拟系统进行的工程计算，通过大量的工作，有可能选出适宜的干制工艺条件，但它们却难以反映出干制过程中物料变化的情况，这是因为食品物料中最初成分、游离水分和结合水分量和溶质转移的模式以及更为重要的干制操作中，其性质的变化相差极大。

正是这些原因，常需进行摸索性食品干制试验，以便选定干制工艺条件并使它合理化，借以补充变化不多的模拟系统进行工程计算的不足。

第七节　干制过程中食品的主要变化

一、物理变化

食品干制时常出现的物理变化有干缩、重量减轻、体积缩小、表面硬化等。

细胞失去活力后，它仍能不同程度地保持原有的弹性。但受力过大，超过弹性极限，即使外力消失，它再也难以恢复原来状态。干缩正是物料失去弹性时出现的一种变化，这是食品干制时最常见、最显著的变化之一。弹性完好并呈饱满状态时的物料全面均匀地失水时，物料将随着水分的消失均衡地进行线性收缩，即物体大小均匀地按比例缩小。实际上物料的弹性并非绝对的，干制食品的块片内的水分也难以均匀的排除，故物料干燥时均匀干缩极为少见。为此，食品物料不同，干制过程中它们的干缩也各有差异。

食品干制后，重量减轻为原料的 20%—30%，体积缩小为原料的 20%—35%。

表面硬化是食品物料表面收缩和封闭的一种特殊现象。如果物料表面温度过高，就会因内部水分未能及时转移到物料表面而使表面迅速形成一层硬壳，影响水分的蒸发。这种现象常出现在一些含高浓度糖和可溶性固形物的食品中，而在另一些食品中并不常见。这从干制过程中水分从食品内部外逸时出现的各种情况中会得到一些启示。食品内水分可以因受热汽化而以蒸汽分子向外扩散，并让溶质残留下来。块片状和浆质态食品还常存在有大小不一的气孔，裂缝和微孔，小的可细到和毛细管相同。故食品内的水分也会经微孔、裂缝或毛细管上升，其中有不少能上升到物料表面蒸发掉，以致它的溶质残留在表面上。干制初期某些水果表面上积有含糖粘质渗出物，其原因就在于此。这些物质就会将干制时正在收缩的微孔和裂缝加以封闭。在微孔收缩和被溶质堵塞的双重作用下终于出现了表面硬化。此时若降低食品表面温度使物料缓慢干燥，一般就能延缓表面硬化。

二、化学变化

食品干制过程中，除物理变化外，同时还伴随有一系列的化学变化发生，这些变化对干制品及其复水后的品质如色泽、风味、质地、复水率、营养价值和贮藏期都会产生影响。这种变化的程度因食品成分和干制方法而异。

（一）色泽变化

食品干制过程中或制品贮藏中，往往变成黄色、褐色或黑色，称为褐变。按褐变发生的缘由不同分为酶褐变和非酶褐变。

1. 酶褐变

在氧化酶和过氧化物酶的作用下，使制品变色。大量资料表明，大多果实酶褐变主要是多酚氧化酶（Polyphenoloxidase 简称 PPO）所致。可见，要防止酶褐变就应从酚类物质含量、氧化酶活性及氧气供应方面考虑。如控制其中之一，则可获得良好的保色效果。

单宁是酶褐变的底物之一，其含量因原料的种类，品种及成熟度不同而异，如表 2—5。

就果实而言，一般未成熟的果实单宁含量远多于同品种的成熟果实。因此，在干制时应选择单宁含量少而且成熟的原料。

表 2—5 几种果实中单宁含量

果实名称	单宁含量(%)	果实名称	单宁含量(%)
苹果(栽培)	0.100	杏	0.074
苹果(野生)	0.250	香蕉	0.033
梨	0.032	柿	0.5—2.0
桃	0.100	樱桃	0.098
李	0.127	草莓	0.200

单宁氧化是在氧化酶和过氧化物酶构成的氧化酶系统中完成的。如破坏氧化酶系统的一部分，即可终止氧化作用的进行。酶是一种蛋白质，在一定温度下可变性凝固而失去活性。酶的种类不同，其耐热能力也有差异。氧化酶在71—73.5℃，过氧化物酶在90—100℃的温度下，5min即可遭受破坏。因此，干制加工前采用沸水和蒸汽进行热处理，因破坏了酶的活性而抑制褐变。另外盐水浸泡，硫处理，抗坏血酸处理，半胱氨酸及肉桂酸、阿魏酸等芳香族羧酸处理均可有效地控制酶褐变。采用真空干燥，可显著地改善果干以及果汁类粉状制品的品质。

干制过程中类胡萝卜素也会发生变化。温度愈高，处理时间愈长，色素变化量也就愈多，花青素同样会受到干制的影响。硫处理也会促使花青素褪色，应加以重视。

2. 非酶褐变

不属于酶的作用所引起的褐变均属于非酶褐变。在食品干制和干制品贮藏中均可发生。非酶褐变主要有两方面，一方面是还原糖与氨基酸作用生成黑蛋白素；另一方面是重金属对褐变的影响。

食品原料中氨基酸的游离氨基和还原糖的醛基作用生成复杂的络合物。氨基酸可与含有羰基的化合物，如各种醛类和还原糖起反应，使氨基酸和还原糖分解，分别形成相应的醛、氨、二氧化碳和羟甲基呋喃甲醛，其中羟甲基呋喃甲醛很容易与氨基酸及蛋白质化合而生成黑蛋白素。

这种变色的程度与快慢取决于氨基酸的含量与种类、糖的种类以及温度条件，一定范围内，温度升高能促进黑蛋白反应的加强。

黑蛋白素的形成与氨基酸含量成正相关。例如，苹果干在贮藏时比杏干褐变程度轻而慢，是由于苹果干中氨基酸含量较杏干少的缘故。富含氨基酸(0.14%)的葡萄汁比氨基酸含量较少(0.034%)的苹果汁，褐变迅速而强烈。在各种氨基酸中，以赖氨酸、胱氨酸及苏氨酸等与糖的反应较强。

糖类中，参与黑蛋白素形成的只是还原糖，即具有醛的糖。蔗糖无醛基，因此不参与反应，只有在高温及加酸的作用下转化成葡萄糖和果糖后，才参与反应。据研究，对褐变影响的大小顺序：五碳糖(核糖、木糖、阿拉伯糖)→六碳糖(半乳糖、鼠李糖)。

据实验，非酶褐变的温度系数很大，温度升高10℃，褐变率增加5—7倍。因此，在干制过程中控制适宜的温度以及低温贮藏干制品均可有效的抑制非酶褐变。此外，硫处理对非酶褐变也有抑制作用，因为二氧化硫与不饱和糖反应形成磺酸，可减少黑蛋白素的形成。

重金属会促进褐变，按促进作用由大到小的顺序排列为：锡、铁、铅、铜。如单宁与金属铁作用生成黑色的化合物；单宁与锡长时间加热生成玫瑰色的化合物。单宁与碱作用容易变黑。

黑蛋白素的形成在水分下降到20%—15%左右时最迅速，水分再下降则它的形成速度逐渐减慢，当干制品水分低到1%以下时则慢到难以觉察的程度。水分在30%以上时褐变反应显然也将以类似的低速度进行。

3. 透明度的改变

在干制过程中，原料受热，细胞间隙中的空气被排除，使干制品呈透明，因而干制品的透明度决定于原料中气体被排除的程度。气体愈多，制品愈不透明；反之则愈透明。干制品愈透明，质量就愈高，这不只是因为透明度高的干制品外观好，而且由于空气含量少，可减少氧化变质现象，使制品耐贮藏。干制前的热处理即可达到这个目的。

（二）营养成分的变化

营养成分在干制过程中的变化，因干制的方式和处理方法不同而有差异，其中以糖和维生素损失较多，矿物质和蛋白质则比较稳定。

1. 糖的变化

糖普遍存在于食品原料中，是甜味的来源。因此，它的变化影响到干制品的质量。原料中含有的主要糖分是葡萄糖、果糖和蔗糖。原料种类不同，这3种糖的含量也有很大差别。以果品为例，仁果类的苹果和梨等以含果糖为主，葡萄糖和蔗糖次之；核果类的桃、李、梅、杏等，则以含蔗糖为主，葡萄糖次之，果糖最少；浆果类的葡萄、草莓等，其葡萄糖和果糖的含量几乎相等；柑橘则含蔗糖较多。

果糖和葡萄糖都不稳定容易分解而损失。自然干制时因干燥缓慢，酶的活性不能很快被抑制，呼吸作用仍在进行，需消耗一部分糖分。干制时间越长，糖分损失越多，干制品的质量越差。还原糖还会和有机酸反应而出现褐变，要用二氧化硫处理果实组织才能有效地加以控制。人工干制时，虽然很快抑制酶的活性和呼吸作用，干制时间又短，可减少糖分的损失，但所采用的温度和时间对糖分有很大影响。一般说来，糖分的损失依温度的升高和时间的延长而增加，据西北农业大学曾采用陕西大荔圆枣作人工干制实验，在不同温度和时间内糖分损失率如表2—6。温度过高，造成糖分焦灼，颜色褐至深褐变、无光泽，不仅糖分损失，而且制品味道变苦。褐变的程度与温度及糖分含量成正比。

表2—6　不同温度、时间下大荔圆枣糖分损失率

糖分损失率（%）／时间（h）／温度℃	10	20	34
45	0.1	0.7	1.8
65	1.5	3.2	5.6
70	12.3	15.4	16.4

2. 维生素的变化

干制品中也常出现维生素损耗，损耗程度取决于干制前预处理方法、所选用的脱水干制方法和干燥操作严格程度，以及干制食品贮藏条件。

维生素的稳定性因种类不同而不同。在干制时维生素C的稳定性不及硫胺素（维生素B_1）和核黄素（维生素B_2），很容易被氧化破坏，因此在干制加工时，要特别注意提高维生素C的保存率，维生素C被破坏的程度与干制环境中的氧含量和温度有关外，还与抗血酸酶的活性和含量有关。在高温和氧化共同影响下，维生素C可往往全部被破坏。但在加热而无氧化的情况下，维生素C可以大量保存。此外，维生素C在阳光照射下和碱性环境中也容易遭受破坏，但在酸性介质中或在浓度较高的糖液中则较稳定。所以，在干制时对原料进行热烫、硫处理都是减少维生素C损失的有效措施。据陈锦屏（1979年）实验，用不同方法处理红枣、干制时维生素C保存情况如表2—7。

表2—7 不同处理方法红枣的维生素C保存率

处理方法	机械损伤	热烫	1%NaCl处理	0.5%$NaHSO_3$处理	2%NaOH处理	对照
保存率(%)	25.0	90.3	18.2	65.0	37.5	31.6

热烫处理的效果最好，保存率达90.3%，其次是$NaHSO_3$处理的，利用食盐水处理维生素C损失率最大，仅保存18.2%。

另外，维生素A_1和A_2在干制加工中不及维生素B_2、维生素B_1和尼克酸稳定，容易受高温影响而破坏损失。但某些热带果实中的β-胡萝卜素在熏硫和烘干过程却变化不大。

水果干制可用日晒、脱水或两者结合的方法。胡萝卜素在日晒时损耗极大，在脱水（特别是喷雾干燥）时则损耗极少。水果晒干时抗坏血酸损耗极大，但升华干燥时就能将抗坏血酸和其它营养物质大量地保存下来。

第八章　食品干制的方法及设备

食品干制的方法分为两大类，即自然干制和人工干制。自然干制是利用太阳辐射热、热风等自然环境条件干制食品的方法。而人工干制则是在人工控制条件下进行干制，即在常压或减压环境中以传导、对流和辐射传热方式或在高频电场内加热的人工控制工艺条件下干制食品的方法。

第一节　自 然 干 制

自然干制设备简单，成本低，易管理。但受气候和地区的限制，在干制季节若遇阴雨连绵，干燥过程延长，产品质量降低，甚至引起腐烂损失。

一、自然干制的方法

自然干制，一般包括太阳辐射的干燥作用和空气的干燥作用两个基本因素。因此，自然干制方法可分为两种，一种是原料直接受阳光暴晒和日光干制；另一种是原料在通风良好的室内，棚下以热风吹干的，称为阴干或晾干。

（一）太阳辐射干燥作用

是利用太阳的辐射热作为热源，使水分蒸发的一种干燥作用。太阳光的干燥能力和原料水分蒸发的速度，主要取决于太阳辐射的强度和原料表面接受的辐射强度。太阳辐射的强度，因地区的纬度和季节而异，纬度低的地区较纬度高的地区强，夏季较冬季强。

为了有效地利用太阳辐射进行晒干，可以在干制过程中，提高晒干品表面所受到的太阳辐射强度。办法是：将晒场的晒帘向南面倾斜，与地面保持15°—30°的角度，或者利用地势使晒场地面向南倾斜一定角度；另一种做法是将晒帘上午向东，下午向西，与地面成15°左右的角度，以增大上下午太阳光线对晒帘的照热角度，同样可以增加晒干品表面接受的太阳辐射强度。

（二）空气的干燥作用

空气的干燥作用，取决于一个地区大气的温度、湿度和风速几个方面的气候条件。

我国南方各省，虽然气温较高，但空气相对湿度平均在75%以上。潮湿的空气，不利于食品的干燥。但是晒干和风干是在白天进行的，白天的气温较高，相对湿度远低于一天中的平均湿度，仍可起到一定的干燥作用。我国北方和西北地区气候十分干燥，空气相对湿度低，平均在60%左右，有利于食品的干燥。如我国新疆的葡萄干，就是利用季节性的焚风吹干、晾干的，在国内外极负盛誉。这类干制果品的生产仍不失其经济价值。

二、自然干制的设备

自然干制的主要设备为晒干用具如晒盘、席箔、运输工具等，以及必要的建筑物如工作室、贮藏室、包装室等。

晒场要向阳，能有充分的太阳照射，位置宜选择交通方便，气流畅通的地方。因此在晒场周围避免高大建筑，高山的阻隔，同时也要注意到环境卫生条件，应避开污染源。

干制时，比较简便的做法是将原料直接放置在晒场曝晒，或放在席箔上晒制。但这种做法在大量生产时，不便于熏硫，叠置等操作。因此用盛器晾晒为好。在自然干制过程中，原料要经常翻动以加速干燥过程。

第二节 人工干制

人工干制不受气候条件限制，干燥迅速，干制品品质优良。与自然干制比较，人工干制的设备及安装费用较高，操作技术比较复杂，因而成本高。但是，人工干制具有自然干制不可比拟的优越性，是食品干制的发展方向。

人工干制设备要求具有良好的加热装置和保温设备，以保证干制时较高而均匀的温度；有良好的通风设备，以利于排除原料蒸发的水分；卫生条件和劳动条件好，避免产品污染，便于操作管理。

人工干燥设备，按热作用方式分为借热空气的对流式干燥设备、借热辐射加热的热辐射式干燥设备和借电磁感应加热的感应式干燥设备三类。另外，还有间歇式烘干室和连续式通道烘干室及低温干燥室和高温烘干室之别。所用载热体有蒸汽、热水、电能、烟道气等。间歇式烘干室以采用蒸汽、电能加热为普遍，连续式通道烘干室则多采用红外线加热。电磁感应式干燥目前尚未广泛应用。近年来，又出现了电子束固化、波长在 50μm 以上的远红外线干燥，以及单体直接用光激发聚合成膜的光固化干燥等新技术。

一、烘　灶

是最简单的人工干制设备，形式很多，如广东、福建烘制荔枝干的焙炉；山东干制枣的熏窑。它们的构造，或是在地面砌灶或在地下掘坑，在灶或灶底升火，上方架木檩、铺席箔，原料摊在席箔上干燥。通过火力的大小来控制干制所需的温度。这种干制设备，结构简单，生产成本低廉，但生产能力低，干燥速度慢，所需劳动强度大。

二、烘　房

（一）烘房的形式

利用烘房干制食品，干燥速度快，设备亦较简单。目前生产单位推广使用的烘房，多属烟道气加热的热空气对流式干燥设备，一般为长方形土木结构的比较简单的建筑物。形式很多，以升温方式不同可分为以下几种：

一炉一囱直线升温式烘房，烘房一端设置一个炉膛，烟火沿火道直线前进，到烘房另一端设置的烟囱排出。这种烘房建造简易，可以利用一般民房改建，升温较快，但耗燃料多，保温性能差。

一炉一囱回火升温式烘房：一种是，烘房一端的一侧设置一个炉膛，烟火沿火道绕烘房一周，再回到设置炉膛一端的烟囱排出，烘架固定设置于烘房内即烘房内一侧为固定的烘架，旁侧为供操作管理的走道；另一种是，炉膛设置于烘房一端的中间，烟火沿主火道至另一端后，再从两侧的边墙回至设置炉膛一端的烟囱排出。炉房内设轨道，烘架为活动式。这种升温方式适用于生产量不大，容积小的烘房温度可以达到干制要求，建造比较简易，操作也很方便。

一炉两囱直线升温式烘房：烘房一端居中设置一个炉膛，烟火沿烘房两侧分设的两条主火道分别行至另一端的两个烟囱排出。

一炉两囱回火升温式烘房：与前一种烘房的区别是，烟火经墙火道（也有经地火道的）回转至烟囱排出。

以上两种烘房，因仅有一个炉膛，故只适用于生产量不大，容积小的烘房；烘房容积大时，温度往往达不到烘制要求，同时由于两个烟囱的拨火力不均衡，往往造成烘房两侧温度不一致。

两炉两囱直线升温式烘房：烘房山墙的一端设置两个炉膛（也有将两个炉膛交错设置于前后山墙），另一端相对设立两个烟囱，通常在前后山墙分设相对称的两扇门。

两炉两囱回升温式烘房：与前一种烘房的不同之处在于烟火从炉膛进入主火道后，再经墙火道回转至烟囱（有的设在炉膛的一端，有的设在另一端）排出。

以上两种烘房升温较快，温度较高，操作方便，但所需建筑材料较多，成本较高。

两炉一囱直线升温式烘房：两个炉膛分别错开设置于烘房山墙的同一端，烟火沿着各自的火道直至对端从一个烟囱排出。这种烘房建筑比较简易，升温较快且温度较高，但保温性能较差，室内温度不够均衡，耗煤量也比较大，目前生产上很少使用。

两炉一囱回升温式烘房：两个炉膛设置在烘房山墙的一端，两个炉膛之间设置烟囱，炉膛内烟火沿各自的火道行至对端后，再沿两侧的墙火道回流至烟囱排出。这种烘房能充分利用热能，保温性能好，室内温度比较均衡，目前使用比较普遍。缺点是建筑技术比较复杂。

高温烘房：形式与两炉两囱回火升温式烘房相同，但在主火道上涂刷了能辐射远红外线的涂料，加上烘房容积较小，室内温度可达150℃以上，缺点是某些产品常因温度过高而烘焦。

此外，烘房还可按房顶形式的不同，分为屋脊式、平顶式、窑洞式烘房；按烘房内烘架设置方式的不同，分为固定烘架式和活动烘架式烘房。

（二）烘房的建造

烘房主要由烘房、升温设备、通风排气装置和装载设备组成。现将生产上使用的两炉一囱回火升温式烘房简介如下：

1. 房屋建造：烘房的房屋应选择土质坚实、空旷通风、交通方便、卫生条件较好的地点建造。要特别注意通风顺畅，不可在高大建筑物围墙附近。烘房距离产地要近，以利于产品的运输和管理。烘房多采用土木结构，一般长6—8m，宽3—4m，高2—2.2m（均指净内径）。烘房高度不宜过高（不能超过2.5m），否则烘房内上、下部的温度差异很大，影响干制效果，同时也不便于操作和管理。烘房的前后山墙用砖砌成，厚37cm，两边侧墙用土坯砌成，或用土夯实成土墙，间以砖柱支托屋架，房顶多筑成平顶式，烘房的方位视当地干制生产季节风的主方向而定。如以东风为主，则烘房宜南北长；如以西北风为主，则烘房宜东西长。即烘房的长向应与主风方向垂直。这样做的目的，一是可使冷空气顺利通过进气窗进入烘房，有利于通风排湿，加速产品烘干；二是炉火的燃烧和门的开闭不受风的干扰，便于操作管理。

2. 升温设备：升温设备的要求是升温快，保温好，燃料燃烧充分耗量低，其建造包括烧火坑、灰门、炉膛、主火道、墙火道、烟囱等六个主要部分。

(1) 烧火坑：位于地面下，深 150cm，长 160—180cm，宽与烘房的宽度相同，是管理炉火的地方。

(2) 灰门：高 80cm，宽 50cm（下宽上窄，逐渐向上收缩至 40cm），长度根据膛长度而定。

(3) 炉膛：在后山墙的两侧平面之下，分设两个炉膛。炉膛呈枣核形，长 80—90cm，宽 45—50cm，高 45cm。炉条，近炉门的一端高，后端低，前后高度相差 12cm。每个炉膛约需炉条 10—12 根。炉门宽 20cm，高 24cm。入火口，即炕膛与主火道连接处，呈 30°—40°的坡度向后延伸，近炉膛一端处低，至主火道一端处高。入火口宽 36cm，高 24cm。这一段坡度水平距离达 40cm，称为爬火道，是炉膛中的烟火进入火道的通道。炉膛顶部适宜作成窑洞式的拱圆形。

(4) 主火道：烘房内的两侧各设一条主火道，可以在地平面以下 20cm 处，也可以高出地平面以上 10cm 处，主火道自炉膛上伸至对端与墙火道连接，长度与烘房室内长度一致，宽 1—1.1m，高 30cm。固定烘架式烘房的主火道，两端及靠近侧墙的一侧应与墙贴实，以防跑火或落入原料。活动烘架式烘房的主火道与两个边墙的距离为 30cm，两主火道之间的距离为 40cm。用作人行道，以利铺设轨道和操作管理，主火道距离爬火道末端 30cm 处，用土坯斜立成“∧”状，使炉膛内的烟火通过入火口能分为两股烟火。然后用土坯在火道内似雁翅形排列三道，使炉膛内的烟火自入火口经爬火道进入主火道后，分成四道烟火弯曲绕行于主火道内。土坯间距为 15—18cm，靠近炉膛的一端排列宜稀，以利烟火较顺畅地进入主火道。而自主火道中部往后排列要密，使烟火在前进中稍受阻力，热能散发于烘房内，不致于迅速通过火道而由烟囱排出。再从距炉条末端处，用细土（或粗沙）垫成缓坡至墙火道相连接的一端，此处厚约 15cm。这样使烟火缓慢而顺畅地上行，既保温又使炉火燃烧完全，热能得以充分利用。主火道的四周用土坯筑成，这些土坯与雁翅形排列的土坯一道，既构成主火道，又作为支撑物以支托作为主火道面的大土坯。大土坯一般长 60cm，宽 55cm，厚 5cm。炉膛顶部及中后部和入火口处，宜采用耐火砖，也可用未经烧制的生土坯代替。砌造时，麦草泥内加入适量的食盐水可使炉膛和主火道耐烧坚实。

(5) 墙火道：位于烘房两侧墙上。一端距离主火道坑面 40cm，这里主火道与墙火道垂直连接，宽 24cm，深入墙内净 18cm，墙火道沿墙壁呈缓坡状至对端，对端距离主火道坑面 70cm，然后呈直线前进拐至后山墙入烟囱。墙火道高 24cm，深入墙内深度为 13cm，外侧用土坯砌严，再用泥抹光。

(6) 烟囱：位于后山墙中部，两个炉膛之间，两个烟囱并列在一处，中间以 6cm（或 12cm）厚的砖墙隔开，两个炉膛的烟火从各自的烟囱排出。烟囱的有效高度（即自墙火道入口处至烟囱顶部）6.5—7m。为了增大抽力，烟囱至底部向上分三段，底段高 3m，内径为 37cm；中段高 1.5—2m，内径为 24cm；上段高 1.5—2m，内径为 18cm。主火道入墙火道或烟囱基部可设闸板开关，供调节火势用。

3. 通风排湿设备：通风排湿设备的要求是要有足够的通风排湿面积，以便在尽可能短的时间内，通过冷热空气的循环，排除烘房内的潮湿空气，降低空气相对湿度，加速产品的干燥。烘房通风面积的大小，对烘房内空气流量和流速都有直接关系，据测定，每 $1m^3$ 的烘房面积应具有 0.015—0.02m^2 的通风面积。如通风面积过小，会延缓干燥过程，影响干制品质量。烘房的通风设备主要有进气窗和排气筒。通风面积是进气窗和排气筒面积的总和。

（1）进气窗：主要作用是通过它进入冷空气，有时烘房内的潮湿热空气也可以通过它向外流动。在两侧墙基部距主火道表面 10cm 高处均匀设置 4—5 个进气窗。窗内宽 20cm，高 15cm。内小外大呈喇叭状，外口略向上抬起，以利冷空气进入。每个进气窗都设有木盖开关。进气窗的通风面积按内侧面积计算，应占整个烘房通风面积 1/2。

（2）排气筒：主要作用是排出烘房内的潮湿热空气，于烘房房顶的中线紧靠中线部位的左右两侧均匀设置排气筒 2—3 个，排气筒高出房顶 0.8—1m，底部与房顶底线齐平。下大上小，底部的截面积为 40cm×40cm，顶部的截面积为 30cm×30cm。底部设有活门，以便通风排湿时调节开关，排气筒顶部设铁皮帽罩，帽罩上铁钉牛毛毡，以防雨水滴入烘房。排气筒的通风面积按底部截面积计算，应占整个烘房通风面积的 1/2 多。

4. 装载设备：要求坚固、耐用、轻便、取材方便。主要设备为烘架和烘盘。

（1）烘架：为放置烘盘用。分为固定式烘架和活动式烘架两种。固定烘架固定安装在烘房内不能自由移动。烘架可用木、竹或铁制作而成。固定烘架设置在主火道上，共设两排，每排 8—9 层，最下层距火道 25cm，除第 4—5 层，第 5—6 的层距为 25cm 外，其余层距均为 20cm。固定式烘架建造方便，成本较低，但操作管理均需在烘房内进行，劳动条件较差，烘盘因装卸产品经常移动而易破损。活动烘架是做成载车，即在烘架基部安装滚轮，沿着烘房内通往室外的轨道，可以活动运行。这样，装卸和检查产品均可在室外进行，与固定烘架比，劳动条件大大改善，但需安装滚轮和轨道，建筑技术较为复杂，成本也较高。采用活动烘架时，烘房主火道宽度为 90—120cm，靠近边墙的一侧留 30cm 的空隙，用土或砖砌坚实，上面铺设轨道。主火道嵌置于两根轨道之间，烘房内共设两条轨道（即两个主火道上各设两根轨道）。两轨道之间相距 40cm。

（2）烘盘：供装原料用，木或竹制，烘盘的大小需与烘架的长度和宽度相适应，以充分利用烘架面积。烘盘底部应留有方块或条状空隙，以利透过热空气。

5. 其他设备

（1）门：固定烘架式烘房于前山墙中间设一木门。门高 1.6m，宽 0.8m。活动烘架式烘房则于前山墙的两侧各设一木门。门的高度和宽度须与烘架的出入相适应。门宜往外开，以利室内操作。

（2）走道：固定烘架式烘房于两个主火道之间留 80—100cm 宽的走道，用土或砖筑成鱼脊状隆起，以装卸产品和倒换烘盘。活动烘架式烘房的走道用青砖铺面，不必筑成鱼脊状隆起。

（3）照明设备：于门的上方墙上砌筑朝内呈喇叭状的照明孔，嵌以双层玻璃，安装电灯。因烘房内温度、湿度较高，所以电灯开关和电线要安装在室外。

（4）测温、湿度设备：于烘房前、中、后部，选择具有代表性的地方安装温度计和干湿球温度表，以观测烘房内的温湿度。有条件的可安装热电偶温度计或双金属温度计，这样就可在烘房外以观察到烘房内的温度变化。

三、人工干制机

是一种功效较高的热空气对流式干燥设备，可以根据需要控制干燥空气的温度、湿度和流速，因此干燥时间短，干制品质量好。

（一）带式干制机

这种干制机的干燥部分是用帆布、橡胶、涂胶布或金属网制成的传送带，原料铺在传送带上，随传送带向前移动而与干燥介质接触得以干燥，图 2—1 为 4 层传送带式的干燥机，能够连续移动，当上层部位温度达到 70℃时，将原料从柜子顶部的一端定时装入，随着传送带的移动，原料依次从上层逐渐向下移动，至干燥完毕后，从最下层的一端出来。这种干制机用蒸汽加热，暖气管装在每层金属网的中间，新鲜空气由下层进入，通过暖气管变为热气，然后通过原料，使其水分蒸发，湿气由出气口排出。

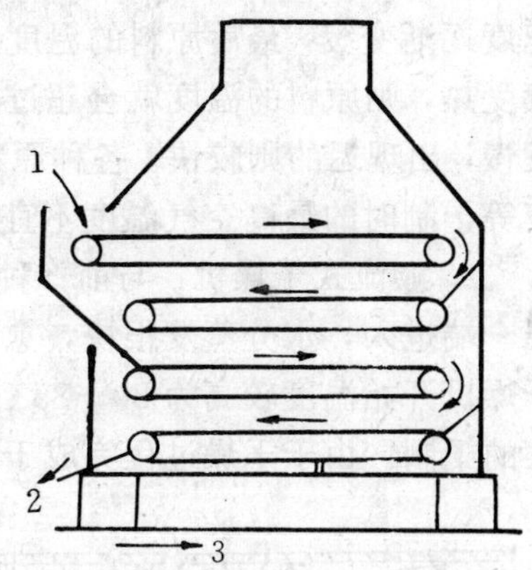

图 2—1 带式干燥机示意图

1. 传送带 2. 出料 3. 空气进口

在干燥过程中，应注意机柜中温湿度的变化情况，当上层干球温度为 45—50℃时，其干湿球温度差应为 7—10℃，其差数小于 5℃时，则表示湿度过大，原料表面湿润，蒸发变慢，这时可将顶盖打开，使空气对流，当干湿球温差超过 12℃时，说明进入干制机的空气过多，应将顶盖关闭，这种干制机的优点是设备简单，只需一个小型蒸汽锅炉配合即可。在干燥过程中，无需上下翻动，当原料至上层向下层落下时，即自然翻动一次，原料干燥程度均匀，因此，干制品品质好，管理简易，节省劳力。

（二）隧道式干燥机

这种干燥机的干燥部分为狭长隧道形，原料铺在运输设备（小车、传送带、烘架）上，沿隧道间隙地或连续地通过而实现干燥。目前，一般将原料装在运输小车上，慢慢地在铁轨上移经隧道，当一车干料从隧道一端卸出时，另一车湿料又从另一端进入。

隧道可分为单隧道式、双隧道式及多层隧道式，有各种不同的设计和大小，干燥间一般长 12—18m，宽约 1.8m，高 1.8—2.0m。加热间设在单隧道式干燥间的侧面或双隧道式干燥间的中央，也是狭长隧道形。在加热间的一端或两端装设加热器和吸风机，推动热空气进入干燥间，经过被干燥原料，使水分蒸发，废气一部分自排气孔排出，一部分回流到加热间利用它的余热（见图 2—2）。

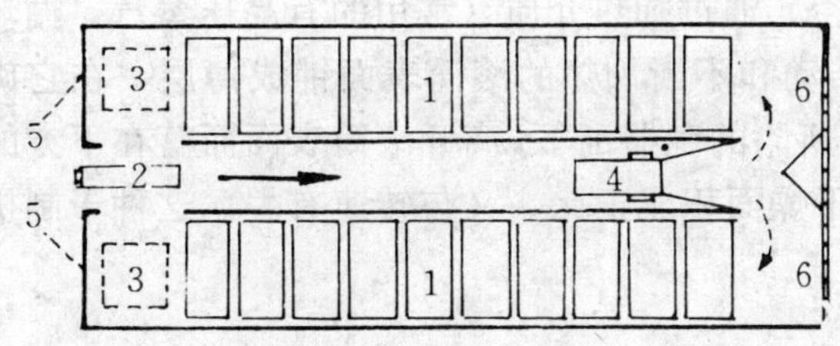

图 2—2 隧道式干燥机示意图（双隧道）

1. 载车 2. 加热器 3. 空气出口 4. 电扇

5. 原料由此进入 6. 干制品由此取出

隧道式干燥设备的操作系半连续性。结构简单，有广泛适应性，干燥迅速，不易受损。各物料的整个干燥过程基本一致。虽然现在使用更先进连续性干燥设备正在日益增长，但目前仍是国内外广泛使用的一种干燥设备。只要是固态食品几乎任何大小和形状的食品都能干制。

隧道式干燥机按原料和干燥介质的运行方向，分为逆流式、顺流式和混合式 3 种。

1. 逆流式干燥机：装原料的载车与空气的流动方向相对。即原料由低温高湿一端进入，由高温低湿一端出来。在干燥开始时温度较低，为 40—50℃，终了温度较高，为 65—85℃。因此，这种干燥机适用于含糖量高、汁液粘厚的果实，如桃、李、杏、葡萄等的干制。

逆流式干制机的管理技术：当果实原料最初推进干燥间时，初温为 45—50℃，以后上升很快，水分大量蒸发，载车逐渐向前推进，温度越来越高，原料越来越干。此时，蒸发速度逐渐变缓，最后原料的温度接近于热空气的温度，即所谓"临界温度"，若使原料再继续受热，则原料的温度就会超过"临界温度"，使原料易于烤焦，临界温度出现早，水分蒸发慢，出现迟的则较快。各种原料在逆流式干燥机内的临界温度有一定的极限。如杏、桃、李等干制时的最高空气温度不宜超过 72℃，葡萄不宜超过 65℃。否则就会影响品质。

2. 顺流式干燥机：与前一种相反，即载车的前进方向和空气流的方向相同。原料从高温一端进入，水分蒸发很快，愈往前进，温度愈低，湿度愈高，水分蒸发逐渐变慢。这种干燥机开始温度较高为 80—85℃，终了时温度较低，为 55—60℃，适用于含水量较高的蔬菜的干制。由于干燥过程完成于高温低湿的环境，有时不能达到预期的含水量。

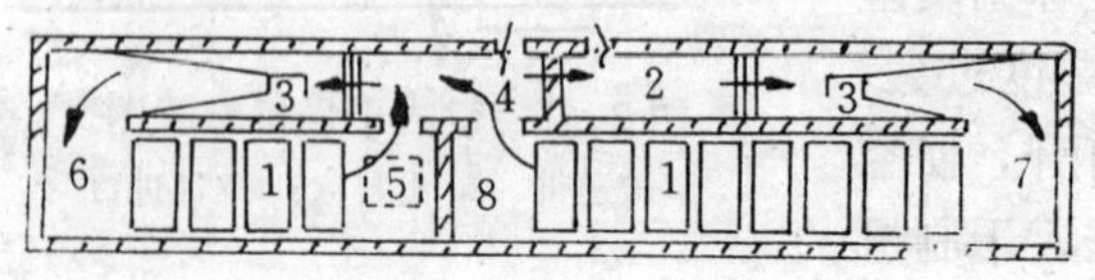

图 2—3　混合式干燥机

1. 载车　2. 加热器　3. 电扇　4. 空气入口　5. 空气出口　6. 新鲜品入口　7. 干燥机出口　8. 活动间隔

3. 混合式干燥机：又称对流式干燥机或中央排气式干燥机。这种干制机综合了逆流式和顺流式干制机的长处，是一种结构较为合理的类型，具有生产效率高，能连续生产，温度、湿度容易控制，产品质量好等优点。混合式干燥机有两个鼓风机和两个加热器，分别设在隧道的两端，热风由两端向中央流动，通过原料而将湿热空气从隧道中部集中排出一部分，另一部分回流利用（见图 2—3）。原料载车首先进入顺流隧道，温度较高，风速较大的热风吹向原料，加速原料水分的蒸发。载车渐次向前推进，温度逐渐下降，湿度逐渐增大，水分蒸发速度渐慢，有利于水分的内扩散，不致发生结壳现象，待原料排出大部分水分后，进入逆流隧道，以后愈往前推进，温度渐高，湿度渐低，在高温低湿的条件下结束干制过程，制品干燥得比较彻底。在正常情况下，整个干制过程有 2/3 在顺流隧道内完成，其余的 1/3 在逆流隧道内完成。在原料进入隧道后，应控制好空气温度，过高会使原料焦化和变色。

（三）滚筒式干燥机

这种干燥机由一个或两个以上表面平滑的钢质滚筒构成。滚筒是加热部分，也是干燥部分。滚筒的直径为 20—200cm 不等，中空、通过加热介质（常用的有高压蒸汽，循环水和其它液体），滚筒干燥时将原料在缓慢转动和不断加热的滚筒表面铺成薄层，在它旋转 360 度的过程中促进原料水分迅速蒸发，由所附的刮器刮下，离开滚筒表面而落在下方的盛器中，干燥得以连续进行。干燥量与有效干燥面积成正比，又与转速有关。这种干制机可用于果实的制片和制果汁粉。

（四）真空干燥

真空干燥是在较低的温度条件下进行干燥的方法。食品的真空干制，采用的真空条件根据原料和设备的性能而定。真空度愈高，水的沸点愈低。减压时水分自行沸腾，并有一部分被机械排出。

真空干燥适宜于干制那些在高温下易变质的食品，它能很好地保持食品的外观、质地和风味。真空干燥时原料的温度和干制速度取决于真空度和物料受热强度。真空干燥室内热量通常借传导式辐射向食品传递。

所有真空干燥系统由四种主要部件组合而成。其一是结构上能忍受外界大气压和内压差可达 0.945 大气压或 95.25kPa 的真空室；其二是供热系统；其三是抽空和维持真空度的装置；最后是收集从物料蒸发出来的水蒸汽的部件。

(1) 间歇式真空干燥

间歇式真空干燥时最常用的设备为搁板式真空干燥设备。它们间歇的操作并能维持高真空度干燥，适用于各种水果制品如液体、浆质体、粉末、散粒、方块、块片的干燥。

浓缩果汁一类液态食品在绝对压力为0.665kPa以上的真空中干燥时，果汁会沸腾飞溅，若在绝对压力为0.339kPa以下的干燥室中干燥时，则会膨化为疏松体。干燥温度一般可在37℃以下。因此，制品不仅能速溶，而且风味的变化和受热的损伤极小。

真空干燥设备中干燥块片状食品时，因固体仍具硬性，不易膨化成膨松体，而干缩程度也最小。

(2) 连续式真空干燥

连续真空干燥时，进出干燥室的物料连续不断的由输送带传送通过。为了保证干燥室内的真空度，专门设计有密封性连续进料的出料装置。

浓缩的液态食品用泵压送入供料盘内，而供料盘位于开始往回走的输送带的下面。供料盘内的供料滚筒连续不断地将物料涂布在往回走的下层输送带表面上，形成薄料层。最初，往回走输送带背面从红外线加热源接受辐射热后，再以传导方式传与它表面上的薄层物料，并使它的内部产生水蒸汽，待物料膨化结构稳定后，输送带才移经加热滚筒受到传导加热，而后物料在输送带表面上进一步受到红外线辐射热加热。同时在绝对压力为0.266kPa的真空条件下快速干燥，可将物料水分降低到2%左右。输送带再转到冷却滚筒时物料因冷却而脆化。干物料则由装在冷却滚筒下面的刮刀刮下收集在集料器内，集料器通过气封装置则和真空室相连。输送带继续运转，再次接受待干燥的湿物料，重复上述的干燥过程。

(五) 喷雾式干燥机

这种干燥机是用来制造粉状干制品的，液态或浆质态食品经过特种装置喷成雾状液滴进入干燥间，同时热空气也不断进入，于是喷散的微细小滴立即干燥成粉，颗粒状干粉和空气分离后，收集在加热的下方承受器内（如图2—4）喷雾干燥只适用于那些能喷成雾状的食品，如果汁、蔬菜汁、蕃茄浆汤料等。

喷成雾状的液滴因具有极大的表面积，因此传热和蒸发水分迅速，大大地缩短了干燥时间，干燥迅速。这种干燥方法特别适于易受热损害和及氧化的食品干制，而且具有生产连续化，操作简单的优点。

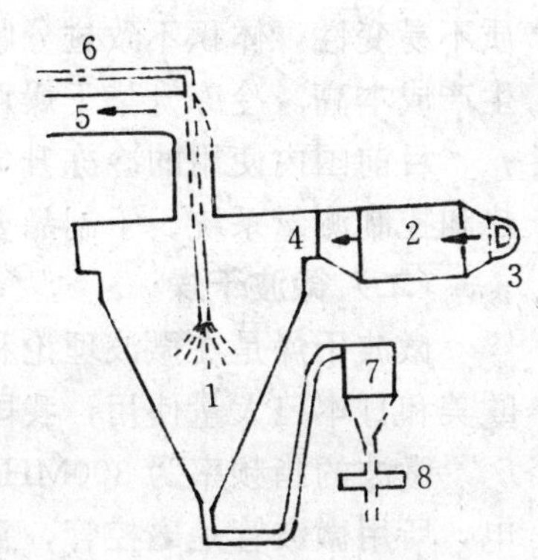

图2—4 喷雾式干燥机示意图
(主要部分)
1. 干燥间 2. 加热器 3. 电扇 4. 干空气 5. 湿空气 6. 进料管 7. 收集器 8. 过筛

一般干燥后粉粒不会粘壁，但含糖量高的果汁粉却会溶化和粘壁，这样就需要建立双重壁式喷雾干燥设备，设备内壁上有果汁粉聚积处，要用冷却水或冷空气循环进行冷却，以防结块粘壁。

目前又出现一种新型BIR喷雾干燥设备。它为高达66m的干燥塔，直径为15m。果汁在逆流的低温低湿空气（33℃和3%的相对湿度）中进行干燥。这种设备为低温干燥提供了充分的干燥时间。一般情况下雾滴在90s降落过程中即可达到预期的干燥要求。橙汁、柠檬汁等热塑料食品都可用此法生产，它的制品因水分蒸发缓慢而且具有较高的密度，它的膨化程度也低，但能保存香气。这种设备因投资和操作费用比较高昂，在工业生产中尚未广泛应用。

四、干制技术的新发展

（一）冷冻升华干燥

冷冻升华干燥又称冷冻干燥或升华干燥。冷冻干燥对食品质量的保存能力是其它方法所不及的。

冷冻升华干燥，是食品在冰点下冷冻，水分即变为固态冰，然后在较高真空下使冰升华为蒸汽而除去，达到干燥的目的。这是因为，当空气压力相当于 101.325kPa 时，水的沸点是 100℃，如果压力下降了，水的沸点也随着下降，当空气压力下降到 0.611kPa 时，水的沸点为 0℃，这个温度同样是水的冰点，称为水的三相点，假如将空气压力继续下降到 0.611kPa 以下，水的温度也下降到 0℃以下，水则完全变成冰，只有固态、气态二相，它们同样有相应的饱和蒸汽压和温度。

食品的冷冻升华干燥，首先要将原料在低温条件下冻结，从原料的中心直至表层的水分都冻结成冰，而后在高度真空下使冻结的冰晶由外至内逐步升华，原料在冷冰干制过程是必须保持其冻结状态，冻结水分的升华逐步由表层逐渐向中心推进，因为在原料内部的水分都是处在冻结状态而不能向外转移。为了体内升华出来的水蒸汽易于扩散排除，在干制的设备安装上，要在加热板与食品之间安置一个架衬托以供蒸汽的逸出。在脱水过程中，随着外层水分的丧失，形成多孔性泡沫结构，就变为一层隔热组织，妨碍了升华所需要的热传导，就会降低脱水速度。冷冻干制须在高度真空下进行，温度不能高到使冰溶化。

冷冻升华干燥是在低温下进行的，因此，挥发性物质损失很大，表面不致硬化，蛋白质不易变性，体积不致过分收缩，就能较好地保持干制品的色、香、味和营养价值，但其生产成本高。冷冻升华干燥可用于很广泛的食品种类，但实际生产上要考虑其经济价值。

目前国内使用的冷冻升华干燥装置的主要部分是一卧式钢质架筒，配有冰冻、抽气、加热和控制测量系统。干制品要求避光密封，抽空充氮保藏。

（二）微波干燥

微波干燥是在微波理论和技术以及微电子管成就的基础上发展起来的一项新技术。在欧美和日本已大量使用，我国也开始使用。

微波的指频率为 300MHz（兆赫）至 300kMz（千赫），波长为 1m 至 1mm 的高频交流电，所用微波管是磁控管，常用加热频率为 916MHz 和 2450MHz。

微波加热干燥装置，是利用整流电源提供高压直流功率给微波管，在微波管上生产微波功率，然后通过波导输送到微波加热器中。微波与产品相互作用被吸收而产生热，达到干燥目的。

微波干燥有以下优点：

1. 干燥速度快，加热干燥时间短。将含水量从 80%烘干到 20%。用热空气干燥需 20h，而用微波干燥仅需 2h，如将两者结合起来，即先用热空气干燥到含水 20%，再用微波干燥到 2%。既可缩短时间（减至 10h），又可降低费用（所需微波能只有原来的 1/4）。

2. 利用微波加热，不是由外部热源进去的，而是在加热物内直接产生的，即热源是在物体的内部，所以尽管被加热物料形状复杂，加热也是均匀的，不会引起外焦内湿的现象。

3. 微波对水分有选择加热效应，当物料进行烘干时，其中的水分比干物质的吸收量大得多，温度就高得多，很容易蒸发，而物料本身吸收热量少，且不过热，因此能保持原有的色、香、味，并能减少营养成分的损失，对提高产品品质有好处。

4. 微波干燥过程具有热效率高，反应灵敏等优点。

（三）远红外干燥

是近年来发展起来的一项新技术。它是利用远红外辐射元件发出的远红外线被加热物体所吸收，直接转变为热能而达到加热干燥。红外线介于可见光和微波之间，波长在0.72—1000μm的电磁波，一般把5.6—1000μm区域的红外线称为远红外线。

红外线被物体吸收后，光能变成热能，温度就升高。而且红外线的穿透能力强，能穿过相当厚的不透明物体，而在物体内部自发的产生热效应，因此，物体中每一层都受到均匀的干燥作用，能够有效的加热物体。有机物、高分子物质和水等在远红外线有一个很宽的吸收带，能够强烈地吸收远红外线，产生自发的热效应。而其他多种干燥方法，热量只能从表面开始逐步地传到内部，因此烘干质量不及远红外线。

远红外线辐射元件，一般是由3大部分构成：金属基体或陶瓷基体，基体表面涂覆有辐射远红外线的物质层及热源。由热源发出的热通过基体传递到远红外辐射物质层，在涂覆层的表面辐射出远红外线。其中涂覆层的物质可以是金属氧化物、氮化物、硼化物、硫化物和碳化物等，目前用得较多的有二氧化钛、二氧化锆、二氧化硅等金属氧化物。热源可以是电热器，也可以是煤气加热器，远红外辐射物质的涂覆方法可用等离子喷涂或烧结，甚至直接手工调匀涂布也行。

远红外线干燥有很多优点：干燥速度快，生产效率高，干燥时间为一般热风干燥时的1/10，节约能源，设备规模小，远红外干燥的烘道一般可缩短50%—90%，因此，建造费用低。干燥质量好，远红外干燥时，因涂层表面和内部的物质分子同时吸收远红外辐射，因而产品质量高。

（四）太阳能干燥

是目前国内外作为能源学技术研究的一个重要方面。利用太阳能进行干燥，有极其重要的意义。因为太阳能是取之不尽，用之不竭而又无污染的能源。目前国外建有太阳能浴室，太阳能供暖住房，日光电池等供热及发电设施，都是利用太阳能为人类服务。

利用热箱原理建筑的太阳能干燥室，其结构比较简单，由一个空气加热器（即热箱）和干燥室组成。空气加热器设备有冷空气的进口和热空气的出口，将热空气出口直接通入干燥室。干燥室设有排气窗，以排除过湿的空气。

此外，声学干燥方法可干燥不能在高温下干燥的物品，目前这种方法仍处于实验阶段。据国外已发表的资料，一系列产品的超声干燥参数大大优于真空干燥，表面活性剂干燥，即添加万分之几的表面活性剂，已足够使被干燥物料表面的活性中心闭合，以及结合水变成自由水，而自由水在一系列情况下甚至可用机械途径除去，这是一个很有前途的干燥方法。

第九章　干制品的包装和贮藏

食品干制后，虽给贮藏创造了良好的条件，但仍会发生一些不良变化。因此，干制品在包装前要进行必要的处理，并采用适当的包装和适宜的贮藏环境，才能获得较理想的保藏效果。

第一节　干制品包装前的处理

食品干制后，要经过回软、分级、防虫等处理，再进行包装。

一、回　　软

通常称均湿或水分均衡，目的是使干制品内外水分均匀一致，质地变得柔软而有弹性，便于包装。

回软的方法是在产品干燥后，剔除过湿、过小、结块及细屑，待冷却后，立即堆集起来，用薄膜或麻袋覆盖或放于大木箱中，紧密盖好，使水分达到平衡。回软期间，过干的成品从未干透的制品中吸收水分，于是所有干制品的含水量便达到一致，同时产品的质地也变得疲软。

回软时间一般为1—5天。

二、分　　级

为了使干制品符合规定标准，便于包装运输。同时贯彻优质优价原则，必须进行分级。分级可在固定的木制台上进行，也可在附有传送带的分级台上进行。分级要及时，以免引起制品变质。分级时剔除破碎、软烂、硬结和变褐的次品，并按要求和规定标准进行质量与大小分级。不同种类的干制品，规定标准也不同，如新疆葡萄干的商品分级标准，主要是凭它的色泽来决定的。外贸出口的葡萄干，1、2、3级产品，分别要求绿色葡萄干的比例占90%、80%和75%以上。

三、防　　虫

干制品易遭虫害，这些害虫在干燥期间和贮藏期间侵入产卵，以后再发育成成虫为害，造成损失。

防治害虫的方法有以下几种：

第1，低温杀虫：最有效的温度在－15℃以下。

第2，热力杀虫：在不损害品质的适宜高温下加热数分钟，可杀死其中隐藏的害虫。一般用蒸汽处理2—4min。

第3，用熏蒸剂熏杀害虫：常用的熏蒸剂有二硫化碳、氯化苦、二氧化硫等。二硫化碳(CS_2)，其气体比空气重，在熏蒸时将盛药的器皿放于室内高处，使其自然挥发向下扩散。

用量为100g/m^3，熏蒸24h。氯化苦（CCl_3N_2）比重为1.66。沸点为112℃，为无色液体，难溶于水，在空气中挥发较慢。它具有催泪性和强烈刺激臭味，毒性很强。其杀虫力在20℃以上最为有效，因此宜在夏、秋季使用。用量为17g/m^3，熏蒸24h。氯化苦忌与金属接触，熏蒸前制品需充分干燥。

第4，保持包装室和贮藏室的清洁，注意清理废弃物，室内和各种用具都应进行药剂消毒。

第二节　干制品的包装与贮藏

干制品进行必要的处理和分级后，可进行包装。

一、包 装 容 器

包装容器要求能够密封、防虫、防潮、无毒、无异味，并且不会导致食品变性、变质等。常用的包装容器有木箱、纸箱、锡铁罐等。一般以木箱为主。每种包装容器都有不同的大小和形状。在我国一些空气较干燥的地区，也有采用麻袋包装（如红枣）。近年来采用聚乙烯、苯乙烯、聚丙烯、盐酸橡胶、氯化亚乙烯等制成的软包装材料，也得到很大发展。这些物质透氧性比较弱，密封性能好，轻便美观。供出口的干制品包装箱有一定的重量和容量的规定。

二、包 装 方 法

（一）普遍包装法

装箱时，先在木箱或纸箱底和四壁放一层防潮包装材料如蜡纸、羊皮纸以及具有热封性的高密度聚乙烯塑料袋，也有按箱子的规格，先用纸做成口袋放入箱中，然后制品按规定量装入箱内，以后将箱外的纸折盖在制品的上面，包好后，上口覆平，然后用蜡将口密封，再加盖封严。封口不能用浆糊，以防霉烂。纸盒还常用紧密贴盒的彩印纸、蜡纸、纤维膜或铝箔作为外包装。

为使干制品保藏得好，也有在包装纸盒或木箱的内外壁涂抹防水材料，如假漆、干酪乳剂、石蜡等。

（二）其他包装方法

真空包装干制品，是在柔软的塑料袋中装入内容物后，向袋中喷入一定量的高压过热蒸汽，排除袋中的空气，随后，立即把袋热压密封，蒸汽在袋中冷却而凝结，袋中呈真空状态，袋的外形呈凹状，过热蒸汽含有极小量水分，对袋中食品几乎无影响。

采用惰性气体（氮、二氧化碳）包装，使氧的含量减少到2%以下，对于加强维生素的稳定性，降低贮藏期间的损失和防虫有很好的作用。这种包装方法在我国也开始使用。

国外采用葡萄糖氧化酶除氧小袋进行包装，即将酶和葡萄糖以缓冲剂装满在水不渗透但氧气能渗透的小袋中，将这种小袋与干燥食品一起密封在容器中，小袋中的内容物很快地吸收了容器中的氧而剩下无氧的空气，对防止因对氧化物作用敏感的干制品的败坏很有效。应用这种方法贮藏核桃仁，在38℃下1个月，不发生霉败。

三、干制品的贮藏

影响干制品贮藏效果的因素很多，如干制原料，干制品含水量，贮藏环境及贮藏技术等。

干制原料及干制前的处理对干制品的保藏有很大关系。应选择新鲜完整，充分成熟的原料，能提高干制品的保藏效果。未成熟的原料，干制后产品的品质差，如未成熟的杏制干后色泽发暗，未成熟的枣制干后色泽发黄。热处理能更好的保持制品的色、香、味，并减低在贮藏中的吸湿性。经过熏硫的制品易于保色和避免微生物或害虫的侵染为害。

干制品的含水量对保藏效果影响很大。在不损害制品品质的前提下，制品愈干燥，含水量愈低，其保藏效果愈好，果实中可溶性物质含量高，且组织比较厚韧，因此，干制品其含水量通常在15%—20%。

贮藏环境应保持低温，一般最好在0—2℃，不可超过10—14℃。温度愈高，氧化愈快，氧化作用不但能促进变色和维生素损失，又能氧化亚硫酸为硫酸盐，降低亚硫酸的保藏效果。同时0℃时害虫不能繁育。

贮藏环境的相对湿度越低越好，一般要求空气相对湿度在65%以下，干制品保持的含水量愈低，空气的相对湿度也必须相应地降低，增高相对湿度就必须提高平衡水分，从而提高了干制品的含水量，这就为微生物的活动提供了条件，同时酶的作用恢复，引起氧化。果干的含糖量高，因糖类具有较强的吸湿性，因此，对含果糖和转化糖多的果干如苹果干、梨干等，为防止贮藏期间含水量的增加，必须保持在干燥密闭的场所。

光线能促进色素的分解。氧不仅造成变色和破坏维生素C，而且能氧化亚硫酸盐，降低二氧化硫的保藏效果。因此贮藏环境必须避免阳光的照射和减少空气的供给。目前，北京、天津等地用大塑料帐贮藏果干，低温封帐时充入高浓度二氧化碳，既可防止氧化，又可杀虫。在干制品贮藏中，采用抗氧剂如D-异型抗坏血酸等，也能获得护色效果。

良好的贮藏保管工作，对于获得良好的贮藏效果极为重要，贮藏干制品的库房要求干燥、通风良好、密闭，且有防鼠设备。库内清洁卫生，并具遮荫设备。贮藏干制品时，切忌同时存入潮湿物品，堆码干制品时，应留有空隙和走道，以利通风和操作，并经常进行通风换气，检查产品品质、防虫、防鼠等管理工作，以维持库内一定的温湿度和保证产品质量。

第三节　干制品水分、干燥率和复水性

一、干制品水分

食品原料干制过程中水分大量蒸发，干制结束后，水分含量发生了很大变化。干制品的耐藏性主要取决于干制后它的水分含量。只有干制品水分降低到一定程度，才不致于发生腐败变质，并有可能保持良好的品质。这是因为酶的活动、氧化、非酶性褐变以及微生物生长发育都和水分有着密切的关系。各种食物的成分和性质不同，对于干制程度要求也并不一样。水果干制品水分可以高一些，因为太干将有损于品质而且目前干制技术也难于达到，一般为15%—20%，最高可达24%—25%。生产果汁粉时，干制品水分通常只能降低到3%—4%，因而它的耐贮期较短，只有水分低于1%时才能在37℃温度中贮存6个月，21℃时可贮存1—2年，而不致于会产生变色、变味。因此干制品水分是控制耐藏性的重要品质指标。

一般水分含量按湿重所占的百分数表示。但在干燥过程中，原料重量及含水量均在变化，用湿重的百分数不能说明干燥速度。因此，为了能够了解水分减少的情况或干制进行

的速度，需用水分率表示。水分率的含义是：一份干物质所含水分的份数。干燥时食品的干物质是不变的，只有水分在变化，所以随着干燥作用的进行，一份干物质所含水分的份数逐渐减少。这就可以确切地表示在干燥中水分的变化情况。水分率的计算公式如下：

$$M=\frac{m}{100-m}$$

式中：M——水分率；m——湿重的含水率；100－m——干物质含量。

例如：某新鲜果实原料含水量为85％时，果干含水量为16％。

则原料的水分率 $m_1=\frac{85}{100-85}=5.67$

果干的含水率 $m_2=\frac{16}{100-16}=0.19$

这表明，原料中有一份干物质就有5.67份水分；而果干中每份干物质仅有0.19份水。也就是说，经过干制，每kg物质蒸发掉的水分为5.67－0.19＝5.48kg。

含水量与水分率之间的关系见表2—8。

表2—8 原料及干制品按湿重计算的含水量与水分率的关系

含水量（%）	水分率	含水量（%）	水分率	含水量（%）	水分率	含水量（%）	水分率
90.0	9.00	84.8	5.58	71.0	2.45	25.0	0.333
89.8	8.80	84.6	5.49	70.0	2.33	24.0	0.316
89.6	8.62	84.4	5.41	68.0	2.12	23.0	0.300
89.4	8.43	84.2	5.33	66.0	1.94	22.0	0.28
89.2	8.26	84.0	5.25	64.0	1.78	21.0	0.266
89.0	8.09	83.5	5.06	62.0	1.63	20.0	0.250
88.8	7.96	83.0	4.88	60.0	1.50	19.0	0.234
88.6	7.77	82.5	4.71	58.0	1.38	18.0	0.220
88.4	7.62	82.0	4.56	56.0	1.27	17.0	0.205
88.2	7.47	81.5	4.41	54.0	1.17	16.0	0.190
88.0	7.33	81.0	4.26	52.0	1.08	15.0	0.177
87.8	7.20	80.5	4.13	50.0	1.00	14.0	0.163
87.6	7.06	80.0	4.00	48.0	0.92	13.0	0.150
87.4	6.94	79.5	3.88	46.0	0.85	12.0	0.136
87.2	6.81	79.0	3.78	44.0	0.79	11.0	0.124
87.0	6.69	78.5	3.65	42.0	0.73	10.0	0.111
86.8	6.58	78.0	3.55	40.0	0.67	9.0	0.099
86.6	6.46	77.5	3.44	38.0	0.61	8.0	0.087
86.4	6.35	77.0	3.35	36.0	0.56	7.0	0.075
86.2	6.25	76.5	3.26	34.0	0.52	6.0	0.064
86.0	6.14	76.0	3.17	32.0	0.47	5.0	0.053
85.8	6.04	75.5	3.08	30.0	0.43	4.0	0.042
85.6	5.94	75.0	3.00	29.0	0.46	3.0	0.031
85.4	5.85	74.0	2.85	28.0	0.38	2.0	0.020
85.2	5.76	73.0	2.70	27.0	0.37	1.0	0.010
85.0	5.67	72.0	2.57	26.0	0.35	0.0	0.000

二、干 燥 率

在干制中，计算每生产 1kg 干制品所需要用多少公斤原料，可用干燥率表示。干燥率即生产一份干制品与所需新鲜原料份数的比例，也可折算成百分率表示，其计算公式如下：

$$D=\frac{100-m_2}{100-m_1}=\frac{S_2}{S_1}=\frac{M_1+1}{M_2+1}$$

式中：D——干燥率（X：1）；S_1——原料的干物质（%）；S_2——干制成品的干物质（%）；m_1——原料的含水量（%）；m_2——干制成品的含水量（%）；M_1——原料的水分率；M_2——干制成品的水分率。

按上例：

$$D=\frac{100-16}{100-85}=\frac{84}{15}=5.6:1$$

或

$$D=\frac{5.67+1}{1.19+1}=\frac{6.67}{1.19}=5.6:1$$

这说明，每生产一份（kg）干制豆，需要果实原料 5.6 份（kg）。几种果实的干燥率见表 2—9。

表 2—9 几种果实的干燥率*

种类	干燥率	种类	干燥率
苹果	6—8：1	葡萄	3—4：1
洋梨	6—8.6：1	山楂	3：1
梨	4—8：1	枣	3：1
桃	5.5—7：1	柿	3.5—4.5：1
李	3.5—4：1	龙眼	4—5：1
杏	5—7：1	荔枝	3.5—4：1
樱桃	4—5.5：1	香蕉	7—12：1

* 按未经处理的新鲜原料计算

三、干制品的复原性和复水性

（一）干制品的复原性

复水是指把干制品浸在水里，经过相当时间，把它尽可能的恢复干制以前的性质，但不能恢复到原来的重量。

干制品复水后恢复到原来新鲜状态的程度是衡量干制品品质的重要指标，所谓干制品的复原性，就是干制品重新吸收水分后在重量、大小、形状、质地、风味、颜色、成分、结构及其他可见因素等各个方面恢复原来新鲜状态的程度。实际上，任何一种干制品，它的某些特性由于在干制时原料内发生不可逆性变化而遭受损害。因此，干制品难以完全恢复原状。

（二）干制品的复水性

因干燥过程中发生的某些变化是不可逆的，所以，干制品的复水并非是干燥过程的简单反复。食品干燥后，盐分增浓，并且由于热的作用会使蛋白质部分变性，从而失去再吸水的能力。同时，淀粉和树胶在热的影响下也会发生变化，使得它们的亲水性也有所下降。在干燥过程中，细胞受损如干裂，在复水时会因糖分和盐分流失而失去原有的饱满状态，因此，降低了干制品的吸水能力，同时，食品的质地也会受到影响。

复水率是指复水后干制品的沥干重与干制品重的比值。复水率重复系数（即复水后制品沥干重与干制前原料重之比）依原料种类品种、成熟度、干燥方法等不同而不同，如蕃茄的复水率是 1∶7.0，而马铃薯的复水率则为 1∶4.0—5.0。

复水时，水的用量和质量关系很大。用水量过多，可使花青素、黄酮类色素等溶出而损失。另外，水的 pH、水的硬度等对干制品复水后的品质均有影响。

第十章　几种主要果品的干制

第一节　枣的干制

枣是我国传统的干制果品之一。栽培广，产量大，品种也很多，主产我国的华北、西北各省，而以山东、河南、陕西、河北、山西等省较多。用于干制的枣，宜选用果形大皮薄，肉质肥厚致密，糖分高，核小的品种。其风味甜润，营养丰富，维生素 C 的含量都很高，素为民用滋补。近年来，又发现红枣中含有卢丁（Rutin）是治疗高血压的有效成分。

枣的干制有晒干和烘干两种。晒干的办法比较简单，因干制方法的不同，制品也有各种名称，最常见的有红枣、黑枣、南枣、去皮无核糖枣等。现分述如下：

一、红　枣

红枣大多是用晒制法制成的枣干。干制方法比较简单，待枣子着色成熟后采下，于晒场、苇席、枣树行间暴晒。晚上收起，堆于原地，次日再晒，一般晒 15—20 天，干后收起。拣出破枣、绿枣，分级、包装、贮藏。

人工干制法近年来在枣子集中产区逐步增多，收到很好效果。其步骤：

（一）挑选分级

将过小、过大的鲜枣挑出另行干燥，以便干燥一致。

（二）装盘

装盘厚度以均匀铺上 2 层枣为宜，过厚不通风透气，过薄又不经济。

（三）烘烤

主要是控制烘房的温度和湿度。当红枣刚进入烘房，要关闭门和排气筒，在 6—8h 内将温度升高呈 55℃左右。当手握枣子微感烫手。手指压枣微带皱纹，将温度升至 65—68℃，但不宜超过 70℃。在这段时间内由于水分大量蒸发，使烘房内空气湿度增大，当室内相对湿度在 80％以上时，应立即打开排气筒，排气 10—15min，当相对湿度降到 55％左右，即可关闭排气筒，如此反复排湿 5—8 次。

干燥过程中，必须注意倒盘，即将上、中、下层枣互换位置，抖动翻转。使枣受热均匀，一般倒盘 1—2 次即可。

干燥结束后，应将温度较高的枣进行散热，防止因积热造成霉烂和营养物质的损失。

枣子干燥程度的判断，群众多采用手捏枣。当手捏有弹性，放开后能恢复原状，即表明枣子已经干燥。

红枣的质量要求：皮为深红色，肉金黄色，用手捏紧然后松开，具有弹性，干燥率一般为 3∶1。

二、黑　枣

黑枣又称熏枣，系人工熏制而成。原料用成熟的鲜枣经挑选后，在沸水中加热，使果肉稍稍变软，取出凉干，以备熏制。

熏枣所用的设备简单，在地面掘深约180cm，宽165—200cm，长度适宜的坑，距坑沿50cm处，用高粱秆搭成一棚，即在棚面上摊放枣果。果层约厚13—16cm，最上层覆盖芦席，坑底烧柴。注意调节火力的大小。枣层的温度大约在60—70℃，熏12h后，上下翻动，再继续熏12h，即可完成。

优质的黑枣，外皮紫黑色，纹理细致，肉厚紧密。出枣率为鲜枣30%—33%。

三、南　枣

南枣是用鲜枣经特殊蒸煮和烘晒而成的一种干枣。它适应南方枣区多雨的气候条件。生产于浙江义乌、金华一带。原料用已显红色的枣或带白的绿色枣，若用绿色枣，在干制前一般先使它变红，这个手续称为“加红”。

（一）加红

加红与烫漂相似，将已选好洗净的枣，每次少量地在沸而未沸的水中烫1—2min，即取出倒入大竹箩中，覆盖草席或麻袋，保温2h。然后摊放在阳光下曝晒半天，至果皮变红，稍稍皱缩为度。

（二）熟煮

目的是杀死果肉组织和酵素，使品质致密而富有韧性。将分级后的全红枣或烫红枣倒入开水锅中（全红枣成品质量好，称为“元红”；烫红枣的成品稍差称为“冲枣”，两种红枣要分开加工），加盖急煮15min，不时加以搅动。沉底的枣是煮熟的，浮在水面上的为未完全煮熟的。

枣子煮熟的程度，应根据当时天气而定，天气好，可煮熟一些；天气阴雨，需要多加烘烤，可稍煮生点，这是保证干制的关键之一。检查的方法，用手搓揉枣面出现深而多的皱纹；用手捏，可捏到枣核即枣肉变软而无破烂为煮熟。为增加成品的光泽，下枣之前，第1锅加放茶油100—150g，以后每锅酌情添加。

（三）烘烤及日晒

先预制一张，长270—300cm，宽140—160cm，高10—12cm的长方形大烤盘，四周用木板做框，底用篾编成，下方有木条两根，以便抬动，每盘约烘枣50kg左右。烘烤前，应将煮枣日晒一天，烘烤时间1—2h，然后再晒一天，再烘烤一次即停。日晒10余天至干燥。

为了节省能源，天气晴朗日照良好，可进行曝晒，但应加草覆盖，防止突然曝晒而使枣皮揭壳。如遇阴雨天，则移到烘灶上进行烘烤，每次烘烤时间1—2h，可与晒制相间进行，均需时时翻动，使其干燥均匀，翻动要轻，勿使枣皮破损。

南枣的干燥标准，应果形饱满，外形紫黑油亮，纹理细致，含糖高，大小均匀。

四、枣　干

枣干为河南永城县土特产之一，据该县县志记载（光绪二十九年修志）。“永城枣干亦名贡干……”，永城枣干列为“贡品”距今已有500余年的历史。枣干加工方法有两种：一是炕干，质量好；二是晒干。因炕干要求技术性强，故该县90%以上的枣都是采用晒干法加工。

（一）晒枣

1. 鲜枣品种和品质的选择：选个大而均匀，汁液较少，含糖量高的品种如长枣、圆红、鸡心、苹果枣等。品质上等，无病虫害，完整的果实，当枣子 8—9 成熟时，随采随加工，避免果皮收缩变软，不易削皮。

2. 工具的准备

削皮刀：主要用铜片或薄铁片制成。

聚核器：用铜片卷成小筒，约长 10cm 左右，一端卷成马蹄形，粗度以核大小而定，一般核装入筒内 1/3 为宜。也可用铜弹壳加工而成。

晒垫和晒场：选择干燥宽广、通风向阳的场地，进行摊晒。去核后晒时需铺垫一层白纸，保证卫生，不污染。

3. 削皮：左手 3 指拿枣，右手拿刀，从内向外削皮。削 1 下转 1 下，一直削到与第 1 刀相接即成。不得留皮，皮可晒干食用。

4. 晒制：将削好皮的枣摆放在准备好的材料上晒，一天翻摆 2—3 次。天黑收进室内。约晒 3—4 天枣即变软。

5. 去核：将晒软的枣收成堆。稍撒些面粉，拌均匀。避免枣出糖粘手。

先将枣切好一端，横口向内。右手拿取核器，将取核器的马蹄形的一端扎入枣的横口内，使核一头尖端进入取核器内，左手端平，右手稍用力向前捅核，核即可出枣。

6. 整形：去核后进行第 1 次整形。枣干形状，一般捏成四周厚、中间薄的长方形或纺锤形。然后在原来的晒垫铺上一层纸，进行摆晒。连晒 2—3 天，再撒上一层精面粉。在第 1 次整形的基础上，进一步加工定形，再晒几天即成。

7. 贮藏：成品枣干要装在干净口袋内。放在干燥的地方，最好悬挂贮藏。

（二）炕干

除选枣、削皮、去核、做形等方面同晒制枣干外，其炕干工序还有：

1. 建炕：在室内靠墙的一边，用砖和土坯建成长方形的烘干坑。其高 25—30cm，宽 70cm 左右，长 1—2m。上用高粱干梢织成帘子。平铺在炉口的上面，在帘子下边用 10cm 高的木板支起来，即可进行炕制枣干。

2. 装炕：首先把木炭火均匀地摊在烘干炕内，再把削去皮的鲜枣均匀地摊放在帘子上面。厚度 4—5cm 为宜。下面的火不能过旺，以免烤着帘子。炕上温度一般保持 60℃左右，并经常翻动枣子，使之均匀受热。经 1.5—2h 枣肉变软，颜色由青色变成微黄褐色，即可出炕取核。

3. 取核：枣出炕后及时进行取核。时间长会使枣肉变硬，取核就困难。取核用的工具和方法同晒干。

4. 整形：把去核的枣干放到炕上继续炕制，等枣肉全部变软，用手整成四周厚中间薄的长方形或纺锤形的枣干，重放炕上继续炕干。

5. 回炕：初制成的枣干，应放在缸中密闭，经过一段时间使其反潮（即发汗）后，再取出重新回炕，使之成为质软稍韧，蜜甜可口的枣干。

近年来永城枣树又有了很大发展。据 1987 年调查统计，全县枣树面积 1.2 万亩，年产枣果 90×10^4kg，枣干加工量 6×10^4kg。该县为进一步发展枣干这一商品经济正在大力扩大加工量。

第二节 柿的干制

一、柿饼的加工

我国各柿产区将柿果晒成柿饼，各地在制作上虽不相同，但总的大同小异。

（一）鲜果品种及品质的选择

选择柿饼的原料，要求果形大、肉厚、圆形、无沟纹，含糖量高，种子少或无核。

在柿子果色变红，肉质坚硬而不软时采收，并将果柄剪短。

（二）去皮

目前多采用手工或旋床去皮。旋皮要求旋得薄，不漏旋，基部周围留皮宽度不得超过1cm。

（三）凉晒

把去皮的柿果凉在席子或挂在木架的麻绳上曝晒。如遇阴雨，用席或塑料膜盖上，雨后取出再晒，晒几天后翻晒底面，以利水分的蒸发。晒至果实表面微皱，进行捏柿，回软。

（四）捏柿与回软

方法是两手握柿，纵横捏捏，随捏随转，直到内部变软。目的是将干皮内果肉组织捏乱，成稀糊状，柿核歪斜为止。

第1次捏柿后再晒5—6天，将柿子堆地，用麻袋覆盖回软2天。

第2次捏柿，方法是用中指顶住柿萼，两拇指从中间往外捏，边捏边转，捏成中间薄，四周高的碟形。然后再晒3—4天，又堆1天，再整形1次，再晒3—4天，即可上霜。

（五）上霜

柿霜是由果肉的可溶性物渗出的白色结晶，其主要成分是甘露醇和葡萄糖。有润肺止痰之功效。各地上霜的方法不一，但柿饼出霜的好坏与柿饼肉的含水量关系很大。如饼内含水量太高，堆放后水分外渗，表面发粘，不能出霜。若水分含量太少，也不易止霜。根据群众经验，最后一次整形时，柿饼外硬内软，回软后没有发汁和过软现象，一般都能出霜。此外，出霜、上霜与温度也有关系，温度越低，上霜越好。因低温使固形物的溶解度下降，更易呈结晶析出。

柿子干制也可使用人工干制。据陕西省眉县外贸公司试验，制品颜色黄亮，甜度正常，出霜好，出口成品率高。原料处理的工序与自然干燥相同，只是人工烘烤温度不能高，一般在35—50℃。而且要分段进行，同时加强通风。

烘烤温度大致分为3个阶段：

第1阶段：柿子进烘房后，开始升温，待温度到40℃，微火保温，使温度维持在35—40℃，每隔2h打开天窗通风1次，每次放风15—20min，此阶段需二天。果色稍呈白色，进行一次捏饼，必须轻捏，防止皱皮，捏饼后继续烘烤20h，温度稳定在40℃左右。但不能超过50℃，同时加强通风。

第2阶段：当果面出现纵向皱纹时进行第二次捏饼。这次捏乱果肉，使果核与果肉分离，柿子已基本脱涩，可加大火力，使温度达到50℃左右，维持20h，注意通风排湿。

第3阶段：柿果已经显出干缩后进行第3次捏饼，降低温度，减少蒸发，使内扩散和外扩散相适应，将饼收起回软、整形、上霜即可。

二、柿片、柿角和柿坠的加工

柿子干制除加工成柿饼外，还可以加工成柿片、柿角、柿坠等制品。

生产柿角、柿片的方法除预处理时进行切分外，干制方法与柿饼相同。

生产柿坠的方法与柿饼同，只是不行捏饼和整形，让柿子自然坠吊干制即成。

第三节　龙眼（桂圆）及荔枝的干制

龙眼、荔枝除生食外，大部分加工制成龙眼干、荔枝干。这些产品是国际市场畅销的果干，圆肉又是中药滋补品，营养价值很高。

一、原料的选择及处理

供干制的龙眼、荔枝，应要求新鲜、皮薄、肉厚、核小、含糖量高的品种，过熟、未熟及采后久放的果实，干制后易产生扁果（即凹果），不宜采用。

二、干制方法

干制方法一般采用日晒、烘制或日晒烘制兼用，以后一种方法较好。

（一）日晒法

从树上采下的果实，宜保持成穗，不宜单个果，以便翻晒。

选择晴天，将龙眼成穗放在晒盘日晒1天，翻1次。然后选出破裂果，继续晒7—10天，当龙眼8—9成干时，在早晨将果从穗串上一个个剪下，再晒至下午1时左右，进行回潮。方法是把晒盘叠起，周围用麻袋或草席包盖。次日早晨再摊晒，中午叠起再回潮。连续1—2天，使果核水分扩散，待制品干到果皮一击就开裂时，即可包装。

龙眼很易腐烂，若遇雨天，要结合烘制，方能保证质量。

有些地方在干制前，龙眼先用热烫处理，可以加速干燥。

（二）日晒、烘制兼用

干制时，把成穗的龙眼在晒盘上晒1—2天，每日翻1次。果皮放柔软后即进行烘制。在烘床中，用60—65℃温度烘12h，翻1次，移出静放1—2天，再烘2—4h，到果皮一击就裂为度，取出分级，把圆的、扁的分别包装，干制率为4∶1—5∶1。

（三）烘制法

采用烘床烘制，用木炭作燃料，烘制时每日翻1—2次。晚上把炭火搞平，不再加炭。次日移出进行1—2天回潮，然后再烘，再回潮，反复1—2次，最后再日晒1—2天即成。烘制过程中，前期火力掌握在50—60℃，后期不超过65℃，以免烘焦。

干制后的果，经过去皮及核后，叫做元肉，是高级滋补品，医药上常作配方。

第四节　葡萄的干制

新疆维吾尔自治区是我国唯一的绿葡萄干产地。绿葡萄干是号称世界水果“绿珍珠”的新疆无核白葡萄干制而成，是新疆的主要传统特产之一。

一、产 品 特 点

新疆绿葡萄干外形碧绿晶莹，形似纺锤，颗粒均匀，皮薄无核，果粒饱满，肉质细软。酸甜适口，滋味鲜美香气馥郁，风味独特，营养丰富，并且携带、食用方便。

二、原料的选择和处理

选择皮薄、果肉柔软，糖分含量高（20%以上），无核或少核的品种。果实要充分成熟，即穗梗发白，用手指轻挤果粒，果汁即徐徐流出，并具有较强的粘着力，品尝时各浆果甜味一致。一般在 8 月中旬到 9 月中旬采收。不可过迟，否则气温低，不易干燥。

采收后，剔除果穗中的枯叶干枝，并用疏果剪除去霉烂或变色枯萎的不合格果粒。果串过大的，要分成几个小串，然后进行自然阴干或快速干制。

为了缩短干燥时间，加速水分蒸发。可采用碱液处理。用浓度为 1.5%—4.0%的氢氧化钠，处理 1—5s，薄皮品种也可用 0.5%的碳酸钠或氢氧化钠的混合液，处理 3—6s。原料浸碱后应立即用清水冲洗干净。经过浸碱处理的可缩短干制时间 8—10 天。

干制白色葡萄干时，还需用硫磺熏蒸 3—5h。

三、干 制

（一）农家传统的自然阴干

葡萄装入晒盘曝晒 10 天左右，当有一部分干燥时，可全部反扣在另一晒盘上（注意轻翻），继续晒至 2/3 的果粒呈干燥状，用手捏果粒无汁液渗出时，即可叠盘阴干约一星期。这样在晴朗天气条件下，全部干燥时间共需 20—25 天。然后收集果串堆放 15—20 天，使之干燥均匀，同时除去果梗。干燥适度的葡萄干，肉质柔软，用手紧捏无汁液渗出。含水量为 15%—17%，干燥率为 3：1—4：1。

气候干燥炎热，素有“火洲”之称的新疆吐鲁番盆地，将葡萄挂在晾棚或用土坯筑成的通风的干燥室里风干。室内装设有若干根挂木，每根约可悬挂葡萄 100kg。亦有在室内嵌有硬细木的木椽子，一端用麻绳或铅丝垂直系于晾房屋顶，晾房四壁均留有足够的通气孔。

晾挂果穗俗称“挂刺”。挂一排，系一排，从最下端开始逐层上挂。重重叠叠，犹如宝塔，直挂到屋顶。挂刺后 3—4 天，有部分果穗和果粒脱落，应及时清扫。以后每隔 2—3 天清扫 1 次，直到不脱落为止。脱落果穗和果粒可置于阳光下晒干。

制干晾房都位于戈壁或荒坡，四周空旷，无植被，高温、干燥，热风阵阵。晾房内平均温度约为 27℃，平均湿度为 35%，平均风速 1.5—2.6m/s，经约 30 天阴干，即可完全下刺，干燥率为 4：1。

成品处理：摇动挂刺，使葡萄干脱落，稍加揉搓，借风车、筛子或自然风力去除果柄、干叶和瘪粒等杂质，然后按色泽、饱满度及酸甜度等标准进行人工分级、包装、贮藏。

（二）快速冷浸干制

1. 浸渍及其乳化：1977 年新疆农业科学院园艺所等用 0.6g 氢氧化钾和 6ml95%乙醇混溶后，加入 3.7ml 油酸乙酯，摇匀，再兑入 1000ml3%碳酸钾水溶液，边倒边搅拌，获得醇溶油碱乳液。

2. 浸渍：将完全成熟的果穗浸没在乳液中 30s 到 5min，直到果表完全湿润，呈半透明状，一般 1min 即捞出漂洗，除去果表残留药液，晾晒制干。浸后 3 天脱水率为 64%，5 天达 76%约为未浸渍的 2 倍。第 7 天基本干燥，比农家自然阴干缩短 3/4—4/5 的制干时间。

浸渍液连续浸渍 30—50 次后，须添加新液，维持脱水率。

3. 制干：浸渍后的葡萄用阴干或烘干方法干燥。

晾房阴干，可保持无核白葡萄的传统绿色和风味，且色泽更鲜明透亮，果粒更饱满洁净，损失糖分少，品质有所提高。

阳光曝晒，操作简便，制干时间缩短。晒制的葡萄干阳面为红色—金红色。阴面为黄色或浅绿色。产品颜色虽不均匀，但鲜亮悦目，已成为无核白葡萄干的一个新品种。

将浸渍后的葡萄在 35℃左右电热恒温鼓风干燥箱中烘烤 24h，脱水率已达 70%，全干后仍保持绿色。

第五节　几种主要果干的干制

果干包括的品种很多，如杏干、李干、梨干、苹果干、山楂干、樱桃干等。果干常用做糖制或凉果的果坯原料。

一、杏　干

选取果体大、肉厚、核小、离核、水分较少，色泽浓而味道甜的品种干制。采集刚好成熟的鲜果。将果实切成两片，去核，切面向上放于晒盘或烘盘上，不得重叠。

干制前，先熏硫。每 100kg 原料用硫磺 150g 熏制 2.5—3h，使果肉透明，杏碗中心有小水珠时，说明果实已经熏透。

熏毕即进行晒干或烘干，至果肉捏成团，松开能自动散开为原状，说明干湿度适当，成品含水量以 20%—24%为宜，晒干的品质较差，烘干的品质较好。

二、梨　干

选择肉质细软，石细胞少，含糖量高及充分成熟的梨。去果柄，洗净，切成 4 瓣或 6 瓣，挖去果心、斑点、腐烂、虫蛀部分，整理好的原料放入沸水里约煮 15min，至梨片瓣透明，捞出放入凉水池冷却，捞出沥干，再摆在烘盘上，送入熏硫熏 4—5h（每 200kg 原料用硫磺 50g）熏毕送入烘房烘烤 10h 多，初烤时火力大，温度达 70—75℃，水分蒸发大部分。温度可降至 50—55℃，含水量不超过 22%，干燥后取出回软，即可包装。干燥率约 4∶1—5∶1。

三、桃　干

选择果形大，含糖量较高，肉质紧厚，汁液较少的离核品种加工。果实受伤极易变色，故需轻拿轻放。先刷去桃毛、洗净、切开、去核，均匀地摆放在果盘上，送入熏硫室熏 24—30h，干燥后含水量不超过 24%。

四、苹果干

干制原料品种不限，但要求充分成熟。将鲜果洗净、去心、切成 7—8mm 厚的长圆或半圆片，铺在烘盘上，放入熏硫室熏 20—30min（每 100kg 原料用硫磺 100g），取出后送入烤房干燥，烤至以手捏紧成团，松开后互不粘着，而且有弹性为宜。含水量为 20%—22%。干燥率为 6∶1—8∶1。

五、香 料 果 干

香料果干，又称凉果。在果实大量采收季节，来不及加工成成品，或者不宜生食的果品，用盐腌法将果实保存起来，或盐腌后再晒干成坯（半成品）以待陆续加工成成品，如青梅、杨梅、橄榄、李、杨桃等。每 100kg 鲜果加盐 13—25kg。

用干坯加工原料果干（凉果）时，先用清水将果坯的过多盐分漂除大部分，保留微咸的程度即可。

第十一章　山珍野菜的干制

山珍、野菜，是利用我国各地山林地带的农、林副产品，经一定的加工后干制而成。一般都具有悠久的生产历史和独特的地方风味，或特有的营养价值，是我国重要的传统土特产。如香菇、木耳、笋干、玉兰片、金针菜，以及我国西北地区所特有的发菜等。其风味独特，食用方法多种多样，而且又便于贮藏保管和长途运销。因此，不但是我国各族人民普遍喜爱的副食品，也是我国重要的出口土特产，在国际市场独树一帜。

第一节　香菇干制

香菇是人工栽培或野生的鲜香菇烘焙成的干制品。是我国历史悠久的传统山菜，营养极其丰富，通常作为菜肴的佐料。

一、香菇的商品分级

因产出时节不同，有秋菇、冬菇和春菇之分。一般以冬菇的品质最优，按其外形、质量，依次可分为花菇、厚菇、薄菇、菇丁四等。以花菇为上等。

花菇的菇身肥厚、朵形完整，菇面裂成花纹，菇盖向内卷，底纹洁白。

厚菇比花菇略次，菇面一般没有龟裂的花纹。

薄菇的菇身较扁而薄，边缘不内卷，色泽较暗，香气不如前者。

菇丁是指通过1.4cm孔竹筛筛下的小菇，质量最差。

二、香菇的采收及加工

当幼小的香菇菌伞展开到7—8成，菌盖较厚，边缘稍向内卷时，即可采收。采收过早，菌盖太小，产量低；采收过迟，菌盖完全开展，质量下降。采收时剪刀在靠近培养基的伞柄基部剪下，要轻摘、轻放、轻运。每批培养料可采5—6批。

香菇采下后，应立即进行烘烤，或摊晒，不能堆积过夜，以防腐烂变质。烘烤温度应预先加热到40℃后，再放入香菇，然后升温达到60—65℃。对烤菇要求，色泽好，朵形完整，不倒褶，不焦，干透。

第二节　木耳的干制

一、原料选择

木耳又称黑木耳，在植物分类学中属于真菌门、担子菌纲、银耳目、木耳科、木耳属。在菌类中属于较高等的真菌。

黑木耳在自然界分布很广，遍及20多个省、区。北至黑龙江、辽宁、吉林；南至海南岛；西至甘肃省；东至福建和台湾省都有。主要以湖北、云南、广西、四川、贵州等地较多。

木耳在森林内自然条件下，靠菌孢子自然散落到林木枝干或枯倒木上生长，子实体皱褶如耳状，黑褐色。湿润时半透明，干燥后呈革质。通常生于桑、槐、栎、榆、楮、椴等枯树上，终年饱经风霜雨露，长出朵朵如云的木耳，故又被人称为云耳。现在也进行较大规模的人工栽培。

黑木耳一般又分为光木耳和毛木耳两种。

光木耳：朵大、质软、耳背无毛，质量较优。

毛木耳：肉较厚实，耳背有白茸毛。质地较坚硬，品质较差。

木耳的营养价值很高，含有10.6％的蛋白质，65％的糖类，每100g木耳中，含有185mg铁，357mg钙和201mg磷。食后有益气轻身，滋补强壮的效用。也是矿山、棉纺工人的保健食品。

二、采集与干制

木耳采收，从起架到小暑采收的耳子叫春耳，朵大肉厚，质量好，应采大留小，雨后采坏留好。立秋后采收的耳子叫秋耳，朵小肉薄。从小暑到立秋这段时间采收的耳子叫伏耳，因气温高，雨水多，害虫多，容易造成流耳、烂耳，应大小一起采收。

采摘的时间，最好是雨后天晴，耳子大，或在晴天早晨有露水，耳子处于湿润状态时采收。采收回来的耳子必须及时摊开晒干或烘干。

天晴时用晒席把耳子薄薄地摊开在上面，晒1—2天。阴雨天可在室内搭起架子摊上晒席，生起火炉烘烤，温度不宜太高，保持在30℃左右，促使耳子干燥。

第三节　竹笋的干制

这里介绍的是未经过调味的笋干。按原料和加工工艺的不同，成品有白笋干、乌笋干（烟笋）和玉兰片之分。

白笋干成品为黄白色。乌笋干为烟黑色，有特殊的烟熏香味，主产于福建、浙江、江西、湖南等南方诸省。每年春季至夏季均可加工生产。

一、白笋干的干制

选用新鲜的毛竹笋，在清明前后进行采掘，剥去笋壳，基部用刀削整齐，洗净，分别老嫩放入沸水中煮透。约2—3h，则笋呈半透明状并发出香气时为止。不能煮过度，否则笋肉软烂，不宜干制。

煮好后，在流水中漂洗。冷却后，用刀纵向剖开，平放排列在有压榨器的压榨箱内，逐渐增加压力，将笋压成扁平状，挤去水分。开箱取笋时间，根据气候情况而定。应选择晴朗天气，开箱后随即进行曝晒，需12—15天方可晒干。干燥率依原料的老嫩不同，从9∶1—20∶1不等。

二、烟笋的干制

采用2—4月的竹笋，剥去笋壳，用刀纵切成两片，加石灰水浸泡15天后，漂洗数次，去尽灰质。然后放在压榨架上，重压5天，榨去水分，并把笋压成扁平。再拣天气晴朗的日子，摊开曝晒 1—2 天，放在窑内用稻草、木柴闷烧，促使发烟而不出明火，并封闭窑口，以烟熏烘干，所得成品烟黑、气味芬芳。

三、玉兰片的干制

选用鲜嫩的冬笋或春笋的笋尖，去壳，削去基部粗老部分，然后蒸熟或煮熟，取出纵切成 2—4 条，再斜切切薄片。放在竹筛上晾晒 1 天，再排列在烘架上用木炭烘烤，不时翻动，烘至 7 成干停止。然后往笋片上喷些清水，放在木箱里熏硫。取一小块硫磺和燃烧的木炭盛在碗中，放在木箱内密闭熏蒸，SO_2 能使玉兰片成品的颜色淡黄鲜艳，尚可防止笋干变质虫蛀，保持鲜笋的风味，熏黄后即为成品。

成品不得有杂色斑点，色泽蜡黄，半透明，形状似玉兰的花瓣，因此而得名。生产于福建、湖南、湖北、江西、浙江等地区。通常每 50kg 鲜笋仅能加工 5—10kg（干燥率为 5：1—10：1)。

第四节　发菜的干制

一、原 料 选 择

发菜是人工采集的一种野生藻类，属于蓝藻门，念珠藻科，藻体细长，呈黑绿色的毛发状，因而得名，是一种珍贵的干菜。

主要分布于我国西北部的宁夏、陕西、甘肃一带的林区流水中，每年春、秋两季为加工生产季节。

二、发菜的采集与干制

采集发菜多在黎明前后，空气比较潮湿，不易拉断，先用铁笆捞取，经挑选、去杂质、洗净、晒干，即为成品。

三、发菜的营养价值及食用方法

发菜质地清脆幼嫩，滋味鲜爽，营养丰富，尤其是蛋白质含量很高。据分析，每 100g 干发菜中，含蛋白质 20.92g，脂肪 3.72g，碳水化合物 28.92g，灰分 28.73g，此外还有多种维生素等。这在一般的菜类中是非常突出的。

食用时，一般先用清水洗净，泡发 0.5h 左右。与鱼类、肉类与其他佐料等煮成汤类；也可与淀粉、肉泥等做成“发菜丸”。这些都是高级宴席不可多得的佳肴，别具风味。

第三篇　食　品　糖　制

第十二章　糖制食品的由来与发展

第一节　糖制食品的由来与发展

糖制食品是我国人民喜爱的食品之一，在生产上已有悠久的历史。约在5世纪甘蔗制糖发明以前，就有人用蜂蜜来制作，故有蜜饯之称，沿用至今。

蜜饯，是由“蜜渍”转化而来。最初的蜜饯，大抵是用蜂蜜浸渍鲜果而成，所以都冠以“蜜”字。后来发展为将鲜果放在蜂蜜中熬煎、浓缩去除大量水分后，再长期保存，故又称作“蜜煎”。

到了宋代，果脯蜜饯的加工方法更加发展和完善。如《武林旧事》曾有“雕花蜜饯”的详细记载。蜜饯雕花，不但使人得到可口的食品，同时又得到美的享受，说明那时蜜饯的工艺水平已达到相当高度。如今苏式蜜饯中的“雕梅”、“糖佛手”，湖南用柚子皮雕的“花卉”、“鱼鸟”等蜜饯，就是雕花蜜饯工艺的继承和发展。

山楂制品的加工，大约始于宋代，那时的主要产品是“冰糖葫芦”，又叫“蜜弹丸”；明代则称为“糖堆丸”。山楂、果丹皮、山楂饼的加工，在明代《群芳谱》中都有记载。

花卉蜜饯，以木樨（桂花）、玫瑰为主。主要是糖腌，后进一步发展为加入梅泥。这类产品，多作为食品的添加香味辅料，但也是蜜饯的一个组成部分。果脯和蜜饯，按原来的意思，其区别是比较明显的。“脯”是经干燥后较干的产品，而蜜饯则是不经干燥而较湿的产品。

我国传统的果脯、蜜饯，产品众多，由于各地原料的不同，乡土口味各异，果脯蜜饯有不少流派。主要有京、粤、苏、闽等几大流派。其中尤其以北京、苏州、广州和潮州等地为最，故素有北蜜和南蜜之称。

一、京式蜜饯

主要以果脯类为代表，又称北京果脯。或称“北蜜”、“北脯”。北京果脯，封建时代曾为贡品。

果脯是选用富含糖分、淀粉与果胶的新鲜瓜果，经糖液浸渍、烧煮到一定浓度后，再经烘干或晒制而成。其产品特点：成品表面干燥，不粘手，呈半透明状，色泽鲜艳，含糖高，柔软而有韧性，甜香可口，有原果风味。主要代表品种有：苹果脯、桃脯、杏脯、梨脯、花红（沙果）脯、糖枣（枣脯）等，其次是山楂制品，如红果脯、山楂糕、果丹皮、金糕条等。

二、苏式蜜饯

主要是以糖渍和返砂类产品为主。苏式蜜饯起源于江南古城苏州，生产历史悠久，现已遍及江、浙、沪、皖等地。

苏式蜜饯，历代都选为贡品，其中名品有天香枣、雕梅、手梅、糖佛手、白糖杨梅等。

苏式蜜饯素以选料讲究、制作精细、形态别致、色泽鲜艳、风味清雅见长。

糖渍类产品，表面微有糖液，色鲜肉脆，清甜爽口，原果风味浓郁，形、色、香、味俱佳，其代表品种，主要有梅系列产品，如糖渍梅、雕梅、手梅以及糖佛手、蜜渍金橘、无花果等。

返砂类产品：表面干燥，微有糖霜，色泽清新，形状别致，吃口酥松，其味润甜。其代表品种主要有枣系列产品，如天香枣、金丝蜜枣以及苏橘饼、金丝金橘等。

其他类产品，如苏式话梅、九制陈皮、白糖杨梅、清水桂花、糖樱桃等。

从 30 年代以后，苏式蜜饯在制作上，博采南北之花，充分发挥其本身的优势，利用江南瓜果、花卉资源，广采各地坯料，生产出丰富多采、风味各异的苏式蜜饯品种，形成自己风格，成为江南一大特产，受到国内外消费者的欢迎。

三、广式蜜饯

主要以凉果（甘草制品）产品和糖衣类产品为代表，起源于广州、潮州、汕头一带，统称为“广式”、“潮式”蜜饯。已有一千多年生产历史。初以凉果为主，尔后逐渐发展，形成了糖衣类产品。这类产品，质地至洁，表面结有一层白色糖霜，故称“糖衣蜜饯”。产品花色繁多、风味独特，如糖椰角、冬瓜糖（条）、糖莲子、糖藕片、糖荸荠（马蹄）、糖橘饼等。

凉果，系以腌制或干制过的果坯为原料，以甘草为矫味或甜味剂（有的拌以甘草粉），所以称为甘草制品。其产品表面干燥（亦有半干燥），味多为酸甜、酸咸甜，入口后，有酸味味、咸叽叽、甜丝丝的感受，吃后口内余味无穷。代表品种有奶油话梅、陈皮梅、甘草杨桃、化芒果等。

广式蜜饯是当地人民喜庆待客，欢度节日，赠送亲友的土特产品。现多出口东南亚和欧美，亦是归国探亲华侨、港澳同胞必带的土特产品之一。

四、闽式蜜饯

主要产于福建漳州、泉州一带。这里盛产橄榄，以此为主要原料，发展成独特的加工品种。所以说，闽式蜜饯乃以橄榄制品为代表。

闽式蜜饯，初系腌制产品，历史悠久。除橄榄外，还有闽南特产果品，配以各种辅料、精工制作，形成了别树一帜的蜜饯产品。

闽式蜜饯，最大的特点是凉果类型、含糖低、表面干或半干、微有光泽，肉质细腻而致蜜，添加香味突出，爽口而有回味。主要代表有：大福果（开口果）、丁香榄、十香果、加应子、盐金橘、化皮榄等。

综上所述，我国果脯、蜜饯等糖制食品的生产，可以说是始于周、典于宋、盛于今。

第二节　糖制食品的分类

我国糖制食品因选用广泛的原料和辅料，采用多种不同的加工方法，花色品种极为丰富，因此各种分类方法难以统一。

世界各国一般按糖制品的加工方法和状态，将糖制品分成蜜饯类和果酱类两大类：

- 糖制果品分类
  - 蜜饯类
    - 干态蜜饯——糖制后晾干或烘干的制品。如果脯、凉果类等。
    - 湿态蜜饯——糖制后保存于糖液中，如带汁蜜饯。
  - 果酱类
    - 果酱——酱中可以存有碎果块。
    - 果泥——经筛滤后的果肉浆液，无碎果块。
    - 果冻——果汁和食糖浓缩的凝胶品。
    - 果丹皮——果泥脱去部分水分的柔软薄片。

其制品含糖量大多达 60％—65％或以上。

两类的主要区别是：蜜饯类经糖制后仍保持果实和果块原来的形态，含高糖但不一定含高酸；而酱果类不保持完整的块形，含高糖高酸。

依加工时加入香料和调味料与否，蜜饯类中又包括加料蜜饯和非加料蜜饯。前者加入香料、调味或中草药等，如陈皮梅、香草话梅、药果等。与此相类似的还有九制蜜饯，系多次用甘草汁制成。这类制品的特点是风味别致，独特，成品质量高。

第十三章　食品糖制的理论基础

糖制品是以食糖的保藏作用为基础的加工保藏法。

糖制品具有很高的防腐能力，除有些霉菌外，一般微生物难以在糖制食品里生长活动。因为糖制食品是利用高浓度糖液所产生的高渗透压，析出果实中大量水分。抑制微生物的生长活动，达到使果实制品保存不坏的目的。

糖制食品在加工过程中，食糖形成溶液后，扩散渗透进入食品组织内，从而降低其游离水分，提高了结合水分及其渗透压。因此，溶液的浓度及扩散和渗透的理论，就成为糖制食品在加工过程中重要理论基础。

第一节　溶液及其浓度

溶液是由两者以上不同物质组成的系统。糖溶入水中后成为糖溶液，水为溶媒，糖为溶质。在溶液中任何部位上都具有相同的化学成分和物理性质。

一、溶液的浓度

溶液的浓度，就是单位容积的溶液中溶有的物质重量。它可用容积、重量、摩尔来表示。工业生产中常用容积和重量两种表示。

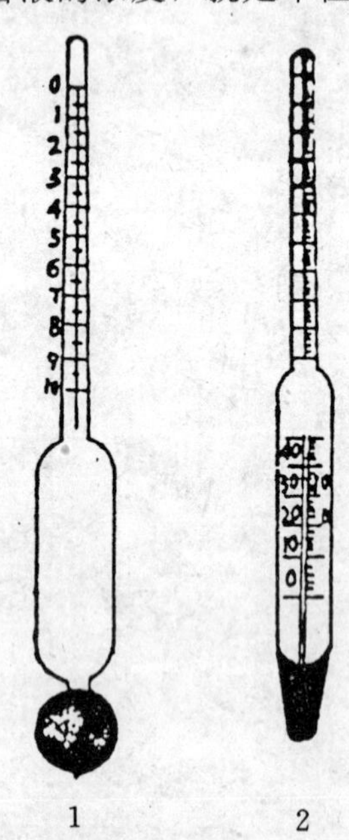

图 3—1　锤度计

1. 糖锤度比重计
2. 附有盖温度计的糖锤度比重计

容积浓度：就是每升溶液中溶有的物质重量（g）。配制溶液时，糖和水的需用量通常按照容积浓度进行计算。

重量浓度：就是每 1000g 溶液中溶有的物质重量（g）。

这两种浓度都可用百分率表示。在生产中常用 100g 水中应加溶质重量（g）来表示。它和上述重量浓度的换算关系如下：

$$C=\frac{g}{100+g}\times100 \text{ 和 } g=\frac{C}{100-C}\times100 \qquad (3—1)$$

式中：C——每 100g 溶液中含有溶质重量（g）；

g——每 100g 水中应加的溶质重量（g）。

溶液浓度测定的方法：在生产中最常用的有：

比重：比重就是任何溶液的重量和同容积水的重量比值。其值随温度而异。

糖锤度（BX）：糖液的浓度可用锤度计来测定。构造原理与一般比重计相同。所不同的是刻度表示纯蔗糖溶液的重量百分浓度。常用锤度计读数范围有：0—6°BX、5—11°BX、10—16°BX、15—21°BX、20—26°BX……等。

其刻度以 20℃为标准，在蒸馏水中为零度。在 1%纯蔗糖溶液中为1度（即100g糖液中含糖1g）。常用的锤度计如图3—1。

如样品溶液温度高于或低于标准温度20℃，则所读数有差异。在较高温度下，液体比重由于热膨胀而降低，比重计本身（玻璃）虽然也稍有膨胀，但无前者影响大，故读数比实际应有的数低些。反之，温度低于标准温度时，读数就高些，各温度校正值的大小随糖液的含量和温度差的辐度而异。糖浆的浓度为30时，在20—30℃的温度之间，每1℃平均校正值为0.08°糖度，但在90—100℃的温度之间。每1℃温度的平均校正值则为0.15°糖度。在标准温度以外的温度下测定时，对锤度计的校正数，见表3—1。

表3—1　观测糖锤度温度改正表

糖度温度（℃）	测得的糖锤度													
	0	5	10	15	20	25	30	35	40	45	50	55	60	70
校正时应减糖锤度度数														
5	0.30	0.47	0.56	0.65	0.73	0.80	0.86	0.91	0.97	1.01	1.05	1.08	1.10	1.14
10	0.32	0.38	0.43	0.48	0.52	0.57	0.60	0.64	0.67	0.70	0.72	0.74	0.74	0.77
12	0.29	0.32	0.36	0.40	0.43	0.46	0.50	0.52	0.54	0.56	0.58	0.59	0.60	0.62
14	0.24	0.26	0.29	0.31	0.34	0.36	0.38	0.40	0.41	0.42	0.44	0.45	0.46	0.47
16	0.17	0.18	0.20	0.22	0.23	0.25	0.26	0.27	0.28	0.28	0.29	0.30	0.31	0.32
18	0.09	0.10	0.10	0.11	0.12	0.13	0.13	0.14	0.14	0.15	0.15	0.15	0.15	0.16
19	0.05	0.05	0.05	0.06	0.06	0.06	0.07	0.07	0.07	0.07	0.08	0.08	0.08	0.08
校正时应加糖锤度度数														
21	0.04	0.05	0.06	0.06	0.06	0.07	0.07	0.07	0.07	0.08	0.08	0.08	0.08	0.09
22	0.10	0.10	0.11	0.12	0.12	0.13	0.14	0.14	0.15	0.15	0.16	0.16	0.16	0.16
24	0.21	0.22	0.23	0.24	0.26	0.27	0.28	0.29	0.30	0.31	0.32	0.32	0.32	0.32
26	0.33	0.34	0.36	0.37	0.40	0.40	0.42	0.44	0.46	0.47	0.47	0.48	0.48	0.48
28	0.46	0.47	0.49	0.51	0.54	0.56	0.58	0.60	0.61	0.62	0.63	0.64	0.64	0.64
30	0.61	0.62	0.63	0.66	0.68	0.71	0.73	0.75	0.78	0.78	0.79	0.80	0.80	0.81
35	0.99	1.01	1.02	1.06	1.10	1.13	1.16	1.18	1.20	1.21	1.22	1.23	1.23	1.23
40	1.42	1.45	1.47	1.51	1.54	1.57	1.60	1.62	1.64	1.65	1.65	1.65	1.66	1.66
45	1.91	1.94	1.96	2.00	2.03	2.05	2.07	2.09	2.10	2.10	2.10	2.10	2.10	2.08
50	2.46	2.48	2.50	2.53	2.56	2.57	2.58	2.59	2.59	2.58	2.58	2.57	2.56	2.52
55	3.05	3.07	3.09	3.12	3.12	3.12	3.12	3.11	3.10	3.08	3.07	3.05	3.03	2.97
60	3.69	3.72	3.73	3.73	3.72	3.70	3.70	3.65	3.62	3.60	3.17	3.54	3.50	3.43
65	4.4	4.4	4.4	4.4	4.4	4.4	4.4	4.2	4.2	4.1	4.1	4.0	4.0	3.9
70	5.1	5.1	5.1	5.0	5.0	5.0	5.0	4.8	4.8	4.7	4.7	4.6	4.6	4.4
75	6.1	6.0	6.0	6.0	5.8	5.8	5.6	5.5	5.4	5.4	5.4	5.3	5.2	5.0
80	7.1	7.0	7.0	6.9	6.8	6.7	6.7	6.4	6.3	6.2	6.1	6.0	5.9	5.6

波美度（Be′）：用波美计测定，其刻度方法以20℃为标准。在蒸馏水中为零度，在15％食盐溶液中为15度，在纯硫酸（比重1.8427）中其刻度为66度。波美表的刻度，工业上普遍采用的系数为145，温度为20℃/20℃。如温度不同其数值有异。测糖液时，其波美度与比重的换算式为：

$$Be' = 145 - \frac{145}{\text{比重（20℃/20℃）}} \qquad (3—2)$$

有关比重、波美与糖锤度之间的相互关系可从表 3—2 查得。

表 3—2　糖液在 20℃时锤度、比重、波美度对照表

锤度	比　重 (20°/20℃)	波美度（Be′）	每千克水中加入食糖量（g）	锤度	比　重 (20°/20℃)	波美度（Be′）	每千克水中加入食糖量（g）
1.0	1.00389	0.56	10.1	22.0	1.09183	12.20	282.1
2.0	1.00779	1.12	20.4	23.0	1.09636	12.74	298.7
3.0	1.01172	1.68	30.9	24.0	1.10092	13.29	315.8
4.0	1.01567	2.24	41.7	25.0	1.10551	13.84	333.3
5.0	1.01965	2.79	52.6	26.0	1.11014	14.39	351.4
6.0	1.02366	3.35	63.8	27.0	1.11480	14.93	369.9
7.0	1.02770	3.91	75.3	28.0	1.11949	15.48	388.9
8.0	1.03176	4.46	87.0	29.0	1.12422	16.02	408.5
9.0	1.03586	5.02	98.9	30.0	1.12898	16.57	428.6
10.0	1.03998	5.57	111.1	31.0	1.13378	17.11	449.3
11.0	1.04413	6.13	123.6	32.0	1.13861	17.65	470.6
12.0	1.04831	6.68	136.4	33.0	1.14347	18.19	492.5
13.0	1.05252	7.24	149.4	34.0	1.14837	18.73	515.2
14.0	1.05677	7.79	162.8	35.0	1.15331	19.28	538.5
15.0	1.06104	8.34	176.5	36.0	1.15828	19.81	562.5
16.0	1.06534	8.89	190.5	37.0	1.16329	20.35	587.3
17.0	1.06968	9.45	204.8	38.0	1.16833	20.89	612.9
18.0	1.07404	10.00	219.5	39.0	1.17341	21.43	639.3
19.0	1.07844	10.55	234.6	40.0	1.17853	21.97	666.7
20.0	1.08287	11.10	250.0	41.0	1.18368	22.50	694.9
21.0	1.08733	11.65	265.8	42.0	1.18887	23.04	724.1
45.0	1.20467	24.63	812.2	66.0	1.32476	35.55	1947.2
46.0	1.21001	25.17	851.9	67.0	1.33090	36.05	2030.3
47.0	1.21538	25.70	886.8	68.0	1.33708	36.55	2125.0
48.0	1.22080	26.23	923.1	69.0	1.34330	37.06	2225.8
49.0	1.22625	26.75	960.8	70.0	1.34956	37.56	2333.3
50.0	1.23174	27.28	1000.0	71.0	1.35585	38.06	2448.2
51.0	1.23727	27.81	1040.8	72.0	1.36218	38.55	2571.4
52.0	1.24284	28.33	1083.3	73.0	1.36856	39.05	2703.7
53.0	1.24844	28.86	1127.7	74.0	1.37496	39.54	2846.1
54.0	1.25408	29.38	1173.9	75.0	1.38141	40.03	3000.0
55.0	1.25976	29.90	1222.2	76.0	1.38790	40.53	3166.7

（续）

锤度	比　重（20°/20℃）	波美度（Be′）	每千克水中加入食糖量（g）	锤度	比　重（20°/20℃）	波美度（Be′）	每千克水中加入食糖量（g）
56.0	1.26548	30.42	1272.7	77.0	1.39442	41.01	3347.8
57.0	1.27123	30.94	1325.6	78.0	1.40098	41.50	3545.5
58.0	1.27703	31.46	1381.0	79.0	1.40758	41.99	3761.9
59.0	1.28286	31.97	1439.0	80.0	1.41421	42.47	4000.0
60.0	1.28873	32.49	1500.0	81.0	1.42088	42.95	4263.2
61.0	1.29464	33.00	1564.1	82.0	1.42759	43.43	4555.6
62.0	1.30059	33.51	1631.6	83.0	1.43434	43.91	4882.3
63.0	1.30657	34.02	1702.7	84.0	1.44112	44.38	5250.0
64.0	1.31260	34.53	1777.8	85.0	1.44794	44.86	5666.7
65.0	1.31866	35.04	1857.1	86.0	1.45480	45.33	6142.9
43.0	1.19410	23.57	754.4	87.0	1.46170	45.80	6692.3
44.0	1.19936	24.10	785.7	88.0	1.46862	46.27	7333.3

折光仪测定：利用折光法测定糖液可溶性固形物含量，表示糖的浓度。因纯糖溶液内可溶性固形物全部为糖，故能测定糖液浓度。但它亦受温度的影响而有差异。

二、固体的溶解度

溶解度是在一定温度条件下，一定量的饱和溶液内溶有溶质的量，通常在工业生产中以每升溶媒中能溶解的溶质量（g）表示之。比如，温度为20℃时每升水中食糖的溶解度为2039g（溶液的浓度为67.09%）。在溶液中如再继续添加食糖，就会沉淀，不再溶解。固体物质的溶解度不仅取决于溶质和溶媒的种类，还随温度的变化而不同。温度升高，溶解度增大。

食糖在水中的溶解度与温度的关系可导出下列方程式。用此方程可计算出在各温度下食糖的溶解度。

$$\lg S = -46.71038 + 1944.261/T + 17.17974\lg T \quad (3\text{—}3)$$

式中：S——对饱和溶液言，糖分对水的重量百分比。

按公式进行计算，可得出表3—3可供使用。

表3—3　蔗糖溶解度

℃	含糖百分比	每1ml水的糖量(g)	℃	含糖百分比	每1ml水的糖量(g)
0	64.18	1.792	56	73.58	2.785
2	64.45	1.813	58	74.00	2.817
4	64.73	1.835	60	74.43	2.911
6	65.24	1.877	62	74.86	2.978
8	65.44	1.893	64	75.29	3.047
10	65.65	1.911	66	75.72	3.119
12	95.87	1.930	68	76.15	3.193

（续）

℃	含糖百分比	每1ml水的糖量(g)	℃	含糖百分比	每1ml水的糖量(g)
14	66.11	1.951	70	76.59	3.271
16	66.37	1.973	72	77.02	3.350
18	66.63	1.997	74	77.45	3.435
20	66.92	2.023	76	77.88	3.521
22	67.21	2.050	78	78.31	3.610
24	67.52	2.079	80	78.74	3.703
26	67.84	2.109	82	79.16	3.800
28	68.16	2.141	84	79.59	3.899
30	68.50	2.175	86	80.01	4.002
32	68.85	2.210	88	80.43	4.110
34	69.21	2.248	90	80.85	4.221
36	69.58	2.287	91	81.05	4.277
38	69.95	2.328	92	81.25	4.335
40	70.33	2.370	93	81.46	4.394
42	70.72	2.415	94	81.66	4.454
44	71.11	2.462	95	81.87	4.515
46	71.51	2.510	96	82.07	4.578
48	71.92	2.561	97	82.27	4.641
50	72.33	2.614	98	82.47	4.705
52	72.74	2.668	99	82.67	4.770
54	73.16	2.726	100	82.87	4.837

各温度下饱和溶液的溶质含量完全和该温度相应时的溶解度相等。

但在高温度时处于饱和状态的溶液冷却后，就会有多余的糖从溶液中晶析出来。

第二节　扩散和渗透机理

一、扩　　散

扩散是由于微粒（分子、原子等）的热运动而使固体、液体或气体（蒸汽）浓度均匀化的过程。

在容器内溶质垂直向上扩散，其扩散运动方向恰和重力相反，这种现象，只有当存在着一种推动力，使处于稳定运动状态的溶媒和溶质，特别是溶质，能向着低分子区域移动时才能发生。也就是说，这种推动力是要在溶液浓度不平衡的情况下才会产生。这样的推动力（或压力）就是渗透压。

扩散总是从高浓度处向低浓度处转移，并将继续到各处浓度均等时才会停止。因此，这种扩散过程很缓慢，常须以日计，甚至以月计。

按费克建立的扩散数学理论认为：在扩散过程中，通过单位面积（F）的物质扩散数量（dm）和浓度的梯度（dc/dx）（为物质从浓度较高区域向浓度较低区域扩散时，每一单位长度中该物质的浓度下降程度，也就是扩散路程上每单位长度上的浓度差）成正比。再以（dt）表示进行扩散的时间。这样就可用一个扩散的方程式来表示它们之间的相互关系。其扩散方程式为：

$$dm = -DF \cdot \frac{dc}{dx} \cdot dt \qquad (3-4)$$

式中：D——为扩散系数，它是指当浓度梯度等于1时，物质（指溶质）在单位时间里通过单位面积的数量。而式中的负号是物质的转移是按照浓度下降的方向进行的。

如果将（3－4）式用dt除，即可获得扩散速度的算式：

$$\frac{dm}{dt} = -DF\frac{dc}{dx} \qquad (3-5)$$

实际上在运用式（3－5）时，最困难问题是扩散系数的确定，在缺少扩散系数试验数据的情况下，可用爱因斯坦公式来推算：

$$D = \frac{RT}{N6\pi\eta r} \ (m^2/s) \qquad (3-6)$$

式中：D——扩散系数，在单位浓度梯度的影响下，单位时间内通过单位面积的溶质量；

R——气体常数（8.314J/mol・K）；

N——阿佛加德罗常数（6.02×10^{23}）；

T——绝对温度（K）；

η——介质粘度（P（泊）/s）；

r——溶质微粒（球形）直径（应比溶剂分子大，并且只适用于球形分子）（m）。

据式（3－5）和（3－6）可见食品在糖制过程中溶质扩散速度因扩散系数和糖液浓度而异。

扩散系数和溶质扩散速度成正比，扩散系数愈大，扩散愈迅速，但是扩散系数又决定于扩散物质的种类和温度。通常溶质分子大，扩散系数减小。扩散系数与溶质的颗粒半径成反比。因此，胶体物质具有极小的扩散系数，如在溶液中呈单分子的晶体，则扩散得最快。而且结晶体的分子量愈小，则一般具有愈大的扩散系数。因此，不同糖类在糖渍过程中的扩散速度各不相同。例如不同糖类在糖液中的扩散速度比较，葡萄糖＞蔗糖＞饴糖中的糊精（5.21：3.80：1）。

从公式中可知，随着温度的提高，就会增加分子的动能，从而加速了分子运动，促进扩散作用，故温度愈高，扩散系数愈大，同时，提高温度还可降低介质的粘度。因此溶质的分子就很容易在溶剂分子之间进行扩散运动。据计算，当温度每增加1℃，各种物质在水溶液中的扩散系数平均增加2.6％（2％—3.5％）。

扩散物质的分子永远是从高浓度向低浓度的方向扩散，而浓度差愈大，扩散速度也将随着增加。不过溶液浓度增加时，以糖液为例，其粘度必然增加，扩散系数就相应降低，这一点不能忽视。

二、渗透

渗透是溶剂从低浓度溶液经过半渗透膜向高浓度溶液扩散的过程。半渗透膜就是允许溶剂通过而不允许溶质通过的膜。细胞膜、羊皮膜等都是半渗透膜。半渗透膜孔眼非常小，因而即使加压，液体在表面张力的影响下也难以通过。但现已一致公认细胞不仅能让水渗透过去，还能让电解质和非离子化有机分子渗透过去。这些现象在死亡细胞内同样可以观察到，但无规律性。

活的和死的细胞都能渗水的原因，是在渗透压差影响下发生的现象。在渗透压差影响下，电解质也能渗透。但如和水相比，它们通过细胞膜的速度较缓慢。活细胞明显的特征是具有较高的电阻，因而离子进出细胞就困难些。在死亡的细胞中电解质比较容易出入，而且随着细胞死亡程度的进展，细胞膜的渗透性也将随之增加。

食品糖渍时，细胞内呈胶状溶液的蛋白质不会溶出。因为半渗透膜不能让分子很大的物质外渗。而电解质不仅会向死亡的动植物组织细胞内渗透，同时也向微生物细胞内渗透。因而糖渍不仅能阻止微生物利用食品的营养物质，而且在遭受电解质渗入后生长活动也会受到抑制。

腌制速度取决于渗透压，渗透压的计算，可按布尔公式进行：

$$P_o = \frac{\rho_1 \cdot R \cdot T \cdot C}{100M_2} \qquad (3-7)$$

式中：P_o——渗透压（大气压或 kN/m^2）；

ρ_1——溶媒的密度（kg/m^3 或 g/l）；

R——气体常数（0.0826 大气压 $kg/m^3/mol \cdot K$）或 $8.29 \times 10^{-3}/kN \cdot m/mol \cdot K$；

T——绝对温度（K）；

C——溶液浓度·100g 或 kg 溶媒中的溶质（g）（或 kg）；

M_2——溶质分子量（g 或 kg）。

式（3－7）中所用各单位应依 R 值的单位进行运用。此式对理解食品腌渍保藏中的扩散过程（盐腌、浸渍、烟熏、醋渍等）极为重要。

腌渍速度取决于渗透压，依式（3－7）可知，渗透压和温度及浓度成正比。为了加速糖渍过程，应尽可能在高温和高浓度溶液下进行。就温度而言，每增加 1℃，渗透压就会增加 0.30%—0.35%。因此，糖渍常在较高温度条件下进行。

从式（3－7）中还可看出，渗透压和溶质分子量也有一定的关系。例如，对建立一定渗透压来说，溶质的分子量愈大，需用的溶质重量也就愈大。若溶质能离解为离子，则能提高渗透压，其用量显然可以减少些。如选用分子量低并在溶液中能离解成离子的食盐，当它的溶液浓度为 10%—15%时，就能建立起 303.2—605.5kN/m^2（或 3—6 个大气压）相当的渗透压，当溶质改用食糖时，溶液的浓度就需要在 60%以上，才能建立起相同的渗透压。这说明，糖渍所需的溶液浓度比用食盐腌渍时高得多，才能达到保藏食品的目的。同时，糖的种类不同，建立相应的渗透压也不相同，葡萄糖溶液的浓度就可低于蔗糖，低于糊精溶液的浓度，因而，如果溶液浓度相同而所用的糖类不同，建立起的渗透压也各不相同。

总之，食品糖渍过程中，食品内外溶液浓度借渗透压逐渐趋向平衡，食品内外溶液的浓度通过溶质扩散达到均衡化。为此，腌渍过程实是扩散和渗透相结合的过程。

第三节　扩散和渗透理论在糖制食品中的应用

一、微生物细胞对扩散和渗透的反应

微生物细胞是具有细胞壁保护和原生质膜包围的胶体状原生质体。细胞壁属于全渗透

性，而原生质膜则为半渗透性。至于其渗透性强弱，受许多因素的影响，如微生物的种类、菌龄、细胞内组成成分、温度、pH 值、表面张力的性质和大小等不同而不同。

在腌渍过程中，不同浓度的溶液对微生物活动有 3 种情况：

1．细胞外溶液浓度和细胞内容物浓度相等时，此种溶液常称为“等渗溶液”。这种溶液中含有的营养食物的浓度最适宜于微生物的要求。例如，0.9%NaCl 溶液就是等渗溶液，习惯上称为生理盐水。其渗透压恰和细胞内容物浓度的渗透压相等，如果其他条件适宜，微生物就能迅速生长。

2．溶液浓度低于细胞内可溶性物质的浓度时，水分就会从低浓度向高浓度渗透，细胞就会吸水增大，最初会出现原生质紧贴在细胞壁上，呈膨胀状态，这种现象称为“肿胀”。如内压过大还会发生膨胀现象，原生质胀裂，此种溶液称为“低渗溶液”。这种作用在实际生产中并未得到应用。

3．溶液浓度高于细胞内可溶性物质的浓度时，水分就不再向细胞内渗透，而周围介质的吸水力却大于细胞，原生质内的水分将向细胞间隙内转移，于是原生质紧缩，产生质壁分离。质壁分离的结果，使细胞内脱水，微生物停止生长活动，这种溶液称为“高渗透液”。腌渍就是利用这种原理以达到保藏食品的目的。

在高渗透压下的微生物稳定性决定于它的种类，其质壁分离的程度决定于原生质的渗透性。若溶质极易通过原生质，细胞外的渗透压迅速达到平衡，就不会出现质壁分离。因此，用食盐腌渍食品时，食盐溶液的浓度不同，生长的微生物种类也不同，而且在不少情况下，因不良微生物受到抑制，从而有利于食品进行发酵。

二、扩散和渗透理论在糖制食品中的应用

从扩散和渗透理论以及微生物与细胞对扩散和渗透作用的反应，可知食糖靠扩散和渗透的作用能降低介质的水分活度，减少微生物生长活动能利用的自由水分，并靠渗透压的作用导致微生物细胞产生质壁分离，从而抑制微生物的生长活动。

微生物在糖液中的生长活动情况和糖的种类及浓度有很大关系。

（一）糖的浓度与微生物生长活动关系

糖液浓度在1%—10%时，不但不会抑制微生物的生长活动，反而会促进某些菌种的生长繁殖。

糖液浓度达到 50%时，可防止大多数酵母的生长。

糖液浓度达到 65%以上时，才能抑制细菌和霉菌的生长。

因此，为了保藏食品糖液的浓度至少要达到 50%—75%，以 70%—75%为最佳。

高浓度的糖液虽然有很强抑制微生物生长活动的作用，例如含有 60%蔗糖的食品能阻止不少菌种引起的变质，但也有不少耐糖的微生物对高浓度的糖液有很强的抵抗能力，其中酵母就是。所以蜂蜜常因有耐糖酵母存在而变质。另外，在高浓度的糖液中也会有种类不多的解糖细菌生长。

总之，霉菌和酵母能容忍糖液的浓度比细菌高得多。因此，在糖制食品中防止霉菌和酵母常成为突出的问题。

（二）糖的种类与微生物生长活动的关系

实验证明，不同糖类在各种浓度时抑制微生物生长活动的作用也不一样。例如 40%—50%的葡萄糖溶液能抑制食品中毒葡萄球菌的生长活动，而用蔗糖必须 60%—70%的浓度

才能达到目的。

不少学者都发现，葡萄糖对微生物的抑制作用比蔗糖有效的多。因此，含有葡萄糖的水果制品比含蔗糖制品就不易变质。但在浓度相同时，葡萄糖和蔗糖等量的混合物抑制微生物生长活动的效果则和单用一种糖时相同。

食糖的来源，主要是甘蔗糖和甜菜糖。食糖中常混有微生物，砂糖中含量较低，每克约有几百个，精制糖中虽然更少，但是解糖细菌仍然存在。在这些残存的细菌中，不少细菌会促使某些食品变质腐败，特别是糖液在20％—30％时最易发生。这在糖制食品的生产中，特别要重视。

第十四章　食品糖制用糖的选择

第一节　用糖的选择

一、食糖的种类

食糖种类较多，分类方法也不统一。

（一）按生产原料分

1. 甘蔗糖：用甘蔗为原料制成的糖。

2. 甜菜糖：用甜菜为原料制成的糖。

3. 饴糖：用甘薯、大米等淀粉为原料制成的糖。

（二）按化学成分来分

1. 蔗糖：又称非还原糖，如甘蔗糖、甜菜糖等。

2. 葡萄糖：主要是淀粉塘，又称还原糖。

3. 麦芽糖：主要是饴糖。

4. 蜂蜜：主要含果糖、葡萄糖，又称转化糖。

按理说，饴糖、淀粉糖、蜂蜜、蔗糖等都可用来加工果脯、蜜饯。但为了保证产品质量和风味，果脯、蜜饯生产用糖，主要选用蔗糖。

二、蔗糖的特点

蔗糖根据加工方法的不同，又分为3种：

（一）白砂糖

白砂糖是加工糖制食品用量最大的品种，是含糖最多、纯度最高的一种（蔗糖含量高达99.75%以上）。白砂糖色泽洁白明亮，晶粒如砂，颗粒大小均匀，糖质坚硬。水分、杂质和还原糖的含量很少，晶粒及其水溶液味甜，不带异味。溶解在洁净水中成为清澈的水溶液，白砂糖的溶解度甚大。在0℃时其饱和溶液含64.13%的糖，在100℃时饱和溶液含82.97%的糖。若将白砂糖稀溶液煮沸，则其中一部分则转化成葡萄糖或果糖。在140—150℃时转化加快。若有酸性物质存在，在100℃以下，亦可促使转化速度加快。白砂糖在生产中一般先配成不饱和稀溶液，用于糖制食品。

（二）绵白糖

绵白糖是由白砂糖加入少量转化糖浆或饴糖制成。晶粒由于是在快速冷却条件生成，因此质地变得绵软、细腻。绵白糖的品种要求是：晶粒细小均匀，颜色雪白，质地绵软，无异味，无结块，溶解于洁净的水中应清晰透明。糖的晶粒或水溶液味甜，无杂质及异味。绵白糖的纯度不如白砂糖高，含有2%左右的水分和2.5%左右的还原糖，总糖分约在97%—98.5%。绵白糖由于价格较贵，在生产中一般只用于制作糖衣果脯的糖衣使用。

（三）赤砂糖

赤砂糖又叫红糖、黑糖。赤砂糖为粒状晶体，表面附有部分糖蜜，纯度比白砂糖低，颜色较深，色泽一般分为赤红、赤褐或黄紫色，味浓甜。虽然赤砂糖的杂质含量较多，但是，由于它保留有一些甘蔗的香味和特点，因此，在一些凉果制品中也常使用。

蔗糖不论是甜菜还是甘蔗生产的，主要是蔗糖的甜味，食糖质量的高低和糖制原料没有什么直接关系，糖料原有的气味在糖制工艺中已经消除。目前市场供应的白砂糖、绵白糖因纯度高、风味好、色泽淡、取用方便、保存作用强，不管是甘蔗糖还是甜菜糖都是制作果脯蜜饯理想的加工原料。

三、饴糖、葡萄糖、蜂蜜在食品糖制中的作用

在食品糖制的加工过程中，根据工艺要求的不同和制作品种的不同，常需加入一些其他的糖料，它们在加工中也有重要作用。

（一）饴糖

饴糖俗称米稀、糖稀，是淀粉经过淀粉水解而成。其主要成分是麦芽糖（含量约为40%—45%）及糊精。纯净的麦芽糖其甜度约为砂糖的一半。糖液色泽淡黄而透明，呈浓厚粘稠的浆状物。甜味清爽，总固形物不低于75%。饴糖在温度较高的条件下，极易发酵，酸度提高，品质变劣，因此，不易久藏。应贮藏在凉爽通风之处，以防败坏。在煮制果脯、蜜饯糖液中加适量的饴糖，能提高蜜饯的滋润性和弹性，还可使其制品色泽光亮。

（二）葡萄糖浆

葡萄糖浆，也称淀粉糖浆，俗称化学糖稀。其品质优于饴糖，其糖度相当于蔗糖的60%，易被人体吸收，是由淀粉经酸水解，或用酶法分解制得，主要成分是葡萄糖，也含有部分麦芽糖和糊精，为无色或淡黄透明浓稠液，还原糖占35%—40%，总固形物不低于80%。在煮沸果脯、蜜饯的糖液中如加入适量的葡萄糖浆，可调整糖液中还原糖与蔗糖的比例，以避免糖制食品产生“返砂”和“流糖”的现象，是一种优良的抗砂物质。

（三）蜂蜜

蜂蜜又称蜜糖，新鲜的蜂蜜为透明浓稠的液体。味甜，时久会变得混浊。主要成分为果糖、葡萄糖、蛋白质、矿物质、有机酸等多种营养物质。蜂蜜的种类很多。

按蜜源分：有花蜜和甘露蜜。

按采的花源不同：有椴树蜜、荆花蜜、荔枝蜜、枣花蜜、槐花蜜、茶花蜜、紫云英花蜜等。

蜂蜜营养全面，具有营养心肌，保护肝脏润肠胃，防止血管硬化的作用，加入果脯、蜜饯中，不仅可使产品味道甜美，增加营养成分，而且可以防止白糖结晶，提高产品质量。

第二节　糖的性质与糖制品的关系

食糖的性质是指其化学性质和物理性质等。化学性质包括甜味、风味、蔗糖的转化、胶凝和金属腐蚀等；物理性质包括渗透压、结晶和溶解度、吸湿性、热力学性质、粘度、稠度、晶粒大小、容积、导热性等。主要性质分述如下：

一、糖的溶解度与晶析

糖的溶解度与晶析对糖制品品种和保藏性能影响较大。糖制食品液态部分的糖分达到

过饱和时，即析出结晶。从而降低了含糖量，削弱了保藏作用，同时有损于制品品质和外观。

但蜜饯加工时常利用这一性质，适当控制过饱和率，给有些干态蜜饯进行上糖衣的操作，如冬瓜条、糖核桃仁、糖橘饼、糖莲子等。

糖能溶解于水，溶解度大小与糖的种类和溶解温度的高低有关，如表3—4。

表3—4　不同温度下各种糖的饱和溶解度

溶解度（%）／温度（℃）／糖的种类	0	10	20	30	40	50	60	70	80	90
蔗　糖	64.2	65.6	67.1	68.7	70.4	72.2	74.2	76.2	78.4	80.6
葡萄糖	35.0	41.6	47.1	54.6	61.8	70.9	74.7	78.0	81.3	84.7
果　糖			78.9	81.5	84.3	86.9				
转化糖		56.6	62.6	69.7	74.8	81.9				

各种糖液在一定的浓度和温度条件下，都能析出结晶。结晶形成的难易与溶液的粘度和糖的溶解度有关。果品糖制，如不提高产品的粘度，当蔗糖浓度超过65%，贮藏在100℃下的低温时，必引起蔗糖结晶。然而同一温度下各种糖溶解度不同。在60℃时蔗糖与葡萄糖的溶解度相等，在60℃以下时葡萄糖溶解度比其他糖都小，在室温卜葡萄糖最容易析出结晶，所以葡萄糖不适于单独作用。此外糖制品煮制过程中，若蔗糖过分转化也容易引起葡萄糖的结晶。

为了避免糖制品中蔗糖的晶析和返砂，糖制时加入部分饴糖、蜂蜜或淀粉糖浆。因为这些食糖含有多量转化糖、麦芽糖和糊精，可降低结晶速度。或者用少量的果胶或动物胶，以增大糖的粘度，来抑制蔗糖的结晶过程。

二、蔗糖的转化与褐变

蔗糖与稀酸共热，或在转化酶的作用下，水解为葡萄糖和果糖，又称转化糖，这种转化反应，在果品糖制上比较重要。糖煮时，有部分蔗糖转化，有利于抑制晶析，增强制品的保藏性和甜度，使质地紧密细致。另一方面，由于转化糖的吸湿性很强，过度的转化又会使制品在贮存中吸湿回潮，造成变质。

另外，由于葡萄糖分子中含有羟基和醛基，蔗糖若长时间与稀酸共热，会生成少量的羟甲基呋喃甲醛，使制品轻度褐变。转化糖与氨基酸反应，也引起制品的褐变。特别是戊糖与氨基酸或蛋白质发生糖氨反应（即美拉德反应）生成黑色素，使制品褐变。这种褐变是一种非酶促褐变，多发生在加热有关的加工过程中。

三、糖的吸湿性

糖的吸湿性和糖的种类及空气的相对湿度关系密切。其中果糖的吸湿性最强，葡萄糖次之，蔗糖最小。空气的相对湿度越大，糖的吸湿量越多。糖的这一特性，对干制品和糖制品的保藏影响很大，但有利于防止糖制品的蔗糖晶析和返砂。

糖的吸湿性达15%以后，便开始失去晶形如表3—5。

表 3—5 几种糖在 25℃，7 天内的吸湿力（%）

空气相对湿度（%） 吸湿力（%） 糖的种类	62.7	81.8	98.8
蔗　　糖	0.05	0.05	13.53
麦 芽 糖	9.77	9.80	11.11
葡 萄 糖	0.04	5.19	15.02
果　　糖	2.61	18.58	30.74

利用转化糖（果葡萄糖）吸湿性强的特点，糖制品中含有适量的转化糖，有利防止返砂。但不能过量，以免回潮，造成变质霉烂。

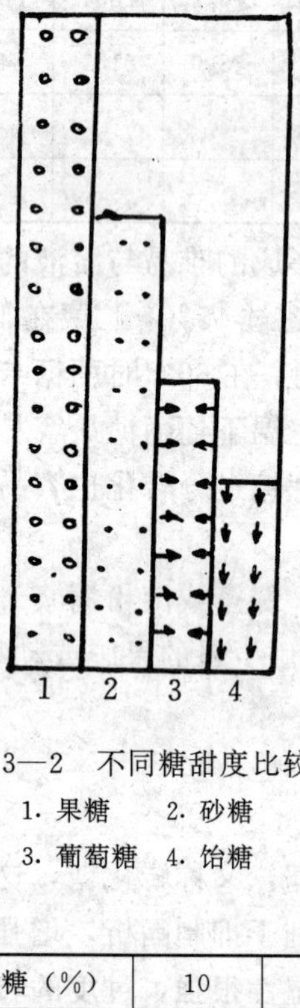

四、糖的甜度与风味

糖的甜度影响着糖制品的甜味和风味。各种糖中以果糖最甜，其次是蔗糖，再次为葡萄糖，如图 3—2。

各种糖的甜度、风味不同，影响着糖制品的风味，蔗糖的甜味比较纯净，能使制品具有良好的风味。

葡萄糖先甜，继而有苦和酸涩感。

图 3—2 不同糖甜度比较

1. 果糖　2. 砂糖　3. 葡萄糖　4. 饴糖

五、糖的沸点与糖的浓度

糖液的沸点随着浓度的增大而上升。如表 3—6。

糖制品在糖煮时，常利用测定蔗糖液的沸点温度来掌握制品所含可溶性固形物的总量和控制煮制时间和终点。但应该注意的是蔗糖液的沸点温度除受其本身浓度的影响外，还受大气压和纯度的影响。因此，当大气压和纯度改变时，用以上方法来判断糖液浓度会有一定的误差。

表 3—6 在一个大气压下蔗糖溶液的沸点温度

含糖（%）	10	20	30	40	50	60	70	80	90
沸点温度（℃）	100.4	100.6	100.0	101.5	102.0	103.6	106.5	112.0	130.8

第十五章　果脯蜜饯制作工艺

第一节　果脯蜜饯制作的一般工艺过程

一、果脯蜜饯制作的基本原理

果脯蜜饯加工的基本原理就是利用高浓度糖液所产生的高渗透压，析出果实中大量水分，抑制微生物生长活动，达到制品较长时间保藏不坏的目的。糖本身虽不具备杀菌作用，但高浓度的糖液能产生强大的渗透压，使果品的水分活度降低，微生物在这样的环境条件下得不到生活所必须的水分，使微生物的细胞脱水处于干燥状态，而停止活动和生长。因此，果脯蜜饯的制作关键之一，是要使糖量达到有效地抑制微生物活动的浓度。

二、一般工艺过程

根据各种原料的品种及化学组成的差异，制作果脯蜜饯的生产工艺，在具体安排上各有所不同。但基本上都不外乎以下的工艺过程。此流程仅概括了果脯蜜饯生产全部过程的重要工序。在生产中，可概括各种不同原料和组成的差异，作具体的安排。对工艺过程中原料的处理部分的基本原理方法、操作过程和主要设备等已在第一篇第六章“食品加工原料预处理”作了较为详细的介绍，本章不再重述。

腌渍→脱盐
原料→洗涤→去皮→修理→切分→护色→硬化
分级　划纹→去核→着色
漂洗→预煮→糖制→沥糖→装罐
干燥→整形
上糖衣
分级→检验→包装

第二节　糖　　制

糖制是果脯蜜饯加工的重要工序。糖制的方法有腌制和煮制两种。腌制适用于质地柔软的原料；煮制适用于质地坚实的原料。不管哪一种方法，目的是使糖分充分而均匀地渗透到原料各部位的组织中，并使原料保持其应有的形态。

一、糖　　煮

此法是当前各地常用的方法，特别是北方果脯蜜饯生产，基本上都用此法。原料在糖制过程中组织的变化和糖分的扩散，渗透情况关系很大。在未加温的糖制中，原料组织保持其原有的生理活性状态，由于细胞壁结构、细胞膜的选择性作用以及细胞内胶体物质的特性，保持有一定的膨压。当其与浓糖液接触时，细胞内外渗透压产生差异，则发生内外渗透现象。然而，细胞膜的选择性作用又限制了各种物质通过的能力和速度。在通常情况下，水分向外扩散较易，细胞内部失水较快，原料就会发生收缩。通过加温糖煮，果实组织受到高温作用，细胞膜的选择性控制力被破坏，细胞内胶体物质发生变性凝固，这样细胞内外的物质可无阻碍地通过细胞壁，因而加速了细胞内外物质的渗透选择率，从而加快糖制过程。

糖煮是脯饯类加工工艺中最主要的一环。糖煮的关键在于糖液迅速均匀的渗入原料中，而使原料内的水分和空气尽快排出，从而使制品吸糖饱满而富有弹性，色泽明亮，质地酥软。

糖煮按其工艺条件不同，又可分为一次煮成法、多次煮成法、快速煮制法和真空煮制法，依原料的不同性质和制品品种不同，采用不同的方法：

（一）一次煮成法

适用于含水较低，细胞间隙较大，组织结构较疏松，带有外皮的原料，含糖量较高，肉质坚实和比较耐煮的原料（如枣、桃、苹果、无花果、柑橘类果实等）。因这些果实比较耐煮，或经切缝、刺孔、预煮等处理，所以糖分能迅速渗透，不易发生干缩现象，对于其他果品采用一次煮成时，可适当地采用以下措施：适当切分或刺孔，加强硬化等预处理；采用较小的容器煮制；糖煮前先用部分食糖腌渍果实；糖煮时多次加糖，采用真空煮制等。在我国用得比较普遍的制作方法有两种。

一种是把预处理好的原料，直接放入已煮沸的浓度为60%的糖液中共煮，由于糖液渗入，原料中大部分水分被排除，锅内糖液温度逐渐降低，为了补充糖液浓度和降低原料细胞内的水汽压，需在糖液沸腾时，分多次向锅中加浓度为50%左右的冷糖浆和砂糖，煮制时间约1—2h，中间加砂糖和糖浆约4—6次，直到糖液浓度达到65%时停止。连同糖液一起放入容器中浸渍24—48h，捞出，沥尽糖液送去烘烤。有时为了制品表面少挂糖液，在浸渍结束捞出之前，将制品连同糖液倒入锅中加温，到60—70℃时再捞出制品沥净糖液送去烘烤。

此法的特点是煮制工艺简单，快速省工，浸泡设备的占用量小。但因持续长时间的煮制，原料易被煮烂，色、香、味和维生素等营养物质损失较大。再者，糖分的渗透也常不易均衡，使制品质量不能完全一致。

（二）多次煮成法

适用于原料含水较高，细胞壁较厚，组织结构致密，煮制易烂。用一次煮成糖液难以渗透到组织内部，在煮制中所用的糖液浓度过大地超过细胞液的浓度，内外渗透速度不能保持平衡，这样失水太快，原料不能保持其原有形状，同时在外界强大的渗透压力下，原料的组织发生收缩，出现干瘪的现象，细胞就破坏了扩散和渗透的速度，给糖煮过程带来困难。

提高温度虽然能促进糖分扩散和渗透的速度，但当温度达到101—102℃时，细胞内的水汽压会加大。如这样时间较长，不但会阻碍糖液的渗透，更严重的是会使组织溃烂，造成损失。

多次煮成的具体过程是，分2—5次进行，先将处理好的原料放入浓度30%—40%浓度较低的沸糖液中，煮5—10min，至果肉开始变软时，连同糖液一起倒入缸中，浸渍12—24h，这次等于预煮。第2次糖煮时糖液的浓度增高到40%—50%，煮沸后放入原料煮10—15min，再浸渍12—24h，这次是原料吸收糖液的关键，在时间和糖液的浓度方面都要掌握好，否则吃糖不足，影响产品得率和质量。以后的几次煮制，糖液的浓度每增加10%，煮的时间极短，仅沸腾2—3min，然后放冷8—24h，最后1次将糖浓度增高到50%，煮沸后倒入原料，等再煮沸时，分2—4次加入冷浓糖浆和砂糖，直到原料吸糖饱满，透明。糖液浓度达到65%以上时停止煮制，将其倒入冷缸中冷却，等温度降至65℃左右，捞出原料沥尽糖液，烘烤后即为成品。

多次煮制法的优点是由于加热和冷却交替进行，所以有助于糖分的渗透。这是因为加热时，原料细胞内部的水分被汽化，使体积膨大，冷却时，水汽凝结，降低了内部压力，加快了糖分的渗透。此外糖液浓度逐渐增高，使果实内部和周围糖液始终保持一个较大的浓度差，糖分能够均匀充分地渗入到原料内的各个部位，使产品吸糖饱满，肥厚丰盈，透明美观。同时因煮制时间短，产品色、香、味、形及营养价值十分有利。但此法也有不足之处，如加工周期长，费时、费工，占容器等。

（三）快速煮成法——冷热交替法

快速煮成法是将处理好的原料先放在煮沸的较稀糖液中煮沸数分钟（5—10min）随即捞出原料浸入到比热糖液浓度较高的冷却糖液中，使之迅速冷却；然后提高原煮糖液的浓度，如10%，煮沸后，把原料从冷糖液中捞出放入其中再煮沸数分钟，并以同样的方法迅速冷却，如此反复进行4—5次，最后达到要求的浓度为止。

这样使原料的细胞组织受热膨胀，冷却收缩交替进行，可使原料很快吸足糖液达到饱和状态。用此方法，对某些原料可将煮制过程由4—5天缩短到几小时即可完成。

在快速法中，还可用65℃左右恒温糖渍法，约几小时即可完成。若在浸渍前先将原料煮沸几分钟，其效果更好。

（四）真空煮制法——减压煮制法

用减压煮制法，是将原料与糖液在较低的温度和真空下进行煮制。在减压煮制前，最好先用稀糖液，如浓度为30%的糖液在常压下与原料先煮沸软化后，再放入能密封抽气的容器中，用较浓糖液减压煮制。

减压煮制法，由于原料置于真空条件下，果实内部的空气被排出，经过一段时间抽空后，破除真空，糖液借外部的大气压和糖液自身的浓度差所产生的渗透压，很快地进入原料内原先被空气占据的空间，并通过细胞膜进入组织内部，从而完成渗糖的过程。

此法煮制时间短，糖液浓缩速度快。同时，由于原料中的空气被赶出，使果实透明，防止氧化和褐变。这样对保持原有的色泽和营养价值都有利。

（五）煮制终点的判断方法

果脯蜜饯煮到终点的判断，一般是根据糖液的最后浓度为依据，即糖液中可溶性固形物的含量。煮制终点的可溶性固形物含量一般控制在65%—75%，这时的糖分含量约为60%—65%。

在实际生产中判断的方法有两种：一种是凭仪器如波美计、折光计、锤度表等；另一种是凭操作者的感官鉴定，常用的有所谓挂片法和稠度感官法。挂片法是生产者使用搅板或勺，由锅中挑起糖液举起，让糖液在空中由搅板或勺的边缘下流泻成糖液薄片。根据形成挂片的速度和形状，挂片保持连续悬挂的能力来判断煮制终点。也有从锅中取一点糖液滴到一碗清水中，观其是否散开，或散开的快慢来判断。再就是操作者从锅中取出少量糖液放在大拇指和食指之间粘连拉丝，凭视力、手指的感觉和听觉来判断煮制的终点。这些测定的方法要有一定的经验，才能得到较精确的结果。

（六）糖液的配制法则

在糖煮工艺中，糖液浓度的配制混合也是生产中的重要环节。糖液浓度的配制方法有直接法和稀释混合法两种。

直接法：即按照需要的糖液浓度，直接称取砂糖和水放入锅内加热搅拌溶解，过滤即成。

稀释混合法：可用皮尔逊方格法。即将两种已知重量百分浓度的糖液，混合配成所需重量百分浓度的糖溶液时计算方法按以下程度进行。

先配成高浓度的糖液，称为母液。然后根据需要浓度与水稀释，或与稀糖液混合。

首先把需配制的糖液浓度，写在两条直线的交叉点上，把已知的糖液浓度分别写在两条直线的左端，浓度大的在上，浓度小的在下（干糖的浓度可按 100%计，水的浓度可按 0%计）例如用 85%和 40%的糖液，配成 60%的糖液，见如下写法：

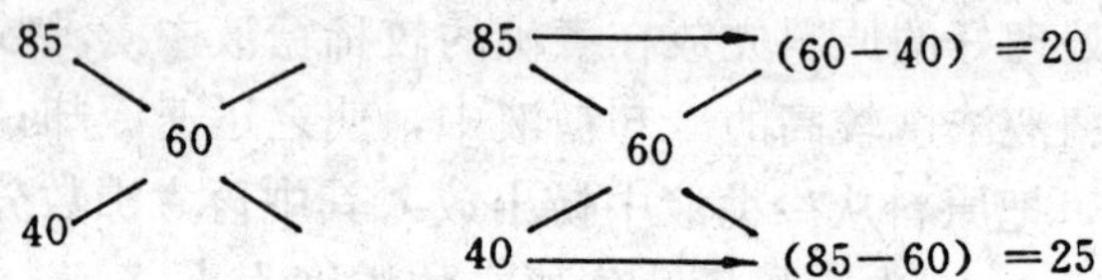

然后在每一条直线上把两个数字相减，将其差数写在同一直线的另一端。这个差数便表示应取用已知浓度糖液的重量份数。如上表明：配制 60%的糖液，需要取 85%的糖液 20 份和 40%的糖液 25 份（重量比）相混合。

根据这个计算法则，也可以计算出为提高糖液浓度而需加入糖的数量：

例如：现有浓度为 22%的糖液 3.6kg。要提高糖液浓度到 50%的糖液时，需加白砂糖多少？

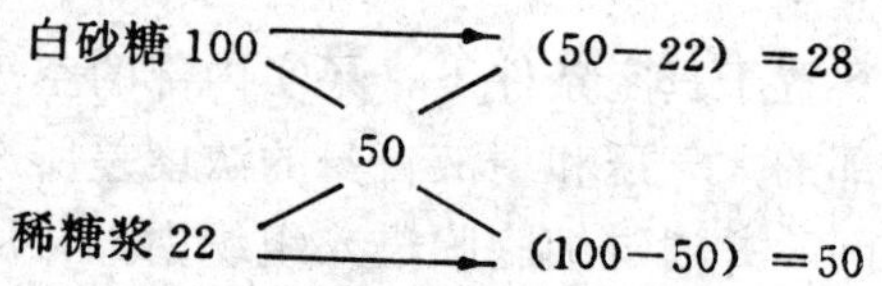

由图表明：取白砂糖 28 份，22%的糖浆 50 份，混合即可配成 50%的糖液。

计算 1 份糖浆需加糖多少

$$28 \div 50 = 0.56$$

也可以说 1kg 糖浆需加 0.56kg 糖。现有 3.6kg 糖浆，应加糖

$$3.6 \times 0.56 = 2.0\text{kg 糖}$$

（七）糖煮主要设备

制作脯饯的糖煮设备各厂家主要用的是夹层锅。夹层锅的形式有固定式、可倾式、带有搅拌器的真空浓缩锅等。其内锅都用不锈钢制成。如图 3—3、3—4、3—5。

生产上较常用的为半球形（夹层部分）壳体上加一段圆柱形壳体的可倾式夹层锅。该设备主要由锅体、夹层、进排气空心轴、截止阀、安全阀、压力表、支脚等组成。并设有蜗轮、蜗杆来调节可倾度。内壁是一个半球形与圆筒焊接而成的锅体，外壁是一个半圆形壳体。两层中间为加热室，要能承受 400kPa 压力。全部锅体用轴颈直接伸接在支架两边的

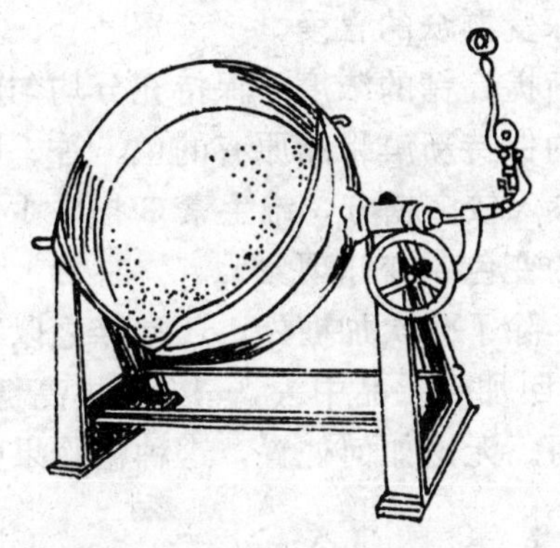

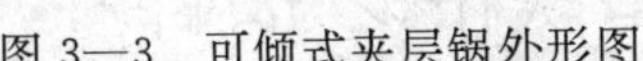
图 3—3　可倾式夹层锅外形图

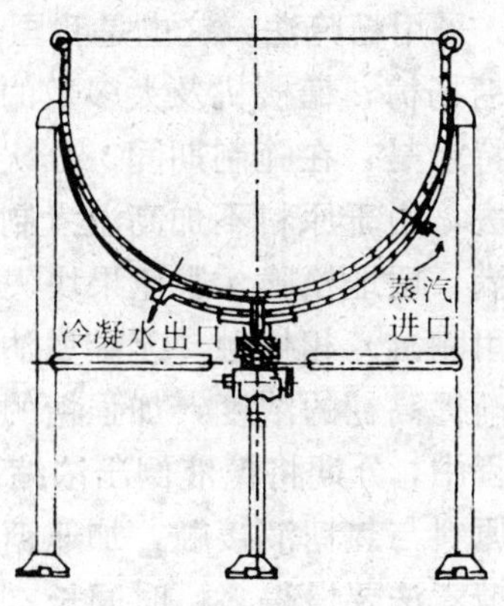

图 3—4　立式夹层锅外形图

轴承上，蒸汽管从一端轴颈的空心中伸入夹层中，而另一端是冷凝水排出管从填料盒进入夹层锅的最底部，周围加填料。当倾复锅体时，轴颈绕蒸汽管回转而易磨损，在此处容易泄漏蒸汽。由于可倾式锅两边的轴颈是对称的，故安装时要特别注意不要接错管路。

操作使用时，将需要加工的物料用人工或机械送入锅内；按工艺要求蒸煮完成后，摇动手轮使锅体倾斜，由锅边的出料嘴出料。常用的夹层锅规格如下：

容量：300L；

最高蒸汽压力：250kPa；

进出口管径：19.05mm（3/4）；

最大可倾角：约 60°；

外形尺寸（长×高×宽）：2120mm×1150mm×1100mm；

总重量：约 300kg；

参考价格：4750 元。

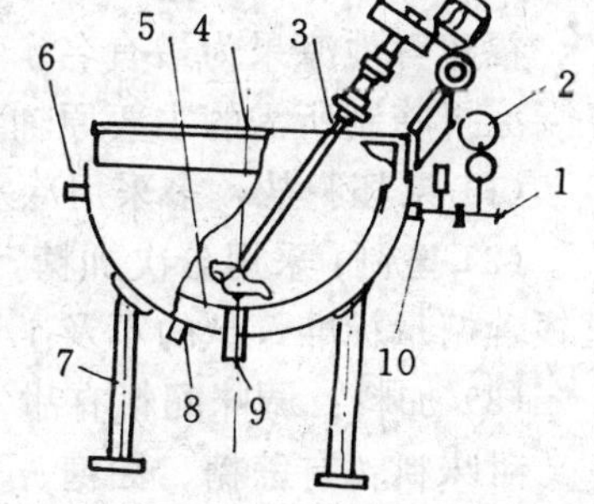

图 3—5　带有搅拌器的夹层锅

1. 进气口　2. 压力表　3. 电动搅拌器　4. 锅体　5. 内胆　6. 排气口　7. 支柱　8. 排液口　9. 出料口　10. 安全阀

固定式夹层锅也常用。该设备结构和可倾式夹层大体相似。当锅的容积大于 500L 或用作加热粘稠性物料时，这种夹层锅常带有搅拌器。固定式夹层锅的技术特性见表 3—7。

表 3—7　固定式夹层锅的技术特性

设备型号	GT6J1	GT6J2	GT6J3	GT6J4
原型号	HLQ100	HLQ200	HLQ300	HLQ400
容量（L）	100	200	300	400
工作蒸汽压力（kg/m^2）	2	2.5	3	4
出料管直径（mm）	38	38	50	50
设备总量（kg）	150	300	400	500
参考价格（元）	2400	3600	4141	6657

二、糖　　腌

糖腌果脯蜜饯法也叫蜜制。这类制品在糖制过程中不需加热，原料不经高温煮制。对肉质柔嫩、高温处理易使肉质破烂，不能保持一定形状和加热后变色、变味（如柿子变涩）等原料。采用糖腌法，这也是我国传统的加工方法。南北各地有许多名、优、特产品，如糖青梅、糖杨梅、糖樱桃及大多数的凉果，都深受群众的喜爱。

糖腌的特点是：在腌制期间，分次加糖，逐渐提高糖的浓度，保持充分均匀的渗透到果肉组织中去，由于原料不加高温煮制，能较好的保持新鲜果品原有的色、香、味，使果块完整、饱满、质地松脆，避免果块失水干缩，渗入较多糖分，维生素C损失少，不与金属器皿（多用陶缸）相接触，无金属沾污所引起的变色、变味现象。

为了逐渐提高糖的浓度，加强糖的渗透效力，除了分次加糖外，还常伴之以日照，或者在糖腌过程中，分期将糖液倒出浓缩，再将糖液回加到果品中去，一方面提高糖液浓度，另一方面冷原料与热糖液接触，加速糖的渗透作用。无论如何处置，这种糖腌果脯蜜饯的速度比上述糖煮法要慢得多，时间长。

在糖腌法中，用一种糖和多种调味料制成的制品，人们称之为凉果。

凉果：是一种特具风味的糖制品。其特点是供凉果加工的果品原料，多用盐坯。糖腌方法与上面相同，分期加糖，逐渐提高浓度。

不同是在糖腌时，除了食糖外，还增加多种调味料。因此，凉果具有甜、咸、酸、香等复杂风味。又由于凉果取材广泛，各种花色品种繁多，在蜜饯中别具一格，其中尤以两广、福建等地凉果为最有名。

凉果腌制所需的主要原辅料及处理方法：

(1) 果坯脱盐，多采用冷水浸泡和漂洗以及烫漂等方法。

(2) 蜜制：采用分次加糖，逐渐提高糖液浓度达到制品规定的标准。糖液浓度高的可达蜜饯含糖量标准，低的不及1/2。

(3) 加料：调味配料有甜、酸、咸和香等几类。

甜味料：有蔗糖、饴糖、甘草。一般以蔗糖为主，甘草凉果则加用较多的甘草。少数制品加用少量的人工甜味剂（糖精）。

咸味料：一般采用精盐。

酸味料：各种食用有机酸和酸味较浓的果汁。

香料：常用的丁香、肉桂、豆寇、大小茴香、陈皮、山奈、降香、厚朴、排草、檀香、零陵香、杜松、奇南香、蜜桂花与蜜玫瑰等。此外，少数凉果也采用各种果酱，或特别的果酱。

香料中除了陈皮、柠檬、桂花、玫瑰等能单独使用外，其他香料应适当选择和调配，煮制成香料液供用。调配时务必使香味和谐一致，柔和爽口，切忌浓浊刺鼻。用量过多或单独使用，容易突出药味而失风味。

三、糖制品的干燥

原料经腌制或糖煮后，成品表面粘有糖液，或成品含水较高，质地还很柔软，需要进行烘干或晾晒。

烘干或晾晒，实际上就是干燥过程，是加工过程中的一道工序。产品经烘干晾晒后不粘不燥，酥松爽口，柔韧而透明感强，虽然与其他工艺有关，但烘、晒的好坏，也有直接的影响。

烘干多用于果脯和“返砂”蜜饯类的加工；晾晒多用于甘草凉果类制品。

烘干是在烘房中进行。其方法是将需烘干的成品放入烘盘或不漏水的竹屉内，平摊一层，放在带轮的烘架上，推入烘房，闭好烘房门进行烘干。烘房温度控制在60—65℃左右，烘12—24h（因品种而异）后即可出房。烘烤中要注意排潮，房边和房中，架上和架下要相互调换位置，以达到烘干均匀的目的。一般经过烘干的产品其水分含量约为15%—22%。

晾晒需有晒场，晒场上搭好道式晾架，架间留有人行通道。需晾晒的产品或原料，放入竹筛中，摊开，置于架上晾晒。

晾晒中要经常翻动，防雨，防污染，一般需几天，多的一周左右。

经烘、晒的干制品保持完整和饱和状态、不皱缩、不结晶、质地紧密而不粗糙，糖分含量接近于72%，水分一般不超过18%—22%。

四、上 糖 衣

如制作糖衣脯饯可在干燥后上糖衣。所谓上糖衣，即将新配制好的过饱和糖液浇注在干脯饯的表面上，或者是将干脯饯在过饱和糖液中浸渍1min，立即取出散置筛面上，于50℃下冷却晾干，糖液就在产品表面上凝结形成一层晶亮透明的糖质薄膜。

这样的产品，不但外观较好，并且保藏性好，可减少保藏期中吸湿，返砂粘结等不良现象。

过饱和糖液的制法是：取3份蔗糖，1份淀粉糖浆和2份水混合后，煮沸到113—114.5℃，离火冷却到93℃时，即可使用。

此外，可用40kg蔗糖10kg水煮至118—120℃，浸入干脯饯，取出晾干，也是一法。还有将干燥的脯饯浸于1.5%的果胶溶液中，取出后在50℃下干燥2h，也能形成一层透明的胶质薄膜。除此外，某些蜜饯也可撒拌糖粉，不上糖衣。

五、整形、分级和包装

干态蜜饯在干燥过程中往往由于收缩而变形，甚至破碎，经整形可使产品外观整齐一致，形态美观。

整形一般是在烘烤期间进行，如蜜枣。因整形操作绝大多数是手工进行，在大批量生产和连续烘烤工艺中，除必须在烘烤过程中整形外，可以在烘干后加以整理。在整形的同时剔除在制作工艺中被遗漏而留在制品上的硬疤、残皮、虫蛀品以及增添到制品上的黑点、焦糊斑和杂质等。并在整形时按产品规格质量要求进行分级。

脯饯包装以防潮防霉为主。保证卫生安全，贮藏运输，在产品销售过程中，起到宣传美化产品，招徕顾客，扩大销售和方便使用的作用。

目前各生产厂家对干态和半干态果脯蜜饯的包装有大包装和小包装两种：

大包装：用木架胶合结构或加厚纸板结构的箱，每箱的容量15kg或25kg几种形式。干态和半干态果脯蜜饯产品先用塑料食品袋，防潮蜡纸，或透明玻璃纸散包（颗粒包）起来。装箱时，先在箱内衬垫牛皮纸，再衬垫一层硫酸纸或蜡纸，以防产品受潮，风干或粘箱，然后将包好的成品装入箱内，加盖钉死（纸箱可用胶带纸粘好），箱外扎铁箍两道（纸箱扎塑料带两道）防止箱体散坏。

小包装：可用印有鲜艳美观图案、广告和商标的塑料食品袋或硬纸小盒，塑料盒等。每盒0.1—0.5kg，这种包装美观，携带方便，便于零售。

糖渍蜜饯（液态蜜饯）的包装以罐头食品包装为宜。糖制以后加以拣选，取完整的进行装罐，再加入清晰透明的糖液或将原料沥清后加入，糖液装量为成品总净重的 45%—55%。成品可溶性固形物为 68%，糖分不低于 60%，亚硫酸残留量不超过 0.1%。装罐后密封，于 90℃温度下杀菌 20—40min，取出冷却。如制品不进行杀菌，其可溶性固形物含量需达 70%—75%，糖分不低于 65%。制品最后用纸板箱包装。

六、果脯蜜饯成品的贮藏

果脯蜜饯保存中的不良变化，主要有变色、结晶、返砂、吸湿回潮和流汤、霉变等。为防止以上现象的发生，除了在加工过程中采取相应措施外，在成品贮藏中创造一个良好的环境。如库房要求清洁、干燥、通风、库房温度最好保持在 12—15℃，相对湿度在 70%左右。搬动时要轻拿轻放，防止震动损害包装，运输时要防止日晒雨淋。

糖制品零售时，注意不要经常暴露在阳光下，冬季不可放在炉边或暖气管设备旁，谨防受热后霉变。

发现制品有吸潮变质现象，轻者可放入烘房复烤，冷却后重新包装。受潮严重者，要重新制为成品。

第十六章　果酱类的加工

果酱类的制品主要有果酱、果泥、果丹皮、果冻、马末兰等。果酱系用果肉加糖、调酸煮制而成，中等稠度无需保持果块原来形状的制品，要求制品具有较好的凝胶状态。果泥是筛滤后的果肉浆液（加糖或不加糖）果汁和香料煮制成质地均匀呈半固态的制品，果泥不同于果酱，主要是果泥具有稠度大，质地细腻均匀一致。果丹皮是果泥的半固态脱部分水，摊于玻璃上烘干成薄片状包装成卷的制品。果冻是果汁和食糖浓缩到冷却后能胶凝成冻的制品，果冻也可直接用果胶、食糖和食用酸来制取。优质果冻应具有光泽透明的外观，良好的凝胶状态和鲜果原有的风味及香味。马末兰是煮制果冻时加入芳香味较好的果皮入内混煮，制品具有果冻的凝胶状态，中间均匀地分布有果皮条，更突出果的芳香和风味。

果酱类制品多用新鲜果品制取，也可用果品加工的下脚料，也有用果干、冷冻果实和水果罐头为原料，但要求原料应具有良好的色香味。果酱类制品是高糖高酸食品，因此，要求原料含有丰富的酸分。果酱类制品浓度高稠度大，呈凝胶状，故要求原料含有适量的果胶物质。

果酱、果泥类，因无须保持果块原来形状，果实成熟度可较蜜饯原料为高。充分成熟的果实，肉质较软，有利煮制和打浆。果冻制品是利用果实中的果胶和酸分，所以选择果冻原料时要求含果胶和酸分丰富的果实，对这些果实要求成熟度低一些，让其果实中的果胶物质大部分为原果胶状态。在加工过程中，再水解为果胶，这样才不会降低凝胶力。如果，原料成熟度过高，酸分不足，果胶进一步水解，制品不能凝胶。

第一节　原料的选择及处理

一、原料选择

（一）**果酱**：以凤梨、苹果、杏、猕猴桃、胡颓子等为佳。

（二）**果泥**：以苹果、李、桃或加工中削出的果心、果屑等。

（三）**果冻**：以莓果类、花红、山楂、柠檬、酸柚、西番莲、野香橼、甜橙、葡萄、枇杷等。要求果胶和有机酸含量较高而不易过熟。果胶以原果胶状态存在，而在加工中水分解为果胶，才不会降低凝胶能力。

二、原料处理

将进厂原料先进行选别、洗净、切分或破碎、预煮、打浆或筛滤（果泥类）。取汁（果冻）等处理。

果酱类不保持果实原来的形状，原料只行品质选别。果酱制造对原料只行选别、洗净和去除无用部分（有的需去皮）后，适当切分即可。果肉坚硬的还需预煮，莓果类可稍行滚压。

果泥的原料处理与果酱相似，但为了获得均匀而细致的质地，须行打浆或过滤，同时也要除去一切粗硬部分。为了便于打浆，原料洗净后先行预煮。预煮前进行必要的切分，煮后捣成泥状，再行打浆。

果冻、马末兰原料处理的取汁方法大体与果汁制造相同，但多数果品易先行预煮，使肉质柔软，同时使原果胶转为果胶。以便取得多量的果胶和酸分，对于汁液丰富的浆果类，预煮时不须加水，破碎后煮沸 2—3min 即可。肉质紧密的种类宜加水预煮，加水量一般为果实重的 1—3 倍，应避免加水过多与不足。预煮时间一般为 20—60min，因种类而异。果胶和酸分丰富的种类，为了充分抽提，最好预煮 2—3 次，每次加水适量，煮后将前后所得汁液混合备用。

第二节　果酱类凝胶形成的条件

果胶是多半乳糖醛酸的长链分子，其中羟基为甲醇所酯化。通常将甲氧基含量为 7%以上的果胶称为高甲氧基果胶，它的凝胶为果胶——糖—酸的凝胶，而甲氧基含量低于 7%的果胶称为低甲氧基果胶，它的凝胶为果胶离子结合型凝胶，此两者对果胶凝胶形成的条件及机理并不相同。普通的高糖度的果酱、果冻是高甲氧基果胶参与的。

一、高甲氧基果胶凝胶形成的条件

（一）溶液的 pH 值

酸在果胶凝胶 形成过程中，起消除果胶分子负电荷的作用，使果胶分子借氢键结合而凝胶。电泳证明 pH 值降至 2.0—3.5 才能凝胶，这时果胶分子的电荷实际上为零，有利于凝胶的形成。pH 值在 3.1 左右凝胶硬度最大；pH 值在 3.4 时凝胶比较柔软；pH 值在 3.6 时则不凝胶，此值称为果胶的临界值。在制果酱、果冻时酸度不足添加有机酸或与含酸量较高的品种混煮，酸度过高时用 NaOH 液调整或用酸性低的果汁混煮。

（二）食糖的浓度

果胶是一种亲水胶体。食糖的作用是使高度水合的果胶脱水，脱水后的果胶才能凝胶。在果胶溶液中，糖含量达到 50%以上时才能起到脱水作用，糖浓度越大，则脱水作用越大，凝胶越快。此外，糖还有防腐、着色及赋予甜味等作用。一般采用蔗糖，还有葡萄糖、甘油、乙醇、木糖醇、山梨醇、甘露醇等也有形成凝胶的能力。

（三）果胶及其他增稠剂

1. 果胶

果酱、果冻制品的凝胶作用，果胶是先决条件，它决定着凝胶体网状结构连续性及强度。在一般情况下，果酱、果冻制品中，含 0.6%—1%的果胶，足以形成良好的凝胶结构。

果胶的胶凝能力是粉状果胶质量的重要指标。所谓果胶的胶凝能力，系指一份的果胶能与多少份的糖制成具有一定强度和质量果冻的能力。例如 1g 果胶具有能与 150g 砂糖制成果冻的能力，则这种果胶称为 150 度果胶。即所谓胶凝能力乃指在制作具有一定强度的果冻时，果胶的加糖率。

所谓果冻的一定强度（硬度），系指破碎压力为 60.7g/cm²，而一定的质量是指其可溶性固形物达 65%。

商品果胶是从柑橘类的皮以及苹果的皮、渣等制取，以粉末或浓缩液（通常为 10%）出售。而果胶的代用品有琼脂、羧甲基纤维素、海藻酸钠等。

2. 琼脂

俗称洋菜或冻粉，是石菜花、海藻的一种多糖类制品。

琼脂是以半乳糖为主要成分的糖类，属于高分子多糖类的一种，这点类似淀粉，但淀粉可被酶分解成单糖，可作为机体的能源，而琼脂被食用时不被酶所分解，所以几乎没有营养价值，故也为一些营养基的支撑物。琼脂不溶于冷水而溶于热水，1%的溶液在35—50℃凝固成坚实的凝胶。作为增稠剂制果酱时添加量为0.3%，含有琼脂1%的果汁，将pH调至4—6做出果冻凝胶最好。

3. 羧甲基纤维素

简称CMC，是用化学方法由纤维素制成的一种具有亲水胶体性质的衍生物。

CMC为白色粉末或纤维状物质，无臭，有吸湿性。在1%的水溶液（pH值为0.5—8）中，易分散于水中生成胶体。水溶液对热不稳定，其粘度随温度的上升而降低。

CMC是非营养性多糖，因而可作低能量食品的填充料，作为增稠剂制果酱时添加量为0.5%—1%。

4. 海藻酸钠

海藻酸钠是由马尾藻或海带中提取，主要成分为多缩甘露糖醛酸，通常以钠盐存在。它是淡黄色的粗粉或细粉，无臭、无味，溶于水中生成粘性胶体溶液。1%水溶液pH值为6—8，粘性在pH值6—9时稳定，不适用于酸性强的食品。

海藻酸钠对人体无害，作为碳源有一定的营养价值，是良好的增稠剂，制果酱时用量为0.2%。

在生产上果胶测试的最简办法是：用果汁15ml，加入95%的酒精15ml，倒入50ml的试管中摇匀后，如有明显多量絮状物或块状白色沉淀，果胶含量均在1%以上，否则含量达不到，可按各种用量添加凝胶剂，用小试管准确得出用量。

（四）温度

果胶溶液不可能因低温而形成凝胶，但若将pH值调至2.0—3.5，蔗糖含量60%—65%，果胶含量0.3%—0.7%（依果胶性能而异）则在室温下，甚至在接近沸腾的温度下也可形成凝胶。这类型凝胶形成的机制是：高度水合的果胶束因脱水和电性中和而形成凝胶体，果胶凝胶是连接松弛的三维网络结构，由氢键及分子间引力构成。半乳糖醛酸分子中C_2及C_3位上的羟基的反式构型有利于形成氢键。

二、影响凝胶强度的因素

影响凝胶强度的主要因素是果胶的分子量及酯化程度。

（一）果胶分子量与凝胶强度的关系

果胶凝胶的强度与果胶分子量成正比，因为在果胶溶液中转化为凝胶时，是每6—8个半乳糖醛酸单位形成一个结晶中心，所以随着分子量增大，在标准条件下形成凝胶强度自然也随之增大。

（二）酯化程度与凝胶强度的关系

果胶凝胶的刚性膜数还因酯化程度增大而增大，因为凝胶网络结构形成时的结晶中心位于酯基之间，甲基化程度不仅与果胶凝胶的刚性有关，而且决定凝化的速度。

三、低甲氧基果胶凝胶形成的条件

低甲氧基果胶指相当于50%的羟基游离存在，甲氧基含量低于7%，用很少甚至不用糖的情况下，可以加入钙离子（10—25mg/g）或其他两价或三价离子（如铝）的方法，把果胶分子中的羟基结合而相连成的网状结构。

低甲氧基果胶在食品工业上用途很广，可制成低糖和低热值的果酱、果冻等食品，供糖尿病和肥胖病人食用。一般认为低甲氧基果胶凝胶的标准条件是低甲氧基果胶1%，pH值为2.5—6.5时，每克低甲氧基果胶加入Ca^{++}25mg，钙含量占整个凝胶的0.01%—0.1%即可形成正常凝胶，但加钙盐前必须先将低甲氧基果胶完全溶解。

利用低甲氧基果胶加工果酱、果冻较方便，且成本低，可以在食品工业生产上日益受到重视，将成为日益盛行的低热食品。

第三节　果酱类的制作方法

一、果酱的制作方法

（一）工艺流程

原料处理──→软化打浆──→加糖浓缩──→装罐──→排气密封──→杀菌──→冷却──→果酱

（二）原料处理

原料不分级，只需挑剔腐烂和不能食的果实，洗涤去掉不可食的部分。

（三）软化打浆

肉质坚硬的原料要进行预煮，使其软化便于打浆。预煮时加入约果实重10%—20%的水进行软化，或用蒸汽软化，软化后用打浆机打浆或用木棍捣烂，果肉柔软可直接加糖煮制。

（四）加糖浓缩

要求作果酱的原料果胶含量0.5%—1%，含有机酸1%以上，若达不到要求应加入适量的果胶和有机酸或含量较高原料混煮。煮时先将蔗糖配成75%的糖液过滤后使用，加糖量为原料重量的70%—80%，分2—3次加入，浓缩过程要不断搅拌，以防焦化，用夹层锅或真空浓缩为好，煮制终点温度为105—107℃，固形物含量在68%以上时出锅，以85℃装罐，排气密封，90℃杀菌30min，冷却即为成品。

二、果泥的制作方法

（一）果泥的制作工艺流程

原料处理──→预煮──→第1次打浆──→过筛加糖──→第2次打浆──→过筛──→加糖煮制终点──→装罐──→排气密封──→杀菌──→冷却──→果泥

（二）原料处理

果泥原料处理和果酱相似。

（三）打浆

为了获得均匀而细致的质地，必须进行打浆和筛滤，以便除去一切粗硬部分。为便于打浆，原料洗净后先行预煮，必要时预煮前适当切分。预煮后捣成泥状，再行打浆。第1次打浆、过筛后，已除去果皮、种子和心皮等，加入部分食糖稍加浓缩，再行第2次打浆，再过筛，使质地更加均匀而细致。

（四）煮制

果泥的煮制和果酱相似，食糖用量一般为果肉浆液的1/2，浓缩后使可溶性固形物含量达到65%—68%，浓缩的终点温度为105—106℃。制品要求呈浓厚状态，在平面上不流散，含糖量不低于60%，酸分不低于0.6%，煮成后装罐如同果酱装罐一样。

在果泥加工上，有时为了增进制品风味和香味可加适量的香料，香料应在煮制终点时加入，不宜过早，以免香味的挥发。

三、果丹皮的制作方法

（一）工艺流程

原料→清洗→软化→打浆→浓缩→刮片→烘烤→揭皮子→整形→包装→成品

（二）原料处理

将腐败变质果实除去，将病斑、虫蛀部分削去，清洗干净，然后进行软化利于打浆，软化时加入占果实重量1/3的饮用水，加入10%的白砂糖、煮制果实软烂。

（三）打浆

软烂的原料出锅后，置入贮槽，再用打浆机打浆过滤，分离出果皮、果梗、花萼和籽巢。

（四）浓缩

经打浆和滤出的果浆含水分较多，需要脱水浓缩，一般浓缩至粘稠状即可，时间约1h。

（五）刮片

浓缩后的原果酱迅速出锅，再盛入贮罐待用，取钢化玻璃板洗净，平放在工作台上，模具放在钢化玻璃板上，舀适量原果酱倒入模内，用刮板均匀刮平，厚薄一致，厚3mm，然后轻轻取下模具，不流散，四边要整齐。

（六）烘烤

将刮好片的玻璃板送入烘房，烘房温度为65—70℃，时间约8h。烘烤过程中，由于水分蒸发，烘房内湿度增加，因此，还需开启排气机驱出潮气。排潮时间不宜过长，可根据外界环境及湿度而定，一般时间约2min左右，以不降低温度为宜。

烘烤至不粘手，不软，不干硬为宜，即可出烘房。

（七）揭皮子

刮片的玻璃板出烘房后迅速送入包装室，并放在工作台上趁热用铲刀将整片的四边与玻璃板铲离，即可用手揭起。然后挂在拉绳上散热，待冷却后方可包装。

四、果冻的制作方法

（一）工艺流程

原料→选别→洗涤→预煮→取汁（糖、酸、果胶）调整→煮制终点→

{→摊于冷盘冷却→切块包装→成品
{→装罐→排气密封→杀菌→冷却→成品

（二）果汁调整

为了保证凝胶，煮制前须测定果汁的果胶含量，需达到1%以上，不足添加果胶粉或琼脂。食糖用量依果汁的含胶量及凝胶力而定。一般100kg果汁，加80—100kg。果汁总酸量以加糖浓缩后能达到 0.75%—1%为宜，果汁 pH 值超过 3.4 时，应加酸调到 3.0 左右，如低于 2.8 时则应加碱调到 3.0 左右。

用高甲氧基果胶制取果冻时，应选用缓凝性果胶。果胶用量依其果冻等级而定。果胶的果冻等级是凝胶时每份果胶所需食糖的比量。果冻等级愈大，表示凝胶力愈强。例如，一种 100 级的果胶 1 份，需配用 100 份的食糖。用低甲氧基果胶制取果冻时，需正确使用钙离子的量。

（三）煮制

调整好的果汁可立即进行煮制，果汁混合液通过煮制，糖、酸和果胶才能充分混合而形成果冻，煮制的时间应尽量缩短，长时间的煮制会丧失风味，影响色泽和引起果胶的水解而不凝胶。果冻的终点温度一般约为 104—105℃，可溶性固形物含量约为 65%或以上。依果胶从肖度、酸浓度、食糖含量和所要求的果冻质地而异。真空煮制可根据折光指数确定终点。果冻的装罐和杀菌与果酱相同。

五、马末兰的制作方法

（一）工艺流程

原料→选别→洗涤→预煮→取汁→果汁调整→混合煮制终点→稍冷→装罐→密封→杀菌→成品

原料→选别→洗涤→去果肉→切分→预煮→果皮条

（二）原料的处理

1. 果汁的制备

果汁可用全果或单用果肉制取。用全果制取宜选用成熟的果实，切成厚约 5mm 的块片，加水 2—3 倍预煮 1h，使果实组织软化，便于榨汁，取汁过滤后调整果汁果胶、酸、糖含量使其达到果胶含量 1%以上，pH 值 3—3.2，糖含量 60%以上，以防制品发生固液分离现象。

2. 果皮的制备

果皮条块的制备法有以下几种。于果实最大横径处取下宽约 2.5cm 的外皮，后横切成厚约 0.8mm 的条块，加水煮软；或将果皮纵剖为四块，后横切成条块，加水煮软；也可以只把全果切成条块，预煮后洗除果肉。留取果皮。此外，也有将预煮后的全果制成带果肉颗粒的浆体，直接加糖煮制成马末兰，那么，果皮和果汁无须分别制备。

（三）煮制

煮制马末兰的食糖用量、方法和终点温度，如同果冻。果汁和果皮用量依果汁的果胶含量和果皮条块的厚薄而定。果胶含量丰富和果皮甚薄时，果皮用量约为果汁重的 5%—7%，并配用与果汁等量的食糖，果皮较厚时，果汁用量应较多。

煮制时，将备好果汁与备好的果皮条块充分混匀，煮制完毕后，于装罐前稍行放冷，使果皮继续吸收部分糖液，均匀地分散在液相中，煮制过程中，由于芳香物质损失较多，为了保持风味，可在煮制起锅前添少许与制品名称相符的香精。马末兰煮成后于 65.5—82℃装罐。杀菌条件与果酱相同。

第四节　果酱制品的贮存

果酱类制品保藏期，靠近容器顶端的一部分往往会变色，形成薄薄一层深色酱体，这是花青色素的氧化和糖分的变质（生成羟甲基呋喃甲醛）所引起。微量的铜和铁等金属的存在，（0.001％—0.0035％）即能使其变色。保藏期的延长和贮藏期温度的升高，都会加剧变色。采用真空煮制和加用抗氧化剂，可以减轻和抑制此种变色的反应。据绪方邦安等研究，果酱类制品不论贮藏温度的升高或抗坏血酸量的减少，都会加速褐变。

例如夏橙马末兰于5℃下贮藏6个月，抗坏血酸尚能保存90％，制品外观也无变化，但贮藏在40℃下2—3周，即发生明显的褐变。认为此种褐变属于黑蛋白反应类型，此外，草莓酱的花青色素，在贮藏温度较高时损失较多，在40℃贮藏2周的损失量约等于5℃下贮藏4个月的损失量。果丹皮以及用玻璃纸内包装的制品，除防高温外，还需要湿度较小的环境。所以果酱类制品的贮藏需较低的温度（10℃左右），和较干燥的环境下，方能长期保证质量。

第十七章　糖制食品加工举例

第一节　果脯蜜饯类

一、苹果脯的制作技术

苹果脯是果脯的代表产品，在制造过程中，技术要求比较高。虽然各地流传的制造苹果脯的方法很多，但如不根据当地的具体情况采取具体措施，而是照抄照搬地去如法炮制，实践证明其成功的机会是很少的。

这里介绍几种制造苹果脯的方法，可作为生产者在不同条件下的参考。

（一）总的工艺流程

原料选择──→预处理──→糖制──→烘烤──→整形──→包装

（二）操作技术

1. 原料选择

生产苹果脯可用“国光”、“红玉”、“倭锦”等品种。准备加工的苹果应挑选成熟度在坚熟期采收的果实。筛除过小的，剔除病果、虫果、腐烂果、生果及过熟发绵的果实。对加工有价值腐烂度小的果实，应挖去腐烂部分再进行加工。

2. 预处理

(1) 将选好果实进行手工去皮，机械去皮或化学去皮。一般多采用机械旋皮，而小厂多用手工去皮。去皮后，根据果实的大小分成 2—4 瓣，掌握瓣的大小尽量均匀一致，挖去果心，浸入浓度为 1%的食盐溶液中。

(2) 将果块从食盐水中捞出，经冲洗后沥干水分，铺于竹盘上，送入熏硫房中进行熏硫处理。硫磺用量可按果块的 0.2%—0.4%考虑。熏硫时间一般为 2h 左右。

如无熏硫设备，可把果实浸入 0.25%左右的亚硫酸氢钠溶液中浸泡 2—4h。

(3) 有条件的厂家，对制脯的果块，最好进行抽空处理。抽空处理时，将果块沥干水分，倒入真空罐中。装入果块的数量以抽空罐的容积而定，不要过满，也不要太少，一般每次装 500kg。然后加入 30%浓度的糖液，使其淹没果块，上面压上木板，密封好真空罐盖，开动真空泵。使真空度达 600—700Pa，抽空 25—30min，停止真空泵，让真空罐内真空度慢慢降到常压，再浸泡 10—20min。

3. 糖制

在糖制过程中，根据各地不同的情况介绍三种方法供参考。

(1) 一次煮成法

先用水和白砂糖调配成浓度为 40%—50%的糖液 25kg 煮沸，把已处理好的果块 40—50kg 放入煮沸的糖液中。等将果块煮沸数分钟后（约 4—6min），加入 50%的冷糖液 3—5kg，再煮沸时，再加入 3—5kg，如此 3—4 次，历时 40min 左右。待果块发软膨胀，开始有微小的裂纹出现时，便开始撒入白砂糖。每次煮沸后便撒糖一次，加糖次数约 5—6 次，前2次可加入3—4kg，并加入60%的冷糖液1—2kg，中间两次加糖4—5kg，并加入60%的冷糖液1kg，最后1—2次加糖为6—10kg，这时控制加热蒸汽供量或压住煤火，在文火加温的状态下维持20—30min，然后加入65%的冷糖液15—20kg并立即出锅。放入缸中，浸泡24—48h后捞出沥干糖液送去烘烤。

(2) 糖渍煮制法

采用此法时，需先把处理好的果块进行刺孔（刺孔工具在原料加工前的处理中已介绍），孔要刺匀不要漏刺果块。刺孔后，放入0.15%的氯化钙溶液中浸泡4—6h，然后捞出用清水冲洗1次。

取刺孔的果块50kg，放入60kg沸水中煮沸1—2min，立即捞入冷水中冷却，然后沥干水分进行糖渍。

取白砂糖35kg。先将10kg用15kg水溶化，倒入溶器中，放入25kg经热烫的果块。然后将余下的白糖和果块一层糖一层果块的放入容器中。上面多撒些糖把果块盖住，糖渍24h。然后进行糖煮。

糖煮时可分2次进行。第1次糖煮时，先将经过糖渍的果块捞出，把糖渍液加热至沸，然后将果块连糖液一起倒入容器中浸泡24h。第2次糖煮时，捞出果块，将糖液放入锅中加热，调整糖液浓度至65%—70%。把果块放入，煮沸20—30min后，转入容器浸泡48h。出锅时，将其加热至80℃，捞出果块，沥干糖液进行烘烤。

(3) 多次煮成法

第1次糖煮时，取水20kg，放入锅中加热至80℃时，加入白砂糖20kg，同时加入柠檬酸40g，共同煮沸5min。取已处理好的果块50kg，投入糖液中，煮沸10—15min，连同糖液带果块一起放入大缸中浸泡24h。第2次糖煮时，把缸中的糖液及果块放入锅中，加热至沸后分两次加入白糖20kg，煮沸至糖液浓度达65%时，加入浓度为65%的冷糖液20kg，立即起锅，放入缸中浸泡24—48h。出锅后再升温到80℃左右，将果块捞出沥干糖液，摆盘烘烤。

4. 烘烤

(1) 烘烤温度

经糖渍好的果块，沥干糖液后，使果碗朝上，摆入烘烤盘中放到烘烤车上推入烘房，迅速升温到60℃左右，6h后，升温到70℃，烘烤结束前6h再降温到60℃，一般烘烤20h左右即可停止。

(2) 通风和排潮

烘烤中间要注意通风排潮。通风和排潮的方法和时间，可根据烘房内相对湿度的高低和外界风力的大小来决定，当烘房内相对湿度高出70%时，就应进行通风排潮。如室内湿度很高，外界风力小，可将气窗及排潮筒全部打开；如室内湿度较高，外界风力大时，可将气窗和排潮筒交替打开。一般通风排潮次数为3—5次，每次通风排潮时间以15min左右为宜。通风排潮时，如无仪表指示，亦可凭经验进行。根据经验，当人进入烘房时，如感到空气潮湿闷热，脸部感到有潮气，呼吸窘迫时，即应进行通风排潮；当烘房内空气干燥，面部不感到潮湿，呼吸顺畅时，即可停止排潮，继续干燥。

(3) 倒盘和整形

因烘房内各处的温度并不一致，特别是使用烟道加热的烘房中，上部与下部前部和后部温度相差较多。所以在烘烤中，除了注意通风排潮外，还要注意调换烘盘位置及翻动盘内果块。倒换的时间和次数视产品干燥的情况而定，一般在烘烤过程中倒盘1—2次。可在烘烤的中前期和中后期进行。倒换的方法，一般是把烘架最下部的两层和中间层进行互换位置；把靠火源近的和火源远的互换位置。

在第2次倒盘时，对产品要进行整形，将其压成或捏成扁圆形，然后再送入烘房继续烘烤。当烘烤到产品含水量在18%左右，用手摸产品表面已不粘手时即可出房。

5. 整修与包装

出烤的果脯应放于25℃左右的室内回潮24—36h，然后进行检验和整修，去掉果脯上的杂质、斑点及碎渣，挑出煮烂的、干瘪的和色泽不好的等不合格产品另作处理。合格品用无毒玻璃纸包好后装箱入库。

（三）制造苹果脯的一些技术措施

制造苹果脯的过程中，技术关键是糖煮。如掌握不好即使是使用适宜的原料也往往出现煮烂、干缩、返砂、流糖和褐变等现象。为减少和防止这类问题的出现，可采取一些相应的技术措施。

1. 掌握糖液中适当的还原糖量。煮制果脯的还原糖含量是造成果脯返砂和流糖的主要因素，也是引起美拉德反应的主要条件，同时对糖液渗入果块的速度影响也较大。因此，有条件的厂，要经常测定煮制果脯糖液的还原糖含量。适宜的还原糖含量与地区、环境、气候条件等因素有关，在气温高、湿度大的地区，还原糖可少些，而在气温低、较干燥的地区，还原糖量可控制较大些，但最高量不要超过总含糖量的60%，最低不可低于40%，一般可控制在50%左右。调整还原糖含量的方法，可加入砂糖或加入转化糖液和兑入含转化糖超量的糖液。对于含酸量较少的果块品种，煮制时，如使用配糖液时，要在糖液中加入适量的柠檬酸，以促进部分蔗糖转化。但是切忌不可在过低的pH值下煮制果块，否则易引起褐变。

还原糖的制备比较简单，可先配制65%的糖浆，后加入有机酸，使pH值低到2.5左右，煮沸30min即成。有的厂家，在制备还原糖浆时，采用1份水、2份糖、0.05份柠檬酸的比例煮15min，亦可采用。

2. 为防止煮烂现象，可采取如下方法中的任一方法。

(1) 煮前用1%的食盐水进行热烫处理；(2) 煮前用0.1%的氯化钙浸泡处理；(3) 煮前用5%的石灰水上清液进行处理，但处理后，需漂净残余石灰。

3. 为防褐变，除掌握好还原糖含量外，在预处理中要加强熏硫处理或浸硫处理等。

（四）苹果脯的质量标准（都按一级品考虑）

1. 感官指标

(1) 色泽：乳黄色或橙色，鲜艳透明有光泽，色度基本一致。

(2) 形态：浸糖饱满，块形完整，每块横断面直径在3cm以上，稍有弹性，无生心，无杂质。在规定的存放条件下和时间内不返糖，不结晶不流糖，不干瘪。每块产品用白玻璃纸或聚乙烯塑料纸包好。

(3) 口味：保持原果味道，酸甜适度，无杂味。

2. 理化指标

总糖：68%—75%；水分：16%—18%。

3. 卫生指标

大肠菌群：为≤30个/100g；细菌总数：为≤750个/g；致病菌：不得检出。

食品添加剂按 GB2760—81 规定执行。

二、枣脯饯的制作技术

大枣是我国的特产，它是营养价值较高的滋补食品。除含有很高的糖分 50%—80%以外，还含有对人体有益的多种元素和维生素。对人体有益脾、润肺、强肾补气和活血的功能。据报道，大枣中还含有一种环磷酸腺苷（AMP）的物质，有抑制癌细胞和促使癌细胞转为正常细胞的能力。大枣具有重要的保健作用。因此，枣制品也深受国内外广大人们的欢迎。

大枣可制成几十种食用佳品，如蜜枣、糖枣、熏枣、炉枣、酒枣、南枣、枣泥、枣酱、枣精、枣汁、枣酒、枣醋、枣罐头等等。这里只介绍大枣蜜饯的制作技术。

各品种的大枣，基本上都可用来制作枣脯和枣蜜饯。但适宜加工的品种可加出品质较高的产品。比较有代表性的品种如北京糖枣、山西板枣、屯屯枣、河南秋枣、河北大枣、小枣等。用枣为原料制作的脯饯也有不少种类。如金丝蜜枣、无核金丝蜜枣、糖枣、无核糖枣、干态蜜枣和玉珠蜜枣等。各种蜜枣的加工技术有的基本相同，但也各有特点，而有的加工方法却相差较大。这里介绍三种比较有代表性产品的加工方法。

（一）金丝蜜枣

1. 加工方法

1）原料要求

用于加工金丝蜜枣的原料，由青转白时采收最为适宜。要求选用肉厚核小、皮薄疏松、颗粒匀称，上下比较对称，每 kg 含 100—200 颗的青枣为原料。剔除有病虫害的、损伤的、畸形的、带红圈的、裂纹的、有斑疤、干瘪、腐烂的和过生的枣子，另作处理。

2）预处理

(1) 划线：将合乎要求的青枣，用清水洗净沥干水分后，按枣的大小不同，用 3 号或 4 号缝衣针排（每排 8—10 个，针距要小于 1mm），在枣上纵向划线 60—100 条。要求划线要均匀、整齐，从一端划到另一端，且两端要划到，不要来回划、重针划、交叉划和乱划。划线深度以划破枣皮为准，深浅要一致。经划线后的青枣投入含二氧化硫为 0.1%的亚硫酸盐中进行洗涤。

(2) 熏硫：将用亚硫酸盐水清洗的青枣沥干水分，铺于竹盘上，送到熏硫架子上。等摆满架子时，开始点燃硫磺进行熏制。硫磺用量结合熏硫房的大小和原料数量一并来考虑。一般可按原料的 0.4%—0.6%投放。熏硫时要密闭门窗，防止漏气。熏制时间一般为 2—3h，待青枣全部发黄，挤出的汁液变为乳白色，枣肉柔韧即可出房。如无熏硫房等设备，也可将枣子盛于筐中，用大缸进行熏制。

如无熏硫设备及材料，还可用亚硫酸及其盐类的水溶液浸泡代替熏硫。水溶液中的二氧化硫含量控制在 0.3%—0.6%，浸泡时间为 2—3h。

(3) 糖制：枣的果肉易于吸糖，因此，一般都采用一次煮成法。现以糖煮 50kg 原料为例，介绍糖煮过程。糖煮前，将硫处理过的枣用清水漂洗一次，沥干水分备用。

配制 45%—50%的糖液 35kg。将处理好的枣倒入糖液中，一起下锅煮沸。把前次煮枣时滤出的冷糖液调配成 50%—55%的浓度，在第 1 次糖液和枣煮沸时向锅内浇入配好的冷糖液 3—4kg。第 2 次煮沸时再浇入 3—4kg。如此浇入 3—4 次后，再煮沸时开始加入干砂糖。第 1 次加干糖 4kg，并加入冷糖 1kg，如此加干糖和冷糖液 3—4 次。最后一次加入干糖和冷糖液煮沸后，加入干砂糖 10kg。再煮沸后维持 20min，加 75%的冷糖液 8kg，连续加入两次后，不再加入任何物料。待煮至糖液浓度达到 65%以上，枣子浸饱糖分呈半透明时，即将枣果捞入浸缸，然后浇入冷却片刻的糖液，浸泡 48h 后，便可捞出枣果。捞枣时，最好将枣和糖液放入锅中加热到 80℃再出锅，便于沥干糖液。整个煮制时间约为 1.5—2h。煮制中要不断翻拌，但要轻轻进行。用不锈钢铲或木铲，沿锅沿边轻轻将上边的枣果压下，使锅底的枣和中部的枣随着沸起的糖液上浮，从而起到翻拌的效果。

(4) 烘烤：金丝蜜枣的烘烤。将沥干糖液的蜜枣平铺于烤盘中，放于烘烤架上，入房初温控制在 55—60℃，3—4h 升温到 65—70℃，维持 10h，大约水分降到 24%—26%时，将烤盘取出进行整形。整形的要求是把蜜枣用手捏扁，枣的两头用弧形竹签压缩回去，使蜜枣呈现中间稍有鼓肚的扁圆形。但注意不要将枣肉捏破，露出枣核。在整形的同时，要去掉枣把，拣出破枣，虫蛀枣及杂质。

第 2 次烘烤，将经过整形的蜜枣，斜码于烤盘中，第 2 次送入烘房，在 70℃的温度下烘烤至含水量 16%—18%时，用手摸表面不粘手即可出房。这次烘烤的时间约为 10—12h。

烘烤时通风、排潮、倒盘等操作同苹果脯的烘烤方法。

(5) 包装：烤好的蜜枣经过 1—2 日的回潮后，进行修整分级。选好的成品经检验合格后用无毒塑料食品袋包装起来，放入包装箱中，或直接装入铺垫有防潮蜡纸的包装箱中入库保存。

产品出厂的外表装璜要新颖美观大方，具有较强的吸引力，且要严格遵守卫生标准。

2. 金丝蜜枣的产品质量标准（按一级品标准）

1) 感官指标

(1) 色泽：棕黄透明或棕色透明，色泽一致。

(2) 组织形态：颗粒均匀，形状扁圆，划缝清晰整齐，饱满不皱缩，不返糖，不流糖，不结晶，不发酵，无破头，露核、虫蛀及杂质。

(3) 规格：

1 号枣每千克不超过 70 粒；2 号枣每千克 71—120 粒；3 号枣每千克 121—160 粒；4 号枣每千克 161—200 粒；5 号枣每千克 201—260 粒。

(4) 口味：保持原枣味道，气味纯正香甜，无异味。

2) 理化指标

总糖：65%—75%；水分：16%—18%。

3) 卫生指标

含硫量（以 SO_2 计）≤0.1g/kg；其它同苹果脯。

（二）南式蜜枣（干态蜜枣）

1. 加工方法

南式蜜枣是代表南方制法的一种产品，加工工艺和金丝蜜枣有较大的差别。这里将主要的操作过程介绍如下，以供参考。

1) 原料选择

加工干态蜜枣的原料要求和加工金丝蜜枣的原料要求相同。选用成熟度 8 成左右，果肉已发暄，枣皮由青转白但未变红的原料。剔除不合乎加工要求的枣另作处理。

2) 预处理

(1) 切缝：将选出的青枣先按切枣机的进出口径进行分选。如用分选筛时，筛孔要和切枣机的口径配套。目前已制成一种用弹簧控制切刀口径的切枣机，虽然适应性较好但切枣效果还不太理想。用手工也可进行切枣，但其工效太低。一个中等大小的枣子，一般要切60刀以上，每刀间距为1mm左右，深度要切至由枣面到枣核的1/2处。要求刀距要均匀，深浅要一致，既不能切掉枣肉，也不能漏切，切好后用手拨枣子应片片清晰。只有这样，在煮制时，才能渗糖饱满且不易破裂。以上这样的条件手工切缝比较困难，因此，加工质量较高的干态蜜枣切枣机是不可缺少的。切枣机是一个比枣的直径稍大的圆筒，根据枣的大小备有5—6个直径的切枣圆筒，筒内纵向安装刀片。切枣时将枣子放入圆筒进口处，脚登推送联杆，把枣推过圆筒后，即被切出缝来。

(2) 洗枣：将切缝的枣在糖制开始时，先放入含二氧化硫为0.02%—0.05%的亚硫酸盐水溶液漂洗片刻，捞出青枣沥尽水分后，立即放入锅中糖制。

3）糖制

干态蜜枣的糖制是用高浓度的糖液进行煎制。所用煎制设备和其它果脯蜜饯的煮制设备不同，一般是用口径为50cm左右，容量不大，搬动方便，多灶相连的铁锅。每锅可煮鲜枣8kg左右。

煎制前，锅内先放入清水和白砂糖，将其溶成糖液，然后将预处理好的青枣放入锅中和糖液拌和（也有把水、枣、糖一齐放入锅中的）。开始用旺火熬煮，并对枣子进行不断的翻拌，使每个枣子渗糖均匀，生熟一致，勿使锅底产生焦糖。同时将煎制时锅内浮起的糖沫捞净，放进统一的容器中暂存起来一并处理。而将上一锅滤下的糖液，在这一锅将要煮好时，倒入煎枣锅中，以免影响枣的色泽。用旺火煎煮约40min左右，待枣果煎至发软变黄时，停止大翻拌。当糖液颜色由白变黄时，改用文火缓缓熬煮，维持约10min后，用手捏枣如能触到核，或手粘糖能拉成丝时，枣表面会产生光泽，这时就可起锅。起锅要快，不能一铲一铲地铲出枣果，而应端锅离灶，将枣子连剩余糖液一齐倒入已备好的凉锅中，慢慢翻拌，在15min以内翻拌3—4次为宜，使枣子均匀地吸收糖分。然后将其倒入滤糖竹箩滤出糖液。有的厂家起锅时，将枣和糖液倒入冷锅中后，不进行翻拌，而是让其自然冷却5min左右，再倒入另一口锅中进行冷却。一般倒锅4—5次（每隔10min倒锅1次，连倒3次即可），最后倒入竹箩中滤出糖液。冷却滤糖时间要适当，过长过凉会使枣的表皮结壳，干后不起糖霜；过短、过热吸糖不足，影响质量。

在糖煎枣果的工艺中，糖、水、枣的配比，要根据具体情况灵活掌握。比如用水量，可按枣果干湿、老嫩和熬煮的加热情况等酌情增减。一般用的配比为3.0∶0.9∶6.1；3.1∶0.8∶6.1；3.2∶1.0∶5.8和3.4∶1.5∶5.1等。

4）烘烤

滤干糖液的蜜枣要及时置于烘房进行烘烤。和金丝蜜枣一样，烘烤分两次进行。在第1次烘烤阶段中，不管用哪种热源和什么样的烘烤形式，温度要先低后高。如用焙笼炭火烘烤，开始火力要缓，枣子要铺匀，不要叠起，上面用笼盖保温，每隔3—4h翻枣一次，焙烘24h，至少要翻枣6—7次，这称为初烘。蜜枣在初烘之后，烘烤至手捏枣子软而不粘时，开始整形。趁枣热时，用手将枣捏成扁圆形，同时捏枣的速度要快，捏冷枣会使枣面糖霜减少。另外捏枣用力要适当，不要捏破丝纹，影响外观。捏好的枣子进行第2次焙烘。

第2阶段的烘烤，温度要先高后低，也就是火力须先急后缓。但温度也不能太高，一般可控制在75—80℃，促使枣面透出糖霜，但易使枣面焙焦，这个过程称为催霜。就是在旺火条件下使枣肉内的白糖渗出一部分到枣的表面，形成一层糖霜。然后逐渐降温缓缓焙烤，并不断翻拌检查，一般每隔4—5h翻拌1次，使蜜枣干燥均匀一致。烘至蜜枣干燥变硬，用力挤压已不变形，但内部稍有软度，掰开枣，核肉易分离，枣色金黄透明，枣面生有糖霜时，烘烤即可。

5）包装

成品干态蜜枣在包装前，需先进行挑选、分级、整修。拣出掉落的枣丝、破枣、虫蛀枣、色泽浑暗、丝纹粗细不匀、有焦头、带糖心的枣及杂质。然后将合格的枣按大小进行分级，经检验合格后装入无毒塑料食品袋中，用包装盒包起封好，或直接装入衬垫有烫蜡防潮纸的箱内，入库保存。

出口产品要经过认真挑选，用木箱或瓦楞纸箱进行包装。箱的规格为长58cm、宽32cm、高37cm，内衬和箱内大小相等的方形无毒塑料袋。装量净重30kg。装好后用铁钉或胶带封好箱盖，并用钢条或塑织扁带打腰。箱上要标明品级、规格、重量、生产日期、保存条件、产地等，发运时，用麻袋片及麻绳捆扎。

贮存期间，注意防潮，应置于干燥的库中。

2. 干态蜜枣产品质量标准（按一级品考虑）

1）感官指标

(1) 色泽：金黄透明色、近似琥珀色或浅茶色。色泽基本一致，无焦皮。

(2) 组织形态：枣形扁圆，肉厚核小，颗粒大小基本一致，刀纹细密均匀整齐，枣身干爽，表面微有糖霜，无杂质。

(3) 规格：

1号枣每千克不超过80粒；2号枣每千克81—120粒；3号枣每千克121—160粒；4号枣每千克161—200粒。

(4) 口味：肉质酥松，香甜爽口，具有枣的风味，无异味。

2）理化指标

总糖：75%—80%；水分：12%—15%。

3）卫生指标

细菌总数：（个/g）≤750；大肠杆菌：（个/g）81—120；致病菌：不得检出；二氧化硫（SO_2）≤100ppm；其它同苹果脯的规定。

（三）低糖多味枣的加工方法

1. 加工方法

以上两种蜜枣，糖浓度较高（65%—75%），同时因经高温煮制，产品维生素C损失较大，味甜而酸，色泽深。低糖多味枣以新工艺制作，产品色泽浅，维生素C含量较前两种都高，而含糖量低于50%，产品质地脆而韧，保留鲜枣的浓郁风味等特点。

1）原料要求

选8—9成熟，色泽黄白、完整，无伤烂，无虫蛀饱满的长枣或糖枣。

2）预处理

(1) 分级和洗涤：鲜果按大、中、小分级以利于划缝。用清水洗净、沥干水分。

(2) 划缝：用划缝器，每个枣划20—30条，纹深入果肉1/3处。

(3) 硬化和浸硫：选用明矾或氯化钙作为硬化剂，先配成0.05%—0.1%的氯化钙溶液浸泡过夜。

浸硫：用0.2%（以SO_2量计）的亚硫酸氢钠溶液浸泡过夜。这一处理可与硬化处理结合同步进行。

经硬化、浸硫以后的枣，用清水冲洗1—2次，沥干水分，倒入缸内。

3）糖腌

先配制浓度为40%的糖液，煮沸后倒入缸中，以浸没枣子为度，经24h后，将枣用漏瓢转入另一空缸内，取出糖液煮沸加糖，调整糖度再进行腌渍，开始时，由于枣内水分含量较高，糖液浓度下降较大，需每天煮沸浓缩，加糖，每次加糖为总重量的10%—20%，当吸收糖速率趋于缓慢时，糖液浓度下降较小，可适当延长腌渍时间，间隔3天煮沸浓缩1次，煮到枣子呈现饱满、晶莹、糖液浓度达到所要求的标准为止。

在糖制过程中，糖液浓度的变化应能使枣子吸糖均匀为原则，避免因糖度增加过快而引起枣子表面干缩，影响渗糖的继续进行。这是因为渗透过程主要是依靠糖分子和水分子的扩散作用。组织内部的水分逐渐向外扩散，与外部糖液的浓度取得平衡。所以，要使组织中心达到一定的糖度，必须使糖渍浓度渐次增加，否则，组织与高浓度糖液接触时，内部水分向高浓度糖液扩散的速度远快于糖液向内扩散的速度，就会形成组织极度失水收缩，扩散平衡的通道受阻，糖液即不易透到中心，最终导致组织干瘪。但糖度也不能过低特别是在开始阶段，以免发酵，另外，由于该产品总糖度较一般蜜饯要低，为了抑制微生物，有利保藏。在糖腌时加适量的柠檬酸和食盐，同时使制品风味甜、酸爽口。

4）干燥、包装

将腌制的枣取出晒干或烘干至枣果含水量于25%左右。用塑料果脯盒或食品袋包装。亦可用玻璃纸先颗粒包装后再用彩色食品袋进行小包装。

2. 低糖多味枣的产品质量标准

1）感官指标

(1) 色泽：色呈黄红或棕红、鲜艳明亮有光泽。

(2) 组织形态：形状完整、颗粒均匀，表面洁净、肉质丰厚，吸糖饱满、质地脆而韧、无破损、不发酵、无虫蛀、无杂质。

(3) 口味：保持鲜枣味浓、口味甜、酸爽口，无杂味。

2）理化指标

总糖≤50%；总酸度≤1%；食盐适量；水分含量≤25%。

3）卫生指标

大肠杆菌：为≤30个/100g；细菌总数：为≤750个/g；致病菌：不得检出；食品添加剂按GB2760—81规定执行。

三、蜜橘饼的制作技术

柑、橘、橙是果品中的佳品，具有特殊的清香味。用这些原料制成的脯饯“饼形”产品，都可称之为蜜橘饼。

加工橘饼的原料品种范围较广，绝大部分柑、橘、橙的品种都可利用。不但好果可作原料，而且落地果和等级外的果都可用作原料。比较适合使用的原料以金橘、小红橘和其它中小型紧皮的品种为佳。

（一）橘饼的制作过程

1. 原料要求

加工橘饼要求原料成熟度较高，一般需9成熟以上的鲜桔。对果皮较青、成熟度不足的，需进行催熟后方可使用。但对生霉和腐烂等果实一定要剔除出去。

2. 原料预处理

(1) 刺缝取籽：将挑好的原料，用不锈钢刀按橘果的纵向，刺等距离的缝4—6条，缝深可为橘径的1/3，缝的两端不要和橘蒂及柄处刺通。然后将桔果压成扁形饼状，回收压出的桔汁，弃去压出的橘籽。对较硬脆的金橘，可划口后可用沸水将其烫软后再进行压扁、收汁、取籽。并用水将压扁的橘子洗净准备浸灰。

(2) 浸灰：在50kg水中加入质量好的石灰100—200g，搅匀后取出上清液。将刺缝洗涤的橘果放入上清液中浸泡10—12h，在浸泡期定时翻动橘果。

(3) 脱灰：经浸石灰的橘坯捞出，放入清水中漂洗，每隔2h换清水一次，换3次水后，每隔4—6h换水一次，经16h的浸泡漂洗后捞出热烫。

(4) 热烫：配制含0.1%的明矾和1%的食盐水溶液煮沸，将脱灰橘果放入沸液中煮沸5—10min，捞出后立即放入冷水中冷却。冷却后换稍温的水继续浸泡20h左右捞出，沥干水分。

3. 糖制

橘饼糖制有数种工艺，这里只介绍两种。

1) 第1种方法

(1) 糖腌：每50kg橘果用糖量为20kg（红、白糖皆可，这里以红糖为例）先用糖量的50%，把预处的橘果一层橘一层糖的腌渍起来，24h之后滤出糖液加热至沸，再把糖的50%放入锅中溶化。将橘果放入锅中煮沸后倒入缸中继续糖渍24h。

(2) 糖煮：把腌渍的糖液滤出，调整浓度到60%煮沸。将腌渍的橘果放入锅中煮沸。取糖10kg，溶化成60%—65%的浓度，当橘果在锅中煮沸30min后，分3次加入煮锅中。每次加入都要在橘饼煮沸后进行。煮至糖浓度达70%左右（约煮1h），橘果已透明时，捞出沥去糖液。经晾晒或烘烤，至不粘手时捏成扁平圆形，撒拌些白糖粉即为成品。

2) 第2种方法

(1) 每50kg经预处理的桔饼原料，用糖25—30kg。先将糖配制成60%浓度的糖液，煮沸后倒入橘果熬煮。注意不断翻拌，约煮1.5—2h。熬煮中根据情况加65%的糖液1—2次，每次约5—6kg。熬到糖液浓度达75%左右，橘果有透明感时将橘果捞起，滤出糖液，拌入8—10kg淀粉或白砂糖（糕面粉亦可），然后将橘果捏成饼状，铺在竹盘上凉至略干。

(2) 取白糖10kg，加水调配成浓度为75%—80%的糖液。煮沸后放入橘果煮至浓度为83%—85%，捞出橘果，干爽后即为成品。

4. 烘烤

橘饼一般可不进行烘烤，如需烘烤，应在较低温度55—60℃范围内，烘至不太粘手时取出整形上糖衣。

烘烤操作可参照苹果脯的方法进行。

5. 包装

成品包装前需经整修、挑选、检验。剔除碎片、黑点、色泽不好的产品和其它不合格产品及杂质。合格品经检验后，装入衬垫有防潮纸的木箱中，严密封好，堆放于干燥、阴凉、防潮防热处。保藏中要定时注意检查，如发现有变质现象，要及时推开晾晒，如发现酒酸，应先通风晾晒，后进行回锅处理（糖榨和上糖衣）。

(二) 加工橘饼的有关技术问题

1. 如原料成熟度较低，橘皮较青时，可用乙烯利水溶液进行催熟。每50kg 清水可加入2ml 乙烯利搅匀，将较青橘果放入药液中，3min 后捞出沥去药液，放入筐中，一般 4—5 天后果皮即可变黄。也可将较青橘果放入 50℃的温水中，浸泡 10h 后，果皮亦会变黄。对部分不太成熟的橘果和质量较次者，也可在浸灰时增大石灰用量和增加浸泡时间，促使其果皮变黄。

2. 橘饼的加工，除金橘外，用其它品种作原料时，最后去掉外表皮的油质层。去掉外表皮的方法可用刨刀刨去，也可磨去。然后用沸水烫 5—10min，去掉表皮的橘油。如不去掉外表皮，需注意加强浸灰、热烫和漂洗。

有的厂家，加工橘饼不去外表皮，而是用橘果重的 10%的食盐腌渍 5—6 天。腌渍时，用果重的 50%的清水将食盐溶化煮沸，冷却后将橘果放入，腌渍完毕再将橘果压扁。

（三）橘饼的产品质量要求（按一级品标准）

1. 感官指标

(1) 色泽：肉色透黄或棕红色透明，表皮呈雪花白或粉白，且色调一致。

(2) 组织形态：形状扁平、完整。透明质软，入口化渣，表面挂霜细匀，无砂糖大粒。

(3) 口味：带有原橘子的香味，甜香可口，无杂味。

2. 理化指标

总糖：75%—80%；水分：14%—16%。

3. 卫生指标：同苹果脯。

四、菠萝脯的制作技术

（一）菠萝脯的加工过程

1. 原料要求

加工菠萝脯的原料以 9 成熟为宜。各品种的菠萝基本上都可用。但需剔除腐烂果、变质果和病果等不能利用的原料。

2. 预处理

(1) 洗涤：加工菠萝洗涤工作比较重要。可用洗果机浸洗及淋洗；也可用人工冲洗，将附着在果皮外表的泥沙及杂质洗去。

(2) 分级及去皮捅心：按果实横径以分级机或人工分成 4—5 级，用菠萝联合加工机或人工削去外皮（皮经刮肉机刮肉），切去两端（人工切端时，在距端头 15—20cm 处切下来），捅除果心。各级果实去皮、捅心规格如表 3—8。

表 3—8　菠萝各级果实去皮、捅心规格

果实横径（mm）	去皮刀筒口径（mm）	捅心筒口径（mm）
110 以上	90	30—32
100—110	78—90	28—30
90—100	73—78	24—27
80—90	68—73	20—23
75—80	63—68	18—20

手工捅核时，捅心筒要对准果心，不要捅偏。

(3) 修整：去皮捅心后的果实，以锋利小刀修去残留果皮、果目、斑点及杂质。

(4) 切分：先将修整好的果实切成 15—20mm 厚的圆片，然后根据果实直径大小切成 3—4 瓣，尽量地把瓣切分均匀。切好的瓣立即投入 1%的食盐水溶液中护色。

(5) 熏硫：将果块从盐水中捞出，用清水冲洗后沥净水分，铺于竹盘中，送入熏硫 2—3h。硫磺用量和熏硫操作可参照苹果脯的熏制方法。

(6) 热烫：将熏硫的果块用清水冲洗 1 次，然后放入沸水中热烫 2—5min 后捞出，沥干水分。

3. 糖制

(1) 糖渍：称取对果块重为 25%—30%的白糖，拌入果块，放入缸中糖渍，并留一些糖撒在表面上，将果块盖住。腌渍 24h 后，滤出糖液，加入 15%白砂糖溶化煮沸，倒入糖渍的果块中再糖渍 24h。

(2) 糖煮：将糖渍的糖液滤出，加热调整浓度为 60%，如含酸量较低时，可加入适量有机酸。煮沸后将果块放入锅中，煮沸 30—40min。煮制过程中加入浓度为 65%的糖液两次；每次为果块重的 8%—10%，出锅糖浓度以 65%为宜。出锅后连果块带糖液倒入缸中浸泡 48h，滤出糖液后送去烘烤。

4. 烘烤

菠萝脯的烘烤，需在 60—65℃的温度中进行。烘烤中，在翻盘时进行 1 次整形。烘至表面不粘手时可出房。

5. 包装

菠萝脯的回潮、修整、检验、包装可按苹果脯的要求进行。修整时，要剔除残留外皮、斑点、果目和杂质等。

（二）菠萝脯的质量要求（按一级品考虑）

1. 感官指标

(1) 色泽：色金黄或橙黄，鲜艳透明，色调基本一致。

(2) 组织形态，果块近似扇形，浸糖饱满、块形完整、无杂质。在规定存放条件下和时间内不返砂、不流糖、不干瘪。

(3) 口味：具有原菠萝味道，鲜甜干爽，甜酸适口。

2. 理化指标

总糖：68%—72%；水分：16%—18%。

3. 卫生指标：同苹果脯。

第二节 凉 果 类

凉果类产品和果脯蜜饯一样，也是我国具有悠久历史的传统产品。其加工原料也是果品类，但其加工方法、主要配料及产品质量要求却和果脯蜜饯不同。凉果的主要配料为甘草、食盐、糖和调料，制法以冷制为主，其成品一般能保持原果整体，表面干，有的呈盐霜，味道甘美、酸甜、略咸，有原果风味。食后生津止渴，开胃消滞。而果脯蜜饯的主要配料为糖，制法以热制为主。

一、话梅类产品的加工技术

话梅类产品属凉果制品，其成品含有盐、酸、甘草及各种香料。食之香甜适口，清凉生津，是一种能助消化和解暑的旅行食品。加工话梅类产品的原料可用梅子，也可用青杏代梅，用青杏代梅的产品称杏话梅。

梅子除加工话梅外，还可加工梅脯、梅酱、梅酒和乌梅等产品。这里只介绍话梅类产品的制作方法。

（一）话梅的加工过程

1. 原料要求

用作加工话梅的果实以尚未黄熟但以表皮茸毛已脱落的青色梅子较适宜。

2. 加工操作

具体的加工操作，现以 50kg 鲜青梅为例介绍如下。

（1）制盐坯：将选择好的鲜青梅用清水漂洗 1 次，然后取 6—8kg 食盐趁漂洗的青梅还未干燥时，用分层撒盐的方法把鲜青梅盐渍起来。腌渍 7—10 天后，捞出曝晒，干燥即成梅坯。

（2）脱盐：将青梅盐坯用清水漂洗脱盐，浸泡 40—50min 后再换清水冲洗 1 次。然后捞出果坯晒至将干时，收起装入浸泡缸中。

（3）制备甘草液：取甘草 800—1200g，加入 15—20kg 清水，加热熬至水量减少 30％时停火，进行过滤澄清。

（4）浸渍：取 60％的甘草液，加热至 80—90℃，加 1—2kg 糖精，待其溶解后，倒入脱盐后晒干后的梅坯中浸渍。在浸渍中，要常常翻动，使梅坯均匀吸收甘草液。浸泡 12h，或全部甘草液被吸收后，将梅坏取出摊开曝晒，半干时，将其放回缸内。取剩余的甘草汁加热到 80℃，加入白糖 1kg，糖精 10g，香草香精 40ml 或加入香料粉（香兰素）20g，溶解后倒入晒至半干的话梅半成品中，搅拌均匀。待甘草液被吸收完时便可取出，烘烤或晒成成品。

产品的香料亦可在产品烘干或晒干后，另外喷洒在产品上。具体做法是，在浸渍时留下一些甘草水，加热至 90℃后，将香粉或香草精溶于甘草水中，把产品放于大盆中，用喷雾器将香料水喷在上边，边喷边翻拌，使产品吸收均匀，晾干后即为成品。

3. 产品包装

成品经挑选后，按定量用无毒塑料袋密封，装箱贮存。

（二）杏话梅的加工过程

1. 选料

选取直径在 2cm 以上，杏体转白、杏核变硬时的青杏为原料。

2. 加工操作

杏话梅的加工工艺和配方与话梅的制法基本相同。其主要不同之处是在制造杏话梅时需加入一些柠檬酸，一般加入量为杏青重的 0.12％—0.16％。

（三）话梅的有关配方问题

1. 各地口味不尽相同，在话梅的配方上也有所差异。在配料中可不加入白砂糖，也可加入白砂糖。有些厂家的加糖量高达果坯的 30％左右。

2. 在果坯盐分的残留问题上，有的厂家采用短时间的漂盐，使果坯中的残留量为 50％左右；而有的却经过较长时间的漂盐，比如用清水浸泡 1—2 天，使果坯中的盐分残留量降到 10％—20％。

3. 在香料的使用上，可用粉面或水剂，也可使用油剂。以上情况可根据当地情况，结合畅通地区用户的口味，在既减少成本又保持风味和质量的前提下，综合考虑，创造独特风味的产品。另外，为增强产品贮存的可靠性，配方中可加入适量的安息香酸钠。

二、川贝柠檬李的加工技术

李子不但可以用来制作酸甜适口的李脯和蜜李等脯饯制品，而且还可以用来制作别具风味的川贝柠檬李和话李等凉果制品。现将川贝柠檬李也叫加应子的制作技术介绍如下。

（一）配方

制作技术配方见下表：

表 3—9　川贝柠檬李制作配方

配料名称	数量（kg）	配料名称	数量（kg）
李果坯	100	大小茴香	0.4
白砂糖	85—90	丁　香	0.4
川　贝	0.05	木　香	0.3
柠檬酱	1.5	桂　通	0.5
甘　草	3.0	三　奈	0.08
糖　精	0.05	元木香	0.1
甘　松	0.05	沙　仁	0.15
香兰素	0.04		

（二）原料选择

以 8—9 成熟为宜，要求个大皮薄，大小均匀，不过生和过熟，无腐烂变质，无病虫害，无损伤，果皮不带水渍，新鲜完好的李子为原料。

（三）操作方法

1. 制李子盐坯：选好的原料用清水冲洗 1 次，然后放入滚动筒和陶缸中搅动擦皮并冲洗干净。用果重 14%—16%的食盐，将洗涤干净的李子一层果一层盐的装入浸缸中，最好用食盐将果面盖住。几天后，见李子上浮时，要用重物压沉下去，腌渍 15—20 天（也可延长腌渍时间，比如腌 50 天亦可）即可取出晒成干盐坯。为了增加李坯的脆性，可在腌盐时加入适量的明矾或生石灰。明矾加入量可按果重的 0.2%，生石灰可按果重的 0.3%考虑。

2. 脱盐：将李坯放入清水中浸泡，清水要充足没过果坯面。然后通过搅拌，使砂、盐等沉于底部，并清除上面的杂质。每隔 8—12h 换水 1 次，连续浸泡 24—36h，直至果坯含盐降低至 20%左右为止。捞出果坯沥干水分。

3. 糖渍：糖渍采取多次糖渍逐步提高糖液浓度的方法。一般糖渍 3—4 次即可。

第 1 次糖渍时，配制浓度为 40%的糖液，加热煮沸后，倒入已装在浸缸内的果坯中，浸渍 36—48h。

第 2 次糖渍时，用第 1 次糖渍李坏的糖液，调整浓度到 45%，加热后，倒入第 1 次糖渍的李坯中继续糖渍 36—48h。

第 3 次糖渍时，调整糖液浓度到 52%，加热后倒入李坯糖渍 36—48h。

第 4 次糖渍时，调整糖液浓度到 60%，加热煮沸后倒入李坯中糖渍 72h。最终糖液浓度不低于 55%时，捞出李坯沥干糖液，放入烘盘曝晒或烘烤至水分蒸发掉 65%—70%时，将李坯收起放入较大的线形容器中。

4. 配料的加工

(1) 香料液的制取：取甘草 3kg，加清水 30kg，加热煮去 30%的水分后，过滤澄清。然后把糖精、香兰素、香料粉和川贝加入甘草滤液中（川贝须用甘草汁调好后再放入）搅拌均匀。

(2) 柠檬酱的制备：将柠檬盐坯沐水脱盐，除去种子，煮烂打浆，加入浆重100%—150%的白砂糖煮沸。

5. 加香料：先将香料液趁热注入李坯中，仔细地翻拌均匀。待李坯充分吸饱香料后，放入果箕中垒起，静置12h。如盐味较淡时，可在香料液中加些食盐。待李坯吸足香料后摊开，进行曝晒或烘烤，注意定时翻动。晒至制品中水分蒸发掉75%左右时，将制好的柠檬浆以8%—10%的加入量，趁热平均撒在果箕中的果坯上，并仔细将其拌匀。然后再摊开曝晒或在70℃温度的条件下进行烘烤，晒烘至制品含水量为15%以下、10%以上时即为成品。包装时须用专用包装纸进行包装。

（四）其它制作法

以上的制法称为冷制法。除此法以外，还可采用热煮法制作川贝柠檬李。在热煮法中可分为一次煮成法和多次煮成法。

在使用1次煮成法时，可先用少量水溶解白砂糖，再将柠檬浆倒入，调成稀糊状，加脱盐李坯共煮，煮到李果和浆渗透糖为度，取出烘干，即为成品。

用多次煮成法时，可将脱盐李坯、白糖、柠檬浆三者加水共煮，煮沸5—10min停火移入浸缸，浸泡24h再煮，反复数次，烘干即成。

（五）质量要求

产品呈棕褐色或黑褐色，有光泽，吸糖透心，果肉爽脆下硬，不脱肉，滋味清甜，咸酸适度，有国药香及本品种风味。

总糖：60%—65%；水分：12%—15%；酸度：0.8%—1.0%；盐分：2.0%—2.5%。

卫生指标：同苹果脯。

三、玫瑰橄的加工技术

成品色泽鲜艳，颗粒完整，质地软糯，食之浓甜，带有玫瑰清香，美味可口。

（一）原料要求

选用果形中等、细皮、肉厚、黄色的橄榄胚为原料。

（二）操作方法

原料经挑拣后，剔去杂质，将橄榄头略微敲破，便于糖液渗入。

在清水中浸泡6—8h，淘洗干净，捞出，沥干水分。

锅中加水，煮沸，将橄榄坯在沸水中烫漂10min，取出冷却。

在缸内，果坯100kg，加白砂糖60kg，层坯层糖，进行糖渍，经48h，待糖溶化，渗入果坯中。

将糖渍好的果坯，连同糖液一起，舀入锅中，煮沸20min，舀到缸内，加入微量胭脂红食用色素和玫瑰香精50毫升，充分拌和，再糖渍48h。至果肉充分发足，呈饱满状态时，将果和糖液一起倒入夹层锅内煮沸。浓缩到橄榄果面有光亮感时，捞出。均匀拌入玫瑰花丝即成玫瑰果。

四、五香甜李子的加工技术

该产品属甘草制品，品形完整，色呈深褐、甜、咸、酸味兼有，并具有浓郁的五香味。

（一）原料要求

盐李坯的质量应干爽，无破碎和污物。

（二）操作方法

将拣选好的李坯（大小分级）投入清水中漂洗 6—8 个 h，漂去 50%的盐分。捞出沥干水分，以坯量 20%的砂糖量，糖渍 12h 左右。连同糖渍的糖液一起放锅内煮沸 2—3min。捞出李坯，置于容器中，将熬好的甘草汁（100kg 水放 3kg 甘草），加糖精 100g，搅溶倒入装有李坯的容器中浸渍 12h，捞出李坯均匀的放置在烘盘中，送烘房烘 12h，取出后拌 1%的甘草粉及 0.5%（均指李坯重量的用料量）五香粉，即成五香甜李子。

五、加应子的加工技术

加应子也叫嘉应子，是李子的加工制品。成品加应子香味浓郁，肉质细软，酸甜适口，亦属甘草制品。

（一）原料要求

选用肉厚、核小的优质李子干坯或无核的李子干坯。

（二）操作方法

去掉泥砂杂质的李子，在清水中将坯子盐分全部漂清，沥干后，曝晒干燥，当水分减少一半后，倒入容器中待用。

浓缩甘草汁：甘草 10kg、茴香 9.8kg、桂尔通 1kg，加清水 100kg，当水分减少一半时，倒入容器中待用。将未冷却的甘草汁倒入盛有李干的容器中，加白砂糖 15kg，上下翻拌均匀。每天翻动 1 次。待糖溶解后再加白砂糖 20kg 继续翻动。最后加白砂糖 15kg 并翻动。待李干将糖液与甘草汁全部吸收完，取出李坯，加糖精 0.25kg，橘子油 0.2kg，充分拌匀。送至烘房干燥 8h 即成嘉应子。

第三节　野生资源脯饯

野生资源脯饯是以野生可食用的资源为原料加工成的脯饯。我国地大物博，野生资源比较丰富，特别是在广阔的山区森林中，不少野生资源可用于脯饯的加工。如猕猴桃、野山杏、红姑娘、黄精和野葡萄等。这些原料的产品，不但成本低，而且营养十分丰富。同时绝大部分无污染。对人体有良好的保健医疗作用。是今后果脯蜜饯类发展的方向。

一、猕猴桃脯的加工技术

猕猴桃亦名杨桃和羊桃，属猕猴桃科植物。它的野生资源丰富，且近年来人工栽培也发展得很快。

猕猴桃不但好吃，而且营养极为丰富，被人们誉为水果之王。果实中富含多种维生素、氨基酸和人体所需的矿物质。维生素 C 的含量比苹果及梨高出几十倍。对人体有良好的保健作用。《本草纲目》中说，猕猴桃具有滋补强身，清热利水，生津润肺，散瘀活血及催乳消炎等功效。目前用猕猴桃已制出罐头、糖果、糕点及饮料等几十个品种。疗效食品等也相继出现。

猕猴桃制品在国际上颇受欢迎，售价较高。现将猕猴桃脯的制作过程介绍如下。

1. 原料选择：选择成熟度 8—9 成、大小较均匀、新鲜饱满的果实为原料。拣出杂质，用清水洗净泥土。剔除腐烂变质、病虫伤疤的部分。

2. 预处理：先将选出的原料去皮。去皮的方法可用手工削皮，亦可用化学去皮，视本厂生产能力而定。去皮后，用清水洗净，沥干水分。然后将果实放入竹盘中，送去熏硫。熏硫每100kg果实需用硫磺量为300—400g。熏制时间一般为2—3h。熏硫操作可按金丝蜜枣的熏硫方法。将熏硫后的猕猴桃放入沸水中，热烫5min左右，用冷水冷凉并沥净水分。

3. 糖制

根据原料的成熟情况和含水量大小等，可采取两种糖制方法。

(1) 糖渍煮制法：先用为果实重的35%—40%的白砂糖，将果实浸渍24h。然后将原料捞出，把糖液加热，并调整浓度到55%—60%，煮沸后捞出的果实倒入糖液中，煮沸30—40min。然后将果实同糖液一起淘入浸缸中，浸渍24h。出锅时，把浸渍后的制品和糖液，再放入锅中加温到75—88℃后捞出。沥干糖液进行烘烤。

(2) 多次糖煮法：第1次糖煮，用40%的糖液，并加入适量的转化糖，煮沸。将已处理好的原料煮沸5min左右后，连原料带糖液一并淘入缸中浸渍24h。第2次糖煮时，捞出原料，调整糖液浓度至55%—60%煮沸。然后将原料放入锅中沸煮25—30min。移入浸缸中，浸渍48h。出锅方法和第1种方法相同。

4. 烘烤

将沥干糖液的制品，铺放在烘盘上，送入烘房中，在60℃左右的温度下进行烘烤。烘烤时注意倒换烤盘的位置，并抖动烤盘促使制品翻滚。烘烤10h左右后，取出制品进行整形。整成所需要的形状后，再送入烘房，在65—70℃的温度下继续烘烤。待烘至水分含量在18%左右，用手摸产品已不粘手时，即可出房。烘烤操作可参照苹果脯的方法。

5. 包装入库

烘烤出房的产品，经回潮、修整、检验后包装入库。修整时需将浸糖不透的、破损的、有斑疤的和色泽不好的挑选出来，另行处理。包装方法可参照苹果脯的方法。

二、野山杏脯的加工技术

野山杏中维生素等营养物质十分丰富，对人体的保健价值胜于栽培的杏果。但野山杏肉苦涩，不能直接食用。每年的野山杏仁采集者，把大批的杏肉弃去，实在十分可惜。用野山杏肉为原料研制的野山杏脯，产品呈浅棕色，表面干燥，柔韧不粘，形似大麦粒，食之酸甜适口，无苦涩味，有独特的芳香及杏的风味，含糖60%—70%，含水14%—16%。推广此项技术，在开发野生资源上是一条独特的新路，同时也是山杏采集者的一条综合利用措施，有可喜的发展前景。现将其加工技术介绍如下：

1. 选料：选择青色褪尽，全部呈现黄色或稍带青色，但尚未变软的野山杏为原料。剔除斑疤伤坏、残次风落和虫蛀等影响加工质量的果实。

2. 预处理

(1) 野山杏的预处理比较复杂。先将选好的原料洗净，用不锈钢刀沿合缝切开去核，用二氧化硫进行处理，然后将杏肉进行日晒。

(2) 将日晒的原料用温水冲洗后，放8%—10%的食盐水进行微发酵处理。然后用清水漂洗8h左右，换水加入0.2%的明矾浸泡4—6h。

(3) 锅中放入清水，加热沸腾后，将杏肉放入沸水中进行热烫处理，然后捞出，用凉水冷却。

3. 糖制

每 50kg 杏肉加糖 50kg，加水 8.5kg。先把糖溶化后煮沸，然后倒入杏肉文火煮 20min，待杏肉煮透即可。

4. 包装检验：可参照同类型干态果脯的包装法。

三、红姑娘脯的加工技术

红姑娘又称挂金灯、酸浆，属于茄科植物，多为野生资源。果实营养丰富，是一种良好的滋补品。入药有清热化痰的功效。国外引进的品种称为“洋姑娘”，如久野洋姑娘，果实鲜美清香。用此类产品为原料研制成功了脯饯食品，色艳味美，风味独特，柔软、不返砂，不流糖。现将其制作方法介绍如下：

1. 选料：选完全成熟、发育良好的红姑娘果作原料。剔除斑疤伤坏和畸形果实。

2. 预处理

(1) 去皮：可用沸水去皮法、化学去皮法、蒸汽去皮法等。

(2) 盐渍：每 50kg 原料用盐 7—8kg，把原料盐渍 3—5 天后，将其晒至半干。

(3) 脱盐：将盐坯用清水浸洗脱盐，至盐分降至 2%为止。

3. 糖制：可参照杨梅蜜饯的糖制方法。

4. 烘烤、回潮、检验、包装：可参照苹果脯的操作方法。

第四节　保健药物类脯饯

保健药物类脯饯和瓜、蔬脯饯一样，也不属传统产品，都是新型产品。如本节介绍的地黄脯、黄精脯、麦冬脯和长山药脯。这些产品的研制是根据我国历代药物精典和食疗名著的记载，特别是对正常人的“食补”资料而确定的。如用黄精膏、天门冬膏、牛髓膏可补精髓、壮筋骨、和气血、延年益寿等。发展这类保健食品，对改善人们的食物结构和提高人民的身体素质是有很多好处的。

一、地黄脯的加工技术

地黄又名生地。属玄参科植物。块根中含有多种醇类物质，如甘露醇、地黄素、维生素 A 和氨基酸类物质等。此品味苦、无毒，入药有良好的保健作用。在名著《别录》中，曾有“地黄苦，无毒”的记载；而在《本草》中，介绍地黄俗称生地，蒸熟者为熟地。药用为补剂，有滋阴补肾，调经补血，壮骨增髓，益精液，长肌肉，补五脏，益气力，乌须黑发，延年益寿之功效。此外，还有降血压、明目和抗衰老的作用。以此品为原料制成的脯饯，对人体有保健作用，同时也方便了人民的食用。现将其制作过程介绍如下，供参考。

(一) 制作过程

1. 选料：选择块根粗壮、形态比较整齐、无腐烂变质和受冻害的鲜地黄作原料。等级以外的较细地黄亦可使用，但需和粗大的原料分开加工。

2. 预处理

(1) 洗涤：因地黄表面不平整，泥沙不易洗净，故需用洗涤机洗涤。如人工洗涤需认真刷洗。

(2) 去皮切块：将洗净的原料去皮。去皮法有多种，可根据自已的具体情况而定。去皮后经修整，挖去生长点，刮去残皮和剔除不宜加工的部分。

切块时，可切成 5mm 左右长的椭圆形薄片，亦可切成三角形长条，但注意不可使片、条过厚。

(3) 浸泡：切好的原料用 2%的食盐淹没起来，浸泡 16—20h。

(4) 预煮：锅中放入清水，加入 0.2%的明矾，煮沸后将原料块倒入锅中，热烫 1—2min，捞出后放入冷水中凉冷。

3．糖制：可采用多次煮制法。一般煮 2—3 次，每次煮制后，浸泡 24h，最后一次糖煮，要调整糖液浓度达 65%。煮制过程中，加入适量的转化糖液。为了使地黄中对人体有利又易破坏的物质受到极少的损失，每次升温时间要快，加温时间要短。

4．烘烤：可参照苹果脯的烘烤操作进行。

5．包装：参照一般果脯的包装方法进行。可散装入箱，也可用玻璃纸，单块包装后装入小袋，亦可进行小袋密封包装后再入大箱。

（二）产品质量要求

产品呈黄色或棕黄色，色泽鲜艳，透明发亮。片形完整不破碎，柔软不硬，含糖饱无生心，无杂质，存放 6 个月不返砂、不流糖、不干瘪。口味芳香纯正，甜香适口，有蜂蜜的香味，无杂味及地黄不愉快的气味。允许有少量生长点存在。总糖 65%—70%，水分 16%—18%。卫生指标不得超过苹果脯的标准。

二、黄精脯的加工技术

黄精又名鸡头参、黄鸡菜，属百合科植物。入药有良好的保健作用，亦可做药膳食用。其性味甘平，有补中益力、润心肺、强筋骨的精完神固的功效。此品同地黄而又不腻，效如参芪而不热。因此它比地黄、人参、黄芪适用性广，不为高血压、心脏病等讳热诸疾所忌。久服令人耳聪目明，强身益智。自古以来均被视为延年益寿、预防衰老之佳品。现代医学研究证实了此品确有抗老延年功能。国外学者发现，人体免疫能力的降低，是导致衰老的主要原因。而经试验证明黄精可促进免疫球蛋白的形成，并可促进淋巴细胞转化，提高人体免疫能力。同时，黄精含有黄精素，还可促进人体五脏六腑的活动能力。故此，老年人服之可延年益寿；壮年人服之可强身壮骨，少年服之可促长益智。将黄精制成保健食品，就方便了人民的直接食用。现将黄精脯的制作方法简介如下，供参考。

（一）制作过程

1．选料：制黄精脯的黄精老嫩皆可，但应分开加工。选用较粗壮的根茎为原料，过细的不宜加工。

2．预处理

(1) 去皮刨片：用手工刮制成或用其它方法去掉外层薄皮，修整后用清水洗净并沥干水分。然后用切片机或刨刀切成 0.5cm 的薄片，放入 5%的食盐中浸泡 8—10h。

(2) 预煮：锅中配制 0.2%的明矾水溶液煮沸，把黄精片从盐水中捞出放入锅中煮至 8 成熟，取出放入冷水中有透明感时捞出，用冷水冲冷，放入 0.2%的有机酸水中，浸泡 12—16h。

3．糖制

多次糖煮，每次调整糖液浓度增加 10%，至增加到 65%止。出锅后浸泡 24h。

4．烘烤、包装等：可参照苹果脯的烘烤制作和包装方法。

（二）产品质量要求

产品色泽呈乳白透明，浸糖饱满、组织细腻、柔韧不粘、香甜适口、不返砂、不流糖、无杂味和黄精的不愉快气味。含糖 65％—70％，含水为 17％—19％。卫生指标不超过苹果脯的要求。

三、麦冬脯的加工技术

麦冬亦称“沿阶草”、“麦门冬”、“书带草”，属于百合科植物。药用纺缍根茎，属于滋补强壮剂。此品味甘微苦，性寒，有养阴生津、润肺止咳的功能。对肺虚、燥咳、热病伤津的症状有很好的保健作用。这里介绍一种药脯的制作方法，方便需要者的使用。

1．选料：选用成熟、发育良好、颗粒较大的根茎做原料。

2．预处理

（1）将原料洗净，用擦皮法或化学去皮法，去掉外皮。放入 2％的食盐水中浸泡 8—12h。

（2）锅中倒入清水，煮沸后，将麦冬放入沸水中热烫 5—10min。然后用冷水冷凉。

3．制糖

麦冬糖制可采用多次煮成法。最后糖液浓度在 55％—65％时停止煮制，但要加长最后一次的浸泡时间，一般为 3—5 天。

4．烘烤、包装：可参照前面有关内容。

四、长山药脯的加工技术

长山药亦称薯蓣，属薯蓣科植物。有野生和人工栽培两种。块根长圆柱形，可供食用，亦可入药。中药学上用作益健脾胃、补肺肾药。性平、味甘，对脾虚泄泻、消渴遗精、带下者有良好的医疗保健作用。以长山药为原料研制出山药脯，色呈乳白，透明有光，柔韧不干瘪，在规定的存放期内，不返砂、不流糖、不变质。食之香甜微有酸味、无杂味，其它指标符合果脯蜜饯的要求。现将其制作过程简介如下：

1．选料：选择成熟、发育良好、粗壮的山药块根为原料，其直径不小于 18mm。

2．预处理：先用洗涤机或人工将山药认真洗干净，然后去皮切分。去皮的方法有机械去皮、化学去皮、手工去皮等，可根据具体条件解决。去皮后要进行修整，修去根眼，残皮等不净处。然后切成 5mm 厚的薄片，对直径较小的可切成斜片。切片之后投入 2％的食盐水中浸泡。

经盐水浸泡之后，需经过预煮。预煮时，锅中放入清水，并倒入山药片慢火加温至沸腾，并维持 10—15min，但不要煮烂。然后捞出用冷水冷凉。

山药脯的糖制，烘烤等可参照地黄脯的有关操作方法。

五、低糖红薯脯的加工技术

红薯又称红苕、白薯、甘薯、山芋、地瓜、蕃薯，属于旋花科植物。祖国医学认为红薯“补虚乏、益气力、健脾胃、益肺肾”，“功同山药、食益人，为长寿之食”。

首先，红薯营养价值高，它所含的维生素和氨基酸种类及含量大都高于大米、白面，特别是维生素 A、B、C 和纤维素。此外，它还含有人体必须的 Fe、Ca 等微量元素。日本有人发现红薯含有一种能供给人体大量需要的粘蛋白，它是一种多糖和蛋白质混合物，属胶原和粘液多糖类物质，能防止疲劳，提高人体免疫力。促进胆固醇的排泄、防止心血管脂肪沉积，维护动脉血管弹性，从而降低心血管病的发病率。另外对肥胖症及便秘患者有良好的保健作用。因此，当前美国和日本正在联合研究，准备作为太空食品。只是一次不要吃得太多。

（一）原料要求

选肥大的白心或黄心的红薯作原料。

1．洗涤、切分：用机械或人工的方法将原料洗刷干净，去皮，切成片状或长条，条状不能太细，片状不能太薄，切好后用消毒水冲洗干净。

2．硬化、浸硫：先配好含明矾 0.2%和亚硫酸钠 0.1%的水溶液。然后把切分的薯片倒入溶液中浸渍 8—12h。捞出后用清水冲洗两次。

（二）糖煮

用白砂糖 20kg，加蜂蜜 1—1.5kg，添水 75kg，放入柠檬酸 100g，煮至沸腾。放入 50kg 经预处理的薯片，旺火煮沸约 30min，至熟而不烂即可。连同糖液一同倒入大缸中，浸泡 24h，使之充分吸糖。糖渍后，沥尽糖液，均匀摊放烘屉中，不要重叠，送烘房烘烤。

（三）烘烤

烘房温度为 60—70℃，要勤翻和调整烘屉位置，烘 12—14h，待薯含水达到 16%—18%即可。剔去小块和碎屑，即可包装。

第五节　果　酱　类

一、果酱的加工技术

（一）猕猴桃果酱

1．工艺流程

原料→挑选→洗涤→去皮→预煮→煮制 $\xrightarrow{\text{终点}}$ 装罐→排气→密封→杀菌→冷却→成品

2．原料处理

（1）选用成熟良好而不过熟的果实，除去腐烂变质果。

（2）将原料清洗干净，晾干待用。

（3）配 15%的氢氧化钠液，果实与碱液比为 1∶1，煮沸，用量同果实重煮沸，先将果实投入煮 1—2min，待果皮变黑取出放入清水槽中，边冲边去皮（碱液可反复使用数次）。待去皮完后立即投入 0.1%的盐酸溶液，浸泡 1min，取出后冲洗 1 次，将去皮的果实投入沸水中煮 2min，捞出送入打浆机打浆。

3．煮制

果浆 100kg，白糖 100kg，在不锈钢夹层锅内煮制，食糖分 3 次加入。煮至果酱粘稠，有光泽，可溶性固形物达 65%，温度上升至 104—105℃，即可出锅装罐。

4．装罐密封

趁热装罐，采用真空封罐机密封，抽真空 20kPa。然后放在 70℃的水中，升温 5min，100℃下杀菌 25min，然后进行分段冷却。

（二）羊奶果酱

羊奶果又名蜜花胡颓子，果实产量高，栽培容易，属半野生状态的木质藤本植物。果实营养丰富，含高酸、高果胶，是亚热带水果，当地人民膳食是极好的果酱原料。

1. 工艺流程

原料⟶挑选⟶洗涤去皮⟶预煮⟶去核⟶打浆⟶煮制⟶装罐⟶排气密封⟶杀菌⟶冷却⟶成品

（去核↓果核⟶榨油）

2. 原料处理

(1) 选用成熟良好而不过熟的果实，色泽鲜艳，除去腐烂变质果。

(2) 将原料清洗干净，稍晾干待用。

(3) 将晾干原料投入沸水中热烫 30s，取出去皮，或不去皮。

(4) 将去皮或不去皮的果实放入不锈钢锅内，稍加水不致使锅底果实焦糊，挤出核。

(5) 将挤去核后软烂原料，送打浆机再粉碎使其质地均匀。

3. 煮制

将打好的果浆 100kg，配食糖 100kg（最好为精制红糖），分 3 次加入，在加热过程中要不断搅拌，以免锅底焦糊，煮至果酱粘稠具有鲜红半透明状，可溶性固形物 65%以上，温度上升至 104—105℃时，出锅装罐。

4. 装罐密封

趁热装罐，放入热水槽内，让其罐中心温度 75℃时封罐，放入沸水中消毒 20min，然后分段冷却。

（三）草莓酱

1. 工艺流程

原料选择⟶洗涤⟶去杷去萼片⟶配料⟶加热浓缩⟶装罐与密封⟶杀菌与冷却⟶验质⟶成品

2. 原料选择

草莓必须新鲜，8—9 成熟，皮红色部分占果实表面 70%以上，无霉烂、病虫害、僵果及死果，宜采用含果胶量与含酸量多，芳香浓郁的品种。

3. 原料处理

将选好的草莓倒入流动水中，浸泡 3—5min 后，小量分装于有孔筐中，在流动水中或在通入压缩空气的水槽中淘洗干净，拧去蒂杷，除净萼片。

4. 煮制

将 100kg 处理的草莓，加砂糖 115kg，柠檬酸约 0.3kg，按配方将草莓入锅，并加入一部分糖液（为配方量的 1/2）。适当搅拌，加热充分软化，加入另一半糖液，加柠檬酸，加 0.04%山梨酸，加热浓缩至可溶性固形物达 66.5%—67%时出锅。另一方法是：采用真空浓缩。将草莓与糖液抽入真空浓缩锅中，控制锅内真空度达 46.7—53.3kPa，加热软化 5—10min，然后将真空度提高到 80kPa，浓缩至酱体可溶性固形物达 60%—63%，加入已溶好的柠檬酸，继续浓缩至浆体浓度 67%—68%，关闭真空泵，破除真空，并把蒸汽压力提高到 2.5kg/cm^2，继续加热至酱温度达 98—102℃，停止加热，然后出锅。

5. 装罐密封

果酱趁热装入经过消毒的罐中，每锅酱须在 20min 内装完。密封时，酱体温度不低于 85℃，放正罐盖拧紧，若装罐时酱温较低需再行杀菌。

6. 杀菌、冷却

封盖后投入沸水中杀菌5—10min，然后经冷水冷却至罐温达35—40℃为止。

（四）什锦果酱

将苹果洗净，去皮，切半，去籽。将处理好的果肉100kg，加水20—25kg，煮沸30min，再以筛板孔径1.2及0.6mm的打浆机分别进行打浆。将山楂洗净，按果重1kg加水3kg，在双层锅中加热，保持微沸至汁液浓度达5%时，出锅滤出汁液备用。将桃洗净，按桃肉100kg，加水20—30kg，煮沸半小时，再以筛板孔径1.2及0.6mm的打浆机，分别打酱备用。将桔子用90℃热水烫约1min，剥皮、分瓣、洗净。以筛孔径为1.2及0.6mm的打浆机打浆。将砂糖50kg、苹果酱29kg、橘子浆10kg、桃子浆10kg、山楂汁4kg，另加柠檬酸40g、胭脂红5g充分混合。在真空浓缩锅内（真空度80kPa，温度约65℃）加热浓缩，至酱体可溶性固形物达63%，吸进色素液并使锅内真空度降低，温度逐渐升高。至酱温达到100℃，可溶性固形物达63%时，出锅装罐。装罐密封时保持温度高于90℃，并在100℃下杀菌。净重340g的罐升温3min，沸水中保温杀菌10min，净重630g的杀菌15min。然后进行分段冷却。

二、果泥、果糕的加工技术

（一）枣泥

选出霉烂果，用水洗净，加入为枣量40%—50%的水煮至果肉软烂，捣成糊状用铜筛过出果肉，除出皮核。100kg果肉加糖50kg，煮至沸点107℃，取出冷却即可。

（二）山楂糕

1.原料选择

选用新鲜、无病虫害，8—9成熟的山楂果。

2.原料处理

将合格的山楂果除去果梗和萼片，洗净，放入不锈钢锅内，加相当于原料重量80%的清水，煮沸半小时左右，使山楂果变软。捞出待冷却后，用马尾罗筛边揉搓边过滤，滤下的果泥称其重量。

3.煮制

按称重果泥的60%加入砂糖，先用旺火煮至温度达100℃，再改用小火煮至105℃左右，即可出锅。倒入凉盘内盛装3—4cm厚，冷凝成山楂糕。再切成小块，用玻璃纸包装即成或者趁热装入玻璃罐内密封杀菌。

（三）羊奶果糕

1.原料选择

选果型肥大、肉质肥厚的新鲜奶果，8—9成熟的，挑出霉烂及软烂、病虫果实。

2.原料的处理

（1）将选好的原料用清水洗净，漂去果皮上的细小鳞片，晾干。然后，用沸水烫1—2min，即可剥皮。加入果实重量1/4的清水，大火煮制果肉软烂，果肉与核自然分离，出锅去果核，即进行打浆备用。未去皮者边揉边过筛，除去核与果皮。滤出果泥备用。

（2）白芝麻掏洗干净，晾干。用微火炒香，防止焦糊，留用。

3.煮制

将备好的果泥称重，加入为果泥重量50%的红糖，加热煮至105℃，或可溶性固形物65%以上，出锅。倒入白瓷盆盛装5—8mm厚，上面撒一层炒香的白芝麻。入烤房在55—

60℃温度下，烘至不粘手，取出冷却后切成小块，用玻璃纸包装。成品深红色半透明，有柔韧性。酸、甜、香适口，是一个很有前途的小食品。

三、果丹皮的加工技术

（一）以山楂为原料的果丹皮

果丹皮多采用含酸量和含果胶量较高的山楂为原料。将果实经过预煮、打浆、过筛以后，加入为果浆10%的糖，加热浓缩成稠泥状。也有用与含糖量较高的柿子、枣等混合，不另行加糖，经浓缩后取出，均匀地摊于白布或烘盘上，厚度约为0.5cm。送入烘房，干燥至具有韧性的皮状时，取出，在布的反面洒水，即可将果丹皮揭起，再放在烘盘上烘去其表面的水分，即成成品。如将果泥在玻璃板上，可1次烘干即成。以上成品可以直接销售，也可在成品上撒一层砂糖，卷成小卷，再切成小段或小片，用透明玻璃纸或塑料小袋包装出售。

（二）利用下脚料制作果丹皮

果品加工过程中的下脚料较复杂，有制作罐头剩下的下脚料；有榨汁的果渣；有制作果脯的下脚料等。这些下脚料均可以利用制作果丹皮。利用下脚料加工制作果丹皮需要掌握的关键因素，就是原料中的果胶含量，如果果胶含量低，还要补加果胶粉，方可制得果丹皮。

下脚料制作果丹皮的关键技术：

1. 下脚料比例：原果60%（苹果属的果实均可），下脚料40%，要求含糖平均为30%。

2. 软化、打浆：将原果和不同类型的下脚料分别软化，打浆。

3. 配料：按比例将果浆混合，添加淀粉2%—5%，果胶粉0.3%—0.5%，并且充分搅拌均匀。

4. 浓缩：具体制作是：先将果酱倒入锅中，淀粉用冷水调匀倒入锅内搅拌均匀，再将果胶粉溶解倒入锅内，然后将全部物料拌匀并加温浓缩至粘稠状为宜。

5. 刮片、烘烤、揭皮子：将浓缩至终点的酱迅速出锅，把适量的酱倒入模具，用刮板均匀刮平，为3mm厚，送入烘房，在65—75℃的温度下烘烤8h左右，以不粘手、不干、不湿为宜。出烤房趁热揭皮子，揭起后，按包装要求切片或切条，进行包装。

（三）果酱制作果丹皮

1. 果酱制作果丹皮的优点

(1) 果酱是经过浓缩制作而成，压缩了存放容器，减少了非生产性投资。

(2) 在果品采用季节，可以廉价收购残次水果，集中加工贮存，能大幅度降低原料成本。

(3) 贮存果酱可以利用生产淡季，延长生产期，提高设备利用率。

(4) 以果酱贮存，可以避免原料在贮存过程中的损失。

2. 制作果丹皮的关键技术

果酱是一种含糖较多的果制品。果酱在生产过程中，经过较长时间的高温蒸发脱水，胶凝力降低。因此，在制作果丹皮时还需分析、补充原料。

(1) 配料：果酱含糖总量50%以上（以折光计）。辅料占果酱的比例，淀粉为8%—10%，果胶粉为0.4%，柠檬酸0.2%。

(2) 辅料准备：分别称取辅料，淀粉用面箩筛出结块和杂质，后用冷水调匀；果胶粉用温水溶解；柠檬酸用热水溶解。备好后，待用。

(3) 混合预热排气：果酱倒入锅内，将淀粉、柠檬酸倒入锅内与果酱迅速搅匀，加温驱出混入空气，此时，再将溶解的果胶粉倒入果酱内充分搅拌均匀。

(4) 刮片：刮片的果酱稀稠要适宜，太稠烤制的皮子就厚，太稀烤制的皮子就薄。如果果酱太稠，可以用热水调稀，一般 10kg 果酱调稀后可刮 500mm×360mm×3mm 片约 22 块。

四、果冻、马末兰的加工技术

（一）西蕃莲冻

1. 工艺流程

原料──→挑选──→清洗──→切分──→挖瓤──→瓤汁过滤──→果汁澄清──→加糖浓缩──→
{摊于浅盘冷却──→切块包装
{装罐──→密封杀菌──→罐头

2. 原料选择

选新鲜饱满的果实，除去病虫害及腐烂果实。

3. 原料处理

将果肉去柄、枝叶，果实用清水洗净，如果皮上有霉菌附着，应用 0.03%的过氧乙酸液或用 0.02%的高锰酸钾溶液浸泡 10min，进行消毒，捞出后用消毒水漂洗 3 次。将果实对切，用不锈钢的小勺掏出果瓤及种子，果皮放入亚硫酸氢钠的溶液浸硫后，加工蜜饯。掏出果瓤进行压滤，使其果汁与种子分开。果汁中含果胶及酸分较高，不需调整果胶。如制透明果冻，果汁用蛋清澄清（以 100kg 果汁用蛋 4—6 个）约 24h 后取上层清液，调 pH 值至 3—3.2。

4. 浓缩

调整好的 pH 果汁放入夹层加热 3—5min，让其挥发部分水分，加入为果汁重量 60%—65%的砂糖，充分搅拌。待温度升至 104℃，或将煮制果汁滴于小刀上，马上结冻时，迅速起锅，倒于浅瓷盘中。整个煮制过程不得超过 20min，否则果胶水解不能凝胶。

5. 包装

(1) 起锅后倒入浅盘，果冻冷却后切块包装或有特制塑料小盘也可进行包装。

(2) 起锅后迅速装罐，密封杀菌，冷却即成罐头。

西蕃莲果冻具有优良的质地、光滑、柔韧、有浓郁的芳香味和鲜艳的色泽。尤其用不澄清的果汁制出半透明的果冻，其色、香、味更优于上者，保持了特有的天然风味。

（二）毛叶枣冻

毛叶枣是枣属植物，是近几年来从缅甸引进的一个栽培品种，其耐旱、耐脊薄、产量高、抗病虫害。果实含果胶量高，含酸量较低，营养比一般家生果实丰富。生食脆嫩，酸甜适中，成熟季节为水果淡季。果实较耐贮藏，具有良好的加工性能。

1. 工艺流程

原料──→挑选──→清洗──→切碎──→预煮──→榨汁──→澄清──→果汁调配──→加糖煮制──→冷却──→切块──→包装──→成品

2. 原料选择

选新鲜饱满而绿色果实，除去陈果、红色果、病虫害果及霉烂、腐败变质果。

3. 原料处理

将原料用清水洗净，用刀子切碎。用2倍的水煮制果肉软烂，一般30min左右。再将果汁渣浸泡24h，取出后滤取汁。汁液需进行pH值调整。

4. 煮制

将调配好的果汁，选行浓缩4—5min，加糖为果汁重量的60%—65%。充分搅拌，迅速加热，当温度上升100℃以上，用木棒滴一滴在小刀上，如冷却凝固则马上出锅，加少许香精，倒入浅盘中冷却，待冷却后切块，用塑料袋包装。

毛叶枣果冻，呈乳白色透明、光滑、柔韧、酸甜适中、色泽较淡。如能与西蕃莲果汁配煮，就可不加香精和色素，具有独特风味。

（三）大千生冻

大千生属茄科草本植物，它的种子含低甲氧基果胶非常丰富。是西南几省夏天重要的冷饮原料之一。成品叫木瓜粉（云南），冰粉（四川），其加工方法简单易行，但要注意加工过程中的清洁卫生。

1. 工艺流程

原料──→果实晒干──→揉出种子──→清除皮壳泥砂──→果汁或消毒水揉搓种子──→汁液──→汁液调整（糖、香、酸）──→加凝胶剂──→无色透明果冻──→切块──→成品

2. 原料处理

(1) 将黄熟半干的大千生果实采回晒干，当果皮脆时，揉搓出种子，除去种子的杂质及泥砂，备用。

(2) 用生石灰配成25%的溶液，不断搅拌2—3min后，让其沉淀取上清液过滤备用。用明矾也可。

3. 制作

(1) 将处理的种子，称量为消毒水的3%—4%，用消毒好的砂布袋子装好种子，扎好袋口，放入消毒水中不断揉搓种子，不断搅拌消毒水。让种子吸水后将大量的果胶溶于水中，大致揉搓10—15min左右，水液变得很稠时，加入备好的石灰水（为总量的4%—5%），搅拌均匀后稍停即成果冻。切块在市场上称量出售。购者用红糖冷开水加入果冻，打碎即饮，是夏天很受欢迎的一种冷饮。

(2) 用果胶含量较低的任何果汁，加大千生果胶制出美味、营养丰富的果冻。将果胶含量极低的香味较强的果汁，加入30%—40%消毒水，调至pH值6—7，加入过滤后的75%白砂糖溶液，为总重量的25%—30%。然后按溶液的总重量称取3%的大千生种子，装入已消毒好的砂布袋中，扎紧袋口，不能让种子漏出，布袋装种子要宽松些，使每粒种子都能接触溶液，最大限度的让果胶都溶解出来。将种子放入配好的溶液中，揉搓10—20min，使浓液浓度变稠后，加入0.04%的山梨酸搅匀，加入备好的石灰水4.5%。搅拌均匀后，立即倒入备好已消毒的塑料容器中，密封。在整个生产过程中，因没有加热过程，都是常温操作，故要特别注意车间、生产工具、生产人员的卫生工作，以防产品污染。

（四）野香椽马末兰

野香椽是芸香科柑属的一个野生种，在亚热带及温带个别地区生长的小灌木。果实产量高，香味特殊，浓郁。比柑橘、甜橙香味甜润、柔和。果实含有丰富的果胶和酸分，含汁率达80%以上。原料来源广，价格低廉，是做马末兰的优质原料。

1. 工艺流程

果皮──→处理备用

野香橼──→去皮──→榨汁──→汁液调配──→浓缩──→装罐与密封──→杀菌冷却

2. 原料选择

选橙黄色、香味浓郁、成熟的野香橼果，除去霉烂、变质果。再选甜味较浓的成熟橘子，量为野香橼的30%。

3. 原料处理

(1) 将选出的果实用清水洗净，野香橼纵切成8开或4开。完整的剥下外皮。将橘子剥去外皮。

(2) 果实送入压榨机榨出果汁，经过滤澄清，果肉渣加入适量水搅拌加热30—60min，抽出果胶液，经过澄清与上述果汁合并，备用。

选用野香橼橙黄色无斑点的外果皮，并用刀切去内面的白皮层，再切长20—25mm，厚约为4mm的条片。

果实条片用5%—7%食盐水煮沸10—20min，或用0.1%的碳酸钠溶液煮沸3—5min，流动水漂洗1h左右（以具有适宜苦味及芳香味为佳），离心去水。此项操作对产品风味好坏是个关键，应严格把好关。

将处理好的果条片用50%的糖液加热沸腾，浸渍过夜，再加热至可溶性固形物达65%，出锅备用。

4. 浓缩

将处理好的果汁进行酸、果胶含量的测定。如达不到果胶含量1%以上，pH3—3.2时应进行调整到标准，一般果胶不够加果胶粉，差多少补多少，pH值低可用氢氧化钠溶液调整，pH值高用柠檬酸液调整。

调整后的果汁放入开口锅或真空浓缩锅均可，浓缩前加65%的砂糖，加32%—40%的糖渍果皮液。搅拌均匀，开始浓缩至可溶性固形物达66%—67%出锅。

5. 装罐与密封

使温度达到85—90℃时，趁热装罐，严防污染罐口，迅速加盖密封。注意装罐时搅拌，果皮与糖液搭配均匀。

6. 杀菌与冷却

杀菌后进行分段冷却。为防止果皮条上浮应搅拌均匀后装罐，冷却宜倒放，使果皮均匀的分散在果冻中。

7. 将浓缩好的酱体不进行装罐，起锅前加0.04%的山梨酸搅匀，起锅后，直接倒入浅盘内冷却，然后切成小块状，用玻璃纸包装。

第四篇　食　品　罐　藏

第十八章　食品罐藏的基本原理及发展历史

自古以来，食品的贮藏一直采用腌制、干制和烟熏等方法，从而达到长期保存的目的。但象水果类，要保留水分贮藏是非常困难的，罐头的出现可以使其保存下来而不损坏其原果的风味，这对人们保藏食物具有重大的意义。

第一节　食品罐藏的基本原理

罐藏食品，即先把整理好的原料连同辅料（盐水、糖液等）密封于气密性的容器中，以隔绝外界空气和微生物，再行加热杀菌，使内容物达到“商业无菌”状态，且维持密封状态，防止食品继续感染，借以获得在室温下较长时间的贮藏。所以，凡是密封容器包装，并经加热杀菌保藏的食品，都称为罐藏食品。习惯上称之为罐头。在日本称罐诘，美国称 Canned－Food，英国称 Tinned Food，法国称 Cosene，德国称 Steriliserten Buchsen，意大利称 Conserva。

第二节　食品罐藏的发展史

我国劳动人民对密封热处理保藏食品的可能性早已有所研究和应用。宋朝朱翼中著《北山酒经》（1117 年）曾提到瓶装酒加药密封、煮沸，再静置在石灰上贮存的方法。

罐藏食品的正式出现，始于法国。由于战争的需要而产生。大家公认阿培尔（Nicholas Appert）于 1809 年发明了该食品保藏方法——用沸水煮，严格密封瓶装的各种食品，能长期贮存，曾被称为阿培尔技艺，获得政府重奖，并于 1810 年首次发表了罐藏专著。

阿培尔虽然发明了罐藏技术，但对食品腐败变质的科学原理没有足够的认识，故在以后的半个世纪内，技术上改进缓慢。直到 1864 年路易斯·巴斯德（Louis Pasteuz）证实饮料酒和啤酒的变质起因于微生物的生长繁殖，从而打破了长期的“自生”学说的束缚，找到了真正败坏的原因。1895 年拉萨尔（H. L. Russel）发现青豆罐头的爆裂是杀菌后残存的产气菌活动的结果。1897 年普雷斯科德（S. C. Prescott）和安德伍德（W. L. Vnderwood）在罐藏青豆内接入各种腐败菌，发现有些菌的抗热性比另一些强，这就需要更高的温度（如 115.6℃）才能杀死。1920 年鲍尔（C. Olin Ball）经不断研究，积累了微生物耐热性和罐藏食品传热性的资料，提出了用数学方法确定罐藏食品的合理杀菌温度和时间的关系，从而使得杀菌有了科学的方法和依据。

由上可知，罐头技术的提高，是汇集了多学科多部门的研究成果，才发展成为食品工业中独立的重要的一部分。

目前，罐藏工业正在向机械化，连续化，自动化方向发展，容器也由以前的焊锡接缝罐变成电阻焊接缝罐，层压塑料蒸煮袋等。70年代末，世界罐头年产量约4000万吨，其中果品和蔬菜罐头占70%以上，主要的生产国有美国、原苏联、日本、澳大利亚、南非、德国、英国、意大利和加拿大等。其中美国产量最高，约占一半。世界罐头的年产量若按500g瓶装的规格折算，平均每人每年消费20多罐。罐头品种约有2500多种。随着科学技术的发展和人民生活水平的提高，罐头工业将会有更大的发展。

我国的罐头工业始于1906年，由欧美一些国家传入，在上海泰丰公司开办了第一家罐头厂。以后，沿海各省先后兴建罐头厂。但发展较慢，生产落后。建国后，在党和政府的领导下，罐头工业从小到大。特别是近10年来，得到了很快的发展。到1986年底列入国家和各省市（区）计划的厂家已有200多个，年产量达164.1万吨，其中出口达60%以上，产品品种300多种，销往世界100多个国家和地区。果蔬罐头的重点品种如芦笋、竹笋、黄桃、菠萝等的质量达到国际水平。预计到2000年我国罐头工业年产量将达200万吨以上。罐头工业是我国食品工业中一个比较重要的部门，在不断满足人民生活的需要，出口创汇方面，将随着我国现代化建设的进行而有更大的发展。

第三节　罐藏食品的特点

罐藏食品与其它食品相比，有其独特之处：

第一、罐头食品可直接食用，它的食味基本上能保持原有的风味和营养价值，并且有些罐头风味胜于鲜果，如菠萝罐头、板栗罐头等。

第二、罐头食品可在常温下保藏，加工良好的可保存1—2年不坏，是军需、旅游、航空、航海和野外工作优良而方便的食物，且能常年供应市场，不受季节影响。在国外罐头食品已成为人们的日常食品。

第三、罐头食品装潢美观、大方，可以随处陈列展销，无需冷藏，而且有相当长的货架寿命。

第四、由于密封于容器中，不受外界环境的影响和微生物的感染，便于携带，便于运输。

第十九章 罐藏容器

封装罐头食品的一切容器叫做罐藏容器。罐头食品能够长期保存，所用的容器起着重要的作用。而容器的材料更是关键。我国的罐头食品厂一般都有生产罐头食品容器车间。本章主要介绍罐藏容器和空罐制造以及空罐制造的主要设备。

第一节 罐藏容器的性能和要求

为了使罐藏食品能够在容器内保存较长时间，并且保持一定的色、香、味和原有的营养价值，同时又适应工业化生产，这要就对罐藏容器提出了一定要求。

一、对人体无毒害

罐头食品含有糖、蛋白质、脂肪、有机酸、食盐等成分。作为罐藏容器的材料与食物直接接触，又需要较长时间的贮存，因此，要求容器与食物相互不应起化学反应，不危害人体健康，不给食品带来污染而影响风味。

二、具有良好的密封性能

食品的腐败变质，大多是因为自然界中微生物侵染，促使食物分解发酵所致，如果容器密封性能不好，会使杀菌后的食品重新被微生物污染造成腐败变质，因此，容器必须具有良好的密封性能。使内容物与外界隔绝，防止外界微生物的再次浸染，才能确保食品长期贮存。

三、具有良好的耐腐蚀性能

罐头食品含有有机酸及某些人体必须的无机盐类，有些物质则在生产过程中发生化学变化，产生具有一定腐蚀性的物质。另外，罐头食品在长期贮存过程中食物与容器接触也会发生缓慢的化学变化，致使罐藏容器受到腐蚀，因此，罐藏容器必须具有优良的抗腐蚀性能。

四、适合于工业化的生产

要求罐藏容器能适应工厂机械化和自动化生产，质量稳定，在生产过程中能承受各种机械加工的冲压，材料资源丰富，成本低廉。

五、具有一定的机械强度

罐藏食品大多需要远程运输，在搬运、装卸等过程中难免不受到一定的震动和碰撞，这就还需要具有耐一定的震动和碰撞，能保持原来的结构和形状，不易破损和碎裂的性能。

六、要求罐藏容器体积小、重量轻、便于运输、方便启封、便于食用

第二节　罐藏容器的种类及特点

一、罐藏容器的分类

常用的罐藏容器，按照制作材料的性质，目前生产上分为两大类。

（一）金属罐

当前使用最广泛的是镀锡薄钢板罐（又称马口铁罐）。此外，还有铝罐、镀铬薄钢板罐等。

（二）非金属罐

主要是玻璃罐。此外，还有塑料罐，纸质罐，陶瓷瓶罐等。

现将罐藏容器种类列表如下：

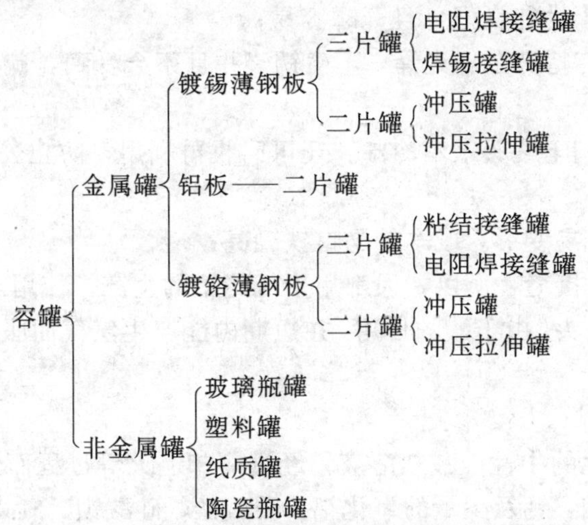

空罐按外形分：有圆形罐、方罐、椭圆罐、梯形罐和马蹄形罐等。其中圆形罐用量最多，最广泛。

二、空罐使用材料及特点

（一）镀锡薄钢板

镀锡薄钢板是一种表面镀有锡层的低碳薄钢板。薄板经酸洗、溶剂处理后浸入加热熔融的锡槽中进行镀锡后制成的叫做热浸锡薄板。经过酸洗后通过电解槽在电解质的接触作用下进行镀锡后制成的叫做电镀锡薄板。目前，电镀锡钢板基本上已取代了热浸锡钢薄板。电镀锡薄钢板镀锡层均匀，耗锡量少（较热浸法少 2/3)，且成本低，效率高，所以，应用广泛。其特点：

1. 具有良好的耐腐蚀性、延展性、刚性和加热性能，适合大规模的机械化生产。

2. 易弯曲、成型、焊接、密封，易印涂，表面光洁，价格便宜，质轻，携带方便，较同容积玻璃罐轻 2/3 以上，热传导率高（$\lambda=62.8W/(m^2\cdot k)$），比玻璃大 80 多倍，遇剧冷、剧热变化，不易破裂。

3. 缺点：锡、铁易溶解，易生锈，易使含蛋白质较高的食品变黑。

（二）镀铬薄钢板

镀铬薄钢板是将铁皮轧至一定要求的厚度后，经电解、清理、水洗、酸洗等处理后在镀铬槽中电解镀铬，再经化学处理、水洗、热风干燥、涂油制成。属非镀锡型制罐材料（简称 TFS）其特点：

1. 节省锡资源。因锡价格昂贵，故降低成本；

2. 涂料后，涂膜牢固，抗腐蚀性能优于镀锡薄钢板涂料。

3. 缺点：不能焊锡加工，必须采取粘接法或高频电焊熔接法接罐身，所以，对制空罐机械要求条件高；外壁易生锈，尤其是卷边处较为严重。因此，镀铬薄钢板一般多用于空罐的底、盖和冲拔罐。

（三）铝板

铝板也叫铝箔，即铝合金薄板。是铝、锰、镁等金属按一定比例混合，经冶炼、压延、退火制成。一般用于冲拔罐和易开罐。其特点：

1. 质轻便于运输，不含铅，无毒害；

2. 易于成型，加工性能良好，且开罐容易；

3. 抗空气腐蚀，有特殊金属光泽，不生锈，并且不会受到含硫产品染色，对光的反射率大，利于食品保存；

4. 导热率高，有利于罐头杀菌冷却。还可回收再利用，防止公害与节省资源。

5. 缺点：

（1）质地强度低，易变形。成本较马口铁罐高；

（2）不便于焊接法接缝，所以，大都用于无缝罐的生产，使用寿命不及马口铁罐；

（3）水果等高酸罐头，由于酸的作用，在短期内能产生氢气而胀罐，不适应强酸、强碱、盐含量高的食品。

（四）玻璃罐

玻璃是由加热熔化的中性硅酸盐溶液，经过冷却退火等过程而形成的。供食品玻璃罐用的原料主要是硅酸钠，钙及少量的氧化铝、硼酸盐、硅酸钡、氧化铁、氧化镁等混合物，原料的成分影响玻璃的性质和色泽。玻璃罐的特点是。

1. 透明、美观。可见罐内食品的色泽、形状，便于消费者选购；

2. 化学性质稳定，内壁不会被腐蚀，能较好地保持食品原有的风味；罐头贮藏期间无重金属等有害物质污染；

3. 原料丰富，且可以重复使用，成本低；

4. 硬度高，不变形，便于制成各种形式，能保持良好的密封。

5. 缺点

（1）重量大，约为同体积铁罐的 4 倍，运输携带不便；

（2）机械强度差，极易破碎，加热杀菌、碰撞、热震及剧冷都较易引起破碎；

（3）玻璃的导热系数约为铁的 1/60，为铜的 1/1000，同时，它的比热也大，所以杀菌操作时升温时间长，影响食品质量。

玻璃罐（瓶）在罐头工业上使用最早，应用也很广泛，有些国家使用玻璃罐还相当广泛，我国罐头工业上使用玻璃罐也为数不小。目前玻璃罐正向薄壁、高强度发展，新的瓶型不断问世。工业发达国家卫生部门已正式规定婴幼儿食品只能使用玻璃罐。

（五）软包装（蒸煮袋）

用复合塑料薄膜（塑料薄膜与铝箔的复合薄膜）制成的罐藏容器称为软包装容器，这在罐藏容器革新上又前进了一步。这种运用复合塑料薄膜包装食品，经高压杀菌（100℃以上的湿热）达到商业无菌后，能长期保存，叫做软罐头或软包装。

软罐头食品的探讨与研究（以美国为首）始于50年代，瑞典是世界上最早生产和销售软罐头食品的国家。但是作为商品化、规模性生产的则以日本、欧洲和加拿大为盛。美国于70年代获准在军队中使用软罐头食品。软包装的优点很多，受到人们的欢迎，发展非常快。

1. 软包装的优点

(1) 杀菌（在沸水中进行）方便，食品受热时间短，有利于色、香、味的保存；

(2) 包装和封口简便牢固，开启方便。同时，重量轻、体积小，可为军队、航空、航海和旅游人员提供方便食品；

(3) 质轻而软，落地不易撞损，破碎率远低于玻璃罐，抗腐蚀性能高于金属罐；

(4) 原料丰富多样，生产、运输、贮存便利，适于各种食品的包装；

(5) 具有良好的避光、防透气、防透水性能，能耐热封。

2. 缺点：软包装的强度不及金属，化学性能不及玻璃，此外，由于目前缺乏高速罐装的机械设备，所以生产效率低。

第三节　空 罐 制 造

我国罐头食品厂中的空罐制造，主要是生产金属罐。非金属罐则由专门厂家生产。

在金属罐中，由于镀锡薄钢板具有独特优点，至今仍广泛用于制成罐藏容器。世界各国钢铁企业生产的镀锡薄钢板有半数以上用于制造空罐。故此，本节主要介绍以镀锡薄钢板为材料的金属圆罐的制造及其主要机械设备。

一、马口铁罐（简称铁罐）的制造

（一）镀锡薄钢板的主要结构

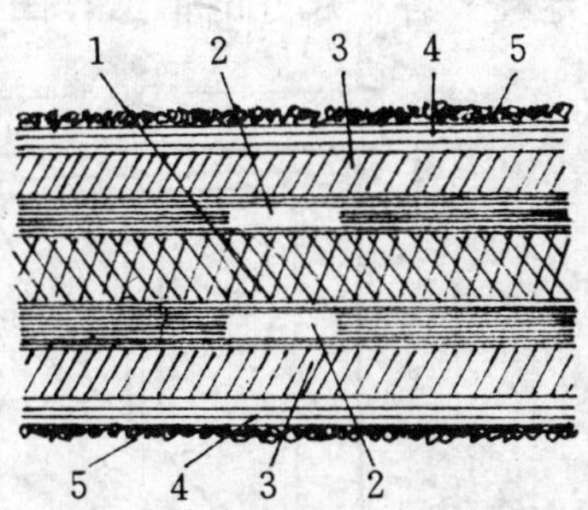

图4—1　镀锡薄钢板结构示意图
1. 钢板基　2. 镀锡合金层　3. 锡层　4. 氧化膜　5. 油膜

马口铁罐是由两面镀锡的铁皮（所以叫做镀锡薄钢板，简称镀锡板或镀锡薄板，俗称马口铁）制成。这种罐表面上的锡层能够经久地保持非常美观的金属光泽。锡有保护钢基免受腐蚀的作用，即使有微量的锡溶解而混入食品内，对人体几乎不会产生毒害作用。准确地说，镀锡薄钢板可分为5层如图4—1，中间为钢基层，厚度一般可达0.2mm左右；在钢基层的上下各有一层镀锡层，热浸镀锡薄板锡层厚度约为1.5—2.3×10^{-3}mm（22.4—44.8g/m^2），电镀锡薄板锡层厚度约为0.4—1.5×10^{-3}mm（5.6—22.4g/m^2），两者之间存在有锡铁合金属或$FeSn_2$层，厚度可达1.3×10^{-4}mm左右（热浸镀锡薄板5g/m^2，电镀锡薄板低于1g/m^2）两面镀锡层的面上还有一层氧化膜和一层油膜，其厚度一般为10^{-6}mm左右（热浸镀锡薄板面层各有3—5c（库伦）/m^2和2—5mg/m^2）。在电镀锡薄板面上氧化层内通常还有含铬的钝化膜（金属铬和氧化铬）存在，含量为 0.4—0.6μg/cm²。镀锡薄板厚度，镀锡量规格见表 4—1、表 4—2、表 4—3、表 4—4。

表 4—1　我国热浸镀锡薄板厚度规格表

钢板编号	16	18	20	22	25	28	31	35	38	42	46	50
厚度（mm）	0.16	0.18	0.20	0.22	0.25	0.28	0.31	0.35	0.38	0.42	0.46	0.50

表 4—2　国际镀锡板常用规格

1b/基箱	厚度（mm）	1b/基箱	厚度（mm）
70	0.196	90	0.251
75	0.211	95	0.267
80	0.224	100	0.279
85	0.239	107	0.300

表 4—3　我国热浸镀锡薄板镀锡量规格

镀锡量等级	二面的镀锡量（g/100mm³）	相当于国外以 1b/基箱表示的镀锡量
A	0.40～0.48	1.79～2.05
B	0.30～0.40	1.34～1.79
C	0.20～0.30	0.89～1.34
D	0.15～0.20	0.57～0.89

表 4—4　国际上镀锡薄板镀锡量的规格

1b/基箱	二面镀锡（g/m²）	每面镀层厚度（mm×10⁻⁴）
0.25	5.6	0.385
0.50	11.2	0.770
0.70	15.6	1.150
1.00	22.4	1.54
1.25	28.0	1.92
1.50	33.6	2.31
2.00	44.8	3.08

（二）空罐制造工艺及主要设备

1. 镀锡薄钢板圆罐的结构如图 4—2，图中 D_n 为罐内径，D_w 为罐外径，H_n 为罐内高，H_w 为罐外高。外径外高称为罐头的外围尺寸，这是作为确定罐头的运输工具、消毒器具、贴标机、装罐机、封罐机、包装箱等各种尺寸的依据；而内径、内高称为罐头的内围尺寸，是确定罐头容积尺寸的依据。图 4—3 为封盖切面图和罐盖结构图。

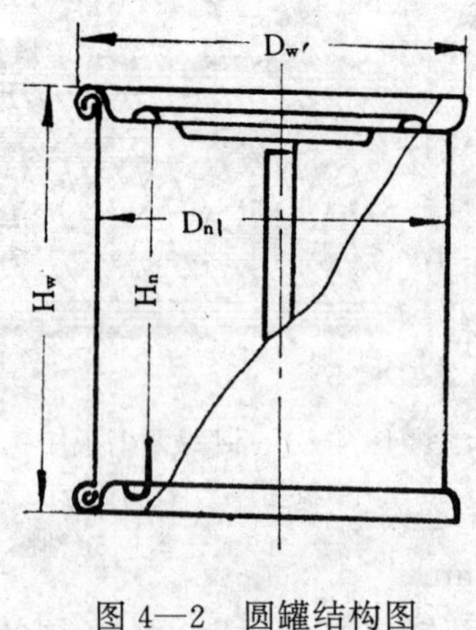

图 4—2　圆罐结构图

图 4—3　罐盖切面图

1. 橡胶衬垫物　2. 盖钩

3. 膨胀圈　4. 罐身

2. 空罐制造工艺流程

空罐生产的程序，从铁皮开始，分为两个流程，一条是罐身的形成，一条是罐底的冲压，最后会合上底。

按照制罐的机械化程度不同,空罐制造分为半机械化制罐流程和机械化自动制罐流程。

圆罐半机械化制罐流程：

圆罐机械化自动化制罐流程：高频电阻焊全自动空罐生产线工艺流程：

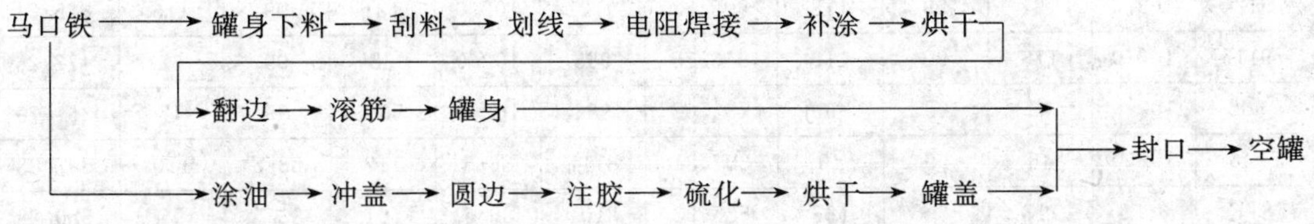

不管是半机械化、机械化或全身自动空罐生产，其罐身形成过程都可如图 4—4 所示。

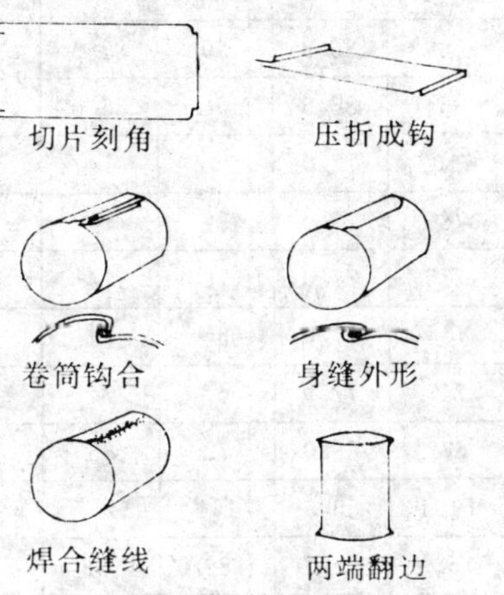

图 4—4　罐身形成步骤

3. 空罐制造主要工序分述：

(1) 马口铁皮的准备

马口铁在投产前要进行理化检验,检验合格才能使用。如果发现有锈斑、裂纹、沙眼、严重机械损伤、露铁等缺陷,或者发现涂印不好,有反面带料等缺点时,应予剔除或采取切选措施，对不影响质量的部分加以利用。只有选定合格的马口铁皮，才能保持制罐的质量。

(2) 罐形分类及规格

随着罐头工业的迅速发展,罐头容器的种类越来越多，目前食品工业使用的罐型和尺寸也是多而复杂，命名各有不同。一般的命名包括有外形的尺寸大小的内容。罐形如圆形，方形，椭圆，马蹄形等。尺寸大小则以罐身的直径和罐高为依据。我国轻工业部根据部定标准 GB221—76 对马口铁罐规定的各类罐型的分类编号及圆罐罐形规格见表 4—5、表 4—6。

表 4—5　我国罐形分类编号

类　别	编　号	类　别	编　号
圆　罐	按内径外高排列	椭圆罐	500
冲底圆罐	200	冲底椭圆罐	600
方　罐	300	梯形罐	700
冲底方罐	400	马蹄形罐	800

(3) 罐形容积计算

如何使一定净重的食品放入合适的空罐中去，就需要计算空罐的容积，所以，准确计算出各种罐型的容积十分重要。通常以空罐的内围尺寸计算容积。但考虑到罐头生产须留出一定顶隙以保持真空度，故此，下料时应予注意，一般可按下面的方法计算空罐容积：

圆罐：$V=\frac{1}{4}\pi D^2\times H_{内}\times 10^{-3}$

式中：V——容积 (cm^3)；　D——内径 (mm)；　$H_{内}$——内高 (mm)。

表 4—6　圆罐罐形规格

罐　号	成品规格标准（mm）				计算容积（cm^3）	罐　号	成品规格标准（mm）				计算容积（cm^3）
	外　径	外　高	内　径	内　高			外　径	外　高	内　径	内　高	
15267	156.0	267	153	261	4798.59	15234	156.0	234	153	228	4191.88
15173	156.0	173	153	167	3070.35	10189	111.0	189	108	183	1676.35
10124	111.0	124	108	118	1080.97	1065	111.0	65	108	59	540.49
9124	102.0	124	99	118	908.32	9121	102.0	121	99	115	885.24
9116	102.0	116	99	110	846.75	968	102.0	68	99	62	477.26
962	102.0	62	99	56	431.02	953	102.0	53C	99	47	361.79
946	102.0	46	99	40	307.81	8117	86.5	117	83.5	110	607.83
8113	86.5	113	83.5	107	585.93	8101	86.5	101	83.5	95	520.22
889	86.5	89	83.5	77	421.65	860	86.5	60	83.5	54	295.79
854	86.5	54	83.5	48	262.84	7114	77.0	114	74	108	404.49
7102	77.0	102	74	96	412.07	793	77.0	93	74	87	374.17
787	77.0	87	74	81	348.37	781	77.0	81	74	75	322.56
776	77.0	76	74	70	301.06	761	77.0	61	74	55	236.54
754	77.0	54	74	48	206.44	750	77.0	50	74	44	189.4
747	77.0	47	74	41	176.33	6101	68.0	101	65	95	315.23
672	68.0	72	65	66	219.00	668	68.0	68	65	62	265.73
5104	55.5	104	52.5	98	212.15	539	55.5	39	52.5	33	71.44
1589	156.0	89	153	83	1525.99	1561	156.0	61	153	55	1011.18
10141	111.0	114	108	107	9888.48	1398	133.0	98	130	92	931.59
7108	77.0	108	74	102	438.56	756	17.0	56	74	50	215.04
599	55.5	99	52	93	207.36						

(4) 马口铁罐的落料

从上下罐底之间量得的外高和空罐身卷边上量得的外径即罐头的外围尺寸，是确定包装尺寸的依据。求取外径高时应以卷边外围的最大部分为准，但须避开罐身接缝与卷边相交部位，内径的尺寸约为外径减去两个卷边的厚度（约减去 3mm）；内高的尺寸约为外高减去两个卷边的宽度（约减去 6mm）。

① 罐身板落料宽度

罐身板落料的宽度(H)，即该罐型卷边密封后的外高($H_{外}$)加上 3.5mm(内径为 153mm 的罐型为 4mm)。

②罐身板落料长度

就是罐身的身围。罐型不同，落料长度尺寸也就不同。

圆罐身板长度为内径乘圆周率加上 3 层折边展开宽度。

即：　　　　　圆罐身板长度＝π（D＋t）＋L（mm）

式中：D——内径（mm）；

t——铁皮厚度（mm）；

L——3 层折边展开宽度（一般为 7.6mm，153mm 内径的罐型为 7.9mm）。

③ 底盖落料尺寸

圆型罐底盖落料刀口尺寸是指内径加上经验系数求得。我国暂行统一罐型规定的圆罐底盖落料附加经验系数见表 4—7。

表 4—7 圆罐底盖落料附加经验系数

罐头内径（mm）	75 以下	75—100	101—150	150 以上
附加经验系数（mm）	16	16.5	17	17.5

实际生产时附加经验系数还与使用的铁皮厚度，密封垫圈（即橡胶）的性质及厚度等有关。所以上列数据仅供参考，实际应用时须根据其具体情况决定。

④ 罐盖底落料排列方式与铁皮的利用率

落料排列方式不同，铁皮利用率也就不同。如采用直行纵列并列排样如图 4—5。铁皮利用率只能限于 78.54%（例如 100mm 直径的圆面积应为：$1/4\pi D^2=0.7854\times(100\times100)=7854$（$mm^2$），它与 100×100mm 铁皮面积比应为 7854/10000×100%＝78.54%，再加上铁皮四周总要有少许裁余，利用率仅为 75%左右。但如果采用纵列交错排样如图 4—6 则利用率一般可达 78%—80%。

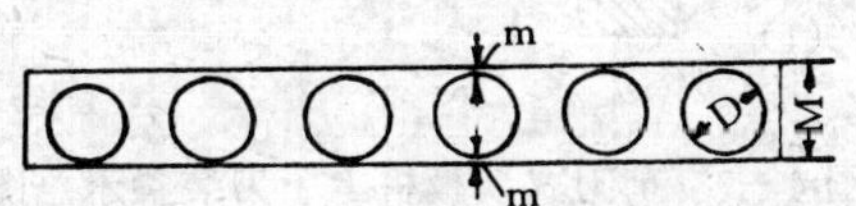

图 4—5 直行排样法

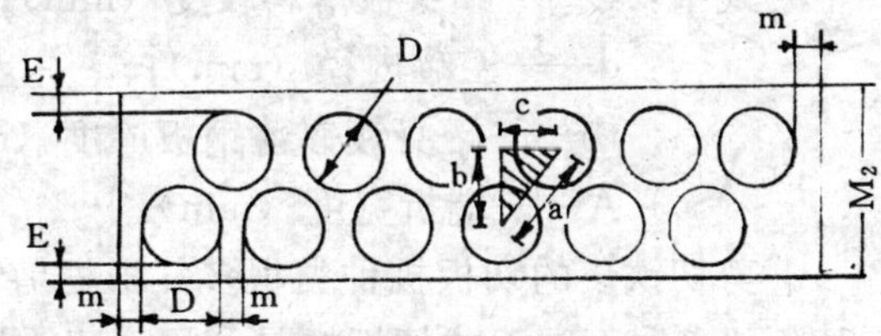

图 4—6 底盖交错排样法

由此可见，两行交错排样进一步节约了铁皮。在具体生产过程中横列和纵列的每两个冲眼之间必须要有相应的间距尺寸，以保持两个圆孔不致断裂，同时又防止冲缺和产生毛边。这种纵横排列间的间距须根据所用冲床设备及操作技术条件而定，一般约 0.5—1mm。在底盖落料时应将这种间距所需铁皮尺寸计算在内。

铁皮落料排样非常复杂，可将一个罐型的罐身排在一起落料，也可将一个罐型的罐身和底盖排在一起落料，还可在一张铁皮上将不同罐型和底盖混合排样等等。

总之要使铁皮利用率达到最理想的程度，又要便于加工，剪裁方便，做到既能节约铁皮，降低成本，又能提高生产率。

为了合理使用铁皮，提高它的利用率，在排样时可根据单独裁切一种罐身，还是罐身与罐底盖混合冲裁的实际情况进行计算。

单独裁切一种罐身时单张铁皮利用率计算公式为：

$$利用率=N(ab)/cd\times100\%$$

式中：N——每张铁皮裁切的罐身数；

ab——罐身板长度和宽度的乘积（mm^2）；

cd——铁皮的长度和宽度的乘积（mm^2）。

单独冲制一种底盖时单张铁皮利用率计算公式为：

$$利用率=M(1/4\pi D^2)/cd\times100\%$$

式中：M——每张铁皮冲制的底盖数；

D——底盖的直径（mm）。

罐身与底盖混合冲裁时单张铁皮利用率计算公式：

$$利用率=[N(ab)+M(1/4\pi D^2)]/cd\times 100\%$$

(5)剪切

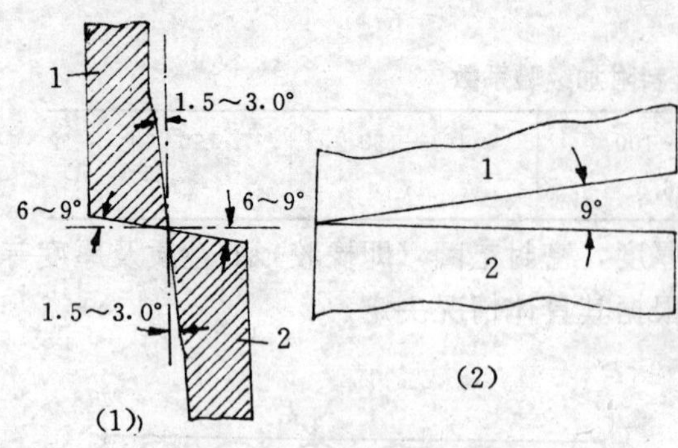

图4—7 剪刀式切板机上下刀装置示意图

(1)剖视图 (2)正视图

1.上刀 2.下刀

将选好的马口铁皮按照一定的排料图样用切板机制成符合落料尺寸的罐身板，具体规格如下：

罐身板的宽度(H)用罐型外高($H_外$)加3.5mm，公差±0.05mm，即：$H=(H_外+3.5)\pm0.05$(mm)

大圆罐可根据加强圈的形状适当增加宽度，即罐型外高加4.5—5mm。

罐身板长度为空罐内径与镀锡薄钢板厚度之和乘以圆周率加3层折边总宽度(雄折口宽度按2.4mm，雌折口宽度按2.6mm计算。)即：$L=[\pi(d+tb)+3A]\pm0.25$。

式中：L——罐身板落料长度(mm)；

d——空罐内径(mm)；

tb——罐身镀锡薄钢板厚度(mm)；

A——端折宽度(mm)。

剪切铁皮的切板机种类很多，根据剪切的方法不同可分为闸刀式、圆刀式和波形压力切板机3种。闸刀式切板机是利用刀刃为直线的直刀片进行剪切。工作原理如示意图4—7所示。

圆刀式切板机又称圆盘剪床，它用两个旋转方向相反的圆盘边缘作为剪刀，当板料由其间通过时即被剪断，其剪切长度不受限制。适合于板料或卷料的纵向剪切。应用非常广泛。工作原理如示意图4—8所示。

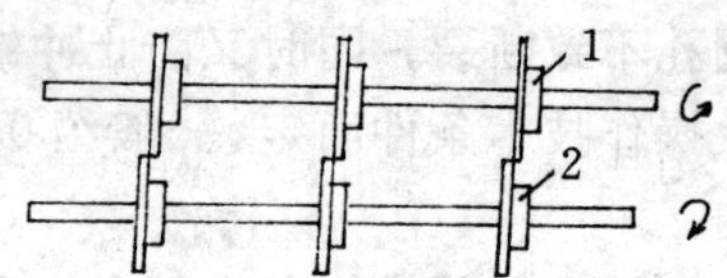

图4—8 圆刀装置示意图

1.上刀 2.下刀

波形压力切板机是用于冲切镀锡板边缘成波形条料(简称波形板)的切板机。图4—9即为冲切成的单行、双行波形板。它专供自动冲床上冲制罐底盖用。板料边缘切成波形的目的，是使冲切的底盖在两条波形板之间交叉排列，这样比用直条料来冲切罐底盖节省材料，可以提高材料利用率。

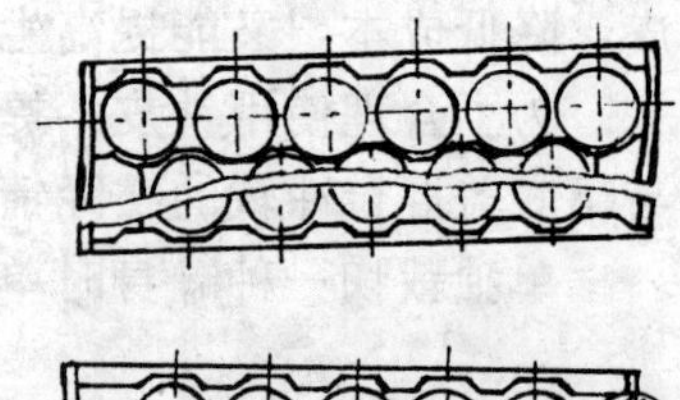

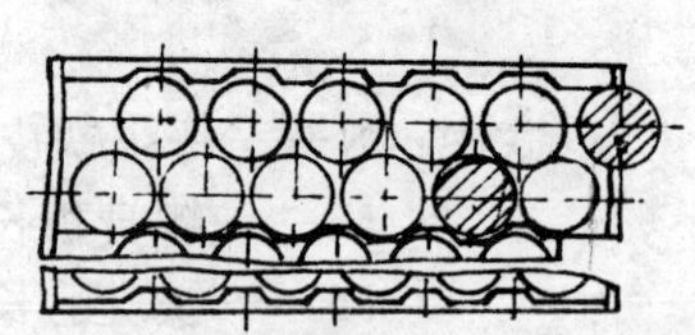

图4—9 波形板的式样

(6)切角切缺

切角的主要目的是减少铁皮的接缝厚度。因罐身接缝由4层铁皮钩合而成，如果两端卷边处全部是钩合接缝，由封罐后形成二重卷边时罐身8层和罐盖3层，共有11层相叠，显然是不可能形成卷边的，接缝盖钩完整率也无法达到标准要求。所以，“切角”可以减少叠接面(即由11层减少到5层，接缝两端减少到7层)有利于翻边、封罐和提高卷边的密封性。

“切缺”的目的是使缝口斜坡及邻近部分经合缝后容易压紧平服，因而可以减少罐内渗锡现象。

常用的切角形式有宝塔型切角，V 型切缺；钝角型切角、U 型切缺。如图 4—10。近来也有用三角型切角、U 型切缺等。

“切缺”、“切角”操作采用的机械一般为电动式，主要机件为“切缺”“切角”钢模各一套，下模固定在机台上，上模上下移动与下模吻合时产生剪力作用，达到“切缺”“切角”的目的（见图 4—11）。

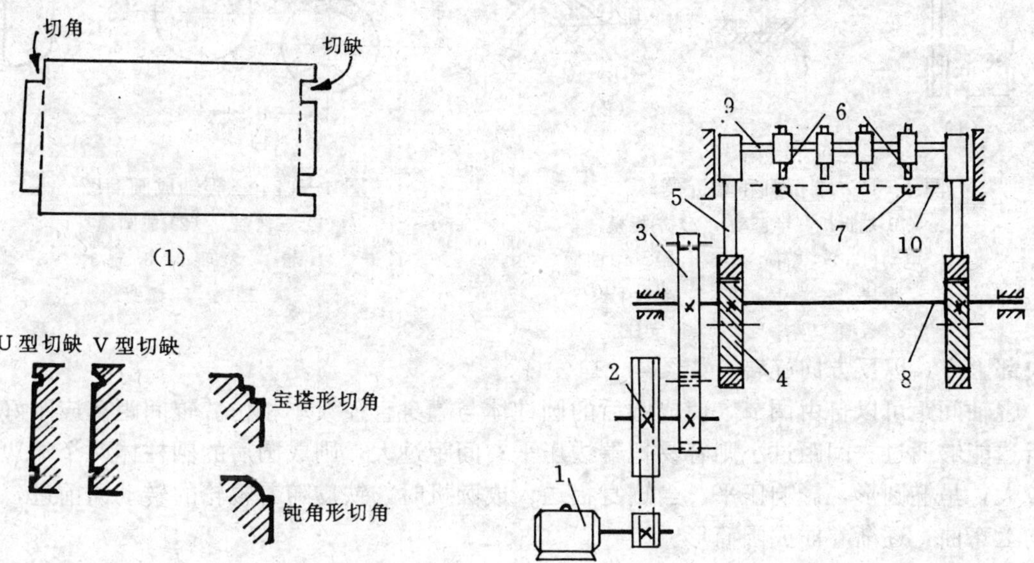

图 4—10　切角、切缺示意图

（1）平面示意图　（2）切角、切缺示意图

图 4—11　切角、切缺机简图

1. 电动机　2. 皮带轮　3. 齿轮　4. 偏心轮　5. 拉杆　6. 上横刀　7. 下横刀　8. 轴　9. 横杆　10. 工作台台面板

“切缺”“切角”尺寸必须正确一致，切口平齐无毛口。不得有过深过浅和歪斜现象。若为涂料铁则三条模面应朝下堆放，以免损伤涂膜。“切缺”“切角”不妥，接缝盖钩完整率难以达到 50%。

（7）端折

端折是通过机器的冲折，把已经切角、切缺的罐身板的两端折合成钩形，一端摺向上，另一端摺向下。如图 4—12 所示。端摺的目的是使后序罐身板料两端进行钩接，为踏平做好准备。同时又可避免过多的焊料渗入罐内。端折宽度一般为 2.4—2.6mm，端折角度为 35°—45°。

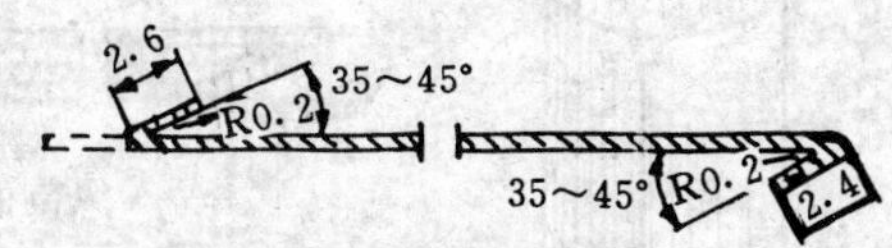

图 4—12　端折形状规格

端折机械通常为动力冲击式。主要部件为上下端折模一套，上模连接于端折机滑块上，滑块通过偏心轮的作用而上下移动，使上下模产生冲压而达到端折目的。如图 4—13。

（8）成圆

成圆是将端折后的罐身板通过机械卷曲成圆筒形，使罐身板能互相钩接和合缝。罐身成圆方向应与钢板轧制方向相同，以使镀锡薄钢板处于最好的加工状态。

成圆常用的机械为三辊式成圆机。两辊并列向同一方向旋转，另一辊位于并列的两辊

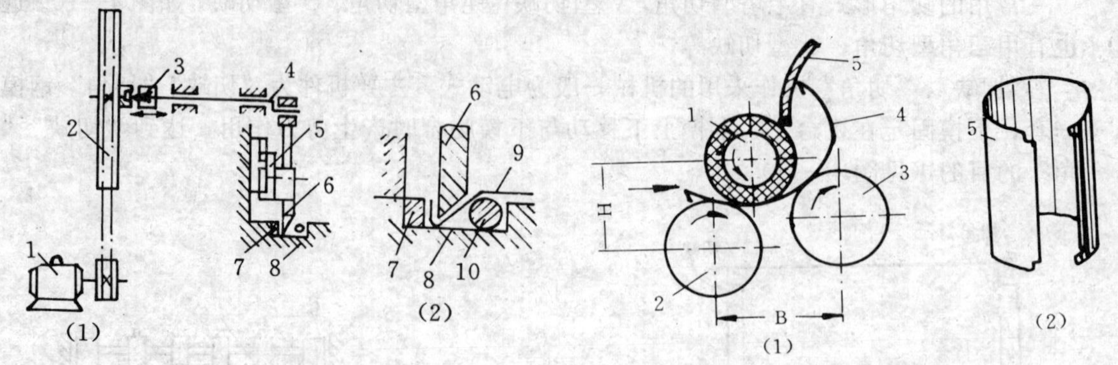

图 4—13　端折机和端折模

(1) 端折机（半自动）(2) 端折模

1. 电动机　2. 飞轮　3. 离合器　4. 曲柄　5. 滑块　6. 端折上模　7. 端折下模　8. 模槽　9. 罐身板　10. 支柱

图 4—14　三辊轴成圆筒图

(1) 三辊轴　(2) 成圆罐身

1. 辊 1　2. 辊 2　3. 辊 3　4. 挡板　5. 罐身板

中央部上方，以反方向旋转。如图 4—14。

辊轴间距可以自由调节，使成圆后的圆柱体与罐身直径大小相仿。辊间距离应刚好让端折边能够通过。间距过小则容易把端边压平；间距过大，则成圆后的圆柱体两个端边间距较大，呈椭圆形，影响压平。当罐身板送入成圆机时，铁皮随着辊轮的转动向前进，然后向上弯曲，逐渐卷曲成圆筒形。

(9) 踏平（或称合缝）

踏平是将罐身铁皮两端的折边部分互相钩合，通过机械作用将边沟压平，形成罐身纵接缝或叠缝的加工过程。形状如图 4—15 (1)。纵缝由 4 层铁皮厚度组成，缝的凸起部分应在罐内壁，纵缝应光滑平齐，罐外仅留一线缝钩。踏平缝的纵剖面如图 4—15 (2)。压平后要迭缝均匀，紧贴平服，无显著错角和单头松紧现象。压平前雌身缝沟可预先涂布少量的焊锡药水。

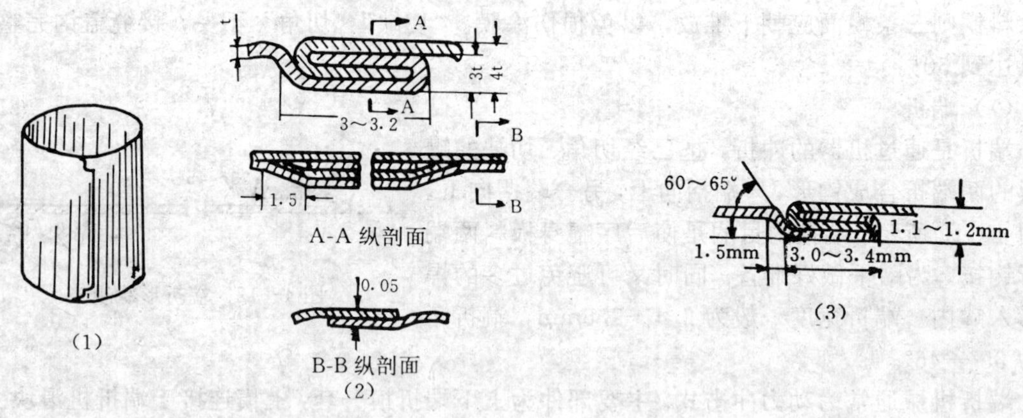

图 4—15　踏平纵缝示意图

(1) 合缝　(2) 合缝双层叠边　(3) 合缝规格示意

合缝后缝棱的规格要求如图 4—15 (3)；其宽度为 3.0—3.4mm 左右；缝棱厚度约为 1.1—1.2mm 左右；缝棱口成 1.5mm 长度的斜坡，斜坡角度为 60°—63°。

踏平是在踏平机和踏平模中进行，依靠其上下模的作用而完成的。踏平机与踏平模结构如图 4—16。电动机 1 带动皮轮 2 通过离合器 6 使偏心轴 3 旋转，带动连杆 4 使滑块 5 作上下往复运动，踏平上模 7 装在滑板底部，下模 8 装在机架上，钩合好的罐身筒套在下模上，滑块的运动带动上模对准下模上罐身筒钩合处进行冲压而成的纵缝。

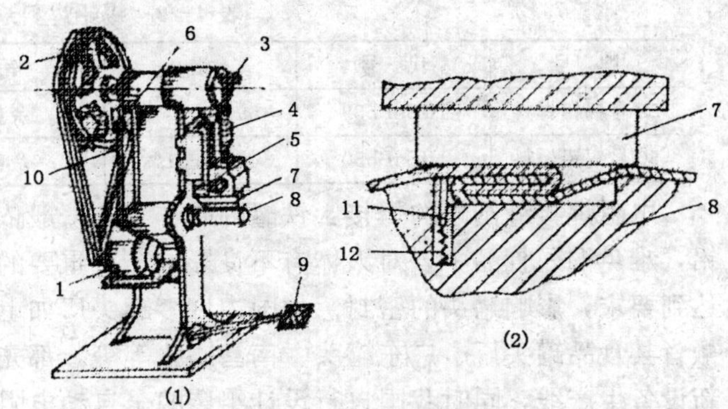

图 4—16 踏平机与踏平模

(1) 踏平机 (2) 踏平模

1. 电动机 2. 皮带轮 3. 偏心轴 4. 连杆 5. 滑块 6. 离合器 7. 上模 8. 下模 9. 脚踏板 10. 拉杆 11. 定位销 12. 弹簧

(10) 焊锡

焊锡的基本作用是使锡铅焊料充满接缝，并同镀锡薄钢板表面镀锡融合，成为一个有一定密度，没有空隙的整体，以达到密封和增加接缝强度的目的，做到既不漏又耐压。

罐身焊锡常用的焊锡机有半自动化和自动化两种。两者均有熔化焊料的加热锅（也叫焊锡锅，或叫焊锡槽），内装可转的锡辊（见图 4—17）。罐身接缝与转动的锡辊上表面接触一定时间，此时锡缸温度可达 280—340℃。锡辊表面熔化焊料即渗入接缝间隙，同时使接缝受热升温，保证焊料深入各叠层的间隙中。半自动机用人工放罐焊锡，全自动则由输送带连续地带着铁罐进行。使接缝和锡辊表面接触而焊接。

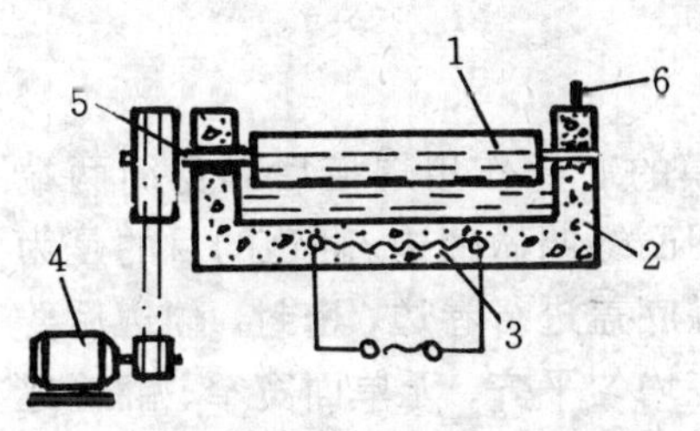

图 4—17 焊锡机结构图

1. 焊锡轴 2. 焊锡锅 3. 电热丝 4. 电动机 5. 皮带轮 6. 毛毡

焊锡前罐身接缝处应涂抹焊药水，用来除去镀锡薄钢板表面油污、氧化物，以使罐身接缝渗锡良好，焊接牢固，故又名助焊剂。

常用的焊锡药水有：氯化锌焊锡药水、松香焊锡药水及氯化石蜡辛酸锌焊锡药水等。其中氯化锌焊锡药水是目前国内使用量最广泛、强度最高的焊锡药水。

经过涂抹焊锡药水后，就可以开始焊锡。罐身接缝焊锡时，常用的多为锡铅焊料。随着锡铅配比的变化，焊锡性质也有所不同。不同锡铅配比的焊料的性质见表 4—8。目前罐身常用焊料的锡铅配比为锡 60%、铅 40%或锡 50%、铅 50%。见表 4—9 所列锡铅焊料规格表。

表 4—8 锡铅配比不同的焊料特性

配合比例							
配合比例	锡	100%	63%	50%	40%	30%	0
	铅	0	37%	50%	60%	70%	100%
完全熔化温度（℃）		232	183	212	233	257	327
完全凝固温度（℃）		232	183	183	183	183	327
相对密度（g/cm³）		7.31	8.42	8.91	9.34	9.48	11.34

表 4—9　锡铅焊料规格

牌　号	代　号	锡	铅	锑	熔　点
39 号锡铅焊料	HISnPb39	59%—61%	余量	≤0.8%	183℃
50 号锡铅焊料	HISnPb50	49%—51%	余量	≤0.8%	210℃

电阻焊接缝圆罐的焊接：铁罐的制作工艺一般依靠熔锡焊接而成。由于锡中含有少量铅，难免混入食品中，对人体有不良影响，更重要的是一般马口铁罐的盖钩接缝完整率难达到要求，影响罐头的密封。故国内许多罐头厂如上海益民食品厂、安徽屯溪罐头厂、安徽肖县食品罐头厂、广东罐头、南昌罐头等等，都先后从国外引进成套电阻电焊的新技术新设备生产线，同时我国自行设计组装的全自动电阻焊罐身生产线已用于生产，这种新技术设备可不加任何焊料，只要利用罐体本身材料的物理特性就能将马口铁罐接口牢固地焊接在一起。这样马口铁罐的生产就有了较快的发展。其基本原理是：用高频电流产生的变化磁场，使被焊接的马口铁罐接触表面之间形成涡旋电流。由于涡旋电流的热效应，使被焊物体（马口铁）互相搭接的表面呈融熔状而接到一起，这样使罐身搭接部位的铁皮厚度大大减小。两层铁皮搭接熔融后，因焊轮的压力，使焊缝的厚度仅是原罐身板厚度的 1.2—1.3 倍，从而消除了焊锡工艺接缝叠接部位卷封作业所造成的缺陷，保证了容器的质量。因此，这种技术的应用发展很快。

(11) 翻边

通过翻边模的冲压作用焊接后罐身筒两端朝外翻出的一圈凸缘叫做翻边。翻边的目的是为了能使罐身与罐底盖进行卷边、密封。翻边后要求两端翻边口应均匀平齐、无单面宽窄、翻边过度、翻边不足和涂料擦伤等现象。翻边后的形状如图 4—18。

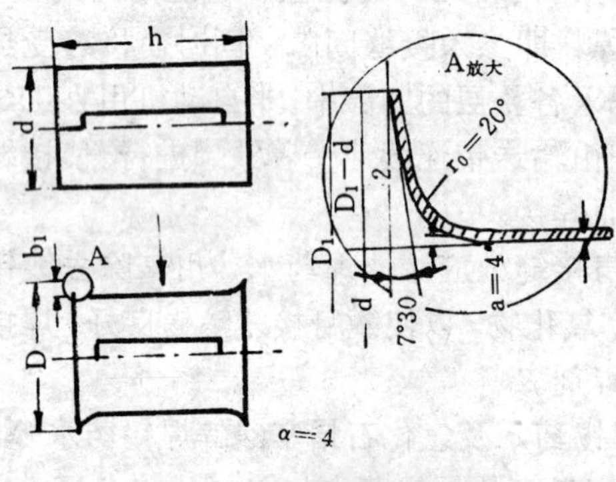

图 4—18　翻边后形态

翻边机按其翻边模的形式不同可分为两种：一种为辊压式翻边机（或称闸刀式翻边机），由一列左右伸缩的罐身夹辊及上下移动的闸刀式压辊组成，夹辊与压辊以相反的方向旋转，当压辊下降压在罐身两端外缘时，依靠摩擦力的作用将罐身筒翻出宽度 2.8—3.0mm 的边和 95—97°30′角度的边缘。由于该机操作麻烦，效率低，故在制罐工业中已逐渐被淘汰；另一种为自动回转式翻边机（或称撞击式翻边机），系由与罐身直径相对应的翻边压模来进行翻边，当罐身旋转到一定位置时，两只压模便同时伸进罐身两端并施加一定压力迫使罐身两端边缘向外弯曲。翻边宽度 3—3.05mm，翻边后形成的圆弧角 95°—97°30′。该机结构简单，工作平稳可靠，效率高，故广泛用于自动、半自动制罐作业线中。

常用的翻边机为回转式四头翻边机，其构造如图 4—19。

(12) 滚筋、加强圈

目前，在圆罐的制作过程中，尤其是高频电阻焊全自动空罐生产中，往往在压平时接缝上用凹凸模压出若干个横向压筋，该工序称滚筋。这样做一是可以增加罐身强度，焊缝时不易受热变形，防止接缝两端张口；二是可以减少涂料铁的涂膜擦伤；三是可以节约镀锡薄钢板（罐身端折边可适当缩小）。横向压筋一般有 3—5 个。即罐身高度 50.8mm 以下有 3 个，50.8—88.9mm 有 4 个，88.9mm 以上有 5 个。数目过多会使罐身接缝两端用铁高

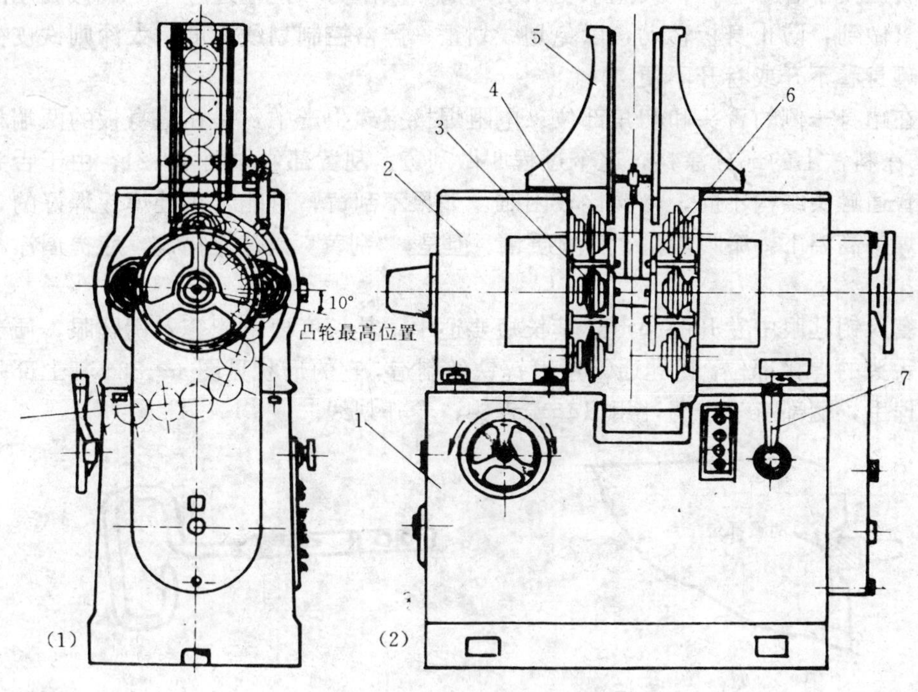

图 4—19 四头翻机

(1) 翻边机 (2) 翻边机结构

1. 机座 2. 工作台 3. 翻边模 4. 滑筒 5. 进罐料槽

6. 星形托罐轮 7. 离合器操纵手柄及传动装置

度缩短太多，从而影响封罐的卷边质量。横向压筋的凹度为 1.5mm，注意不应破坏涂料。

另外，为了增加罐身强度，以便承受罐头杀菌冷却和运输过程中的内外压力变化，使罐藏容器保持原来形状而不发生变形。在大型罐如罐号 15267、15234、15178 和 15173 制造时，以及高频电阻空罐生产中，经过翻边工序后，可在罐身部分滚压一定形状的加强筋（也称加强圈）。如图 4—20（2）所示。加强筋应均匀光滑，不得有凹凸皱纹和深浅不一，也不得有裂纹、缺滚和首尾不接现象。加强圈宽度 2mm，深度 1mm。加强圈型式与罐型有关，3kg 罐（15173、15178 号罐）两组 4 筋型式；5kg 罐（15234、15267 号罐）两组 4 筋加两组 3 筋型式。

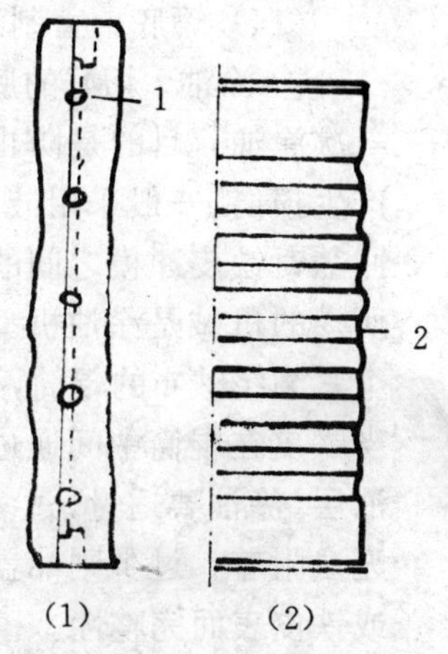

图 4—20 接缝横向压筋和罐身加强圈示意图

(1) 接罐 (2) 部分罐身

1. 横向压筋 2. 加强圈

现在一些小型圆罐也滚压加强筋。由于强度增加可相应采用较薄的铁皮，从而节约费用，降低成本。

(13) 划线、刮黄、弯曲

划线：是很重要而精细的工序，身板落料后送入由圆刀具组成的划线刀下，通过刀具的滚动作用，在身板的舌头部位（冲舌即为落料，舌头即卷开罐通常附着的一把开罐钥匙，并用这把钥匙卷开划线，以线的一端在罐身上留有划线“舌头”，常称为“舌头”），开始划下一条贯串罐身板长度的划线，深度约为铁皮厚度的 1/4—1/3。划线型式有呈多条线平行的平直线条，也有呈人字形线条。一般采用 3 条线平行的平直线条。

划线的目的就是便于容易卷开，又能承受杀菌时的蒸汽压力和运输过程中的机械震动的影响。划线要求做到：防止身板移动，以免划线划歪；严格控制划线深度，太深则铁皮被划破，太浅则罐身卷不开或卷开不便。

刮黄：在罐身一侧的舌头和切角部位（电阻焊接空罐生产中，是在罐身板的两端相接处），要磨去涂料铁上的部分涂料，这个过程叫做刮黄。刮黄部位如图 4—21，由于舌头处划棱结构同普通罐头结构不同，渗锡比较困难，如果不刮黄，可能舌头处焊锡焊好的，而切的地方在焊锡高温下，涂膜焦化，影响质量。但是，“刮黄”是过渡措施，应提倡涂料施工进行留空。

舌头是套入钥匙眼中卷开的起点，其长短要适中，其长度要求能套入钥匙眼，便于调动钥匙拉开舌头的焊接部位。钥匙通常用镀锌铁丝制造，它的形状见图 4—22。其上部是一个腰圆形的捏手，柄部有一个洞，用以套着舌头，卷开划线。

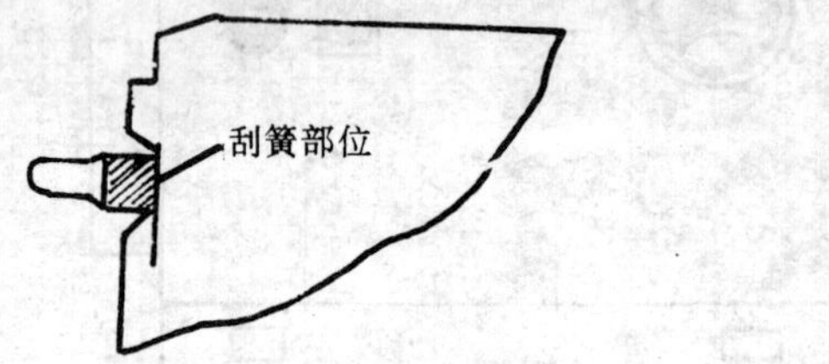

图 4—21　方罐刮黄示意

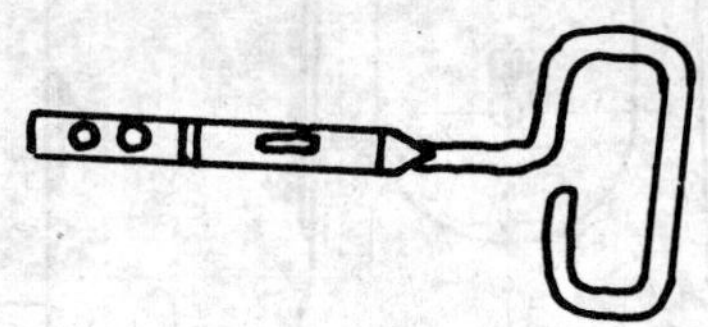

图 4—22　钥　匙

弯曲：机械化程度高的（包括电阻焊接）空罐生产中需要弯曲。即切好的罐身板先经过揉搓机将其揉弯，继而通过成圆装置将其形成圆形。

（14）罐底、盖制造的涂油、冲盖、圆边、浇胶及烘干

① 涂油。切好的底盖板或条板要进行一次涂油，目的是防止铁皮在冲盖过程中产生损伤。一般采用液体石蜡油，也可作为冲盖时铁皮冲模之间的润滑剂。涂油工序所用的机械是涂油机。它的主要部件是两个紧缠绕绒布的辊筒，辊筒用石蜡油润湿，当铁皮在辊筒中间通过时便沾上了极薄的油层。涂油要适量，过多则底盖浇胶时胶液无法附着，过少则冲盖时易损坏铁皮涂膜或铁皮表面完整性。

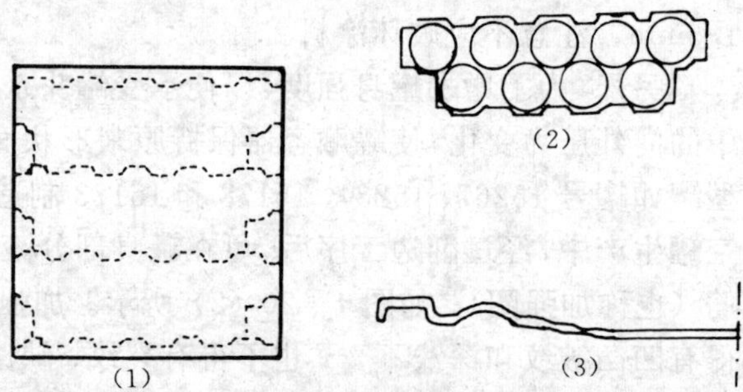

图 4—23　波形切板和冲盖

（1）波形切板　（2）条板冲盖　（3）冲盖成品断面图

② 冲盖（底）。涂油后的铁皮装在特制的模具冲床上，将罐盖从波形条板中冲出（如图 4—23）。为使密封后的罐头在加热杀菌和冷却过程中能膨胀或收缩，不致胀罐，因此，在冲模上刻有凹凸形膨胀圈纹，经冲裁的盖上也就具有同样的膨胀留纹。圈纹形成一般为向外凸出的凸筋和若干逐级低下的斜坡混合构成的圈纹，罐盖中央部分须留适当面积，以便冲打表示内容物、生产日期、厂名等代号之用（见图 4—24）。

③ 圆边。冲制的盖（底）经过圆边作用形成一定的钩边（叫盖钩），以便在密闭时与身钩钩合。圆边的形状见图 4—25。关于圆边和规格尺寸见表 4—10。

圆边机有环辊式的，它是由中间一个能回转有中心圆边辊和环绕在它外缘的一个固定环形辊组成。此外辊侧面都有圆边沟槽装置。

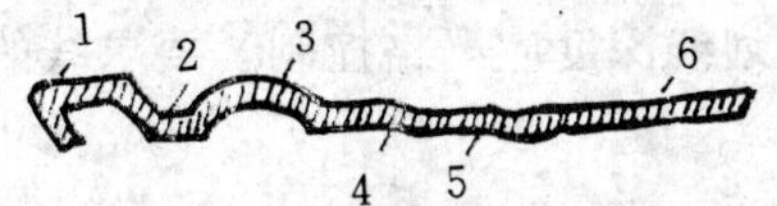

图 4—24　底盖凹面膨胀圈示意

1. 盖钩圆边　2. 肩胛　3. 外凸筋　4. 一级斜坡　5. 二级斜坡　6. 盖中心

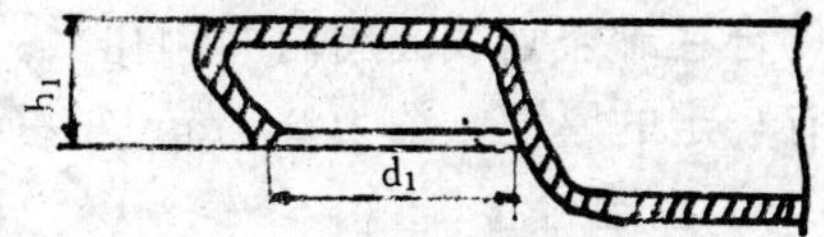

图 4—25　圆边形状

表 4—10　圆边规格尺寸

内径（mm）	盖边与盖肩距离 d_1（mm）	盖边厚度（mm）
52.5—83.5	3.8	1.9
99—108	4.0	2.0
153	4.3	2.2

圆边后边子如形成三角形，应校正圆边机松紧和冲模，检查圆边沟槽，以防三角形的出现。

④ 浇注及烘干。为了保证罐头的密封性能，在罐边沟槽内必须浇注或打进液胶，然后加热干燥，作为空罐的填料，使罐边钩槽与罐身翻边部位卷曲成形压紧后，铁皮之间的空隙全部为填料所堵塞。

目前，国际使用的密封胶大致有 3 种类型：水基胶、溶剂胶和热塑形塑料密封胶。国内采用的液胶一般有苯胶、氨水胶、丁腈橡胶等。苯胶是采用生胶或其他填充料（如立德粉、碳酸钙），制成胶片后以苯作为溶剂的溶剂型液体橡胶。操作简单，可低温干燥，但苯易燃，有一定的毒害，长期接触会影响人体健康，故苯胶已基本上淘汰。氨水胶又名硫化乳胶，是以天然乳胶为主，加入一定比例的干酪素、高岭土、氨水、硫磺、石蜡油、氧化锌、水以及若干种促进剂等，经过球磨、混匀、过滤后制成的均匀乳胶液。胶液经烘干、硫化后，橡胶片的抗油性能、耐磨性能均有很大提高。丁腈橡胶系合成橡胶，性能较好。

用于浇注的机械由机座、传动、送盖、盛胶桶、浇胶、电动机等部分组成。电动机通过三角皮带传动摩擦片离合器，再经齿轮减速带动各部分，底盖则叠装在供盖用圆杆构成的贮盖处，通过机器分盖、送盖、浇注后由拖板送出。送出时，再次重叠后取出，或以单盖送出。为了保证浇注的质量，浇注时采用压缩空气将胶液由盛胶桶冲压出，经由喷嘴在一定压力状态下（一般为 80—100kPa）浇注于底盖钩边，浇入胶液与盖肩的距离应为 0.5—1mm，如图 4—26。浇注胶液时应控制胶液量。过多，烘干、密封后可能会挤入罐内造成内流胶，影响罐头质量；过少，会影响密封性能。

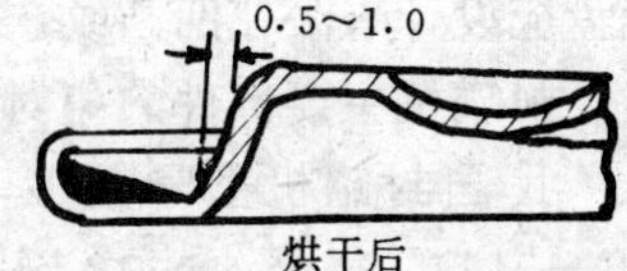

图 4—26　底盖注胶位置

罐盖（底）浇胶后应立即进行烘干，一般可用连续式空气鼓风干燥烘房，烘烤和硬化温度为 110—120℃，时间 30—40min；若使用溶剂型胶可不经烘烤，浇胶后经 24h 存放即可使用。

⑤ 拉环。目前，国内外易拉罐生产发展很快，这种罐形不用开罐刀或开罐钥匙，它是在制罐过程中将简易的开罐装置安装在罐盖上，需要开启时，只用手指拉钩环即开，食用方便。不过这种易拉罐多用于装置啤酒或饮料上，制造过程大致为：

铝板→冲盖→冲铆钉、划线、拉环铆合→冲圆顶帽→圆盖→浇胶→拉环易拉罐的盖上沿盖边一定半径的圆周上冲有深浅适度的刻线槽痕，然后将预先制好的拉环铆合在罐盖划线圆周内的铆孔上。易拉罐盖划线深度应严格控制，要求线的剩余部分应具有一定的厚度，约为 0.1mm 左右。

(15) 空罐封卷

将罐身与罐底用封罐机进行卷封形成二重卷边，便制成罐头生产用的空罐。二重卷边是用两个具有不同槽沟的卷边辊轮，顺次地将罐身翻边与罐盖钩边同时弯曲，相互卷合，形成紧密重叠的卷边，达到密封的目的。

① 封罐机的结构

封罐机的种类多种多样，有每分钟只能封 2 个罐头的手摇式封罐机；有每分钟封 1000 多个罐头的高速自动封罐机。但不管哪种类型，其结构基本一致，它的主要部件都由压头、滚轮（头道滚轮，二道滚轮）托盘组成。压头用来固定罐盖与罐身的位置，使罐身翻边与翻边的沟槽部分按照滚轮的沟槽曲线进行卷边密封。压头的突缘经常受到滚轮压槽的紧压，所以制造罐头的材料必须是用耐磨的优质钢材，尺寸也必须非常精确，误差不超过 25.4μm。压头的直径随着罐头直径大小而异。罐头直径等于压头直径加 3.04mm。

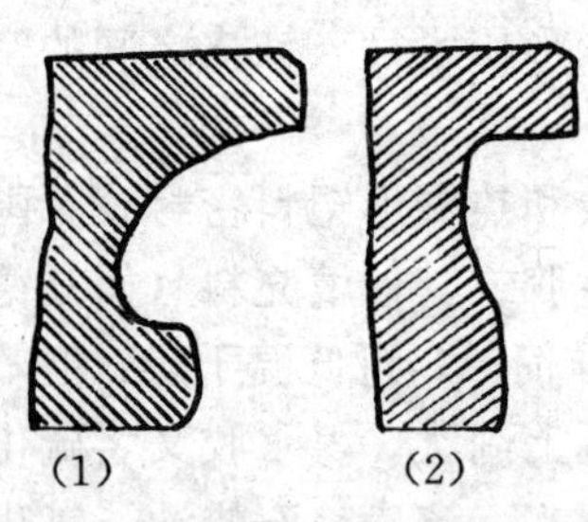

图 4—27　滚轮转压槽
(1) 头道滚轮　(2) 二道滚轮

滚轮又名罗子，它本身呈圆形小轮，为形成卷边的主要部件。滚轮分头道和两道滚轮，轮缘具有光滑而凹入的槽沟，也称转压槽，头道滚轮的转压槽浑而狭，曲面圆滑；二道滚轮的转压槽深而宽，并有坡度，如图 4—27。这道滚轮作用各不相同，头道滚轮是将罐盖盖钩卷入罐身翻边下相互卷合在一起，而二道滚轮是紧压头道滚卷边，以使它们相互紧密结合在一起，让橡胶填满罐身及盖钩间的空隙为此。滚轮材料如压头一样，应采用耐磨坚硬的优质钢。制造时要求非常精密，充分淬火。

托盘又叫托底板或外降板，托盘是固定罐身位置并托举罐头使其与压头上下对准，对罐体施加压力，利于卷边。托盘上常有罐头嵌槽，随罐型大小而不同，因此罐型改变，托盘也就应随之而更换。托盘根据罐头自转或不自转而分为两种，前种罐头自转，为了适应罐身自转，托盘重量要轻，最好装有止推滚珠轴承。后者不旋转托盘应设计有滚花凹凸纹。托盘下还有弹簧，以便紧压罐头，保证卷边质量。

封罐机主要部件的相对位置见图 4—28。

我国封罐机型号繁多，普通使用的是 GT4B2（原型号 GF—014），每分钟封 42 罐。还有 M15 型，每分钟封 130 罐，M 型每分钟封 200—250 罐。目前，正积极开展引进与研制工作，以便早日赶超国际水平。美国大陆制罐公司制造的 2200—UHCM 型封罐机有 12 个头，每分钟可封 2000 多个罐，用于啤酒和果汁饮料罐，是目前世界上速度最快的封罐机。

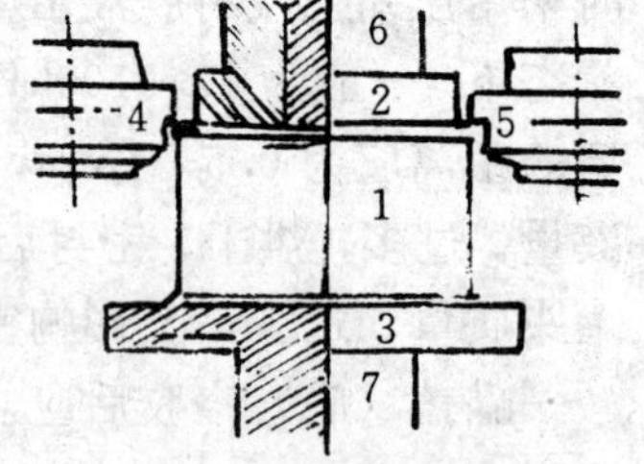

图 4—28　封罐时罐头的位置
1. 平圆罐　2. 压头　3. 托盘
4. 头道滚轮　5. 二道滚轮
6. 压头主轴　7. 转动轴

② 空罐的卷封过程

托盘在下，压头在上部，滚轮安装在压头旁侧，要求压头的凸缘和滚轮的沟槽并肩相处，压头与滚轮组成封罐的封头。封罐操作时，将已加盖待封的罐头放在托盘上，使托盘上升，将罐头固定在压头与托盘之间，此时罐头受压头的带动而旋转，在旋转过程中，头道滚轮首先围绕罐身作圆周运动和自转运动，并逐步沿径向切入，将罐盖盖钩和身钩卷合在一起后，即行退回。紧接着二道滚轮同样运动沿径向切入，将盖钩与身钩的卷合层压紧成形，而后退回，这样空罐卷封过程就已完成。卷封各阶段状态如图 4—29。

③ 卷封和规格要求

卷边厚度（T），指卷边后 5 层铁皮厚度与间隙和，它与所用铁皮有关，也取决于二道卷边滚轮的压力，压力大，卷边厚度小；压力小，卷边厚度大。依铁皮而言，如采用 0.25mm 铁皮时，卷边厚度约为 1.4—1.6mm。另外卷边厚度还与罐型、浇胶量有关。以圆罐为例见表 4—11。

表 4—11　卷边与铁皮厚度对照表

用铁厚度（mm）	卷边厚度（mm）
0.20	1.15—1.30
0.23	1.30—1.50
0.25	1.40—1.60
0.28	1.55—1.70

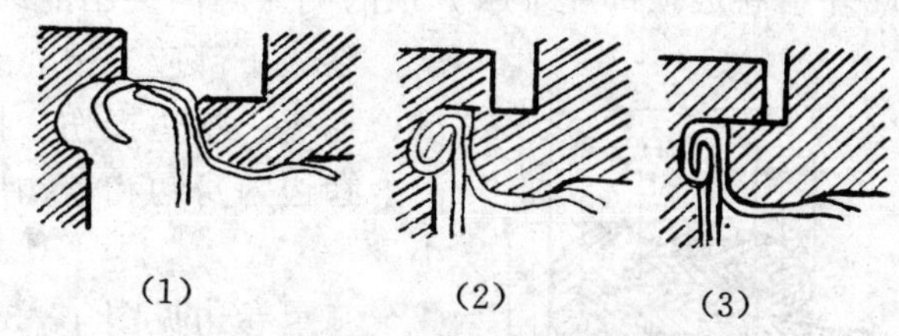

图 4—29　封罐各阶段的状态

（1）卷边开始前状态　（2）头道卷边完成时卷边状态

（3）二道卷边完成时卷边状态

卷边厚度的计算可用下式表示：

$$T=2t_{身}+2t_{盖}+\sum z$$

式中：$t_{身}$——罐身铁皮厚度；

$t_{盖}$——罐盖铁皮厚度；

$\sum z$——卷边内部各层板材之间间隙尺寸总和，一般为 0.15—0.25mm。

卷边宽度（W）：指卷边顶部与卷边下缘的尺寸，取决于滚轮沟槽形状，卷边压力、托盘上顶压力、身钩以及铁皮厚度。

计算式如下：

$$W=2.6t_{盖}+BH+Lc$$

式中：$t_{盖}$——底盖铁皮厚度；

BH——身钩宽度，即罐身弯钩长度，一般是 1.5—2.2mm；

Lc——身钩间隙，卷边内顶部空隙，有盖钩空隙和身钩空隙，此空隙应尽量小些，过大则减弱密封垫料的性能。

卷边宽度一般为 2.8—3.1mm。

埋头度（C）：指卷边顶部至罐盖平面高度。取决于压头凸缘厚度，与卷边厚度及宽度有关，计算式如下：

$$C=W+0.15—0.30$$

埋头度一般为 3.1—3.25mm

身钩宽度（BH）：即罐身宽边所弯曲的长度，随托盘的上顶压力和罐身的翻边半径等变化。身钩宽度过小，易漏罐；身钩宽度过大，盖钩就变得过小。

身钩宽度一般为 1.9—2.1mm。

盖钩宽度（CH）：指罐边沟槽部分在卷边内部的弯曲长度，主要随头道滚轮的沟槽形状和卷曲状况而变化，也与卷边厚度、身钩宽度、埋头度等有关。一般为 1.9—2.1mm。

盖钩空隙（顶部空隙）uc、身钩空隙（底部空隙）Lc：

uc、Lc 要小，以确保密封效果。因为 uc、Lc 过大，密封胶就会向空隙移动并集聚，从而不能牢固压缩。

迭接长度（OL）：指卷边内部的身钩和盖钩重合部分的长度，一般应在 1mm 以上。

$$OL = BH + CH + 1.1t_{盖} - W$$

迭接率：又名钩边重合率（OL%），表示卷边内部身钩和盖钩重合程度，用百分率表示，罐迭接率应在 50%以上。

$$OL\% = \frac{BH + CH + 1.1t_{盖} - W}{W - (2.6t_{盖} + 1.1t_{身})} \times 100\%$$

此外，卷边顶部应平服，顶内侧无向内突出的缺口、起筋或碎裂等缺陷；卷边下部应光滑，无牙齿、舌头、双线、接缝破裂、翻牙形、毛边、卷边损伤、接缝卷边松动等缺陷；

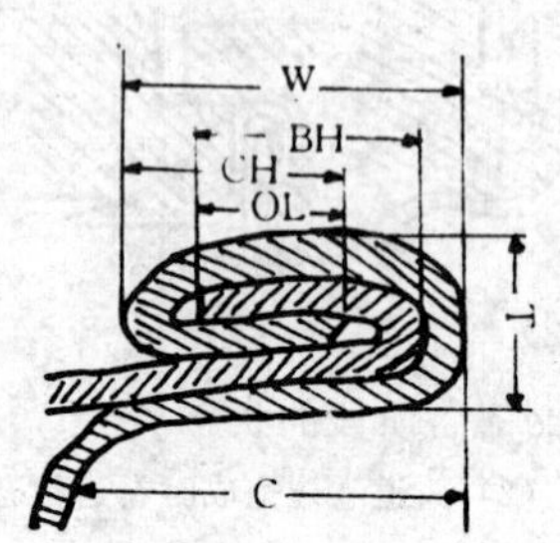

图 4—30　二重卷边断面示意
CH. 盖钩长度　BH. 身钩长度
OL. 叠接度　T. 卷边厚度
W. 卷边宽度　C. 埋头度

卷边内身钩和盖钩应平服、无波浪形，上空隙和下空隙要小。

二重卷边见图 4—30 所示。

(16) 空罐检验和补料

完罐制成后，为确保生产过程不致漏气或因卷封不良造成缺陷。在卷封工序完成之后，应定期抽样解剖检查。空罐的检验可分为局部检验和整只空罐泄漏试验两大类。前者指各道工序特别是踏平、焊接、封口等主要工序的测量检验及产生问题的原因分析；后者指制成空罐后对整只空罐检验是否漏气，并对漏气的原因进行分析。以便改进。

空罐检漏方法通常用空罐检漏机。目前检漏机的种类较多。常有手动气筒式压力检验器（结构简单）、脚踏式检漏机（半机械化）、自动连续检漏机（这种设备机械化程度高，能自动连续地检验空罐有无泄漏）等等设备。不管哪一种，其基本原理都是：利用压入空气的办法，检验空罐有无漏缝。

空罐补料的目的：铁皮特别是涂料铁皮，在制罐过程中通过切板、切角、端折、成圆、踏平等工序。多次反复与机械设备接触，涂膜容易受伤，在搬运过程中也易引起涂膜损伤；对腐蚀性较强的酸性食品（如番茄制品、橘汁等）会在接缝部位产生严重腐蚀；含硫成分的肉类、水产类食品（如兔肉、虾、蟹等）会在受损处形成黑色的硫化铁；污染内容物；红色水果会因含过量的锡造成褪色。为了保证罐头产品质量，使容器保持良好的抗腐蚀性能，可在涂膜划伤或接缝处进行补料。涂膜通过补料后，铁皮的机械损伤及其他缺陷得到了弥补，从而增加了抗腐蚀性能。补料可根据具体情况和空罐生产的不同要求分为全补料、接缝补料以胶底盖、接缝补料等等。

空罐补料的方法：有笔涂法、流涂法和喷涂法等。

笔涂法：用毛笔沾涂料在需补涂的地方抹 1—2 次，再烘干。手工操作，效率低。适用于接缝或罐内壁局部产生机械损伤的罐身、盖。

流涂法：涂料倒入罐内，轻轻摇荡，使整个空罐内壁都均匀地沾附一层薄薄的涂料，再把多余的涂料倒出，沥干进行烘烤。手工操作效率低。

喷涂法：用回转式喷涂机，利用压缩空气将涂料喷成雾状，均匀地涂布在空罐内壁，再进行烘烤，机械化程度高。

此外，在使用联合制罐机作罐身焊接时，向接缝处内壁喷涂补料，利用焊锡的热量使涂料固化成膜。

二、冲压罐的制造及其它金属罐

目前国内外生产的金属罐头容器大多是上述镀锡薄钢板制成，产量大，罐型规格多。但随着食品工业发展的需要，金属包装容器的制造技术和种类也不断增加。冲压罐和方便开启食用的各类型易开罐（易拉罐）等都是金属包装容器改进发展中应用较多的形式。

（一）冲压罐

冲压罐（又称拉深罐）是将裁剪成一定形状的金属板料在一定吨位的冲床上，通过拉伸模，使其逐渐拉伸、压延成具有罐底的空罐。如图 4—31。这样制成的空罐称为冲压罐。使用最多的为圆柱形冲压罐。此外还有椭圆形、方形等。

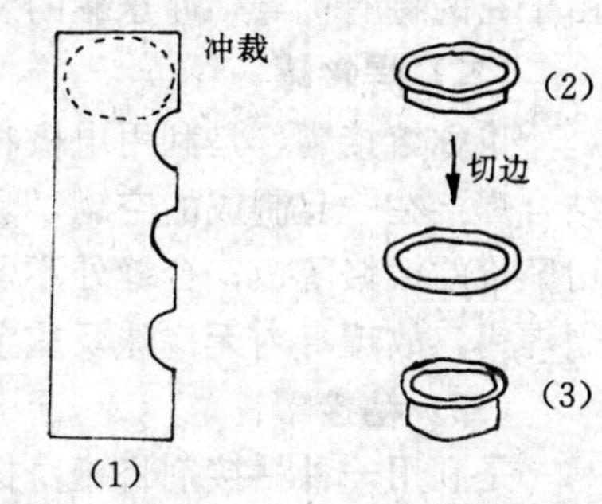

图 4—31　冲压罐的主要冲制过程

(1) 条板　(2) 冲制品

(3) 修整后底罐

普通焊接罐由罐底、罐身、罐盖三片材料组成。而冲压罐的罐底与罐身为一片材料，整只空罐为二片材料组成。所以，焊接罐又称为“三片罐”，冲压罐又称为“二片罐”。无论是三片罐或二片罐的罐盖都逐步发展采用易开罐形式。

根据冲压罐罐身的高低、拉伸的次数不同，冲压罐可分为浅冲罐和深冲罐。浅冲罐一般只需进行一、二次拉伸；而深冲罐则根据材料种类、罐身高度进行多次拉伸，且要进行收颈处理及印刷商标等。

制造冲压罐的主要步骤为：

镀锡板（或铝板）→切板→涂油→拉伸罐身、成型→收颈处理→节边精剪→罐内喷涂等

冲压罐制造的主要机械设备为一定吨位的冲床、拉伸模具等。冲罐原理及冲拉过程见图 4—32。根据冲压罐制造时机械化程度，可分为半自动生产线和自动生产线。半自动生产线为单机分工序生产，它有两台冲床，每一台冲床用来冲切成坯料、拉伸成圆柱形；在第 2 台冲床上再切边精修成型，而后再翻边、罐身压筋和罐底压纹，以及其它精整工序如清洗、涂料、烘干、试漏等都相同。有些罐身还需要压颈，使罐身口形成颈部，而后翻边。自动生产线中，目前其生产能力可达 120 只罐/min。

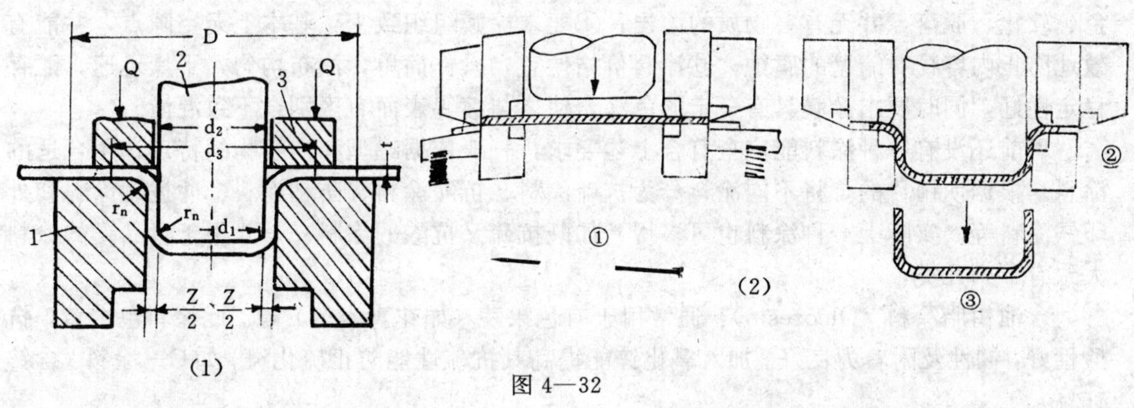

图 4—32

(1) 冲压罐基本原理

1. 下模　2. 上模　3. 压料环

(2) 冲拉制模法（深冲罐第 1 阶段）

① 条板冲模前　② 成模后一坯　③ 冲制品一坯

冲压罐与焊接罐相比，有较大的优点。主要是：由于罐身无接缝，罐身与罐底无卷边缝，所以不易渗漏；罐身无接缝，可使罐身的印铁匣面沿罐身周围连续印刷，同时，因罐身在一台机器中冲压成型，因而制罐程序简单，效率高，节省劳力；身缝和罐底卷边重迭层减少，故节约原材料；若用铝材制罐能回收，再次制罐，减少废物处理问题，又节约金属耗用量。冲压罐的主要缺点是对制罐材料的机械性能要求高，制罐的投资成本较高，但由于它的特有优点，冲压罐的发展仍较快。

（二）焊接罐

也称熔接罐，是利用电极将罐身合缝的搭接部分表面加热，然后施加足够的压力使之结合焊接在一起制成的空罐，具有很好的强度。焊接罐与身缝焊锡罐比较有如下特点：可用廉价的镀铬薄板；合缝处不留焊接空白，所以接缝开展宽度小；罐外彩印较美观；因无须焊锡，故罐身内无锡珠及重金属污染。目前，国外饮料罐头使用焊接罐较多。

（三）粘接罐

是利用一种粘接剂将罐身搭接部分粘结在一起制成，最先由美国制罐公司使用。它具有焊接罐相似的特点。

（四）铝质软管

利用铝具有良好的延展性，采用冲床拉伸成型工艺制成的铝质软管。主要用来盛装果酱、果泥等食品。可大可小，携带方便。

（五）涂料铁罐

制造罐头最常用的包装材料为镀锡薄板，也称素铁薄片。由素铁薄片制成的空罐称为素铁罐或白铁罐，适用于许多种类的食品罐藏。但镀锡薄板尚有不足之处，很多食品在白铁罐中发生严重的败坏现象，如鱼类、贝类、肉类等含硫较多的蛋白质，在加热杀菌时会产生硫化物，以致罐壁上常产生硫化斑或硫化铁，使食品遭到污染；有色果品在罐内二价亚锡离子的作用下发生褪色现象；高酸性食品装罐后常出现氢胀罐和穿孔现象。为了防止这类现象的发生，在空罐和罐盖内表涂上一层薄的涂料，即成涂料铁罐。

由于用途和目的不同，涂料的种类也多样化，用于食品的涂料要求：①对人体无毒性，不影响内容物的风味和色泽；②与食品不起坏的反应，耐酸性、抗硫化好；③涂料成膜后，附着力强，不易剥落或破裂；有一定的机械加工性能和弹性，适应制罐工艺要求，如受得起强力的冲击、折迭、弯折等不致损坏；经得起焊锡、杀菌时的高温而膜层不致烫焦或变色、软化、脱落，并无有害物质的溶出；④要求涂膜组织致密，基本上无空隙点，并能有效地防止内容物对罐壁的腐蚀；⑤涂料价格便宜，操作简单，涂布均匀，干燥迅速，贮存稳定性好，同时要求涂膜具有一定的色泽，使之与镀锡表面有区别，不致混淆。

目前还没有一种涂料能完全符合上述要求，一般依据罐型和内容物的特点选用合适的涂料。根据使用目的，将不同涂料分为抗硫涂料、抗酸涂料、防粘涂料、冲拨罐涂料和外印铁涂料等。实际上一种涂料也可多用，如既抗硫又抗酸的涂料。一般用于食品罐的涂料大致有下列几类：

含油树脂涂料（Oleoresin）：通常用于有色果蔬（如花青素等）罐。此涂料色金黄，抗酸性好，韧性及附着力良好。加入氧化锌能提高其抗硫性能防止硫化斑，如C—涂料（含锌15%）。

214 环氧酚醛树脂涂料：附着力强，耐冲性、耐焊锡热和防腐蚀性能较好，涂料基本无异味，为一种抗硫、抗酸两用涂料。用于鱼、肉、蔬菜和果品罐头。乙烯树脂涂料（Uiny

Coating)：此涂料特点是无臭、无味，抗化学性和加工性能均强，但抗热力差，不宜于高温杀菌处理。

环氧树脂涂料（Epoxy Coating)：此涂料的加工性、附着性、抗化学性能都好。抗硫化性差，价格高。

防粘涂料：有些含淀粉较多的罐头（如午餐肉等)，加热杀菌时，淀粉及水膨胀而有很大的粘结力，以致内容物粘接在罐头内壁，开罐时不易倒出，影响商品价值。所以，在空罐上涂上防粘涂料。目前常用的防粘涂料是将环化橡胶溶解，再与高溶点合成脂——乙撑二硬脂酰胺共同研磨制成，具有良好的防粘性，但抗硫性较差，故常需与作为底层的抗硫涂料复合使用。

冲拨罐抗硫涂料：常用的冲拨罐抗硫涂料有两种。一种是#S－73冲拨罐抗硫涂料，它是以#214环氧酚醛为基料，加入氧化锌与#612线性环氧树脂轧成的氧化锌浆制成。另一种是#51冲拨罐抗硫涂料，它是由环氧酚醛树脂底涂料和多羟酚醛树脂面涂料配套组成。

三、玻璃罐（瓶）

目前常用的玻璃罐根据密封形式和使用罐盖的不同主要有以下几种类型。

（一）卷封式

卷封式玻璃罐是最常用的一种玻璃罐，容积为500cm³，如图4—33。

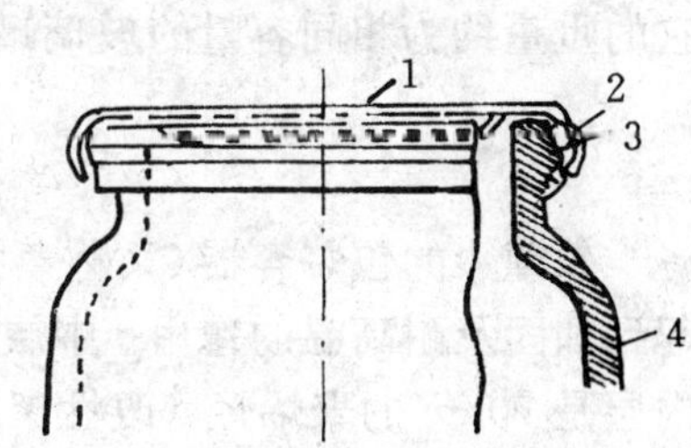

图4—33　卷封式玻璃罐

1. 罐盖　2. 罐口边突缘

3. 胶圈　4. 玻璃罐身

罐盖采用镀锡薄钢板或涂料铁，盖边内放入特制橡皮垫圈，卷封时由于封罐机的滚轮的推压，将盖边及放入盖边内的橡皮垫圈紧压在玻璃罐口边上而密封。这种卷封式玻璃罐（瓶）密封性能良好，能承受加热和加压杀菌。可以用来制造肉类、家禽、水产及果品、蔬菜等罐头。目前使用最多，封口较方便，但开启不方便，造型不美观，需要改进。

（二）旋转式

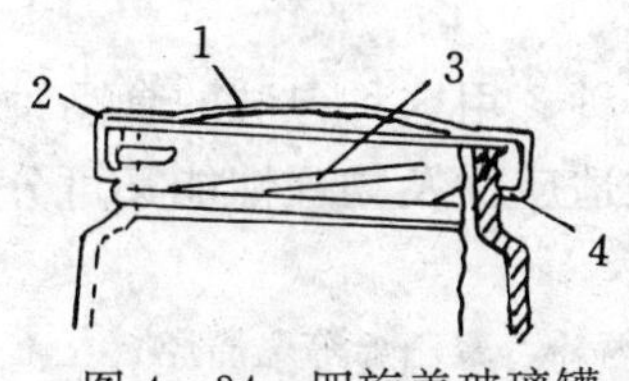

图4—34　四旋盖玻璃罐

1. 罐盖　2. 胶圈

3. 罐口突环　4. 盖爪

罐盖底部内侧有盖爪3—6个，罐颈上也有3—6条螺纹线正好与罐盖上的罐爪相吻合，盖底部还有胶圈正好紧在玻璃罐口上，当罐盖旋转，则罐爪与螺纹互相吻合并紧压胶圈，即达到密封的目的。如图4—34。常见的罐盖上有4个盖爪，罐颈上有4条螺纹线，罐盖旋转1/4，即行密封，这种盖称为四旋式盖。大罐型可用六旋式盖，小罐型可用三旋盖。罐盖材料一般用镀锡薄板或塑料制造，胶圈可用塑料溶胶。

这种密封形式，开启方便。广泛用于果酱、果冻、芦笋、蘑菇等果蔬罐头。也可用于部分水产及肉类罐头。

（三）螺旋式

玻璃罐颈上刻有螺纹，盖上也有螺纹，将盖同罐身拧合在一起便进行了密封。盖子常用镀锡薄钢板、铝镁合金薄板或塑料等制成，盖内衬以橡胶片或塑料垫圈。这种密封形式，开启方便，食用时将一部分食物取出后仍能盖紧。一般用于酸黄瓜、花生酱等罐头。

（四）抓式

盖上没有螺纹，加盖后上面加压使罐盖圆边部分在数处向内钩合密封。盖子可用铝镁合金或铁皮冲压制成，盖内有填料为塑料溶胶。

这种密封形式，开启也较方便，一般用来制造果蔬罐头。

（五）套压式

罐盖用镀锡薄钢板制造，内嵌有硬质橡胶或烯基类物质垫圈，封罐时将罐盖套压于瓶口上，利用盖边内嵌入垫料与玻璃罐封口线紧密地附着，以达到密封目的。这种密封形式，破坏罐内真空即可取掉罐盖。适用于果酱、糖浆、酱菜类罐头。

（六）扣带式

利用定型的金属圆箍与橡胶垫圈套于瓶口，置瓶子于压盖机台上，使瓶上升则橡胶被压紧。同时，将盖的下缘向内折于瓶口的四周而密封。

（七）皇冠式

罐盖用镀锡薄钢板制造，内垫塑料胶，将盖压成波纹状的外围。把盖放在瓶口上用压盖机将波纹状外围收缩而密封。这种密封适宜于盛装液体食品的小口瓶。最近，国外又试制一种新型玻璃罐，罐身由高强度玻璃经快速浇铸的直壁圆柱体。罐底、盖采用金属封口。它的重量约为相同容量的玻璃罐的一半，发展趋势是重量轻、厚度薄、强度高。

四、软 包 装（蒸煮袋）

软罐头的包装容器（又称蒸煮袋）由 3 层或 4 层复合薄膜制成。外层是厚 12μm 的聚酯，起到加固及耐高温的作用。中层是厚 9μm 的铝箔，可以防透气、透水、避光、密闭的作用。内层是 70μm 的聚烯烃（改性聚乙烯或聚丙烯），作为与食品接触，卫生上极为安全并可以热封的基材。中层与内层之间有时可以再加一层尼龙，起增加袋子强度的作用。层与层之间涂有粘合剂，通过干法复合制成薄膜，然后再切片制成蒸煮袋。在软罐头加工过程中能起到抗化学、物理及微生物侵入等作用，并且机械化包装印刷性能良好。

广义的软罐头根据使用的包装材料，可分为袋状（俗称蒸煮袋）、盘状（俗称蒸煮容器）和圆筒状 3 种类型。

（一）蒸煮袋

这类包装的四边都经受热，制成袋状。有透明袋和铝箔袋两种。用这种包装的食品种类多，生产量大，是软罐头食品主流。根据蒸煮袋的构成，机械适应性及物理性能又可分为下面几种类型：

- 蒸煮袋
  - 透明袋
    - 透明普通型：外层采用尼龙或聚酯薄膜，内层是聚丙烯、聚乙烯等聚烯烃薄膜。透过袋可看见内容物。
    - 透明隔绝型：在透明普通型中间夹有高隔绝性的透明聚偏二氯乙烯薄膜。
  - 铝箔袋
    - 铝箔隔绝型：用铝箔是防止香气逸散和具有遮光的作用。这种袋首先将印刷好的聚酶薄膜和铝箔干法复合，然后再和聚乙烯或聚丙烯薄膜复合。
    - 高温杀菌用袋：用这种袋主要是采用高温短时杀菌（HTST）时，能使氧气和水蒸汽的透过量较其它蒸煮袋大为降低，甚至降为零。这种袋的构成为聚酶/铝箔/特殊层/聚烯烃。

（二）蒸煮容器

将食品放在盘状容器内，加盖封口后再行高温高压杀菌而成。这种容器又有塑料的浑拉伸容器和盘状容器，也有铝箔盘状容器。

（三）圆筒状容器

这种包装容器是将包装材料一端用铝线扎起来，装入食品袋，另一端也用铝线扎紧，然后进行高温高压杀菌，所以又称为结扎容器（食品）。主要用来盛装火腿、香肠类产品，并制成圆筒状的包装材料，通常使用聚偏二氯乙烯单层薄膜，也就简称为软罐头用单层薄膜。

（四）其它

罐头包装容器中除了前面所述的金属罐、玻璃罐（瓶）、软包装以外，还有纸质和陶瓷罐（瓶）。用纸质包装食品在国外较为盛行，近年来，随着我国罐头工业的不断发展，也出现了许多纸质罐包装食品。陶瓷罐最先用于我国，约有 800 多年历史。但是，由于易碎、笨重等缺点，在用于罐头食品包装容器方面数量不多。近年来在果品、蔬菜罐头采用陶瓷罐的数量有所增加。随着科学技术的发展，将会出现更多、更符合罐藏食品包装需求的、适合于机械化、自动化大规模生产的空罐。

第二十章 罐藏工艺

罐藏食品的生产过程是由原料的预处理，后经装罐、排气密封和杀菌冷却等工序组成的。原料的预处理因原料的种类和产品的类型而异，而装罐、排气密封和杀菌冷却则为各类罐头的必经阶段。

第一节 空罐的准备

装罐前容器的准备包括容器的选择及清洗工作。

一、容器的选择

罐藏容器的选择应按照食品种类和性质，产品的规格要求以及有关规定，合理选用容器的种类、形状和大小等，同时对所用的空罐应逐个检验，对马口铁罐应剔除锈蚀、焊锡冲积、接缝折边、有严重脏污、横纹和马刺的空罐。玻璃罐要求罐型整齐，罐口圆正，平坦光滑，无缺口，厚薄均匀，罐壁无气泡、无裂痕。

二、空罐的清洗

容器在加工、运输和贮存过程中吸附有灰尘、微生物和油脂等污物，必须清洗干净、消毒和沥干，保持容器的清洁卫生。容器清洗消毒后，微生物的残留量每只低于几百个。清洗的方法，在小型企业大多采用人工清洗，在热水中刷洗后再在沸水中消毒 30—60s。在大型企业中则用清洗机清洗，用沸水或蒸汽消毒。

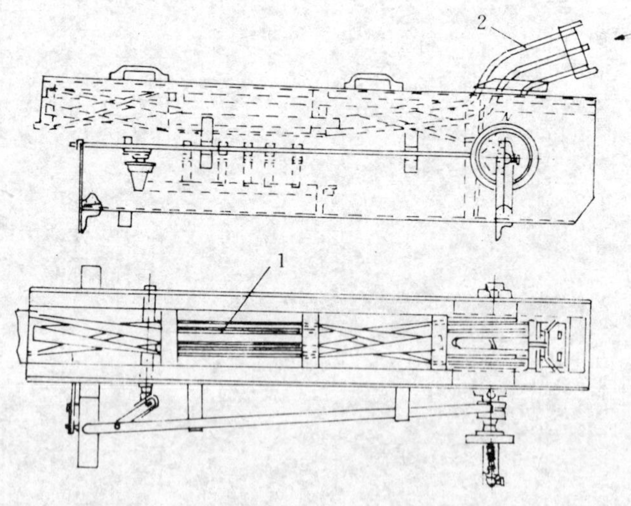

图 4—35 滑动式洗罐机

1. 空罐转移导轨 2. 空罐进入清洗机用的导轨

（一）铁罐的清洗

用于清洗铁罐的洗罐机种类较多。一般清洗过程是先用热水清洗，后用蒸汽消毒。

1. 链带式洗罐机

主要是采用链带移动铁罐，进罐一端采用喷头从链带下面向罐内喷射热水进行冲洗，其末端则用蒸汽喷头向铁罐喷射蒸汽消毒，取出后倒置沥干。

2. 滑动式洗罐机

机身内装有铁条构成的滑道，铁罐在滑道上借助本身的重力向前滑动。开始时罐身横卧滚动，随着滑头结构的改向，逐渐使铁罐倒立滑动，同时开始喷头冲洗和消毒，然后又随着滑道的改向，逐渐再变成横卧移动滚出洗罐机（如图 4—35）。

3. 旋转式洗罐机

是一种效率高，装置简便和体积小的洗罐机（如图 4—36），机身由两个并列连接的圆筒组成，圆筒内各有 1 个带动铁罐前进的星形轮，两星形轮旋转方向相反，因此，铁罐在筒内由于星形轮的带动，成“S”形向前移动，铁罐入口处设有控制铁罐的进入，并能控制热水及蒸汽喷头的开关，铁罐进入第 1 个圆筒后，由喷头向罐内喷射热水进行清洗，待转到两圆筒结合处，铁罐即由第 2 个星形轮带动前进，此时由蒸汽喷头向罐喷射蒸汽进行消毒，待铁罐转到第 2 星形轮下部时，由出口处滑出。

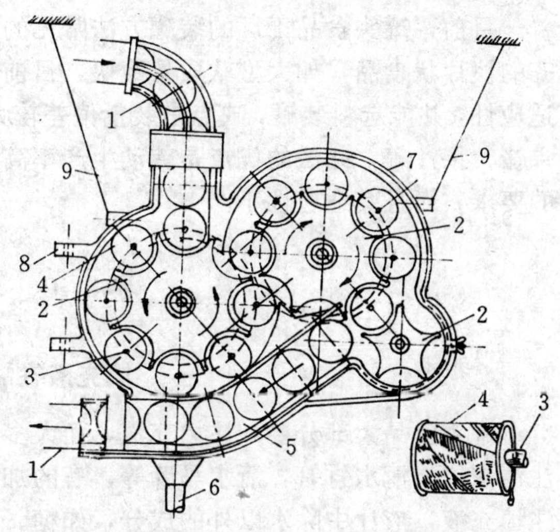

图 4—36 旋转式洗罐机

1. 进罐导轨 2. 星形盘 3 喷嘴 4. 空罐 5. 通道 6. 排水道 7. 铁铸外壳 8. 机盖固定环 9. 挂杆

（二）玻璃罐（瓶）的清洗

玻璃罐（瓶）壁上的污物过去常采用具有毛刷的机器刷洗，现则常用高压水喷洗，有利于清洁卫生。清洗时首先用热水浸泡，再用高压水洗罐壁，将更有利于清除污物。

清洗时常用洗涤剂，一般用 2%—3%的氢氧化钠溶液在 40—50℃温度下浸泡 5—10min，若回收旧瓶，因常沾有食品碎屑和油脂，需用高达 5%的氢氧化钠溶液，若是新瓶，浓度可低至 1%，此外，常采用无水磷酸钠和磷酸氢钠等，也可用合成洗涤剂，也有采用漂白粉水溶液进行清洗以提高杀菌能力。

第二节 装 罐

一、装罐的工艺要求

预处理完毕的半成品和辅料应迅速装入罐藏容器中，以免变色、变质。

装罐时，应保质保量，力求一致。罐头食品的净重和固形物含量必须达到有关要求，符合有关标准。固形物在质量上要求一致，如果是块状料，装罐时务必色泽、成熟度、块形大小、个数基本一致。

装罐时还必须留有适当的顶隙。顶隙是指罐内食品表面层或液面和罐盖之间的空隙。顶隙大小将直接影响食品的装罐量，卷边的密封性，铁罐变形程度等等。顶隙过小，加热杀菌时罐内食品膨胀，压力增加，对卷边密封性产生不利影响，同时还会造成铁罐永久性变形或凸盖；顶隙过大，罐内食品装量不足，而且顶隙空气残留量增加，易促进铁皮腐蚀或形成氧化圈，并引起表面层食品变质、变色，如果真空度较高，则容易发生瘪罐。一般要求，装罐时食品表面层与容器翻边或顶边相距 4—8mm 左右，容器的装料容积不应低于总容积的 90%，顶隙如果超过总容积的 10%，就被列为假装。

装罐时要求趁热装罐，以利于排气和提高杀菌效果，同时应注意清洁卫生，严防污染，保持罐口边缘的清洁和干燥。

二、装罐方法

目前，罐头食品工厂的装罐方法常见的有人工和机械两种。对需要合理搭配和排列整齐的块片状食品，如大型软质果蔬块，目前采用人工装罐，此法的优点是简单，有广泛的适应性，并能选料装罐，缺点是装量偏差较大。颗粒状、半固体和流汁食品用机械装罐，如果酱、果汁等，此法的优点是劳动生产率高，而且能连续生产，缺点是不能满足式样装罐的要求，而且其适应性小。

第三节　注液和密封

一、填充液在罐头食品中的应用

罐头食品大部分要加注填充液，而大多数果蔬罐头则加注糖水，如糖水水果罐头；加注清水，如清水竹笋、清水马蹄等；有的加注盐液，如蘑菇、青刀豆等罐头。在罐头中加注填充液，液汁中除水以外的成分，如糖、酸、盐等，会慢慢浸入固形物中，进而赋予罐头浓郁的风味。由于液汁具有一定的温度，增加了罐头食品的初温，可以缩短杀菌升温时间，同时液汁填满罐头空间，排除了部分空气，加速传热效率，增强杀菌效果；降低罐头高温杀菌时空气膨胀压力，保证封口卷边质量；同时还可以减轻罐壁氧化腐蚀，减少罐内重金属含量；还因为液汁对罐头的冲击具有缓冲作用，可以防止固形物破碎。

二、糖液的配制

糖液是糖水水果罐头内容物的主要组成成分之一，一般采用纯净、无异味、无污染的蔗糖配制成糖液。装罐用的糖浓度，一般根据水果的种类，品种和产品的质量标准要求而定。我国目前生产的各类水果罐头，除芒果、杨梅、金橘、杏子等少数产品外，均要求产品开罐后糖液浓度为14%—18%。每种水果罐头装罐糖液浓度，可结合装罐水果本身可溶性固形物含量，每罐装入果肉量及每罐实际注入的糖液量，按下式推算：

$$Y=\frac{W_3Z-W_1X}{W_2}$$

式中：W_1——每罐装入果肉量；

W_2——每罐加入糖液量；

W_3——每罐净重；

X——装罐前果肉可溶性固形物含量（%）；

Y——糖液浓度；

Z——要求开罐时糖液浓度。

糖水水果罐头装罐糖液浓度可查表4—12。糖液的配制方法有直接法和稀释法两种：

1. 直接法：根据装罐需要的糖液浓度，直接称取砂糖和水放入溶糖锅内，加热搅拌溶解，并煮沸过滤，校正浓度后备用。

2. 稀释法：先配好高浓度的浓糖液，称为母液，装罐时，再根据需要浓度以水稀释。

① 浓糖液稀释计算：如65%的浓糖液需稀释至35%的糖液，需浓糖液和水各多少？

表 4—12 糖水水果罐头装罐糖液浓度查对表

装罐糖水浓度（%） 果肉可溶性固形物含量（%）	果肉装量（净重 567g）									
	255	265	275	285	295	350	360	370	380	390
7.0	22.4	23	23.5	24.1	24.7	29.2	30.3	31.5	32.8	34.2
7.5	22.1	22.5	23.0	23.6	24.2	28.4	29.4	30.5	31.8	33.1
8.0	21.6	22.1	22.6	23.1	23.6	27.6	28.5	29.6	30.7	32.0
8.5	21.2	21.6	22.1	22.6	23.1	26.8	27.7	28.6	29.7	30.9
9.0	20.8	21.2	21.6	22.1	22.5	26.0	26.8	27.7	28.7	29.8
9.5	20.4	20.8	21.2	21.6	22.0	25.2	25.9	26.8	27.7	28.7
10.0	20.0	20.3	20.7	21.1	21.5	24.4	25.1	25.8	26.7	27.6
10.5	19.6	19.9	20.2	20.6	20.9	23.6	24.2	24.8	25.7	26.5
11.0	19.2	19.4	19.7	20.0	20.4	22.8	23.3	24.0	24.6	25.4
11.5	18.8	19.0	19.3	19.5	19.8	22.0	22.5	23.0	23.6	24.3

（续）

装罐糖水浓度（%） 果肉可溶性固形物含量（%）	果肉装量（净重 425g）									
	220	225	235	240	245	250	260	270	280	290
7.0	24.6	25.1	26	26.5	27.1	27.6	28.9	30.3	31.9	33.8
7.5	24.1	24.5	25.4	25.9	26.4	26.9	28.1	29.4	30.9	32.7
8.0	23.5	23.9	24.8	25.2	25.7	26.2	27.3	28.6	30.0	31.6
8.5	23.0	23.4	24.2	24.6	25.0	25.5	26.5	27.7	29.9	30.5
9.0	22.5	22.8	23.5	23.9	24.3	24.8	25.7	26.8	28.1	29.5
9.5	21.9	22.3	22.9	23.3	23.7	24.1	25.0	26.0	27.1	28.4
10.0	21.4	21.7	22.3	22.6	23.0	23.3	24.2	25.1	26.1	27.3
10.5	20.9	21.1	21.7	22.0	22.3	22.6	23.4	24.2	25.2	26.2
11.0	20.3	20.6	21.1	21.3	21.6	21.9	22.6	23.3	24.2	25.2
11.5	19.8	20.0	20.4	20.7	20.9	21.2	21.8	22.5	23.2	24.1

(续)

果肉可溶性固形物含量(%) \ 装罐糖水浓度(%)	果肉装量(净重312g)									
	145	150	155	160	190	195	200	205	210	220
7.0	23.0	23.4	23.9	24.4	28.7	29.7	30.7	31.8	33.0	35.8
7.5	22.4	22.9	23.4	23.9	28.0	28.8	29.8	30.8	32.0	34.6
8.0	22.0	22.4	22.9	23.4	27.2	28.0	28.9	29.9	30.9	33.4
8.5	21.6	22.0	22.4	22.9	26.4	27.2	28.0	28.9	29.9	32.2
9.0	21.1	21.5	21.9	22.3	35.6	26.3	27.1	28.0	28.9	31.0
9.5	20.7	21.1	21.4	21.8	24.8	25.5	26.2	27.0	27.9	29.8
10.0	20.3	20.6	20.9	21.3	24.1	24.7	25.3	26.0	26.8	28.7
10.5	19.8	20.1	20.4	20.8	23.3	23.8	24.4	25.1	25.8	27.5
11.0	19.4	19.7	19.9	20.2	22.5	23.0	23.5	24.1	24.8	26.3
11.5	19.0	19.2	19.4	19.7	21.7	22.2	22.6	23.2	23.7	25.1

(续)

果肉可溶性固形物含量(%) \ 装罐糖水浓度(%)	果肉装量(净重300g)							
	165	170	175	180	190	195	200	205
7.0	25.9	26.6	27.4	28.3	30.2	31.3	32.5	33.8
7.5	25.3	26.0	26.7	27.5	29.3	30.4	31.5	32.8
8.0	24.7	25.3	26.0	26.8	28.5	29.4	30.5	31.7
8.5	24.1	24.7	25.3	26.0	27.6	28.5	29.5	30.6
9.0	23.4	24.0	24.6	25.3	26.7	27.6	28.5	29.5
9.5	22.8	23.3	23.9	24.5	25.9	26.6	27.5	28.4
10.0	22.2	22.7	23.2	23.8	25.0	25.7	26.5	27.4
10.5	21.6	22.0	22.5	23.0	24.1	24.8	25.5	26.3
11.0	21.0	21.4	21.8	22.3	23.3	23.9	24.5	25.2
11.5	20.4	20.7	21.1	21.5	22.4	22.9	23.5	24.1

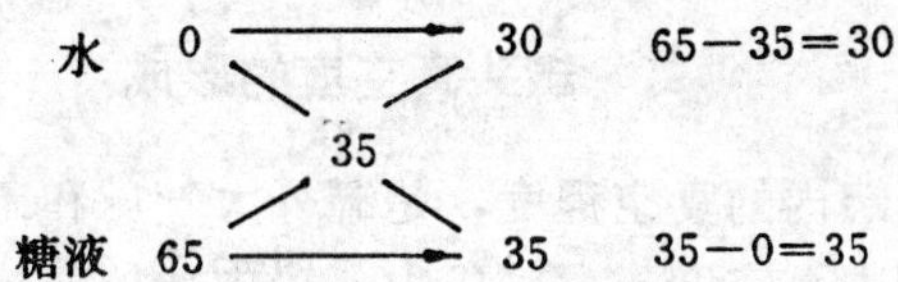

大数减去小数，差值即为需用的浓糖液及水的用量，上例中水为 30 份，65％的浓糖液为 35 份。

② 不同浓度的糖液混合计算，现有 40％及 25％的两种浓度糖液，问配成 30％浓度的糖液，需两种糖液各多少？

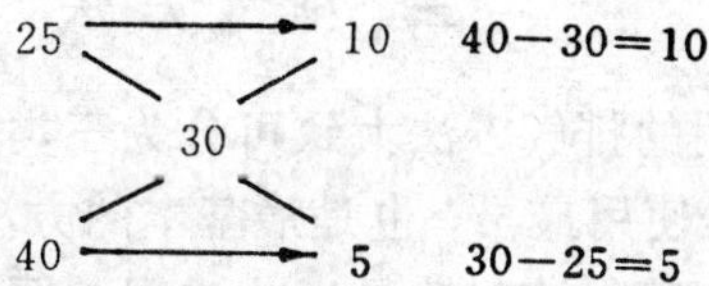

大数减小数，即为两种浓度糖液的需要量。

砂糖溶解调配时，必须煮沸过滤，随配随用，保持一定的温度。如需在糖液中加酸，必须在糖液迅速冷却至 40℃左右再加，以防蔗糖转化，可以防止某些果实果肉变红。

三、罐头的预封

罐头预封是指食品装罐后用封罐机的滚轮初步将盖钩卷入到罐身翻边下面。相互钩连的松紧程度以能让罐盖沿罐身自由回转而不致脱开为度，以便排气时使罐内的空气、水蒸汽及其他气体自由地从罐内逸出。（见图 4—37）。

预封的目的：一是预防排气时水蒸汽的凝结水落入罐内污染食品，或罐内处在表面的食品直接受高温蒸汽的损伤；二是能保持罐内顶隙温度，在高温罐盖的保护下，避免外界冷空气的窜入，使罐头能在较高温度下封罐，从而提高罐头的真空度，减少“氢胀”的可能性；三是预防排气时罐内食品过度膨胀和汁液外溢；四是预封罐在采用高速旋转封罐机封罐口时，可防止罐盖脱落。

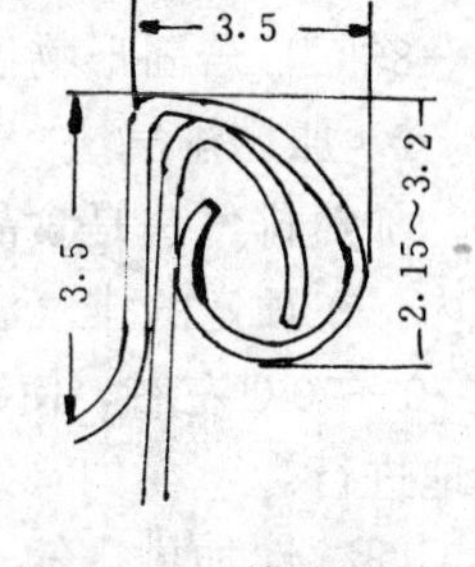

图 4—37 罐头预封

预封机的类型有手扳式、丁型和阿斯托利亚型等。

第四节 罐头的排气

罐头的排气是食品装罐后将罐内顶隙间的，以及装罐时带入原料组织细胞间的空气尽可能从罐内排除，从而使密封后的罐头顶隙内形成部分真空的技术措施。

一、排气的目的

通过排气，可以减少罐内空气存在，阻止需氧菌和霉菌的生长发育，避免和减轻罐内食品因氧化而出现的色、香、味的变化，避免维生素和其他营养素遭受破坏，防止或减轻在热力杀菌时，因罐内空气膨胀而使容器变形或破损，增加罐头的密封性，控制或减轻罐头在贮藏过程中出现的罐内壁腐蚀等。

二、罐头真空度的形成

罐头真空度用以表示罐内的真空程度，是罐外大气压和罐内残留气体压力之差，即：

罐内真空度＝大气压力－罐内残留气体压力

例：罐外大气压为标准大气压即为101.325kPa，而罐内剩余气体压力为53.20kPa，则真空度为：

101.325－53.20＝48.125kPa

罐内的真空度一般可用真空表直接测定。

三、排气方法

目前食品罐头工厂常用的排气方法大致可分为三类：热力排气法、真空封罐法和蒸汽喷射封罐法。热力排气法是使用最早，也是最基本的方法。真空封罐法是后来才发展起来，并有普遍采用的趋势；蒸汽喷射法封罐最近才出现，国内罐头食品厂已开始采用。

（一）热力排气法

热力排气就是利用空气、水蒸汽和食品受热膨胀的原理，将罐内的空气排除掉的方法。目前最常见的方法有：热装罐密封和食品封罐后加热排气两种方法。

1. 热装罐法

热装罐法是将食品加热到一定温度（一般为70—75℃），或将液汁加热到一定温度后，加到罐内固形物中，然后立即封罐的方法。前者适用于液体、半液体或者食品形态组织不会因加热时的搅拌而遭破坏的食品；后者其固形物温度不得低于20℃，液汁温度不得低于80—85℃，若固形物温度过低，则行补充加热。

2. 加热排气法

加热排气法是食品装罐后经预封或不预封而覆有罐盖，放入用蒸汽或热水加热的排气箱内，在预定的排气温度（一般为82—96℃）中经一定时间的热处理，使罐内中心温度达到70—90℃左右，使罐内空气充分逸出，立即装罐的排气方法。加热排气可以间歇地或连续地进行。

间歇性加热排气一般在有密封盖的金属或木制的容器中进行，容器底部装有喷射蒸汽用的蒸汽管，上部装有放罐头用的栅格板，加热时可直接用蒸汽和热水作为加热介质。用热水作为加热介质时液面应低于罐头2—3cm，这种方法只允许单层罐头装笼排气。以蒸汽作为加热介质时，可采用多层罐头装笼排气，排气箱先加热到预定排气温度时放入装笼罐头，覆盖，处理到预定时间后取出封罐。间歇性加热排气，劳动强度大而劳动生产率低。

连续式加热排气法是目前工厂中常见的排气方法。其特点是预封罐头由输送装置连续不断地从排气箱一端送入箱内，并按照预定排气时间在箱内传送，同时接受蒸汽和高温水加热，而后再由排气箱的另一端输出，直接送往封罐机封罐，这种排气箱类型较多，按输送装置有链带式、齿盘式、金属条板式和钢带式等。

（二）真空封罐排气法

真空封罐排气法就是在真空环境中进行排气封罐的方法，一般都在真空封罐机中进行，现在都采用高真空封罐机，其密封性的真空可达46.0—73.0kPa。真空封罐后，罐内真空度一般可达33.3—40.0kPa，甚至更高。该法用于汤汁少而空气含量多的罐头效果很好，但用于汤汁食品罐头，在真空度较高的真空密封室内和排气时间又非常短的情况下，容易产生液体外溢的现象。所以目前生产糖水水果罐头时，一般是将真空封罐机的真空度控制得比较低的 53kPa，封罐机生产速度也比较慢。

（三）蒸汽喷射排气法

蒸汽喷射排气法是在封罐时，向罐内顶隙喷射蒸汽，将空气驱走后密封，待顶隙内蒸汽冷凝形成部分真空的方法。这种方法是在封罐机上设计了蒸汽喷射装置，所以占地面积小，加热时间短，罐头质量好，但要求罐头有一定的顶隙，否则达不到预期效果。

第五节　罐头的密封

罐头的密封是借助封罐设备将罐藏容器进行密封，使罐头食品与外界隔绝，不致受外界空气和微生物的污染而引起腐败的过程。封罐操作能使罐头获得良好的密封性能，达到长期保存的目的。采用不同的罐藏容器，其封罐机械和方法有所不同。

一、金属罐的密封

（一）封罐机的类型

封罐机的种类很多，根据封罐机的构造及所封罐头类型的不同，有多种类型。根据封罐机机械化程度分：手扳封罐机，半自动封罐机和自动封罐机等。根据封罐机机头分单机头、双机头、四机头、六机头以及更多机头的封罐机。根据封罐时罐身旋转或固定不动分：罐身随压头旋转的封罐机、罐身和压头固定不转而滚轮围绕罐头旋转的封罐机。

根据封罐的罐型分：圆形封罐机、异形封罐机。

根据封罐机周围压力大小：常压封罐机、真空封罐机等。

根据滚轮数目分：双滚轮封罐机（头道和二道滚轮各一）和四滚轮封罐机（头道和二道滚轮各二）等。

半自动、自动封罐机和真空封罐机是罐头工厂中最常见的封罐机。

1. 半自动封罐机

它的特点是人工加盖并将罐头紧压在封罐机压头和托底板或升降板之间，而后封罐，其卷边密封方式有两种类型。

(1) 罐头本身随压头自转，而头道滚轮、二道滚轮的辊压槽在封头机构的作用下，先后分别向罐盖盖边靠拢压紧，促使它和罐身钩合并紧密接合成卷边。

(2) 罐头固定在由压头和底板间不转动而由封罐机头绕罐身旋转，促使头道和二道滚轮先后分别向内施压完成卷边密封任务。这对密封多汤汁罐头颇为适宜，因为罐身不转，可避免罐内汤汁因离心力作用外溅而造成产品净重不足。

2. 真空自动封罐机

该机有自动分盖、送盖，无盖不进盖的自动装置，自动打代号装置，自动加润滑油系统，自动停车装置等。如果调换罐型，可以随时调换各种模具配件。该机的特点是：在罐头进入封罐机的密封室中后，由连接在真空泵上的管道把罐内空气抽出，而后再进密封。有的真空自动封罐机还另配置有预封卷边装置，事先把罐盖加在罐口上，先经预封，然后进入真空室抽空密封，这样可以得到更好的效果。

（二）二重卷边的技术标准

封罐完成后的卷边由 5 层铁皮构成，其结构和各部分名称如图 4—31。为了保证卷边的严密性，规定标准如下：卷边厚度（T）为1.25—1.65mm，卷边宽度（W）为2.80—3.25mm，埋头度（C）为3.10—3.15mm，身钩长度（BH）为1.65—1.78mm，盖钩长度（CH）为1.65—1.78mm，迭接长度（OL）为0.8—1.0mm，迭接率（OL%）在45%以上。

紧密度（TR%）和接缝盖钩完整率（JR%）不低于50%，其计算公式分别如下：

$$TR=100\%-WR\%$$

式中：WR%盖钩皱纹的延伸程度。

$$JR=100\%-ID\%$$

式中：$ID\%=d/CH\times100\%$

d为垂唇深度，内垂唇为卷边在身缝处的盖钩宽度减少（见图4—38）。

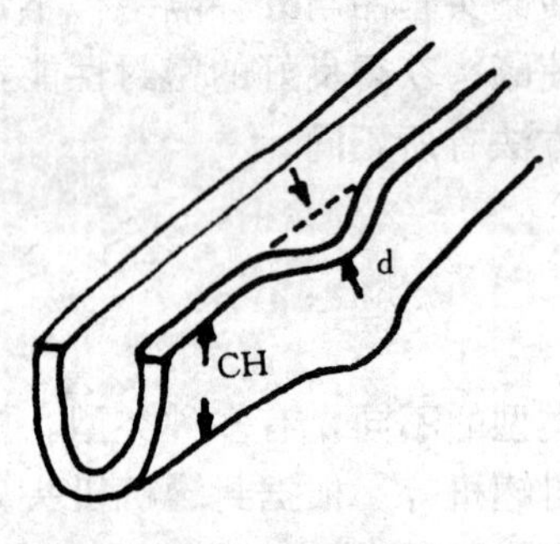

图4—38 内垂唇示意图

从卷边外部来看，一般应平服光滑，顶部内侧不得有缺口、快口或轧裂等，卷边下部不得有牙齿、舌头和皱纹等。

（三）封罐机的调节

金属罐头封罐是靠封罐机的压头、托底板及滚轮等3部件及罐头本身的相互配合及作用来完成的（见图4—29），封罐机安装时压头的凸缘和滚轮的沟槽应装在并肩相处的位置上，托底板安装在压头的下方，而待封的罐头则处在托底板和压头之间，因而压头和滚轮等组成封罐机的封头。金属罐的卷边质量好坏首先取决于封罐机本身的结构状态，其次，不论使用何种类型的封罐机，需要有熟练的技术工人进行正确的调节，以保证罐头的卷边质量符合技术标准。

1. 压头的调节

根据罐型直径大小，首先是更换机头上相适应的机头。调节时可先将压头固定在压头轴上，然后用手回转压头轴，仔细观察滚轮靠近压头边缘上部与滚轮边缘下部整个圆周距离有无变更，与头道滚轮相距0.03—0.08mm（理想为0.05mm），与二道滚轮相距0.38mm。

2. 托底板的调节

先把滚轮自靠近压头处推开，并将已加盖的罐放在托底板上，然后调节托底板与压头的距离至能正确将罐身夹住为止，使罐身在转动过程中能被夹住而不摇动，用手推拉或转动而无滑动现象为度。

3. 滚轮的调节

根据使用铁皮的厚薄，罐形直径的大小来调节滚轮与压头的水平及垂直位置，一般压头边缘距滚轮满槽面的最小距离为：头道滚轮满槽曲线与压头距离约为1.6—2.1mm，二道滚轮满槽线与压头距离约为0.8—1.5mm。调节好后可以进行试封，初步检查卷边是否符合规格要求的技术条件。

二、玻璃罐（瓶）的密封

玻璃罐因罐口边缘造型不同，罐盖的形式也不同，所以密封的方法也因此而异。

（一）卷封式玻璃罐

此罐过去使用较广泛，现趋于减少。其优点是单位体积的容量较大，密封性能好，能耐高温杀菌，能装各种食物，封口较方便。缺点是罐型不美观、开启困难，罐盖采用镀锡铁皮制成，盖边套入橡皮胶垫圈，封口时利用封口机辊轮推压，将盖边向罐口边缘挤压，使盖子钩边中垫圈紧压在罐口凸缘上而相互密合。封罐可采用手扳封罐机。其扳柄顶端装有一只滚压轮，玻璃罐由托底盘上升时与罐盖压头吻合，玻璃罐由旋转的压头带动，再在滚轮推压下遂将罐盖密合在罐口上，如图 4—39。封罐质量，要求封口线位于胶圈中心，压痕深浅为胶圈厚度的 60%，压痕近似三角形，胶圈无皱折，外露及割断等现象。

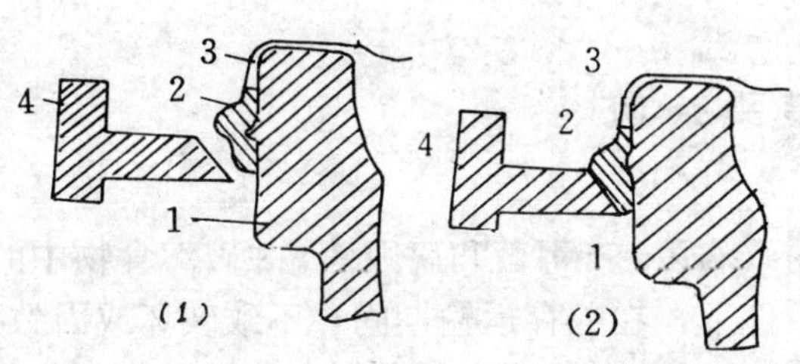

图 4—39　卷封式玻璃罐封盖过程

1. 玻璃罐处突缘　2. 嵌在罐盖内和玻璃罐口突缘间的胶圈　3. 罐盖　4. 滚轮

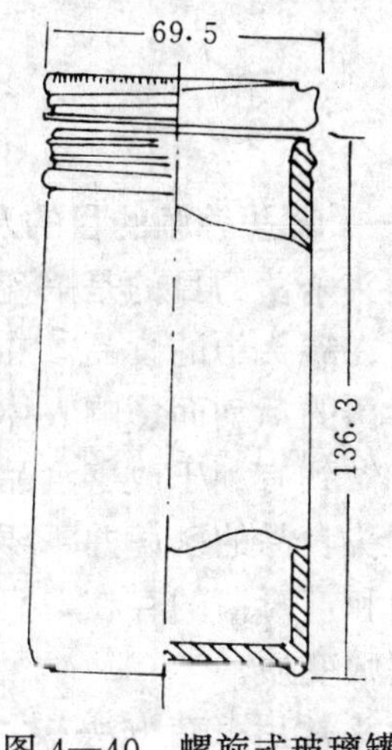

图 4—40　螺旋式玻璃罐

（二）螺旋式玻璃罐

这种玻璃罐，在它的罐口上有规则突出的连续螺纹线。螺纹线从罐口周围中部开始一般二条以上，围绕罐口以均衡斜度旋向下方。螺旋式罐盖采用镀锡薄板或铝镁合金制成。盖子周围内壁上轧有连续螺纹线槽，正好与玻璃罐口壁上的螺纹线相互吻合。盖子内垫有橡皮垫圈或塑料垫圈。这样装好食物后就可得到密封，如图 4—40。这种形式的特点是密封性能好。如果是热装，排气后罐内形成较高的真空度时，则开启取食比较困难。

（三）旋转式玻璃罐

这种罐型的罐周围具有 3 条、4 条或 6 条突出倾斜的螺纹线，每条螺纹线尾端则和第 2 条螺纹线的始端交错衔接，构成一条相互衔接的圈纹，故称旋转式玻璃罐。并根据玻璃罐颈上斜线条数，又可分为三旋式、四旋式或六旋式玻璃罐。玻璃罐盖用镀锡薄板制成，盖的下缘具有 3 个、4 个或 6 个向内卷曲延伸的盖爪可以和玻璃罐口突出的螺纹线扣紧，盖内垫有橡胶圈或涂有装口胶垫，因而保证玻璃罐的密封性。

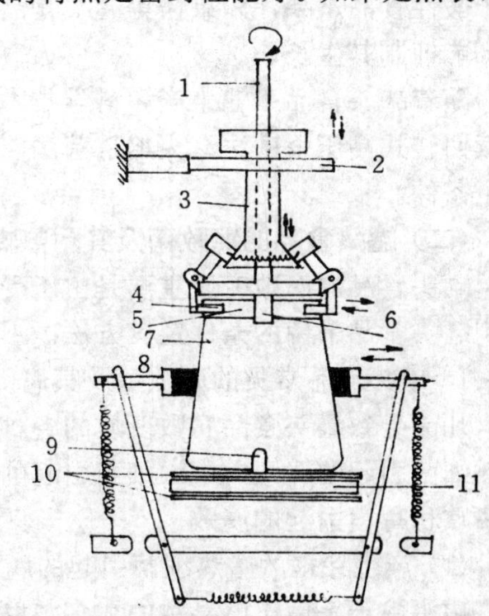

图 4—41　旋盖拧紧机工作原理示意

1. 转轴　2. 升降高度控制器　3. 拧紧夹展开辐度控制突轮　4. 拧盖拧紧夹（3 个）　5. 玻璃罐盖　6. 玻璃罐盖位置控制规（3 个）　7. 玻璃罐　8. 玻璃罐扇形抱爪　9. 罐定位置　10. 输送链带　11. 转辊

由于这种玻璃罐的封口形式主要是依靠盖爪扣压在瓶口的螺纹线上起到使玻璃罐盖压紧在密封面的作用，两者之间均匀的扣紧，才能达到严密封紧的效果。因此玻璃盖尺寸必须与罐口尺寸精确配合，罐盖上的盖爪必须在同一平面上，当然罐口的螺纹斜线，也必须要达到同样的要求。此外盖爪的角度必须精确控制，每个盖爪受的压力比较一致，罐盖不会咬死，开启方便。其盖爪要求具有一定的强度，才能有力的扣在螺纹线上。因此对镀锡薄板硬度要有一定的要求。这种玻璃罐的特点是容易开启，盖子可以重复使用。目前已广泛用于果酱类制品。封罐时采用手工或旋盖拧紧机如图4—41。该机系单头间歇自动拧盖设备，由机架、输罐、抱罐、拧盖等部分组成。

第六节　罐头的杀菌及冷却

一、罐头杀菌

（一）罐头杀菌的目的及方法

罐头杀菌的目的是杀死食品中所污染的致病菌、产毒菌和腐败菌，并破坏食物中的酶，使密封在罐头中的食品，在一般商品管理条件下，在贮存运输期间，不致破坏或因致病菌和产毒菌的活动而影响人体健康。热力杀菌时必须注意尽可能保存食品品质和营养价值，最好还能做到有利于改善食品品质。

罐头食品的杀菌并不要求达到“无菌”水平，允许残留有微生物和芽孢，但不允许有致病菌和产毒菌的存在，只是它们在罐内特殊的环境中，在一定的保存期内，不致引起食品的腐败变质。

罐头常用杀菌方法有“高温热处理”或“阿氏杀菌”和“巴氏杀菌”等。“高温热处理”或“阿氏杀菌”是指在100℃以上的加热介质中进行的杀菌。不论采用蒸汽还是水作为加热介质，高压是获得高温的必要条件，所以又称“高压杀菌”。“巴氏杀菌”是指在100℃以下的加热介质中的低温杀菌。加热杀菌常用热水（有温度界限），以杀死致病菌为主，常用于酸性食品、果汁和果酱等罐头食品的杀菌，虽未能将芽孢杆菌杀死，但罐内酸性的环境却能抑制其生长。

随着罐头食品工业生产和科学技术的发展。近年来，各种新技术和新设备相继出现。如连续回转式高压杀菌法、火焰杀菌法、预杀菌和无菌装罐技术等都为提高罐头食品品质创造了条件。

（二）罐头食品的腐败菌及其耐热性

罐头食品的腐败变质主要是由于受腐败菌的污染引起的，而腐败菌的耐热性又直接影响到罐头食品杀菌的条件及其方法。

1. 罐头食品常见的腐败菌及其腐败现象

凡能导致罐头食品腐败变质的各种微生物称为罐头食品腐败菌，其腐败类型可以分为嗜热细菌引起的腐败，中温细菌引起的腐败，不产生芽孢的细菌引起的腐败，酵母菌引起的腐败和霉菌引起的腐败。

(1) 产生芽孢的嗜热细菌引起的腐败

罐头由于杀菌不够导致的大多数腐败是由嗜热细菌引起的，它们通常能使罐头中产生下面3种主要类型的腐败：

① 平酸腐败。平酸腐败为一种不产气的腐败。罐头内的食品由于平酸细菌的作用，产生并积累乳酸，使pH下降到0.1—0.3，呈现酸味，发生变质，而罐头外形仍属正常，无膨胀现象。平酸腐败一般发生在低酸、中酸性罐头。如豆类、玉米类罐头，也有少数发生在酸性罐头，如蕃茄和蕃茄汁罐头。引起平酸腐败的微生物都是属于芽孢杆菌属的菌种，它

们统称为平酸菌。平酸菌为中温菌或兼性嗜热菌，大多数为兼性厌氧菌。平酸菌在自然界分布很广，其最适pH为6.8—7.2，主要存在于土壤中。食品的原料常被这类细菌污染，工厂用水和设备灭菌不彻底，也常成为污染源。据有关文献资料报道，中酸和低酸罐的平酸腐败，一般是由嗜热脂肪芽孢杆菌所引起的，该菌耐热力极强，是专性嗜热菌。酸性罐头的平酸腐败一般是由嗜酸性热杆菌引起的，该菌是兼性嗜热菌，常在pH为4或略低的介质中生长，常见于蕃茄制品中。

② TA腐败。TA为不产生硫化氢的“嗜热厌氧菌”缩写。TA菌是一种分解糖，专性嗜热，产芽孢的厌氧菌，它在中酸或低酸罐头中产生酸和气体。气体是CO_2和H_2的混合物，如果罐头在高温中放置过久，所产生的混合气体能使罐头膨胀，最后引起罐头破碎。腐败的罐头通常具有酸味，由于该菌在琼脂培养基上不易形成菌落，所以通常只能采用液体培养来检出它。

③ 硫化物腐败。硫化物腐败是由致黑梭菌引起的。在低酸性罐头里被发现但不普遍。该菌的芽孢与平酸菌及TA菌的芽孢相比，耐热性较弱。如发现这类腐败表明杀菌不足。该菌分解糖的能力不强，但能分解蛋白质产生H_2S，并与罐头容器的铁质化合，生成黑色的硫化物，沉积于罐内壁或食品上，使食品变为黑色，同时伴有臭味。

(2) 中温产芽孢细菌引起的腐败类型

由于杀菌不足残留的中温芽孢细菌所引起的腐败，大多数是由芽孢杆菌属和梭状芽孢杆菌属内的菌株所引起的。

① 由中温梭状芽孢杆菌属菌株引起的腐败。这类腐败菌属有两类。一类是分解糖类的，有丁酸梭菌和巴氏芽孢梭菌等。它们在酸性或中酸性罐头内进行丁酸发酵，产生CO_2和H_2引起膨胀，由于分解糖类的梭状芽孢杆菌比较不耐热，所以由它们引起的腐败多半发生在100℃或更低温度中处理的罐头食品中。如菠萝、蕃茄、梨等酸性罐头中都发现过被巴氏芽孢杆菌污染，并引起腐败。另一类是分解蛋白质的有生孢梭菌、腐化梭菌、肉毒梭菌等。它们在肉鱼类罐头中分解蛋白质，并伴有恶臭的化合物产生，某些腐败厌氧菌也产生CO_2和H_2而引起胀罐；腐败厌氧菌在低酸罐头中生长良好。在这些腐败厌氧菌中，肉毒梭菌既能分解蛋白质，又能分解糖类，并能产生肉毒杆菌素，引起食物中毒。据研究，它是食物中毒病原菌中耐热能力最强的细菌，因此在罐头食品杀菌中常以此菌的有无作为灭菌是否彻底的标志。肉毒梭菌在pH为4.6以上的介质中容易生长，造成腐败，产生毒素和臭味。引起胀罐，pH低于4.5时，生长受到抑制。如在食品中加入6%—8%的食盐溶液，则能抑制其繁殖和毒素的形成。

② 由中温芽孢杆菌属菌株引起的腐败。中温芽孢杆菌的芽孢不如嗜热菌形成的芽孢抗热，在100℃或更低的温度下，短时间内就被杀死。最近有报道，产生气体的芽孢杆菌如多粘芽孢杆菌和侵麻芽孢杆菌发酵分解糖，产酸产气，已引起豆类、菠菜、桃类、芦笋和蕃茄罐头的腐败。

(3) 由不产芽孢的细菌引起的腐败。因为不产芽孢的细菌耐热性不及产芽孢的细菌，所以由这类菌引起的腐败主要是因为杀菌温度过低或密封性差，如产酸的乳杆菌和明串株菌属的一些种已在灭菌不足的蕃茄、梨和其他水果罐头中发现。杀菌后因漏气引起的腐败，冷却水是重要的污染源，污染的细菌主要是大肠杆菌群，它们能产生气体，引起胀罐。

(4) 由酵母引起的腐败

由于酸母及孢子容易被巴氏灭菌所杀死，所以它们在罐头中发现，表明杀菌严重不足或漏罐。已经在水果、果酱、果冻和果汁罐头中因污染发现酵母，产生 CO_2 而胀罐。由酵母菌引起的罐头腐败，多半发生在 pH 为 4.5 以下的酸性和高酸性食品中，所见酵母主要是球状酵母菌属，假丝酵母菌属中的一些种。

(5) 由霉菌引起的腐败

这类霉菌常见于 pH 为 4.5 以下的罐头中，常通过漏气处进入罐头，少数霉菌相当耐热，特别是那些能形成菌核的种类，如纯黄衣霉是一种能发酵果胶的霉菌，它能形成孢子在 85℃下 30min，或在 87.7℃下 10min 还能生存，在 O_2 不足时也能生存，产生 CO_2。而雪白丝衣霉的子囊孢子可以在 82.2℃10min 被杀死。

根据腐败菌对不同 pH 值的适应性及其耐热性，罐头食品按 pH 值常分成低酸性、中酸性、酸性和高酸性 4 类，各类罐头食品其常见腐败菌见表 4—13。

2. 有关腐败菌的耐热性及其参数

腐败菌是罐头食品杀菌的对象，其耐热性与罐头食品的杀菌条件有着直接的联系。罐头杀菌通常都是利用加热法促使微生物死亡，而腐败菌的死亡是以失去繁殖和变异能力作为标志的。加热促进使腐败菌死亡的原因普遍认为是由于腐败菌细胞内的蛋白质受热凝固变性的结果。温度越高，腐败菌细胞内水分含量越高，蛋白质凝固变性越快，细胞死亡越快。在通常情况下，腐败菌的耐热性是用温度和时间来表示的。要经过耐热性试验才能确定不同腐败菌的耐热性。

(1) 加热致死速度曲线和 D 值

加热致死速度曲线，又称残存活菌数曲线，它是在某一特定的温度下，以加热时间为横坐标，活菌残存数的对数为纵坐标，绘成的图形（见图 4—42）。实验表明，细菌残存数或死亡数与加热杀菌时间的关系符合一级化学反应动力学。假设腐败菌的初始浓度为 a，经某一加热温度处理 t min 后，残存菌浓度为 b（菌的浓度为个/ml）则：

$$t = D(\log a - \log b) \tag{4-1}$$

D 值（Decimal reduction time）为指数递降时间，即在规定温度下，杀死 90%的细菌数（或芽孢数）所需的时间，通常以分钟为单位。从 D 值可以区别不同菌的耐热性大小。因而作为不同菌耐热性的一个指标。必须指出，D 值不受原始菌数的影响，但随热处理的温度

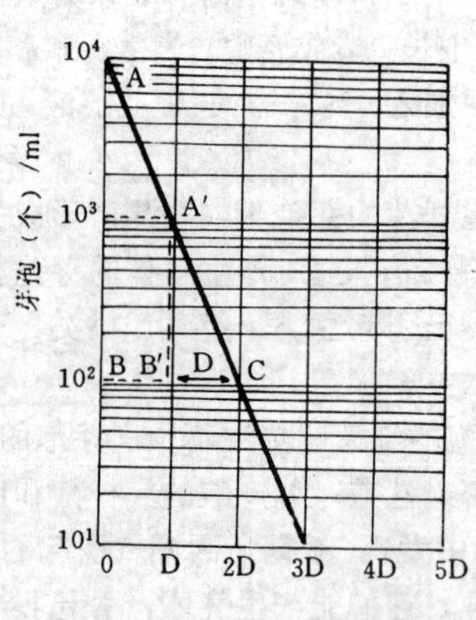

图 4—42 热力致死速率曲线

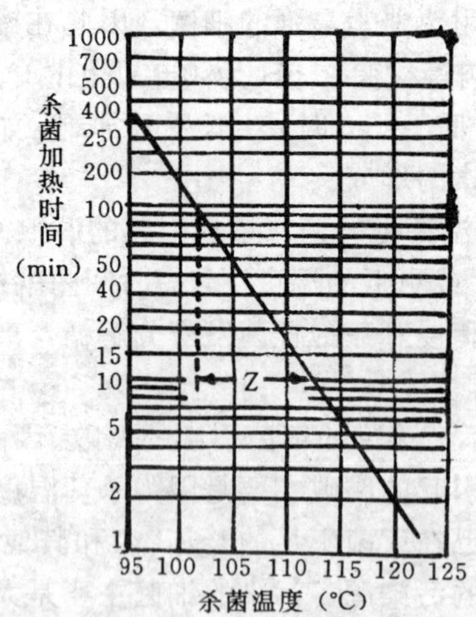

图 4—43 热力致死时间曲线

表 4－13　按 pH 值分类的罐头食品种类中常见的腐败菌

食品 pH 值范围	腐败菌温度习性	腐败菌类型	罐头食品腐败类型	腐败特征	抗热性能	腐败对象
低酸性和中性食品 pH4.5 以上	嗜热性腐败菌	嗜热脂肪、芽孢杆菌	平酸败坏	产酸(乳酸、甲酸、醋酸)，不产气、不胀罐，食品有酸味	$D_{121.1℃}$＝4.5—5.0(min)	青豆、芦笋、蘑菇、肉类
		嗜热解糖、梭状芽孢杆菌	高温、耐氧发酵	产气(O_2+H_2)，不产硫化氢，产酸(酪酸)，胀罐，食品有酪酸味	$D_{121.1℃}$＝3.0—4.0(min)（偶尔达 5.0min）	芦笋、蛤、蘑菇
		致黑梭状芽孢杆菌	致黑或硫黑	产硫化氢，平盖或胀盖，有硫臭味，食品罐变黑	$D_{121.1℃}$＝3.0—4.0(min)	青豆、玉米
	嗜温性腐败菌	肉毒杆菌	厌氧腐败	产毒素、产酸(酪酸)，产气和 H_2S，胀罐，有酸味	$D_{121.1℃}$＝3.0—4.0(min)	芦笋、肉类、蘑菇、青豆
		生芽孢梭状芽孢杆菌	厌氧腐败	不产毒素、产酸、产气和 H_2S，明显胀罐，有臭味	$D_{121.1℃}$＝3.0—4.0(min)	肉类、鱼类(不常见)
酸性食品 pH3.7—4.5	嗜热性腐败菌	凝结芽孢杆菌（或耐酸热芽孢杆菌）	平酸败坏	产酸(乳酸)，不产气，不胀罐、变味	$D_{121.1℃}$＝0.01—0.07(min) 即 1—4 秒钟	蕃茄和蕃茄汁
	嗜温性腐败菌	巴氏固氮梭状芽孢杆菌	厌氧发酵	产酸(酪酸)，产气(CO_2+H_2)，胀罐、有酪酸味	$D_{100℃}$＝0.10—0.5(min) 即 6—30 秒钟	菠萝、蕃茄
		多粘芽孢杆菌				整蕃茄
		软化芽孢杆菌	发酵变质	产酸、产气、也产丙酮和酒精，胀罐	$D_{65.6℃}$＝0.5—1.0(min)	水果及水果制品（桃、蕃茄）
高酸性食品 pH3.7 以下	嗜温性非芽孢菌	乳杆菌，明串珠菌	发酵变质	产酸(乳酸)、产气(CO_2)胀罐	$D_{65.6℃}$＝0.5—1.0(min)	水果、梨、蕃茄制品、果汁(粘质)
		酵母		产酒精、产气(CO_2)，有的膜状酵母在食品表面上产膜状物		果汁、酸渍食品
		霉菌		食品表面长霉		果酱、酸渍食品
		纯黄丝衣霉 雪白丝衣霉		分解果胶，引起果实裂解、发酵、产气(CO_2)，胀罐	$D_{40℃}$＝1—2(min)	水果

不同而变化。温度越高，菌的死亡率越大，D 值则越小。此外，由于细胞芽菌在热处理时所处的环境不同，其死亡率也不同，因而 D 值也会变化。为区别不同温度下的 D 值，可在 D 的右下角标注温度或温度 T 的符号。如 $D_{121.1℃}$ 或 D_t。在加热致死速度曲线上，D 值表示在纵坐标上的细菌减少数为一个对数循环时，即对应的横坐标上的加热时间，它是直线斜率 K 的倒数，即 $D=1/K=t/(\lg b-\lg a)$。

(2) 热力致死时间曲线和 Z 值。

热力致死温度，是指在一定的时间内（通常是 1—10min）对细菌进行处理时，细菌死亡的最低热处理温度以上的温度。热力致死时间，是指在热力致死温度下杀死一定浓度的菌所需要的全部时间。热力致死时间曲线（TDT）以热力致死时间的对数值为纵坐标，热力致死温度为横坐标表示的曲线（见图 4—43）。

实验表明，热力致死时间与热力致死的温度之间的关系也符合一般化学反应动力学，即：

$$\lg \frac{\tau}{\tau'}=\frac{T'-T}{Z} \qquad (4—2)$$

式中的 τ 和 τ' 各为热处理温度（或杀菌温度）(℃)，而 T 和 T′ 各为 τ 和 τ' 温度时热力致死时间（分钟）。Z 值表示当 $\lg \frac{\tau}{\tau'}=1$ 时相应的 T′—T 值，即热力致死时间横过一个对数循环时所需要改变的温度数，是 TDT 曲线斜率的倒数，也就是加热致死时间或 D 值按1/10 或 10 倍变化时相应的加热温度变化。Z 值表示细菌的耐热能力，Z 值越大，杀菌效果越小。

(3) F 值和 TRT 值

F 值又叫杀菌致死值或杀菌效率值，是表示在一定的温度下杀死一定浓度的细菌（或芽孢）时所需要的时间。通常是表示标准温度为 121℃（国外用 250℉，即 121.1℃）时的致死时间，即：

$$\lg \frac{\tau}{F}=\frac{121-T}{Z} \qquad (4—3)$$

或：

$$\lg \frac{\tau}{F}=\frac{121.1-T}{-Z} \qquad (4—4)$$

由于 F 值是由 TDT 实验获得，但如果罐头中所污染的对象菌的初始浓度与 TDT 实验时该菌的初始浓度不同时，只有用该浓度的菌数再做 TDT 实验，所以提出 TRT 的概念，由此求出 F 值。

TRT 值（Thermal reduction time），即热力指数递减时间，是指在某一加热温度下将细菌数或芽孢数减少到某一程度（10^{-n}）时所需要的加热时间。鲍尔（Ball）将 n 指数称为递减指数（Reduction exponent），并以 TRT_n 表示热力指数递减时间，根据（1）式则得：

$$TRT_n=t=D\ (\lg a-\lg 10^{-n}a)\ =nD \qquad (4—5)$$

TRT_n 实际上为 D 的扩大值，根据（3）式中存在的 F 和 Z 的关系，如果 $\tau=t=nD$ 则：

$$\lg \frac{nD}{F}=\frac{121-T}{Z}$$

若 D 为 121℃下求得，则：

$$F=nD \qquad (4—6)$$

因为 D 值与罐头中的原始菌数无关，这样可根据 D 值和 n 值求得 F 值。

(三) 影响罐头杀菌效果的因素

1. 食品在杀菌前的污染情况

从原料处理一直到杀菌前，食品均会受到不同程度的微生物的污染，污染率越高，在同样温度下杀菌所需的时间越长，特别是污染了嗜热性芽孢，常给许多低酸性罐头杀菌带来很大困难。

2. 罐头杀菌时的传热情况

罐头加热杀菌，热的传递主要借助传导和对流传热方式从沸水或蒸汽等加热介质将热传递到罐头中部的，影响罐头食品传热的主要因素有：

① 罐头食品的形状、大小、粘稠度和比重等不同，传热方式和速度则不相同。一般固态和高粘度的食品加热杀菌时在罐内处于不流动状态，以传导方式传热，速度也较缓慢，如含水较少的枣泥、蔬菜、酱罐头等；而流质食品，以对流传导方式为主，速度较快，大多数果蔬汁、清水、糖水果蔬罐头属此类。液态食品中糖分淀粉和果胶等物质的含量对热力杀菌时传热类型和传热速度也常产生影响，随着糖水罐头的增加，其传热方式也从对流型转向传导型，传热速度也随之减慢，淀粉浓度超过6%时，传热率几乎不再变化并转变为传导传热。

② 食品初温。食品初温是指装入杀菌锅开始杀菌的温度。一般来说，传导型罐头食品加热时初温的影响极为显著，从到达杀菌的温度的时间来看，初温高的就比初温低的短。对流型的罐头尤其是对流强烈的罐头食品，食品初温对加热时间可以说几乎没有明显的影响。

③ 罐藏容器。容器的热阻对传热速度也有一定的影响，它取决于罐壁的厚度（δ）与导热系数（λ），可用δ/λ值表示之。铁罐和玻璃罐的罐壁厚度、导热系数及热阻见表4—14。该表表明玻璃罐的导热系数比铁罐小得多而厚度则大得多，故玻璃罐的热阻也大得多。

表4—14　铁罐和玻璃罐的热阻

容　器	厚度（δ）（m）	导热系数（λ）（w/m·k）	热阻（δ/λ）（w/k）
铁　罐	2.4×10^{-4}—3.6×10^{-4}	602.5—677.8	3.98×10^{-7}—5.98×10^{-7}
玻璃罐	2×10^{-3}—6×10^{-3}	7.531—12.05	2.60×10^{-4}—7.97×10^{-4}

罐头容器的大小对传热速度或加热杀菌时间也有影响。容器增大，不论增加罐径或罐高，加热杀菌时间将相应增加，容器增大，其单位容积所占的表面积相应减少，单位时间内它能接受的热量也随之而减少。

④ 杀菌设备和罐头在锅中的位置。目前我国常用静置间歇性的立式或卧式杀菌锅两种。罐头在锅中静止不动，所以在锅中易引起上中下层受热不均匀，易发生蒸煮过度或杀菌不彻底现象。如采用回转式杀菌设备，罐头食品则处于不断旋转状态而其传热速度比静置式杀菌设备迅速，也较均匀。

3. 酶的活性

过去一直认为加热到80℃时许多酶的活力已遭破坏，所以罐头食品在杀菌时不仅腐败菌被杀死，而且酶也遭钝化。现在生产实践表明酶也常会导致罐藏的酸性或高酸性食品变质，甚至某些酶经热力杀菌还能促使其再度活化，过氧化物酶就是一例。这一问题是在超高温热力杀菌时被发现的。水果中过氧化物酶是有可能用于评定酸性食品罐头热处理效果的。

（四）罐头杀菌F值的计算方法

1. 安全杀菌F值的计算

通过对罐头或食品微生物的检验，检验出该种罐头食品被污染的腐败菌的种类和数量，并切实地制定生产过程中的卫生要求，以控制污染的最低限量，然后选择抗热性最强或对人体最有毒性的那种腐败菌作为计算F值的依据，即选择合适的对象菌。一般说来，pH在4.5以上的低酸性罐头食品，首先以肉毒杆菌作为主要杀菌对象，目前在某些低酸性食品中，如出现耐热性更强的嗜热腐败菌或平酸菌时，则应以该菌作为主要杀菌对象。在pH值为4.5以下的酸性或高酸性食品中，以耐热性低的腐败微生物（如酵母）作为主要杀菌对象，就高酸性食品而言，特别是采用高温短时热力杀菌时，通常把钝化酶列为重要考虑问题。这种用对象菌作为计算对象而得到的F值，称为安全杀菌F值或标准F值记为$F_{安}$或$F_{标}$。

安全杀菌F值的大小取决于所选的对象菌的耐热特性D_T值及实际生产过程中的卫生情况等两个因素，即：

$$F_{安}=D_T\ (\lg a-\lg b)$$

式中：$F_{安}$为恒定加热致死温度（100℃或121℃）下杀灭一定量的对象菌所需要的时间(min)。

D_T为恒定加热致死温度（100℃或121℃）杀灭90%对象菌所需要的时间(min)，可查表4—13。

a：杀菌前对象菌的芽孢总数，一般按轻工部规定的罐头工厂卫生要求，尽量控制被污染的最低限量，可结合各厂具体卫生条件按照微生物检验的情况来定。

b：罐头允许的腐败率，可按轻工部对各类罐头成品合格率的要求而定。

例：蘑菇罐头每克内容物在杀菌前含有嗜热脂肪芽孢杆菌不超过2个，经121℃杀菌、保温贮后，允许的腐败率为5×10^{-4}以下，求425g蘑菇罐头在121℃杀菌时所需的$F_{安}$值。

解：查表4—13，得嗜热脂肪芽孢杆菌在121℃下的D值为4.00分，

$$a=425g/罐\times2个/g=850个/罐$$

$$b=5/10000=5\times10^{-4}$$

则$F_{安}=D_T\ (\lg a-\lg b)=4.00\times(\lg 850-\lg 5\times10^{-4})=24.92\ (min)$

2. 罐头杀菌实际条件下的F值的计算

$F_{安}$值是在瞬时升温、瞬时冷却的理想条件下计算出来的。在实际杀菌中，有升温和降温的过程。在这个过程中，只要在致死温度下都有杀菌的作用，所以可根据估算的$F_{安}$值和罐内的传热情况制定杀菌公式，即：

$$\frac{t_1-t_2-t_3}{T℃}=\frac{升温时间-恒温时间-降温时间}{规定下的杀菌温度}$$

为了求得实际杀菌条件下的F值，可用求和法。即将杀菌中温度的变化过程分成充分短的时间间隔，某一时间间隔的罐头中心温度（或冷点温度）被视为固定值。所以在一个无限小的时间间隔内就有一个微小的杀菌效率值，将各温度下的杀菌效率值换算成标准温度（100℃或121℃）下的杀菌效率值，然后求和即得$F_{实}$值。

根据$\lg\frac{\tau}{F}=\frac{121-T}{Z}$得：

$$F=\tau\ (10^{\frac{121-T}{Z}})^{-1}$$

上式的意义为：在T温度下杀菌τ分钟相当于在121℃下持续杀菌Fmin。若在实际杀菌过程中分成若干个相同的时间间隔t，则在每一间隔下的杀菌效率值换算成标准温度下的杀菌效率值为$[F_0]_T$，则上式为：

$$[F_0]_T=t_P\ (10^{\frac{121-T}{Z}})^{-1}$$

令$L_T=(10^{\frac{121-T}{Z}})^{-1}$

则：$[F_0]_T=L_T\cdot t_0$

L_T 称为致死率值（Lethality），L_T 在数值上相当于通过 $F_{121℃}=1$ 这一点的 TDT，曲线上各个温度下的时间 τ 的倒数，可以根据公式计算或按表 4—15 查得。

$$F_{实}=\sum[F_0]_T=\sum L_T t_0=t_0\sum L_T$$

表 4—15　$F_{121}^{Z}=1min$ 时各温度的致死率 · $L_T=Lg^{-1}\left(\frac{T-121}{Z}\right)$

Z值 ℃/F RT℃	6.5 (11.7)	7 (12.6)	7.5 (13.5)	8 (14.4)	8.5 (15.3)	9 (16.2)	9.5 (17.1)	10 (18)	10.5 (18.9)	11 (19.8)	11.5 (20.7)	12 (21.6)
90	0.0000	0.0000	0.0001	0.0001	0.0002	0.0004	0.0005	0.0008	0.0011	0.0015	0.0020	0.0026
91	0.0000	0.0001	0.0001	0.0002	0.0003	0.0005	0.0007	0.0010	0.0014	0.0019	0.0025	0.0032
92	0.0000	0.0001	0.0001	0.0002	0.0004	0.0006	0.0009	0.0013	0.0017	0.0023	0.0030	0.0038
93	0.0000	0.0001	0.0002	0.0003	0.0005	0.0008	0.0011	0.0016	0.0022	0.0028	0.0037	0.0046
94	0.0001	0.0001	0.0003	0.0004	0.0007	0.0010	0.0014	0.0020	0.0027	0.0035	0.0045	0.0056
95	0.0001	0.0002	0.0003	0.0006	0.0009	0.0013	0.0018	0.0025	0.0033	0.0043	0.0055	0.0068
96	0.0001	0.0003	0.0005	0.0007	0.0011	0.0017	0.0023	0.0032	0.0042	0.0053	0.0067	0.0083
97	0.0002	0.0004	0.0006	0.0010	0.0015	0.0022	0.0030	0.0040	0.0052	0.0066	0.0082	0.0100
98	0.0003	0.0005	0.0009	0.0013	0.0020	0.0028	0.0038	0.0050	0.0065	0.0081	0.0100	0.0121
99	0.0004	0.0007	0.0012	0.0018	0.0026	0.0036	0.0048	0.0063	0.0080	0.0100	0.0122	0.0147
100	0.0006	0.0010	0.0016	0.0024	0.0034	0.0046	0.0061	0.0079	0.0100	0.0123	0.0149	0.0178
101	0.0008	0.0014	0.0022	0.0032	0.0045	0.0060	0.0078	0.0100	0.0125	0.0152	0.0182	0.0215
102	0.0012	0.0019	0.0029	0.0042	0.0058	0.0077	0.0100	0.0126	0.0155	0.0187	0.0222	0.0261
103	0.0017	0.0027	0.0040	0.0056	0.0077	0.0100	0.0127	0.0158	0.0193	0.0231	0.0332	0.0316
104	0.0024	0.0037	0.0054	0.0088	0.0100	0.0129	0.0162	0.0200	0.0241	0.0285	0.0406	0.0383
105	0.0035	0.0052	0.0074	0.0100	0.0131	0.0167	0.0207	0.0251	0.0300	0.0351	0.0496	0.0464
106	0.0049	0.0072	0.0100	0.0133	0.0172	0.0125	0.0263	0.0316	0.0373	0.0415	0.0605	0.0562
107	0.0070	0.0100	0.0136	0.0178	0.0126	0.0278	0.0336	0.0398	0.0465	0.0534	0.0740	0.0681
108	0.0100	0.0139	0.0185	0.0237	0.0296	0.0360	0.0428	0.0501	0.0579	0.0658	0.0501	0.0805
109	0.0143	0.0193	0.0251	0.0316	0.0388	0.0464	0.0545	0.0631	0.0720	0.0812	0.0903	0.1000
110	0.0203	0.0268	0.0341	0.0422	0.0509	0.0600	0.0694	0.0794	0.0897	0.1000	0.1104	0.1212
111	0.0290	0.0372	0.0464	0.0562	0.0667	0.0792	0.0885	0.1000	0.1117	0.1233	0.1349	0.1468
112	0.0413	0.0518	0.0631	0.0750	0.0874	0.1000	0.1128	0.1259	0.1391	0.1520	0.1648	0.1778
113	0.0588	0.0719	0.0858	0.1000	0.1146	0.1292	0.1438	0.1587	0.1731	0.1824	0.2024	0.2155
114	0.0838	0.0999	0.1166	0.1334	0.1502	0.1668	0.1832	0.1995	0.2156	0.2311	0.2461	0.2610
115	0.1195	0.1389	0.1587	0.1778	0.1970	0.2155	0.2334	0.2512	0.2684	0.2848	0.3006	0.3163
115.5	0.1426	0.1426	0.1637	0.1848	0.2053	0.2255	0.2449	0.2635	0.2818	0.2995	0.3163	0.3323
116	0.1702	0.1930	0.2155	0.2371	0.2582	0.2782	0.2975	0.3163	0.3342	0.3512	0.3672	0.3831
116.5	0.2032	0.2275	0.2511	0.2738	0.2956	0.3163	0.3358	0.3549	0.3730	0.3899	0.4060	0.4218
117	0.2425	0.2681	0.2929	0.3163	0.3385	0.3593	0.3792	0.3980	0.4161	0.4323	0.4488	0.4643
117.5	0.2896	0.3161	0.2414	0.3652	0.3876	0.4085	0.4281	0.4466	0.4643	0.4805	0.4960	0.5110
118	0.3455	0.3739	0.3981	0.4218	0.4439	0.4642	0.4833	0.5012	0.5179	0.5336	0.5482	0.5624
118.5	0.4125	0.4392	0.4642	0.4871	0.5081	0.5277	0.5455	0.5624	0.5780	0.5924	0.6061	0.6192
119	0.4924	0.5176	0.5411	0.5624	0.5817	0.5995	0.6158	0.6309	0.6452	0.06579	0.6698	0.6812
119.5	0.5878	0.6101	0.6309	0.6494	0.6662	0.6812	0.6940	0.7077	0.7194	0.7305	0.7402	0.7496
120	0.7018	0.7194	0.7358	0.7496	0.7628	0.7746	0.7843	0.7943	0.8026	0.8110	0.8183	0.8251
120.5	0.8382	0.8482	0.8576	0.8666	0.8734	0.8795	0.8857	0.8913	0.8961	0.9009	0.9050	0.9083
121	0.1000	0.1000	0.1000	0.1000	0.1000	0.1000	0.1000	0.1000	0.1000	0.1000	0.1000	0.1000

例：上式中的 $F_{安}$ 值为 24.92min，初步制定为两个杀菌公式即：

$$\frac{10'-23'-10'}{121℃} \text{或} \frac{10'-25'-10'}{121℃}$$

在实际杀菌过程中，按 3min 间隔测罐头中心温度，然后查 $F_{121℃}=1$，Z=10℃的致死率表，分别得到各温度下的 L_T 值，见表 4—16。

故：$F_{实_1}=t_P\Sigma L_T=3$（0+0+0.023+…+0）=25.5（min）

$F_{实_2}=t_P\Sigma L_T=3$（0+0+0.020+…+0）=28.1（min）

$F_{实_1}$ 值略大于 $F_{安}$ 值，所以在该工厂条件下生产 425g 蘑菇罐头的选择 $10'-23'-10'/121℃$的杀菌公式能满足要求。

（五）罐头食品的杀菌方法及注意事项

罐头食品的杀菌通常是指食品装罐后的杀菌。目前工厂中最常用的杀菌方法有常压杀菌和高压杀菌两大类，具体有以下几种方法：

1. 常压沸水杀菌

表 4—16　罐头中主温度测定数值

杀菌式：$\frac{10'-27'-10'}{120℃}$			杀菌式：$\frac{10'-25'-10'}{121℃}$		
时间（min）	罐内中心温度（℃）	致死率值 L_T Z=10℃	时间（min）	罐内中心温度（℃）	致死率值 L_T Z=10℃
0	47.9	0	0	50	0
3	84.5	0	3	80	0
6	104.7	0.0230	6	104	0.0200
9	119.0	0.6309	9	118.5	0.5624
12	120.0	0.7943	12	120	0.7943
15	121.0	1	15	121	1
18	121.0	1	18	121	1
21	120.0	1.0490	21	120.5	0.8913
24	121.0	1	24	121	1
27	120.0	0.7943	27	120.7	0.9328
30	120.5	0.8913	30	120.7	0.9328
33	121.0	1	33	121	1
36	115.0	0.2512	36	120.5	0.8913
39	108.0	0.0501	39	115	0.2512
42	99.0	0.0063	42	109	0.0631
45	80.0	0	45	101	0.0100
			48	85	0

常压沸水杀菌通常运用于大多数水果和部分蔬菜罐头，杀菌温度不超过100℃。一般采用立式开口锅杀菌。此操作方法比较简单。先在杀菌锅内注入需要量的水，然后通过蒸汽加热，待锅内水达到沸腾时，将装好罐头的杀菌篮放入锅内，为了避免杀菌锅内水温急剧下降和玻璃罐的破裂，可预先加热到50℃后，再放入杀菌锅内。注意此时还不能作为计算杀菌时间的开始，待锅水第2次沸腾时，才能开始计算杀菌时间，并保持沸腾至杀菌终了。注意勿使中途发生降温现象，而影响杀菌效果。罐头应全部浸没于水中，最上层的罐头也应在水面以下10—15cm。水的温度以温度计的读数为准。杀菌结束后，应立即将杀菌篮取出，迅速进行冷却。

2. 高压蒸汽杀菌

低酸性食品，如大多数蔬菜、肉类及水产类罐头食品，都必须采用100℃以上的高温杀菌。欲达到高温，须借助高压蒸汽。用高压蒸汽杀菌的操作步骤如下：将装好罐头的杀菌篮放入杀菌锅内，关闭杀菌锅的门或盖，并检查其密封性，关掉进水阀和排水阀，开排气阀和泄气阀，检查所有的仪表、调节器和控制装置，然后开大蒸汽阀使高压蒸汽迅速进入锅内，迅速而充分的排除锅内的全部空气，同时使锅内升温，在充分排气之后，须将排水阀打开，以排除锅内的冷凝水，待冷凝水排除之后，关掉排水阀，随后再关掉排气阀，而泄气阀仍然开着，以调节锅内的气压，待锅内压力达到规定压力时必须认真检查温度计读数是否与压力读数相一致，如果温度偏低，说明锅内还有空气存在，此时需要打开排气阀，继续排尽锅内的空气，然后再关掉排气阀。当锅内蒸汽压力与温度相应并达到规定的杀菌温度与压力时，开始计算杀菌时间。并通过调节进气阀与泄气阀，来保持锅内恒定的温度，直至杀菌结束，关掉进气阀，并缓慢打开排气阀，排尽锅内蒸汽，使锅内压力降到等于大气压力，进行常压冷却后取出罐头在水池中冷却。若要进行反压冷却，则在杀菌结束后，关掉所有的进气阀和泄气阀，一边打开压缩空气阀，使杀菌锅内保持规定的反压力，一边打开冷却水阀进冷却水。进冷却水时，锅内压力用于蒸汽的冷凝而急速下降。因此必须及时补充压缩空气以维持锅内反压力，当冷却水灌满后，在稳定的反压下延续所需要的冷却时间，然后打开排气阀放掉压缩空气进行降压，并继续进冷却水使罐头冷却至38℃左右，即可出罐。

3. 高压水杀菌

凡肉、鱼类的大直径高罐和玻璃罐采用这种方法能平衡罐内外压力。对玻璃罐而言，可以保持罐盖的稳定，同时能提高水的沸点，促进传热。高压由压缩空气来维持。高压水杀菌的反压力必须大于该杀菌温度下的饱和蒸汽压。一般约大2.2×10^4—2.7×10^4Pa，否则可能产生玻璃罐的跳盖现象。高压水杀菌时，其杀菌温度以温度计读数为准。操作时，关掉排水阀，向锅内进水，使水位高出最上层罐15cm左右。如为玻璃罐，为了防止破裂，一般可将水预热到50℃左右；关掉所有的排气阀和溢气阀，进压缩空气，使锅内的压力升至比杀菌温度相当的饱和水蒸汽压力大2.1×10^4—2.7×10^4Pa，并在整个杀菌过程中维持这个压力；进蒸汽加热升温，使水温升至规定的杀菌温度，并按规定的杀菌时间恒温杀菌。杀菌结束时，关掉进气阀，打开压缩空气阀，同时开进水阀进行冷却。玻璃罐的冷却水要预热至40—50℃，然后再通入冷水进行冷却。冷却时锅内的压力由压缩空气来调节，必须保持压力的稳定，当冷却水灌满后，打开排水阀，并保持进水量与出水量的平衡，使锅内水温逐降，当水温降至38℃左右时，即可关掉进水阀、压缩空气阀，排出冷却水。冷却完毕，出罐。高压杀菌锅通常分为卧式与立式两种。图4—44为卧式高压水杀菌锅装置。

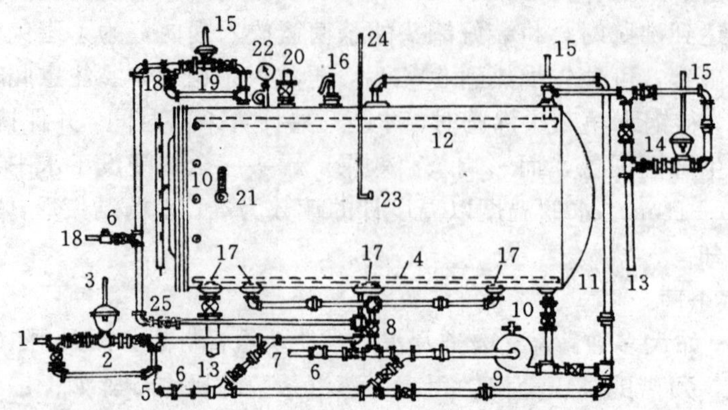

图 4—44　玻璃罐用标准卧式高压水杀菌锅装置

1. 蒸汽管　2. 温度控制仪　3. 引向温度控制仪　4. 蒸汽散布管　5. 水管　6. 单向阀　7. 来自热水贮槽的管道　8. 吸水管和汇集管　9. 循环水泵　10. 泄气阀　11. 循环水管　12. 水散布管　13. 溢流管　14. 压力控制阀　15. 引向压力控制仪　16. 安全阀　17. 金属保护网　18. 空气管　19. 空气进口控制阀　20. 排气阀　21. 温度计　22. 压力表　23. 温度控制用感温球　24. 引向温度控制仪　25. 升温期用恒流孔阀

二、罐头冷却

罐头杀菌结束后立即冷却，使其内部温度降低到适当的程度，产品质量才能得到保证。罐头冷却得当可以避免内容物色泽恶变，如糖水荔枝、糖水洋梨等罐头，尤为明显，同时也可避免组织软化，风味受损；可以防止嗜热性细菌的繁殖。一般说，嗜热性细菌孢子的适应温度为 43.3—76.7℃，因此冷却后罐头温度以 38—40℃为宜；可以减缓罐头内壁腐蚀等。

罐头冷却的方式按冷却时罐头所处位置可以分为锅外和锅内冷却，按冷却介质可分为常压和反压冷却。水果罐头常采用锅外水冷却，按其操作方法有淋水和浸冷却水之分，以淋水冷却为好，但费水，故可采用先淋后浸的方法。对于玻璃罐和扁平的大型罐宜采用分段冷却，先用热水后用冷水，每次温差不超过 25℃。罐头的冷却终温保证在 38—40℃，过低易造成罐外生锈。罐头冷却用水应符合饮用水标准，最好经加氯处理，使水中含游离氯为 3—5mg/kg，否则容易造成罐头破坏，因为其卷边在冷却时易收缩，可能会造成短时泄漏。

第七节　成品检验和保存

罐头食品的检验和保存是罐头生产的最后环节，这对于保证罐头的质量，提高其食用安全性都具有重要的意义。

一、罐头检验的抽样

目前，我国罐头检验的抽样方法有两种：

1. 按生产班次抽样，抽样数为 1/3000，尾数超过 1000 罐者增加 1 罐，但每班每个品种的抽样基数不得少于 3 罐；如果某些产品班生产量较大，超过 20000 以上，抽样数为

1/10000；若班产数量很小，同品种、同规格者合并班次，每班班次不少于1罐，并班后抽样数不少于3罐。

2. 杀菌锅抽样，对每锅抽1罐，但每批每个品种不少于3罐。

二、检验方法

(一) 开罐检验

1. 感官检验主要包括3个方面：

(1) 组织形态：糖水水果类、蔬菜类罐头滤去汤汁；糖浆类罐头倒在金属丝筛上；果酱类罐头倒在白瓷盘上，观察其组织形态。

(2) 色泽：汁液收集在量筒或烧杯，观察其色泽、澄清程度；固体物置于白瓷盘中，观察其色泽及有无夹杂物等。

(3) 味和香：嗅其香味，尝其口味，参加品尝人员必须有正常的味觉和嗅觉。

2. 物理检验

物理检验包括容器的外观及内壁，内容物的重量及真空度的检验。容器外观先观察商标及盖印，底盖有无膨胀现象，再观察接缝处及卷边是否正常，焊锡是否完整，封罐是否严密等。再用卡尺测量罐径与罐高是否符合规定。用真空计测定真空度，一般应达26.67kPa以上。重量检验包括净重（除去空罐后的内容物重）和固形物重（除去空罐和汤液后的重量）。容器内壁上的检验包括腐蚀程度和露铁情况，有无铁锈或硫化斑，涂料是否脱落等。

3. 化学检验：包括pH值，可溶性固形物，可滴定酸含量、糖含量、食品添加剂和重金属含量等分析项目。各类指标可查有关标准。

4. 微生物检验

轻工部标准中统一规定“无致病菌（包括沙门氏菌属、志贺氏菌属、致病性葡萄球菌、肉毒梭状芽孢杆菌）及因微生物作用所引起的腐败象征”。

(二) 打检法

此法用金属或小木棒轻击罐盖，根据真空与空气传声不同而产生不同声音来判断罐头的好坏。一般发音清脆而坚实的真空度较高。发音浑浊，真空度较低。装量满的声音沉着，否则声音空洞。真空度低的罐头可能是工艺操作上的缺陷，也可能是罐内已有产气性细菌存在或内容物已发生物理化学变化。该法凭经验进行，精确度不高。所以，须与其它方法配合使用。

(三) 保温检验

罐头食品如因杀菌不足或其他原因，罐内残留的细菌比正常的要多，在适宜的温度下进行繁殖，除某些高温细菌不产生气体外，一般的腐败菌都能产生气体，这样可剔除胀罐或通过打验法检出变质罐。保留时间，据我国现行标准，糖水水果类及果汁类罐头须在不低于20℃下常温处理5—7天。保温检验可根据实际情况抽样或全部保温。抽样数通常是每批产品应有12—24罐。

三、罐头常见的腐败现象及原因

(一) 罐头的损坏

罐头的损坏可以由肉眼判断，其原因是多方面的。

1. 胀罐：是由于微生物产气或装量过多，排气不完全，或罐头内容物与马口铁作用，引起腐蚀，产生氢气，使罐头的底盖向外突出的原因。因胀罐的程度不同，可分为隐胀（外形正常，若受撞击可使罐头一端低盖突起，施以压力可恢复正常，俗称撞胖）、初胀（罐头一端或两端稍突出，若施加压力，可保持一段时间的内凹正常状态）、软胀（罐头两端底盖都向外突出，若施加压力可使其正常，但除去压力立即恢复外突状态）、硬胀（施加压力也不能使两端恢复正常，最终可能使罐身接缝处爆裂）等。

2. 瘪罐：罐头外形显著瘪陷，为真空度过高之故，一般是由于排气过度，装量不足。大型罐头容易产生凹陷。此类损坏不影响内部品质，罐头外贴商标后不影响外观的不作瘪罐论。

3. 漏罐：罐头缝线或孔眼渗漏出部分内容物。这是由于密封时缝线有缺陷，铁皮腐蚀后生锈穿孔，或由于微生物产气引起的内压过大，损坏缝线的密封，机械损伤时也会造成这种泄漏。

4. 变形：罐头底盖不规则突出成嵴峰状，这是由于冷却技术不当，清除蒸汽过快之故，稍加压可恢复正常。

（二）理化性败坏

由于物理和化学原因引起罐藏容器或内容物的败坏。

1. 硫化铁：罐头内壁易擦落的点状或线状的黑色斑点。这是由于硫化氢与马口铁作用所致。水果原料用亚硫酸保藏或使用二氧化硫漂白的白砂糖等均易造成这种现象。硫化铁虽无损于人体健康，但少量即可污染内容物，所以不允许存在。

2. 硫化斑：是罐内壁产生的有色斑点，形成原因同硫化铁，允许少量存在，但色泽较深，面积布满罐壁的不允许存在。

3. 硫化铜：与硫化铁相似，但呈绿黑色，原因是食品受铜制设备的污染，进而与硫化氢作用所致，有毒，不允许存在。

4. 氧化圈：罐内液面处发生的暗灰色腐蚀圈，是由于罐壁的锡发生氧化所致。罐内真空度过低，顶隙过大，汤汁酸度高，杀菌冷却过慢和贮藏温度过高等都会促使其形成。

5. 变色：内容物的变色现象。如杨梅、桃等的花青素与锡作用产生紫色，桃的多酚类物质氧化产生的褐红色及一些水果中非酶褐变等。

6. 变味：变味情况较多，如加工热处理引起的煮熟味，罐壁腐蚀产生的金属味，微生物引起的变味等。

7. 沉淀：内容物在保藏过程中的理化作用，引起沉淀，如橘子罐头的白色沉淀，一些果汁的絮状沉淀等。

（三）微生物败坏

微生物引起罐头的败坏，究其原因可能是杀菌前罐内食品已经败坏，或者是杀菌不足，或者是杀菌后冷却时受污染而导致的。从罐头外形上看主要有胀罐或正常（即平酸）（详见本章第六节）。

四、罐头的贮存

成品罐头在出厂前的一段时间及销售期间均有贮藏问题。包括堆放的形式，仓库的设计和管理等多方面。

罐头贮藏库的地址选择，要便于出库，同时还要有利于成品品质的保持。库房设计要便于管理，有防火、照明、通风等设施。

罐头在仓库内的堆放形式有散堆和箱装两种。一般来说散装可节省包装材料，便于检验，但容易碰坏，且易受环境条件的影响。箱装对成品有一定的保护作用，而且费时少，占地少，所以通常用箱装贮存。贮藏库内的堆码应区域分明，不同批次不同品种之间更应分明，每堆之间留有空隙，便于操作管理。

贮存库应保持阴凉、干燥，保藏温度维持在 0—10℃为好。温度过高会加速罐内各种化学成分发生反应；而温度过低，则易受冻，使果品组织解体，导致品质劣变。其湿度以干湿球温差 5—9℃为宜，防止达到露点而引起罐头外壁生锈。

成品在保藏期间应定期抽样检查，以便有问题及时处理，对成品的品种、数量、入库期等应详细登记，形成严格的制度。

第二十一章　罐藏工艺的新技术

近几十年来，罐藏工业中工艺和设备均有很大发展，其中主要在杀菌方式和相应的设备上有很大的改进。应用高温短时杀菌越来越普遍。它的理论依据是：温度每增加10℃，对微生物的破坏力增加10倍，而对产品中的化学反应速率只增加1倍。现介绍两种比较先进的杀菌技术。

第一节　无菌装罐法

无菌装罐法，是将高温短时杀菌原理与无菌操作法相结合，将食品在高温（121℃）或超高温（130—150℃）下进行预先杀菌，然后在密闭的容器内和消毒的条件下进行罐装和密封。避免了产品污染，确保质量。

目前常用的是Dole无菌装罐系统，如图4—45，主要部分有预先杀菌和密封条件下装罐、封罐两部分，容器和罐盖则分别在另一装置内预先消毒。

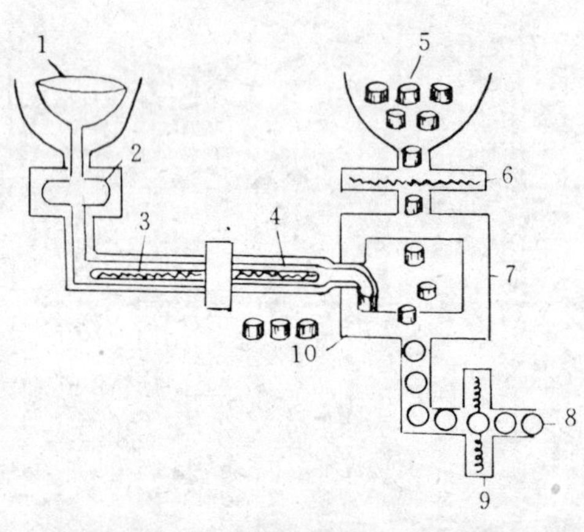

图4—45　无菌装罐示意

1. 原料　2. 均质器　3. 热交换器（杀菌）　4. 冷交换器(冷却)　5. 空罐　6. 消毒器　7. 蒸汽　8. 罐盖　9. 消毒器　10. 装罐

一、预杀菌系统

包括升温、保温和冷却3部分，产品在这一系统内从连续泵入加热部分，迅速升温至132—149℃。然后通过保温部分，保持在杀菌温度下达到所需时间。最后产品进入降温阶段，立即冷却到预定温度。在这一系统中，杀菌的温度由仪表和自动控制器严格地控制，原料由压力泵进行连续输送，加热器根据产品的性质和杀菌的要求不同而不同，可有注射式、刮板式、列管式和板式几种。

二、罐身的消毒

空罐通过一个充满过热蒸汽或热空气的通道中进行消毒，通入的过热蒸汽或热空气温度在260℃左右，这样罐身消毒温度控制在240℃左右。其温度由恒温器自动控制。

三、罐盖的消毒

其方法和罐身消毒类似，作为一个附属部分装在封罐机上，将罐盖逐个分开，进入消毒室，速度调至与封罐速度对应。

四、装罐和封罐

物料经过预杀菌后，立即送入罐装器进行罐装。Dole 无菌装罐系统采用的罐装机主要有两个类型，但其原理均为缝式罐装，即将容器在罐装机的长方式缝孔下装罐，要求空罐突缘相互重叠以减少损失。装量由装料孔的长度，液体的相对流速及输送带传递的速度来控制。装罐后，罐头即进入封罐机加盖消毒罐盖进行密封。接着送出整个系统。

无菌装罐具有热处理时间短、冷却迅速，质量好的优点。它适合于流体和半流体食品罐藏，也特别适用于浆状的水果制品，如杏浆、苹果沙司等，它对于大容器包装产品既可保证品质，又可避免浪费。目前，无菌罐装系统也用于玻璃包装食品和蒸煮袋包装的食品。

第二节　火焰杀菌法

火焰杀菌法 50 年代末创始于法国，1958 年制造出第 1 个商业火焰杀菌器。其特点是罐头在轴向回转过程中直接接受火焰燃烧，加温杀菌，基本装置如图 4—46。有预热、加热、保温和冷却 4 部分。

一、预热部分

罐头在常压蒸汽下均匀地加热至内容物与蒸汽等温。

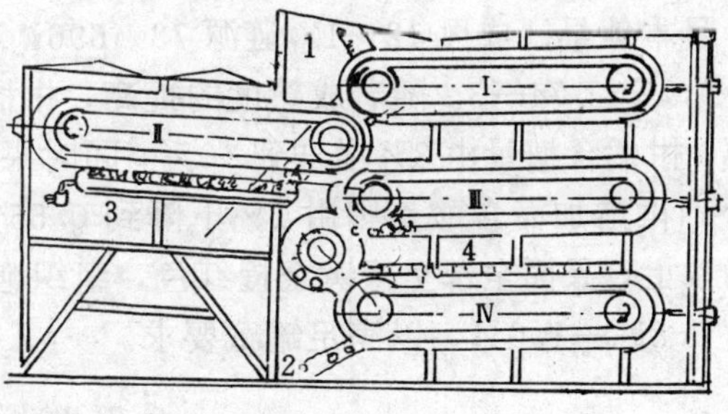

二、加热部分

内装大量的单个燃炉，罐头轴滚过燃炉上方即被火焰加热。火焰温度一般控制在 500℃。燃烧的燃料有煤油或甲烷、天然气等。

图 4—46　火焰杀菌机截面示意图（Beauvais 等，1961）

Ⅰ. 预热部分　Ⅱ. 加热升温部分　Ⅲ. 保温部分　Ⅳ. 冷却部分

1. 进口　2. 出口　3. 燃炉及火焰　4. 冷却水喷头及水

三、保温部分

利用加热部分的余温使罐头保温一定时间。

四、冷却部分

喷淋冷水将罐头迅速冷却至所需温度。

几十年来，火焰杀菌装置有了很大的改进，更加显示出它的优点。

目前的研究只集中在其对各种制品品质的改进效应和生产上。美国、澳大利亚、法国等国家应用越来越多。

此方法最大的优点是杀菌时间短，产品质量高，设备及操作简单，压力系统连续化，彩印罐不会褪色。但是，火焰杀菌由于其设备的局限性，无法测定罐内温度变化，无法保持罐头内外的压力平衡，故对于大型罐头来说，常有跳盖的危险。

火焰杀菌适合于蘑菇、青豆、整蕃茄和杏、桃、梨块等产品。

第二十二章　林产食品罐头加工举例

第一节　糖水橘子罐头

一、原　料

柑橘在我国南方各省已有大量生产，品种约有100多种，产量较大的有30—40种。作为罐藏用的品种，须符合下列条件：肉质致密、色泽鲜艳美观、香味浓郁，糖分含量高，糖酸比适度，含橙皮甙低，果实扁圆、果皮薄、果肉率高，瓤瓣大小整齐，加工适应性优良，以无核为主。按此标准，适宜生产橘子罐头的品种有：普通温州蜜柑、浙江石浦和湖南邵阳的尾张、黄岩和温州的山田、黄岩本地早、福橘及四川红橘等，以温州蜜柑为最佳。目前，我国推广的柑橘罐藏品种优良单株（品系）有：黄岩少核本地早240（新本一号），黄斜3号本地早、成凤12—1，涟源73—696，石浦73—3，镇湖73—1，宁红73—19，宁红73—9，宁红74—3。随着成熟度的提高，柑橘含酸量逐渐减少，糖分逐渐增高。从初熟到完熟，柑橘含糖量由8%增加到10%，同时果实成品色泽及风味也变好。而在贮藏过程中，糖分不再增加而含酸量则由1%下降到0.55%左右。为此柑橘的采收成熟度要求掌握在95%以上，果面全部呈橙黄至橙红色，组织饱满，可溶性固形物达10%—12%，果肉含酸量达0.8%—1.0%，以满足罐藏要求。

二、生产工艺过程

原料──→选果分级──→清洗──→热烫──→剥皮、去络分瓣──→去囊衣──→漂洗──→整理──→分选──→漂洗检查──→装罐──→排气──→密封（真空密封）──→杀菌──→冷却──→冷凉（擦罐）──→入库──→贴商标

（装罐←）容器消毒──→配糖水

三、操作要点

1. 选果分级：选择适宜于罐藏的柑橘品种作为加工原料。原料进入车间后，首先要进行挑选，将青色未熟的、腐烂的、半腐烂的、严重病虫害的、枯萎的、破碎的以及果横径小于45mm的果实剔出，分别堆放和处理。符合要求的柑橘，按果实横径大小进行分级，一般横径在45—55mm的为一级；56—65mm的为二级；66—75mm以上的为三级。选果分级的目的就是保证成品品质优良，色泽、形态、大小均匀一致，便于操作，提高原料利用率。

2. 清洗：分级后的果实分别置于水槽中用流动水洗净果面上沾附的灰尘污物等，然后移入0.1%的高锰酸钾溶液中或600ppm的漂白粉溶液中浸泡3—5min，以减少或消灭果实表面的微生物及其污染。

3. 热烫：为了便于剥去柑橘的外果皮，常采用烫桔处理。让柑橘果实通过蒸汽加热机或热水浴受热，使果皮中部分原果胶分解为可溶性果胶而被软化，易于剥离。并可减少橘瓣的破碎，但不能烫得过熟，否则不仅成品的色泽、风味及品质下降而且破碎率增加。一

般采用热水浸烫法，热水温度为95—100℃，浸烫的时间依原料品种、果实大小、成熟度高低、果皮厚薄等有所不同，一般为30—90s。

4．剥皮：分瓣去络，经热水浸烫后橘果应趁热剥皮。剥皮有机械和手工去皮法两种，去皮后的柑橘随即边冷却边用机械或人工方法进行分瓣处理，去除橘络，并按橘瓣大小分级。

5．去囊皮：柑橘瓤囊有两层皮膜，即外表皮和内表皮，两者间有果胶物质起粘合作用。瓤囊内表皮薄而透明，并紧紧地包裹着砂囊，而瓤外表皮就是所谓的囊衣。在加工中以囊衣去净的程度大小可分为全去囊衣橘子和半去囊衣橘子两种产品。前者是将瓤囊外表皮全部去净，仅留一层内表皮，而后者是将囊衣外表皮去除一部分，留下透明的薄层。凡是砂囊排列紧密的无核柑橘品种，可加工全去囊衣制品，而红橘、黄岩早橘等砂囊排列疏松的多核品种仅能加工半去囊衣制品。

目前，我国去囊衣的方法有两种：化学药品处理法和酶法。酶法处理是利用果胶酶液，在酶活动最适的pH值和温度条件下，将橘瓣浸于其中，使瓤囊内、外表皮间的原果胶在果胶酶的作用下分解成可溶性果胶，以致内、外表皮细胞间的粘着力减弱，外表皮随之软化，然后将橘瓣取出，于清水中漂洗，在水力的冲击下外表皮脱落，而达到剥去囊衣的目的。这种方法操作简单，橘子风味亦浓，但因处理时间较长，生产能力偏低，此外如何提高酶的纯度和活力的问题，还有待进一步研究和解决。因此，目前使用得不多。而生产上较多采用的是化学药品处理法，它是利用烧碱、盐酸、硫酸等溶液来处理橘瓣，以促使其内外表皮间的原果胶分解，以及囊衣中所含的纤维素部分水解，使内外表皮间细胞粘着力因此而减弱，达到去除囊衣的目的。这种方法速度快生产能力高。具体可分为酸法处理、碱法处理、酸碱混合处理。

酸法处理是将橘瓣浸入温度为80℃，浓度为10%的盐酸溶液或15%的硫酸溶液中，约经40—50s后取出，放入流水中漂洗，以除尽附于表面的粘着物，然后移入碳酸钠溶液中进行中和，最后再放入流水中浸漂数小时以除去囊衣。

碱法处理是将橘瓣放入沸腾的1%的氢氧化钠溶液中浸渍30—40s，待橘瓣凹部呈白色时立即取出，放入流水中进行漂洗，以除去碱液及瓤囊外皮的分解物、皮膜、污物等。此法必须注意严格控制浸碱时间，如浸碱时间过长，轻者会损伤果肉，重者将引起砂囊糜烂、果汁流出，品质恶化。有时为了改进制品风味，经碱法去囊衣后的橘瓣常用1%的柠檬酸或酒石酸溶液中和。酸碱混合处理法是将橘瓣先放在酸液中处理一定时间取出用流水漂洗，然后再放入碱液中浸泡一定的时间后取出于清水中漂洗，从而达到去除囊衣的目的。上述3种去囊衣方法各有优缺点，从保存营养成分来考虑，以酸法处理最为理想，它能较好地保存橘瓣中的抗坏血酸，但处理时间太长且脱皮率不高；从时间上来说，碱法处理最为经济，速度快，时间短，且脱皮率高，但不易掌握控制，而且损失较大，维生素C破坏也较多；从去囊衣的效果来看，则以酸碱混合处理为最佳，它既用酸又用碱，而所用酸液、碱液的浓度及温度都比单纯用酸法或碱法处理来得低，因而既可以节约酸、碱的用量，又可防止橘囊的软烂，降低破碎率，有利于保持成品应有的品质，在生产中应用最广。

半去囊衣的处理方法与上述方法大致相同。只是酸液和碱液的浓度、温度及处理时间上略有区别。如酸处理时，所用盐酸的浓度可根据柑橘品种、囊瓣大小、囊衣厚薄等不同在0.02%—0.25%的范围内调节，溶液温度可控制在20—40℃，浸泡时间约为20—40min。碱处理时，可采用0.05%—0.1%的氢氧化钠溶液，在35—40℃的温度下浸泡1—8min，同时用压缩空气予以搅拌。

除此之外，还可利用辽宁省最新研制的CPA—4果蔬去皮剂快速完成去囊衣过程，并可防止酸对设备的腐蚀。其具体方法是：在0.1%的碱液中加入0.1%的去皮剂，然后控制一定温度进行处理，半去囊衣的时间为3—4s，全去囊衣者20—25s，即使在常温下处理也只需2—2.5min，处理后的橘瓣清晰，破碎率低，效率成倍提高。

无论采用何种方法，去囊衣时一定要严格掌握所需溶液的浓度、温度和时间，三者互相关联、互相制约，掌握得合理与否直接影响着成品的质量和原料的消耗定额，故应随柑橘品种、橘瓣大小、囊衣厚薄等不同情况加以适当调节，原则上调整到：全去囊衣的橘瓣为，囊衣易脱落，不包角，瓤囊内砂囊不松散，表面不起毛，组织不软烂；半去囊衣的橘瓣为，瓤囊软硬适度，背部外层囊底基本除去，不软烂，不破裂，不粗糙。

6. 整理、分选、漂洗检查：经上述处理并漂洗后，全去囊衣的橘瓣可用镊子将瓤囊的中心柱除去；半去囊衣的橘瓣，由于尚有一层透明的囊衣包住橘瓣的四周，需用弯头剪刀将橘瓣的中心柱及部分瓤囊剪去，同时除去橘核。此时的橘瓣，因其囊衣大部或全部被除去，故极易破碎，应十分细心。此外，可能仍有未被除尽的余核，必须再漂洗检查一次，除去其中的畸形瓣、僵硬瓣、软烂瓣、缺角瓣及带有橘络和橘核的桔瓣，然后按橘瓣大小进行分级。

7. 装罐注汁：分级后的橘瓣即可装罐（空罐须经消毒处理），装罐时要求片形整齐，同一罐中片形大小和色泽大致均匀，装罐量依罐号型而定，具体见表4—17。

表4—17 不同罐号的装罐量

罐号	净重（g）	橘瓣量（g）
9121	850	620
8113	567	405
781	312	210
530玻璃罐	535	370

橘瓣按规定装入后，随即加注一定量的浓度为25%—35%的热糖液，糖液温度不低于90℃，并注意保留顶隙6mm左右。为了调节糖酸比，改善风味，对有些柑橘品种，装罐时常在糖液中加入适量的柠檬酸，使成品pH值达到3.7以下。此外，装罐时还必须高度重视车间和人工卫生，不使任何杂质进入罐内，防止微生物污染。

8. 排气、密封：装好橘瓣和糖液的罐头。立即置于热水锅中或通过蒸汽排气箱加热排气。密封时要求全去囊衣橘子罐头中心温度不低于65—70℃；半去囊衣者不低于70—80℃。如采用真空封罐，则排气和封罐一步完成，所用真空度为全去囊衣罐头40—53kPa；半去囊衣罐头51—53kPa。

9. 杀菌冷却：罐头密封后须立即杀菌，两者之间的间隔不要超过20min。由于橘子罐头为酸性，一般在常压沸水条件下进行。杀菌所需的工艺条件因成品种类及罐号不同而异。具体参见表4—18。

表4—18 目前工厂生产时采用的杀菌工艺条件

罐号	净重（g）	全去囊衣罐头	半去囊衣罐头
781	312	(1) 5'—(10'—13')/100℃	5'—(10'—12')/100℃
		(2) 15'/85℃（热水连续杀菌机）	5'—(10'—12')/100℃
8113	567	5'—16'/100℃	5'—(15'—18')/100℃
530玻璃罐	535	5'—18'/100℃	
9121	850	5'—(23'—30')/100℃	
	1000		5'—(30'—35')/100℃

马口铁罐头在杀菌完毕后，应立即用清洁冷水使其冷却到38℃左右，以减少橘瓣受热作用的时间，保证成品质量。而玻璃罐头的冷却必须缓慢进行，宜采用分段冷却法，以防玻璃破裂。

10. 冷凉、入库、贴商标：罐头冷却后应放在冷凉通风处，让其充分冷凉，并用冷却后的余热除去罐身水分，然后入库存放一周，经检验合格后，贴上商标即可出厂。

四、成品质量要求

1. 橘片表面具有与原肉近似的光泽，色泽较一致，糖水较透明，允许有极轻微的白色沉淀及少量橘肉与囊衣碎屑存在，但不允许杂质存在。

2. 具有本品种糖水橘子罐头应有的风味，酸甜适口，无异味。

3. 果实分瓣，橘瓣形状完整，大小大致均匀。全去囊衣者要求囊衣去净，无残留橘络、种子，组织软硬适度，破碎率以重量计，不超过固形物的10%；半去囊衣者，要求剪口整齐，去囊衣适度，食时无硬渣感觉，无橘络、种子，组织软硬适度，破碎率按重量计算不超过固形物的3%（每瓣橘子破碎在1/3以上者，则应剔除）。

4. 固形物含量不低于净重的55%。

5. 每kg制品中，锡≤200mg，铜≤5mg，铅≤3mg。

6. 无致病菌及微生物作用引起的腐败现象。

五、柑橘罐头产生白色沉淀的原因及防止方法

糖水橘子罐头有时会出现汁液混浊现象，橘瓣表面有白斑，严重时产生白色沉淀，致使成品合格率下降。白色混浊沉淀物的主要成分是橘皮苷，约占混浊物质的57.3%，其次是果胶及少量蛋白质。果胶在橘络中含量最多，其次为瓤囊内、外表皮及砂囊中，果汁中较少。橘皮苷在果实中以可溶性和不溶性两种状态存在，两者的比例随柑橘品种、成熟度、贮藏条件及品质而异。

橘皮苷中含有黄酮类配糖体，难溶于水，易溶于酒精。溶于碱液中呈黄色，而且溶解度随温度、pH值的增大而增大。当pH值及温度降低时，溶解的橘皮苷又变成白色沉淀析出。在pH=4时，其溶解度最小。罐头中出现的这种沉淀常呈白色混浊状态。另外汁液中含有果胶也能引起产生白色沉淀。

为防止这种现象的产生，可采用以下方法：首先，选用成熟度高、橘皮苷和果胶含量少的柑橘品种作原料。如用温州蜜柑、黄岩朱橘生产的糖水橘子罐头中，完全没有这种现象；用四川福橘和黄岩本地早生产的罐头，白色沉淀较少；而用未熟的芦柑、蕉柑来生产，则白色沉淀严重。对于某些成熟度较低，但已采摘的原料，可将其放在3—5℃的贮藏库中贮藏15—30天，待其自然成熟后再加工，沉淀现象可大大减轻。其次严格执行酸碱去囊衣处理和漂洗的工艺规程，可以减少果肉中橘皮苷和果胶物质的含量。一般来说，经酸碱处理，橘皮苷可减少30%，可溶性果胶可减少45%，不溶性果胶可减少35%。在漂洗时适当增加水温至20—25℃，亦有利于减少橘瓣内橘皮苷的含量。第3，糖水中添加适量的羧甲基纤维素（CMC），甲基纤维素（MC），β-环状糊精以及橘皮苷分解酶，以增强罐头糖液中橘皮苷的溶解度，防止白色混浊现象的产生及白色结晶的析出。第4，严格控制生产用水的硬度，使其最高不得超过50mg/kg。第5，减少橘瓣受热时间和罐头贮运中的震动，并降低仓库的贮藏温度。

第二节 糖水菠萝罐头

一、糖水菠萝（圆片） 代号 602R2

（一）原料处理方法及要求

1．洗果：以洗果机浸洗或淋洗，洗净果实外表附着的泥沙、杂质。

2．分级：按果实横径以分级机分成 4 级。

3．去皮捅心：以菠萝联合加工机削去外皮（皮经刮肉机刮去）切去两端，捅除果心，各级果实去皮、捅心规格如下：

果实横径（mm）	去皮刀筒口径（mm）	捅心筒口径（mm）
85—94	62	18—20
94—108	70	22—24
108—120	80	24—26
120—134	94	28—30

4．修整：去皮捅心后的果肉经检查，并用利刀削除伤疤及腐烂部分，再淋洗一次。

5．切片：用单刀切片机，将果肉切成环形圆片，片的厚度，按罐号分别为 11.3—13mm。

6．分选及二次去皮：将片形完整、不带果目、斑点等缺陷的片选出装罐，凡带有青皮、果眼及片边缘带有斑点、机械伤的片应选出，经二次去皮机二次去皮：

圆片直径（mm）	二次去皮刀筒径（mm）
62	52（生产扇状或碎块用）
70	62（生产扇状或碎块用）
80	70
94	80

（二）装罐量（g）

罐　号	净　重	果　肉	糖　水
7110	425	285—300 *	125—140
8113	567	380—395 * *	172—187
9121	850	570—590 * * *	260—280

* 8 片，直径 70mm；* * 8 片，直径 80mm；* * * 8 片，直径 94mm。

（三）排气及密封

1．排气密封：中心温度 75—80℃；

2．抽气密封：48.0—53.3kPa（抽气密封前先经真空加汁机在 82.7—90.7kPa 真空下抽气 6—8s 加汁密封）。

（四）杀菌及冷却

1．净重 425g 杀菌式（抽气）：5'—（15'—20'）/100℃（水）冷却；

2．净重 567g 杀菌式（抽气）：5'—（25'—30'）/100℃（水）冷却；

3．净重 850g 杀菌式（抽气）：5'—（25'—30'）/100℃（水）冷却。

（五）说明及注意事项

1．菠萝皮经刮肉机刮取后，附着于内皮的果肉，第 1 次刮下的供制菠萝米罐头用，第 2 次刮下的供制菠萝汁用。

2．菠萝肉组织中含空气较多，有的品种果肉组织松，装罐困难，采取装罐后先在真空度 86.7kPa 以上的条件下抽空 10s 再密封，可解决装罐固形物及净重不足，并可提高产品质量。

3. 菠萝果肉中含有一种分解蛋白质的蛋白酶，生产过程中直接接触果肉的人工，必须戴橡胶手套，以免蛋白酶腐蚀皮肤。

4. 毛里求斯、菲律宾等所产菠萝品种，原料含酸量较低，应在糖水中加入 0.1%—0.39%的柠檬酸。

二、糖水菠萝（扇形或碎块） 代号 602S1

（一）原料处理方法及要求

1. 洗果、分级、去皮和捅心：果实经清水冲洗干净，按果实横径分为 5 级，并切去果实两端，再按级去皮、捅心。其规格与圆片状菠萝罐头同。

2. 修整：去皮捅心后的果肉，以锋利小刀削去残留果皮，再修去果目。

3. 切片：切片厚度 10—16mm。

4. 切块：分扇块和碎块两种：扇块是按圆片直径大小，每片切成 4—8 等分的扇形块。碎块形状不拘，但最长边不超过 38mm，最短边不少于 15mm。

（二）分选

扇块及碎块边缘允许有雕目、修削、缺刻，但无果目、斑点、机械伤等缺陷，色泽金黄，同罐中块形、大小、色泽大致均匀。

（三）装罐量（g）

罐　号	净　重	果　肉	糖　水
8113	567	350—390	177—217
9121	850	540—590	260—310
968	454	280—315	139—174

（四）排气及密封

1. 排气：中心温度 70—80℃。

2. 抽气密封：42.7—46.7kPa。

（五）杀菌及冷却：同糖水菠萝圆片。

三、菠萝米 代号 602R3

（一）原料处理方法及要求

1. 原料：不适合制片块的果肉，或由果皮刮下的碎果肉。

2. 整理：用小刀修除尽片块上带果目、斑点及残留果皮，果皮刮下的果肉带有目、斑点、青皮及杂质的也应剔除干净。

3. 切碎：以切菠萝米机将果肉切碎。

4. 滤汁：滤去多余果汁（按成品要求固形物重，控制滤汁量）。

5. 加糖液：按成品要求的开罐汁液浓度，决定加入糖液量。例如，菠萝米料 76kg，加 46%浓度糖液 24kg，则成品开罐固形物重可达 60%以上，汁液浓度 18%—22%。

6. 加热：菠萝米料及糖液混合在夹层锅内，搅拌煮沸立即装罐。

（二）分选

菠萝米碎粒形状不拘，但力求切面光洁，每粒重量要求不超过 5g。

（三）装罐量（g）

罐　号	净　重	果　肉
8113	581	581 果肉、汁搭配均匀
9121	865	865 果肉、汁搭配均匀
15173	3064	3064 果肉、汁搭配均匀

（四）排气及密封

菠萝米料中心温度不低于 85℃。

（五）杀菌及冷却

1．净重$\frac{581}{865}$g 杀菌式：5′—（10′—15′）/100℃（水）冷却。

2．净重 3064g 杀菌式：5′—（20′—30′）/100℃（水）冷却。

第三节　糖水龙眼、荔枝罐头

一、糖水龙眼　代号 606Q2

（一）原料处理方法及要求

1．洗果、去核、剥壳、整理：按果实大小采用 10—14mm 口径的去核器对准蒂柄，打孔去蒂柄，去蒂柄深度以筒口接触到果核为准，并夹出核、剥去壳，防止损伤果肉。

2．分级、洗涤：将果肉分成大小二级，剔除扁软、破碎、斑点等不合格果肉。用流动水淘洗一次。

（二）分选

果形完整、洞口整齐、裂口果符合标准，无软烂、斑点、色白或稍带黄白。同罐中果大小大致均匀。

（三）装罐量（g）

罐　号	净　重	果　肉	糖　水
8113	567	270	297

（四）排气及密封

1．排气密封：中心温度 75—80℃。

2．抽气密封：42.7—53.3kPa。

（五）杀菌及冷却

净重 567g 杀菌式（排气）：3′—（18′—20′）/100℃（水）冷却。

（六）说明及注意事项

1．龙眼原料含酸量低，糖水中必须加入 0.35%以上的柠檬酸使成品酸度控制在 0.2%左右。

2．果肉组织较软的龙眼，必要时可在糖水中加入 0.02%—0.08%氯化钙。

二、糖水荔枝　代号 605R3

（一）原料处理方法及要求

1．洗果、去核、剥壳、整理：按果实大小采用 11—14mm 口径的去核器对准蒂柄打孔，夹出核，剥去壳，防止损伤果肉。

2. 分选、洗涤：去核去壳后的果肉，分大中小个，并剔除软烂、破裂、变色等不合格果肉。快速在流动清水中淘洗干净，立即装罐。

（二）分选

果形完整、洞口整齐、无软烂、肉乳白色、果尖允许带轻微黄褐色。洞口木质化纤维除尽，裂口符合标准，同罐中大小均匀。

（三）装罐量（g）

罐　号	净　重	果　肉	糖　水
781	312	145—160（12—14个）	152—167
8113	567	270—290	277—297

（四）排气及密封

1. 排气密封：中心温度73—76℃。

2. 抽气密封：42.7—53.3kPa。

（五）杀菌及冷却

1. 净重312g杀菌式（排气）：3'—（9'—10'）/100℃（水）冷却。

2. 净重567g杀菌式（排气）：3'—（11'—13'）/100℃（水）冷却。

（六）防止荔枝装罐后变色的措施

1. 必须选用乌叶等优良品种及鲜度高的原料加工。加工流程要快，快剥壳装罐，快杀菌冷却。对杀菌温度和时间要求很严，往往因误差1—2min，就会引起变红或胀罐事故。以采用连续常压杀菌冷却机较好。杀菌后冷却越快越好。有的厂冷却水采用冰降温。

2. 含酸较低的荔枝品种，糖水中应加入适量酸，一般控制成品含酸0.19%—0.22%。过低易胀罐，过高易变红。糖水需随配随用，有的厂糖水配制后冷却到40℃以下，然后加酸装罐，对防止变红有明显效果。

3. 冷却原料常易引起果肉尖端褐变增多，果肉肩部变浅黄、甚至浓红褐色，因此最好采用成熟的新鲜荔枝加工。

4. 果肉局部变褐色，主要是由机械损伤引起，必须防止荔枝在贮运和加工过程中受机械伤。

第四节　糖水桃子罐头

桃原产我国，约有3000多年栽培历史。在我国从南到北都有分布，世界各地都有栽培。糖水桃是世界果品罐头中的主要商品，生产量和贸易量居第1位，世界年产百万吨以上，其中美国约占4/5。我国约产数千吨。世界生产以黄桃为主，白桃极少。

供罐藏用桃的果实品质总的要求是：果形大而匀，圆整对称，肉色黄，风味浓，具有韧性（不溶质粘核桃的特点）。组织致密细嫩，能耐杀菌处理而不致改变其形状、质地、风味和色泽。果核越小越好，果肉应成熟一致，由果面到种腔都为黄色，尽量避免红色，以免加工后变色，影响质量。

一、原料选择

（一）果肉色泽：有色桃（黄桃）要色纯、浓；无色品种越白越好。果尖合缝线及核窝处无花色素，白桃不含花青素。黄桃含有多量类胡萝卜素，稍有褐变则不如白桃明显，并且具有波斯系及其杂种所特有的香气和风味，所以品种远优于一般白桃。

（二）肉质要求不溶质品种：不溶质果实极耐贮运又耐加工过程中各项处理，劳动生产率高，原料损耗低。不溶质是一部分波斯系品种及其杂种所特有的特性。华北系和华中系均无此特性。溶质品种，尤其是水蜜桃（鲜食风味甚佳），极不耐贮运，加工过程中破碎多，损耗大，生产率低，成品常溃烂、烂顶和毛边，故质量低。

（三）种核状态：桃各系统都有粘核和离核之分。罐藏要求用粘核品种。粘核品种肉质较致密、粗纤维少，树胶质少，劈桃损失少，去核后肉薄光洁；离核桃相反，但常有较好的鲜食风味。此外，种核宜小。由此可知罐藏要求黄肉—不溶质—粘核品种。即所谓“罐藏品种”。

美国桃的罐藏品种最多，主要有 3 个类型：早熟种以“Tuscan”为主；中熟种“Paloro”为主；晚熟种为“Phillips”都是粘核品种。我国的罐桃品种，除早先引自美国的泰斯康、菲利浦、西姆斯等之外，近年引进的有日本的罐桃 2 号、5 号、12 号和 14 号，晚黄金等。

虽然罐藏要求黄肉桃，但不溶质粘核的白肉桃也具有良好的罐藏品种。白桃在我国和日本产量最多。日本采用的白桃中有白凤、大久得、冈山白等。我国除引进的罐桃品种外，还选育出了适宜我国栽培的罐藏品种，表现较好的有：半黄、不溶质的粘核 60—24—7、黄露、橙香、京玉、新红、晚白桃和中州白桃等。

二、工艺流程

原料⟶分选⟶清洗⟶切半⟶去核⟶去皮⟶预煮（烫漂）⟶分选⟶装罐⟶预封⟶排气⟶密封⟶杀菌⟶冷却⟶贴商标⟶检验⟶包装

三、工艺操作要点

（一）原料的拣选和分级

罐藏桃的要求：新鲜饱满，风味正常，酸甜适口。白桃为黄色或黄白色；黄桃为黄色，果皮略带青黄色或微红色，果形完整，成熟度一般为近熟。果实横径在 55mm 以上。剔除病虫、霉烂、畸形和过熟果。

按大小及成熟度分级。桃的成熟度是决定成品质量的关键。桃采下后，进行后熟，后熟时的成熟度要求 8 成左右，后熟后便于热烫去皮，而且可使肉质柔软，糖酸比值增加，多酚物质含量降低，可提高产品的色、香、味和品质。

若是经冷藏的桃，投料时，果心温度要求在 15℃以上。

（二）切半、去核去皮

原料选定后，沿缝合线对切，要求切分均匀，不要切偏。桃子切半宜用锯刀切半机，也有用劈桃机进行。

切半后立即去核，再行去皮。去核后核窝要光滑。去皮的方法有碱液去皮和热烫去皮两种。

碱液去皮：分浸碱和淋碱，以淋碱为好。淋碱条件 13%—16%NaOH 温度 80—85℃，时间 50—80s，并将桃半反扣淋碱去皮；浸碱条件 4%—6%，温度 90—95℃，时间 30—60s。浸碱或淋碱后用清水冲洗搓擦，使皮脱落再将桃倒入 0.3%的盐酸液中中和 2—3s 后用水冲洗，再投入 1%—1.5%的食盐水中护色。

碱液经几次浸碱后浓度会下降，此时需及时补充烧碱，调正浓度，否则会影响去皮效果。

热烫去皮：分水煮和蒸汽两种。适合于成熟度高的软桃。将桃片放于沸水或蒸汽中（100℃）热烫8—12min，以煮熟为度，然后迅速冷却，即可去掉果皮。冷藏桃及半熟桃不宜用此法。

（三）预煮、修整和分选

1．预煮目的

（1）抑制酶的作用，防止由酶引起的化学变化，保持果片的色泽风味及营养成分。

（2）排除果肉组织内气体，增加罐头真空度和减少罐内腐蚀。

（3）软化组织，便于装罐。

（4）可排除不良气味和清洗作用。

2．预煮条件：温度95—100℃，时间4—8min，煮透为限，预煮水先加入0.1%的柠檬酸，加热煮沸后再倒入桃片预煮，倒入量应适当控制，要求8min内预煮结束。煮透后在流动水中迅速冷却，以冷透为度。

3．预煮后果片逐个修整，斑点、虫害、变色、红肉、伤烂及核尖等缺陷必须修除掉。要求切口无毛边软烂，核窝光滑，果块呈半圆形。为了提高原料的利用率，不成半圆形的果块可切成1/4果块或碎块，分别处理。不同色泽和大小的桃块应分别装罐。

（四）装罐

果块核窝向下，注意按规定重量过秤，见表4—19。

表4—19　装罐规格

罐　号	净重（g）	果肉（g）	糖水（g）
781	300	195—200（1/4开，4—8片）	100—105
7110	425	270—280（1/4开，3—10片）	145—155
8113	567	350—370（1/2开，4—14片）	197—217
9116	822	530—540（1/2开，5—16片）	282—292

（五）排气密封、杀菌、冷却

排气中心温度80℃以上，抽气53.3kPa以上，立即密封。

杀菌公式：

781罐：5'—20'/100℃，冷却至37℃；

7114罐：5'—25'/100℃，冷却至37℃；

8113罐（抽气）：5'—30'/100℃，冷却至37℃；

9116罐（抽气）：5'—35'/100℃，冷却至37℃。

冷却后擦干水珠，入库。

四、成品质量标准

（一）感官指标

1．色泽：果肉为黄色、白色或黄白色，色泽较一致，果尖、核窝及合缝处允许稍带微红色，糖水较透明，允许含有不引起混浊的少量碎屑。

2．滋味及气味：具有本品种糖水桃罐头应有的风味，无异味。

3．组织及形态：果实不带残皮，纵切成两半或4瓣，除核，果块大小均匀一致，切削良好，不带机械伤和虫害斑点。果肉不得煮熟过度，块形完整，软硬适度。

4. 杂质：不允许存在。

（二）理化指标

1. 净重：每罐允许公差±3%，但每批平均不低于净重。

2. 固形物：果肉占每罐净重不得低于55%。

3. 糖水浓度：开罐时按折光计为14%—18%。

4. 重金属含量：每kg制品中锡<5mg，铜<5mg，铅<3mg。

（三）微生物指标：无致病菌及因微生物作用所引起的腐败象征。

五、成品质量中常见的问题及提高糖水桃罐头质量的新工艺

（一）成品质量常见的问题

糖水白桃罐头常见的易产生的变色（红色）问题。变色情况复杂，有杀菌后就变色，有杀菌及贮藏后露在糖水外的桃片变色，有成品贮藏一段时间罐内桃片变色。变色程度也不一样，有暗红色、暗棕褐色和暗紫色等等。变色的原因有桃品种、成熟度等。

桃果中的单宁、柠檬酸、花青素、氨基酸在糖水中降解产物是变色的主要成分，而且是相互影响的。对发生红变的成品桃进行花青素、无色花青素的测定发现，其中无色花青素的含量比正常罐白桃高。进一步研究证明，无色花青素在酸性及加热条件下可转变为有色花青素，这是白桃成品发生红变的主要原因。无色花青素在酸性较强条件下，转变为有色花青素的比例大，当转变为有色花青素后，具有随不同pH值而改变颜色的特性，pH1—3呈粉红色，pH4.3—5时，近似无色，pH9时呈紫红色。不论花青素或无色花青素，无色区域都在pH4.5—5左右。所以，要白桃加工中采用控制柠檬酸加入量，可防止或减轻红变的发生。

另外无色花青素随受热时间的延长而转变为有色花青素的比例加大。但是，受热时间达到一定（如30min）后，则处于一个基本稳定状态。

桃子中的酚类物质能同金属离子结合成有色物质。许多酚类物质同铁离子结合成蓝黑色物质，锡离子也有类似的反应。花青素在罐内同锡离子形成结合物呈紫色。

总之，桃罐头变色，主要原因是其本身所含成分与外界物质发生反应而引起的。为了防止或减少变色反应的发生，必须针对引起变色的原因提出措施：

1. 选用合适的品种：用含单宁、花青素少，糖酸比值高，肉质细韧，色、香、味好的罐藏品种。同时原料的成熟度高的比低的好，故未熟桃要经后熟才能投产。

2. 注意加工技术：碱液去皮，腐蚀部分一定要清洗干净。预煮、排气、杀菌等的加热时间应尽量缩短。因为单宁、花青素、柠檬酸、氨基酸及糖水等在有氧化条件下产生颜色的深浅与加热温度、时间密切相关。加热时间长，则促进反应，加速变色。用柠檬酸调节酸度时，要求随装罐随配制，避免多次加热产生羟甲基糖醛。酸度最好控制在0.3%左右。在去皮、切分、护色过程中，严防与铁质接触，糖液要装满，不要使桃片露于糖水外，这样均可防变色。

3. 使用添加剂

在糖液中加入抗坏血酸可防变色；采用葡萄糖氧化酶和添加0.02%—0.03%的抗坏血酸，经封罐后到杀菌，在室温存放1h左右，使酶作用消耗罐内的氧气，使罐内处于强还原状态，将红色的花青素还原脱色，用花青素酶分解花青素（2单位/ml），预煮后的红色果肉

置于40℃，pH6，浸渍2h。总之影响桃罐头变色的因素很多，互相作用复杂，如何有效地防止还需要进一步探讨。

（二）新工艺流程

原料──→分选──→清洗──→切半──→去皮──→预煮──→去核──→修整──→分选──→装罐──→预封──→排气──→密封──→杀菌──→冷却──→贴商标──→检验──→包装

改革后的新工艺有如下优点：

1. 提高修整率15%，核窝处不带碱液，减少果实腐蚀，增进果实美观。

2. 降低原料消耗。

3. 提高出口率。原工艺由于碱液对核窝的腐蚀，使个头较小的白片、白花桃多数不能出口。采用新工艺后提高出口率5%。

第五节 板栗、枣子、柿子罐头

一、糖水板栗罐头

（一）原料选择

板栗原产我国，在我国已有2000—3000年栽培历史，素有“铁杆庄稼”之称。近年来各省市发展非常快，产量大幅度增加。但是，到目前为止，除了鲜食、炒食、菜用、磨粉等外，加工产品不多。随着生产的发展，近年来有试制“五香板栗”“板栗罐头”等新产品的开发利用。

板栗作为罐藏尚未有专用品种。但总的要求是：糯性、去种壳和涩皮容易的品种。粉质性品种罐藏过程易粉碎破裂、汤液混浊，不耐煮制。中国栗一般去种壳和涩皮容易，风味好，但耐煮性不如日本栗。日本栗去种壳和涩皮困难，风味较差，但耐煮制。

我国板栗优良品种很多，大体可分为北方栗和南方栗。北方栗品种数量少，但产量多，品质优良。总体是果个小，种皮极易剥离，含蛋白质和糖分高，含淀粉较低，肉质偏糯性，适于糖炒，深受国内外市场欢迎。相比而言，南方板栗品种数量多，果个大，种皮易剥或稍难剥离，含糖低，含淀粉较高，含水也高。所以不耐贮藏。大多数产品肉质偏糯性，品质中等或较好（一般不如北方栗），多半适于菜用。

主要的加工品种有红皮油栗、大明栗、毛栗等糯性品种。总的来说，日本栗的种壳和涩皮难剥离，果肉多粉质。但也有些适于罐藏的品种，主要有银寄、山尻银寄、岸根及赤中。除山尻银寄外都是抗栗瘿蜂品种。

（二）工艺流程

原料选择──→剥壳──→去皮──→漂洗──→分选──→装罐──→预封──→排气──→封罐──→冷却──→贴标签──→检验──→包装

（三）工艺操作要点

1. 原料选择

罐藏栗要求果形大而整齐，充分成熟，肉质紧密，双子少，去种壳和涩皮容易，种肉风味好，且偏糯性，加热后呈鲜丽的金黄色，不破裂。此外，要求对虫害的抵抗力强。剔除虫害、畸形果、僵果及过生果。

2. 剥壳、去皮

板栗剥壳常采用两种方法。一种是剥壳机机械去壳。采用这种方法最好是先烫后去壳；

另一种方法是热力加剧冷去壳。做法是在开水中煮沸 2min，然后迅速冷却。由于加热时外壳和果肉同时受热膨胀，剧冷时果肉收缩较外壳收缩强，从而壳肉分离，此时采用手工或机械磨搓即可去皮。采用这种方法也可先将外壳用刀划一小缝，然后再加热、冷却、去壳。去壳更较容易。

3．预煮、漂洗、分选

去皮后立即预煮。预煮的目的与其他罐头一样，但对板栗而言，主要侧重于软化组织，便于装罐和抑制酶的作用，防止由于酶引起的化学变化，影响果片的色泽风味、营养成分。同时，加柠檬酸到预煮液中，防止单宁氧化变色（护色）也很重要。

预煮条件：用 0.1%的柠檬酸液，温度 100℃，时间 5min 左右，以煮透为度。

预煮好后，立即在清水中漂洗，迅速冷却。并按果个大小进行分选。同时将煮烂、破碎果剔出，留作它用。

4．装罐、排气、杀菌、冷却

按大小分级，分别装罐。要求果粒完整，大小大体一致，装罐量不低于 55%，糖水浓度 35%，煮沸过滤，加入 0.1%的柠檬酸调配后注入罐内。用蒸汽或沸水排气，罐内中心温度达 80℃，约 10min 左右即可密封。杀菌公式：5'—25'—5'/100℃迅速冷却，冷却至 37℃，擦干水珠。

（四）产品质量标准

1．感官指标

(1) 色泽：果肉黄色或淡黄色，同一罐中色泽较一致，大小一致，允许有微变色和不引起混浊的少量沉淀，糖水较透明。

(2) 滋味及气味：具有本品种糖水栗子罐头应有风味，甜味适度，无异味。

(3) 杂质：不允许存在。

2．理化指标：

(1) 组织形态：同一罐中栗果大小、果形基本一致，果肉软硬适度，允许有修伤或果缝处自然破裂存在，但碎果不得超过 10%。

(2) 固形物：果肉量不得低于净重的 55%。

(3) 糖水浓度：装罐糖水浓度折光计为 35%。

3．微生物：无致病菌及因微生物作用所引起的腐败现象。

二、糖水枣罐头

（一）原料选择

枣原产于我国，栽培历史达 4000 年之久。枣在我国分布很广，从南到北都有栽培，但主产区主要在华北、西北及长江淮河流域冲积区，其次是南方丘陵区。枣果营养丰富，富含 V_C、糖分、V_P，此外还有蛋白质、脂肪、多种矿物质及 V_A、V_B 等。所以自古就被认为是很好的补养食品。

枣用途广泛。在我国除鲜食外，主要用于干制品（如红枣、乌枣、黑枣等）。近年来各地在制取糖水枣罐头和枣酒研究方面大有进展。但在制罐方面尚未研究出专用品种。

罐头用枣可用青枣，也可用红枣（鲜枣或干枣）作原料。不管哪一种原料，都要求肉质致密，色泽鲜艳，香味浓，果形整齐，果个大，皮薄核小，耐煮为宜。

（二）工艺流程

原料──→分选──→清洗──→去核（或不去核）──→预煮──→装罐──→预封──→排气──→封罐──→杀菌──→冷却──→贴标签──→检验──→包装

（三）工艺操作要点

1. 原料的选择及分选

对青枣原料的要求主要掌握成熟度，一般选 8—9 成熟，即枣转白（坚熟期）。选个大、核小、肉厚、皮薄的品种。如山西板枣、安徽繁昌长枣、宜城尖枣、浙江义乌枣等。剔除僵果、病虫和霉烂果，受严重机械伤的果。枣果不耐贮藏，且 V_C 的破坏损失较快。所以，罐藏用枣应新鲜，尽快加工。

对用红枣作原料的，要求鲜红枣充分成熟，干红枣没有霉烂果。同时也要选个大、核小、肉厚、含糖高，皮薄品种。

2. 清洗、去核（或不去核）浸泡

用符合食品卫生要求的饮用水充分将原料洗净。对于核大的枣需要在捅核机上去核，要求去核后口径要完整无伤。对于核小的枣可不去核。干红枣需放在 60℃左右的温水中浸泡，待枣肉发胀，枣皮舒展开即可捞出。

将清洗过，去核（或不去核）的枣随即放入 0.1%的柠檬酸液中护色和防止 V_C 氧化。

3. 预煮

预煮也称烫漂。这一工艺的主要作用是钝化果肉细胞内的酶及去除其中氧气，可将 0.1%的柠檬酸液煮沸，然后将枣倒入 1—2min，也有将枣果随同 0.1%的柠檬酸液（热液）一同煮沸的。然后迅速用冷水冲。

4. 装罐、排气、杀菌、冷却

目前主要装于玻璃罐。枣果装量为 55%左右，最少不低于 50%，糖水浓度为 25%左右。加入量为 45%—50%。每罐量可 510g 或 500g，同时加入 0.1%的柠檬酸。糖水温度以 40—50℃为宜。

在 90℃排气箱中排气 6—7min，使罐头中心温度达到 70℃即可密封。

杀菌公式如下：$\frac{5'—30'—5'}{100℃}$

冷却时需要逐级降温，以免爆碎。

（四）成品质量标准

果形整齐，色泽一致，无浑浊现象，无异味。以红枣作原料要求深红色。符合食品卫生标准。

三、糖水柿子罐头

（一）原料的选择及脱涩处理

柿原产我国长江流域及其以南地区，但在北方栽培也多。华北和西北，约占我国总产量的 70%—80%。因而柿树在我国分布较广。目前栽培柿中主要有甜柿（甘柿）和涩柿两大类。优良品种多是涩柿类。由于多数柿子品种在采收后较短时间内容易变软，造成加工利用上的困难。到目前为止，主要用于鲜食和加工柿饼。加工方面除了做柿饼外，很少有其它加工新产品。

对涩柿而言，制作柿子罐头有两个关键问题应予解决。

一是脱涩问题。柿子果实中含有大量单宁物质。细胞中的单宁分为可溶性单宁和不溶性单宁，当咬破柿子时，部分单宁细胞破裂，可溶性单宁流出来，使人感到有强烈的涩味。

只有经过脱涩和处理之后，才能制作罐头。影响脱涩的因素很多。诸如品种、成熟度、以及脱涩过程中温度、方法等均与脱涩有直接关系。

目前脱涩的方法很多。如：

温水脱涩：用40℃左右温水，淹没柿子，密封，经24h左右即能脱涩。冷水脱涩：多在南方采用，将柿浸泡在池塘内5—7天。

石灰水脱涩：每100kg柿需1.5—2.5kg生石灰，加水稀释淹没柿子为度，3—4天后便可脱涩。

CO_2脱涩：温度25—30℃，常压下5—7天便可脱涩。

此外，还有：用其它鲜果（如苹果、梨等）相伴堆放脱涩、熏烟脱涩、自然脱涩、酒精脱涩、刺伤脱涩、植物叶（如松针等）脱涩、乙烯利脱涩等等。

不管采用哪一种方法，其基本原理都是通过上述物质的直接或间接作用，使柿子本身由于缺氧呼吸，产生乙醛等物质，将细胞内可溶性单宁凝固，缩合成不溶性的、无涩味的单宁。

柿子制品（包括制罐）在加工过程中另一关键是“复涩”问题。所谓“复涩”是指经脱色处理过的柿子，在加工时由于受到温度的影响，重新产生涩味与失去食用价值的现象。一般在加工过程中，温度超过75℃，就会产生“复涩”现象，不溶性单宁又变为可溶性单宁。

单宁除了引起涩味和“复涩”外，还会造成柿子在加工过程中出现褐变现象。单宁遇空气，在酶的作用下，氧化成暗褐色的化合物——氧化单宁。

解决上述问题的办法：将柿子放入低浓度的钙盐溶液中贮藏，浓度为NaCl3%—6%、$CaCl_2$1%—1.5%为宜（$CaCl_2$含量不宜多，若含量过多，使柿肉木质化，影响品质）。为了防止柿子在贮藏中腐败变质及发酵，贮藏温度应控制在10℃以下。加工时再经过脱盐，用这种方法加工成的柿子罐头，既不涩也不产生复涩现象。原因是：一方面由于鲜柿处于缺氧环境中，产生了脱涩作用；另一方面，钙离子渗入单宁细胞中，逐渐结合成单宁酸钙，抑制了“复涩”现象的产生。经此处理过的柿子，虽经100℃的温度杀菌，也不会“复涩”。同时钙离子阻碍原果胶的水解作用，使果实保持坚硬脆性。

（二）工艺流程

原料⟶钙盐液贮藏⟶选果⟶去皮⟶切块⟶脱盐⟶装罐⟶预封⟶排气⟶密封⟶杀菌⟶冷却⟶贴商标⟶检验⟶包装

（三）工艺操作要点

1. 原料拣选：选择适宜制罐的柿子品种，要求基本成熟着色变黄时采收，肉质坚硬，过熟或尚未成熟的柿子都不宜采用，并剔除病虫、机械伤和畸形果。

2. 钙盐液贮藏脱涩：将鲜柿浸泡在NaCl含量为3%—6%，$CaCl_2$含量为1%—1.5%的水液中盐渍贮存，使柿果完全浸没在盐液中。为了防止柿子上浮，可用木板作压板或在重石下放置压板，这样可以避免因柿子露在空气中而变质和表面产生白膜及褐变。

3. 选果、去皮、切块、脱盐

从贮存脱涩后的果实中选肉质坚硬、无腐烂的柿子用于加工。

用不锈钢刀削去外皮后，挖去柿蒂，修整干净后，纵切成2—4块，投入清水中脱盐。脱盐过程中水应浸没柿块。每次浸泡2h换水，以后每隔4h换水一次，共换水6次左右，直至口尝无盐味为止。然后捞出沥净水分。

4. 装罐

在经过消毒的空罐中，装入果肉 300g，然后注入 35%浓度的糖液 205g。

糖液配制：先配制 35%浓度的糖水，并煮沸过滤，然后加入 0.2%的柠檬酸和 0.1%抗坏血酸，再在温度不低于 85℃时注入罐中。

5. 排气密封、杀菌、冷却

用蒸汽或沸水排气，至罐内中心温度达 80℃，约 12min 左右即可密封。

杀菌公式：$\frac{10'—30'—10'}{100℃}$

冷却至 37℃左右，擦干水珠，尤其是罐盖必须擦干以免生锈，在 25℃条件下，保温堆放贮存 5 天左右，再进行检验。合格者贴标包装，即为成品。

（四）产品质量标准

1. 感官指标：色呈橙黄或浅黄；具有柿子罐头应有的风味，无涩味和异味；果实去皮，纵切成 2—4 开，块形要完整，硬度适当，又甜又脆；不允许存在杂质。

2. 理化指标：净重 505g，每罐允许公差±3%；固形物，果肉不低于净重的 55%；糖水浓度开罐时按折光计为 20%。

3. 微生物指标：无致病菌及因生物作用所引起的腐败现象。

第六节　糖水猕猴桃（片形）罐头

一、原料选择

猕猴桃原产我国，又名羊桃、藤梨等。是一种落叶藤本植物，在我国约有 52 种，其中以中华猕猴桃经济价值最高。猕猴桃营养丰富，尤其富含 V_C、氨基酸，还有防癌抗癌作用。日本人称为“软肉素”，既可鲜食，又可加工成各种加工品。加工品种除了糖水切片罐头以外，还可制果酒、果汁、果酱、猕猴桃晶，及最近出现的健脑饮等。各种加工品均受到国际国内市场的欢迎。因此，猕猴桃的引种栽培和加工利用引起各国的普遍重视。英国、美国、新西兰、法国、意大利、日本及原苏联都先后从我国引种。其中新西兰和美国发展较快，特别是新西兰猕猴桃在国际市场上占有重要的地位，每年都可换取大量外汇。自 80 年代以来，我国对猕猴桃的资源开发利用及集约化、商品化生产方面取得了较大进展。

据报道，带毛猕猴桃不适于罐藏，因其果肉青绿色、果心大、种子多，味酸、风味差和成品发暗（但生产上也有过用带毛猕猴桃制罐的）。在无毛猕猴桃中，以圆形或椭圆形果实为罐藏的最好类型，外形美观，肉色黄白，风味甜酸可口、香味浓。长圆形品种，表皮光滑，肉细密，易修整，但肉微带绿色，果形也不如前者美观。此外，作罐藏用的原料，应选用大果形品种，大果形（11—26 个/kg）的出果率比小果形（56 个/kg 以下）高。

二、工艺流程

原料──→分选──→清洗──→去皮──→切片──→装罐──→预封──→排气──→密封──→杀菌──→冷却──→贴商标──→检验──→包装

三、操作要点

（一）原料选择及分选

原料要求新鲜，成熟度8成熟（籽已变色，手握不软）。选用长、短圆柱形或椭圆形的中华猕猴桃无毛种（若用有毛种作原料，则应将有毛和无毛分开处理）。要求果形完整，组织结实坚硬，果实横径在3cm以上。剔除畸形果，腐烂变质果，病虫果及机械伤果，过生过熟以及横径小于3cm的果实。

（二）去皮、清洗

浸碱去皮：碱液浓度20%—25%，95℃下浸1—2min，轻轻翻动，待果皮变黑即可出锅擦搓去果皮或用擦皮机搓拭（屯溪罐头厂研究认为淋碱去皮效果差，耗碱大，生产成本高；浸碱去皮，浓度20%，时间少，效果很好）。去皮后，用流动清水冲洗约0.5h将残碱冲洗干净。每去皮5—6锅碱液浓度下降，则需补足浓度。

（三）修整、切片

去皮后，要剔除软烂、破裂、畸形等次品果，且将表面修整完好。果实横径小于2cm的，供作整果装罐；其它直径不同分类切片，先切除果实两头，然后用切片机横切，厚度约3—5mm，若果实直径超过4cm，切片厚度以5—6mm为好。

（四）挑选、装罐

按色泽和大小分级，按直径分2.5—3.0cm，3.0—3.5cm，3.5—4cm等，黄肉、绿肉果片分开装罐。要求果片完整，同一罐内果片厚薄大体一致，除切片装罐外，还有整果装罐的。装罐量不低于55%。例如用7114罐型，每罐装入果肉260g，35%的糖水（经煮沸过滤）加满达454g。

（五）排气密封

在45.3—53.3kPa以上抽气密封。

（六）杀菌、冷却

杀菌公式：$\frac{5'—20'—5'}{100℃}$

杀菌后迅速冷却至37℃，趁余热擦干水珠，入库。

四、产品质量标准

（一）感官指标

1. 色泽：果肉呈黄绿色或淡黄色，同一罐中果肉色泽较一致，糖水透明，允许含有少量果肉碎屑及种子存在。

2. 滋味及风味：具有糖水猕猴桃罐头应有的风味。酸甜适口，无异味。

3. 组织及形态：组织软硬适度，去皮干净，同一罐内果肉厚薄、大小均匀，允许有少量碎片。不带机械伤和虫害斑点。

杂质：不允许存在。

（二）理化指标

1. 净重：允许公差±3%。但每批产品中平均不低于净重。

2. 固形物：不低于净重的62.5%。

3. 糖水浓度：开罐时折光计18%—22%。

4. 重金属含量：每kg制品中，锡＜20mg，铜＜10mg，铅＜2mg。

（三）微生物指标

无致病菌及因微生物作用所引起的腐败象征。

第七节　林产食品罐头

一、清水笋罐头

清水笋罐头包括清水冬笋、清水竹笋、原汁鲜笋及笋片、笋丝等，它们的品质，常依据色泽、形态、肉质老嫩，味鲜美程度等评定。除冬笋允许带微红外，其余色泽以黄白或淡黄色为好。形态因罐头种类不同而有不同的要求，但以大小基本均匀，肉质脆嫩，汤汁清晰者为上品。

笋罐头因其营养丰富，既保持了竹笋一定的新鲜度和鲜味，又是无污染的天然食品，因而深受消费者的欢迎。日本还把竹笋看成是减肥和防止肠癌的健美食品。

（一）清水冬笋、清水竹笋的生产流程

原料验收──→切根剥壳（去笋衣）──→分级──→预煮──→冷却、漂洗──→修整──→检查、复查──→分选──→装罐（注汤）──→密封──→杀菌、冷却──→擦罐入库

（二）操作要点

1. 原料

笋罐头加工常用的品种有毛竹笋、麻笋、吊丝丹、大头典等。竹笋按其生产习性，一年可出芽3次，如湖南邵阳地区的南竹（又称毛竹），霜降至春分出的叫冬笋，数量较少，其出笋率的高低、生产的快慢，随秋季气温、雨量及土壤的营养条件而异；春分至清明半个月内出的叫桃笋；清明至谷雨间出的叫春笋。其中春笋因气候适宜、产量较高，且基本上能成竹，而桃笋中仅少部分能成竹，冬笋一般不成竹。因此，在加工中常把清明前生产的罐笋称为冬笋，其余称为春笋。但地区不同，其气候条件也不同，造成春笋生产季节也有所改变，或提早或推迟。也就是说，划分冬、春笋的季节因地区不同而异。

冬笋一般单个重应为125—1000g，横径12cm以下，而春笋却无严格规定。但无论冬笋或春笋，原料的新鲜度对成品的品质影响很大。由于竹笋出土后生长极快，采收后生命活动旺盛，笋内组织极易老化。为此，要求原料采收到加工至成品的时间，一般不超过16h。

2. 切根、剥壳及分级

切根、剥壳主要是为了去除不可食用部分。剥壳有预煮前剥壳和预煮后剥壳两种。目前多采用前者。但剥时易使笋尖断落；而预煮后剥壳，可以减少断尖。冬笋分级要求表面平整，笋肉厚，无粗纤维，笋节距紧凑，无明显拔节，笋根节距不超过3cm。原汁鲜笋及竹笋要求表面平整，笋肉较厚，无明显粗纤维，允许轻度拔节，其中当嫩笋长度超过整只笋2/3时，也可作冬笋处理，小于2/3时，可作原汁鲜笋。

3. 预煮、冷却及漂洗

由于笋类罐头，在贮藏期间常出现白色混浊及点状沉淀，据分析，这种白色混浊沉淀物质的主要成分是酪氨酸，此外还有果胶、半纤维素、淀粉、蛋白质等。在有无机物质存在时，便呈胶体混浊状态。人们发现，初期及末期拨节的笋、病态笋及死笋，加工后易产生白色沉淀，而中期旺产时的笋，加工成罐头后几乎不产生白色沉淀物。除上述现象外，某些竹笋本身还带有苦味物质。另外酪氨酸的氧化产物——黑脲酸胆是竹笋形成苦涩味的原因之一。所以，在加工中要想办法除去这些苦味物质，并防止白色混浊及沉淀的出现。目前减少或避免成品中的苦味及白色沉淀的方法，除选择良种外，主要是通过预煮和延长漂洗时间并采用流动水漂洗等方法来加以控制。

预煮有剥壳预煮和带壳预煮两种。前者预煮程度较易控制，而后者可防止原料新鲜度下降，笋肉老化和变色，亦能防止笋尖断落。当原料进厂量大，来不及加工时常采用后者。一般情况采用前者。用沸水预煮，时间约为：大笋 50—80min，小笋 45—55min，以煮透为度。目前，不少厂已采用蒸汽预煮。蒸汽预煮比沸水预煮节约能源约 20%，缩短预煮时间约 20min，且笋色、香、味好。预煮后须用冷水急速冷却，并以流动水漂洗 16—24h。为了防止耐热性细菌的繁殖，并增加白色沉淀物在水中的溶解度，可采用盐酸调节漂洗，水的 pH 值至 4.2—4.5，注意酸度不能太高，以免装罐后腐蚀包装容器。

笋类罐头一定要预煮透，冷却透。由于笋内组织较致密，笋体较大，不易传热。若预煮不透，则位于笋中心部位的细胞中，酶的活性就不能迅速破坏，若再加上冷却不透，那就很容易引起中心笋肉红变的现象。冷却不透还会引起表面产生皱纹，失去固有光泽。故日本要求冷却后笋肉中心温度应低于 30℃。

4. 修整、检查及复煮

修整就是用一定的工具（如弹弓）弄尽笋衣和黄色笋毛，并修去边缘粗纤维、根部粗老部分及机械伤斑等，其目的是保证成品品质基本均匀一致，保持笋尖、笋节完整。是否要复煮可根据原料品种、生产情况而定。复煮的目的在于补充第 1 次预煮的不足，避免混浊物质的产生 。整袋笋需用纱布包好，而统装笋不用布包。复煮时间为：大笋 15—20min，中小笋 10—15min。有时为了增加复煮的效果，还采用 0.05%的柠檬酸溶液预煮。在复煮时，应注意轻拿轻放，防止笋尖断裂。

5. 分选、装罐

我国生产的清水笋罐头分级较细，常依据笋的老嫩程度、笋枝直径大小及完整性情况分为若干不同的等级（其规格及标准如下所示）然后分别装罐。

整只装：首先按笋的嫩度不同分为 A、B、C 三级，然后每一级中又依笋体大小即笋数目多少分为若干等级。如 18L 罐和 15175 罐的规格如下：

18L 罐规格

整只装（A、B、C）：LL，L，M，S，SS，T，TT，TTT

LL：10—15 只；L：16—25 只；M：26—40 只；S：41—60 只；SS：61—80 只；T：61—80 只；TT：121—200 只；TTT：200 只以上。

15175 罐规格

整只装（A、B、C）：L，M，S，SS，T，TT，…………TTTTTTTT

L：3—5 只；M：6—9 只；S：10—15 只；SS：15—30 只；T：31—40 只；TT：41—50 只。……逢十进一……TTTTTTTT：121 只以上。

冬笋和竹笋都要求笋只完整，保留笋尖、笋节和根点，允许轻微的伤痕，但修削良好。同一罐中大小均匀。

统装级：冬笋允许有断笋尖、修削笋或纵切 1/2 以上的笋只；竹笋允许形状不完整、纵切保持整只 1/2 以上的笋，保留笋节和根点者，不同形状可以混装。依笋体大小可分为大、中、小级。

块装级：竹笋一般块段长为 75—100mm，表面切削良好。

片装级：竹笋的片长为 40—45mm，宽约 20mm，厚度约 2—4mm。

丝装级：笋成丝状，粗细大致均匀。

笋装罐后需加注汤汁，汤汁可用沸水加入 0.05%—0.1%的柠檬酸或不加酸直接加入煮沸后的清水。罐号不同，其净重及装罐量的要求也不同，具体可参见表 4—20。

表 4—20 各种笋罐头装罐时参考表

罐 号	级别	净重 (g)	固形物装量 (g)				汤汁
			冬笋装量	只 数	竹笋装量	只 数	
18L			不得少于 11kg	依等级而异	不得少于 11kg	依等级而异	注汤至要求
15175		2950	1800—1820	依等级而异	1800—1820	依等级而异	
15175	统装	2950			1800—1820	不限	
9121 (9116)	1	800	485	10 以上			
9121 (9116)	统装	800	445—450	6 以上			
9161	块	800	485		480	4 块以下或片装	
8117	片	552	300—315				

6. 排气、密封、杀菌及冷却

清水笋和罐头大多采用加热排气法排气，排气后应立即进行密封，密封时要求罐中心温度达 75—80℃。对于 15175 号罐可允许在 70—75℃，以免杀菌冷却后发生瘪罐。若在真空封罐机上抽气封罐时，真空度为 48.0—53.3kPa。

笋罐头的杀菌通常采用常压和高压杀菌两种。在日产量大时，采用常压杀菌往往不能满足生产的需要。采用高压杀菌时，温度常为 116℃及 121℃。杀菌时间随罐号大小及杀菌温度而定。日本笋罐头的杀菌按 pH 值不同分为 pH4.6—4.8 者，采用 100℃，70min；pH4.3 以下者，采用 100℃，60min。

由于笋类罐头罐号较大，全笋的传热较慢，故必须注意防止因杀菌不足而引起的组织软化或胀罐、酸败等。目前常用的杀菌条件见表 4—21。

表 4—21 笋罐头杀菌的条件

净 重 (g)	杀 菌 条 件	
	加 压 杀 菌	常 压 杀 菌
2950	冬笋 15'—（40'—50'）—反压冷却/116℃ 竹笋 15'—60'—反压冷却/116℃	5'—100'/100℃
800	冬笋 15'—20'—反压冷却/121℃ 竹笋 10'—50'—10'/116℃	5'—80'/100℃

杀菌后，必须快速冷却，防止继续受热作用，影响内容物的色、形、味，并严防嗜热性芽孢菌的发育生长。常压杀菌后可用清洁冷水或流动水直接冲淋，进行冷却；而高压杀菌后的冷却方式以在杀菌锅内用压缩空气或水反压降温冷却较好，这样不仅冷却速度快，而且可防止大型罐产品罐盖突角，减少次废品率。一般冷却至罐中心温度为 38℃左右为宜。然后将其放在通风处自然冷凉，冷凉后即可入库。

（三）成品质量要求

1. 笋肉呈淡黄色，汤汁较清。

2. 具有清水笋罐头应有之风味，无异味，无杂质存在。

3. 组织较嫩，切口平整，各种规格的要求分别为：

整只装：笋只较完整，保留笋节呈原塔形，允许轻度拨节，同一罐中大小大致均匀。

块装：笋体表面切削良好。

统装：保留笋节，允许轻度拨节，断笋尖、修整笋或纵切 1/2 以上的笋只，大小笋只、半只笋等可混装。

片装：切面光滑，近似长方形或梯形，厚薄大小一致。

丝装：呈丝状，粗细大致均匀。

4. 净重 540g 和 800g 的装笋量不低于净重的 60%，2950g 的装笋量不低于净重的 61%。

5. 每 kg 制品中重金属锡≤200mg，铜≤10mg，铅≤3mg。

6. 无致病菌及微生物作用所引起的腐败症状。

二、鲜草菇罐头

（一）草菇原料的收购规格及其质量标准

草菇罐头常见的种类有两种：整装的和片装的。生产这两种罐头所需原料的规格及其质量标准是不固定的。一般来说，生产整只装的草菇罐头需用一级草菇，其质量标准为：菇色呈灰褐色或黑褐色，横径 2.0—4.0cm（每个应小于 25g），新鲜幼嫩，菌体完整，不开伞，不伸腰，允许轻微畸形，无霉烂、无酸败变质、无异味、无破裂、无机械伤、无病虫、无死菇、无表面发黄、发粘、萎缩现象。菇脚切面平整，不允许有杂质存在，特别是菇的基部所带的草丝、泥沙等应彻底修削干净；而生产片装的草菇罐头通常采用二级草菇，其质量标准为：菌体新鲜完整，横径 2.0—4.5cm，无霉烂、无酸败变质、无异味、无破裂、无病虫害，不开伞，允许小伸腰、畸形和表面轻度变色，无草丝和泥沙等杂质。

（二）生产工艺流程

原料验收──→原料处理──→洗净──→预煮──→冷却──→分级──→装罐、加汤──→排气、密封──→杀菌、冷却──→贴标、装箱──→入库

（三）操作要点

1. 原料验收：应严格检查草菇的质量，凡不符合原料收购和质量标准要求的草菇，如开伞、已伸腰，有病虫害、机械伤和酸败变质者，一律不得投入生产。

2. 原料处理：经验收合格的原料，用小刀或竹片将附着于草菇基部的草丝和泥沙等杂质彻底除净，并按菌体的大小分成两级，以便于预煮操作。处理时要轻拿轻放，防止弄破菌体进入泥沙。

3. 洗净：处理后在流动水中清洗两次，除净草菇上的草丝、泥沙等杂质。

然后要尽快进行预煮，防止菌体开伞。

4. 预煮：采用沸水预煮，水与草菇之比为 2—2.5∶1。预煮分两次进行。即先将草菇置于沸水中煮 8— 10min，然后再换水煮 8—10min。一般来说，大号草菇两次共预煮 20min，小号草菇共预煮 16min，每次均以草菇下锅后，水再沸时开始计算时间。

如需在各收购点进行预煮处理，然后再运到加工厂的原料，可按上述规定先预煮一次，时间为 20min（大小草菇均相同）经充分冷透后立即装桶发运。加工时天气炎热，要求在装桶后 3h 内运送到加工厂。进厂后再预煮 1 次，时间为 10min，以防止变质。

5. 冷却：经两次预煮后的草菇，立即放在清水中或用流动水冷却直到菌体中心凉透为止，并漂尽残留的泡沫，否则容易发霉、腐败。

6. 分级：为了确保和提高产品质量，在装罐前必须进行 1 次较为严格的分级，即将预煮冷却后的草菇按其大小分成 6 级：

大号草菇直径为 2.7—4.0cm，再分成两级；

中号草菇直径为 2.1—2.6cm，再分成两级；

小号草菇直径为 1.5—2.0cm，再分成两级。

分级后的草菇，装入盆内加清水送到装罐工序。

7. 装罐、加汤：按不同大小等级，将草菇分别装入罐身和底为素铁、盖为抗硫涂料铁的空罐中，装罐量随罐号而变。但不管怎样，装入固形物量不得低于净重的60%，而且装大号草菇时，每罐应保持有一定数目的草菇。如 7114 号罐型。每罐不得少于 7 个草菇。

随后加注一定量 2.5%的食盐水，盐水温度不得低于 70℃。

8. 排气、密封：加汤后，在温度为 95—98℃的排气箱中排气 7—9min，使罐内中心温度达到 80℃以上，然后立即密封。逐个检查封口是否良好，并用热水洗净罐外的盐水和污物。

9. 杀菌、冷却：因草菇罐头为低酸性食品，所以其杀菌一般采用高压杀菌法。杀菌公式为 15'—65'—10'/121℃（7114 号罐型）。杀菌后立即在流动水中冷却至 40℃左右，置于通风冷凉处，让其自然冷却后，擦干附在罐身上的水分及污物，待检验后，即可贴商标、装箱、入库。

（四）成品质量要求

1. 菌体呈茶褐色，菌伞不开放，大小大致均匀，汤汁较清晰。

2. 具有鲜草菇经处理、预煮装罐加水制成的鲜草菇罐头应有的滋味及气味，无异味。

3. 固形物含量不低于净重的60%。

4. 重金属含量指标及微生物（卫生）指标符合对蔬菜罐头的要求标准。

（五）注意事项

草菇对外界温度的反应十分敏感。当它采收后，在气温为 30—35℃即草菇生长的适宜温度下，仍能继续长大和成熟，以致开伞散发孢子。例如，当气温在 32℃时采收和收购的草菇原料，在运输过程中经 3—5h 后，其开伞率高达 40%以上，开伞的草菇不能用罐藏加工，因而大大降低了原料的利用率，使罐头加工厂受到极大的经济损失。

为了减少草菇原料在运输过程中因开伞而造成的这一损失，目前国内各罐头厂大多采用产地预煮后运输或加水冷藏的方法。但这两种方法需要一定的设备，费用较贵，而且在预煮后运输过程中容易酸败变质。为此，福建省漳洲罐头厂针对这一问题又进行了研究，并得出：草菇用稀盐酸溶液浸泡运输的方法，即验收合格的草菇原料，经清水漂洗后装入木桶或塑料袋中，加入 0.05%的 HCl 溶液（用盐酸先配成 5%的母液，待产地使用时再行稀释 100 倍即可）浸泡，使草菇不暴露于空气进行运输，其贮运时间在 6h 内，加工前除去酸液，将草菇洗净，即可按上述工艺条件进行罐藏加工。这一方法可抑制草菇原料在运输过程中继续生长成熟，减少其因呼吸作用而发出的热量（比新鲜草菇运输时，温度降低 6—9℃）从而大大降低了开伞率，有效地保证了原料的新鲜度。此外，还有抑制耐热芽孢杆菌，防止原料运输中有害微生物感染的效果，从而使整菇罐头产量提高 10%，每吨整菇罐头的原料消耗减少 24—70kg，经济效益比较显著。

三、芦笋罐头

（一）原料

芦笋，是根性植物，又名石刁柏，龙须藻，原产欧洲。其栽培品种不多，但近年来，由美国、德国等国选育出一些有名的罐藏优良品种，推广到各国。我国也进行了引种。现有玛丽华盛顿、玛丽华盛顿 500 号等优良品种。

芦笋通常分为白尖和绿尖两种。其嫩茎全未出土者为白尖，萌芽顶部微露出土面者为绿尖。目前世界芦笋罐头的产量以美国最多，其次是我国台湾省。

供加工罐头的原料，可分为一级品和二级品两种，其具体要求标准如下：

一级品：鲜嫩整条，形态完整良好，呈白色，尖端紧密，少量笋尖允许有不超过 0.5cm 的淡青色或紫色。不带泥沙、无空心、开裂、畸形、病虫害、锈斑和其他损伤。长度在 12—16cm，基部平均直径 1—3.6cm（加工去皮芦笋时要求 1.2—3.8cm）。

二级品：有下列情况之一者为二级品，其它要求同一级品。

1. 芦茎较老或芦尖疏松者（即头部鳞片张开者）。

2. 头部淡青色或紫色部位超过 0.5cm，但小于 4cm 者。

3. 歪条带头，长度不到 12cm，但在 5cm 以上者。

4. 有轻微弯曲、裂纹、浅色锈斑、小空心者。

5. 尖端 4cm 以下部位有轻度机械伤者。

芦笋由于特别鲜嫩，含水分多，采收后品质极易变化。如糖分逐渐减少，纤维则增多，组织硬化干燥并会产生一些苦味，致使品质下降。所以对加工所需的芦笋原料，要求在早晨日出之前完成采收，并将所采芦笋整齐地放在专用的塑料箱中，以避免挤压和碰撞而断头。然后迅速运到加工厂进行加工，在运送过程中，应保持湿润，防止擦伤和日晒。而且从采收到加工不宜超过 6—8h。在日本要求不超过 4h，以确保原料的新鲜度和成品的品质。

（二）工艺流程

原料验收──→清洗──→去皮──→切段──→预煮──→冷却──→修整、检查──→分级──→漂水──→装罐、加汁──→排气、密封──→杀菌、冷却──→擦罐入库

（三）操作要点

1. 原料验收：原料进厂后应严格按标准进行验收。

2. 清洗：由于芦笋生长在地下，容易沾染土中的耐热性细菌及泥沙等杂质，故验收后、加工前必须清洗干净。一般采用喷淋水和流动水两种洗涤方法。喷淋水洗涤便于使叶片张开，洗涤尘埃及被叶片包裹住的泥沙，清洗效果很好；流动水浸洗，应避免浸泡时间过长，做到随洗随捞，以减少营养物质流失。白尖芦笋最好在产地采收后及时进行清洗，以避免或减少因尘土污染而产生的斑点和锈斑。

3. 去皮、分段：加工去皮芦笋需要去除外皮，去皮的方法有人工去皮和机械去皮两种。人工去皮时应由嫩尖部向基部方向进行，除去粗老表皮、粗纤维和棱角，削去裂痕及虫蛀部分，然后仔细地去除笋尖部的鳞片。而加工带皮芦笋时，只有粗老的、带泥沙的和有斑点的鳞片需要除去，其紧贴笋身而干净的鳞片可以不除去。

整装芦笋应切成 9.5—10.5cm 长，而不足 9cm 长的，可切成 4—6cm 长的段，供芦笋尖和芦笋段分别装罐用。为了预煮均匀，可将芦笋按横径大小分成 18mm 以上和 18mm 以下两级。

4. 预煮与冷却：芦笋比一般蔬菜要娇嫩，而且笋尖部分更嫩。整条芦笋预煮时，常因笋尖易煮烂，而使成品出现笋尖烂、花勒松散以及汤汁混浊等不良现象，导致品质下降，故应采用分段预煮法。即将芦笋放在 90—95℃的热水中预煮，时间随芦笋横径大小而异。横径在 18mm 以上的芦笋，其笋身先预煮 2—2.5min（此时笋尖露出水面 2—3cm），然后将整条笋都浸入热水中再预煮 1min，总共约 3—3.5min；对于横径在 18mm 以下及幼嫩整条装罐的原料，笋身先预煮 1.5—2min，然后整条预煮 1min，总共约 3min；单独的笋尖预煮约 1—2min；笋段约 2—3min。预煮后笋肉由白色转变为乳白色，微透明，且以在冷水中冷却

时缓慢下沉者为佳。上浮不下沉者表示预煮不够，急速下沉者表示预煮过度。预煮用水应用软水，且pH值不能太高。在pH值6以上时就将影响成品的色泽。故一般在预煮水中加0.1%—0.3%的柠檬酸，使其pH值5.5左右。

预煮后的芦笋，立即用压力为354.6kPa的加压冷水喷淋冷却1min，使温度下降到36℃以下，然后在20℃以下的流动水中冷却至冷透为止，时间不宜太长，以免风味受损，一般为10min。

5. 修整检查：去除变色、夹有泥沙及明显粗大之鳞片，并将弯曲、机械伤、病虫害及头部开裂者挑出，经适当修整后切成5cm的段状。

6. 分级：按色泽及直径进行分级。嫩尖着色轻微者为白尖芦笋；嫩尖着色深且长达4cm以上者为绿尖芦笋。整装芦笋再按直径大小可分为：

巨大级：平均直径2.51cm以上；

特大级：平均直径1.81—2.5cm；

大级：平均直径1.31—1.80cm；

中级：平均直径0.96—1.30cm；

小级：平均直径0.8—0.95cm。

段装式笋尖，一般按粗、中、细，不同长短及色泽分档，笋尖绿色不超过4cm者，可留作装罐时搭配用。

7. 装罐：芦笋罐头应使用全涂料罐，以免素铁罐中的铁、锡等金属离子与芦笋中所含的色素物质—芦丁发生络合作用，产生黑色斑点、斑块以及汤汁变成暗黑色，并对铁罐产生腐蚀等弊病。此外，还可在汤汁中加适量柠檬酸，以减少芦丁在罐内沉淀。柠檬酸的作用可能是降低溶液的pH值或揉合了铁离子。在装芦笋罐头时，要求笋尖一律向上，并整齐地装入罐内。装罐量及其标准可参见表4—22。

表4—22 整条芦笋的装罐量参考表

罐号	净重(g)	固形物重(g)	去白头（或不去皮）白芦笋			去白头（或不去皮）绿头白芦笋		
			纯白头量(g)	占全罐比(%)	轻微绿头*的芦笋(g)	纯白头(g)	占全罐比(%)	绿头部分不超过4cm(g)
7114	425	285	>230	80	<55	>145	50	<140
8160	800	530	>430	80	<100	>270	50	<200
5133	250	185	>150	80	<35	>95	50	<90

*系指绿色长度不超过笋长20%者。

段状芦笋装罐时，要求粗细搭配均匀，且每罐中笋尖应占20%以上，其中白尖数不少于全罐的10%，笋尖一律放在上面。

笋尖罐头装罐时，要求同一罐中粗细、长短一致，长度在4—7cm，其搭配要求与整装罐头相同。

芦笋装罐后，随即加注煮沸的汤汁，汤汁中应含有2%的食盐、2%的砂糖和0.01%—0.05%的柠檬酸。出口日本的要求pH值调整到5.5—6.0。

8. 排气、密封、杀菌、冷却：装好的芦笋罐头，可用真空封罐机抽空密封，真空度为40.0—53.5kPa，也可采用加热排气，要求排气后罐中心温度达70—75℃。然后立即封罐。封罐后于121℃的高温下进行杀菌，不同罐号的芦笋罐头，其杀菌条件如下：

罐号	杀菌式
5133	13'—15'—反压冷却/121℃

7114　　　　　　　　　　　　　　　　12'—18'—反压冷却/121℃

8160　　　　　　　　　　　　　　　　15'—20'—反压冷却/121℃

为了避免笋尖变色，要求杀菌时罐盖一律向下。杀菌完毕应急速冷却到38℃左右。

9．擦罐入库：为防止损伤笋尖，擦罐搬运需轻拿轻放，并把罐盖向上摆放，而后不应再倒置。

（四）成品质量要求

1．感官指标

（1）色泽：要求标准因罐头种类而异。

整装全白芦笋：白色、乳白色或淡黄色。

整装白头芦笋：白色、乳白色或淡黄色。允许10%（以条数计）芦笋带有淡绿色或黄绿色，但带色部分长度不超过整条的1/5。

整装绿、白头芦笋：白色、乳白色或淡黄色，允许50%整条的嫩尖带有淡绿色、淡紫色或黄绿色，但带色长度不超过5cm。

整装绿头芦笋：嫩尖部位全呈淡绿色、淡紫色或黄绿色，带色长度不超过5cm。其余部位为乳白色或淡黄色。

芦笋尖：色泽要求同整装绿、白头芦笋。

带笋尖段装芦笋：白色、乳白色或淡黄色。每罐嫩尖段数不少于全罐段数的20%。其中白尖段数不少于全制度罐段数的10%，其余可装绿色和紫色长度不超过5cm的嫩尖。

无笋尖段装芦笋：白色、乳白色或淡黄色。

（2）滋味及气味：具有芦笋罐头应有的滋味和浓郁的香味，允许略带苦味，无异味。

（3）组织与形态

整装：分去皮和不去皮两种。长度不少于9.5cm。同一罐中长短粗细大体一致。去皮芦笋的去皮部分应不少于整条芦笋长度的1/3，去皮良好，基本得保持芦笋原形，无明显棱角，笋尖较嫩，茎部软硬适度，切口整齐。允许带有部分鳞片，也允许略有粗纤维及小量修整和缺陷笋，但不能有明显的弯曲、变形及空心。平均直径不少于0.8cm，各等级的粗度要求同分级标准。

芦笋尖：全部是笋尖，长度3.2—7cm，每罐粗细、长短大体一致，其它要求同整装。

带笋尖段装芦笋：长3—6cm，每罐笋尖不少于全罐芦笋总重量的20%。同一罐中粗细、长短大体一致，允许略有粗纤维及空心。

无笋尖段装芦笋：长2—4cm，无笋尖，其它要求同带笋尖段装芦笋。

（4）汤汁：汤汁较清，允许有轻微的混浊和碎屑。

（5）杂质：不允许杂质和泥沙存在。

2．理化指标

（1）净重：每罐净重分250g、425g和800g3种。每罐允许公差±3%，但每批平均率不得低于净重。

（2）固形物：不低于净重的65%。

（3）氯化钠含量：0.8%—1.5%。

（4）重金属含量：每kg制品中，锡≤200mg，铜≤10mg，铅≤2mg。

3．微生物指标

无致病菌及因微生物作用所引起的腐败象征。

四、蘑菇罐头

(一) 原料

蘑菇是一种食用真菌，其营养丰富且味道鲜美，深受人们欢迎。世界上现有品种较多，如白蘑菇、棕色蘑菇、大肥菇等。我国栽培的是白色双孢蘑菇，简称白蘑菇。

供罐头加工用的蘑菇，要求新鲜坚实，菇色正常；成熟适度，以开伞前12h，菌膜尚未破裂时采摘为宜；菌盖完整良好，直径在1.8—4cm为好，不得超过6cm；菌盖至菇柄处无裂缝及破碎现象，无空心，无虫蛀，无绿根；菇柄切削平正，长度不得超过菌盖直径的1/2，不得有严重机械损伤、病虫害、干缩及畸形。

(二) 生产工艺流程

原料验收——→护色——→漂洗——→预煮——→分级——→拣选、切片、切碎——→装罐、注汁——→排气、密封——→杀菌、冷却——→擦罐入库

(三) 操作要点

1. 原料验收：应严格按标准要求对原料进行验收，不合格者不能使用。

2. 护色：由于蘑菇组织中含有酚类物质，在多酚氧化酶的催化作用下极易氧化变成褐色。此外，蘑菇中所含的某些黄酮类化合物及酪氨酸等，也可在多酚氧化酶的作用下被氧化，而形成棕黑色的聚合物，这种酶促褐变现象在采菇时的指印处及机械伤处，表现得尤为明显。为了防止或减轻这种有害的变色作用，生产中常需进行护色处理，利用控制酶催化作用的条件如氧、pH值、温度、底物等等，来削弱酶促褐变的程度，以尽量减小其对成品质量的影响。常用的护色方法有：

(1) 亚硫酸盐溶液法：在原料产地，将验收合格的蘑菇，按等级用清水漂洗去泥沙、杂质，沥去水分，倒入0.1%—0.15%的焦亚硫酸钠溶液中淹没浸泡1—2min，然后立即捞起并稍沥去护色剂，马上装入套有聚乙烯塑料薄膜袋的箱子中或专用塑料箱中，贴上标签，注明级别和质量数，并将其及时运到工厂。然后立即用流动水漂洗30min即可转入预煮工序。

离厂较近的原料，采摘验收后立即送入工厂进行分级。按级别分别在0.03%焦亚硫酸钠溶液中漂洗去泥沙、杂质。捞出后再放在0.03%焦亚硫酸钠溶液中浸泡1—2min，捞出后沥去护色液后，不需用水漂洗即可进行预煮。

(2) 稀盐水法：蘑菇采收后，经分级洗净，分别浸入1%的稀盐水中送到工厂，利用盐水中含氧量少来减缓酶变色。但要求从浸泡到加工，不得超过4—6h。

(3) 抗坏血酸法：即在蘑菇运输加工过程中，采取添加适量的抗坏血酸来进行护色。这种方法的护色效果虽不及前面两种，但可使罐头蘑菇味极鲜美。

3. 预煮：护色是阻止和减缓酶的褐变，而预煮是破坏多酚氧化酶的活性，抑制酶促褐变，同时赶走蘑菇组织中的空气，使组织收缩，体积变小，保证固形物的要求，还可增加弹性，减少脆性，便于装罐。对护色过的原料来说，还具有脱硫的作用。蘑菇经预煮后，颜色由白色转为淡黄色，这是因为其中还存在有非酶褐变。为了减轻非酶褐变，常在预煮液中添加适量的柠檬酸，以增加预煮液的还原性，改进菇色。预煮的方法有以下几种：

(1) 夹层锅法：将护色漂洗后的蘑菇在沸腾的0.1%柠檬酸溶液中预煮，时间约8min。预煮过程中应及时捞去表面上的泡沫。水与蘑菇之比为2∶1。预煮结束后，将蘑菇迅速捞起放入流动水中充分冷却。预煮液可使用两次。但第2次须添加柠檬酸，添加量为第1次的一半。

(2) 预煮机法：预煮水用 0.1%的柠檬酸溶液，水与菇之比为 3：2，预煮时间一般为 8—12min，时间过长会使蘑菇煮烂，失水大，失去弹性。预煮后迅速捞起蘑菇，并用传递带或在管道中用水力送入冷却槽水中，用流动水急速冷却，至充分冷透为止。

(3) 蒸汽预煮法：将蘑菇送入蒸煮器中，通以蒸汽，在 96—98℃温度下预煮 5—12min，然后迅速冷却。蒸汽预煮不易均匀，因而菇色较浑，但营养成分流失少，蘑菇香气、风味较佳。

(4) 二次热水预煮法：将蘑菇先在 80—85℃的热水中预煮 4min，取出后再在沸水中预煮 5—20min。第 2 次预煮的汤汁可作为配制装罐汤汁之用。该法预煮的蘑菇，香气和风味损失少，品质较好。

4. 分级、拣选、切片与切碎：经预煮和冷却后的蘑菇，用滚筒式分级机或机械振荡式分级机进行分级，要求达到以下分级标准，无跳级现象。如表 4—23。

表 4—23 蘑菇的分级标准

级 别	筛板孔径（mm）	菇的大小（mm）
1	28	28 以上
2	25	25—28
3	23	23—25
4	20	20—23
5	18	18—20

分级后的蘑菇，先按级进行挑选，剔除其中不合格菇如斑点、泥根、虫蛀、畸形、薄菇等。然后按整菇、片菇、碎菇的要求（见下）进行分档处理。

整菇：菌盖直径 1.8—4.0cm，形态较完整，无严重畸形，允许少量小裂口、小修整、轻度薄皮及菌柄轻度发毛。

片菇：大畸形、大薄皮、大空心、轻度机械伤及修整面积较大且浑者，菌盖直径在 4.5cm 以下。要求纵切成 3.5—5mm 薄片，片形规划整齐。

碎菇：脱柄、脱盖、菌盖不完整、开伞但菌褶未发黑者。菌盖直径不得超过 6cm。

一般整菇与碎菇、片菇之间的比例为 6：4—7：3。随原料的新鲜度、泡水时间的长短、原料的采收期及连续化操作程度而异。中期采收的原料较碎、末期采收的原料含整菇比例大。

5. 装罐、注汁：分级、分档后的蘑菇即可用手工或装罐机分别装罐，装罐时应做到同一罐中大小均匀，不得混级。装罐量视罐号以及蘑菇装罐后在加热杀菌时及贮藏中的收缩率而定。通常按标准多装 10%左右，具体可参见表 4—24。

表 4—24 蘑菇的装罐标准

罐 号	净重（g）	规定固形物（%）	整菇装罐量（g）	片、碎菇装罐量（g）
761	198	58	120—125	115—120
9124	850	53.5	480—490	470—480
15173	2840	63.8—68	1890—1900	1900—2000

蘑菇装好后，随即加注 85℃以上的汤汁，汤汁中含盐 2%—3%，含柠檬酸 0.05%左右，加入汤汁后要求罐中心温度不低于 50℃。

6. 排气、密封：采用加热排气法排气时，要求大型罐中心温度达到 75—80℃，小型罐中心温度达到 81—85℃。采用真空封口时要求真空度达到 47.0—53.5kPa。

7. 杀菌、冷却：人工栽培的蘑菇易从菌床粪肥中感染耐热芽孢菌。该菌最适宜生长温度为 45—55℃，pH6—7，其耐热性为 $F_{121}=18$、$Z=10$、$D_{121}=2.35$。为此，在制定蘑菇罐头杀菌条件时，应以杀死该菌为主要依据，否则易导致发生平酸菌酸败。不同罐型采用间隙式高压杀菌器，杀菌时的工艺条件大致如表 4—25。

表 4—25 蘑菇的杀菌条件

罐号	净重(g)	杀菌式	罐号	净重(g)	杀菌式
668	184	10'—(17'—20')—反压冷却/121℃	9124	850	15'—(27'—30')—反压冷却/121℃
761	198		15173	2840	15'—(30'—40')—反压冷却/121℃
6101	284		15178	2977	
7110	415		15178	3000	〃
7114	425				

由于冷却方法对杀菌效率有直接的影响，所以生产中一般采用反压冷却法。这样可促使罐头尽快冷至 38℃左右，所得成品质量较好。

此外，人们通过试验发现，蘑菇罐头采用高温短时杀菌，既可改进菇色、风味，还可减轻罐内壁腐蚀，使成品质量得以提高。但在使用时应严格注意温度的准确性，以确保杀菌效果。因为在 120℃以上杀菌时，温度只要相差±1℃，杀菌强度就会上升下降±25%。

（四）成品质量要求

1. 蘑菇整只装呈淡黄色，片状和碎片蘑菇允许呈淡灰黄色，汤汁较清晰。

2. 具有蘑菇罐头应有的鲜美滋味及气味，无异味，无杂质存在。

3. 各种规格的组织形态要求如下：

整只（精选级）：蘑菇略有弹性，大小大致均匀，菌盖形态完整，允许少量蘑菇有小裂口、小修整及薄菇，无严重畸形。同一罐内菌柄长短大致均匀。

片状：要求纵切，厚约 3.5—5mm，同一罐内厚度较均匀，允许少量不规则菇片和碎屑。

碎片：不规则的碎片（块）。

4. 各罐号的净重及固形物含量要求如下：

罐号	净重(g)	固形物含量	罐号	净重(g)	固形物含量
668	184	不低于净重的 62%	9124	850	不低于净重的 53.5%
761	198	不低于净重的 58%	15183	2840	不低于净重的 68%
6101	284	不低于净重的 55%或 60%	15178	2977	不低于净重的 55.2%
7110	415	不低于净重的 54.7%	15178	3000	不低于净重的 63%
7114	425	不低于净重的 53.5%			

5. 氯化钠含量为 0.8%—1.5%，重金属含量为每 kg 制品中锡≤200mg，铜≤10mg，铅≤2mg。

6. 无致病菌及因微生物作用引起的腐败象征。

（五）注意事项

1. 蘑菇在采收和运输过程中要严防机械损伤，采后按规定处理。

2. 蘑菇在采收、运输和全部加工过程中，必须尽快地减少露室放置时间，加工流程要快，并严防与铁、铜等金属工具接触。

3. 预煮要快速升温煮沸，以尽快破坏蘑菇中酶的活性，待煮透后用冷水冷却透。

五、蕨菜罐头

（一）原料及其采收

蕨菜是蕨科蕨属的多年生草本植物。分布极广，遍布全球温、热带各地。我国南北方均有分布，资源丰富。它适于稀疏的混交林和阔叶林中，也生于林缘、采伐迹地和林中空地上，喜欢土层深厚的沙质壤土。其地下部分为黑色的根茎，地上部分为叶茎和叶片，均从根茎上抽出，其叶为三角状三次羽状分裂叶，嫩时呈卷曲状。蕨菜幼嫩的地上部分不仅可食，而且营养丰富。每100g中含水分90.39g，灰分1.27g，粗蛋白2.20g，粗脂肪0.21g，糖质3.34g，粗纤维2.47g，钙10.26mg，铁1.59mg，磷18.25mg，硅酸51.1mg，维生素C33.28mg，维生素$B_2$0.32mg，热量11.8×10^4J。加工后做美味可口的菜肴，并具有独特的风味。

加工罐头所用的原料为蕨菜未展叶的幼嫩的叶茎。它从4、5月份即开始从根茎上抽发，且生长很快，一昼夜可生长2—3cm甚至6—10cm。主要取决于气温，叶茎的大量生长不超过10—15天。

蕨菜的叶茎特别娇嫩，轻轻一折就折成两段。当叶茎长到40—50cm时，从基部起开始老化，并在叶端出现3—4个分枝（叶），这种叶茎就不适于采收了；当叶茎小于5mm时，同样的也不适于采收。只有当叶茎较粗、嫩、高为20—30cm时，才适宜于采收。

采摘时，用手在蕨菜基部折断，放在另一只手里，顶梢要放整齐，且一小把一小把分别用橡皮筋在离基部5—6cm处捆成一把，决不能用细绳捆把。由于蕨菜采收后，很快就会老化。所以应快速运回加工厂及时进行加工处理，以保持其同采摘时一样的色泽、柔软程度、粘质度、芳香和佳味。

（二）生产工艺流程

原料验收⟶清洗⟶整理⟶预煮、冷却⟶分选⟶装罐、注汁⟶排气、密封⟶杀菌、冷却⟶抹罐、贴标、装箱、入库

（三）操作要点

1．原料验收：所采原料运到加工厂后，首先将它们放在篮子或箱子里，然后由验收人员进行严格检查。根据其色泽、嫩度、粗细以及顶梢部情况等进行分级归类，同时剔除过长、过细、病虫感染、畸形等不合格蕨菜。

2．清洗：由于蕨菜的植物组织有耐碱性，所以经验收合格的蕨菜，可以先用荞麦的20倍水溶液浸渍1—3h，这样并不破坏蕨菜组织具有的芳香、美味、粘度和色泽，同时还可使蕨菜的柔软性有某种程度的增加。然后取出用流动水漂洗除去碱性及蕨根上所粘附的尘埃、泥沙等杂质。

3．整理：按一定的长度要求，将蕨菜基部不需要的部分切除（所切除部分也可再度利用，制成一定规格的无顶梢的段状蕨菜罐头），需切齐整，以保持长度一致。

4．预煮：将蕨菜用100℃的沸水预煮5min左右，以煮透为止。然后立即捞出用冷水急速充分冷却。

5．分选：即按产品质量要求进行分选，除去不合格蕨菜，如顶梢断裂者等，以保证成品的质量。

6．装罐、注汁：将分选后的蕨菜，按一定的装罐量整齐地装入6101号罐内。顶梢部一律朝上，并要求色泽一致，粗细大致均匀。然后随即加注含柠檬酸0.05%—0.08%的2%—

2.5%的食盐水，盐水温度不得低于80℃。

7. 排气、密封：装罐后的蕨菜置于排气箱中排气约8—10min，待罐中心温度达80℃以上时即可密封；也可在真空封罐机上封罐，真空度达40.0—46.7kPa。

8. 杀菌、冷却：杀菌公式为10'—15'—10'/121℃。杀菌后，立即进行反压冷却至40℃左右。然后进行抹罐、贴标、装箱、入库。

（四）成品质量要求

1. 色泽呈淡紫色或青褐色，汤汁较清，允许稍带菜毛，但无其他杂质。

2. 具有蕨菜罐头应有的滋味和气味，无异味。

3. 蕨菜质地脆嫩，细滑、色泽、长短、粗细大体一致，形态完整。

4. 固形物含量不低于净重的60%，氯化钠含量为0.8%—1.5%。

5. 重金属指标及微生物指标符合对蔬菜罐头的要求。

第五篇　饮料加工及配方

生物体中，水的含量最大，约占人体重的 2/3。人体与外界环境的物质交换，也以水的量为最大。一个体重 60kg 的成年人，每天与外界约有 2.5kg 的水交换。可以说，没有水就没有生命。

在生命过程中，水不断地从人体中排出，如尿、汗、呼气、粪便等。每天每人约排出 2.5kg 的水，水的摄入量和排出量要保持平衡，人体失去的水必须进行补充，因而人体必需从食品中摄取水分，如液体食物（饮水、饮料、汤汁等），固体食物（饭菜、水果等）都是人体水分来源。饮料就是供给人体水分，有益于人体健康的一种日常生活中不可缺少的食品。

国外饮料工业的兴起，始于对天然矿泉水的饮用。1768 年英国著名化学家约瑟夫·普利斯特，将碳酸气直接溶解在水里取得了和天然矿泉水一样的效果，这就是汽水的萌芽。到 1820 年法国药剂师史特鲁夫创造人造矿泉水成功，继而根据人们的需要，再添加有机酸、糖、香料，才出现真正的汽水。以后在清凉饮料发展的基础上，又不断创造出其它类型的冷饮品如冰棒、冰淇淋、雪糕等。目前饮料在许多国家占有重要的经济地位。

我国饮料历史悠久，早在 2000 多年前就有记载。如《周记》上的所谓“馐夫饮用六清”；《楚辞·招魏》中写到：“挫糟冻饮，耐清凉些”等。但作为饮料工业直到本世纪初才有所发展。其中上海、广州、青岛等地 30 年代开始生产简单饮料。解放后发展较快，特别是近几年，随着人们生活水平的提高，新工艺、新技术、新设备的引进，饮料工业取得了迅速的发展，已成为我国国民经济中一个重要的产业。

第二十三章　饮料的分类

世界各国对饮料的分类不尽一致，一般可分为含醇饮料和无醇饮料两大类。

第一节　含醇饮料

此类饮料是经过一定程度地发酵，使其中含一定量的糖分及少量酒精的饮料。其中有酒度较低的如啤酒、香槟酒等，酒精含量为 3%—4%（重量比）；有酒度较高的如葡萄精及各种果酒，酒精含量在 10%—20%；有含二氧化碳的香槟酒及各种人工充气的果酒。除此之外还有用人工配制的含酒精饮料，即所谓汽酒和小香槟。

酒是社会交往、文化活动、欢宴宾客的重要媒介。含二氧化碳的汽酒、啤酒，在夏天是人们喜爱的清凉饮料。少量饮酒，使人精神振奋，促进血液循环，有温暖和舒畅之感；药酒能增进食欲，帮助消化，滋补身体，去除疾患，延年益寿，有益健康。古人云：酒者，天下之美禄也，少饮助阳气，和血气，增食欲，去愁发兴，甚有益于人。酒类的生产历来受到世界各国的重视。

我国发展饮料酒的方针是：严格控制白酒产量，降低白酒度数，加快果酒、露酒、啤酒的发展。以满足人们对低度酒、营养酒、滋补酒和健康酒、疗效酒的需求。实现如下的3个转变：

1. 高度酒向低度酒转变；2. 蒸馏酒向发酵酒转变；3. 粮食酒向果酒转变。

第二节 无醇饮料

英文中″soft-drinks″可译成为软饮料。根据美国、日本“软饮料法规”对饮料下的定义来看，不含醇（或醇量不超过0.5%的）饮料通称为软饮料。

此类饮料在人们日常生活中占的位置日益突出，近10年来发展相当快。70年代后期，发达的工业国家，各种饮料的增长率都在10%左右，高于整个食品工业的平均发展速度。

国外软饮料发展最快的是水果饮料。各种配制的碳酸饮料（可乐型、果汁型）增长速度都在15%到20%。乳酸饮料和矿泉水也有迅速的发展。80年代以来，适合特殊需要的复合饮料和运动员饮料等发展也较快。从研究开发新产品来看，水果饮料占54%，植物性饮料（蔬菜、藻类）占13.8%，碳酸饮料占12.4%，强化饮料占12.0%，高蛋白饮料（豆类、乳品）占7.4%。说明饮料在向营养化、多样化发展。

我国人民对软饮料的消费水平，已不只限于量的满足，而是要求品种多样化，以满足不同年龄、不同职业和不同地区消费者的需求。因而，软饮料的开发与研究已向交叉学科方面发展，如婴幼儿营养学、老龄保健医学、运动生理学、生物学、微生物学等渗透到软饮料的研究之中。

一、软饮料的分类

软饮料品种繁多，并在不断地发展。各国对软饮料的分类也不同。我国软饮料分类尚未正式确定。1985年全国饮料发展论证会提出软饮料分类建议如下：

（一）果蔬汁饮料

1. 原果蔬汁：以各种水果、蔬菜为原料，榨取其汁液，无任何添加成分的果蔬汁。
2. 浓缩果蔬汁：无任何添加成分的果蔬浓缩原汁，稀释后饮用。
3. 高果蔬汁：果蔬原汁含量在30%以上，供直接饮用。
4. 果蔬汁糖浆：果蔬原汁含量10%—30%，稀释后饮用。
5. 一般果蔬汁：果蔬原汁含量在10%—30%，供直接饮用。
6. 带果肉饮料：含果肉碎块的果汁饮料。
7. 果味露：用糖、酸、香精和色素等原辅料配制成的果味糖浆，稀释后饮用。
8. 果味饮料：用糖、酸、香精和色素等原辅料配制成的果味饮料，供直接饮用。

（二）碳酸饮料

1. 果汁饮料：由天然果汁或天然果汁和香精配制而成的汽水，如桔子汽水、山楂汽水。
2. 蔬菜汁饮料：如姜汁汽水。
3. 果味饮料：不含天然果汁，用糖、酸、香精和色素配制而成的果味型汽水，如桔味汽水、樱桃汽水、香蕉汽水、柠檬汽水等。

4. 可乐型饮料：如天府可乐、少林可乐、幸福可乐、人参可乐、桂林可乐等。

5. 苏打型饮料：如苏打水。

6. 醇香型饮料：突出酒香味的汽水。

7. 花香型饮料：突出花香味的汽水，如桂花汽水、玫瑰汽水等。

8. 其它。

（三）矿泉水饮料

1. 天然矿泉水：从地下矿脉涌出的，含有无机盐及游离二氧化碳的水。

2. 配制矿泉水：根据人体需要，人工配制矿泉水（包括矿化装置生产品）。

（四）蛋白饮料（蛋白含量2.5%以上）

1. 奶类：近年来发展较快，种类繁多，尤以酸奶为多。

2. 植物蛋白类：豆制品。

3. 微生物蛋白类。

（五）保健饮料

为了特殊需要，经过研制，在饮料中加入含有某些特殊营养，维持人体正常新陈代谢所需的药物（化学药剂或天然药物成分）的饮料。

1. 滋补饮料。2. 婴幼儿饮料。3. 抗衰老饮料。4. 运动员饮料。5. 低热值饮料。

6. 其它，如航天、潜水等专业特需饮料。

（六）发酵饮料

1. 乳酸发酵型饮料。2. 醋酸发酵型饮料。3. 真菌发酵型饮料。

（七）茶类饮料

1. 发酵茶。2. 非发酵茶。3. 部分发酵茶。

（八）咖啡、可可类饮料

（九）固体饮料

（十）其他

二、我国软饮料的发展方向

(1) 我国当前水果产量较低，软饮料工业发展需要大量的鲜果，必然影响市场上水果供应量。为了解决这一矛盾，果汁类软饮料生产，应尽量做到不与鲜果食品争原料。例如加工梨汁，应选用酸涩、肉质粗糙、石细胞含量多，不宜鲜食的梨作为原料加工成味美可口的梨汁。

(2) 面向大自然，利用野生植物资源，开发新型软饮料品种。如已开发成功的猕猴桃、酸枣、沙棘、刺梨、黑加仑和越桔等系列饮料。

(3) 努力发展蛋白饮料和蛋白发酵饮料。如豆乳、可可豆乳、花生乳、酸豆乳和果汁豆乳等。

(4) 根据不同年龄、不同工种、不同地区的生活习惯等，因人、因地、因需要不同生产各种具有特色的饮料系列产品。

(5) 发挥我国中医、中药优势，研制具有强身、保健、滋补，具有特种保健、疗效的饮料，以满足各种消费者的需要。

第二十四章 原果汁加工及果汁饮料的配制

果汁素有“液体水果”之称，不仅色泽艳丽、香味馥郁，而且甜酸适度，清鲜爽口，现已成为风靡全球的营养饮料。

近20年来果汁加工发展很快，苹果、葡萄、柑桔、黑加仑、西蕃莲、山楂果等果汁的生产和保藏技术进展迅速。冷冻浓缩、真空浓缩、泡沫干燥等项技术也都有很大改进。果汁提取设备亦不断更新。

近年来由于各国对合成色素和人造香精的限制日益严格，以天然纯果汁作色素和香精的饮料越来越畅销。例如用纯柠檬汁作香精的果味饮料很受欢迎。随着保健食品的推广，人们越来越喜欢使用强化饮料。如用维生素强化的纯果汁的销售市场日益扩大。现已成功地将西印度樱桃或番石榴等维生素C含量很高的天然水果制品（或直接加维生素C）混入各种果汁中，使其达到标准的维生素含量，这种果汁在国际市场颇受欢迎。

目前，我国生产的高温杀菌果汁有10余种，主要是柑桔汁、菠萝汁、葡萄汁、柠檬汁、苹果汁、梨汁、山楂汁、草莓汁、杨梅汁、越橘汁、刺梨汁、荔枝汁、番石榴汁、沙棘汁等。我国地域辽阔，宜加工果汁的水果资源丰富，有温带、亚热带和热带栽培水果，以及广大林区、山区蕴藏着大量的野生浆果资源。随着人民生活水平的提高，果汁饮料的需求将迅速增长。

第一节 果汁加工原料

一、果汁加工原料的选择

果汁是取自新鲜果实液泡中的细胞液。细胞液的色、香、味和营养成分，是该果实在生长发育过程中积累起来的，因此，原料品种的特性及生长和成熟情况都直接影响到果汁的质量和产量。为了商品化的果汁生产，必须保证果品应有的特点，提供足够的数量满足供应。因而涉及到品种的选择，原料基地的规划和安排，延长原料供应时间。为了不断提高产品质量，还要进行良种的培育等。

果实的适时采收是保证果汁质量的一个重要因素。果实在生长发育期间的各个阶段中，其形态上、解剖上和生理上的变化有所不同。通过细胞分裂、细胞增长到细胞成熟阶段的分析，可以看到其化学成分和呼吸基质都有变化。果实鲜食风味最佳时期一般是充分成熟的阶段，也就是产汁率最高的时期。因此，加工果汁就需要提供充分成熟、汁多、香味浓、糖酸适度、色泽鲜艳、容易取汁的新鲜果实。必须剔除霉烂、变质、有病虫的果。至于过熟及未成熟的果及残次落果，虽然也能取汁，但制品品质较差。

二、原料的成分与品质的关系

（一）果汁色泽

果汁的色泽给人以美感，也表示各种果汁特点，是果实成熟和质量的一个标志。

果实的色泽主要是天然形成的色素所致。主要有叶绿素、类胡萝卜素、花青素和黄酮类化合物等，都分别存在于各种果实中，存在的种类和数量都影响果实和果汁的独特色泽。

几种主要色泽的变化，叶绿素在成熟的果实中很少，在酸性条件下会变成无光泽的暗绿色，在加工过程中不稳定；类胡萝卜素（维生素 A 源）的色泽由黄橙到红色，能耐热，在加工中比较稳定，但对氧很敏感，氧化会破坏其色泽和维生素 A 的活性；花青素是水溶性色素，随着 pH 值的改变，其色泽变化有红、紫、蓝等色，金属离子也影响其色变。此外，还有多种无色的黄酮化合物，在加工过程中变为褐色，如无色的单宁化合物与金属离子或酶反应后变为褐色；酶褐变与非酶褐变也常出现在果汁中，这都会影响果汁特具的色泽。

（二）果汁的香气

果汁的香气表现出各种果品的特有典型风味，若无这种成分，果汁只能表现出单调的甜、酸、苦、涩的味道，风味也就大为逊色。

果汁中的香气大都是一些挥发性物质，有溶于水和不溶于水的成分，量很少，种类非常复杂。但每种果汁香气风味的表现都很明显而且典型。一般的香气成分有各种醛类、酮类、醇类、有机酸类和酯类等。如柑桔中含有多种香气成分如丙酮、乙醛、乙醇、柠檬酸、苹果酸、蚁酸、香茅酸以及草酸和蚁酸的酯类等，其中除柠檬酸、苹果酸含量较多外，其余各种，量虽微，但综合起来，对柑桔香气的形成是必需的。这些香气成分在果实成熟中充分增长并积累起来。由于这些成分是挥发性的，在加工处理中，以及在热处理和浓缩过程中，损失较大。

（三）果汁的味感

形成果汁味道的主要成分是甜和酸。甜味的主要成分是蔗糖、葡萄糖和果糖，其他甜味成分微而不显。糖分在果实成熟过程中不断形成积累，甜味也不断增加。在加工成汁液后糖分比较稳定。各种果实中的有机酸都不一样，因此其酸感差异较大。有机酸在果实中可以以游离态或以盐类或酯类而存在。游离酸是决定果汁酸味的主要因素。

果实中还含有某些特殊的成分，形成某些不愉快的味道。如单宁的涩味，甜橙中的缓发苦味（在水溶液中只要有 1ppm 就感到很苦的味道）。

（四）果汁中的营养成分

果汁中含有的营养物质，除糖、酸以外，还有含氮物质，如蛋白质、简单的肽、氨基酸、甜菜碱和磷酯等。这些都是生物代谢的正常物质，也是营养物质。在加工中蛋白质多与固体组织相结合，形成混浊状物质悬浮于果汁中。

氨基酸存在于果汁中，常与糖（单糖）反应产生色变。

维生素是人类正常生活和健康所必须的物质，一般地说维生素不能在人体内合成。而果实和蔬菜是维生素最丰富的来源，特别是维生素 C。但维生素 C 在加工过程中如不设法保护，可以全部损失。因此，维生素 C 在食品中的保留情况常作为营养成分保持好坏的标志。其它维生素比较稳定。

果实还含有多种人体所必需的无机成分，具有重要的营养价值。

三、原料处理过程中常发生的败坏现象

果汁在生产过程中常因外界因素的干扰而影响其质量。水果在加工前后也会受到微生物、空气、水源、工器具等的污染，因而导致败坏和降低质量。

（一）微生物影响

果实处理过程中，常发生 3 类败坏现象，即发霉、发酵和发酸。原因主要是霉菌、酵母菌和细菌的侵染。这些微生物无所不在，条件适宜，它们的繁殖力很强。

细菌和酵母菌都是单细胞微生物，繁殖速度约 30min 一代，一个单细胞在 10h 内可以增加 100 万倍。只要在感染的材料上点触一下（因这两种菌以接触传播为主）就会留下百万个菌体。霉菌是以孢子繁殖，可以在空气中传播。这说明加工卫生条件的重要性，另外，运输及盛装鲜果及果汁的容器卫生，以及贮藏环境的卫生等极为重要。

果汁中常遇到的细菌有乳酸菌。乳酸菌耐二氧化碳，能在真空和无空气条件下繁殖生长；耐酸力强；温度低于 8℃时其活力才受限制。除此外，还有醋酸菌能产生醋酸，使果汁产生异味，它能耐高温，但需要氧。丁酸菌常发生在苹果汁中，产生酸异味。

酵母菌主要使蔗糖转化成乙醇和二氧化碳，有的能产生有机酸，分解果实原有的酸；有的产生酯类物质，可增加香味。它也需氧，低温对其活动有所限制。

霉菌是各种果实上分布最广，特别是果实表面受到损伤，侵入更迅速，造成产品腐烂和有霉味，这类菌都需要氧，对二氧化碳敏感，热处理大都能杀死。它们在果汁中破坏果胶，引起澄清，分解原有的果胶，产生新的异味酸类，使果汁变味。

果汁所含的化学成分通常都是微生物生长繁殖所必需的。因此，在加工过程中，必须采取各种措施，尽量避免微生物的污染，才能产出风味良好的果汁。

（二）金属污染

果汁在加工过程中，从榨汁到成品包装都要与各种金属器皿、用具和设备接触，污染的机会很多，如铁、锌、铅、铜、锡、铝等都会给制品带来不良异味，气味、色变，甚至对人体有害等不良现象。

为了减少金属污染，凡与果汁接触的用具和设备等材料，最好用不锈钢。

（三）空气的影响

许多研究证明，果汁加工中与空气接触愈多，则引起的不良变化愈严重。

在完整的果实细胞内，原生质的组成成分都处在还原状态下，在细胞间隙中存在有氧和二氧化碳。在榨汁时细胞被击碎，细胞内溶物质与细胞间隙中的气体混合，发生各种复杂反应，加上酶的催化作用，反应加速。如抗坏血酸的氧化破坏，氧化引起的酶褐变等。

因此，在果汁生产过程中，尽量避免与空气接触，采取排气隔离等措施，保证果汁质量。

（四）温度的影响

果汁在加工过程中，过高的温度，可以限制或直接杀死微生物，但也破坏其中的营养物质。

而低温，低于微生物适宜的活动温度范围，则微生物活动减缓以至停止，而果汁中的化学成分的变化速度也随着温度的下降而减缓和停止。因此，保持果汁的原有风味和质量，自原料采收到成品保藏，尽可能保持低温为宜。

第二节　果汁加工的卫生管理

一、厂房建筑卫生及厂址选择

（一）厂房建筑卫生

厂房建筑应以生产适用，便利维修，易于消毒为主要设计原则，重点考虑以下方面：

1. 应有充足的阳光和照明，通风换气的措施，双层窗门（一层纱窗和一层玻璃窗）。

2. 应有足够的水源和蒸气，热水供应设备，以保证搞卫生消毒用。同时要有排污通道。

3. 卫生车间要按生产过程配置，减少生产过程中的交叉污染。进车间之前的准备间应有胶鞋、消毒池和洗手池。

4. 厕所、垃圾箱至少距车间 25m。并应以不透水材料建造，结构要严密。

5. 厂内建筑群要按类分开。厂区内尽量搞好绿化。道路应以水泥、柏油或碎石铺建，尽量减少空地和尘土飞扬。

（二）厂址选择

厂址选择是否得当，将影响基建投资，投产后的生产条件，经济效益，产品的卫生条件，职工的劳动、生活环境等条件。果汁饮料厂选址应从以下几个方面考虑：

1. 交通运输方便。饮料厂属于产量大，产品销售快，原材料和成品的运输量较大，故需有便利的运输条件。

2. 水源：水对饮料生产关系重要，厂址所在地必须有充分的水源和良好的水质。

3. 周围环境：厂区应地势平坦，周围应有良好的卫生环境，厂区附近不得有有害气体、放射性物质、粉尘和其它扩散性的污染源。厂地不应设在受污染河流的下游和传染病医院附近。

4. 协作条件：厂址所在地尽可能具有较好的协作条件，如原料基地、机修运输、原辅材料加工、技术培训等。

5. 其他：厂址选定应得到当地政府及有关部门，特别是卫生防疫站及消防部门的同意。

二、设备及生产过程的卫生

生产设备和加工器具直接与原材料及生产过程中的半成品接触，稍不注意就会污染，所以全部设备和加工器具等都应符合工艺卫生要求。要注意设备材质的选择，结构上要求便于拆卸，洗刷、消毒，使用过程中预防渗入润滑剂、污水和污物等。

工艺设计要符合卫生要求，严格按生产流程安排工艺，在生产过程中尽量减少产品暴露在空气中和接触人手和其它物品的机会。在不影响产品质量的前提下尽量缩短生产周期，减少工艺流程，力求实现生产自动化、连续化、密封化。

三、操作人员卫生要求

凡是从事饮料生产的人员，应规定每年进行一次健康检查。凡患有传染病、皮肤病，都不能从事生产。如患有流行性感冒、急性肝炎、法定传染病及严重外伤等临时疾病者，应及时调离生产部门。愈后必须持有指定医院的检查证明，方可恢复原岗位工作。

从事饮料生产的人员，应认真学习《食品卫生法》，并认真贯彻执行，养成良好的个人卫生习惯，严格遵守执行工艺卫生制度，保证产品卫生。

四、消毒和灭菌

消毒是杀死原菌的方法。消毒常用消毒剂，其浓度只能杀死营养体，而不能杀死芽孢。灭菌是用物理化学的方法，杀死微生物，包括营养体和芽孢。

消毒和灭菌，既要达到灭菌的目的，但不要损坏被灭菌的物品。其方法很多，根据所需要的灭菌对象来选择适宜的方法。

（一）热力杀菌

1. 煮沸灭菌：煮沸 10—15min 可杀死所有的营养体，30—35min 可杀死芽孢。

2. 加压蒸汽杀菌：蒸汽压力 101.325kPa，温度 121℃，持续 20—30min 即可。

3. 巴氏杀菌（低温消毒）：加热至 60—65℃，持续 30min，即可杀死食品中的病原菌或多数细菌营养体。

4. 间歇式加热灭菌：无加压蒸汽的厂，可用锅炉进行，每次蒸煮时间从上汽算起 1h，然后保温（30—37℃）培养一天，使芽孢萌发为营养体，再进行第 2 次蒸煮。如此连续 3—4 次即可将微生物全部杀死。

（二）紫外线灭菌

紫外线具有很强的杀菌作用，特别是波长在 0.26μm 左右的紫外线杀菌力最强。微生物细胞吸收紫外线后，蛋白质和核酸发生变化而引起死亡。芽孢在 10min 内也能致死。常用于表面灭菌、空气灭菌和水消毒。

（三）过滤灭菌

工厂常采用过滤方法得到无菌空气供无菌室，需氧菌好气发酵用。还有因加热而变性的溶液，液体中的酶等也采用过滤灭菌。目前常用过滤器有瓷滤器、石棉过滤器、特制滤纸板过滤器等。

（四）化学药剂消毒

有些化学制剂对微生物有很强的杀菌作用或抑制作用。这些化学药剂称为消毒剂。其作用原理，使微生物蛋白质变性或凝固，酶类失去活性，损坏微生物的细胞膜或改变其渗透性，直接破坏微生物原生质的化学结构和正常代谢的物质基础，导致微生物死亡。

消毒剂应具有杀菌力强、性质比较稳定，易于溶解，在规定量的范围内对人体毒性小，对被消毒器具不引起损坏等性能。生产中常用的消毒剂有：

1. 新吉尔灭溶液：用于皮肤及不能受热的器皿消毒。原液浓度 5%，释稀成 0.25%使用。

2. 酒精：浓度 70%—75%用于手和加工器具消毒。

3. 高锰酸钾溶液：浓度 0.1%用于空瓶、器皿及皮肤等消毒。

4. 石灰水：浓度 1%—3%用于厕所、下水道、墙壁消毒。

5. 氢氧化钠热溶液：使用浓度 2%—3%，温度 40℃，用于空瓶消毒。

6. 空气消毒：甲醛熏蒸，用量为 $2ml/m^3$ 左右。乳酸或醋酸熏蒸：用量为 80%的乳酸 $1ml/m^3$，醋酸 $3—5ml/m^3$。

第三节　原果汁加工

一、果汁分类

按照加工方法和果汁的状态特征，可分为 4 大类。

（一）原果汁

原果汁亦称原汁，即从新鲜水果中取得的汁液，未添加任何外来物质，保持其原来组分的果汁。原果汁又可分为两种。

1. 澄清果汁：又称透明果汁，呈清晰透明状态。是原榨果汁经过滤，静置或加澄清剂处理而得到的。由于汁液中的果汁微粒、蛋白质、果胶物质等大部分被除去，虽然制品稳定性较高，但风味、色泽、营养价值损失较大，所以大部分国家都提倡生产混浊果汁。但葡萄、苹果等习惯加工成透明果汁。

2. 混浊果汁：果汁中留有果肉微粒，因而此类果汁风味、色泽、营养价值都较好。如柑橘、柠檬、桃、杏等，习惯加工成混浊果汁。

（二）浓缩果汁

将原果汁浓缩为原重量的 1/2—1/6 而制成。如柑橘汁、苹果汁。

（三）加糖果汁

将原果汁或部分浓果汁，加砂糖及柠檬酸，调整至总糖含量 60%以上（以转化糖计），总酸量 0.9%—2.5%（以柠檬酸汁），加热溶解，过滤制成。加入的糖及酸量，可依品种及要求而定。但任何品种的成品含原果汁量（重量计）最低不少于 30%。如柑橘汁、荔枝汁、菠萝汁、苹果汁、葡萄汁。

（四）带肉果汁（果浆）

带肉果汁又称果浆或果肉饮料。果肉经过打浆、磨细，加入适量糖水、柠檬酸等配料调整，并经脱气、装罐和杀菌制成，一般要求成品中原果浆含量不少于 4.5%。由于品种不同，要求的原果浆含量也不同，如桃、梨为 40%以上；李子为 35%以上；糖度 13%以上，非可溶固形物（即磨细的果肉层）20%以上，（离心机 20℃测定），粘度 30s 以上（毛细管粘度计测定），具有本品种果汁特有的风味。带肉果汁饮料在国外生产很普遍。我国近期开发的“粒粒橙”深受欢迎。

适用于生产带肉果汁的水果有桃、苹果、杏、洋梨、香蕉、柑橘类等果实，大多采用加水抽提的方法提取果汁，如山楂汁等。

二、果汁加工工艺

各种果汁加工工艺大同小异，总的加工原则是尽量保存原果实的色、香、味和营养成分，因产品类别多，这里仅是一般工艺过程。

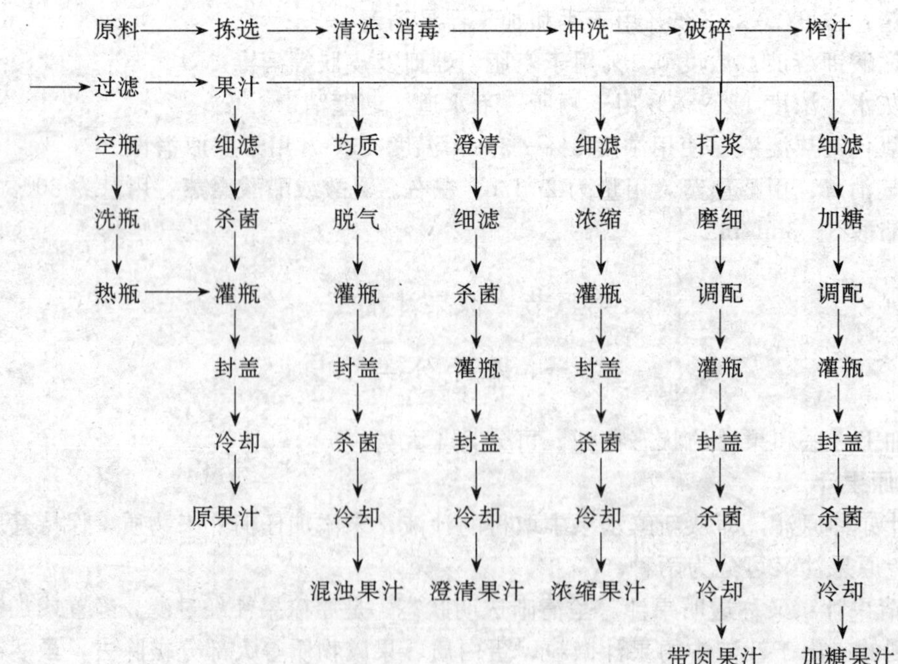

三、工艺要点

（一）原料挑选

制作果汁原料，应选汁多、色好、香味浓、糖酸度适宜，宜榨汁、充分成熟的果实。必须剔除霉烂、病虫果、未成熟果及杂质，以免影响果汁质量。

（二）原料的清洗与消毒

榨汁前，根据原料的色泽、成熟度进行分级。用清水或洗涤剂洗净沾附在果皮上的泥沙、尘土、污染物、残留药剂及部分微生物。实践证明，果汁中的微生物主要来自原料，特别是带皮榨汁的原料，更应洗涤干净。

洗涤剂一般用杀菌剂、氯、高锰酸钾等消毒水，洗涤水最好用软水。洗前先将果实浸泡在水中，以便于清洗。清洗方法应根据果实的清洁程度、性质、形状和工厂的设备条件，分别采用各种不同的方法。

1．清水洗涤

一般采用人工洗涤。将果实倒入清水池中，用木棒不断搅动，除去泥沙等污物。此法劳动强度大，速度慢。

若采用洗槽上方安装冷却水管及喷头，喷水冲洗果品，则壁上方应设溢水管，下方设污水排出管，槽底部安装压缩空气喷管，经空气压缩机压制空气，使水搅动，以提高洗涤效果。

2．化学洗涤：为防止病虫害和避免药剂残留在果皮中，须用化学药剂洗涤，方法如下。

(1) 盐酸溶液清洗：配制 0.5%—1.5%的稀盐酸液，在常温下将果实浸泡几分钟，取出后用清水漂洗。

(2) 高锰酸钾溶液清洗：将果实浸泡在含 0.1%高锰酸钾液中，经数分钟后取出用清水漂洗，至无红色溶液为止。

(3) 漂白粉溶液清洗：果实在含 0.06%的漂白粉溶液中浸泡几分钟，取出后在清水中洗净漂白粉。

（三）果汁的提取与粗滤

1．原料的破碎

从果实中提取果汁，除渗出法取汁（如山楂）外，一般都须将果实破碎，以提高果实的出汁率。破碎的果块应大小均匀，破碎的颗粒不宜太细，果块太小反而影响榨汁。破碎机的选用要根据被破碎的果品的硬度、大小、性质来选择。例如浆果类的果品，可采用带齿的双滚筒式破碎机如图 5—1。而破碎苹果、梨、山楂等比较坚硬的水果，应采用单滚筒破碎机。

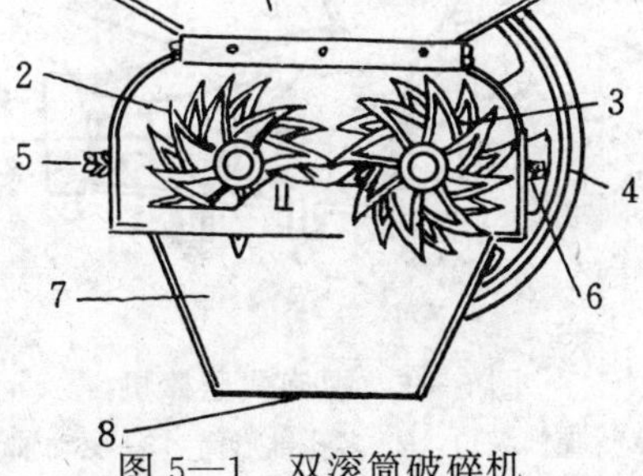

图 5—1　双滚筒破碎机

1. 进料口　2. 滚筒 1　3. 滚筒 2
4. 电动机皮带轮　5、6. 调节弹簧
7. 接受器　8. 出料口

为了增加果汁的出汁率和稳定果汁的色泽，破碎后还可加温（40—50℃，保温 5—6h），以提高果汁的产量和质量。

破碎果实的方法，一般采用破碎机或切片机。破碎时间要短，尽量缩短与空气接触时间，以免氧化变色。

2．榨汁

榨汁法可分为冷榨法和热榨法。如采用冷榨法榨汁，果汁榨出后应迅速热处理以抑制酶的活性。

压榨机械种类很多，可分为间歇式和连续式两类：

间歇式压榨机，主要有手动螺杆压榨机如图 5—2，电动螺杆压榨机图 5—3，板式压榨机图 5—4。此类设备虽处理能力不大，但具有结构简单，易操作等特点，适用于小厂。但操作时需注意，要缓慢加压，以免损坏装填原料用的布袋。

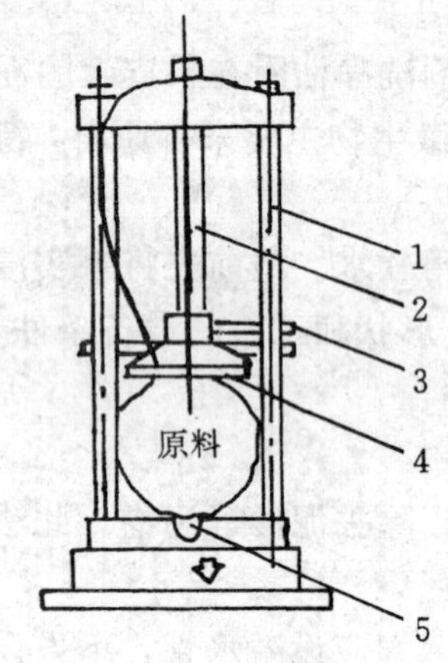

图 5—2 手动螺杆压榨机

1. 柱 2. 螺旋杆 3. 手柄 4. 原料 5. 筐子

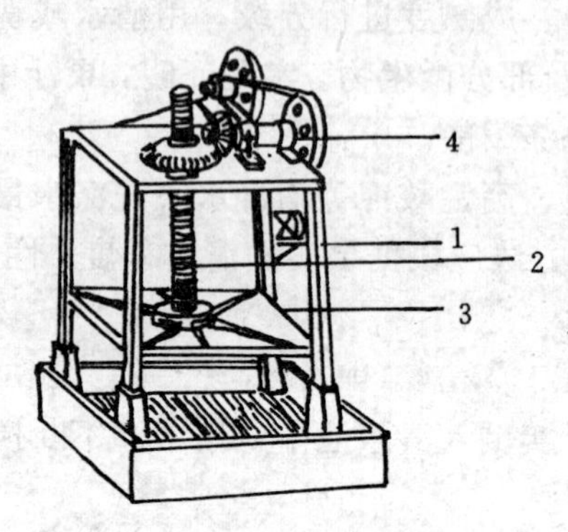

图 5—3 电动螺杆压榨机

1. 柱 2. 螺旋杆 3. 压榨板 4. 电传动器

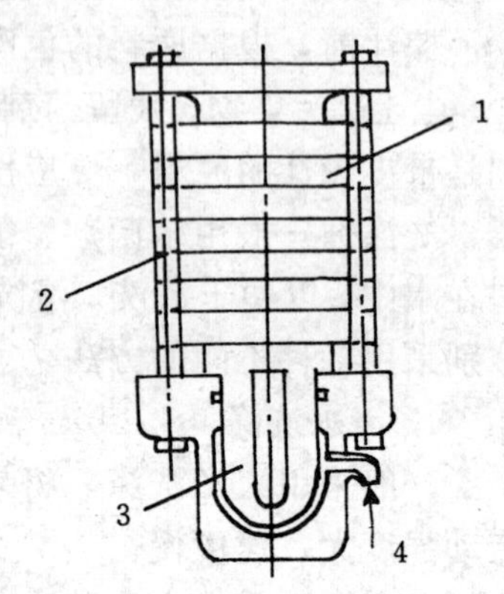

图 5—4 板式压榨机

1. 加压板 2. 汁液通道 3. 活塞 4. 油出入口

果块经第 1 次榨汁后，将果汁拌匀疏松，再进行第 2 次压榨。或在果汁中加入适量的热水，浸泡 6—8h，然后再榨，可提高出汁率。

连续式压榨机：有螺旋式连续压榨机如图 5—5，此种压榨机主要用于大批量生产，效率较高，最高每昼夜可榨取 200T 汁液。

果实的出汁率，因果实种类和品种、加工季节、压榨方法和压榨机效能而异，一般以浆果类出汁率最高，柑桔类和核果类略低，如表 5—1。

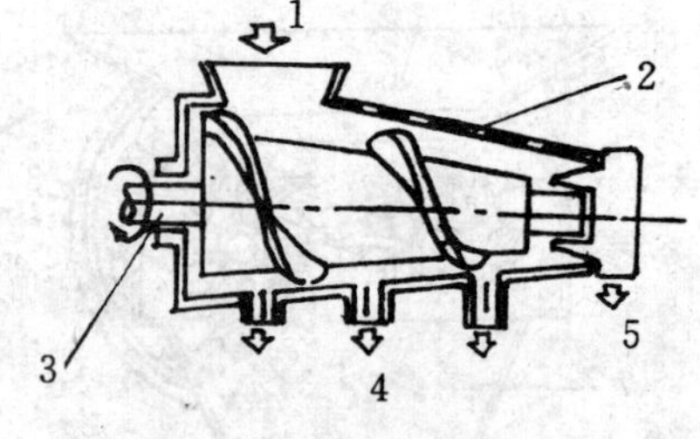

图 5—5 螺旋式压榨机

1. 原料入口 2. 多孔锥形筒 3. 驱动轴 4. 榨汁出口 5. 固体颗粒出口

表 5—1 几种果实的出汁率

种 类	出汁率（%）	种 类	出汁率（%）
甜 橙	40—50	苹 果	55—70
宽皮橘	35—40	西洋梨	55—70
葡萄柚	33—50	草 莓	65—70
柠 檬	29—33	杨 梅	60—65
菠 萝	50—55	葡 萄	65—82

不论采用何种设备和方法，均要求效率高，出汁率高，并能减轻或防止原料在破碎、榨汁过程中损害果汁的色、香、味，在取汁过程中，应防止空气混入。

3. 粗滤

粗滤的目的，在于除去汁液中混入的种子，果皮和大块果肉等。方法是在压榨果汁时，在压榨机的出口处装上一个密细的筛网或布袋，即可完成粗滤过程。也可在榨汁后，独立进行粗滤操作。

（四）各种果汁在制造上的特有工序

1．澄清果汁的澄清和过滤

制取澄清果汁时，必须通过澄清和细滤，除去全部悬浮物及胶粒，使果汁清亮透明。

澄清果汁经过滤后，还须进行澄清，澄清的方法很多，主要有以下几种：

（1）自然澄清法：将粗滤后的果汁装在密闭容器中，经长时间的静置，使悬浮物沉淀，在长期静置时，果胶物质逐渐水解而沉淀，蛋白质与单宁也逐渐形成不溶性单宁酸盐沉淀。但未消毒的果汁在常温下静置，容易发酵变质，因此，最好在冷库内－1——2℃的温度下进行。或在果汁中添加防腐剂，如在葡萄汁半成品中加入0.06％山梨酸，可防止发酵作用的发生。一般须15—20天的时间才能完全澄清。

澄清后取出上层果汁，加热到80—85℃左右，使蛋白质、果胶凝固沉淀，再进行精滤，即可装瓶。

（2）冷热澄清法：将果汁迅速加热到75—80℃，停留1—3min，然后迅速冷却，静置，可使果汁粘度降低，蛋白质和其它胶体物质发生凝固沉淀，果汁即可澄清，而后再精滤。此方法必须有蒸汽条件的工厂才能进行。

（3）加明胶及单宁澄清法：利用果汁存在的单宁，或另加单宁，加入适量的明胶，可使其形成絮状物而沉淀未澄清果汁。

用量可根据不同的果汁经过试验来决定。试验的方法：先配制1％的明胶液和1％的单宁溶液各1L，再取需澄清的果汁500ml，分别盛入5个量杯中，每杯为100ml，再用移液管吸取不同量的明胶分别加入这5个量杯中，搅拌均匀，静置30min，分别观察5个杯中的澄清透明度，以最透明的那杯原汁为准，确定其用量。

在制取梨汁和苹果汁时，一般100kg果汁需明胶20g，单宁10g。明胶和单宁都分别先行溶解，然后先加入单宁，后加入明胶，于8—12℃温度下静置6—12h，令其沉淀。

（4）加酶澄清法：果汁中经常因含有果胶物质，使果汁混浊不清，它在果汁中还能保护其他物质，阻碍果汁的澄清。为此，在果汁中加入一定量的果胶酶制剂，利用酶的作用水解果汁中的果胶物质，并使其它胶体失去果胶的保护作用而共同沉淀，达到澄清的目的。

用来澄清果汁的果胶酶制剂，有黑霉菌（Aspergillus niger）或曲霉菌（Aspergillus cryzae）。果胶酶每吨果汁加干酶制剂2—4kg。先将果汁加热到80℃杀菌，待果汁冷到30—37℃时，加入干酶制剂，搅匀静置，约4h后，果汁逐渐澄清。果汁澄清后，再经一次精滤即得到清彻透明的果汁。

无论采取何种澄清法，最后果汁都要经过精滤，以分离其中的沉淀和悬浮物，使果汁澄清。

过滤可用滤袋（用法兰绒或棉布制成的锥形袋）如图5—6。纤维过滤器（用石棉、木浆、脱脂棉作过滤层）和压榨机（板框式过滤器）如图5—7。

过滤的孔径大小、液粒压力、果汁液粘度、果汁中悬浮物的密度和大小，以及果汁温度的高低等，均影响过滤速度。

在选择和应用过滤机及辅助设备时，应特别注意防止果汁被金属所污染，并尽量减少与空气接触。

2．混浊果汁的均质脱气

（1）均质：是混浊果汁制造上的特殊操作。其目的是为了使果汁内的悬浮物微粒，分裂成更加细小的微粒，均匀分散于果汁中，以增加果汁的稳定性，装瓶后不发生沉淀。

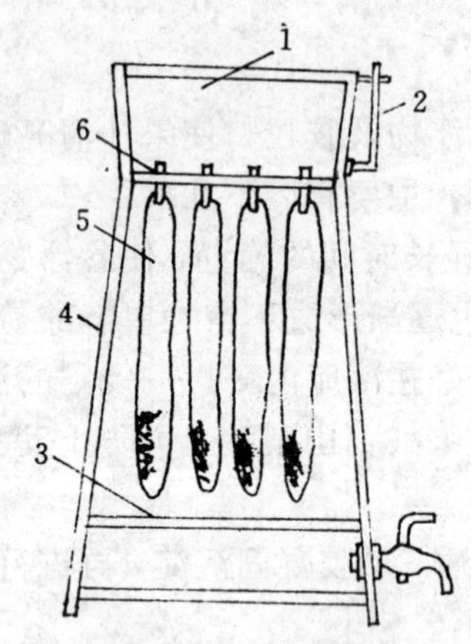

图 5—6 袋滤器剖面图

1. 盛汁桶 2. 窥测管 3. 假底
4. 小门 5. 滤带 6. 套桶

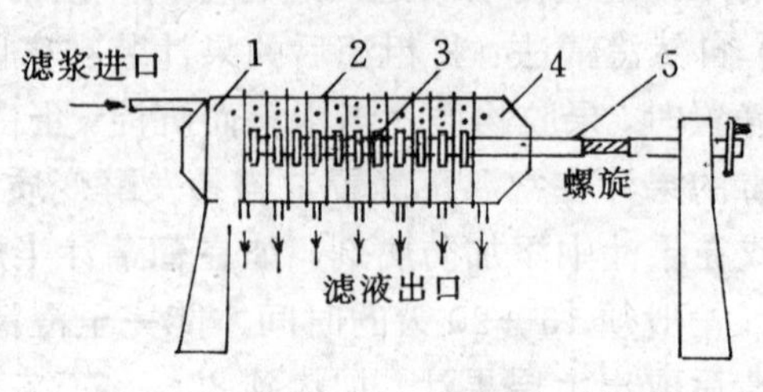

图 5—7 板框压滤机简图

1. 固定端板 2. 滤布 3. 板框支座
4. 可动端板 5. 支承横梁
· 过滤板 ：滤板 ⁝ 洗涤板

方法是：将粗滤的果汁通过均质机（均质机的小孔直径为 0.002—0.003mm）。使果汁内的悬浮体微粒和果胶物等在高压下（14—21MPa）通过小孔，分裂成为更加细小的微粒。果汁经过均质，不仅增进了风味和营养成分，同时也改进了色泽和外观。

（2）脱气：由于果汁饮料在调配、搅拌、泵送、过滤、均质处理等工序中，物料与空气充分接触，使果汁饮料中溶有大量气体。果实组织中的氧、氮和二氧化碳等气体，在榨汁中也进入果汁中，其中氧能引起维生素 C 和色素、香气成分和其它物质的氧化，马口铁罐的腐蚀，罐装时起泡等，所以脱气的目的是：

①防止维生素 C、色素、香气成分和其它物质氧化。②去除附着在果汁中悬浮微粒上的气体，避免微粒上浮，以保持良好的混浊外观。③防止好气菌的繁殖。④防止罐装、杀菌时起泡沫。⑤减少容器内涂料腐蚀脱落。

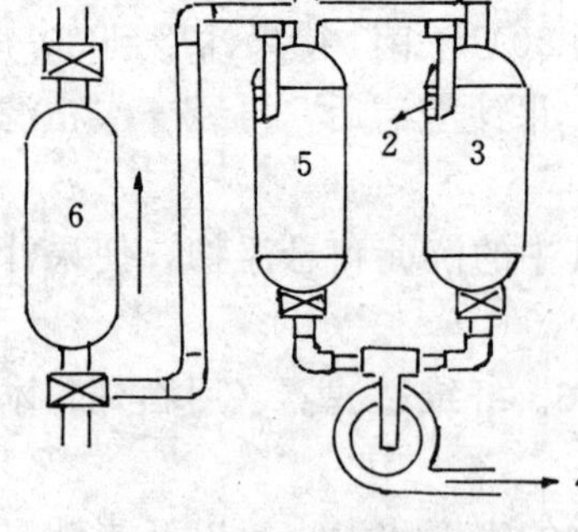

图 5—8 脱气装置

1. 抽气 2. 喷雾头 3. 真空室
4. 杀菌器 5. 真空室 6. 贮藏桶

脱气的缺点是损失了一部分芳香成分。脱气的方法主要有以下两种。

真空法：真空脱气的原理，主要是由于真空室内气压很低，果汁经过真空室，其表面上的压力下降，溶解在果汁中的气体得以逸出。其方法是将果汁装入真空容器内，使果汁呈微雾状喷出而脱气（图 5—8）。

脱气条件依果汁种类、果粒含量、糖度、粘度、香味等而定。一般广泛使用的降膜式脱气机，温度取 30℃，真空度取 80—93kPa。

氮气交换法：在果汁中压入氮气，使果汁在氮泡沫流的强烈冲击下而失去氧，最后剩下的几乎全是氮。方法是用一只直立的玻璃筒或不锈钢筒，果汁从筒顶流入，氮气从筒顶压入，氮气加入后在果汁中形成无数小汽泡，取代了果汁中的氧而达到脱气的目的。

3. 浓缩果汁的浓缩脱水

原果汁中含水分极多，因而包装体积大，贮存、运输均不方便。在生产和管理上增加投资。而浓缩果汁在这方面大为有利。

果汁一般对热是敏感的，在沸点温度下色泽和温度都会受到损害。因而果汁的浓缩应尽可能降低温度，提高蒸发率，才能保存果汁的质量。由于技术和设备的改进，浓缩果汁目前发展很快，现在果汁浓缩所采取的方法有冷冻浓缩，低温真空浓缩，高温高速浓缩和反渗透浓缩等。

(1) 冷冻浓缩：这种浓缩方法是利用低温，将果汁中的水分冻结成小冰晶粒，而后将其分离，提高剩余果汁的可溶性固形物浓度。这种浓缩系统主要包括：

①结晶器：果汁在结晶器中降温至结冰温度，使果汁中的水分逐渐结成冰晶粒析出。②分离器：离心或筛滤去除冰晶粒。③冷冻系统：提供冷凝量。

此法优点：对果汁的色泽、风味、香气及营养成分的保持很好。

缺点：设备投资高，由于果汁随冰晶粒排除去一部分，与其它方法相比果汁损失较大。

我国目前还没有这种设备和生产厂家。

(2) 低温真空浓缩：真空不仅促使水分的排除，而且也能使浓缩温度下降。这类浓缩设备的类型很多（图 5—9）。

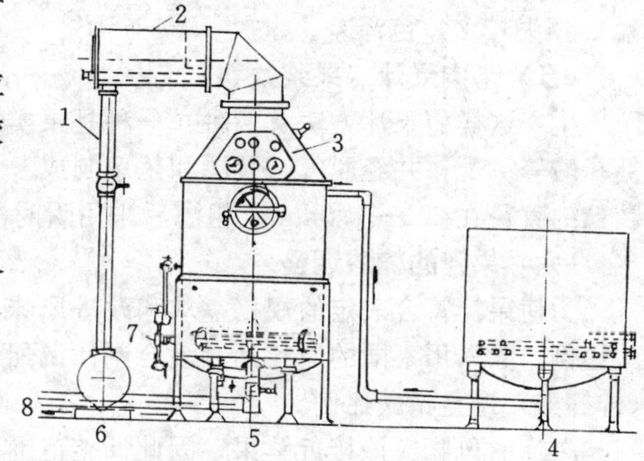

图 5—9　真空蒸发装置示意图

1. 真空管　2. 冷凝器　3. 温度计、真空计、气压表　4. 预热器　5. 真空罐　6. 真空泵　7. 取样　8. 产品出口

①薄层蒸发器（薄膜蒸发器）

降膜蒸发器：由一组不锈钢圆管组成，果汁在圆管顶部喷射在圆管的内表面上，形成一层薄膜沿管壁向下流动。管壁由管外热介质加热，使管内壁薄层果汁中水分汽化蒸发。同时由于真空抽提将水分不断排出蒸发器，在此真空条件下，果汁温度既不会太高又实现了浓缩。

升膜蒸发器：果汁由管底进入，管外蒸汽加热，在真空下果汁很快沸腾，果汁在管内形成水汽泡沫，随着水汽泡的上升和膨胀，水分不断排出蒸发器。

升降膜结合的蒸发器：果汁先经一组升膜蒸发器，果汁升到管顶端再经汽液分离器，水汽排出一部分，剩下的果汁再经过一组降膜蒸发器完成浓缩。

②板式蒸发器：它是采用一组不锈钢板作为热交换面，果汁从薄层流经加热面。在同一蒸发器中果汁由基部进入第 1 隔板间向上升起，到顶部即转入第 2 隔板间向下流动，如此依次重复上升下降进行，最后完成浓缩。

③浆叶板薄膜蒸发器：它是一个圆筒，中间装有一个转动的浆叶轮。果汁进入圆筒后，由于浆叶轮的迅速转动，一方面搅动果汁，一方面又将果汁薄层涂敷在圆筒内室。筒外夹层通入蒸汽加热，促使水分蒸发，并不断排出蒸发器。

④蛇管蒸发器：在真空罐的下部装有蛇形管通入蒸汽，将果汁加热在真空状态下沸腾，并不断排出水蒸汽，完成浓缩。这种设备在中小型企业中普遍采用。

(3) 高温高速浓缩：它是采用高温高速蒸发器来完成。是一种新型的高温瞬时蒸发器。果汁在蒸发器中停留的时间短，生产量大，近年来新建的加工厂多采用此设备。

典型的装置具有 7 级 4 度，果汁通过每级一次，通过全程蒸发所需的时间约 1min 左右。

由于停留时间短就有采用高温处理的可能，该蒸发器的第 1 级和第 2 级温度高达 93—100℃，这样可以同时起到蒸发、杀菌和稳定酶的作用，以后各级的温度逐渐降低。这种设备的蒸发量为 9000—36000kg/h。

(4) 反渗透浓缩：采用在较浓溶液的一方施加压力，使水分子通过半透膜，达到浓缩的目的。现多采用醋酸纤维半透膜，可使水分子通过，但其它物质如蛋白质、糖、酸等就不能通过这种半透膜。反渗透浓缩新技术在我国还没有在生产中应用。

上述 4 种浓缩方法，除高温高速浓缩外，多在低温下进行浓缩，为了保证浓缩果汁的质量，应先进行杀菌。可采用瞬时加热杀菌，1—3s 升温至 90—93℃，经 30s 杀菌迅速降至 40℃左右，再进行蒸发器浓缩。浓缩至可溶性固形物含量为 40%—60%较好。

(5) 常压浓缩：在常压下用夹层锅加热浓缩。此法的缺点是蒸发慢，芳香物质和维生素 C 损失较多，色泽差。

（五）带肉果汁（果浆饮料）

生产这样的果汁方法有两种：一种是果实经预处理后，果肉经破碎、打浆、磨细、加糖和酸等调配，并经脱气、装罐和杀菌制成。一种是将榨汁后只经过一次粗滤，要求果肉颗粒的直径在 0.5—1.5mm。粗滤后采用瞬时法加热杀菌，趁热装罐而后冷却。

（六）果汁的糖酸调整

为使果汁符合一定的规格需求和改进风味，常需适当进行调整，使果汁保持一定的糖酸比例。除采用不同的原料品种混合制汁调配外，在鲜果汁中可加入少量的砂糖及食用酸（柠檬酸）调整糖酸比例。

果汁的风味应该接近鲜果，因此调整范围不宜过大，成分上一般只限于糖分和酸分的调整。

不浓缩果汁适宜的可溶性固形物和酸分的比例大都在 13—15：1 左右。此外，也可依果品种类及消费者的口味来调整。例如：

柑橘汁可溶性固形物为 10%—14%，酸分为 0.9%—1.2%。

菠萝汁可溶性固形物为 14%，酸分为 0.7%。

而我国人民习惯上喜欢甜一些，故有些国内销售的果汁其糖酸比可调到 18：1—20：1。

1. 糖度测定和调整方法

用糖量计或白利糖表测定原果汁含糖量按下式计算后补加浓糖液调整。

$$X=\frac{W\ (B-C)}{D-B}$$

式中：X——需补加浓糖液量（kg）；

D——浓糖液的浓度（%）；

W——调整前原果汁量（kg）；

C——调整前原果汁含糖度（%）；

B——要求果汁调整后的含糖度（%）。

2. 含酸量测定和调整

要调整糖度的果汁，取样测定含酸量。根据原果汁的含酸量，按下式计算每批果汁调整到要求酸度，需补加的柠檬酸量。

$$m_2=\frac{m_1\ (Z-X)}{Y-Z}$$

式中：Z——要求调整酸度（%）；

m_1——调整前原果汁量（kg）；

X——调整前原果汁含酸量（%）；

Y——柠檬酸液浓度（%）；

m_2——补加柠檬酸液量（kg）。

（七）果汁杀菌

果汁杀菌的目的，一是消灭微生物，以免引起发酵；二是破坏酶类，以免引起种种不良变化。杀菌方法有两种。

1. 巴氏杀菌法：由于果汁中微生物的对象主要是酵母和霉菌，酵母在66℃下1min，霉菌在80℃下20min即被杀灭，所以果汁在80℃下30min，就可达到杀菌的目的。

2. 高温瞬时杀菌法：一般在90℃以上，果汁经过杀菌器内几秒钟，即可达到杀菌的目的，如图5—10。

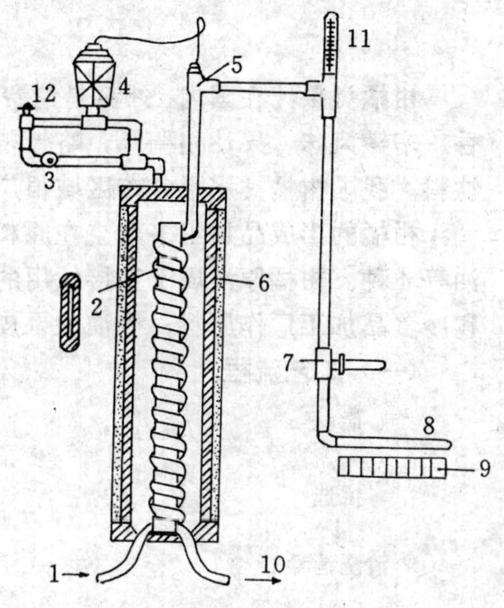

图5—10 巴氏瞬时杀菌器

1. 果汁出口 2. 果汁管断面 3. 支管闸 4. 调节器 5. 球心闸 6. 绝缘物 7. 果汁调节阀 8. 果汁出口管 9. 瓶或罐 10. 蒸汽出口 11. 温度计 12. 蒸汽入口

果汁杀菌时，要尽量避免与空气接触，否则果汁会氧化变色。同时果汁的香味及营养成分也会受到损失。前一种杀菌法对果汁的风味，色泽都有不良影响。

果汁杀菌受很多因素的影响，如原材料污染程度，果汁的pH值，容器的材质及规格，杀菌设备的效果等。

（八）装瓶与保藏

瓶有一次性瓶和回收瓶两种。一次性瓶使用新瓶，洗瓶工序简单，而回收瓶必须洗净和杀菌。洗瓶前后都要严格检瓶（详见汽水加工中洗瓶工序）。

洗瓶剂和杀菌剂一般使用1%—4%的碱液，温度为50℃左右，将瓶浸泡10—15min，进行刷瓶、冲洗。

瓶经冲洗干净，送灌瓶之前，放入热水池中，或热瓶机中，使瓶温升高，以免果汁温度与瓶温相差太大，造成破瓶。热瓶使用热风、热水、蒸汽均可。

在装瓶时，果汁温度应尽量接近于杀菌温度。一般经巴氏瞬时杀菌消毒的果汁，先杀菌后装瓶，因此，必须趁热立即装入已消毒的玻璃瓶或马口铁罐中，上留顶隙，立即密封。果汁冷却后，瓶内就会形成相对的真空状态。若无杀菌器，果汁在糖酸调整后，趁热先装入已消毒的瓶内，上留顶隙密封，然后放在65—70℃的热水中，保持20—30min，杀菌完毕，立即投入冷水中冷却（玻璃瓶最好分段冷却）。

果汁成品的保藏，一般保藏在4—5℃左右的环境中，可减少一切不良变化。为使果汁得到较长期的保藏，有时应用防腐剂、抗氧化剂等。

第四节　几种原果汁加工举例

各种果汁加工工艺大同小异，总的加工原则是尽量保存原果实的色、香、味和营养成分。因品种很多，这里仅举几个典型例子。

一、柑橘汁加工

柑橘类果汁在国内、外都是消费量最大也是最受消费者欢迎的产品。它具有特殊的甜、香、辛辣风味，果汁稍稠厚，略带苦味。这类果汁营养丰富，外观色泽调和，是一种优良饮料。我国柑橘类水果分布区域很广，种类很多，气候条件适宜，发展前途很大。

柑橘的半成品加工多建立在原料产地。其加工品一般有柑橘原汁、浓缩汁、果浆和橙油等 4 种。柑橘原汁属于直接饮用的产品；浓缩果汁和果浆多制成大包装，供给各饮料厂和冷食品加工厂作原料；橙油为果皮中得到的香精油，供加工厂调香用。

（一）工艺流程

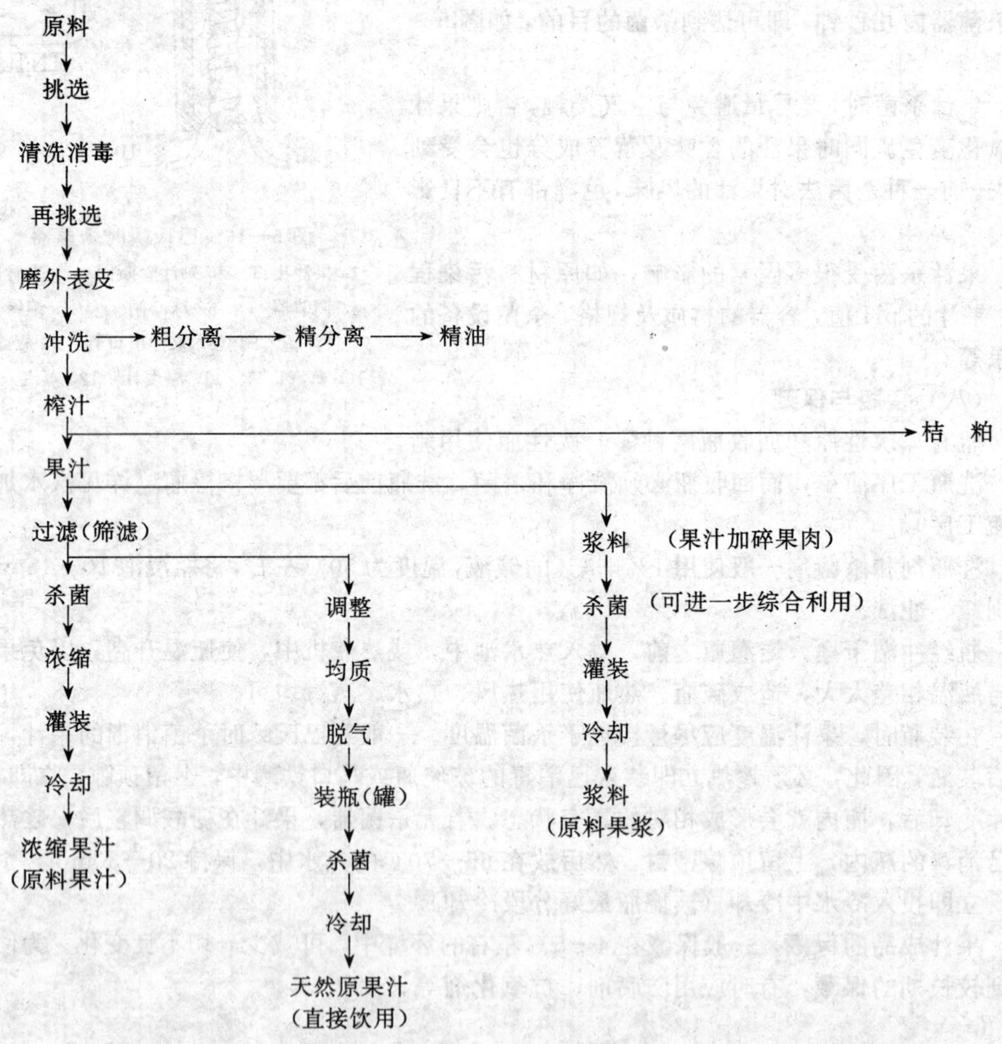

（二）工艺要点

1. 选果、清洗和消毒：挑出未熟果、伤害果、腐烂果，然后用清水冲洗果实，去尘土污物，紧接着用洗净剂（用含氯 20—50ppm 的水或用 0.1%—0.3%高锰酸钾水溶液）喷水冲洗消毒。果实的洗涤一般都采用机械，果实成单层在传递带上通过，它们在前进中不断翻滚和轻微地摩擦，上面有强力的喷水冲洗，下面有转动的刷子洗刷果面，最后用清水冲洗吹干。

2. 磨外皮、冲洗和分离：外果皮上有无数的油胞，里层为海绵状的内果皮。较大型的新式加工设备，均先行冷磨，将油胞破坏，再用加压水冲下橙油，然后经碟式离心分离机进行两次油水分离，得到精油即橙油。

3. 榨汁和过筛（过滤）：柑橘类果汁是来自桔瓣汁瓤中的细胞液，如果皮层的汁液过多地流入果汁中会影响其风味和质量，因此榨汁时应尽量避免皮层汁液和皮油的混入。

柑桔用的榨汁设备，是以半果与螺旋锥形成一种挤压、摩擦而使汁液流入。操作人员将柑橘在圆盘刀具上从果腰部横切为半果，然后左右手各持半果，切口向下朝螺旋锥上向下压，并随时转动，果汁液被挤压出，流入盘中，收集到贮存容器中。这种榨汁就不会有皮层物质流入，压汁器的螺旋锥现已改成电动。操作迅速均匀，每人每小时可完成 380 个柑橘的压汁。

随着生产的发展，榨汁机逐渐改进，目前大规模生产都已完全自动化，生产效率高，果皮物质与果汁的分离都可以理想地得到控制，生产能力可达 300—700 个/min。

榨出的果汁，根据成品的要求进行粗滤或细滤（精滤）。粗滤一般是将榨出的果汁均匀的通过孔径为 1.5—2mm 的震动筛或转动式筛滤机，滤出粗渣或种子等。精滤一般是采用孔径为 0.3—1mm 的刮板过滤机或离心过滤机，也可采用高速离心机除去粗渣，再以绢筛网过滤。

其出汁率，依压榨方法不同和柑橘品种的差异，一般柑橘出汁率在 40%—60%。

4. 糖酸调整：如果成品为直接饮用的天然果汁，过滤后进行调整，即按标准果汁规定值加适量的糖和酸调整。

5. 均质：将调整好的果汁经高压均质机均质，均质压力为 7.1—11.1MPa。果汁通过均质，使汁液中的细小颗粒进一步破碎，更加均匀化，促进果胶渗出。使果汁和果胶亲和，保持果汁的均匀混浊度。

6. 脱气：经均质后的果汁内充满气体，为保证产品质量和下道工序的生产，需要进行脱气，脱气罐真空度为 80—90kPa。

7. 装罐、杀菌、冷却：对于直接饮用的原果汁，我国采用先装罐封盖，然后杀菌冷却，还有一种无菌装罐。

罐封后应及时杀菌，根据实际情况，选择常压热水杀菌，高压热水杀菌或连续蒸汽杀菌冷却装置。

果汁杀菌受很多因素的影响。一般采用 93—95℃ 10min。杀菌后迅速冷却至 35℃左右，以便容器表面水分蒸分，玻璃容器应采用分段冷却为好。

8. 浓缩：原果汁含水量大，不是生产直接饮用的果汁，可浓缩成原果汁重量的 1/2—1/6，便于贮藏、运输。

浓缩的方法：多采用低温真空浓缩。

浓缩程度，一般浓缩至可溶性固形物含量为 40%—60%为好。

9. 果浆：又称浆料，是用于生产带肉果汁的原料，一般榨汁后只经过一次粗滤，要求果肉颗粒的直径在 0.5—1mm。粗滤后采用瞬时加热杀菌。趁热罐装而后冷却。

（三）香精油的回收

果汁在蒸发浓缩过程中，有一部分芳香成分与水蒸发一起排除掉，使果汁的特有风味受到损失，这种浓缩果汁与鲜榨果汁比较，有很大差别。因此，需设法将被蒸发出来的芳香物质加以回收，而后再加入浓缩果汁中，以恢复其鲜果汁的风味。

香气回收的基本方法，是将蒸发出来的芳香物质在分馏塔中与水蒸汽分离，再浓缩成香精浓缩液回加到果汁中去。

香精浓缩液以其浓缩倍数而命名：如 100 倍、150 倍、200 倍等。即表示 100 个体积单位的果汁中回收 1 个体积的香精浓缩液，称为 100 倍。回收的香精浓缩液在调配之前应注意以下 3 点：

① 盛装容器一定要装满，不要留有顶隙。② 最好在充氮或二氧化碳条件下装罐。③ 最好在低温 2℃左右的低温条件下保存。

（四）包装和贮存

直接饮用的果汁，多用金属罐，玻璃瓶包装；浓缩果汁和果浆则多以大包包装贮存，包装容器绝大部分是用塑料桶。对包装容器的要求如下。

① 包装容器的材质要符合食品卫生要求。② 包装开口不宜过大，密封情况良好。③ 隔绝性好，适宜温度范围要广。

贮存中影响质量的最主要因素是贮藏温度。含苯甲酸钠 0.2%左右的产品，可贮存于 10℃以下，不含防腐剂的产品，应在－18℃以下贮存。

二、山楂汁加工

山楂果实富含果胶物质，有机酸和碳水化合物，汁液少而粘稠，果肉质地紧密，果核所占比例较大（重量比约 20%）。山楂果实的上述特点，一般都不利于压榨法制取山楂汁。目前，国内生产的清果汁型各种山楂饮料，山楂果冻制品等，基本上都是首先采用水质渗浸工艺，抽提山楂果实内的可溶性物质，而得到山楂的水质渗透液（习惯上将此渗透液称作山楂原汁），然后再以原汁为主料，选用不同产品配方的相应工艺方法，而制成各种山楂饮料或果冻制品。

原汁的制备，是生产各种山楂果汁饮料，山楂果冻制品的基础，它直接影响各种最终产品质量的好坏。原汁的质量与产率、与渗透工艺密切相关。

（一）工艺流程

原料→挑选→洗净→压破→软化→渗透→粗滤→澄清→精滤

→精滤→浓缩→山楂浓缩汁

→精滤→配料（加糖、酸等）→装罐、密封→杀菌、冷却→山楂原汁饮料

→精滤→山楂原汁

（二）山楂原果汁

1. 原料标准、挑选和洗涤

生产山楂原汁的原料，其标准基本与泥状山楂酱的原料相同。从综合利用的角度出发，应重视两点：一是利用野生山楂资源，发展饮料生产。二是以山楂罐藏制品所剩下的脚料，

特别是利用山楂核生产饮料。山楂核是指对山楂进行除核处理时，连同山楂种子一起被带出的，附有籽巢、花萼、果蒂和部分果肉的混合物，约占山楂原料总量的30%—40%。每kg山楂核可替代0.5kg鲜山楂，用于生产各种山楂饮料。这是提高山楂利用率，提高经济效益，搞好山楂综合利用的一条重要途径。

因受热而腐烂变质，严重病害的山楂必须剔除。山楂的洗涤以洗净泥沙、杂质等污物为准，洗涤浸泡时间不宜过长。

2. 山楂的压破处理

压破处理，可增加果实与渗浸介质（水）的接触面积，对于加快渗浸速度，提高渗透液中可溶性固形物的含量均是必要的。

山楂的压破处理，是通过一对滚轴的挤压作用来完成的。两滚轴之间的间隙大小，可适当调整。以果实破裂成扁平状，但种籽完好不破裂为准。如山楂原料果实大小不一，压破前应对山楂原料进行分级处理（此工序应在挑选和洗涤前进行）。如以山楂核为原料生产原汁，不必进行压破处理。

3. 软化与渗浸

用渗浸法制取原汁，影响原汁的风味、色泽、产率的关键是软化温度的高低以及软化时间的长短。其次是渗透用水量的多少，渗浸温度和渗浸方式。

山楂原汁的制备，还应重点考虑和平衡下列几个因素。

① 应尽量做到保持山楂原有的营养成分、良好的色泽与风味。

② 制备原汁的具体工艺条件选择，应以满足某一类型产品（饮料或果冻制品）对原汁的质量要求。

③ 原汁的产率与制取原料后剩下的脚料（残渣）的综合利用情况有关。考虑综合利用以求最大限度的提高出汁率。

现将几种常见的工艺和技术条件，分别介绍如下：

（1）一次渗浸法：软化温度85—95℃，软化时间20—30min。软化后自然冷却渗浸12—24h，软化和渗浸总用水量约为鲜山楂原料总重量的3倍。用此法制取原汁，原汁所含可溶性固形物总量，约为所用鲜山楂原料总量的6%。一次渗浸法所得原汁，果胶含量较低，透明度好，色泽与风味均佳，适于生产各种饮料。制取原汁所剩残渣，可用于生产泥状山楂果酱、山楂糕等制品。

（2）间歇二次渗浸法：第1次渗浸，软化温度为85—95℃，软化时间20—30min，总用水量约为山楂原料总量的2倍，软化后即进行滤汁。滤汁后，加入原料重量2—3倍的水，升温至沸，并保持微沸状态30min，然后自然冷却渗浸9—12h，即可进行第2次滤汁。两次所得滤汁可混合后使用，可溶性固形物总得率，约为山楂原料总重的9%，两次渗浸所得原汁，经混合后既可用于生产山楂饮料制品，又可用于生产山楂果冻制品，其残渣仍有一定的综合利用价值。

（3）间歇多次渗浸法：第1次软化，渗浸温度为95—100℃。软化时间30—60min，用水量为山楂重量的3倍，软化后即进行滤汁。第2次及以后各次的软化渗浸条件基本同第1次，只是再加水量方面减少至山楂原料总重的1—2倍。采用此方法，可进行5次以上的软化渗浸，并将各次所得滤汁，混合使用。间歇多次渗浸法，实际上山楂原料在微沸的水中，经较长时间的热浸（一般需32h以上）。各次软化渗浸用水，直接使用80℃以上的预热水，可收到更好的渗浸效果。可溶性固形物总得率一般为所用鲜山楂原料总重量的12%—

15%，所得混合原汁，适宜生产山楂果冻制品，亦可用于生产山楂饮料制品。

上述3种制取山楂原汁的方法，其工艺原理基本相同，软化和渗浸操作，采用可倾式夹层锅中进行，比较方便。如需较长的渗浸时间，可先在夹层锅中进行软化处理，然后再移置到陶瓷缸中进行渗浸，制取原汁的方法，适于小型食品厂采用。山楂软化，无论采用蒸汽加热或明火加热，均应注意搅拌，以防局部焦糊或出现软化不均现象。如选用较长时间的渗浸工艺，每隔2—3h搅拌一次，可起到提高渗浸效果的作用。

利用山楂干（鲜山楂经切片、晾晒或烘干而制得的山楂干制品）代替鲜山楂生产原汁，每单位重量的山楂干可折算成5倍重量的鲜山楂使用。

(4) 逆流连续渗浸法的探讨

山楂原汁的大规模专业化生产，如采用逆流连续渗浸工艺，对于提高原汁质量，增加可溶性固形物的得率，节约能源和生产用水，实现文明生产等具有重要意义。

逆流连续渗浸的形式很多，如斜槽卧式Das型渗浸出器，是以一对绞龙（二个并列的螺旋式输送装置）推动物料均匀地从渗出器的低处移向高处，而渗浸用水则由渗出器高处，借助重力作用，缓慢地流向低处，最后由低处的出汁口流出，从而完成渗浸过程。其具体工艺条件的制定，应考虑所用渗出器的类型，山楂原料的质量，原料的不同用途等。现将各参考数据介绍如下：软化温度80—95℃，软化时间20—30min，渗透温度65—80℃，总渗浸时间90—120min，软化渗浸总用水量为山楂原料重量的2—3倍。

4. 过滤与澄清

目前，国内生产的各种山楂果汁的饮料制品，都是基本上属于澄清果汁型饮料，用渗浸法所得原汁，必须要在进行严格的过滤和必要的澄清处理后，方能交付下道工序使用或贮藏备用。

(1) 粗滤

粗滤的目的是为了除掉混杂于原汁内的破碎果肉、果皮、粗纤维、果核等物质，为澄清处理和精滤打下良好的基础，粗滤设备主要有振动式平筛，粗滤筛板的孔径一般为0.5mm左右，利用粗砂或无毒化纤品编织的筛网，可替代筛滤机用于粗滤操作。

(2) 澄清处理

经粗滤处理的山楂原汁，一般可选用自然澄清或加酶澄清法处理，即可满足生产需要，此外还有明胶单宁法和加热澄清法。

自然澄清法：粗滤的原汁，静置于容器中，于常温下自然沉降12h左右，适当延长沉降时间，有利于澄清。但必须注意防止发酵变质，自然沉降终止时，用虹吸法或其它方法，将容器中的澄清果汁取出，容器底部所剩沉淀物和混汁另行处理。自然沉降法处理的澄清果汁，适于生产果冻和口感稍厚的饮料。

加酶澄清法：为了提高山渣原汁及其饮料制品的稳定性和透明度，可在原汁中添加适量的酶制剂。将原汁中所含的果胶等高分子化合物，水解为半乳糖醛酸等低分子化合物，使原汁的粘度明显下降。同时，原汁中悬浮的微粒等物质，由于失去了果胶的保护作用而沉淀，从而得到良好的澄清效果。另外，由于粘度的明显降低，为原汁的精虑创造了有利的条件。

澄清山楂原汁所用酶类，宜以果胶酶为主体，兼含有适量半纤维酶的混合型酶类较为理想，目前市售的果胶酶制剂，或以黑曲霉为菌种，培养干燥粗酶制剂，基本上可满足上述要求。

澄清原汁时，酶制剂的用量应根据原汁中果胶含量，所用酶制剂的活力大小，澄清条件（原汁温度）而定。一般情况下，按原汁重量计算。商品果胶酶用量约为0.05%，如使用干粗酶制剂，用量约为0.3%。将定量的酶制剂加入温度为30—37℃的原汁中。搅拌均匀，静置3—5h后即可得到良好的澄清效果。

用酶法处理的原汁生产饮料制品，其成品的透明度和稳定性均佳，一般不会出现浑浊不清或沉淀现象。

明胶单宁法：此法是利用单宁与明胶形成絮状物沉淀，使果汁中的悬浮颗粒被缠绕而下降。山楂汁液中本来就含有一些单宁和蛋白质，但含量低，作用很慢。为了加快澄清速度，则要在山楂汁液中加入一定量的单宁和明胶，其用量根据小型试验来决定。然后配制1%的明胶与单宁溶液，按实际需要徐徐加入汁液中，并且不断搅拌。一般100l果汁需单宁10g、明胶20g。先加入单宁，再加入明胶。之后，在常温下静置澄清。

加热澄清法：此法澄清的原理是山楂汁液温度发生剧变后，汁液中的蛋白质等成份会凝聚沉淀。汁液中的蛋白质等胶体物质逐渐凝聚、沉淀，汁液即可澄清。

不管用哪一种方法，澄清原汁，必须精虑，方可用于饮料生产。采用酶法澄清的原汁，精滤后立即用于饮料生产，抑制酶活可结合成品杀菌同时进行。山楂经过精滤，即成为澄清透明，稳定性良好的山楂原汁，可用作加工各种山楂果汁饮料的原料。

（三）山楂加糖果汁

1. 原料要求

（1）山楂原汁：汁液澄清透明，无悬浮物及沉淀，山楂风味浓郁，色泽红艳。

（2）白砂糖：应选用纯度大于99%，水分在0.5%以下，灰分不超过0.2%，不带杂味，臭味的白砂糖。

（3）柠檬酸：呈洁白干燥的结晶颗粒或粉末，纯度在99%以上，酸味纯正，无异味。

2. 成分调整：山楂原汁只是一种半成品，不适宜直接饮用。为了符合消费者的口味，使成品山楂汁符合一定的要求，则需要对山楂原汁的成分进行调整。

一般成品山楂汁的总糖量为16%—18%，总酸量为0.6%—0.7%，山楂原汁成分调整主要是对糖、酸含量的调整。可用白砂糖和柠檬酸。如果原果汁色泽太浅，可用食用胭脂红调色。

（1）糖度的调整：先用手持糖量计或化学分析法测出山楂原汁的含糖量，再按下式计算出需补加的浓糖液量：

$$A=\frac{W\ (B-C)}{D-B}$$

式中：A——需补加的浓糖液量（kg）；

W——调整前山楂原汁重量（kg）；

B——成品含糖（%）；

C——调整前山楂原汁糖度（%）；

D——浓糖液的浓度（%）。

由于各种原因，白砂糖中会含有少量杂质，故在调整山楂原汁的糖度时，不宜直接用白砂糖，而先将白砂糖配成一定浓度的浓糖液，煮沸后用两层砂布过滤，除去糖液中的杂质，方可使用。

按上述公式计算补加浓糖液量比较麻烦，要想尽快得出要补加的浓糖液量，可从表5—

2 直接查出。

（2）酸度的调整：利用化学分析法测定调整好糖度的山楂原汁的含糖量，根据其含酸量，按下式计算出一定量山楂原汁调整至要求酸度应补加的柠檬酸量。柠檬酸一般先配成 50%的柠檬酸后，过滤后再用。

$$M=\frac{W\ (Z-X)}{Y-Z}$$

式中：M——需添加的柠檬酸液量（kg）；

W——山楂原汁的重量（kg）；

X——调整前山楂原汁的酸度（%）；

Z——要求调整的酸度（%）；

Y——柠檬酸浓度（%）。

山楂原汁调整好糖、酸含量后，还需要调整汁液的色泽，一般多采用食用胭脂红，以调到山楂汁液的色泽接近于鲜山楂果实的颜色为宜，但要注意其用量不能超过 0.005%。

按 100kg 成品山楂汁计算，各种原料数量为：山楂原汁（可溶性固形物含量为 6%）66kg，75%的糖液 18kg，柠檬酸适量，食用胭脂红 1.5—2g，水 16kg。按配方将各种原料分别投入双层锅中，搅拌均匀。如果山楂汁中含有杂质等，还必须进行一次过滤。

表 5—2　山楂原汁糖度调整

山楂原汁糖度（%） \ 75%的糖液补加量（kg） \ 调查的糖度（%）	14	15	16	17	18	19	20
5.0	14.8	16.7	18.6	20.7	22.8	25.0	27.3
5.5	13.9	15.8	17.8	19.8	21.9	24.1	26.4
6.0	13.1	15.0	16.9	19.0	21.1	23.2	25.5
6.5	12.3	14.2	16.1	18.1	20.2	22.3	24.5
7.0	11.5P	13.3	15.3	17.2	19.3	21.4	23.6
7.5	10.7	12.5	14.4	16.4	18.4	20.5	22.7
8.0	9.8	11.7	13.6	15.5	17.5	19.6	21.8
8.5	9.0	10.8	12.7	14.7	16.7	18.8	20.9
9.0	8.2	10.0	11.9	13.8	15.8	17.9	20.0
9.5	7.4	9.2	11.0	12.9	14.9	17.0	19.1
10.0	6.6	8.3	10.2	12.1	14.0	16.1	18.2
10.5	5.7	7.5	9.3	11.2	13.2	15.2	17.3
11.0	4.9	6.7	8.5	10.3	12.3	14.3	16.4
11.5	4.1	5.8	7.6	9.5	11.4	13.4	15.5
12.0	3.3	5.0	6.8	8.6	10.5	12.5	14.5
12.5	2.5	4.2	5.9	7.8	9.6	11.6	13.6
13.0	1.6	3.3	5.1	6.9	8.8	10.7	12.7
13.5	0.8	2.5	4.2	6.0	7.9	9.8	11.8
14.0	0	1.7	3.4	5.2	7.0	8.9	10.9
14.5		0.8	2.5	4.3	6.1	8.0	10.0
15.0		0	1.7	3.4	5.3	7.1	9.1

注：表中 75%的糖液补加量按 100kg 山楂原汁计算。

此外，在调配成分时可添加少量六偏磷酸钠，它可以作为山楂汁的稳定剂，能防止山楂汁在贮存期间发生浑浊、沉淀，并且还具有护色作用，稳定山楂汁的红色。六偏磷酸钠的使用量一般为1.5g/kg，最大使用量为2g/kg。

3. 装罐、密封：将调配好的山楂汁加热至75℃以上，立即装瓶或装罐，紧接着密封。密封时汁液温度不得低于75℃。玻璃瓶或马口铁罐在罐装前要清洗干净，并经消毒处理。

4. 杀菌、冷却：山楂汁经装瓶或装罐密封后，要尽快进行杀菌处理，杀菌方法可用沸水杀菌。杀菌后尽快冷却，擦干容器表面上的水珠，即可粘贴商标，装罐入库。

5. 成品质量标准

(1) 感官指标

色泽：浅红色至红色，均匀一致。

组织形态：均匀半透明汁液，静置后允许有少量沉淀，无杂质。

滋味及气味：具有山楂汁应有之风味，无异味。

(2) 理化指标

山楂原汁含量：不低于65%；

总糖：15%—18%；

总酸：0.5%—0.7%（以柠檬酸计）。

重金属：每kg成品中含量：锡≤200mg，铜≤10mg，铅≤2mg。

(3) 卫生指标

无致病菌及微生物作用而引起的腐败现象

（四）山楂浓缩果汁

将山楂汁浓缩到原汁重量的1/2—1/6，再经调配，罐装密封即成山楂浓缩汁，这种山楂汁节省包装材料，便于保存和运输，此外，在贮存中也不易发生沉淀。

1. 原料要求：同山楂汁。

2. 浓缩：利用浓缩设备浓缩山楂原汁，常用的方法有常压浓缩和真空浓缩。

(1) 常压浓缩：在不锈钢双层锅等容器内进行浓缩，加热蒸汽压力为255kPa，浓缩中要不断搅拌，以加速水分蒸发和防止焦化，浓缩至汁液的可溶性固形物达28%时即可。浓缩后的山楂原汁称为浓缩山楂原汁。由于山楂汁对热的敏感性强，故浓缩时间不超过40min为宜。此法简单易行，对设备等要求不严，缺点是山楂原汁中的水分蒸发慢，加热浓缩时间长，原汁受热温度高（100℃），原汁的维生素C和芳香物质损失严重，汁液色泽较暗。

(2) 真空浓缩：利用真空浓缩设备在减压较低的温度下，使山楂汁中的水分迅速蒸发而达到浓缩。目前，国内较好的真空浓缩设备有离心式薄膜蒸发器，盘管式单效浓缩锅等。真空浓缩时的真空与水分蒸发温度成反比，即真空度越高，水分蒸发温度越低，浓缩中山楂原汁受热温度也越低。反之，则相反。真空浓缩时间因减压而降低了水分沸点，使山楂原汁中的水分在较低的温度下蒸发，这样，不但水分蒸发速度快，缩短浓缩时间，原汁受热时间短，而且原汁受热温度也比常压浓缩低得多。所以山楂原汁营养成分的损失较少，品质也能得到较好的保持。

真空浓缩在真空浓缩锅内进行，浓缩锅中保持锅内真空度不低于87kPa。加热蒸汽压力为150kPa，汁液受热温度50℃左右。山楂原汁中的水分在真空浓缩锅中迅速蒸发而排出，使原汁得以浓缩。待原汁可溶性固形物达28%时，解除真空，迅速升温至95℃，然后出料，即成浓缩山楂原汁。

3. 调配：按成品100kg计算，浓缩山楂原汁（可溶性固形物含量28%）80kg，75%的糖液20kg，柠檬酸、胭脂红和山楂香精适量。按上述配方将各种原汁混合均匀后，迅速加热至75℃以上。

4. 装罐、密封：将山渣浓缩汁加热至75℃以上后，立即装瓶、密封，在密封时汁温不能低于75℃。

5. 杀菌、冷却：密封后对山楂浓缩汁应尽快进行杀菌，在85—90℃的热水中保持20min即可。杀菌后用喷淋法迅速冷却至37℃，贴上商标，即为商品。

6. 成品质量标准

(1) 感官指标

色泽：红色至深红色，均匀一致。

组织形态：汁液均匀半透明状，静置后允许有少量沉淀，无杂质。

滋味及气味：具有浓郁的山楂果香味，加开水冲饮时酸甜适口，风味纯正，无异味。

(2) 理化指标

净重：250g或500g，允许公差±3%，但每批平均不得低于净重。

可溶性固形物40%以上。

总酸1.2%—1.4%（以柠檬酸计）。

重金属：同山楂汁。

(3) 卫生指标：同山渣汁。

三、西蕃莲果汁加工

西蕃莲（Passiflora eduis Sims）属西蕃莲科，西蕃莲属，又名鸡蛋果，洋石榴。为多年生木质藤本植物。原产南美、巴西，在我国台湾、广东、福建、广西、云南、浙江等省均有分布。

西蕃莲果汁果冻营养丰富，味道鲜美，具有独特的香味，是理想的高级自然饮料。在国外有“饮料之王”的称号，深受消费者的欢迎。其营养成分见表5—3。

表5—3　西蕃莲果汁营养成分

可溶性固形物（%）	水分及挥发物（%）	粗蛋白（干基）（%）	粗脂肪（干基）（%）	维生素（鲜样）（mg/100mg）	维生素 B_2（鲜样）（mg/100mg）	总糖（%）	还原糖（%）	非还原糖（%）
12—14	73.56	4.29	14.05	28.8	2.08	6.8	2.9	3.9

其果皮具有较丰富的营养，做成的蜜饯色泽鲜艳，芬芳可口，也是一种较好的果胶原料。种子可榨油，出油率较高。根、茎、叶可入药，具有消炎镇痛，活血散瘀，强壮等功效，对治疗心脏和瘫痪有一定疗效。

（一）果汁中的营养成分

除此，据有关资料，果汁中还含有少量的维生素A、维生素P、磷、铁、钠、钾等无机盐。含有丰富的有机酸1.3%—3.0%，以柠檬酸和苹果酸为主。

西蕃莲果汁独特的芳香是由60种挥发性化合物组成。其中有脂类、醇类、醛类、酮类、萜烯类和其它杂类化合物等。

（二）果汁的加工

西蕃莲果实中，果皮约占果重的35%—40%，果浆（包括果汁）占果重的45%—53%，种子占果重的5%—20%。果汁由于自然成分和独特风味被充分利用，加工制品不需添加色素和香精就具有美丽鲜艳的色泽和独特的芳香，是营养丰富的自然高级保健饮料。

1. 工艺流程

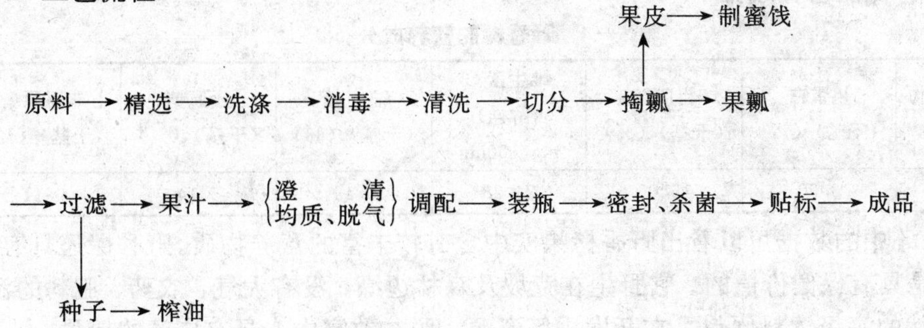

2. 操作要点

(1) 原料选择：将进厂的原料选出未成熟果、霉烂、病虫害果及机械损伤果。果实不分级。

(2) 原料的洗涤及消毒：选好的原料用清水洗去泥土和污染物后，用 0.95%的高锰酸钾溶液浸泡 10min，再用清水洗去高锰酸钾。

(3) 切分、掏瓤：消毒好的果子，对切两瓣，用不锈钢小勺掏出果瓤，放入消毒好的容器内。

(4) 取汁：将取出的果瓤放入榨汁机或用布袋手工挤压，将果汁与种子分开，过滤出的汁液为原果汁。

(5) 果汁处理

① 澄清果汁的制备。将原果汁加热 80—85℃，保温 15min，迅速冷却至室温，加入鸡蛋清（以每 100kg 果汁加 2—3 个蛋清），将鸡蛋黄除去，只用蛋清打搅成泡沫状后，再用一些果汁调稀，加入果汁桶内，搅拌均匀，静置 24h，取上层清液过滤，即为澄清果汁。加入 1g/kg 的山梨酸搅拌均匀后入库待用。

② 混浊果汁的制备。将粗滤后的原汁送入高压均质机中均质后，再送入真空脱气机脱气，脱气完毕加 1g/kg 的山梨酸搅拌均匀后，入库待用。

③ 浓缩果汁的制备：原果汁送入真空浓缩锅，将果汁浓缩到固形物 65%—68%后入库待用。

四、野香橼果汁加工

野香橼（Citrus Limonia Osbeck）是芸香科柑属常绿植物，多为野生，果实卵形或椭圆形，顶端有一不发达的乳头状突起，黄色，香味柔和，果汁丰富较酸，一般 pH2 左右，略带苦涩味。出汁率可达 50%—65%。主要分布云南、四川、广西等省区，云南主要分布于滇中、滇东南等亚热带地区，尤以德宏州分布较为广泛。喜温暖湿润地区，常见于竹林边与灌木林中。生长迅速，萌芽力强，结果早，果实产量高，是一种较好的果汁原料。

野香橼的枝、叶、果皮均含有柠檬样香气的精油。据报道，精油的主要成分为柠檬烯（占精油的 56.6%）和柠檬醛（占 21.7%），还有月桂烯、罗勒烯、对-伞花素、丁香烯、甲基庚烯酮、芳樟醇、香茅醛、橙花醇、乙酸橙花酯和乙酸香叶酯等，从而使野香橼精油透性好，具有强烈的柠檬——柑橘果香味。果实具有理气化痰，宽胸润肺等药理作用，当地人民喜吃。

（一）野香橼的营养成分

表 5—4 野香橼的营养成分

水分及挥发物（%）	粗蛋白（干基）（%）	粗脂肪（干基）（%）	维生素 C（鲜样）mg/100mg	总糖（干基）（%）	还原糖（干基）（%）	非还原糖（干基）（%）
89.45	3.90	15.05	24.28	5.14	5.14	0.11

从表 5—4 中的数据可以看出野香橼果实中含有较丰富的营养物质。野香橼还具有药用作用，果汁是具有保健价值的。它野生在荒坡及森林边缘，没有大气、农药、肥料的污染，是一个纯天然的高级饮料原料。在开发山区资源，脱贫致富中，具有广阔的前景。

（二）果汁的加工

1. 工艺流程

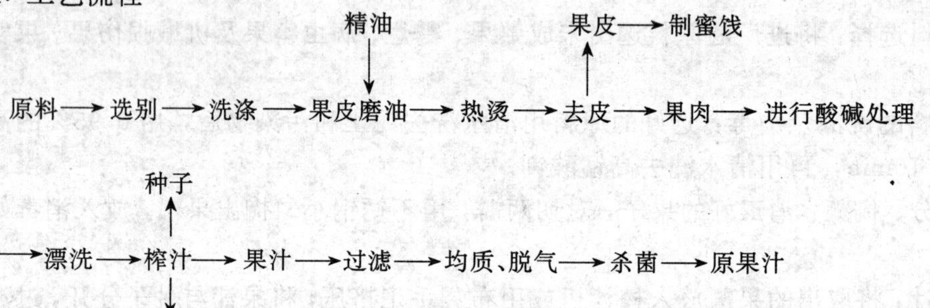

2. 操作要点

（1）原料选择：将进厂的原料挑出未成熟果、霉烂、病虫果及机械损伤果，果实不分级。

（2）原料的洗涤：选好的果实用清水洗去泥土及污染物后，稍晾干。

（3）将晾干水分的果实送入柑桔磨皮机内磨皮，收集精油。精油再通过油水分离机后，即得纯净的野香橼皮油。

（4）野香橼通过磨皮取走大部分精油后的果实，放入沸水中热烫 1—2min，便于剥皮，果皮剥下晾干做蜜饯。

（5）去皮后的果肉尽量除去白皮，用 0.5%的盐酸溶液浸泡 30min 取出，漂去残酸液。再放入 0.3%的氢氧化钠溶液中浸泡 1min，取出用清水漂去碱液。这样可除去果汁中的苦涩味，也可软化瓤衣便于取汁。

（6）将处理好的果肉送入柑桔压榨机中榨汁，榨出果汁经过滤。

（7）过滤后的果汁立即送入高压均质机内均质，将均质后的果汁送入真空脱气机脱气。

（8）均质脱气后的果汁加热 80—85℃下保持 10min，消毒杀菌后冷却至 45℃，加 1g/kg 山梨酸，搅拌均匀后入库保存待用。

五、沙棘果汁加工

沙棘（Hippophae rhamnoides L.）原系野生树种。由于沙棘的适应性强，根系发达，枝叶茂盛，有很强的固氮能力和改良土壤的作用，生态效果好，近几年来被作为水土保持的先锋树种得以大量发展。沙棘在我国西北、华北、东西和西南的广大地区均有分布，资源丰富。对沙棘的研究和开发利用，在国外特别是前苏联进行得比较早，近几年我国也引起重视。开发的主要目的是促进沙棘的种植，以充分发挥沙棘的生态效应，来改善“三北”地区恶劣的生态环境，保持水土，发展林业。在“沙棘热”的推动下，许多省、自治区建立起了沙棘加工厂。但大部分属于手工作坊性质，产品质量和卫生条件难以保证。

沙棘果实中含有较为丰富的维生素、有机酸、可溶性糖以及有特殊用途的油脂等，都是现代食品中所缺少并有医疗价值的成分，也引起国内外的重视。

我国对沙棘的开发，以食用、医用为主，化妆品为辅。食用又以沙棘饮料为主。沙棘果汁（作为基料）的质量差别很大，最普遍的问题是沙棘果汁所包含的少量果肉油，会使沙棘表面形成油圈，影响外观质量。目前采用高速离心机分离沙棘油的工艺路线，获得成功。沙棘果汁中沙棘油的残留量在0.1%以下，即不产生油圈。

（一）工艺流程

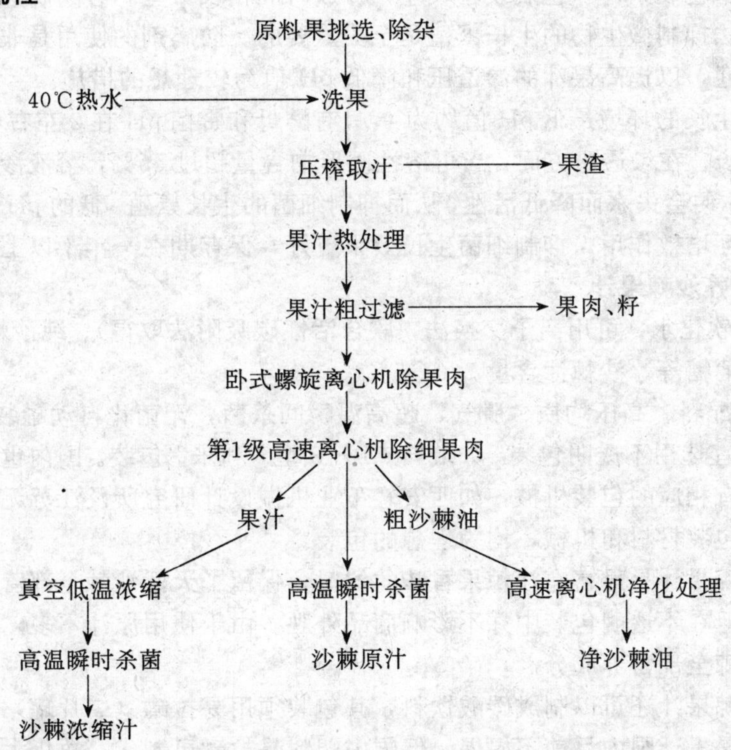

（二）纯沙棘原汁

1. 采果：剪取直径小于5mm，长度小于5cm的带果小枝。在雁北和东北部高寒地区，冬季早晨日出前可用棍棒（外套橡胶管）敲落冻果，地面铺布收果。日本建议采用液态二氧化碳喷射冻结法。联合机械振荡自动采果，此法原理先进，对保护资源很有利，尚需试验。

2. 清洗：清洗方式与榨压方式有关，如采用流动式压榨方式，即压汁在靠近产地的山下进行，则可用手工式清洗，流动压榨上应备有一小型排水泵，一般是整管冲洗即可。如采用集中式压榨，则可选用航天部生产的沙棘自动清洗机。

3. 压榨：带枝压果汁，宜选用一种特制的大型螺旋式压榨机进行，粗汁用30目滤网粗滤。

4. 清洗原料中的泥沙及杂物：选用国产工业用高速分离机进行，流速3—5m^3/h，常温，将粗汁所含泥沙、树皮、种籽等杂物全部清除。

5. 真空脱气：常温下用抽空法除果汁中溶解的空气（主要是氧），以防止氧化作用损害果汁风味及保持维生素C。

6. 超高温瞬时杀菌：杀菌温度110—130℃，杀菌时间3—6s。超高温是为了彻底杀灭一切微生物包括孢子在内。瞬间进行是为了尽量保护维生素C少受破坏。我国自制的超高温杀菌器已过关，但自动化程度需提高。

7. 无菌贮存及无菌灌封。杀菌后急速冷却到常温，要求在无菌室中灌装封口，要求2次更衣消毒，严格无菌操作，容器预先用化学法消毒，无菌水冲洗干净，并加10ml食用酒精、盖严，容器一般选用单口25kg容积的聚乙烯桶。

8. 冷藏。灌封后须放－2℃的冷库贮藏。目前，各沙棘加工厂生产出的果汁，大都在常温下保存，由于包装条件和包装设备较差，存放时间稍长一些，容易腐烂变质，因此，在果汁贮藏期设法抑制微生物的生长繁殖是至关重要的。防腐剂的使用是非常普遍的。因不受消费者的欢迎，以提高果汁的渗透压和降低pH值为较理想的措施。

一般细菌生长的环境最低pH值约为4，只有酵母和霉菌pH在2左右，低于上述pH值则细菌不能生长。在渗透压方面，当可溶性固形物含量超过55%，溶液渗透压高于细菌渗透压，原生质体便会失水而降低活性，从而抑制细菌的生长繁殖。低的pH值加上较高的渗透压，具有相互增效作用，抑制细菌生长效果更好，保存期在一年半以上。

（三）全营养沙棘果汁

1. 原料：软化水（可用离子交换法，联合活性碳吸附法取得）、纯沙棘原汁、柠檬酸、糖和少量甜叶菊糖等。沙棘汁含量3%—5%。

2. 工艺：配料、高压均质、脱气、超高温瞬间杀菌，无菌化自动罐装。

3. 包装：宜选用不透明包装，如瑞典AB—3型“利乐”包装。国内也已制成复合铝箔软罐包装，并有相应的包装机械，如西安轻工业机械设计研究所及江苏无锡县鹅湖材料包装厂的复合软包装材料和机械，均为理想的包装。

全营养沙棘果汁是最富有沙棘果香味的饮料，保留了天然沙棘全部营养成分。虽未将沙棘油分离，但在不透明包装中并不影响商品外观。由于使用原汁不多，只有微量沙棘果油，保留了沙棘全部营养成分。

全营养沙棘果汁还可以制成碳酸饮料，其包装须用易拉罐（二片罐）等包装。易拉罐由于罐体材料昂贵，国内目前不提倡。但国内塑料易拉罐已制成，故仍大有希望。

（四）澄清型沙棘果汁

经过分离，除去大部分果肉茸及除去果油后的沙棘原汁，需在保温搅拌罐中加入“食品级果胶酶”，将原汁中所含果胶酶分解除尽，再经离心，分离去所有沉淀物，得到澄清型沙棘原汁，可配制澄清沙棘果汁饮料。但其风味和营养价值均低于全营养型混浊汁。

（五）浓缩沙棘果汁

浓缩沙棘果汁是利用澄清型沙棘原汁加工的，国产的真空离心薄膜蒸发器，提供了优良的设备条件，原汁浓缩时受热温度在40℃左右，每个果汁分子受热时间仅1s左右，故完全保留了沙棘汁的色、香、味和维生素。

（六）沙棘饮料沉淀问题的解决

1. 饮料沉淀或混浊产生的原因分析

沉淀即在瓶底产生白色或其它色的沉淀物，混浊一般指的是饮料呈乳状，污浊不透明。其产生的原因很多，我们归纳总结为3大类：

(1) 由微生物引起的沉淀：主要是指生产过程中污染了醋酸菌、乳酸菌或其它杂菌引起的腐败性沉淀。

① 由于果汁未通过灭菌、消毒，被直接使用。饮料用水卫生超标。

② 在碳酸含量低时（碳酸水能抑制微生物的繁殖生长），微生物对糖的酵解作用使糖度降低，形成丝状、白云状沉淀。

③ 包装容器（瓶子、瓶盖、胶垫）清洗、消毒、质量不良，饮料会出现杂质、絮状物（菌体群）、变色、变味等质量事故。

④ 生产设备的卫生状况，污染程度直接关系到饮料的澄清度，以及地面、操作台，室内容器污染程度，操作人员个人卫生也对质量、澄清度发生直接关系。

(2) 化学反应引起的沉淀

① 饮料用水硬度高，含较多的钙、镁离子和饮料中的柠檬酸、酒石酸化合生成柠檬酸钙、酒石酸钙等沉淀。

② 生产过程中的工具、容器、设备和用水的铁、铜离子超过限度，加速饮料氧化变质，发生混浊。

③ 由于工艺中加糖、香料、酒精、防腐剂、有机酸等原料次序不当，萃取不精也会使饮料变质，发生结晶和沉淀。

④ 化学反应引起的混浊、沉淀多数是由于糖中胶质凝聚而形成的。胶质外观澄清透明，但时间一长，由于微粒聚成块出现混浊、沉淀。

⑤ 使用不合格或变质的香料，或香料正常，但用量过多，也能引起白色沉淀；色素用量过大也能引起沉淀。

⑥ 焦糖于鞣酸饮料中，易沉淀。

⑦ 含有蛋白质也容易引起变性而凝聚成沉淀。

(3) 由于物理或其它方面造成的沉淀

① 原料带来混浊，砂糖不纯，酒基处理不好，果汁中混有细小果肉，果渣、酵母以及果胶、蛋白质、色素等，不可避免地有混浊现象；同时，果汁中含有可溶性的胶体把混浊的微粒胶合而呈悬浮状。

② 过滤设备不良或过滤设备处理不当，会使混浊物混合，使饮料发生沉淀、混浊。

2. 沉淀的成分分析

从已产生沉淀的沙棘饮料中，用离心机提取沉淀物，再放置于干燥箱内烘干，得黄褐色粉末状样品待用。通过镜检、溶解性（水溶性、酸解、碱化）分析，定性试验，有的需要定量分析，通过这些检样分析，排除由其它原因产生的沉淀，找出产生沉淀的主要因素，从而选择有关澄清剂。

3. 沉淀处理

限于篇幅，下面只简述沙棘原汁处理，已产生沉淀的产品处理方法相同，结果基本一致。

(1) 处理步骤

① 蜂蜜：称取待处理原汁量的（W/V 以下相同）0.25%—1.6%系列量的蜂蜜量分别加入定量的果汁中，充分搅拌，使其混和均匀，静置、待观察。

② 蛋清：称取待处理原汁量的 0.3‰—0.5‰系列量的蛋清。分别于不同容器中，加入少许果汁充分搅拌，使之形成泡沫，再分别加入定量的果汁中，搅拌均匀、静置、待观察。

③ 明胶：用 0.1‰—0.2‰系列量在温水中溶解后分别加入果汁中搅拌均匀、静置、待

观察。

④ 魔芋精粉：用0.1‰—0.3‰系列量在温水中溶解后分别加入待处理果汁中，搅拌、静置、待观察。

⑤ 果胶酶：用0.3‰—0.64‰系列量分别加入待处理果汁中，搅拌，于35—40℃保温静置。

⑥ 蜂蜜+果胶酶：分别用量为0.025‰—0.25‰、0.08‰—0.24‰组合系列对照处理。各组分别加入待处理果汁中，搅拌，静置。

⑦ V_C+果胶酶：分别用量为0.025‰—0.25‰、0.1‰—0.2‰组合系列对照处理，先加入少许果汁将 V_C 溶解，再加入果胶酶，混合均匀。分别加入待处理果汁中，搅拌、静置。

⑧ 高温处理：将定量待处理果汁加热至90℃保持10min，逐渐冷却至室温、静置。

（2）处理样品澄清观察分析

处理5—8h观察记录1次，一般处理24—48h，绘制处理效果曲线图，从图表中可看出各澄清处理效果。

实验表明，使用蜂蜜或蜂蜜加果胶酶作澄清剂，效果最好。

六、刺梨汁加工

刺梨（Rosa roxburghii Tratt）属蔷薇科蔷薇属，又名文光果，木梨子，为多年生灌木，野生，多生长在山坡，路旁，村边及灌木丛中，分布于江苏、湖北、广东、四川、贵州和云南等省区。

果可入药，营养丰富，含有蛋白质、脂肪、糖类、多种维生素（V_B 约2.4mg/100g，V_P 约2.8mg/100g）和人体必需的钙、磷、铁等矿物质，尤其是维生素C每100g达2500mg以上，故可用于治疗维生素C缺乏症。

鲜果取汁，能制取饮料和酒，常食能促进新陈代谢，增强对疾病的抵抗力，防止老年人血管硬化，延缓衰老，对冠心病、萎缩性胃炎、高血压有极好的疗效。另外，对防御肝脏肿瘤，N-亚硝基化合物在体内合成都有作用，对治疗铅中毒有特殊疗效。

（一）工艺流程

原料 → 挑选 → 洗净 → 破碎 → 蒸制杀酶 → 压榨 → 粗滤

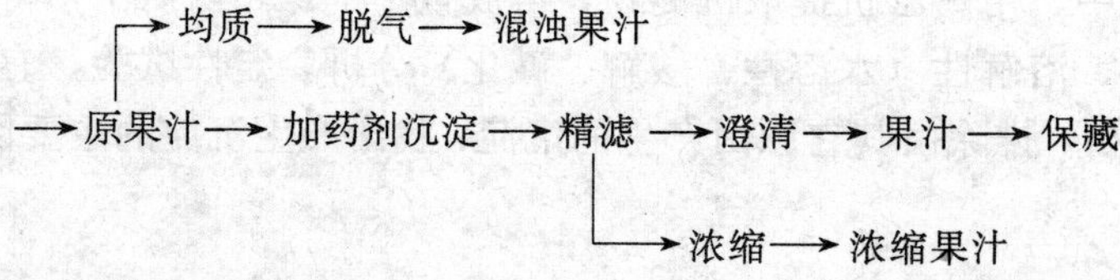

（二）工艺要点

1. 原料挑选：将进厂原料选出未成熟果、霉烂、病虫害果及杂果，果实不分级。

2. 原料的洗涤：选好的果用清水洗去泥土及污物。洗涤过程中，可用木棒搅动，使果实互相摩擦，去掉果皮刺。

3. 破碎：用锤式破碎机破碎。

4. 蒸制杀酶：用蒸汽蒸制5—10min，杀酶，保护维生素C，防止褐变。

5. 压榨取汁：用榨汁机或布袋手工挤压，粗滤出的汁液为原果汁。

6. 果汁处理

(1) 原果汁：将粗滤后的果汁通过超高温瞬时杀菌器，于135—140℃的温度下，加热2—3s后，迅速冷却至室温，加稳定剂护 V_C，加山梨酸钠（1g/kg）防腐入库保藏。

(2) 澄清果汁的制备：将原果汁加热80—85℃，保温15min，加1%明胶去单宁，加1%除脂助滤、澄清、粗滤，得澄清果汁，再加稳定剂和防腐剂保藏。

(3) 浓缩果汁的制备：将原果汁送入真空浓缩锅，加热浓缩到固形物62%—64%后入库保藏。

(4) 混浊果汁的制备：将粗滤后的原汁送入高压均质机均质后，再送入真空脱气机脱气。脱气结束后，加稳定剂和防腐剂，入库保藏。

第五节　果汁饮料的加工及配方

一、西蕃莲果汁饮料

（一）饮料果汁的调配

果汁饮料是指直接饮用的市售果汁，一般含原果汁10%左右，含糖量8%—10%，含酸量0.2%—0.3%，比较适合消费者的口味，不用加色素和香精，保存天然性。

一吨饮料的配方：

白砂糖120kg　混浊型原果汁100kg　山梨酸100g　柠檬酸1.55kg

（二）果汁汽水的调配

一吨汽水的配方：

白砂糖60kg　澄清型原果汁50kg　山梨酸150g　柠檬酸1.35kg

（三）果汁糖浆的调配

一吨糖浆的配方，此糖浆需稀释5倍后饮用。

白砂糖350kg　混浊型原果汁200kg　山梨酸700g　柠檬酸1.2kg

二、野香橼果汁饮料

（一）饮料果汁的调配

一吨饮料的配方：

白砂糖80kg　原果汁100kg　山梨酸100g　野香橼皮油45ml　柠檬酸980g　柠檬黄：适量　橙浊：适量

（二）果汁汽水的调配

一吨汽水的配方：

野香橼原果汁50kg　山梨酸150g　白砂糖60kg　柠檬酸1.2kg　野香橼皮油65ml　橙浊150ml　柠檬黄：适量

（三）果汁糖浆的调配

一吨糖浆的配方，此糖浆需稀释5倍后才能饮用。

原果汁300kg　山梨酸700g　白砂糖400kg　柠檬酸850g　野香橼皮油280g　橙浊150ml　柠檬黄13g

三、刺梨果汁饮料

一吨刺梨汁饮料配方：

刺梨浓缩果汁（含 Vc1800mg/100g，含糖 8%，总酸 0.2%）170kg　白砂糖 606.4kg　柠檬酸 10.66kg　山梨酸 700g　香精：适量　色素：适量

该饮料含糖量 62%，含酸 1.1%，含维生素 C300mg/100g，可稀释 5—6 倍饮用。

四、混合果汁饮料

各种水果如苹果、梨、葡萄和柑桔等，虽然都可单独制得品质较好的果汁，但不同种类的果汁也可相互混合，取长补短，制成品质较好、营养丰富的混合果汁。如表 5—5 列出几种混合果汁的配方：

表 5—5　苹果（赤龙）混合果汁调配

苹果汁（%）	其他果汁（%）	加糖量（%）	pH 值	酸分（%v）	TSS（%）* 117.5℃
37	李 63	1.5	2.4	0.98	18.50
47	草莓 53	5.0			
45	樱桃 55	3.0	3.22	1.14	17.55
50	葡萄 50	0			
60	草莓 40	5.0			17.00

注：TSS 是表示可溶性固形物含量。

五、公共饮食业自制果汁饮料

这是一类由公共食堂、饭馆、冷饮店，甚至是旅馆自行制作的果汁饮料，现介绍配方及简单制备方法如下：

（一）柠檬糖浆

柠檬 250g、砂糖 650g、水 450g

甜橙糖浆：甜橙 400g、砂糖 650g、水 450g

将柠檬（甜橙）挤出汁液，随后将压榨的柠檬碎皮（甜橙）浇注热水，煮到微沸 5—15min，浸泡 30—35min，取汁，过滤，在滤汁中加砂糖，煮到微沸，15—20min 即可。

（二）樱桃糖浆

樱桃 510g、砂糖 600g、水 600ml

樱桃除去果梗后，用冷水洗净、磨碎，用糖饱和磨碎的果浆，加水、煮沸 3—5min 即可。

（三）李子糖浆

砂糖 650g、黑李 500g、水 400ml

将经过精选和洗涤的李子置烘烤盘上放于烤箱中，在 180—200℃加热 25—30min，冷后碾碎。将砂糖溶于热水中，加入李子果泥，不断搅拌，煮到微沸 10—15min 即可。

六、果子露的配制及配方

果子露是制造固体饮料和香槟汽酒和汽水的主要原料，作为一种夏季消暑饮料已有较长历史。它是用一种接近饱和的糖浆，加入部分果汁及香味料、酸味料配制而成。所用香味料都是水溶性香精，并根据天然水果的颜色调成各种色彩。

（一）原料制备

1. 酸液：将柠檬酸、酒石酸溶解于热水中，配成 50%浓度的溶液。

2. 色液：用温水将色素溶解，配成 1%的溶液。

3. 果汁：用各种原果汁。

（二）配料及配方

1. 杨梅露：

白砂糖 60kg　柠檬酸液 1200ml

杨梅香精 4000ml　玫瑰红色素 180ml

杨梅原汁 5—10kg　水 40kg

2. 柠檬露：

白砂糖 65kg　色液 60ml

柠檬酸液 1400ml　水 40kg

柠檬香精 340ml　柠檬原汁 5kg

3. 桔子露：

白砂糖 60kg　柠檬酸液 1200ml

橘子香液 340ml　水 40kg

橘子原汁 10kg　色液（柠檬黄：胭脂红 5：1）180ml

4. 苹果露：

白砂糖 60kg　柠檬酸液 1000ml

苹果香精 400ml　柠檬黄色液 70ml

苹果原汁 10kg　水 40kg

5. 葡萄露：

白砂糖 60kg　酒石酸液 170ml

葡萄香精 400ml　玫瑰红色液 60ml

葡萄原汁 15kg　水 40kg

（三）操作要点

1. 制糖浆：按配方加入白砂糖和水，加热溶化成糖浆，趁热用 100 目细箩筛过滤于大口搪瓷桶或其它容器中。

2. 将果汁、柠檬酸液、香精分别加入过滤后的糖浆内，搅拌均匀，最后加入色素液。调色可根据实际情况，适量加减，以雅淡为宜。

3. 保持在 80℃上的温度，装入洗净消毒的玻璃瓶或塑料桶中，迅速密封，也可装瓶后杀菌消毒。

制造果子露糖浆的浓度必须在 55％以上，果汁含量 5％—30％，加入适量的酸，可使微生物在高糖及酸性条件下不易生长繁殖。

第二十五章　碳酸饮料的加工工艺及配方

自从17世纪发现和饮用碳酸水以来，碳酸饮料工厂已星罗棋布，产量和质量以及花色品种日新月异，成为当今饮料工业的重要支柱。

碳酸饮料是经碳酸化而含有一定量的二氧化碳的一类饮料的总称。它是在优质饮用水中配入甜味剂、酸味剂、香料、色素和二氧化碳等形成的饮料。

虽然现代饮料已是争芳斗艳，品种繁多，但碳酸饮料的生产设备、工艺和技术，仍不失为各类饮料的基础。因此，深入探讨碳酸饮料的生产技术，对于不断提高碳酸饮料的质量，研制各种饮料新品种，推动饮料生产的发展，具有极为重要的意义。

但因我国饮料工业起步较晚，技术、人才和设备缺乏，生产工艺、技术仍然比较落后。有些企业甚至难以生产出合格的产品。产品的质量差，物质消耗高，经济效益低，是当前我国饮料行业中的痼疾。为了改变这一状况，一方面要在管理上下功夫，另一方面就是要在饮料生产中选择先进设备，采用合理工艺，学习先进技术，这是饮料企业的当务之急。

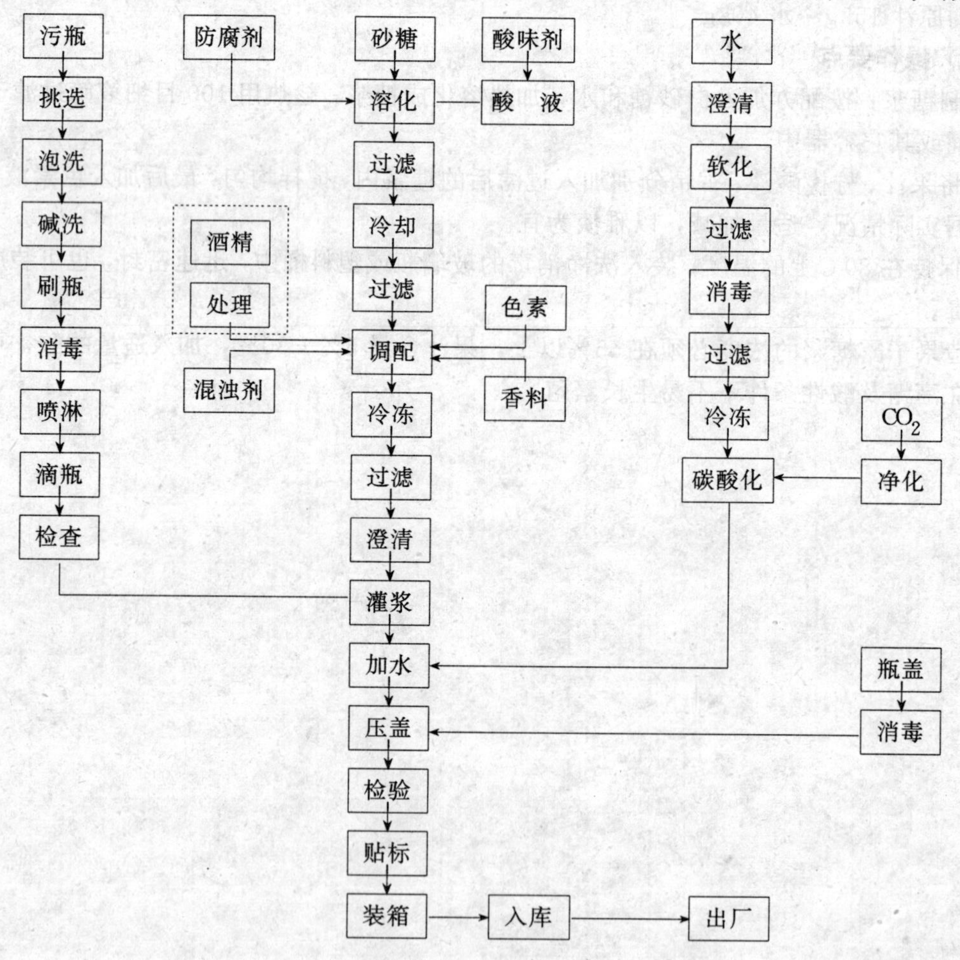

碳酸饮料因含CO_2，能将人体内的热量带走，产生清凉爽快的感觉，所以在炎热的夏天很受人们欢迎，同时它还有助于消除疲劳、开胃、助消化，是一种很好的消毒、解渴的健身饮料。

第一节 碳酸饮料的基本工艺流程

根据糖浆和碳酸水的混合方法不同，又分一次灌装法和二次灌装法两种。

一、一次灌装法工艺流程

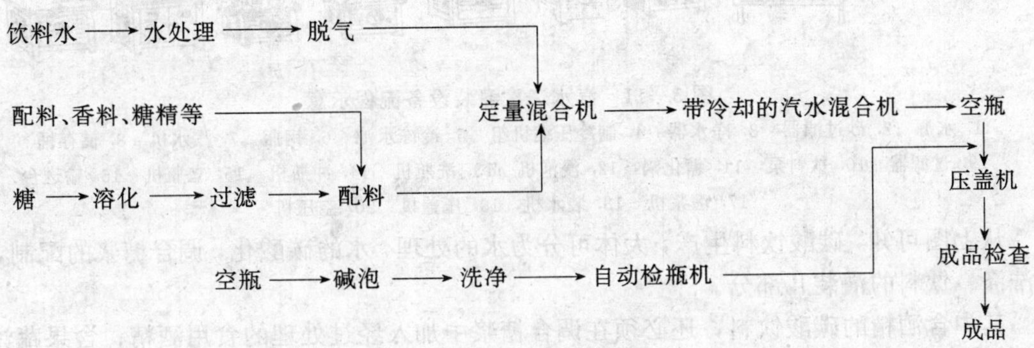

二、二次灌装法工艺流程

一次灌装法：是将水、砂糖溶解后，再将酸味料、香料等混合配成糖浆，以后将糖和水用定量混合机按一定的比例进行连续混合，再压入二氧化碳，制成碳酸饮料，一次灌入瓶中，压盖紧封。

二次灌装法：将配好的糖浆液先按比例定量灌入瓶中后，再用注水机将气液混合好的碳酸水装入有糖浆的汽水瓶中，充满后立即压盖密封。目前国内用的最普遍的还是二次灌装工艺。因此将汽水车间的二次灌装设备工艺流程简列如下：

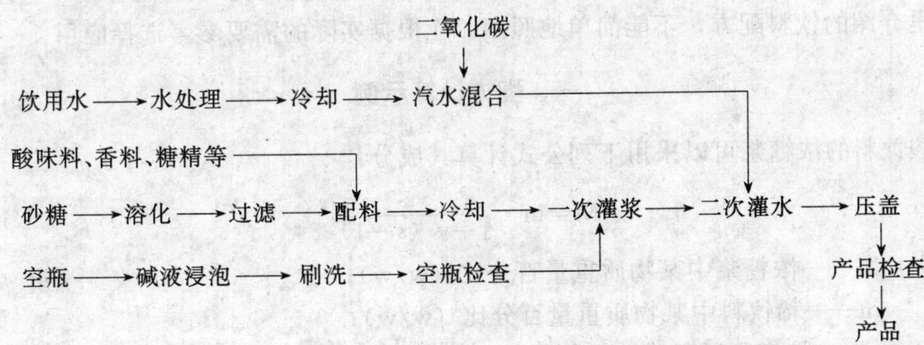

三、汽水二次灌装设备流程 如图5—11

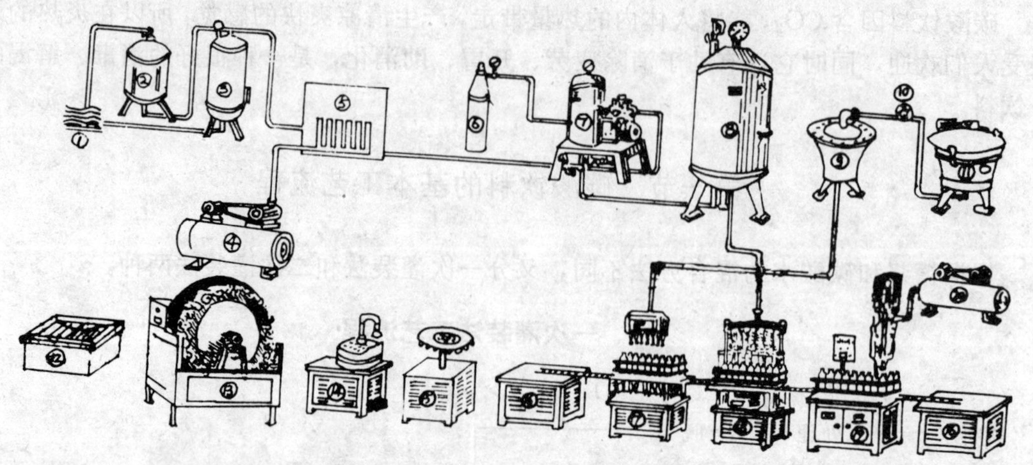

图 5—11　汽水二次灌装设备流程示意

1. 水源　2. 砂过滤器　3. 净水器　4. 制冷压缩机组　5. 冷冻水池　6. 钢瓶　7. 汽水机　8. 储存桶　9. 过滤器　10. 饮料泵　11. 糖化锅　12. 浸泡机　13. 洗瓶机　14. 冲瓶机　15. 立瓶机　16. 输送台　17. 灌浆机　18. 装水机　19. 压盖机　20. 空压机

从上图可知，碳酸饮料生产，大体可分为水的处理，水的碳酸化，调合糖浆的配制，瓶的洗涤、饮料的灌装几部分。

其中含酒精的碳酸饮料，还必须在调合糖浆中加入经过处理的食用酒精；含果蔬汁的碳酸饮料则要在调合糖浆中加入果蔬汁，其基本工艺总是与碳酸饮料大同小异的。因此，了解碳酸饮料的生产技术，就能更好地掌握其他饮料的生产技术。

第二节　饮料的配方

饮料配方在饮料生产中具有重要作用。饮料的品种名目繁多，风味多种多样，配方各具特色。这里重点介绍目前国内生产销量最大的碳酸饮料配方。此外，还介绍几种国外饮料的配方，以供参考。另外，由于区域的差别，对原料品种、质量、生产工艺、消费者对风味的要求等，往往也有不同，反映在饮料的配方上，也就会或多或少地存在一些差别。因此，这里介绍的饮料配方，不能简单地照搬，应根据实际的需要参考选择应用。

一、配方计算示例

碳酸饮料的浓糖浆可以采用下列公式计算其成分：

$$M=m\cdot\frac{vs}{1+v\ (s-1)}$$

式中：M——浓糖浆中某物质重量百分比（w/w）；

m——稀饮料中某物质重量百分比（w/w）；

v——按容积稀释或浓缩的倍数；

s——稀饮料的比重。

示例：试计算配制 1000L 按容积稀释 5 倍而成为果汁含有率 10%、糖度 12%（比重 1.0484）、酸度 0.4%的橘汁清凉饮料的物质用量。

1. 该糖浆的成分计算

(1) 果汁含有率$=10\times5\times\frac{1.0484}{1+5\ (1.0484-1)}$

$=42.29\%$ (w/w)

(2) 糖浆浓度$=12\times\frac{5\times1.0484}{1+5\ (1.0484-1)}$

$=50.74$ (°BX)

(3) 酸度$=0.4\times\frac{5\times1.0484}{1+5\ (1.0484-1)}$

$=1.691\%$

即稀释 5 倍而成为符合橘汁清凉饮料的浓糖浆成分应该是含有天然橘汁 42.29%，糖度为 50.74°BX，酸度为 1.691%。

2. 制造上述饮料 1000L 的配比用量

(1) 橘汁的配量

50.74°BX 糖浆的比重为 1.2361，1000L 制品重量为 1236.1kg。

$$橘汁的配量=1236.1\times\frac{42.29}{100}=522.74\text{kg}$$

(2) 有机酸的配量

$$糖浆制品的总酸量=1236.1\times\frac{1.691}{100}=20.902\text{kg}$$

$$橘汁的含酸量=522.7\times\frac{0.7}{100}=3.659\text{kg}$$ （设橘汁的酸度为 0.7%）

添加的有机酸配量（以柠檬酸计）$=20.902-3.659=17.24$kg

(3) 砂糖配量

$$糖浆制品的总糖量=1236.1\times\frac{50.74}{100}=627.19\text{kg}$$

$$橘汁的含糖量=522.74\times\frac{9}{100}=47.04\text{kg}$$ （设橘汁含糖 9%）

添加砂糖配量$=627.19-47.04-17.24=562.91$kg

(4) 配水量

$$1236.1-(522.71+562.91+17.24)=133.21\text{kg}$$

因此，配制 1000L 稀释 5 倍而成为 10% 的橘汁清凉饮料用量为：

天然橘汁 522.74kg (498.6L)

砂糖（无水物）562.91kg

有机酸（无水物）17.24kg

水、其他 133.21kg

合计：1236.10kg

若使用 1/5 浓缩橘汁代替天然橘汁，则上述配方中的橘汁用量减 1/5，并补充相当的水量。

二、果汁碳酸饮料

这类饮料含有天然水果果汁，并具有该种水果特色的色、香、味，富含各种维生素、果糖、有机酸、果胶、无机盐等营养成分，是一种最普遍的，也是人们最常饮用的饮料品种。果汁饮料中果汁含量，国外一般都在 10% 以上，我国的含量比较低，果汁碳酸饮料中因果汁浓度低，所以在配方中尚需添加糖、酸等进行调整。

（一）鲜桔汽水

每百打（250ml/瓶）配方：

白砂糖 25kg	桔汁 15kg
糖精 11g	柠檬酸 0.3kg
苯甲酸钠 40g	柠檬黄 4g
胭脂红 0.5g	桔子香精 0.35kg

按以上配方配制的汽水是澄清型的，所用的橘汁必须先经过澄清处理。

（二）"橙宝"汽水

每百打（250ml/瓶）配方：

白砂糖 27kg	乳化甜橙香精 0.3kg
苯甲酸钠 60g	特级甜橙香精 0.1kg
橙汁酸 0.15kg	橙膏 10kg
糖精 15g	柠檬酸 0.13kg

* 橙膏是指鲜橙汁浓缩 2—5 倍的浓缩汁，该配方中是浓缩 8 倍的橙汁产品。

"橙宝"是我国南方畅销的一种橙汁汽水，属乳化型（也叫混浊型）果汁碳酸饮料。它采用乳化甜橙香精（即橙浊香精）进行乳化，该香精融合高级香精、乳化剂、食用色素为一体，又称"洽"。用橙浊香精配制汽水，呈均匀的橙汁状，无论色、香、味都酷似天然甜橙汁，受到消费者的青睐。

（三）柠檬汽水（低热值饮料）

每百打（250ml/瓶）配方：

柠檬果汁 18kg	甜菊甙 0.12kg
糊精 3kg	乳糖 9kg
谷氨酸 2g	柠檬香精 0.15kg
乙基麦芽酚 1.5g	色素：适量
苯甲酸钠 40g	

这是一种低热量天然果汁饮料，除柠檬酸外，橘子汁、苹果汁、鲜桃汁、樱桃汁等可代用。本配方采用低热量的甜味剂甜菊甙，它的甜度为蔗糖的 200—300 倍。所以乳糖、糊精等填充剂也可调整甜菊甙的甜味。乙基麦芽酚是一种增香剂和增甜剂。特别是对果汁、果味饮料中的水果香味具有较强的增香作用。

（四）果汁泡沫饮料

每百打（250ml/瓶）配方：

白砂糖 22.5kg	水果原汁 20.4kg
柠檬酸 0.2kg	糖精 20g
香精 0.2—0.3kg	苯甲酸钠 50g
植物起泡剂 0.4kg	

本配方中的原果汁可以选用苹果汁、鲜桔汁、山楂汁等，碳酸饮料的泡沫多寡是感官性能的一种标志，普通果汁碳酸饮料的泡沫远不如啤酒和格瓦斯，但添加了起泡剂，其发泡性能则大为改观。饮料起泡剂有动物蛋白起泡剂、植物蛋白起泡剂以及金属起泡剂等。在一种饮料中添加哪一种起泡剂或混合使用，均应经过试验，否则将影响饮料的风味。甚至

产生分层沉淀、变质等不良后果。本配方采用的植物蛋白起泡剂，也叫植物起泡剂，是果汁碳酸饮料较理想的添加剂。

三、果味碳酸饮料

这类饮料一般不添加果汁或添加很少果汁（2.5%以下），其营养价值不如果汁饮料，但只要调配得好，风味仍可以接近于果汁饮料，是一类大众化的碳酸饮料。

（一）香蕉汽水

每百打（250ml/瓶）的配方：

白砂糖 21kg　　糖精 20g
柠檬酸 0.18kg　　柠檬黄 4g
苯甲酸钠 40g　　羧甲基纤维黄 0.15kg
香蕉香精 0.2kg

配方中羧甲基纤维黄（CMC）是一种增稠剂，它使配制的汽水有浓厚的香蕉汁的质感。为了模拟香蕉风味，还降低了饮料的酸度，使糖酸比略高于桔味饮料。

（二）山楂汽水

每百打（250ml/瓶）的配方：

白砂糖 22.5kg　　糖精 20g
山楂汁 6kg　　柠檬酸 0.35kg
苯甲酸钠 40g　　山楂香精 0.3kg
靛蓝：适量　　胭脂红：适量

在山楂汽水中添加1%—2%的山楂汁，可赋予产品天然的山楂风味，但对所添加的山楂汁，必须用0.05%—0.3%的果胶酶或干粗果胶酶制剂澄清3—5h，再吸取上层清液使用，否则汽水易产生沉淀，影响感官质量。

（三）苹果汽水

每百打（250ml/瓶）的配方：

异构化糖浆（75°BX，果糖为55%）37.5kg
苹果香精*108933（为美国巴斯夫公司进口）0.3kg
苹果酸 0.3kg　　柠檬酸 0.375kg
苯甲酸钠 30g　　柠檬黄、靛蓝：适量

（四）橙汁汽水

每百打（250ml/瓶）的配方：

柠檬酸 0.525kg　　苯甲酸钠 0.3kg
橙浊*111169（为美国巴夫斯公司FDO金标牌香精）0.3kg
异构化糖浆（75°BX，果糖55%）48kg

（五）菠萝汽水

每百打（250ml/瓶）的配方：

白砂糖 27.5kg　　苹果酸 0.36kg
柠檬酸 72g　　柠檬酸钠 35g
苯甲酸钠 35g　　柠檬黄：适量
菠萝浊香精 112241 0.3kg

（六）**蜜桃汽水**

每百打（250ml/瓶）的配方：

白砂糖 21kg　　蜜桃香精 0.3kg

柠檬酸 0.3kg　　日落黄：适量

糖精 15g　　靛蓝：适量

苯甲酸钠 40g　　胭脂红：适量

（七）**荔枝汽水**

每百打（250ml/瓶）的配方：

苯甲酸钠 30g　　混浊剂：适量

胭脂红：适量　　日落黄：适量

异构化糖浆（75°BX，果糖 55%）36l

荔树香精 HK1—71（FD—3225）0.3kg

（八）**猕猴桃汽水**

每百打（250ml/瓶）的配方：

柠檬酸 0.6kg　　柠檬黄、靛蓝：适量

异构化糖浆（75°BX，果糖 55%）51kg

猕猴桃香精*922343（FD—2288）0.2kg

四、可乐型饮料

可乐型饮料是一种嗜好性饮料，美国的“可口可乐”（Coca Cola）为开山鼻祖，后起的“百事可乐”（Pepsi—cola）在美国和国际市场上也都有一定的声望。

据测定，可口可乐中含有 11.1%的总糖分，0.084%的总酸，主要是磷酸。pH 值为 3.2，咖啡因含量为 0.11%，二氧化碳含量为 3.0%（V），色素主要成分为焦（聚）糖，香味成分除了古柯树（Coca）的树叶浸提液和可拉树（Cola）的种子抽出液两种之外，通过香味感评，内中还含有甜橙油、橙花油、白柠檬油、桂皮油、肉豆蔻油、丁香油、胡美油及香草油等 8 种精油的混合香料。此外还含有微量的兴奋剂古柯碱、甘油和酒精等。内中酒精可能并非有意加入，可能是某种香料提取液中所带入的抽提溶剂。

近年来，我国的可乐型饮料新产品也陆续上市，有上海幸福可乐、广州的玉桂可乐、深圳的可喜可乐、天津的津津可乐、大连的人参可乐、沈阳的雪山可乐、青岛的崂山可乐、四川的天府可乐、桂林的桂林可乐等等。这些可乐型饮料，既保持了可乐的传统风味，又有中国的特色，如添加某滋补性、疗效性的中草药成分，适当提高 pH 值，将一部分磷酸改用柠檬酸代替，咖啡因含量适当降低等。

（一）**香菇可乐**

每百打（250ml/瓶）配方：

白砂糖 30kg　　糖精 10g

蜂蜜 6kg　　焦糖色：适量

柠檬酸 0.15kg　　85%的磷酸 0.14kg

莱姆酸橙油：适量　　柠檬香精油：适量

甜橙油：适量　　可乐香精 0.3kg

香菇抽提液：适量　　中草药浸出物：适量

胭脂红：适量

本配方中加入香菇、蜂蜜及中草药，除了丰富的可乐气味外，还有一定的滋补性，其中香菇抽提物以 1∶10 提取的溶液，中草药浸出物包括以下药物：白芍、肉豆蔻、肉桂、桂皮、芫荽、公丁香、姜、薄荷叶等。

（二）可乐味汽水

每百打（250ml/瓶）的配方：

85％的磷酸（食用）9.1g　咖啡精溶液（4％）20.9g

焦糖色 28.35g　30 波美度糖浆 3.7853L

苯甲酸钠 U·S·P 5％　咖啡结晶状 U·S·P 4％

二氧化碳 3.17 倍（V）　对碳酸水 1∶5

水 91％

五、特种饮料

（一）非电解质碳酸饮料

每百打（250ml/瓶）的配方：

葡萄糖 21.4kg　氯化钠 60g

蔗糖 20.0kg　糖精钙盐 20g

柠檬酸（无水）0.28kg　柠檬酸钾 30g

柠檬酸钠（＝水）0.28kg　果汁 3kg

色素：适量　调味品：适量。

本配方在普通碳酸饮料基础上，增加了葡萄糖、盐类等，使与人的体液基本一致。这种电解质碳酸饮料特别适用于夏季流汗较多时饮用。

（二）维生素强化桔味饮料

每百打（250ml/瓶）的配方：

白砂糖 20kg　糖精 18g

柠檬酸 9.31kg　维生素 C 42—201g

苯甲酸钠 40g　橘子香精 0.3kg

糖精 18g　色素：适量

硫酸亚铁（$FeSO_4 \cdot 7H_2O$）20g

这是一种用维生素 C 和铁强化的碳酸饮料，按以上配方，每 170g 饮料可提供 20mg 维生素 C 和 2.4mg 的铁离子，接近成人每日的供给量。

维生素 C 在饮料配制、灌装以及贮藏过程中易被氧化而损失。因此，在添加维生素 C 之前，必须对饮料的浓浆和未冲二氧化碳前的水进行脱气处理，尽量减少水中的溶解氧，这样可以保持饮料中维生素 C 在一个月内减少不超过 20％。如能添加甘氨酸、组氨酸或蛋氨酸保持维生素 C，则稳定性更好。其添加量分别是维生素 C 重量的 1.5％、4％和 3％。所用的氨基酸和维生素 C 应在包装前才混合在饮料浓浆里。

（三）橘子茶汽水

每百箱（100×24×0.7L）

白砂糖 50kg　糖色 2.5kg

糖精 0.1kg　花茶 0.25kg

柠檬酸 0.25kg　　　　　　成品糖度 5 度

橘子香精 0.5kg

（四）美国式甜姜汁汽水

26 波美度单纯糖浆 10L　　柠檬酸 80—130g

美国姜汁汽水香精 60—90ml 焦糖 15—30ml

防腐剂：按许可量

每瓶取此糖浆 250ml，稀释成 375ml/瓶。

第三节　工 艺 要 求

一、水 质 处 理

碳酸饮料水占 85%以上，水质的好坏直接会影响到饮料的外观和味色。例如自来水的硬度大，含有较多不溶性的硫酸盐、碳酸盐、氯化物以及各种不溶解的悬浮物，使汽水出现混浊和沉淀，又如水的碱度过高（主要是钙盐和镁盐），使饮料的酸性中和，改变碳酸饮料的味道。另外，水中的微生物，会使饮料变质，这对产品质量和人的身体健康都有极大的影响。因此，除去自来水中的杂质和微生物，在饮料生产中是非常重要的。有关处理方法请参阅第一篇。

二、调合糖浆的配制

无论一次灌装工艺或二次灌装工艺，其糖浆的制造方法是一致的。调合糖浆，也叫糖浆，是用砂糖和水调制而成。在调配过程中，将其他甜味料、酸味料、香料、防腐剂等分别加入配料桶并混合均匀后所得的粘稠性物质是饮料的主体成分，与碳酸水混合后，即得到最终制品。糖浆和其它调味料构成了饮料的主体风味，糖浆配制的好坏直接影响到产品的优劣，糖浆配制的成分不同，也就生产出不同的饮料。虽然，糖浆的配制是饮料生产极为关键的一环。

（一）化糖

把定量的砂糖加入定量的水溶解制得糖浆，称为化糖。化糖的方法有两种。

1. 冷溶法

冷溶法是在室温条件下不经加热，把砂糖加入水中不断搅拌溶解的方法。与热溶法比较，设备简单，省去加热和冷却过程，减少了费用，但溶解速度慢，设备要大，利用率低。由于完全不经加热，缺少杀菌工作，对于防止糖液的污染是不利的。另外搅拌过多，过于激烈，卷进空气较多，对质量有些影响，但因冷溶成本低，在美国常用此法，因他们从配料室到灌装室都完全保证清洁卫生。

2. 热溶法

将预先计量的经过处理的水泵入化糖锅内，投入称量好的砂糖，通入蒸汽，搅拌使之溶解。由于加热，白糖迅速溶解，所需时间短，效率高，同时加热过程能起到杀菌作用。

操作时，先将夹层锅的水煮沸，加入砂糖搅拌使之溶解，然后停止搅拌，维持沸腾温度 5min 左右，撇除其表面形成的泡沫。随即将糖液输入贮槽，再通过板式热交换器冷却。近年来有些采用较低的温度溶化糖，后经板式热交换器冷却，冷至 40—50℃。热溶法可以杀灭一些微生物，糖液容易保存。为了得到非常透明的糖液，还必须进行过滤，过滤的方法较多。以采用硅藻土过滤化热糖液过滤好。

热溶法的最大优点是能起到灭菌效果，但提倡冷溶法的理由认为，加热会使一部分蔗糖变成转化糖（葡萄糖和果糖），微生物易繁殖、易发酵，同时由于温度、时间、酸和糖的浓度变化，每批糖浆中蔗糖变成转化糖的量也会相应的变化，这样会使产品的甜度产生波动。这些问题，只要统一操作，糖浆保存适当，也是可以避免的。

（二）糖浆配制的计算

砂糖比重为1.61，即1L砂糖重量是1.61kg。因此1kg的砂糖在溶液中占0.626L的体积。（在15℃时），这个数据在生产中对糖液配制的计算很重要。

例如：1kg砂糖和1kg水制成50%的糖液2kg，把水的体积换算成L，即用1kg砂糖和1L水，可制成50%（重量比）的糖液1.626L。这1.626L糖液重为2kg，1L糖液重为1.23kg，也就是说，这个糖液的比重是1.23。

又如，调制30波美度的糖液时，从砂糖比重表资料中查得30波美度的比重为1.26。含糖重量百分比为55.2%，即100g糖液中含砂糖液55.2g，其余44.8g是水。1kg的砂糖应该加水多少？

55.2∶44.8＝1000∶x

x＝811ml（0.811L）……………………………………………………（应加水量）

制成的糖浆液量是0.626＋0.811＝1.437L

若要制成50L30波美度的糖液，设应加的砂糖量为x kg，应加的水量为y L。

则：1.437∶1＝50∶x

x＝34.75（kg）……………………………………………………………（应加糖量）

1.437∶0.811＝5∶y

y＝28.2（L）………………………………………………………………（应加水量）

再如，当糖液浓度过高，须加水稀释，配成稀糖液的计算：

如由32波美度的糖液调制100L 30波美度的糖液，设需要加32波美度的糖液x L，应加水y L。

查表可知：32波美度，比重为1.283，59.1%（w/w）

30波美度，比重为1.261，55.2%（w/w）

$$x=\frac{1.261\times0.552\times100}{1.281\times0.591}=92\ (L)$$

$$y=100-92=8\ (L)$$

相反，如要把100L 28波美度的稀糖液调制成30波美度的糖液，应加砂糖量，设为x kg：

28波美度，比重为1.239，51.4%（w/w）

1kg砂糖占容积0.626L，计算式为：

$$1.239\times0.514\times100+x=1.261\times0.552\ (100+0.626x)$$

$$=1.261\times0.552\times100+1.261\times0.552\times0.626x$$

$$\therefore x=\frac{5.9226}{0.5645}=10.5kg$$

糖液的波美度和比重之间的关系，见附表1、2、3。

如以糖锤度B_x为单位，在配原糖浆时，就更简单。只需知道糖与水之间的质量，即可。反之，只需知道度数和容积，就可求出糖与水的重量。

例 1　生产 B_x 为 55°之糖浆 1kg，需水多少？

糖与水的重量比为 55∶45＝1∶x

$$x=\frac{45\times1}{55}=0.818kg$$

例 2　糖浆 23 升，其 B_x 为 55°，需糖与水多少？

55°B_x 之比重为 1.26，则

$$23\times1.26=28.98kg$$
$$28.98\times55\%=15.939kg\ (糖)$$
$$28.98\times45\%=13.041kg\ (水)$$

（三）色、香、味添加剂的调制

碳酸饮料所用的原料，除白砂糖外。还有酸味料、香料，有时还要添加其他甜味料和防腐剂。这些又称之为色、香、味添加剂，或简称添加剂。这些添加剂加入调合糖浆中往往不能直接加入，而必须先制成一定浓度的水溶液。经过滤后用量筒计量添加。这样，各种添加剂分别处理，能更好地了解其质量，便于控制使用，特别是调制不同风味的制品时，这样做是大有好处的。

1. 人工合成甜味剂的调制

可溶性糖精（磷磺酰苯甲酰胺或其钠盐）和环乙酰磺酸钠（或其钙盐）极易溶于冷水中。故其溶解不存在什么问题。

2. 酸液的调制

饮料用量最多的是酸味剂——柠檬酸。柠檬酸液的浓度以 30 波美度或 50%浓度较为适宜。调制时应注意柠檬酸溶解时的吸热现象。由于溶解过程中品温下降，故在冬季必须加热才能使柠檬酸完全溶解。

调制酸液的计算方法，与糖液的计算方法相同。但必须知道，柠檬酸（含结晶水）的比重为 1.542，1kg 柠檬酸所占容积为 0.648L，而酒石酸的比重为 1.76，1kg 酒石酸所占容积为 0.568L。

3. 色液的调制

色液一般调制为 5%浓度的水溶液，溶解色素的器具宜用不锈钢或无毒塑料制品，而不用铝、铜、锡、锌制成的容器盛装或搅拌。色素配制须用万分之一分析天平准确称取，然后加入，充分搅拌使之完全溶解。溶液应在玻璃瓶中保存，并放在避光的地方，由于色素的稳定性较差，一次不宜配制太多，制成的色液用量筒计算，既方便，误差少。

由于焦糖粘度大，称量困难，可把原液适当稀释。

色液混入的异物较难发现，须用滤纸或其他方法进行过滤。

4. 调香

香精本身虽然没有什么营养价值，但对消费者的嗜好来说很重要。香精配合砂糖和其他主要成分，对于提高饮料质量起着显著的作用。香精物质也是表现饮料产品特点的重要因素。特别是可乐型饮料，可以用广泛的调香调味混合物。要配制一种新的饮料与同类产品竞争，必然要有其独特的风味，必须添加突出特点的风味物质。当然，这种风味物质即使是非常好的香精，也必须与主体香精取得平衡和协调。如果风味不协调，则将事与愿违，产生相反的效果，所以，研究和提高调香技术，对饮料生产是十分重要的工作。

（四）调合糖浆的配制

调合糖浆配制时的加料顺序，是十分重要的。加料次序不当，将有可能失去原料应起

的作用。如料温过高加入香精则将很快挥发而失去香味；加酸后再加入防腐剂容易使其与料液分离，漂浮于液面，形成浮渣而不再溶解。顺序变更，有时还能产生化学反应，或使制品造成乳状溶液，或使制品变质。加入乳化剂或香精时，要缓慢地搅拌，避免小油滴浮于液面或产生沉淀。乳化剂可以帮助香精溶解，宜在加入之前加入，这样可以减少搅拌时间。投料顺序一般是：

糖液⟶甜味剂液⟶防腐剂⟶有机酸⟶乳化剂⟶香精⟶色素液⟶水加至一定体积。

采用加热溶解法制取糖液，经过滤存放于冷却装置的贮槽中。以保证糖浆的温度能降至 10℃以下，配制的糖浆当天用不完也可适当保存。

调合糖浆在使用时，应进行品尝试验。即取一定量的调合糖浆。按比例加入水，充分混合后品尝，确认无异常，才能投入使用。

三、碳酸化过程

将二氧化碳与水混合的过程称为碳酸化过程。碳酸化程度直接影响产品的质量和口味，是饮料生产中重要的步骤之一。

碳酸化过程是一个化学过程。CO_2 与水作用后，化合成碳酸。碳酸是一种弱酸。其酸度仅在舌头上产生碳酸化饮料的轻微刺激。影响碳酸化的因素主要有：

（一）温度、压力的影响

饮料碳酸化程度是依单位体积液体所溶的二氧化碳体积而定，而二氧化碳溶解情况与温度、压力有关。

在 101.325kPa（1 个大气压）下，二氧化碳在 100 个体积水内溶解的体积数为：

0℃	10℃	20℃	25℃	60℃
171	119	88	75.7	36

可见温度越低，二氧化碳的溶解量越大。由享利定律可知，CO_2 在水中的溶解度与温度成反比，与作用于液体表面上的气压成正比。就是说，在一定温度时，压力越大，溶解度越大。当压力一定时，温度越低，溶解度越高。鉴于上述温度和压力对溶解度的影响，为了达到所要求的碳酸化程度，通常碳酸化过程要控制一定的压力外，还需配备一套冷却设备——冷冻机等。

一般饮料碳酸化温度采用 3—5℃，二氧化碳的压力取 304—405kPa。在采用 CO_2 混合机时，应选用水与 CO_2 接触面积大的设备。在开机时，应先用 CO_2 排除机内空气，再开始灌水。所用的 CO_2 钢瓶有时在输出管处易发生结霜现象，可在管壁外壳装上自来水的喷淋装置，以防止管道堵塞。

（二）空气的影响

空气在水中也可稍微溶解。在单位体积的水中，所溶解的空气体积和二氧化碳一样，与温度、压力有关，但影响程度不同。

实验证明：溶解 2%的空气所产生的压力与 100%的二氧化碳所生产的压力相同。由于溶解水的空气与二氧化碳各自表现其分压力，总压力为两者之和。由此可知，溶解少量的空气会排斥大量的二氧化碳（约占 50 倍）。

完善的碳酸化，只有在水不含空气，而且二氧化碳也不含空气杂质时才能达到。

（三）各种液体对碳酸气的吸收

不同的液体对某种气体的吸收能力是有区别的。CO_2 在水中的溶解度，在 0℃时是

1.713；同样温度，在酒精中的溶解度为4.3290，在其它溶液中吸收系数都不同，特别是在溶有胶体物质的溶液中，吸收系数可提高。为制造含一定量碳酸气的成品，需严格控制水温和气压。控制压力主要通过压力计。可是气体容积为1—2的时候，瓶内压力于15℃时为0—101.325kPa，碳酸饱和器上的压力指针几乎不动，因而需适量提高气压。对于性能良好的灌装作业线，其碳酸气的实际耗用量仅为瓶内饮料含气量的2.2—2.5倍。碳酸气的损失仅是装瓶后从瓶口逸出的小部分，而无其他损失。对于两次灌装法作业线，碳酸气的实际耗用量为瓶内饮料中含气量的2.5—3倍左右。对于一些企业管理不善，灌水机严重漏气、漏水的工厂，其实际耗用量达到瓶内饮料含气量的4—5倍，大大提高了饮料成本。因此提高设备完好率，也是节约碳酸气的关键措施之一。

提高混合效果的方法和措施主要有：

(1) 降低水温；

(2) 排净水中及二氧化碳容器中的空气；

(3) 提高二氧化碳的纯度；

(4) 选用优良混合设备，并配有冷却水及排气装置；

(5) 保持CO_2供气过程中的压力稳定平衡（如放二氧化碳过急，供热不能满足吸热量时，瓶底部将结成水）；

(6) 进水混合机与CO_2的比例适当。

二氧化碳气在送至净化器时，最好安装稳压器或减压器，而用高压管连接二氧化碳钢瓶和稳压器，其管道应为不锈钢或黄铜制造，并能承受一定的压力，最好采用凹形螺旋管连通，并浸于水槽中。以免阻碍二氧化碳气体的通路。

四、洗　瓶

（一）洗瓶的要求

在软饮料生产中，玻璃瓶仍为主要的包装材料。瓶子洗刷的干净与否直接影响到产品的质量和卫生指标。因此清洗瓶子必须符合以下要求：

1. 空瓶内外清洁无味；

2. 空瓶不残留余碱及其它洗涤剂；

3. 瓶内经微生物检验，无大肠菌群，细菌菌群不一超过两个。

（二）洗瓶

在饮料生产中所用的瓶子一般是多次性使用瓶，回收的瓶子较脏，微生物很多，为达到洗瓶要求。需使用专门的洗涤剂和杀菌剂。

1. 洗涤剂的要求：洗涤剂应选渗透性强，对有机物溶解性大，对洗涤物有很好的亲和力，可以乳化油脂，不易附着在瓶表面；用简单的试验方法可以测出其浓度，容易完全溶于水中，而被水冲走；在瓶表面不产生膜，起泡性尽量小；对设备无腐蚀、无毒，可以在硬度高的水中使用，不易起水垢；在洗瓶机内有某种润滑作用，价廉，废水容易处理。

2. 洗涤过程：在瓶子进入洗瓶机前，必须先经人工挑选，将脏瓶、带圈瓶、有油迹的瓶子，选出放入池中，先经过特别洗刷后再进入洗瓶机。进入洗瓶机的瓶子，一般经过：

(1) 浸泡：先将瓶子浸泡在35—45℃的温水中，使回收瓶的商标软化。污物泡胀，易于洗去。然后用人工或机械作用将旧商标、泥沙、污物基本洗去，提高碱洗结果。

(2) 碱洗：是用以碱为主的洗涤剂，在洗瓶机中进行洗瓶和灭菌。洗涤剂以氢氧化钠为宜，主要是由于其成本低，去污力强，灭菌效果好。瓶子达到消毒效果须具备以下条件：碱液浓度在2%—4%，碱液温度为44—60℃，瓶与洗涤液的接触时间为5—20min。

为了达到瓶子杀菌效果，消毒液浓度、温度以及时间可根据瓶子脏洁程度，同时还依洗瓶设备转动速度来调节。

(3) 刷瓶和消毒：经碱泡后的瓶子在刷瓶机毛刷上刷洗数圈后，倒尽污水置于消毒池内浸5min以后。消毒池采用漂白粉杀菌法，有效氯浓度为200ppm。也可直接用60℃水浸泡冲洗。

(4) 冲洗：倒尽消毒瓶子中的漂白粉水，再放在冲瓶机上，随着冲瓶机的转动冲洗，使碱和氯的浓度不断减少，最后达到洁净。冲洗水最好是经过消毒处理的无菌水。冲洗压力要保持101.325kPa左右。冲洗后的瓶子放在滴水车上，使瓶中余水滴干。

(5) 验瓶：已冲洗过的瓶子在灌装前要经过检验。检出那些不清洁、损坏、裂纹及瓶形不合要求的瓶子，一般采用肉眼检查。

空瓶检查在传送带上进行，光线应充足，玻璃瓶表面的照度在1000lx以上，传送带上玻璃瓶的通过速度，要调整到可以充分检查的程度。

肉眼检查容易疲劳，检瓶人员一般连续工作40—60min，应换人。肉眼检查的速度不得超过1min 200—250瓶。

五、灌　装

灌装工序是将糖浆和溶有二氧化碳的碳酸水混合，经压盖成为汽水。

当前，国内外饮料灌装作业主要有两种，一种称为预混合工艺，一种称为后混合工艺：

（一）后混合方式

后混合方式，又称为二次灌装法或定量灌装法。它是先将调合糖浆通过定料机（又称糖浆机、灌装机按定量灌入瓶中，再通过灌水机冲以碳酸水，经压盖而成。这是我国饮料厂普遍采用的一种灌装方法。它的优点是：

1. 容易达到卫生标准的要求，因糖浆与碳酸水相互不相混，各成系统。糖浆浓度高，渗透压高，能抑制细菌生长，碳酸水也不易于细菌繁殖，都较为安全。

2. 设备简单，投资少。

3. 灌装时漏泄的是碳酸水，糖浆浪费少。

因此，这种工艺方法对中、小型规模的工厂和汽水生产较为适宜，而对其他饮料生产，特别是果汁饮料和饮料酒生产不太适应。

（二）预混合方式

预混合方式，又称一次灌装法，就是先将一级配料罐中配成的调合糖浆（或酒浆）与碳酸水混合均匀，然后直接经灌装机一次装入瓶内. 其混合方式有以下几种：

1. 比例泵混装法：将糖浆与碳酸水通过比例泵混合而直接灌装。其设备比较简单，但如果泵体磨损或漏泄，则将造成糖浆与碳酸水比例失调，故很少采用。

2. 配比器混灌法：国外很多先进国家多采用此法。它是将糖浆与碳酸水同时进入配比器后，按比例要求进行混合，然后经灌装机一次灌装。此法稳定可靠，先进合理，适于大规模生产。这是我国饮料灌装的发展方向。

3. 二级配料混装法：国内很多大、中型饮料企业采用此法。它是将糖浆和水按比例加到二级配料罐中，搅拌均匀。静置24h后，经板式热交换器冷冻至0—4℃再抽到冷冻罐中，保温静置24h，使各种原料得到充分混合，并使其杂质沉淀，饮料澄清。然后经过滤器进入混合机与二氧化碳混合，进入灌装机灌装。

在有条件的饮料厂，应尽量采用预混合方式，它的优点很多。

(1) 饮料中各种成分能得到充分混合，能大大地改进饮料风味；

(2) 混合后经过冷冻，能使饮料内的蛋白质、果胶物质等杂质析出沉淀经过滤除去，保证饮料澄清透明，无混浊；

(3) 由于全部液料都经过冷冻，二氧化碳的混容量大，压力提高，使饮料具有爽口感，同时二氧化碳浪费少，节约费用；

(4) 糖浆和碳酸水比例准确，不致因碳酸水的冲水而冲走糖浆，故产品质量稳定；

(5) 节约操作人员。

但此法也有不足之处：易造成细菌活动的条件，必须严格遵守操作规程，确保卫生安全。另外必须根除设备和管道的泄漏，否则易造成浪费和损失。

灌装是饮料生产的一个中心环节，它对产品的质量，生产效率有很大影响。灌装时最易出现的问题是冲泡，造成饮料的损失，装瓶量不足，污染装瓶线和产地。产生冲泡的原因，主要是料液或瓶的温度过高；糖浆和原料水未经脱气，有相当多的空气存在；灌装前料液中的CO_2已形成气泡；灌装机阀门动作不良等。只有消除上述产生气泡的因素，才能大大减少冲泡现象。

六、压盖及贴标

(一) 压盖

灌装完毕后，瓶子便送到压盖机。压盖机的作用是借助压力把瓶盖压褶在瓶子嘴销环上。压盖要密封不漏气，又不能太紧而损坏瓶嘴，这对盖子要求极严。一般采用的盖子叫皇冠盖。压盖前，首先应对瓶盖进行消毒，消毒方法一般可采用酒精擦洗，用含有效氯量200ppm的漂白粉水消毒，再用无菌水冲洗后使用。另外，压盖好坏与玻璃瓶也有关，如玻璃瓶高度，瓶口与瓶底同心底，瓶口尺寸，瓶口有破裂等都影响压盖质量。不合格的瓶子在压盖时很易爆瓶，即使不爆瓶，也很易漏气、漏水。

(二) 检验商标

采用专用瓶子，灌装完，检验后就可以立即装箱。但目前国内主要采用通用瓶，为了给产品一个标志，就需要贴商标。

贴标前，应将成品汽水在灯光下目视检验，有的厂在检测前，使瓶子作一个翻转，进一步观察有无杂质和漏气现象。凡液位高度不够，有杂质、无盖、破嘴瓶、密封不严一律检出。

贴标一般都讲究美观、协调、牢固。贴标所用的粘合剂要具有优良的粘合性，一般是高分子化合物，有天然粘合剂和人造粘合剂。多数厂目前多用动物胶或合成树脂。

第四节 质量标准

一、感官指标

1. 均匀度：没有分层现象，液面距瓶口3—6cm。

2. 瓶盖：不漏气、不带锈。

3. 商标：端正、与内容一致。

4. 透明度：呈现产品所应有的颜色，澄清、透明、无杂质。

5. 口味：无异味，具有本品种的芳香味或风味。

6. 泡沫：倒入杯内，泡沫高 2cm 以上，持续时间 2min 以上。

二、理 化 指 标

1. 二氧化碳：为水容积的 2.5—4 倍。

2. 糖精：不得检出。

3. 酒精度：0.5℃以下。

4. 糖度：8—10℃。

5. 重金属：每 kg 中铜不得超过 10mg，铅不超过 1ppm。砷不超过 0.5ppm。

三、微生物指标

1. 细菌数：每 ml 不超过 100 个。

2. 大肠杆菌：每 ml 不超过 5 个。

3. 致病菌：不得检出。

四、保 管 期

一个月内不沉淀变质。

第五节 碳酸饮料的主要生产设备

碳酸饮料的生产设备，是生产汽水、汽酒等饮料所必不可少的，它是饮料生产的基本设备。当前我国生产碳酸饮料设备的企业很多，设备规格、性能也不尽相同。现仅对几种比较常见的主要设备作较为简略的介绍。

碳酸饮料的主要生产设备，根据其用途分为水处理设备、糖浆配制设备、碳酸化设备、洗瓶、灌装设备等 4 大类，见表 5—6。目前国内外中、小型饮料企业使用较为普遍的是班产 1 万瓶左右的小型汽水设备。这些设备具有操作维修简便，设备费用低，生产效率高，适应性强，成套性好等特点，为饮料厂家乐于采用。

一、水处理的主要设备

饮料所使用的水一般为自来水，但自来水不能直接用来配制饮料。因为自来水虽然进行过澄清砂滤处理，但水中仍然存在悬浮物质，有害离子和细菌等，不宜用于饮料生产。水处理的办法已在第一篇叙述，这里着重介绍砂芯过滤器、紫外线灭菌器两种主要净水、灭菌设备。

（一）砂芯过滤器

砂芯过滤器是饮料工业中广泛使用的纯水设备。主要有 101 型和 106 型两种规格。101 型过滤器适用工作气压为 101—202kPa，滤水流量为 1500kg/h；106 型过滤器适用于工作压力为 151—202kPa，滤水流量为 800kg/h 左右。砂芯过滤器的内部结构如图 5—12。

表 5—6　非发酵饮料常用设备一览表

序	号	设备名称	参考型号	生产能力	需量	备注
水处理设备	1	水　泵				通用
	2	砂芯过滤器	101	1.5t/h	4	通用
	3	活性碳净水器	SGH—B	6t/h	2	通用
	4	紫外线消毒器	SM		1	通用
碳酸化设备	5	冷冻小贮池		$12m^3$	1	专用
	6	蒸发器	$12m^2$			通用
	7	冷冻机	2F—10	1.6×10^3W	2	通用
	8	汽水混合机	2102—A	1.5t/h	1	专用
	9	二氧化碳发生器	CW—10		1	通用
	10	二氧化碳钢瓶			50	通用
调合糖浆	11	化糖锅	HD—3		2	专用
	12	糖浆过滤器	ZJC		1	专用
	13	硅藻土过滤器	GL400		1	通用
	14	板式热交换器			2	通用
洗瓶、灌装设备	15	洗瓶机	XP—24	3000 瓶/h	1	
	16	冲瓶机				
	17	毛刷机	CP—1	2.3 万瓶/h	1	
	18	滴水机			1	
	19	输瓶机			1	
	20	灌浆机	SC—1		1	
	21	装水机		1800 瓶/h	1	
	22	压盖机	ZS—12	1800 瓶/h	1	7—9kg/cm²
	23	气　泵	YG—6	2300 瓶/h	1	1.3—2pH
	24	贴标机	CA—10	30 瓶/min	1	
其他设备	25	蒸汽锅炉			1	8—13kg/cm²
	26	给水泵			1—2	
	27	化验设备			1 套	

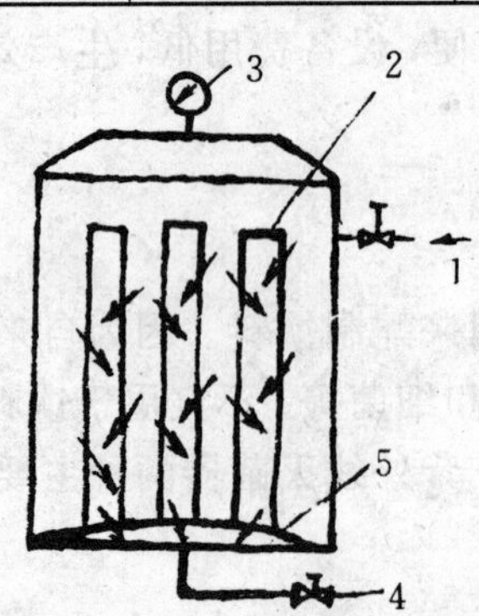

图 5—12　砂芯过滤器结构

1. 进水口　2. 空心砂滤棒　3. 压力表　4. 出水口　5. 拱形底

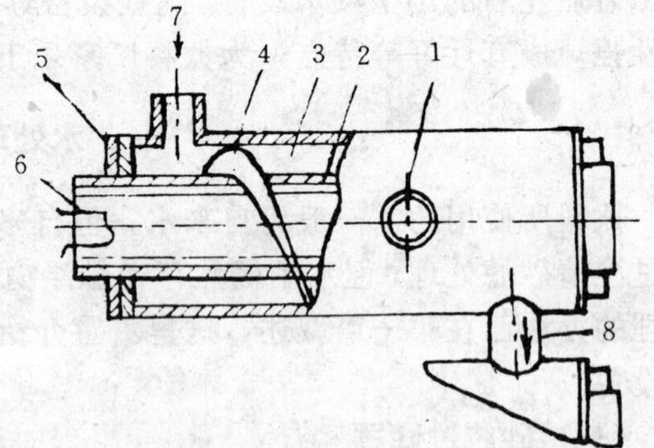

图 5—13　紫外线饮水消毒示意

1. 视镜　2. 石英玻璃管　3. 外壳　4. 螺旋挡水板　5. 密封填料　6. 紫外线灯管　7. 进水口　8. 出水口

（二）紫外线饮水消毒器

紫外线饮水消毒器（紫外线灭菌器），是采用高压汞气紫外线灯直接照射水，对饮水进行消毒灭菌。

紫外线灭菌器主要由石英玻璃套管，紫外灯管，进出水龙头及配套电器箱组成，如图5—13。

比较小型的紫外线灭菌器规格很多，其中SZ系列产品比较适用，体积小，使用方便。如表5—7，图5—14。

表5—7　SZ系列紫外线消毒器规格

型　号	外形尺寸（mm）	流　量 (t/h)	额定电压 (V)	灯管寿命 (h)	参考价 (元)
SZ101	555×155×150	0.2	15	220	500
SZ102	690×150×150	0.6	20	220	800
SZ103	1060×165×160	1.0	30	220	1250
SZ104	1060×210×230	3.0	90	220	1800

紫外线灭菌有如下优点：

1. 消毒速度快，工作效率高。

2. 不改变水的理化指标，不产生有毒有害物质，不增进水的臭味。

3. 管理方便，操作简单，减轻劳动强度。

4. 节约能源，成本低廉。

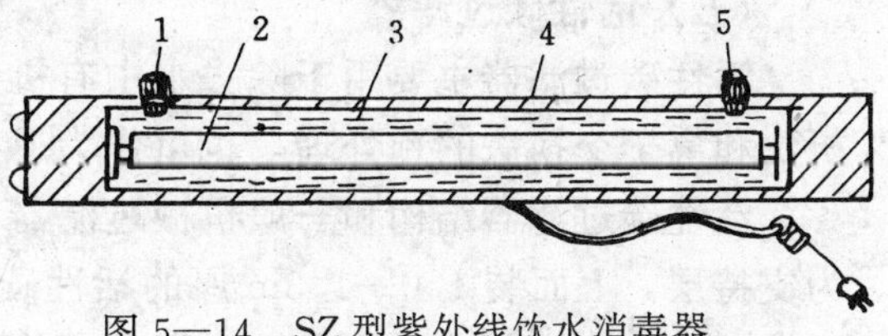

图5—14　SZ型紫外线饮水消毒器

1. 进水口　2. 灯管　3. 水　4. 外壳　5. 出水口

5. 性能稳定，消毒效果好，能使水中的细菌总数和大肠杆菌数达到国家规定的生活用水卫生指标。

紫外线灭菌器与砂芯过滤器串联使用，它要求水的色度要低于150，浑浊度低于5°，否则将影响灭菌效果。

紫外线灭菌器使用时应注意的要点：

(1) 使用时先打开阀门，让密封装置中注满清水，然后通电源、灯管启动10min，再打开出水阀使灭菌器开始工作。

(2) 通水后要调节好进水阀，使通过灭菌器的水量不超过3000L/h。

(3) 停机时，应先关进水阀，然后熄灭灯管。

(4) 操作时应注意观察电压、电流的波动范围应在额定值的±5%之内。如电压波动过大，可利用调压器将电压调至220V（伏）。

(5) 紫外线灯管具有强烈的紫外线辐射，工作人员观察和接近灯管时，必须带有色眼镜，穿工作服，带手套，以防灼伤。

（三）离子交换器

使用离子交换器软化处理用水。需要注意事先对水源进行净化处理，方能进入离子交换器，见图5—15离子交换装置示意图。

（四）电渗析器是水的软化处理设备。最近几年才开始在饮料工业中应用，适用于各种规模的生产。主要优点是连续化、自动化，得到的水无任何外加成分。缺点是水的利用率低，仅有40%左右。如图5—16为电渗析器工作原理图。

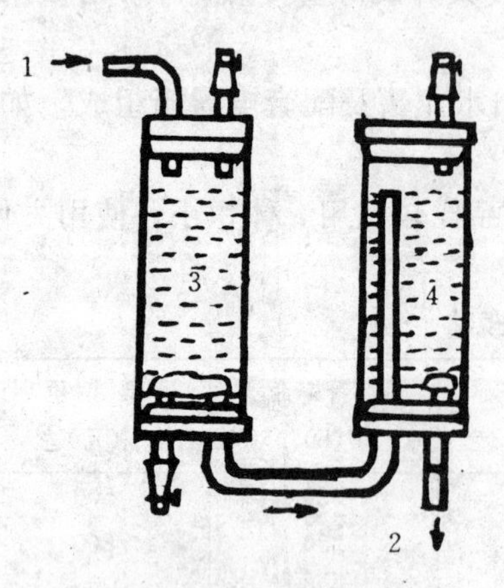

图 5—15 离子交换装置示意

1. 进水口 2. 出水口 3. 阳极 4. 阴极

图 5—16 电渗析工作原理

（五）活性碳过滤器

活性碳过滤器主要用于除去水中有机杂质和水中分子态胶体细颗粒杂质。多用于电渗析法和离子交换法的预处理，也可作为退氯等措施用。

活性碳过滤器结构和一般机械过滤器相似，过滤器底部装填 0.2—0.3m 厚的石英砂层为支持层，上面装 1.0—1.3m 厚的活性碳层，源水由顶部流入，顺流自然下降过滤。由于活性碳表面和内部布满了微孔，微孔直径平均为 30—50 埃，具有很大的比表面积。因此，具有很强的吸附作用和机械过滤作用。

活性碳过滤器要求所处理的水质清澈透明，没有大颗粒悬浮杂质，否则易堵塞微孔，一般放在砂滤器之后串联用。

二、糖浆制备主要设备

糖浆制备在饮料生产中是至关重要的。糖浆溶解若用冷溶法，则须用带搅拌机的溶解槽。热溶法则需要有夹层锅，同时在一个完备的制浆室内，还应有过滤设备、热交换设备、泵及贮料槽等。见糖浆工艺流程图 5—17。

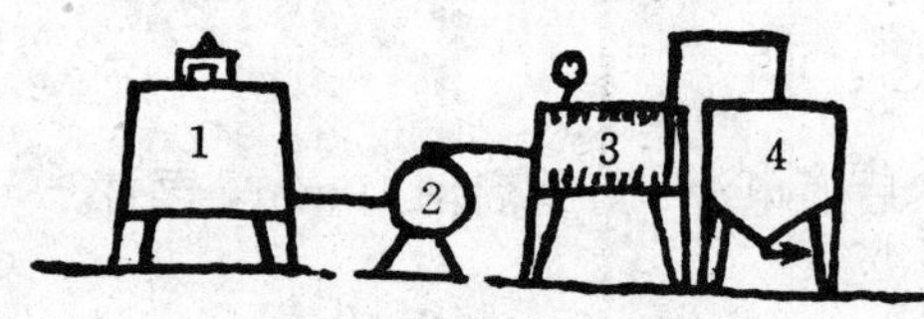

图 5—17 配制糖浆工艺流程

1. 化糖锅 2. 糖浆泵 3. 过滤器 4. 配料缸

（一）夹层化糖锅

夹层化糖锅有可倾式和固定式两种，一般可倾式容积较小，100—300l，固定式有带搅拌的。400l 以上的化糖锅一般制成固定式。带搅拌器者，可作饮料的加热、冷却、混合、溶解等多种用途，如图 5—18。汽水生产采用夹层锅最为理想。

（二）热交换器

糖液在升温或冷却时，即在热交换过程中，必须用热交换器，热交换器分为列管式和板式两种。

板式热交换器又称板式换热器，是一种新型高效的热交换器，具有许多独特的优点。它由许多不锈钢薄片重叠压紧而成。如图 5—19。其工作原理与板框式压滤机相似。加热或冷却的介质液料在相邻两片间流动，通过金属片进行热交换。金属片面积大，流动的液层又

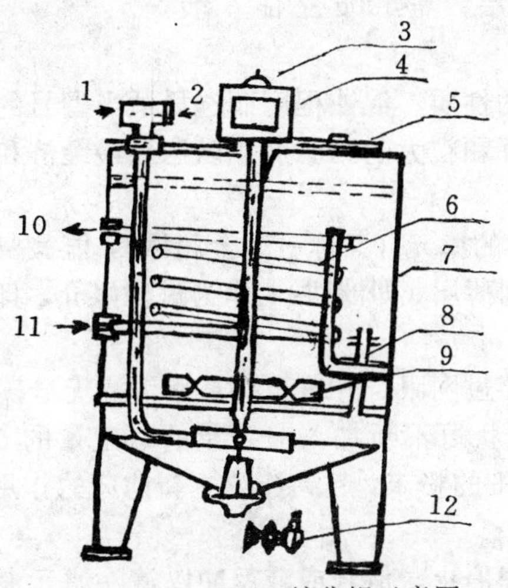

图 5—18　TH-3 糖化锅示意图

1. 进蒸汽　2. 进水　3. 电动机　4. 涡轮箱　5. 加糖口　6. 冷却水管　7. 锅体　8. 蒸汽进水管　9. 搅拌器　10. 出水　11. 进冷却水　12. 球阀

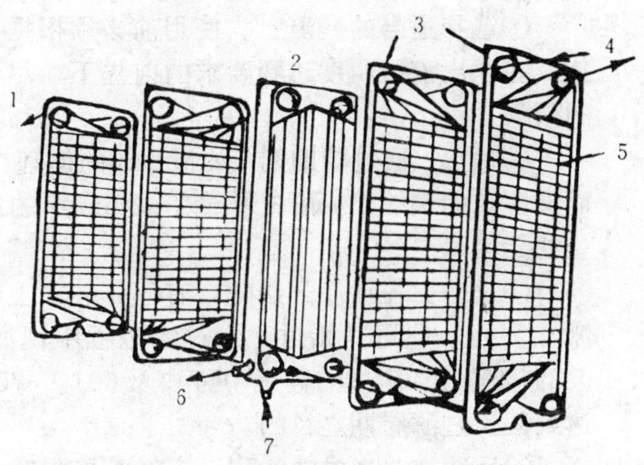

图 5—19　板式换热器结构

1. 流体Ⅳ　2. 中间板　3. 传热板平板　4. 流体Ⅱ　5. 垫板　6. 流体Ⅲ　7. 流体Ⅰ

薄、热交换效果好。此外，还有温度调节系统，温度保持器和泵等附设设备，与其他型式的热交换器相比，它具有如下优点：

（1）有较高的传热效率；

（2）结构紧凑，占地面积小，在较小的工作体积内，能容纳较多的传热面积；

（3）有较大适应性，只需增加或减少传热片的数量即可改变生产能力，适宜处理果汁等热敏性材料；

（4）热利用率高，操作安全，完全在密封的条件下操作，能防止污染。

（三）糖浆过滤器

糖浆的过滤操作在保证饮料产品质量方面具有重要作用，常用的过滤方法有：棉（木浆）法、硅藻土法、板式过滤法、微孔薄膜过滤法，此外还有离心分离法。当前，饮料生产推广使用的是硅藻土过滤设备。硅藻土过滤器过滤情况见示意图 5—20。

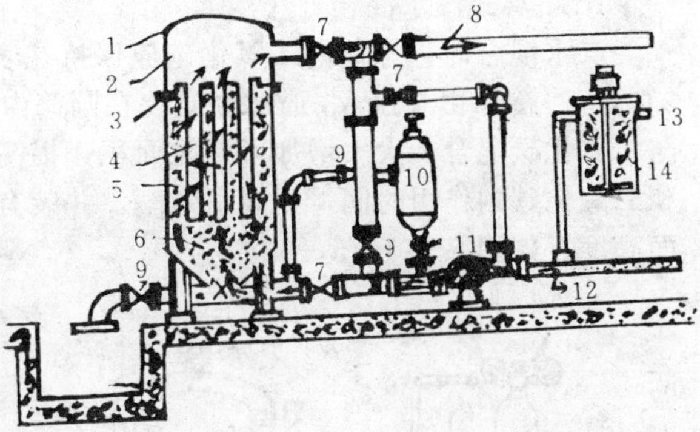

硅藻土过滤器是采用硅藻土作助滤剂的一种过滤设备。它大致具有如下特点：

1. 性能稳定，适应性好。由于硅藻土助滤剂主要成分是二氧化硅，所以化学性能稳定，在冷热及碱性介质中都能适用，不影响原液的基本性质。

2. 过滤效率高，可获得高的滤速和理想的澄清度，甚至很浑浊的液体也能过滤。

图 5—20　硅藻土过滤器系统布置
（图示是过滤时的情况）

1. 硅藻土过滤器　2. 清水室　3. 隔板　4. 滤元　5. 滤膏　6. 原浆室　7. 开关　8. 清糖液　9. 关　10. 预热缸　11. 糖浆泵　12. 原糖液　13. 补充水入口　14. 附加剂桶

3. 具有除菌效果。

4. 设备简单，投资省，见效快。

硅藻土过滤系统通常包括配料槽（预热缸）、过滤机、泵等部分。过滤机可以连续工作

120—150h，每平方米硅藻土粉末用量：起始预涂层约需 500g 左右。

硅藻土过滤机的操作如下：

①选择适当的硅藻土。使用前必须根据糖液的性质、混浊程度而选择适当型号的助滤剂。在滤出液透明度达到要求的前提下，尽量选择颗粒大的助滤剂，以达到最经济和理想的效果。

②预热。通过辅助剂（如清水）的循环在滤器的滤元（又称 y 型金属棒），能截留硅藻而又多孔的圆柱上，预先形成 1—3mm 厚的助滤剂薄层（即滤饼），作为过滤媒介，且能防止滤元堵塞。

③过滤。在预涂开始时，有部分硅藻土粒将穿过网眼。开泵至循环水清亮无硅藻土粒流出为止，即可开始过滤。过滤过程中视滤液性状可不断加入一定量的（定量的 0.3—0.5）硅藻土，附加的硅土中可加入 60%—70%更细的粉末，起到连续更新滤床的作用，以达到延长过滤周期之目的。

④反冲洗。当过滤达到一个经济极限时，过滤停止。借气或液反冲以清除滤元上的滤瓶，清洗除垢后即开始第 2 周期重复涂布使用。

三、碳酸化设备

碳酸水的碳酸化过程是在一个密闭的容器内进行的，要提高 CO_2 在水中的溶解度，大幅度地增加 CO_2 的气压是不现实的，而降低水温比增加压力容易控制。另一方面还需尽可能地增加 CO_2 与水的接触面积。这两点是汽水混合的关键因素。

碳酸化设备主要包括汽水混合机、冷冻机组（包括冷冻机）、冷冻水箱和二氧化碳钢瓶或二氧化碳发生器。

（一）汽水混合机

汽水混合机的种类主要包括薄膜式混合机、喷雾式混合机和喷射式混合机。

1. 喷雾式汽水混合机

汽水混合时，桶体内二氧化碳应保持在表压 405—506kPa，处理过的冷冻水温以 4—5℃为宜。冷水由泵压入，通过竖立装在圆筒内的水管顶部的 6 只离心式雾化器，形成水雾。与二氧化碳混合，大大增加了接触面积，提高了二氧化碳在水中的溶解度，同时缩短了水和二氧化碳的作用时间，提高了效率。并装有晶体管液位继电器，可借以控制碳酸化的液面高度，如图 5—21、5—22。

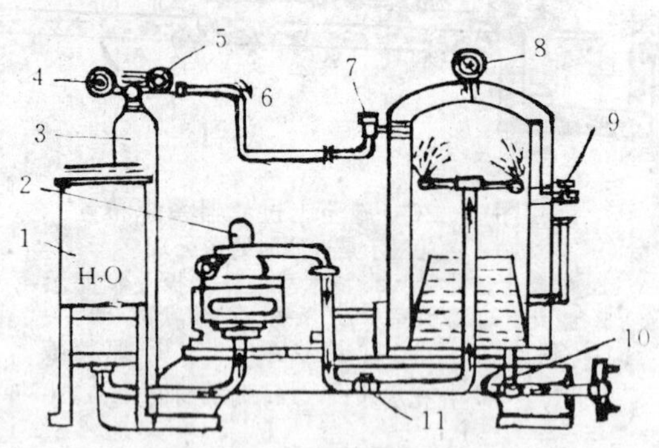

图 5—21　混合机的作用原理示意图

1. 水箱　2. 双缸水压表　3. CO_2 筒　4、5、8. 气压表　6. CO_2 走向　7. CO_2 止逆阀　9. 空气排除阀　10. 安全阀　11. 止逆阀

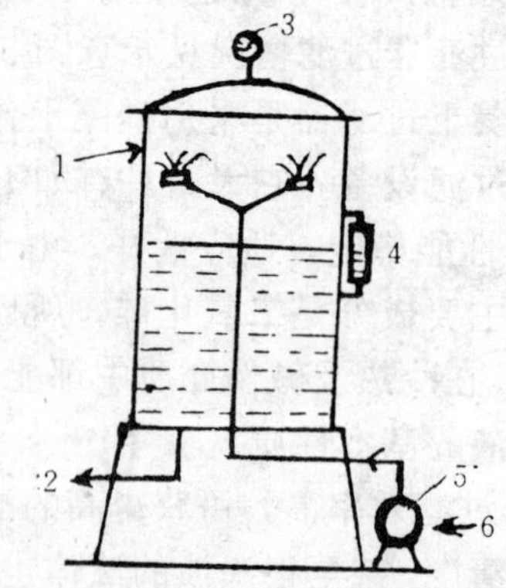

图 5—22　喷雾式混合机示意图

1. 二氧化碳进口　2. 汽水出口　3. 压力表　4. 液位计　5. 水泵　6. 水

2. 薄膜式混合机

此类混合机为比较老式的汽水混合机，其结构如图 5—23，二氧化碳气体经过过滤处理后通过减压阀恒定地向混合机输送，内压控制在 405—608kPa。经过滤冷却的水经泵压入一定压力的密闭圆筒内，水通过在圆筒内竖直安装管的上口流出，在竖管的上半部分固定有 7—8 组一反一正扣在一起的圆盘，当水流经圆盘的曲面时，延长了水在混合机里的停留时间，同时形成一薄层水膜，使充满在圆筒内的二氧化碳与水膜接触混合，完成水的碳酸化。碳酸化的水由圆筒下部的出口流向灌水机。圆筒内的液面，由一个“水银开关”控制。最高不超过进水管上固定的圆盘组，否则将影响混合效果。

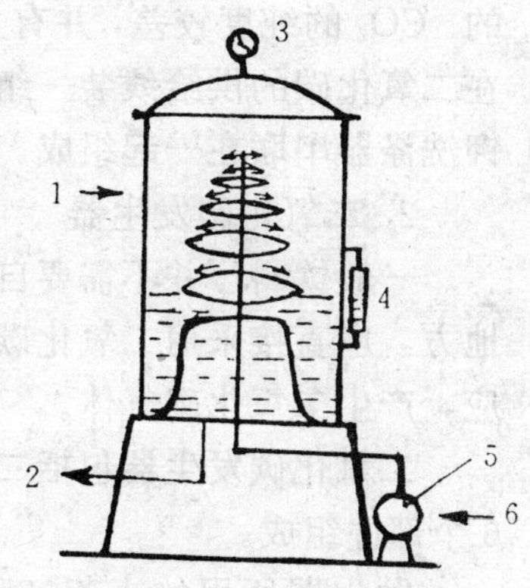

图 5—23 薄膜式混合示意

1. 二氧化碳进口 2. 汽水出口 3. 压力表 4. 液位计 5. 水源 6. 水

这种混合机使二氧化碳与水接触面积小，作用时间短，混合效果不太好，效率也低，很难满足现代化的汽水生产的需要。但目前仍有不少厂家在使用。

3. 喷射式混合机

以引进德国生产设备为例，其混合系统采用 3 只联在一起的喷射式混合器，使水与二氧化碳混合，然而贮存在一个密闭的不锈钢筒内静置一段时间后，缓慢地输水至灌水机。经处理和冷却的水由一台离心式多级泵加压至 1013.25kPa 左右，通过水管分别输送给 3 只喷射式混合器。混合器是一个直径 40mm，长 350mm 的小圆筒，水由上部喷嘴高速向下喷射，二氧化碳进口在圆筒上部的一侧，它的工作原理是经加压的水，流经收缩的喷嘴处水的流速剧增，这时水的内部压力速降，当水离开喷嘴后，周围的环境压力与水的内部压力形成较大压差。为了维持平衡，水爆烈成细小的水滴，同时水与二氧化碳之间有很大的相对速度，使水滴变成更加细微，增大了水与二氧化碳的接触面积，提高了混合效果，如图 5—24。

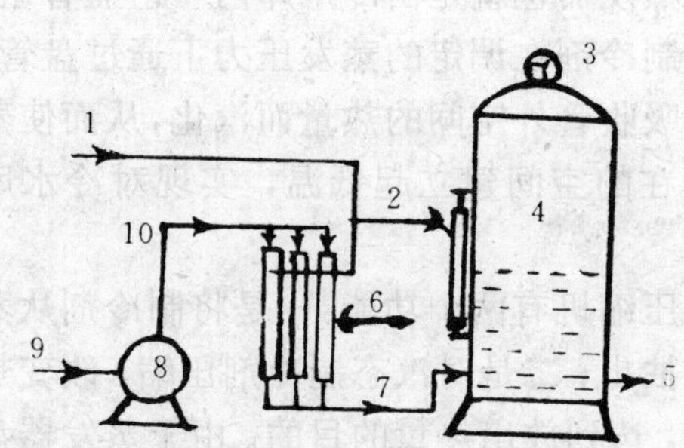

图 5—24 喷射式混合器工艺流程

1. CO_2 进口 2. 液位管 3. 压力表 4. 汽水储罐 5. 汽水出口 6. 混合器组 7. 喷射式汽水进口 8. 多级泵 9. 水进口 10. 高压泵

图 5—25 二氧化碳过滤系统

1. 二氧化碳钢瓶 2. 减压阀 3. 活性碳过滤器 4. 排污口 5. 高锰酸钾洗涤器 6. 高锰酸钾溶液进口 7. CO_2 送至混合机 8. 排污口

（二）二氧化碳的制取和过滤

1. 二氧化碳过滤系统

国内饮料行业中使用的二氧化碳，一般是作为酒精厂等发酵行业中的副产品回收使用的。CO_2 的纯度较差，并有异味，直接用于生产中会影响饮料的质量，所以有条件的厂，须在二氧化碳的供给线装一组过滤器如图 5—25。过滤器由一只活性碳过滤器和一只高锰酸钾洗涤器串联在一起组成。

2. 二氧化碳发生器

一般饮料厂并不需要自己生产 CO_2，但对于边远地区的小厂和购置二氧化碳不方便的地方，应直接采用二氧化碳发生器（该设备投资 6000 元左右），即用小苏打加硫酸发生反应，产生二氧化碳气体。

二氧化碳发生器包括二氧化碳发生桶、贮气桶、空压机、精滤器、硫酸桶、配电箱等 6 个部件组成。

发生器所用的小苏打和硫酸都是工业品。一般说来，加入硫酸小苏打的比例为 1：1.5—1：1.7。例如每次加硫酸 30kg 加小苏打 50kg 左右。硫酸浓度为 98%—99%。

先将小苏打加入发生器，再按 1.5：1 的比例加水。在搅拌下使之溶成糊状。然后在不断搅拌下将硫酸缓慢加入。输送硫酸的管道采用直径 12—16mm 的塑料软管。

操作时必须严格按照操作规程，穿戴好工作服和手套。以免硫酸灼伤皮肤造成事故。

由于上述反应不可避免地要产生一些酸雾，和二氧化碳一同冲出反应器。因此，所产生的气体必须经过碱洗、水洗和活性炭脱臭，否则会使所生产的汽水带来辣味和其他刺激性气味。由于气体压力不足、不稳定，所以必须把它引入一个湿式气柜，稳压贮存备用，同时要求严格监测汽水的含砷量。

（三）冷冻设备

目前各饮料厂采用的是压缩式制冷装置。小型制冷装置用氟利昂 12（F—12）、氟里昂 22（F—22）作为制冷剂；大型制冷装置多采用氨（NH_3）作为制冷剂，直接冷却式系统如图 5—26。

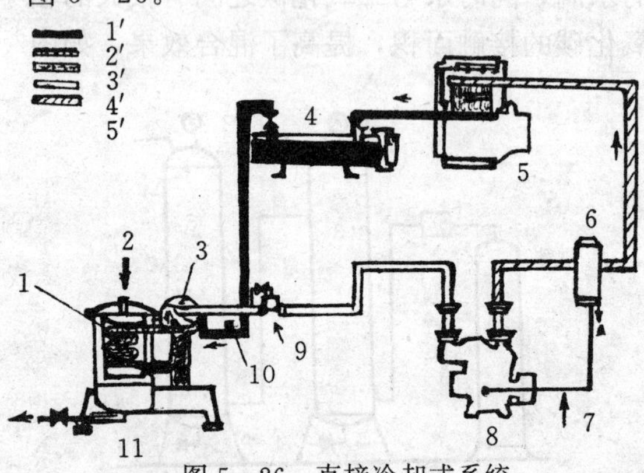

图 5—26 直接冷却式系统

1′. 高压液冷煤 2′. 低压液冷煤 3′. 低压汽液混合冷煤 4′. 低压冷煤气 5′. 高压冷煤气

1. 冷却板 2. 制品液 3. 用压缸 4. 受液器 5. 蒸发式凝缩器 6. 油分离器 7. 回油线 8. 冷冻机 9. 蒸发压力控制器 10. 电磁阀 11. 饮料冷却器

压缩机制冷装置是由蒸发器、压缩机、冷凝器、热力膨胀阀 4 个部件组成。

蒸发器也就是由冷水库内一组盘管组成。液态制冷剂在调定的蒸发压力下通过盘管时，立即吸收管外空间的热量而汽化，从而使蒸发器所在的空间建立起低温，实现对冷水库制冷。

压缩机有两个功能：一是将制冷剂从蒸发器中抽出；二是对汽态制冷剂压缩，改变热力状态，达到放出热量的目的。由于蒸发器盘管内不断供给液态制冷剂，该制冷剂不断吸热汽化，若不及时将汽态制冷剂引出，则蒸发器盘管内汽态制冷剂越积越多，压力势必升高，那么调定的制冷工作状态就不能保证。压缩机就是利用机械方法及时将汽态制冷剂抽出来，以保证蒸发器内制冷过程顺利进行。汽态制冷剂经压缩后，压力和温度都升高了，其热量通过冷凝器传到四周介质（空气和水）中去，从而使汽态制冷剂恢复到液态，以便在制冷循环中使用。

冷凝器是使汽态制冷剂经过冷却水（或空气）冷却，吸去热量后冷凝为液态装置。

热力膨胀阀（节流阀）可以起到降压、降温和控制流量的作用。液态制冷剂通过节流阀，液态制冷剂压力降低，进一步降温，再引入蒸发器内吸热汽化，再次实现对冷库制冷，这样不断循环，以保持冷水库内降温。

四、洗瓶、灌装设备

（一）洗瓶设备

我国的汽水生产绝大部分是采用玻璃瓶包装，瓶子回收使用，所以洗瓶是汽水生产中很重要的一部分。目前我们使用的洗瓶机可分为毛刷刷洗式、液体冲击式和浸冲式洗瓶机。

液体冲击式洗瓶机是通过具有一定温度的液体的几次冲洗，使瓶子洗净。这类洗瓶机多采用浸泡、喷冲、喷淋相结合形式，如图 5—27。

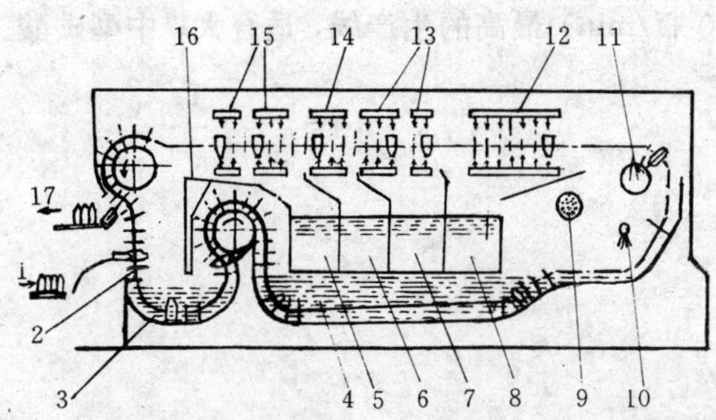

图 5—27　自动浸泡与喷射式洗瓶机示意图

1. 进瓶　2. 链带　3. 预浸泡槽　4. 浸泡槽　5. 清水池　6. 温水池　7. 热水池　8. 洗涤液池　9. 加热器　10. 喷头　11. 导轮　12. 洗涤液喷射区　13. 热水喷射区　14、15. 清水喷射区　16. 预热带　17. 出瓶

（二）灌装设备

灌装设备是饮料包装设备的通称。它主要包括灌浆机、灌水机、压盖机、贴标机等一系列设备。饮料灌装设备种类繁多，形式各不相同。目前灌装设备分二次灌装和一次灌装两种型式。

1. 二次灌装设备：由糖浆机、灌水机和压盖机组成，这 3 种设备各成一体。这是一种较老的灌装方式，适于中小型企业使用。

(1) 糖浆机：又称灌浆机或定料机。常用的灌浆机有 12 头、16 头、24 头 3 种。分为液面密封定量和容积定量两种形式。灌浆机由定量机构、瓶座、回转盘、进出瓶装置和一组传动机构组成。

(2) 灌水机：常用的灌水机有 12 头、16 头、24 头 3 种，灌装阀的结构采用压差的形式。整个机械是由灌注阀和开关阀的一组机构及液体管路、瓶座机构、回转盘、传动机构组成。近年来我国生产的灌水机也有等压灌装结构的设备。

(3) 压盖机：又称封盖机，有 6 头、8 头两种。该机采用电磁振动排列，输送瓶盖，凸轮弹簧机构自动控制压盖。如图 5—28 自动压盖机所使用的瓶盖、瓶子应大小、高低一致，并调整好每个压盖头子的高度，

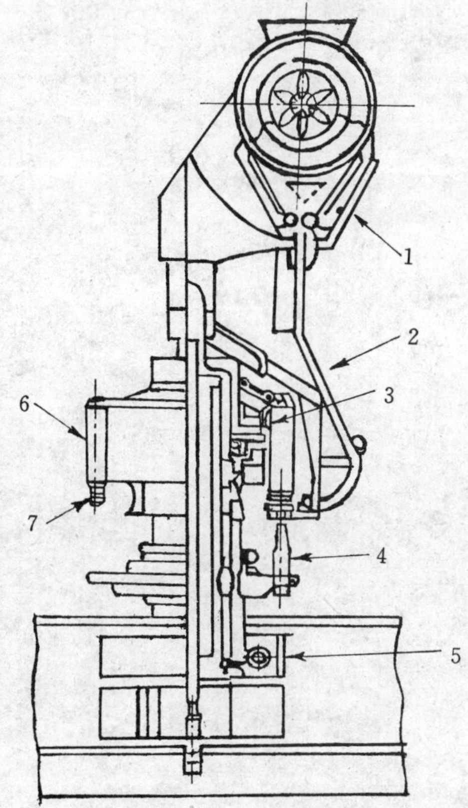

图 5—28　压盖机结构示意图

1. 皇冠盖挑选器　2. 皇冠盖走线器　3. 打栓凸轮　4. 瓶孔　5. 驱动装置　6. 箱摇臂　7. 打栓折边机

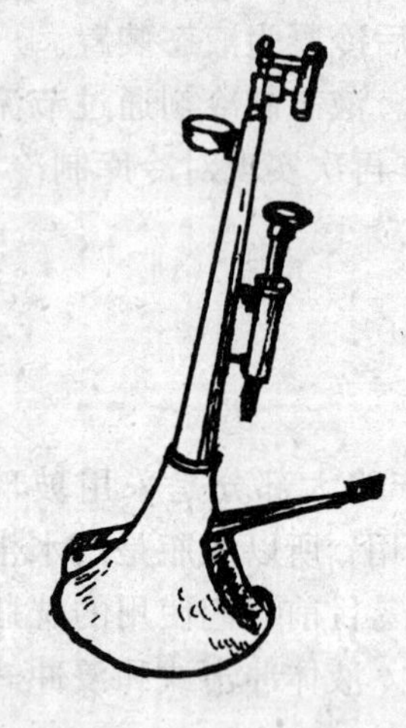

图 5—29　脚踏式压盖机

否则会造成自动送盖障碍，瓶子压碎或压不严等现象。压盖机也有人工填盖手压式，脚踏式压盖机如图 5—29。

2. 一次灌装设备：属于较新型的灌装设备。近年来，我国从德国、日本和意大利等国引进了许多条碳酸饮料灌装生产线，在此基础上经消化吸收，现我国合肥轻工机械厂和南京轻工机械厂联合试制了这类生产线，并已小批量出产品。是我国目前配套设备最完善、生产能力（300 瓶/min）最高的生产线，适合大、中型碳酸饮料厂使用。

第二十六章　冷饮食品生产

第一节　冷饮食品生产的现状和发展前景

冷饮食品一般是指棒冰（有些地方称冰棒、冰棍），雪糕、冰淇淋等固体或半固体冷冻食品。简称冷饮。本章主要叙述冰棒、雪糕、冰淇淋的生产。

冷饮食品的原辅料，主要是采用乳或乳制品、蛋或蛋制品、甜味料、酸味料、稳定剂、食用香精、食用色素等原辅料混合后，经灭菌、冷冻制成。产品质地细腻滑润，色泽鲜艳，风味香甜，并含有丰富的蛋白质、脂肪以及各种氨基酸、维生素等营养物质，不仅可作为防暑降温的清凉饮料，而且也是一种营养滋补食品。

我国制作冷饮食品，早在2000年以前的周朝，就采用冰块冷冻食品，在唐代直接用冰消暑解渴。到本世纪20年代，开始采用冰块冷冻法制作棒冰。在30年代已采用机械冷冻缸制作棒冰和雪糕。

目前，冷饮生产不仅在大、中城市急剧增加，而且迅速向乡镇和农村发展。近几年来大企业实行了机械化、连续化、自动化生产，中小型企业也开始实行了机械化、半机械化。为了满足城乡中、小型冷饮厂和冷饮加工专业户发展生产的需要，我国各制造行业与研究单位密切协作，已研制出各种小型的冷饮生产设备，如小型冰棒机，小型雪糕、棒冰、冰淇淋三用机，小型整体冷饮机等。这些设备，具有体积小、结构简单、操作方便、造型合理、价格便宜，适于乡镇企业、机关、部队、学校、商店及专业户采用。

为了提高冷饮产品质量，保证产品卫生，增加花色品种，增强冷饮食品在人民群众中的信誉，我国有关部门不断组织冷饮生产的专家，陆续制定了各种冷饮质量标准、生产操作工艺及卫生管理法规，开办了各类型的冷饮制作学习班，培养技术骨干，从而使我国的冷饮工业得到了更广泛的发展。新设备、新工艺、新品种不断涌现，产品质量不断提高，深受人们群众的喜爱。

从目前市场需求趋势来看，冷饮品种逐渐向中高档发展。小城镇和农村对冷饮食品的需要量增加幅度较大。因此，冷饮食品工业必将成为我国国民经济的重要组成部分，冷饮食品也必将成为每个家庭常用的食品。

第二节　冷饮食品的分类

冷饮食品种类繁多，根据配料、色素、形态等不同，大致可以分为棒冰、雪糕、冰淇淋、冰果露等，每类品种又有若干规格。

一、棒　冰

棒冰是由淀粉、甜味料、稳定剂、食用香精、食用色素等原料混合后，经过加热杀菌、冷却、浇注冻结而成。

棒冰的组织细腻、坚实、不易融化，主要用来防暑降温。棒冰按其组织成分和风味又可分为以下几种：

（一）果味棒冰

用白砂糖、柠檬酸、食用色素、水果香精等原料加工而成。产品风味随采用的香精不同而不同。特点是以不同的水果香精代替果汁，并有相应的水果色、香、味。

（二）果汁棒冰

用果汁、淀粉、砂糖、柠檬酸、食用香精及色素为主要原料加工而成。这种棒冰的风味和营养均优于果味棒冰。

（三）豆类棒冰

在果味棒冰或果汁棒冰配料中加入各种豆类，如绿豆、红豆、青豆等加工而成。豆类棒冰不仅风味好，而且营养价值高，深受消费者欢迎。

二、雪　糕

雪糕的外形和制作方法与棒冰相似，只是用料不同。在雪糕的制品中，含有乳或乳制品，蛋或蛋制品以及奶油等高级营养品。总干物质高达20%以上，组织细腻滑润，营养价值、风味和口感都优于棒冰。该类产品按配料、色泽、风味不同，可分以下几种：

（一）奶油雪糕

用乳或乳制品、奶油、砂糖、稳定剂、色素、香料等按一定的比例配制后，经加热杀菌、冷却、均质、浇注、冻结而成。采用不同的香精、果汁和添加剂代替奶油，可生产出风味不同的雪糕。

（二）巧克力雪糕

巧克力雪糕是在奶油雪糕成形后，在雪糕表面涂一层巧克力糖衣而成。

（三）果浆雪糕

在奶油雪糕的配料中增加果浆成分，使制品富有新鲜的水果色香味。

（四）果仁雪糕

在奶油雪糕的配料中增加少量果仁，如核桃仁、杏仁，使雪糕别有风味，增加营养和食欲。

（五）双色雪糕

由两种不同风味和颜色的雪糕浆料，采用双色雪糕浇注机，注入同一模具中，制成有明显界线的两种色泽、两种风味的雪糕。

三、冰　淇　淋

冰淇淋是一种营养丰富，易于消化的半固态的高档冷饮食品。具有组织细腻、色泽鲜艳、香味浓郁、口感优良的优质冷饮食品。与棒冰和雪糕相比，配料成分多，总干物质在32%—40%。脂肪、蛋白质、糖分等含量均高于棒冰和雪糕，并富有多种氨基酸、维生素，是一种引人喜爱的冷饮食品。冰淇淋生产要求操作技术高，设备投资大，制作方法除进行巴氏杀菌外，还需进行均匀、老化、凝冻等加工处理。

冰淇淋的分类：

（一）按冰淇淋的风味分

1. 奶油冰淇淋：脂肪含量8%—12%，总干物质33%—38%，糖分14%—18%。常见的有奶油型、香草型和各种果味型。

2．牛奶冰淇淋：该品种的干物质和奶油含量均低于奶油冰淇淋。按配料又可分为牛奶型、香草型、可可型和果浆型。

3．果味冰淇淋：脂肪和总干物质含量在30%—32%。配料中有果汁或水果香精，食之有新鲜水果风味。常见的有橘子、香蕉、菠萝、杨梅、草莓等。

4．高级奶油冰淇淋：脂肪含量在14%—15%，总干物质在38%—42%。按组织成分和风味可分为：奶油、香草、巧克力、草莓、葡萄型等。

5．水果冰淇淋：在冰淇淋凝冻装盒后，表面放上几颗整只或块状的新鲜水果，如草莓、葡萄、樱桃、果仁等，再送入硬化室硬化。

（二）按冰淇淋的形状分

1．冰砖：将凝冻后的冰淇淋装入盒内，冻结硬化后，取出切成砖型包装，或直接将凝冻后的冰淇淋浇注包装盒中，然后硬化。规格有80g、160g和320g的冰砖。

2．杯式冰淇淋：将凝冻后的冰淇淋，装入纸盒或塑料杯中加盖，进行硬化而成。其重量一般为50g左右。

3．蛋筒冰淇淋：将凝冻后的冰淇淋，浇注在锥形或火炬型蛋筒内，食用时香甜脆风味俱佳。

4．蛋糕冰淇淋：将凝冻后的冰淇淋制成蛋糕状，在上面裱上各种奶油图案，然后进行冻结硬化。

（三）按冰淇淋的颜色分

1．单色冰淇淋；2．双色冰淇淋；3．三色冰淇淋。

第三节　冷饮食品的卫生

一、冷饮食品卫生的重要性

我国冷饮工业还处在发展阶段，机械化强度还不太高，特别是中、小型企业，大多是手工操作，产品容易受污染。因此，加强卫生管理，保证产品完全符合国家卫生标准，是冷饮食品生产首要的问题。

冷饮食品中微生物来源是多方面的。主要有原材料带入和工具器皿、工作人员、空气及包装物的污染等。根据实验证明：每1ml牛乳中含菌量少者有数万个，多者有数百万个；每1g甜味料中有20—250个；每1g蛋制品中细菌总数量最少5万个；每1g明胶含菌高达8—40万个；河水中每1ml有伤寒沙门氏菌62万多个。在空气中，直径9cm的琼脂平块放20min有细菌50—100个；手掌上的细菌有1—400万个。这些微生物中有大肠杆菌、结核杆菌、伤寒菌、沙门氏菌、乳酸菌、霉菌、酵母菌以及各种芽孢菌。因此，原辅料混合后，必须经过灭菌处理。经灭菌后，大部分的细菌能够致死。但经检查，在冷饮制品中，仍发现一些细菌。其原因，除不按工艺要求操作外，还有工器具、包装物、环境和车间空气的污染。例如：①包装纸中常带有霉菌、产生杆菌和球菌；②设备及人手易带入大肠杆菌；③车间空气中有霉菌和双球霉等。

所以冷饮食品生产，除严格按工艺要求操作，对混合料严格灭菌外，还必须搞好环境卫、工艺卫生、车间卫生及个人卫生，确保产品食用安全。

二、冷饮生产消毒方法

在冷饮生产中，常用的消毒方法有物理和化学两种方法。

物理方法又有湿热法和干热法：湿热灭菌法有巴氏灭菌、沸水灭菌、蒸汽灭菌等。干热法有高温烘烤、杀菌剂熏蒸，亦有用紫外线杀菌等。

化学灭菌法：主要用氯水和酒精消毒。

无论采用哪种灭菌法，主要取决于灭菌对象，如混合原料灭菌主要采用巴氏灭菌法；生产设备、容器、工具、工作台、棒冰模、棒冰棍，可用沸水或蒸汽灭菌；包装材料、冰淇淋成型容器可用干热法、紫外线照射法；车间、操作工人等可用氯水消毒，操作简便迅速，车间湿度不受影响，但比蒸汽或沸水灭菌的效果差，并有氯的刺激味，因而采用氯水消毒时，必须严格掌握氯水浓度，控制用量，遵守消毒操作规程，以确保生产安全。

消毒液的配制：

（一）碱液的配制方法

1. 母液：用纯碱 10kg，磷酸三钠 50kg，加水 2000kg，贮于瓷缸中，加盖存放，并注意该液不能直接使用，需另配成使用液。

2. 使用液：在消毒使用时，将 1kg 母液加入 10kg 清水稀释后成为使用液。

（二）氯水配制方法

1. 有效氯含量 0.3%的母液：用 30%有效氯的漂白粉 1kg 加水 100kg，搅和均匀，全部溶解后制成母液贮于瓷缸中加盖，在缸外标名“母液不得直接使用”，贮放温度较低为宜。

2. 使用液：用于冰淇淋生产设备消毒的氯水，有效含量为 0.06%，即母液加清水之比为 1：4。

用于人手或其他方面的消毒液，可配成有效氯 0.02%—0.03%。

3. 配制和使用氯水时应注意事项：

（1）配制前应先测定漂白粉的有效氯含量，然后进行计算，配制计量要准确。母液一次不宜配制太多，一般一次配量可用 2—3 天。

（2）配制消毒液的工作人员必须戴口罩和防护眼镜，防止漂白粉溅入眼中。

（3）氯水尽量不要撒在车间内，以免产生刺激味，影响工人健康。

第四节　棒冰、雪糕的生产

一、主要原辅料的质量规格

在冷饮生产中，原料和辅助材料的品质好坏，直接影响到产品质量。因此，必须了解各种原料的成分含量及性能。在生产中正确地按照已制定的产品配方和质量标准选用原材料。计算各原材料的配合比例，以提高产品质量，降低成本。棒冰、雪糕的原辅材料，主要有以下几类：

（一）甜味剂

1. 白砂糖

色泽：呈洁白结晶体　　　　水分：不超过 1%，无结块

纯度：不低于 90%　　　　酸度：呈中性

2. 糖精

色泽：白色结晶体　　纯度：不低于98％

甜度：不低于蔗糖甜度的350倍

（二）乳及乳制品

1. 全脂鲜奶

色泽：洁白略带微黄　　乳脂：不低于3％

滋味：纯净新鲜、无异味　　比重：1.027—1.035

非脂乳固体：不低于8.5％　　杂菌：不超过200万菌落/ml

香气：有乳的天然香气　　酸度：不超过0.1％—0.16％

总干固物质：不低于11.5％　　大肠菌：0.1ml中不得发现

2. 全脂奶粉

色泽：洁白带微黄　　乳脂：25％—30％

滋味：纯净新鲜、无异味　　溶解度：不低于95％

蛋白质：25％—29％　　灰分：不超过5％—6％

杂菌：不超过10万菌落/g　　香气：有乳的天然香味

酸度：不超过1％—1.5％　　乳糖：34％—38％

水分：不超过3％—5％　　大肠菌：0.1g中不得发现

3. 甜炼乳

色泽：淡黄色　　滋味：纯净、无异味

水分：不超过30％　　蛋白质：不低于8％

蔗糖：40％—44％　　乳脂：不低于8.5％

杂菌：不超过10万菌落/g　　香气：具有高温乳的特殊香气

酸度：不超过40°T　　糖：不低于11％

总干物质：不低于11.5％　　大肠菌：1/20g中不得发现

4. 鲜奶油

色泽：乳白色　　气味：纯净新鲜无异味

固形物：40％—45％　　乳脂：不低于38％

酸度：（以乳酸计）不超过0.2％

（三）硬化油

色泽：白色或乳白色　　气味：纯净无异味

溶点：42—46℃　　水分：不超过1.5％

酸度：（以油酸计）不超过1％

（四）明胶

色泽：淡黄色透明体　　粘度：不低于6％

冻结力：不低于25倍　　灰分：不超过2％

水分：不超过18％　　杂菌：不超过1000菌落/g

气味：纯洁略带肉质气味，无异味

酸度：（以乳酸计）不超过0.5％

（五）淀粉

色泽：洁白无结块现象　　水分：不超过15％

性质：性粘、富有膨胀性　　芽孢菌：不超过150个/g

凝结力：（小麦）6—7 倍　　　　　　品种：小麦、马铃薯、玉米

气味：无陈馊与霉味　　　　　　　　碱度：0.1N NaOH 不超过 30ml/g

粘度：1%粘度不低于 80s

（六）苯甲酸钠

为白色的颗粒或结晶性粉末，无臭或微带安息香的气味，味微甜而有收敛性，易溶于水，含苯甲酸钠 99%，干燥失重小于或等于 1.5%，含氯化物≤0.14%，含苯二甲酸≤0.2%，硫酸盐≤0.02%，重金属（Pb）≤0.002%，钾盐≤0.0002%。

二、生产工艺流程

（一）棒冰生产工艺流程

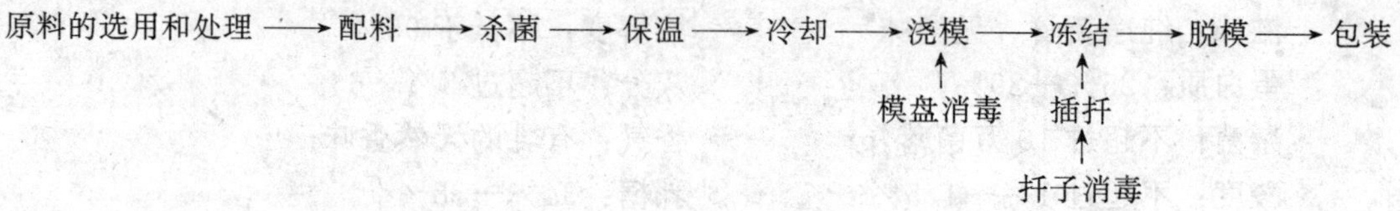

原料的选用和处理 ⟶ 配料 ⟶ 杀菌 ⟶ 保温 ⟶ 冷却 ⟶ 浇模 ⟶ 冻结 ⟶ 脱模 ⟶ 包装

（浇模 ↑ 模盘消毒；冻结 ↑ 插扦 ↑ 扦子消毒）

（二）雪糕生产工艺流程

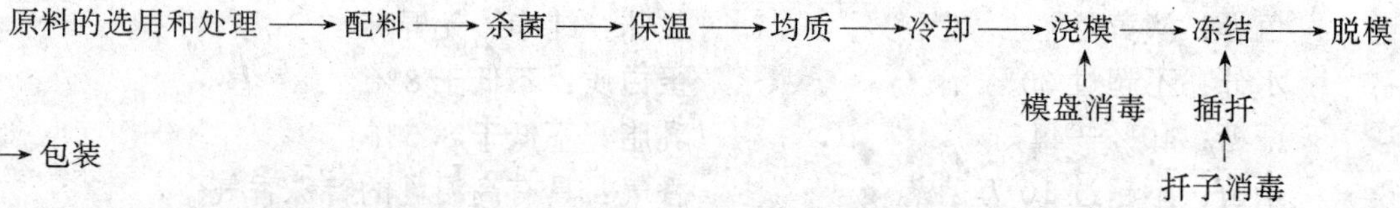

原料的选用和处理 ⟶ 配料 ⟶ 杀菌 ⟶ 保温 ⟶ 均质 ⟶ 冷却 ⟶ 浇模 ⟶ 冻结 ⟶ 脱模 ⟶ 包装

（浇模 ↑ 模盘消毒；冻结 ↑ 插扦 ↑ 扦子消毒）

（三）原料的选用和预处理

1. 配料水

水质好坏直接影响到棒冰质量。有条件的企业必须采用符合国家饮水标准的自来水。

无自来水的企业，采用井水或河水必须经过净化，消毒处理，达到无色、无臭、无味、无杂质。杂菌数每 ml 不得超过 300 个菌落。

2. 甜味料

主要采用白砂糖或糖精，砂糖在配制前必须加水溶解，并先后用 60 目筛和 100 目筛过滤两次，不得有杂质混入糖液。

3. 淀粉

一般采用玉米淀粉或小麦淀粉。在配料时须先加水混合均匀，并用砂布过滤，除去杂质和不溶解淀粉，成为均匀的混浊状态。

4. 乳品处理

鲜奶需用 80 目筛子过滤。冰奶在使用前先击成小块，加热溶解后再过滤。奶粉应先用水溶解后过滤。

5. 硬化油

该油呈固体状态，投料前应先切成小块或蒸汽加热溶化后投入混合缸。

6. 豆类

加工豆类棒冰用的豆，如绿豆，在使用前应先除去蛀豆、杂豆、霉烂豆及杂质，用水清洗干净，放入不锈钢夹层锅中蒸煮，煮至烂而不糊，大部分仍保持粒状。

（四）产品配方

1. 棒冰配方：如表 5—8。

2. 雪糕配方：如表 5—9。

表 5—8　棒冰配方（参考）

原料＼品种	单位	橘子	柠檬	香蕉	菠萝	牛奶	绿豆	杨梅	可可
水	kg	100	100	100	100	100	100	100	100
砂糖	kg	14	14	14	14	14	14	14	14
糖精	g	17	17	17	17	17	17	17	17
淀粉	kg	1.5	1.5	1.5	1.5	1.5	1.2	1.1	1.5
糯米粉	kg	1.5	1.5	1.5	1.5	1.5	1.2	1.5	1.5
可可粉	kg								0.7
全脂奶粉	kg					0.4			
绿豆	kg						4		
桂花	kg						0.5		
柠檬酸	kg	0.075	0.075	0.075	0.075			0.075	
橘子香精	g	150							
柠檬香精	g		100						
香蕉香精	g			70					
菠萝香精	g				115				
香草香精	g					100		1	25
杨梅香精	g							11.5	

表 5—9　雪糕配方（1200kg/缸次）

原料＼品种	单位	可可	橘子	香蕉	香草	菠萝	草莓	柠檬
水	kg	845	836	816	838	871	855	818
白砂糖	kg	105	135	106	125	175	149	105
全脂奶粉	kg	—	22.5	—	16	52	33	—
甜炼乳	kg	175	100	175	125	—	60	175
淀粉	kg	15	15	15	15	15	15	15
糯米粉	kg	15	15	15	15	15	15	15
可可粉		—	—	—	—	—	—	—
精油	kg	37	40	40	40	40	40	40
蛋	kg		37	37	37	37	37	37
精盐	kg	150	150	150	150	150	150	150
糖精	g	170	150	150	150	150	150	150
香草香精	g	900						
橘子香精	g		1500					
香蕉香精	g			600				
菠萝香精	g		600			650		
草莓香精	g						1200	
柠檬香精	g							11

（五）设备及工器具的消毒

在生产前必须将所用的设备及工器具进行一次严格消毒处理，以保证棒冰、雪糕的卫生。

1. 灭菌锅消毒

先用温水刷洗缸内外，再关闭出料阀，放入温碱水，加热至60℃，用棕刷清洗缸内外及搅拌器，然后打开出料阀放出碱水，用温水冲去碱迹，最后用蒸汽或沸水消毒3—5min。

2. 冷却缸消毒

先用温水刷洗干净缸内外，然后将缸盖盖好，开启放料口，从上部插入蒸汽管，打开蒸汽阀，用蒸汽消毒15min，缸外用少量蒸汽喷射消毒。

3. 扦子

将整理合格的扦子放在铅丝篮内，置于93℃温水中保温20min。

4. 棒冰模盘

先将模盘放在60℃的热碱水中冲刷，再用温水冲去碱迹，放入90℃的蒸汽箱内保持15min。

5. 包装台及其他工具

先用热碱水刷洗干净，然后用温水冲去碱迹，并以90℃热水消毒15min。包装台最后用氯水消毒。在生产过程中，每隔1h用氯水消毒一次。

（六）棒冰生产工艺操作要求

1. 配料

按上述配方，准确地称量各原料，按上述方法分别处理后，在灭菌锅中混合，其操作步骤如下：

将灭菌锅管道与考克安装好，关闭出水阀，开动搅拌器，放入热水，开启蒸汽阀，先加入溶解的糖液和淀粉液，再加入热水至所需数量，加热至85—90℃，保持15min，最后加入食用色素、糖精等（豆类棒冰、豆应与糖液同时加入后再加热保温）。

2. 冷却

消毒好的棒冰液用泵打入冷却缸内冷却，在入冷缸的管道进口处用双层砂布过滤，但砂布必须预先消毒。待物料全部放入冷缸后盖上缸盖，并在盖上覆盖已消毒好的白布。将冷却盐水打入冷缸夹层，循环冷却，待棒冰液冷却到4℃，加入柠檬酸及香精，即可送入浇模室。

3. 浇模

打开冷却缸出料阀，将料流入量器内，待达到标准刻度后，开启量器考克，注入棒冰模，经摇匀后，轻轻送入冷却缸。操作时，不要使盐水溅入模具内，以免影响棒冰质量。随时将插好扦子的模盘盖上盖，并覆盖棒冰盖，送入冷却缸冻结。

4. 冻结

棒冰模盘放入冻结缸后，推动时必须均匀，以免盐水溅入模盘内，盐水浓度为30—35波美度，温度应控制在－26—－28℃。冻结10min左右后可取出模盘进行脱模。

5. 脱模

冻结后的棒冰模盘，应及时取出，放在50—60℃的热水中轻轻移动片刻，进行脱模，时间为3—5s，以易脱出为宜，时间不得过长，以免棒冰升温溶化，重量不足。脱模后的棒冰，用拔扦机从模盘中拔出，放置在包装台上，迅速包装。

6. 包装

包装时，应先检查棒冰形态是否符合质量要求，不合格者不包装。包装要紧密，如发现包纸破裂或松散时，应重新整理。

装箱时，应注意有无包装松散现象。装箱要紧密整齐，每箱数量准确，封箱后按批送入冷库。

7. 贮运

包装好的棒冰应立即放入冷藏库中堆放，冷库温度为－18—－22℃。不得上下波动。棒冰箱不能堆放过高，以免压坏变形。运输和销售的容器工具必须保温，清洁卫生。

（七）雪糕生产工艺操作要求

雪糕生产工艺基本上与棒冰相同，但是杀菌后的混合料液要进行均质处理。均质机压在 180—200kg/cm^2（1.76—1.96MPa），均质物料温度以 65—70℃为宜。

均质的目的，是破碎乳脂肪，否则，混合料中的乳制品和脂肪可能发生上浮和乳酪粗糙现象，影响雪糕质量。

如果不均质处理，配料中必须加入奶油和鲜奶。并在混合时加强搅拌和过滤，使乳和脂肪充分溶解。经严格操作后，基本上可以保证产品质量。

三、棒冰、雪糕生产设备

生产棒冰、雪糕的主要设备：配料缸、灭菌缸、均质机、冷却缸、冻结缸、烫盘槽和包装台等。

（一）配料缸

采用不锈钢夹层锅，夹层中间可通入蒸汽或冷水，下部的出料口由不锈钢管连接物料泵。溶化后的各物料途经过滤器泵入带有搅拌器的夹层锅。其结构如图 5—30。配料缸规格见下表 5—10。

表 5—10　配料缸技术参数

型　号	容　积 (L)	工作压力 (MPa)	受热面积 (m^2)	出料口直径 (mm)	型　式	参考价格 (元)
GT6J1	100	0.39	0.77	38	立式	3000
GT6J2	200	0.29	1.00	38	立式	3500

（二）灭菌锅

灭菌设备型式较多，有列管式、片状式、圆筒式以及夹层锅等。在中小型冷饮厂多采用夹层锅。结构简单，可一缸多用，节省投资。该锅的结构与配料与夹层锅相同，仅在锅内多装设一个搅拌器（搅拌器速度为 25r/min），如图 5—31。

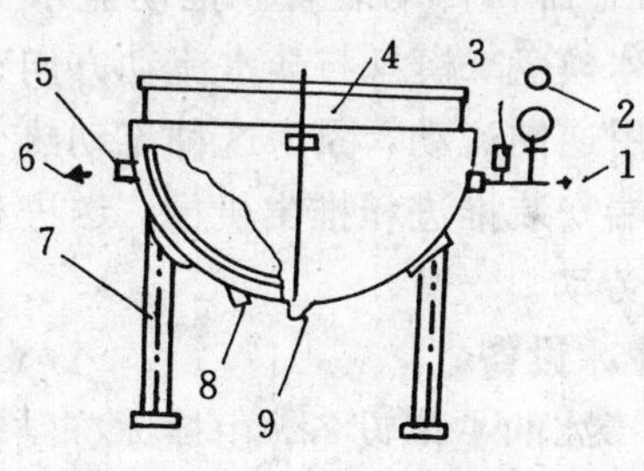

图 5—30　配料缸

1. 进气口　2. 压力表　3. 安全阀
4. 锅体　5. 内胆　6. 排气口
7. 支柱　8. 排液口　9. 出料口

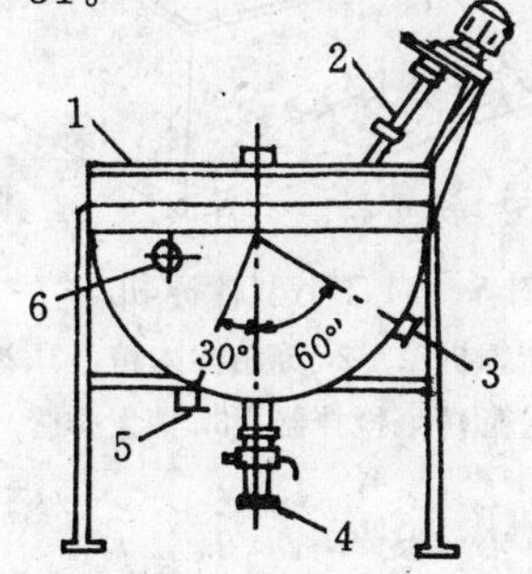

图 5—31　灭菌锅

1. 进气口　2. 压力表　3. 电动搅拌器
4. 支柱　5. 出料口　6. 排气口

（三）均质机

有单级和多级两种，其作用是将物料经过高压粉碎，如果有 10μm 的脂肪球经均质后可破碎成 1—2mm。这就保证了雪糕、冰淇淋的组织细腻润滑。常用的均质机其均质能力 150 L/h。

（四）冷却设备

物料冷却设备，有板式热交换器、卧式冷缸、立式圆筒冷缸等。

立式冷缸是常用的冷却设备，也可作为冰淇淋老化缸。它是双层不锈钢组成。缸体有绝热材料和不锈钢包裹，上部有盖和搅拌器，夹层上部有喷水管，管上有孔，低温盐水由管孔喷出，冷却物料，其结构见图 5—32。

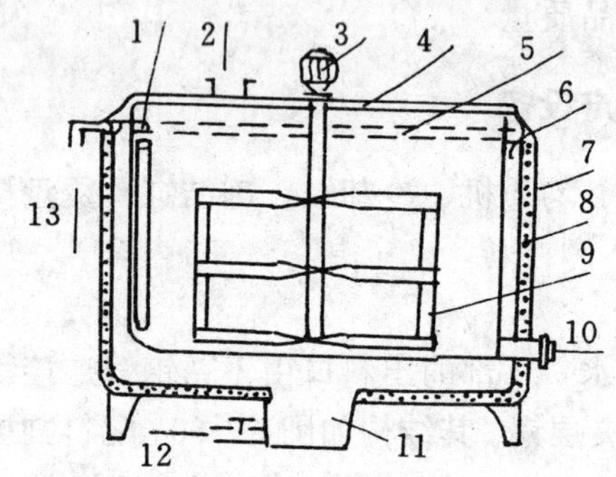

图 5—32　立式冷缸

1. 挡板　2. 进料口　3. 电机　4. 缸盖　5. 喷水管　6. 不锈钢缸　7. 缸壁　8. 软水　9. 搅拌器　10. 出料口　11. 贮水槽　12. 盐水出口

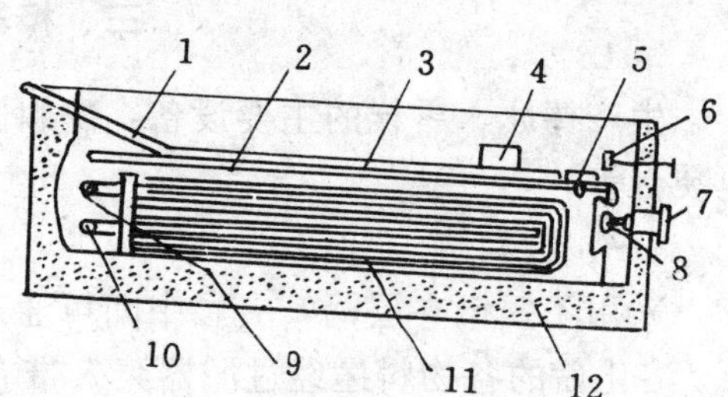

图 5—33　棒冰冻结缸

1. 斜板　2. 隔板　3. 模盘滑条　4. 棒冰棒盘　5. 模盘升降架　6. 推盘杆　7. 电动机　8. 螺旋推进器　9. 进氨管　10. 出氨管　11. 氨蒸发管　12. 保温层

（五）冻结缸

该机是棒冰、雪糕的主要生产设备，如图 5—33。是由长方形槽、氨液循环桶、氨蒸发排管、螺旋浆推进器以及传动装置组成。槽内有铁板上下分开，板下装有氨液蒸发排管，板上装有滑动模盘的滑条。槽的一端有螺旋浆推进器和传动装置。推动盐水上下循环，加速冷冻棒冰模盘。模盘与盐水流动方向有顺向和逆向两种。常用逆向流动，因为这种流动热交换较好，并在冷槽两端安装推进和推出机械，送进和推出模盘，减小体力劳动。

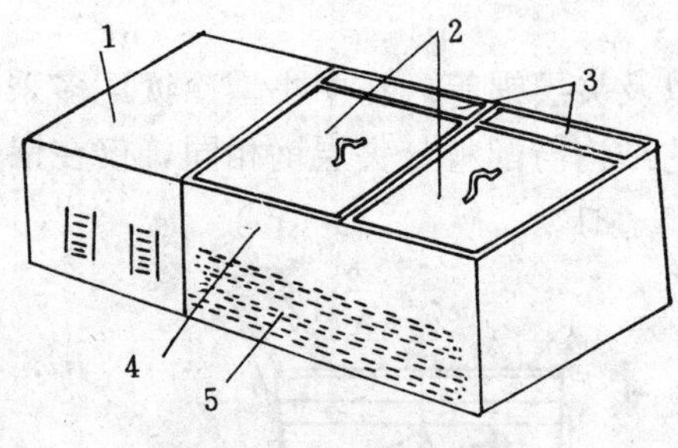

图 5—34　小型棒冰机

1. 下放压缩机位　2. 冻结棒冰箱　3. 冷藏棒冰箱　4. 搅拌器　5. 蒸发排管

（六）小型棒冰设备

该机是生产棒冰的主体设备，由棒冰冻结箱、棒冰贮藏箱、制冷机组成。外形为长方体，上有盖。箱体为双层铁板组成，两板中间有绝热材料，箱内有紫钢蒸发排管，分装在冻结箱和贮藏箱侧壁上。制冷压缩机安装在箱的一端，冻结箱内有搅拌器，搅拌盐水在箱内循环。其结构如图 5—34。在冻结箱的一端装上一个冰淇淋搅拌器及不锈钢筒，同时可生产冰淇淋。

小型棒冰机规格很多，生产能力有大有小，常用的有以下两种，如表 5—11。

表 5—11 小型棒冰机参数表

项目 \ 名称	B—4/0.3 型	B—8/3 型
压缩机型号	2F—4.8	2F—6.5
棒冰日产量	4000 支/日	8000 支/日
冷藏容积	0.03m³	0.3m³
一次储备棒冰模	2 只（每只 42 支）	6 只（每只 60 支）
制 冷 剂	R—12（二氯二氟甲烷）	R—12
棒冰冻结时间	30—40min	30—40min
外型尺寸	1500min×1000min×800min	2710min×1105min×1000min
参考价格（元）	4000 元	6000 元

（七）紫外线饮水消毒器

紫外线不仅能杀死大肠杆菌，而且能杀死耐热芽孢菌。

（八）烫盘槽

由不锈钢制成的长方形水槽，内有蒸汽蛇管。长度为 100cm，宽 40cm，高 30cm，槽内装有盐水，温度保持在 50—55℃，模盘烫数秒钟后，棒冰容易从模盘中脱出。

（九）包装台板

由不锈钢台板或铝板，放在三角铁或钢管焊接的台架上。台板架涂有防锈漆便于清洗保持卫生。

第五节 冰淇淋生产

一、冰淇淋生产工艺流程

选料→配料→杀菌→均质→冷却→老化→凝冻→成型→硬化→脱模→块切→包装→硬化→检验→成品

二、冰淇淋的质量标准

（一）感官指标

色泽：应具有该品种适应的色泽，均匀一致（双色、多色）切开后色层应基本分明。

滋味及气味：应具有该品种特有的香气和风味，无异味。

组织：细腻滑润，无外来杂质、无乳糖、无冰结晶、无乳酪粗粒存在。涂巧克力的冰淇淋，无破碎现象，应光滑完整。

形态：形态完整、无变形、无收缩现象。

包装：清洁完整，无渗漏现象。

（二）理化指标：如表 5—12

（三）微生物指标

含乳糖 10%以上的冷饮食品，细菌总数≤3 万（个/ml），大肠杆菌群最近似数≤450（个/100ml），致病菌（指肠道病菌数，致病性球菌）不得检出。

三、冰淇淋配方：如表 5—13

表 5—12　冰淇淋的理化指标

项　　目	甲　级	乙　级	丙　级	丁　级
总干物质（%）	≥38	≥36	≥34	≥32
总糖分（%）	≥15	≥16	≥16	≥18
脂肪（%）	≥12	≥10	≥8	≥6
总蛋白质（%）	≥2.8	≥2.6	≥2.4	≥2.0
酸度（乳酸 l）	≤0.2	≤0.2	≤0.2	—
膨胀率%	95—100	90—95	91—95	70—80
铜（mg/kg）	≤10	≤10	≤10	
铅（mg/kg）	≤1	≤1	≤1	
砷（mg/kg）	≤0.5	≤0.5	≤0.5	

表 5—13　冰淇淋配方

级别 / 原料	单位	甲	乙	丙
水	kg	80	300	470
砂糖	kg	158	170	105
鲜奶	kg	430	400	200
全脂奶粉	kg	100	50	15
甜炼乳	kg	40	70	240
鲜奶油	kg	250	—	—
蛋	kg	77	77	77
硬化油	kg	—	84	90
明胶	kg	6.5	6.5	6.5
香草香精	g	3.5	3.5	3.5
白脱油	g	35	45	—

四、冰淇淋生产工艺操作要求

（一）原料选用及处理

原材料质量好坏直接影响到冰淇淋的质量，所以各种原材料进厂后必须按质量标准进行检验，不合格者不能采用。

（二）物料的混合和灭菌

各种物料按配方规定数量，先用温水分别进行溶解（注意用水量不超过配方中的总水量），经 80 目筛过滤后按顺序投入混合缸。

先将乳和蛋的溶液用泵送入混合缸，开动搅拌器，打开蒸汽阀，进行加热；再顺序投入已溶好的硬化油，70%的糖浆及稳定剂（多用羧甲基纤维素钠，价格便宜，货源足，水化作用强）溶液；最后加入清洁温水调至所需配料的总水量。关闭缸盖，继续加热升温。温度由低至高缓慢升高。当混合物料温度升至 70℃左右时，打开出料阀，通过管道进行回流到混合缸中，其目的使出料阀及管道中的物料都得到杀菌。当混合物料温度升至 75℃时，关闭蒸汽，保温 30min，杀死混合物料中的微生物。然后，开动冷水阀，将冷水打入混合缸的夹层中，将物料冷却至 65℃左右进行均质。

（三）均质

均质机压力为 150—200kg/cm²（14.77—19.6MPa）均质物料温度为 65—70℃。温度

过低，粘度增高，在凝冻机中不易搅拌；温度过高，凝冻时间短，空气混入量少，影响膨胀率。均质压力可按物料中含脂肪多少略微波动，脂肪含量高，均质压力则可略高。

理想的均质操作，可促使冰淇淋组织细腻滑润，减少冰结晶，增加稳定性，提高膨胀率。

（四）老化

均质后的混合料经过冷却机迅速冷却到10—20℃送入老化缸，进行老化处理。

老化的实质是脂肪、蛋白质和稳定剂发生水化作用，减少混合料中水分，防止在凝冻时形成较大的冰结晶。从而提高混合料粘度和膨胀率，改善冰淇淋组织。老化的温度是2—3℃。如温度高于6℃或低于0℃老化不能进行。老化时间与混合料成分有关，干物质越高，粘度也愈高，老化速度加快。老化最好分为两个阶段进行。

1. 先将物料冷却至15—18℃，保持2—3h。在这种温度下，明胶膨胀良好，能更多地结合水分。

2. 再把混合物料冷却到2—3℃，保持3—4h，这样大大缩短老化时间，提高混合物料粘度，减少明胶消耗量。

在老化过程中，老化缸的搅拌器应不断搅拌，夹层中不停供应冷却盐水，使混合物料温度保持在2—3℃。操作人员经常检查温度，不能过高或过低。

（五）凝冻

凝冻的作用，是在致冷剂的作用下，继续降低温度，使混合物料变成半固体状态。在搅拌器高速拌和下，混合空气，使体积膨胀，质地柔软润滑。

凝冻的温度是－2℃——4℃。间歇式凝冻时间为15—20min，时间过长，产品粗糙，容易产生收缩；时间过短，增加消耗，产量低。连续凝冻机，进出料是连续的。必须经常检查膨胀率，从而掌握恰当的进出量以及混入的空气。凝冻温度高低与含糖量有关。含糖量高的冰淇淋，凝冻温度稍低些。比如含糖量12％时，凝冻温度为－2℃为宜，含糖量20％时，凝冻温度以－4℃为宜。

（六）成型、硬化和贮藏

凝冻后的冰淇淋必须立即成型和硬化，以满足贮藏和销售的需要。

所谓成型和硬化，就是将凝冻后的半固体冰淇淋分装到各种形状的包装容器中，然后放进温度为－20——25℃的冷库中或其他冷冻机中进行急冻、硬化，即成各式各样的冰淇淋，这个操作过程称为成型和硬化。

简冰砖，每块冰淇淋净重80g，也称小冰砖；中型冰砖，每块重160g；大冰砖每块重320g；净重误差不得大于±3％。纸杯冰淇淋每盒净重50g，误差不得高于±4％。

在硬化冰淇淋时，堆放不得过密，应能充分与冷空气接触，否则硬化速度过慢，影响产品质量。

硬化后的冰淇淋应保存在－20℃的冷库中，库内的相对湿度为85％－90％，贮存温度不能高于－18℃，否则冰淇淋融化使其中的部分冻结水分流失，即使温度再下降，其品质仍会呈现粗糙。由于温度上下波动，促使制品中的乳糖结晶形成沙粒状，故贮藏冰淇淋的温度要稳定。

冰淇淋贮藏时间不能过长，一般3—6个月，时间过长，使风味变差。

第六节　冷饮食品生产中易出现的问题

冰淇淋、棒冰和雪糕在生产过程中，由于原料质量差或是操作不当，易引起一些质量问题，影响产品的销售和食用，常见的质量问题有以下几方面。

一、冰 结 晶

在冰淇淋中有冰的分离、食有冰感，称为冰结晶。产生的原因：

（一）冰淇淋所含干物质过低

冰淇淋的总干物质一般在32%—38%。如果总干物质过少，水合作用不好，被结合的水减少，游离状态的水，在温度降低到水的冰点以下时，即形成冰结晶。

（二）稳定剂选用不当或用料不够

冰淇淋中加入稳定剂的作用是改善产品的组织状态，提高凝结能力。因为稳定剂具有亲水性，能与水发生化合作用，从而提高冰淇淋的粘度和膨胀率，亦可阻止冰结晶的产生。

稳定剂种类很多，如琼脂、明胶、淀粉、海藻酸钠、羧甲基纤维素等。淀粉常用于棒冰和雪糕中，琼脂和明胶凝结力比淀粉强，但价格较贵，羧甲基纤维素价格便宜，凝结力亦强，用量仅需0.2%左右，比用明胶成本低，已广泛用于冰淇淋生产中。

稳定剂主要有结合水的能力，有的结合水量是稳定剂的20—30倍，如果用量不足，不能充分结合水分，冰淇淋中有过多的自由水，在温度下降时，有冰晶析出。

（三）酸度增高

酸度过高时蛋白质很不稳定，特别是加热时，乳蛋白质易凝固，减少同水的结合力，形成过多的游离水，产生冰晶。

（四）均质压力低

冰淇淋混合物料经高压均质后，蛋白质、脂肪、稳定剂的微粒变细，能更多的发生水合作用。如均质压力不足，组织较粗、粘度小，降低与同水的结合力，也能出现冰结晶。

（五）硬化不及时或硬化温度过低

冰淇淋的凝冻温度为－4℃时，水分子与稳定剂、蛋白质容易结合，但如果不能及时送进硬化室，温度渐渐升高，水分游离出来，一旦硬化时会产生冰结晶。

二、膨胀率低

冰淇淋的膨胀率是指冰淇淋容积增加的百分率，一般膨胀率为95%—100%。膨胀率高，组织较松软；膨胀率低，则组织硬化，食之感到不柔润适口，并增加生产成本。影响膨胀率的因素有以下几种。

（一）脂肪含量高

冰淇淋中的脂肪含量一般是6%—12%，如高于12%，其粘度增大，凝冻时，空气不易进入，体积不能膨胀。

（二）糖分过高

冰淇淋中糖分过高，使混合物料的冰点降低，在凝冻时，空气不易进入，影响冰淇淋的膨胀率。

（三）稳定剂过量

冰淇淋中稳定剂用量，一般不超过 0.5%，用量过大，粘度增大，凝冻时空气不易混入。

（四）乳糖结晶、乳酸和蛋白质凝固

在混合物料加工过程中，产生乳糖结晶，乳酸及蛋白质凝固，降低膨胀率。

（五）老化不够

老化目的，是将混合物料在 2—3℃温度下搅拌一段时间，发生水合作用，使粘度增加。若老化程度不够，粘度很低，也影响膨胀率。影响老化不够的主要原因是老化温度不当，如果温度高于 6℃，即使延长时间，也不能得到满意的效果。

（六）凝冻搅拌时间不足，搅拌速度太慢

三、体 积 收 缩

冰淇淋在硬化贮存过程中，发生体积缩小现象，称为冰淇淋收缩。收缩的冰淇淋不仅形态差，而且组织粗糙，影响销售，造成的原因：

（一）硬化不及时，硬化室温度偏高

冰淇淋内部空气温度升高，发生外渗现象，使冰淇淋组织陷落，体积缩小。

（二）膨胀率过高

由于膨胀率太高，水分和固体数量减少，空气含量增多，压力变大，在温度变动时，空气很易渗出，引起冰淇淋收缩。

四、融　化　快

冰淇淋融化快，是指食用时，很快融化成乳液。其原因，除了销售点的贮藏温度高外，与冰淇淋本身的质量有关。

（一）原料质量不好或用量不当

如采用的稳定剂的质量不好或用量不足；脂肪含量少，特别是硬化油用量偏少，使混合料粘度不够，稳定性差，易于融化。

（二）均质压力低，混合物料粘度不足

（三）贮藏、运输工具温度偏高，销售点存放时间太长，均引起融化速度快，影响食用

五、异　　味

由于操作不当往往会造成冰淇淋带有各种不正常的味道。常见的有酸败味（原料不新鲜）；咸味（冰模漏盐水和烧注溅入盐水等）；油腻味（脂肪、硬化油腻败）；氧化味（乳制品中脂肪氧化及高温与金属接触时易产生；烧焦味等。另外，由于加进的香精过多，或香精质量差，造成香味不正，甚至产生苦味。所以香精的使用必须控制在国家规定的范围内。

六、微生物超标

造成微生物超标的原因，主要是巴氏菌不够；原料污染严重；设备、工具消毒不佳；环境卫生、个人卫生、车间卫生不好。因此，严格执行各种卫生制度，是保证产品质量的重要措施。

产生以上各种问题的原因是多方面的，但归纳起来，不外乎有以下 4 种。

1. 选用的原料不恰当；2. 配料不准确；3. 原料质量不符合要求；4. 违反生产工艺和操作规程。

第二十七章　果酒加工原料及设施

第一节　果酒加工对原料的要求

一、原料的选择

果酒，各种水果均可酿制，但品质上常常差异极大。为了保证优质高产低耗的加工品，除受工艺和设备的影响之外，更主要是与原料的好坏及原料的适加工性，有着密切的关系。如各名牌葡萄酒均有各自的专用原料，非名牌葡萄酒难以打开销路。要生产出优质果酒，能占据一定的市场，也得先从原料的选择入手。

（一）选择适宜的种类品种

不同的水果种类品种，有其特定的组织结构和化学性质，对加工的适应性各不相同。另外，从加工方法上看，各种方法对原料的性质都有一定的要求。在果酒酿制方面，要求水果出汁率高，取汁容易，糖分高，酸分、果胶、单宁含量适宜。具有浓郁香味及鲜艳的颜色，风味独特等。

（二）选择适宜的成熟度

果品的成熟度是表示原料品质与加工适应性的指标之一。果实的成熟即完成了其细胞、组织或器官发育之后，表现出特有的风味、香气、质地、坚密度和色彩的过程。根据成熟的不同，成熟的过程可分为绿熟、硬熟、坚熟和完熟。各种加工方法和制品对原料的成熟度均有特定的要求，这种成熟度就叫工艺成熟度。只有原料达到工艺成熟度，糖分积累多，色、香、味最理想，营养价值高、组织质地松，有利酿制，才会生产出优质的产品，降低吨耗。否则会造成加工困难，产品质量低劣。可见，果酒酿制的原料要求达到果实完熟期，才能确保糖酸比适当，风味浓郁，榨汁容易，色泽好出汁率高的效果。

（三）选择果品的新鲜度

加工水果原料愈新鲜、完整，成品的品质也就愈好，吨耗率也就愈低。否则，水果一旦发酵变坏就会造成许多微生物侵染，给消毒增加困难，增加原料的吨耗，增大了产品成本。所以，应尽量缩短从采收到加工的时间，如果必须放置等候加工的原料，为了保持原料的新鲜、完整，就必须采取一系列保藏措施。

总之，酿制果酒用的原料必须充分成熟，以便获得糖分高、香气浓郁、色泽好的果汁，并有较高的出汁率。为了保证酒精发酵的顺利进行和优质的酒质，必须选用新鲜而完好的水果。

二、原料成分对酿酒的影响

原料成分对酿酒的影响，是较为复杂而广泛的，但其中主要成分影响较突出的有以下几种：

（一）水分

水分约占水果总重量的75%—90%。水果中的糖、有机酸、单宁、维生素和无机盐溶解在水中，构成营养丰富的果汁。水分含量高的水果，质地柔软，适宜于混合发酵或取汁发酵；含水较少的水果，大多数质地坚硬，适宜于固体发酵或加酒精或汽水浸泡取汁，再配制或发酵。

（二）糖分

水果中糖分主要是由葡萄糖、果糖和蔗糖组成。糖分含量随果实成熟程度不同而有所异，在果实生长期，果实中积累的糖分不多，而在果实成熟后期，果实中的糖分开始大量积聚，这时的果实糖量较高。果实中糖分在发酵时可被酵母菌直接发酵成酒精、甘油和琥珀酸等成分，与产品的产量和质量有很大关系。糖分含量高酿制果酒的酒精度就高。由于糖在发酵时，生成的甘油和琥珀酸赋予酒的甜润滋味，使酒味纯正。果汁中含糖量在160g/L以上较好。

（三）有机酸

果汁中含有多种有机酸，主要有苹果酸、柠檬酸、酒石酸、琥珀酸、草酸等，其中以苹果酸、柠檬酸、酒石酸为主。酸能使果汁呈酸性，有利于酵母的正常生长和代谢，抑制败坏菌类的生长，还有利于皮渣中色素和单宁的溶解，使果酒具良好的色泽，还可加速多糖转化和果胶物质分解。又能与醇类生成酯类，使果酒具有酯香，还能使果酒具有清凉爽口风味。如果酸分过高时，酒味变酸涩；酸分过低，酒味平淡。果汁中含酸总量6—10g/L较好。

（四）单宁

水果中的单宁大部分是在果汁加工过程中从果梗、果皮和果核中流出，最后进入成品。

单宁具有较强的收敛和涩味，是果酒的重要成分之一，适量的单宁可抑制杂菌生长。单宁与蛋白质胶剂形成不溶性的絮状络合物，从而使果酒澄清。促使酒中的酸味、甜味、酒味更加协调，并增加果酒的醇厚感。酒中单宁含量过多，会造成酒味过分苦涩，如果酒中单宁不足，也会使酒变得平淡。

单宁本身是一个多元酚类物质。当接触空气时，由于氧化酶和过氧化酶的作用，容易发生褐变，使果汁或果酒变褐。当接触铁时，生成蓝色沉淀物，即谓色败坏病，使酒产生混浊，为了防止单宁的这些作用发生，确保产品质量，必须在果汁加工过程中避免果皮、果核中的单宁溶出过多。在酿制过程中防止与铁接触、与空气接触，同时加入适量SO_2等抗氧化剂，抑制酶的活性。

（五）维生素

水果中富含维生素C、胡萝卜素、核黄素、硫胺素和烟碱等多种维生素。维生素C本身有强烈而爽口的酸味。维生素在高温、氧化酶作用及与铁、铜接触时，会受到破坏。因此，在酿制过程中应加入亚硫酸等抗氧化剂，并避免氧化、受热。

近年来开发的一些野生果实，如沙棘，维生素C含量达到1102—1438mg/100g；猕猴桃达到460—521mg/100g；滇橄榄420—680mg/100g。这些未受污染而营养丰富的野生果实，将为酿制优质果酒，提供新的原料来源。

（六）芳香物质

水果中芳香成分对果酒的质量有直接影响，是果酒中两大香（果香与酒香）成分之一，赋予果酒以某种典型的香气，增加果酒的风味。有些芳香物质还有一定的杀菌能力。

（七）果胶物质

水果中的果胶物质，是以原果胶、果胶和果胶酸 3 种形态存在的。其中果胶是果酒中甲醇的重要来源，因为果胶在果胶酶的作用下，水解成甲醇和果胶酸，甲醇是果酒中有害的物质，危害人体的脑、视神经，在果酒中有严格限量。果胶物质在酿酒过程中，不利于渣汁的分离，影响澄清。如酿制的原料含果胶量较高，必须加适量的酶制剂分解果胶物质或工艺上需经特殊处理。

（八）色素

水果中有叶绿素、胡萝卜素及其衍生物叶黄素、花青素等几种主要色素。这些色素在酿制过程中，随环境的影响而发生变化，它们对果酒的色泽、口感及氧化还原等方面具有重要意义。

三、原料的处理

（一）分选

水果进厂后放在遮棚内，避免太阳晒或雨淋。尽快分选，首先打开包装，将不同品种分开，然后逐个检查剔除病虫害果，未成熟果及腐烂果，对病虫害果及腐烂果进行消毒杀虫后深埋。在分选同时将果柄除去，有的果实还要挖去果核。有局部病虫及腐烂果应除去局部，这样可以降低吨耗。

分选的目的是消除酿制过程中的不良因素，减少杂菌，保证发酵与陈酿正常进行，以达到酒味醇正，少生或不生病害的目的。分选同时进行果实分级，一般分为三级：一级果用于酿制优质果酒，二级果酿制普通果酒，三级果酿制水果白酒。

（二）洗涤

用清洁水清洗水果，让其附在果皮上的灰层、泥沙和喷洒在上面的杀虫剂以及大量的微生物除去。对留有明显农药的产品，必须使用适当的洗涤剂或化学药品，消除残留农药。

（三）破碎

酿制果酒的果实，均需进行破碎，使果汁流出，便于压榨和发酵，也有利于色素的溶解。不同的果实，组织质地也不同，采用的破碎设备也不同。如刺梨、猕猴桃、梅、杏、柑橘、桃等多采用齿形双辊筒破碎机；苹果、梨、毛叶枣、滇橄榄等比较坚硬的水果，宜用单辊破碎机；樱桃、桑椹等使用双辊条齿挤压破碎机。

水果的破碎要适度，碎块过大，会影响出汁率和发酵率；碎块过细，果浆呈糊状，会给压榨带来困难。为防止氧化，在压榨汁时可加一些 SO_2 可防止变色和杂菌生长。

（四）压榨

压榨是使果实的果汁或刚发酵完成的新酒充分取出来，由于果实不同采取工艺也不同，有的是破碎后即进行发酵；有的是当主发酵完成后即时压榨新酒。在压榨时，应用适当压力，逐渐加压，尽可能压出果肉中的果汁，而不压出果梗及种子的汁液。最初不加压流出的汁称自流汁，出汁率约 50%—60%，质量很好，可作优质酒。加压取得的汁称压榨汁，出汁率约 10%，质量稍差，可分别酿制，也可与自流汁合并。当榨不出汁时，可翻拌疏松后或加水再压榨，取得的汁称二道汁，质量较差，含固形物少，杂味浓，可作蒸馏酒。

第二节　果酒加工对厂房的要求

一、果酒发酵室

1. 发酵室多建于贮酒室的上面，便于使发酵好的原酒可利用自然位置流入贮酒池。

2. 发酵室应具有良好的保温性能，为了保持发酵室温度的相对稳定，墙壁要厚，中间最好夹保温层。顶棚要有质量较好的天花板。门窗要齐全，并设置纱门和纱窗，通风换气良好。

3. 发酵室应保持清洁卫生。地面最后使用瓷砖或沥清铺面，或使用水泥也一定要抹平磨光，以利于经常洗刷。室内应设有下水道，以便及时排除污水。

4. 发酵室在每次使用前，应清洗干净，用二氧化硫或甲醛熏蒸消毒处理，方能使用。

二、贮　酒　室

贮酒室有地下、半地下与地上 3 种型式。还有露天贮酒，究竟采取哪种型式，应根据产品的工艺要求，结合当地的气候、土质、地下水位以及材料的来源等因素决定。北方要考虑防冻，南方要多注意过高温度的影响。目前新建的一些果酒厂，除冬季气温很低的北方外，大多采用半地上或半地下贮酒室。

（一）贮酒室的结构

以北京地区贮酒量为 500t 的半地下贮酒室为例，并结合一般半地上贮酒室的要求，作些说明。

1. 总布置

贮酒室应东西方向，内有容量为 25t 的两排水泥池 40 个，池底与地面相平，中间走道宽 1m 左右。贮酒室两端有门，通过双层门的套间从钢筋混凝土的楼梯，可进入贮酒室。在贮酒室的一端有容纳清洗污水的小池，用污水泵可将污水及时流出排放。水池旁有升降机，在通风管的入室处有通风机。

2. 对地面与房顶的要求

底面的最下层为夯实的三合土，再上面顺序为砖、钢筋混凝土、沥清和油毡的混合结构，表面是水泥沙浆层，走道的东西方向有 1%的倾斜度。走道是近于平坦的弧形，冲洗地面的水可流入走道旁的小沟，流向污水池。在水泥贮酒池顶上靠里面的一边，装有栏杆，人可以在池面上走动。池顶走道靠外的一边，约在池的中央有满池装置，在该装置外边有高 1m 多的玻璃窗。房顶为尖形，是碳钢架构造，上面铺木板，木板上面是油毡层。水泥池顶部的小半部分在屋外，从窗户的上端搭一斜形的顶棚将其盖住。

3. 水泥池的构造

水泥池的四壁为厚 37cm 的砖及钢筋混凝土的混合结构，主筋为 8 或 10mm，副筋为 6mm。壁的内外面均抹水泥沙浆层，在接触土层的外壁再刷沥清和贴油毡，即三油两毡。再外面砌一层厚度为 72cm 的砖层，池顶为水泥预制板，其内面抹水泥沙浆。

目前，有的地区用大石块砌成贮酒池，表面再抹水泥沙浆，容量为 $60m^3$。当然水泥池用钢筋混凝土整体浇注成的质量好，无论上述的哪一种池，其内面都要平整光滑。如果要用二氧化碳保压贮酒，应考虑池子的耐压强度，并要安装压力表和安全阀。地面的承压也要考虑。

（二）贮酒室使用要求

地下或半地下贮酒室均要求室内温度在8—18℃较好，湿度为85％为宜。应及时用污水泵将污水从排水池抽走，排水池应加盖。贮酒池的二氧化碳要及时排除，以保工人安全。有条件的厂可采用空调系统。贮酒室的卫生很重要，每年要用石灰浆加10％—15％硫酸铜喷刷墙壁与顶棚。贮酒室要定期用硫熏，每m^3空间用硫30g，在休息日前的夜间熏，休息日后，上班前应先将室内通风，因二氧化硫对铁器有腐蚀作用，熏硫前应放到室外。地面每月用石灰水或漂白粉水，冲刷一次。夏天和气候潮湿时，可每旬或半月一次。

三、发 酵 容 器

发酵容器，要求不渗漏，能密闭，不与酒液起化学作用。一般酒厂是发酵与贮酒两用。但使用前必须清理、洗净，用二氧化硫或蒸汽消毒处理。在果酒生产中，经常用的容器有：

（一）发酵桶

多用木质，一般用橡木（柞木）、山毛榉木、栎木或栗木制成。桶为圆筒形，上小下大，容器为3—4kL或10—20kL，靠近桶底15—40cm的桶壁上安装阀门，用来放出酒液，桶底开一排渣阀。桶盖有开口式和密闭式两种，密闭式的桶盖上装有发酵栓。

（二）发酵池

用钢筋混凝土或石、砖砌成。形状有六面形和圆形，大小不受限制，能密闭，池盖略带锥度以利气体排除不留死角。盖上安装发酵栓、进料孔等，池底稍倾斜，安放酒阀及废水阀等。池内装有升降温度装备，池壁及池底均用水粉（硅酸钠）涂敷，以防渗漏。为了防止果汁（果酒）的酸与钙起作用，影响酒的品质，还需敷涂料或镶瓷砖。

（三）碳钢罐（贮酒容器）

碳钢罐系用普通碳钢制成。除气温较低的东北等地区外，其他地区贮存酒度较高的果酒时，可放在室外。碳钢罐的除锈以喷干砂法效果最好，用0.343—0.588MPa压缩空气，将砂粒经用喷嘴喷射到罐内表面，由于砂粒棱角的冲击、撞击及摩擦除去表面物。喷砂后，消除砂粒及粉层，再涂环氧树脂涂料，共涂3次，以喷除法效果最好。

（四）不锈钢罐

由于一次投资较大，目前使用的还不多，但他是发展的方向。特别是用发酵罐，由于无涂料层，所以散热效果较好。制作发酵罐和贮酒罐，最常用的不锈钢材是铬镍奥氏体不锈钢。

酿制红葡萄酒最好采用卧式保压密闭的双向转动式发酵罐，容量为$20m^3$，装有安全阀，用喷淋冷水或夹层通冷水冷却。罐底有叶片和螺旋自动出渣装置。

四、贮 酒 容 器

（一）木桶

一般为圆形，上小下大，多用橡木、山毛榉木、栎木及栗木，其中以橡木最佳，它质地坚硬，内容芳香物质，有美丽的色泽。木桶优点是保温好，贮酒香味好，但造价较高，酒容易氧化过度。

（二）陶缸

小型果酒厂，可采用内涂釉的陶缸。陶缸是中性不怕酸，价格也较便宜。

（三）铝桶

铝桶贮酒容易密封，还有催熟酒的作用。铝桶不受气候影响，不会渗漏，运输不怕碰撞，质量比木桶轻便。

五、果酒厂的清洁卫生

食品卫生是涉及到人民健康的大事，因此，在果酒生产过程中，要不折不扣地贯彻和执行食品卫生法，以保证食品卫生，防止食品污染和有害因素对人体的危害，确保人民身体健康。

根据食品卫生法，对食品添加剂、食品容器、包装材料和食品用具、设备、生产经营场所、设施、环境等都有严格要求。

（一）厂房卫生

对新建的果酒厂不仅要考虑三通，即水、电、交通方便，同时还要考虑无环境污染、空气新鲜、水质清洁等因素。具体要求如下：

1. 厂址环境清洁，无任何污染装置（污水沟、垃圾、厕所、工厂污染等）。

2. 地面干燥、地下水位降低，空气干净。

3. 厂区道路整洁，要绿化、美化环境。

4. 生产车间通风良好，四周排水畅通。

5. 门窗要有绿纱，防止蚊蝇进入室内。

6. 厂内厕所距离生产车间 25m 以外。

7. 配料、罐装车间配有更衣、消毒、缓冲间。

8. 室内装有杀菌紫外灯，生产前后要开灯杀菌 30min，对空气杀菌，定期用甲醛、乳酸交替熏蒸杀菌。

（二）人员卫生

根据卫生法，果酒生产人员每年必须进行一次健康检查，获健康合格证者，方能参加生产，并要求做到以下几点。

1. 临时患有疾病者，应立即调离生产岗位。如患流行性感冒，急性肠炎、外伤及其他疾病。

2. 搞好个人卫生，做到勤洗澡、勤理发、勤剪指甲、勤换衣鞋帽。工作衣帽要经热压锅蒸汽杀菌，工作鞋也要经漂白粉水洗后消毒。

3. 进入车间前要严格消毒，穿上白色工作服，手脚洗净消毒。上厕所、出车间不能穿工作服。

4. 不准在车间吸烟，吃东西，非操作人员不准进入车间。

5. 设备、地面卫生落实到个人，生产前后要清洗消毒。

（三）消毒灭菌

生产果酒时，对设备、工具、容器等均应严格消毒，以保证产品的卫生要求。由于消毒对象不同，所用消毒方法也不一致，常用的方法有物理消毒、化学消毒、干热灭菌、湿热灭菌、紫外线灭菌等方法。

设备、管道可用热水煮沸或蒸汽杀菌 30min，用 0.01%高锰酸钾溶液浸泡和清洗。

阴沟、墙壁用 1%—3%的石灰水涂洒。

空气、仓库用 38%—40%甲醛溶液喷射，也可用硫磺熏蒸和紫外光线照射。

人的手、脚用高锰酸钾溶液浸泡，清水冲洗，70%—75%酒精溶液涂擦。

下水道，用10%的漂白粉消毒。

第三节　二氧化硫在酿酒中的应用

一、二氧化硫对果酒酿造的作用

（一）杀菌作用

二氧化硫是一种强烈的杀菌剂，它能杀死许多微生物的胚芽，抑制多种细菌发育。当浓度达到0.15%时，可防止霉菌类的繁殖。而酵母菌较耐二氧化硫，只要浓度不超过0.3%，它能健康繁殖，保证果酒的正常发酵。

（二）溶解作用

二氧化硫和水生成亚硫酸，有助于色素、无机盐等的浸出，加强了浸出物和加深了颜色。

（三）增酸作用

二氧化硫与水生成亚硫酸，提高了果汁的酸度，可防止细菌的生长。亚硫酸还能与苹果酸及酒石酸的钾盐或钙盐作用，使这些酸游离出来，增加了酸度。二氧化硫的增酸作用，对炎热地区的果酒生产更有意义。

（四）还原作用

二氧化硫是一个很好的还原剂，能阻止果汁中所含氧化酶对单宁及色素的氧化作用，在一定程度上，也防止了铁的氧化。二氧化硫能降低葡萄酒的氧化还原电位，对葡萄酒的香气和口味具有特殊影响。

（五）澄清作用

澄清作用，主要是二氧化硫能改变果汁的pH值，使原来以胶体状态浮游的氮化物失去电荷而沉淀。这种作用对于制白葡萄酒及淡红葡萄酒，是很重要的。

二、二氧化硫的来源和使用方法

（一）二氧化硫的来源

1. 硫磺的燃烧

$$S+O_2 \xrightarrow{\text{燃烧}} SO_2\uparrow$$

这种方法是产生气态二氧化硫，主要用于贮酒容器、车间、库房的消毒杀菌。

2. 液态二氧化硫

将二氧化硫在低温（－15℃）或高压（10℃、1.47MPa）下，使之变成液态，贮存在高压钢瓶中，可直接用于果酒，成本比亚硫酸低200倍，一般大厂都采取此法。

3. 亚硫酸

将气态二氧化硫溶于水中，即成亚硫酸。常用亚硫酸的有效浓度为6%，也可直接使用，但成本较高。

4. 亚硫酸盐

常用的偏重亚硫酸钾（$K_2S_2O_5$）和偏重亚硫酸钠（$Na_2S_2O_5$），其中二氧化硫含量为57.6%，实际使用时以50%计算。一部分二氧化硫因挥发而损失，试剂在存放过程中也会损失部分。亚硫酸盐的优点是，比亚硫酸价格低100倍，缺点是使酒中钾、钠含量增高，影响酒的风味。通常使用量不超过0.3g/L，必须加柠檬酸加强它的效果。

如果成品酒中二氧化硫超过规定，可进行一次接触空气的换桶，促使二氧化硫挥发，也可加入适量的氧，或加入少量双氧水均可剔除，或降低二氧化硫的含量。

（二）二氧化硫使用方法

1.果实破碎时用

果实破碎时，应添加一定量的二氧化硫，以抑制有害微生物的活动和多酚氧化酶的活性。二氧化硫用量与果实成熟度、新鲜度以及果汁的温度有关。在不同情况下二氧化硫用量见表5—14和表5—15。

表5—14　葡萄汁发酵前二氧化硫使用量

各种情况（温度20℃）	6%亚硫酸		液体二氧化硫		偏重亚硫酸钾	
	1000L果汁（L）	1t葡萄（L）	1000L果汁（g）	1t葡萄（g）	1000L果汁（g）	1t葡萄（g）
果实清洁、良好、湿度低，酸度8g/L以上	1.1	0.85	65	50	120	100
果实清洁完全成熟，湿度低，酸度6—8g/L	1.5	1.1	90	65	180	140
果实破裂、个别生霉	4.2	2.7	250	100	380	250

表5—15　关于温度与二氧化硫的关系

温度（0℃）	二氧化硫（mg/L）	
15	100	80
16—20	120	100
21—25	180	150
26以上	230	180

注：(1) 在生产过程中一般按每吨果实，特别是葡萄加偏重亚硫酸钾100—120g，并未根据以上表来调整，为了更好的利用二氧化硫的优点，还是应逐渐按表生产为宜。

(2) 除葡萄果实作酒外，其它水果制酒也可参照使用。

2.果汁澄清时用

酿制白、淡黄色果酒时，需要澄清果汁，除了离心处理外，其他方法都是在重力下，使悬浮微粒下沉，以达到澄清目的。然而，采用二氧化硫澄清，可按季节气候而定。例如气温低于20℃，自然澄清24h，二氧化硫添加量采用40ppm即达到澄清目的。

3.发酵后用

果酒、葡萄酒发酵结束后，直到第1次倒桶前，通常不必进行二氧化硫处理，以保证苹果酸-乳酸发酵的正常进行，但是对以下情况必须调整酒的二氧化硫用量：(1) 酸度低于7.5g/L的酒，应调整二氧化硫量为100—150mg/L或者游离二氧化硫20—30ppm。(2) 新酒的挥发酸含量如达到0.7g/L需调整酒的二氧化硫量达100—150ppm。在此期间酒的品温不应低于11℃左右。

4.第1次倒桶时用

对于酸度高的果酒、葡萄酒如果贮存温度适宜，在此之前可能已经开始苹果酸-乳酸发酵，酒也混浊，并有少量二氧化硫气体冒出，人们有时误认为是酵母利用残糖进行后发酵，其实是乳酸菌繁殖。由苹果酸分解为乳酸和二氧化碳，因苹果酸是二元酸，乳酸为一元酸，致使酒的酸度降低，其降低值等于利用苹果酸量的一半。部分果酒、葡萄酒的苹果酸-乳酸发酵也可以完成，此时，调整酒的二氧化硫为100—150mg/L。

5. 第2次倒桶时用

这次倒桶，一般于次年5月前进行，由于春末夏初气温转暖，适宜苹果酸-乳酸发酵。大多数果酒、葡萄酒的生物降酸发酵结束，此时，需调整二氧化硫至150ppm，游离二氧化硫20—30ppm，在7月初调整二氧化硫至100—150ppm，以保证酒安全过夏。

6. 陈酿时用

在陈酿过程中，深色的果酒、葡萄酒二氧化硫应调整到175—200ppm，浅色的酒应调整为200—220ppm。

酿制较高档的瓶装酒，第2次倒桶后，要经过除去多余的重金属和冷冻等一系列提高酒稳定性的处理，然后，过滤装瓶进行瓶贮。瓶贮的酒，二氧化硫量需在120—150ppm，卧放，软木塞封口，经半年以上瓶贮酒的质量得到全面发展，形成清香、幽雅、细腻、协调、丰满的酒体。

7. 瓶装时二氧化硫最适宜的含量

瓶装干型浅色酒，二氧化硫含量应以游离二氧化硫为准，最适合含量为10—40ppm。这是通过多次感官品评和进行生物稳定性试验后得出的结论。因为低于此值，则酒缺乏新鲜感，抗氧化力弱、稳定性差。高于此值，酒则有明显不愉快的二氧化硫刺激感，如生产的果酒、葡萄酒将用于蒸馏高档白兰地时，则原料不需用二氧化硫处理。

第二十八章　果酒的加工

第一节　果酒的分类

以各种家生果实（葡萄、苹果、桔子等）或野生果实（沙棘、猕猴桃、野梅、山葡萄等）为原料，经发酵而酿制的各种低度饮料酒，均称为果酒。葡萄酒是果酒中主要产品，因其产量高，种类多，工艺典型，因此习惯上单独列为一大类。

用于酿制果酒的水果很多，各厂的酿制方法也不尽相同，因此果酒的花色品种繁多。果酒多半以酿制原料来命名，如山楂酒、樱桃酒等。一般果酒的分类方法有3种。

一、依酿制方法分类

（一）**发酵酒**：用果浆或果汁经酒精发酵而酿制成的果酒，都属发酵酒。

（二）**蒸馏酒**：果实发酵后，再经蒸馏所得的酒统称蒸馏酒。如白兰地、水果白酒等。

（三）**露酒**：（配制酒）用果实、果汁或果皮加入酒精浸泡，取其精液，加入其它配料均匀兑出来的酒称露酒。

（四）**汽酒**：凡含有二氧化碳，倒入杯内有大量洁白汽泡的酒，称为汽酒。

二、依果酒中所含酒精量分类

（一）**低度果酒**：含酒精17度以下。

（二）**高度果酒**：含酒精18度以上。

三、依果酒中含糖量分类

（一）**干酒**：含糖量0.4g/100mL以下。

（二）**半干酒**：含糖量0.4—1.2g/100mL。

（三）**半甜酒**：含糖量1.2—5g/100mL。

（四）**甜酒**：含糖量5g/mL以上。

第二节　发酵果酒的加工

一、工 艺 流 程

原料→挑选→除梗→破碎→果汁调整→主发酵→压榨→后发酵→陈酿→调配→过滤→装瓶→杀菌→贴商标→成品

二、果酒发酵的依据

果汁内所含糖分，经过酵母菌细胞内酒化酶系的一系列酶促反应，最后生成酒精和二

氧化碳：$C_6H_{12}O_6 \rightarrow 2CH_3CH_2OH + 2CO_2 +$ 热量

酒精发酵通常可分为 3 步：

（一）葡萄糖磷酸化形成糖的磷酸脂

（二）磷酸巳糖分解成二个三碳糖

（三）三碳糖通过脱氢、脱羧、还原等反应，形成乙醇

在形成乙醇同时，还在反应中放出二氧化碳，在这一系列反应中，还以热能形式释放出部分能量。在发酵初期，需供给充足的空气，让其酵母菌旺盛生长发育，大量繁殖个体，尔后隔绝空气，迫使酵母进行发酵以利酒精生成和积累。

发酵过程中，果汁里其他糖如果糖通过磷酸化酶的作用，直接生成果糖-6-磷酸，然后参加整个过程；蔗糖则通过分解酶生成一分子葡萄糖和一分子果糖；麦芽糖等二糖同样通过转化酶和分解酶的作用，生成葡萄糖参与代谢。但果汁中的一些戊糖如木糖、核酮糖等不能分解，常保留在果酒中。

酒精发酵在产生乙醇和二氧化碳的同时，还常产生甘油、琥珀酸、醋酸以及杂醇油等。甘油除了磷酸二羟丙酮接受转化外，还常由酵母细胞所含的卵磷脂分解而成。甘油具有甜味，可赋予果酒以清甜味。琥珀酸是由乙醛生成的，也可由谷氨酸经脱氨脱羧和氧化生成琥珀酸，能增加果酒爽口。

$$\underset{\text{乙醛}}{5CH_3CHO} + 2H_2O \rightarrow \underset{\text{琥珀酸}}{COOH-CH_2-CH_2-COOH} + 3CH_3CH_2OH$$

$$COOH-CH_2-CH_2-CHNH_2-COOH \xrightarrow{O_2} COOH-CH_2-CH_2COOH + NH_3 + CO_2$$

醋酸可由乙醇氧化生成，也可由乙醛氧化生成，以后者为主。因在无氧条件下，乙醇氧化较少。醋酸是果酒的成酯物质，赋予果酒香味，酸味强烈，量不宜过多，不得超过0.15%，否则会出现明显的醋酸味。

$$CH_3CH_2OH + O_2 \rightarrow CH_3COOH + H_2O$$

$$2CH_3CHO + H_2O \rightarrow CH_3COOH + CH_3CH_2OH$$

果酒中还常常含有甲醇、正丙醇、丁醇、异丙醇及戊、巳、庚等高级醇，这些物质统称为杂醇油。它主要是由酵母本身的含氮物质所生成。如亮氨酸可生成异戊醇。甲醇则为果胶物质的水解产物，常有害于身体，其含量都有一定的标准。杂醇油同样可生成一些高级醇，而增进果酒风味，只需少量存在。

三、果酒酵母的选育与培养

（一）果酒酵母的选育

果酒酵母的选育，是果酒酿制中成功与否的关键，自然界中能进行酒精发酵的微生物种类很多，不同种类的微生物和酒精发酵的效率及品质好坏有密切的关系。如果有霉菌类、细菌类等有害微生物破坏时，就会使酿制遭到失败。酵母是酒精发酵的主要微生物，但酵母菌也有不同种类，有的性能好，有的性能差。

经过多年选育、实践后认为，优良的菌种葡萄酒酵母菌是果酒酵母，它是单细胞，属于内孢霉目酵母菌科。附生在葡萄果皮上。在土壤中越冬。当葡萄快成熟时，通过昆虫传播或尘土飞扬传到果实上繁殖。这种酵母的基本特性如下。

1. 在适宜的条件下为椭圆形，直径 7—8μm，出芽繁殖。条件不适宜时，可变成圆形或香肠形，在果汁中会产生葡萄香气或葡萄酒香。

2. 发酵能力超过其他任何酵母。在有丰富的可发酵糖液中，能发酵到含酒精 16%（容积）左右，所以酿制果酒选育培养这类酵母。

3. 空气充足时，好气性呼吸代替了酒精发酵，酵母大量繁殖，而产酒量很少；空气缺乏时，以酒精发酵为主，产生大量酒精。

4. 抗二氧化硫能力较强，一般在果汁中加入 100—150ppm，对酵母菌的活动没有影响，但可抑制有害微生物活动。

5. 适宜酸性条件下繁殖发酵，含酸量 0.8—1.0g/100mL 最适宜。一般果汁酸度较高，能抑制细菌活动而酵母菌不受影响。

6. 适宜酵母菌的温度为 22—30℃。温度过低，酵母不能活动；温度过高（45—65℃）酵母可能致死。

除葡萄酒酵母外，果实上还附生着大量野生酵母。如巴氏酵母、尖端酵母及圆酵母属。这种酵母菌，虽也能产生酒精，但其繁殖能力差，产酒率低并使果酒产生苦味和引起混浊，对酿酒不利。因此，在发酵时必须采取措施将它杀灭，加入人工培养的优良酵母菌，以使保证发酵的安全和果酒的质量。

（二）酵母的培养

1. 一级培养

采收完全成熟无腐烂的葡萄，经破碎、压榨、过滤取得鲜葡萄汁，分装于两支杀菌过的试管中，每支试管装 10—20mL，加棉塞。在 60—101kPa 的压力下，杀菌 30min 冷至常温，接入由科研或生产单位购来的酵母菌 1—2 针，摇动分散，在 25—28℃下培养 24—48h，使其发酵旺盛。

2. 二级培养

采用杀过菌的三角瓶（1000mL）盛鲜葡萄汁 500mL，如上法杀菌、冷却后接入培养旺盛的两试管酵母液，在 25—28℃培养 20—24h，待发酵旺盛刚过后，可使用。

3. 三级培养

用已消好毒的卡氏罐或 1×10^4—1.5×10^4mL 的玻璃瓶，盛鲜葡萄汁至瓶容积的 70%。杀菌方法如前；或采用 1L 果汁中加 150mg 二氧化硫杀菌。放置 1 天后再接种酵母菌，即接入二级培养的菌种，接种量为培养液的 2%—5%，在 25—28℃下培养 24—48h，发酵旺盛可供扩大用，或移入发酵缸、发酵池进行发酵。

四、果酒的发酵

（一）容器消毒

无论采用何种发酵容器，使用前必须洗净、消毒，用 75%的酒精喷洒或用 0.01%的高锰酸钾液洗刷，防止杂菌污染，保证安全发酵。

（二）发酵液的制备与调整

1. 发酵液的制备

进厂的加工原料，按前述标准选择。洗涤干净后，大粒的果实破碎，小粒的压破皮。破碎后连同果肉、果皮一起发酵。柑桔类应先去皮，以防精油污染。

2. 发酵液的调整

(1) 糖分调整

根据实际生产经验，约 1.7%的糖生成 1 度酒精。若 1L 果汁中含有 170g 糖，发酵后可产生10度果酒，也就是说要使1L果汁增加1度酒精需加糖17g。一般成品酒的酒精度要求在12—14度或16—18度，为了达到成品要求的酒精度，一般都需要加糖。糖分的调整，首先要测定果汁的含糖量，如果糖分低于22%，就要补加糖。这样发酵后的酒精度才会在10度以上，也才能安全保存。另外也可根据成品要求的酒精度来补加糖量。如有西蕃莲果汁含糖量10.2%只能酿制6度的果酒，而成品要求酒精度为14度，则需提高酒精度8度。已知每升果汁要提高1度酒精需加17g糖，根据经验可算出每升果汁应加糖为8×17g＝136g，有多少果汁就可算出总加糖量。

在生产中加糖，是先用少量果汁溶解糖，再加入大批果汁中，同时考虑果汁含酸情况，酸度在1.1%以上，用加糖液的方法增加糖度并冲淡酸度。酸低者可加干糖。还要结合酵母菌对糖液浓度的适应性，酵母菌在含糖20g/100mL以下的糖液中，繁殖、发酵都将延缓。因此，生产上酿制高度酒时。所需糖量分次加入，使糖液浓度适合酵母菌的需要。

生产上增高酒精浓度的方法：一为补加糖使生成足量浓度的酒精；另一为发酵后补加同品种高浓度的蒸馏酒或经处理过的食用酒精。补加酒精量，以不超过原果汁发酵后的酒精量的10%为宜。

(2) 酸分调整

果汁内含酸过高或过低，对酿制都不利。以1L果汁中含酸8—12g（以酒石酸计），pH值为5.5适宜。此量酵母菌最适应，又能给果酒浓厚的风味，增进色泽。

Ⅰ. 酸度过高的调整

① 加蔗糖溶液，使酸度相应下降。

② 与含酸量低的果汁按需要量混合。

③ 加酒石酸钾中和果汁，先测定果实含酸量，计算酒石酸钾的用量。（以中和1g酒石酸用酒石酸钾1.5g计）

Ⅱ. 酸度过低的调整

① 加酒石酸或柠檬酸均可。纯粹的结晶酒石酸应加入发酵醪中，（禁止在成品酒中添加）分两次添加。在主发酵和后发酵醪中各加一半，若一次添加，会使大量的酒石酸盐类沉淀于酒脚中，加柠檬酸来提高酸度，但100L醪的添加量不宜超过50g。在第1次倒池时添加，以增加酒的新鲜、清凉味感。柠檬酸还能与醪中的铁生成复盐，在一定程度上能阻止铁的单宁盐与磷酸盐的形成，因此防止了由铁引起的混浊。

② 与含酸量较高的同品种果汁混合，使其达到要求，酿制的果酒才不会口味平淡。

Ⅲ. 含氮物质的调整

酵母的繁殖需要一定的氮素物质。如果汁含氮量在0.1%以上的，则不需调整，而苹果、柑桔类的果汁含氮量较低，在发酵前应加0.05%—0.1%的磷酸铵或硫酸铵，以促进酵母发酵。

（三）发酵的方式

1. 自然发酵

酵母菌附着在葡萄果皮上，当果实完整时，在蜡质层保护下，不行发酵作用，当果实破碎后混入果汁中，就能发酵酿酒。如管理得当，效果也好，但不安全。

2. 人工发酵

采用二氧化碳抑制野酵母菌，加入纯人工培养的优良酵母菌种，使发酵安全迅速，能酿制优质果酒。二氧化碳的用量，要根据果汁种类和微生物活动来定，一般情况每100L果汁有 7.5—25g 即将大部分有害微生物杀死。

（1）开放式发酵

采用开放式发酵桶，酵母菌繁殖快，发酵强度较大，品温较高。但酒香和芳香物质损失较多，也易感染杂菌。在发酵桶中上部固定一有孔木板，将酿酒时产生的“酒帽”压于液层中，液体浸没有孔木板 6—10cm，这样可克服每次压盖的麻烦。如图 5—35。

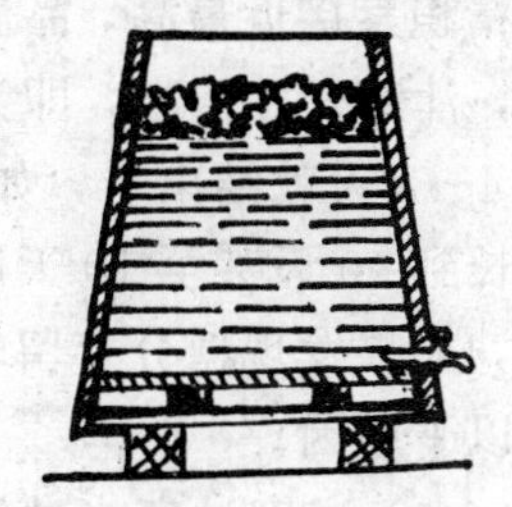

图 5—35　开放式发酵桶

（2）密闭式发酵

采用密闭式发酵桶，装置发酵栓使二氧化碳能排出而又不让空气进入，这样可以避免杂菌感染。这种发酵方式对酒精和芳香物质的损失较少，但由于二氧化碳浓度较大，酵母菌繁殖较慢，发酵也较缓慢，温度也较低。如图 5—36。

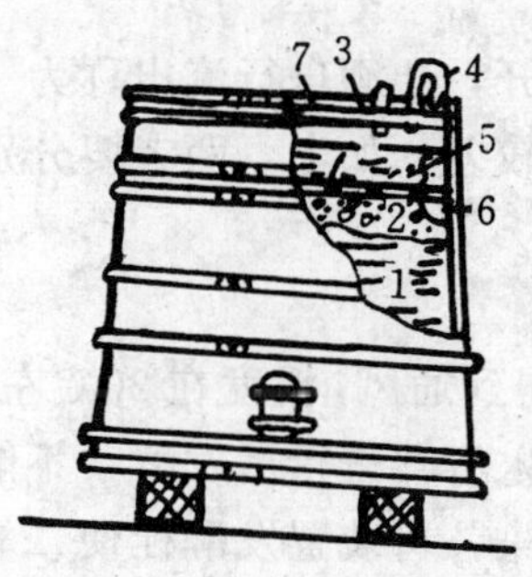

图 5—36　密闭式发酵桶
1. 葡萄汁　2. 皮渣　3. 桶门　4. 弯曲玻璃管式发酵栓　5. 压皮渣有孔木板　6. 有孔木板的支柱　7. 桶盖

（四）发酵期间的管理

将处理好的果浆（白葡萄酒则用果汁），倒入已消毒好的发酵容器中，数量不超过发酵容器容量的 4/5，以免发酵旺盛时果渣、果汁溢出来。当采用天然酵母菌，可任其自然发酵；如利用人工酵母菌，当原料倒入发酵容器时要立刻加入防腐剂，使用量以二氧化硫含量达 80—100ppm 为宜。加入已扩大培养好的酵母液 5%—10%，密闭式发酵较为安全。

1. 发酵初期

最初液面平稳，一般 24—48h 左右，有零星二氧化碳气泡产生，表示酵母已开始繁殖。这期间的管理，必须给予适当空气，控制温度在 25—30℃以内。温度过低则不能发酵；温度过高会遭受病害。如果品温低于 18℃，则应加温，如高于 30℃则应降温。

（1）调温的方法

①加温的方法。一般加温的方法有 3 种：a. 在发酵桶内安放一蛇形管，管中通蒸汽或热水，再加入一部分发酵旺盛的酒母液，这样可提高发酵温度。b. 将一部分果汁加热至 35—38℃，再将未加热的果汁一齐混合，使全部果汁达到发酵温度。c. 在发酵室内生火炉，提高发酵液的温度。

②降温的方法。主要降温的方法也有 3 种：a. 发酵桶内装蛇形管，通入冷水达到降温目的。b. 采用小容积的发酵池（15 000L 以下），容易散热。c. 采用抗高温的酵母，可由热带地区引种有关酵母。

（2）调整空气的方法

发酵之初，酵母应该大量繁殖以后，才能保证发酵作用的正常进行。但酵母的繁殖需有足够的空气，所以当发酵现象不甚旺盛时，首先要考虑空气是否充足，如果空气不充足，可将果汁由出口处放出，再由抽水机输送到上部。经喷头流入原发酵桶中。这样，一方面使果汁放出所含二氧化碳，同时也使其吸收一部分空气，便可补足氧气使发酵变为正常。如果没有抽水机，可将果汁放出盛于木盆内，用喷壶再浇回发酵桶内，还可以通入过滤空气。

2. 主发酵期

主发酵期为酒精发酵主要阶段，持续时间为 4—7 天，温度逐渐升高，有大量二氧化碳气泡产生，使渣上浮形成“酒帽”。并可听到似水将要沸腾时的声音或似蚕吃桑叶声，而且感到刺鼻熏眼，口尝果汁甜味渐减，酒味渐增。随后发酵逐渐减弱，含糖量降至1%以下，酒精积累接近最高，品温逐渐下降至室温，二氧化碳气泡减少接近于平静，“酒帽”开始下沉，汁液开始清晰，即为主发酵结束。如果糖分低，酸度适中（25—30℃），酵母多时，大约4—5天就结束了，如果糖分高，酸度较低（18℃以下），酵母少，则主发酵的时间往往延长到10天甚至10天以上。当然温度过低或过高，则根本不能起发酵作用。在主发酵期中，如果发现糖分存留较多而发酵中止，应查明原因并及时采取补救措施。发酵中止可能有以下原因。

（1）温度过高或过低，对酵母不适应。（2）二氧化碳积累过多，迫使酵母休眠。（3）醋酸菌大量繁殖，从而抑制了酵母菌的生长和活动。

针对原因采取措施，并补加酒母液10%左右，让其继续发酵。

3. 出池压榨

主发酵完毕后，果酒呈澄清状态，先将发酵池的出酒管打开，让酒自行流出称为“淋酒”。剩余的酒渣可用压榨机压榨取酒，称为“压榨酒”。品质较差。如上，两者要分别贮藏。残渣可供蒸馏酒用。

4. 后发酵

主发酵完成后的原酒还含有少量的糖分，在转出换容器时得到通风，温度在20℃左右，酵母菌又重新活化，继续发酵将剩余的糖转变为酒精。原酒装入容器进行后发酵，不能完全密闭，因为产生的二氧化碳气体要排出来，敞开又怕杂菌感染，可装置发酵栓使二氧化碳能排出，而外面的空气和杂菌又进不去。各种发酵栓的形式如图5—37。

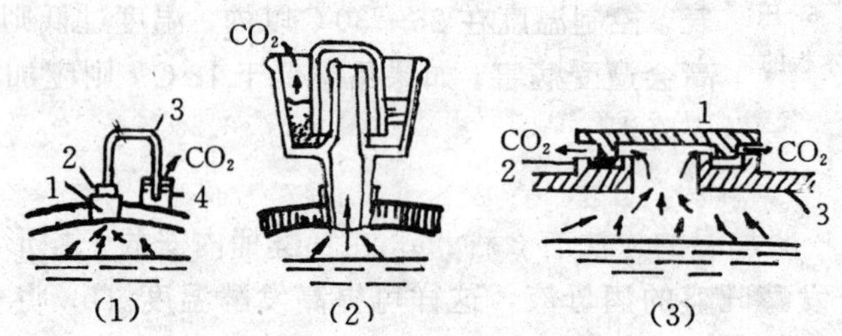

图5—37　各种形式的发酵栓

（1）1. 塞中圆孔　2. 桶塞　3. U型玻璃管　4. 盛水玻璃瓶

（3）1. 池盖　2. U型盛水槽　3. 发酵桶

如果没有发酵栓也可在容器口塞一橡皮塞，穿过橡皮塞插入一根玻璃管，管的另一端接橡皮管，插入盛有清水的瓶中，同样起到发酵栓的作用。还应注意在后发酵过程中，必须将容器装满酒液，后发酵完成，糖分降到0.1%左右。

五、果酒陈酿

经过后发酵的果酒味较辛辣，香气不足，口味平淡，甚至混浊不清等不宜饮用。应放入密闭的酒坛或酒桶等容器中，送进温度为8—12℃，相对湿度为85%左右的地下室贮藏。这样，通过陈酿过程的果酒才能达到成熟，变得清亮透明，色泽艳丽、纯和芳香。

（一）果酒在陈酿期间的变化

1. 酯化作用

果酒中各种高级醇和高级脂肪酸等化合，生成相应的酯。醇类与酸类化合生成酯。如醋酸与乙酸化合生成醋酸乙酯（清香型）；醋酸与戊醇化合生成醋酸戊酯（果香型）。

$$CH_3COOH + C_2H_5OH \rightarrow CH_3COOC_2H_5 + H_2O$$

$$CH_3COOH + C_5H_{11}OH \rightarrow CH_3COOC_5H_{11} + H_2O$$

还有乙醇与醛化合生成缩醛等都属于酯化作用。这些酯类称为陈酿（贮存）芳香成分。

2. 氧化还原与沉淀作用

果酒中的单宁、色素等经氧化而沉淀，醋酸和醛类经氧化而减少，醣苷在酸性溶液中逐渐结晶下沉，以及有机酸盐、果屑细小微粒等的下沉，也都在陈酿期间完成。这就减少了果酒的苦涩味，使果酒进一步达到澄清。

（二）人工加速陈酿的作用

果酒在自然条件下陈酿、酯化、氧化反应是非常缓慢的，一般完成陈酿期需 2—3 年，陈酿期愈长，酒的风味愈好。为了加快酒的成熟，缩短陈酿期，酒厂一般都采用冷热交互处理法。先以 50—52℃处理 25 天，然后在 6℃下急速冷冻处理 7 天，制成的酒风味好，澄清度高，稳定性大。因为热处理可以加速酒的酯化、氧化反应，增进酒的品质，促使蛋白质凝固，提高酒的稳定性。冷处理可使果酒中的酒石酸盐的溶解度降低而结晶析出，又使果酒中氧的溶解度增加，从而使果酒中的单宁、色素、有机胶体经氧化而局部沉淀。总之，热处理主要是改善酒的品质，冷处理是加快酒的澄清。

（三）果酒在陈酿中的管理

1. 添桶

在陈酿中由于酒的挥发或被容器吸收而使酒的体积缩小，顶部出现空隙而存留空气，容易感染好气性病菌使果酒变质，必须用同批果酒添满桶。

2. 换桶或倒池

果酒在陈酿中，酵母、不溶解矿物质、蛋白质及其他残渣不断沉淀，这些沉淀必须按时清除以免影响酒的质量，所以要进行换桶或倒池。一般是当年冬季倒换 1 次，次年春、夏、秋各倒 1 次，第 3 年的 10—12 月份再倒 1 次就可成熟。

我国目前生产的果酒，主要是甜酒，在工艺上通过氧化使酒成熟。而国外，从60年代起已用新工艺生产的主要是干酒。在口味上要求新鲜爽口，突出果香，果味要浓，而不喜欢氧化过分的酒。例如，在装瓶之前，国外是通过冷冻、沉淀、微孔过滤、隔氧装瓶、添加抗氧化剂等方法，防止酒的过度氧化达到净化除菌的目的，使果酒的色、香、味更加典型。现在我国也在开展这方面的研究。

六、果酒的净化与澄清

果酒经过较长时间的贮存与多次换桶，一般是能够达到稳定的透明度，如仍达不到要求，必须进行澄清，因为酒中的悬浮物质带有同性电荷，互相排斥不能凝聚，又受胶体溶液的阻碍，所以呈悬浮状态而难于沉淀。为了加速果酒的澄清，常采用加胶或过滤的办法。

（一）加胶

果酒必须是发酵完全停止，没有病害而且含有一定的单宁，加胶才有效果。

1. 下胶原则

果酒下胶是利用蛋白质与单宁化合作用发生沉淀。混浊的果酒和胶剂均为带电荷的胶体，如电荷为一正、一负这种胶剂就能互相作用产生沉淀，起到澄清作用。假如果酒的混浊物带有正电荷，而加胶的胶体也带有正电荷，便不能起澄清的作用，而应加带负电荷的胶剂，才能起到澄清的作用。在生产中，苹果酒用明胶和单宁就能充分澄清，而杏酒、李酒、滇橄榄酒则需用琼脂（带有负电荷）才能澄清。尤其对新品种的果酒在下胶前必须做好小型试验，确定下胶种类及最适宜的下胶量。白葡萄酒在加胶实验时最好先添加单宁，单宁用量一般按明胶 100g 加单宁 50g；蛋清（1 个鸡蛋的蛋白）加单宁 2g；鱼胶 100g 加单宁 50g。红葡萄酒中的单宁用量可稍减少。

果酒加胶加速澄清的同时，在沉淀过程中减少一部分细菌，也起到消毒作用。但同时由于加胶后的果酒，在化学成分上会起些变化，如单宁含量、色素、芳香物质均减少，掌握不好会造成酒平淡而无味。尤其要掌握好单宁含量较少的酒。

2. 胶剂的种类

(1) 加鸡蛋清：蛋清与单宁化合形成可溶性单宁盐，为白葡萄酒常采用。一般每 100L 酒加 2—3 个蛋清。如单宁含量较少的酒加一个蛋清，加 2g 单宁。用少量的酒，将单宁溶解后倒入桶内，12—24h 后再将鸡蛋去黄，将蛋清打成沫状，用少量的酒调匀后倒入桶中搅拌均匀静置 8—10 天即可。

(2) 加白明胶：在加白明胶的前一天，在 100L 果酒中先加 8—12g 单宁，再将无色无味的食用白明胶按每 100L 果酒以 10—15g 的量称出，放在冷水中浸泡 12h，以除去腥味。再换清水用微火加热（最好用 50℃水溶锅加热），不断搅拌，使胶溶解加入 5—6L 果酒调匀后，倒入桶内搅拌均匀静置 8—10 天即可。

(3) 加鱼胶：鱼胶是较高级的下胶剂，对白葡萄酒或含单宁少的红葡萄酒很有效。加胶方法与白明胶同，按在每 100L 果酒中加鱼胶 2—3g，每克干鱼胶加单宁 0.5—0.8g。下胶时先加单宁后，再将鱼胶剪成小块用水浸泡 30min，再加 20 倍的水在 40℃的温度下，保持 6h，将胶液趁热用粗布或细筛过滤，未溶解的鱼胶捣烂加水保温使其溶解，将滤液加入酒中，搅匀，静置 10 天左右分离沉淀。

(4) 加琼脂（洋菜）：将琼脂用水浸泡 3—5h 使其膨胀，加热溶解后，按 1%—5%的浓度稀释，再按每 100L 果酒加入 60—70℃稀释好的热琼脂溶液 5—45g，充分搅拌均匀，静置 8—10 天过滤即成。

(5) 加高岭土（陶土）：高岭土为白色粉末，具有吸附性，能将果酒中的悬浮微粒吸附下沉。每 100L 葡萄酒约用 5—10kg，使用前须用活性碳除去土腥味，再用少量的酒浸泡搅拌成均匀的泥浆，加到大批果酒中去，搅匀自然澄清。因高岭土含有微量铁，会使酒变黑。

(6) 加皂土：皂土带负电荷，有很大的吸附力。用前将皂土研细制成 10%的溶液，预作小试，确定用量，将干皂土研细制成悬浮溶液加入酒中，搅匀，自然澄清。皂土对深色会降低色度。

(二) 过滤

借用机械的力量，过滤或离心沉淀，将果酒中所含的悬浮物除去。此法比加胶好，主要是不致于改变果酒的化学成分，同时速度快操作简便。设备可用各式压滤机或高速离心机，分离沉淀悬浮微粒，达到澄清的目的。

七、果酒的调配

为了使果酒的风味更加协调，更加典型，提高酒质改善酒的缺点，一般在出厂前都要进行对糖度、酒度、酸度的调整。

（一）酒度的调配

原酒的酒度如低于指标，应用同品种蒸馏酒或脱臭清酒调配，提高酒度，其计算方法如下：

$$\text{应加酒精量}=\frac{\text{原酒量（kg）}\times\text{（要求酒度}-\text{原果酒酒度）}}{\text{所用酒精的酒度}-\text{要求的酒度}}$$

（二）糖度的调配

调配用糖应是纯净洁白的砂糖，所加糖量可按下式计算：

$$\text{应加糖量}=\frac{\text{果酒量（kg）}\times\text{（要求的糖度}-\text{原果酒糖度）}}{\text{加入糖浆的浓度}-\text{要求的糖度}}$$

（三）酸度的调配

酸分不足，以柠檬酸补足。1g 柠檬酸相当于 0.935g 酒石酸，过高则用中性酒石酸钾调和。

（四）色泽的调配

酒色过浅，可用同品种深色酒调配，也可用卫生法允许用的天然色素调配。

（五）增香的调配

增香，多半是指果酒中的果香，如果香味太浅，可用同品种的果味天然香精调配，切忌浓郁，要求清淡自然，且合乎卫生法。

将以上各项指标调配至达标后，果酒重现混浊，必须进行下胶，按以上下胶方法与用量进行。经下胶后澄清的果酒，进行过滤待装瓶。

八、果酒的灌装与杀菌

酒瓶预先经清洗、杀菌处理后，装入已澄清过滤、加热杀菌（90℃热水中 1min）后的果酒。立即封盖，在 68—72℃水溶中杀菌 15—20min，杀菌时要注意缓慢升温，以免酒瓶炸裂。

一般果酒的酒度达到 16 度以上，可不经杀菌处理而安全保存。

消毒后的酒瓶，擦净水验瓶，贴商标，装箱入库。

第三节　发酵果酒 加工举例

一、红葡萄酒的加工

以先酿制红葡萄干酒为酒基，再按规定标准，含糖量的高低，酿制成半干、半甜、甜型的红葡萄酒。

（一）工艺流程

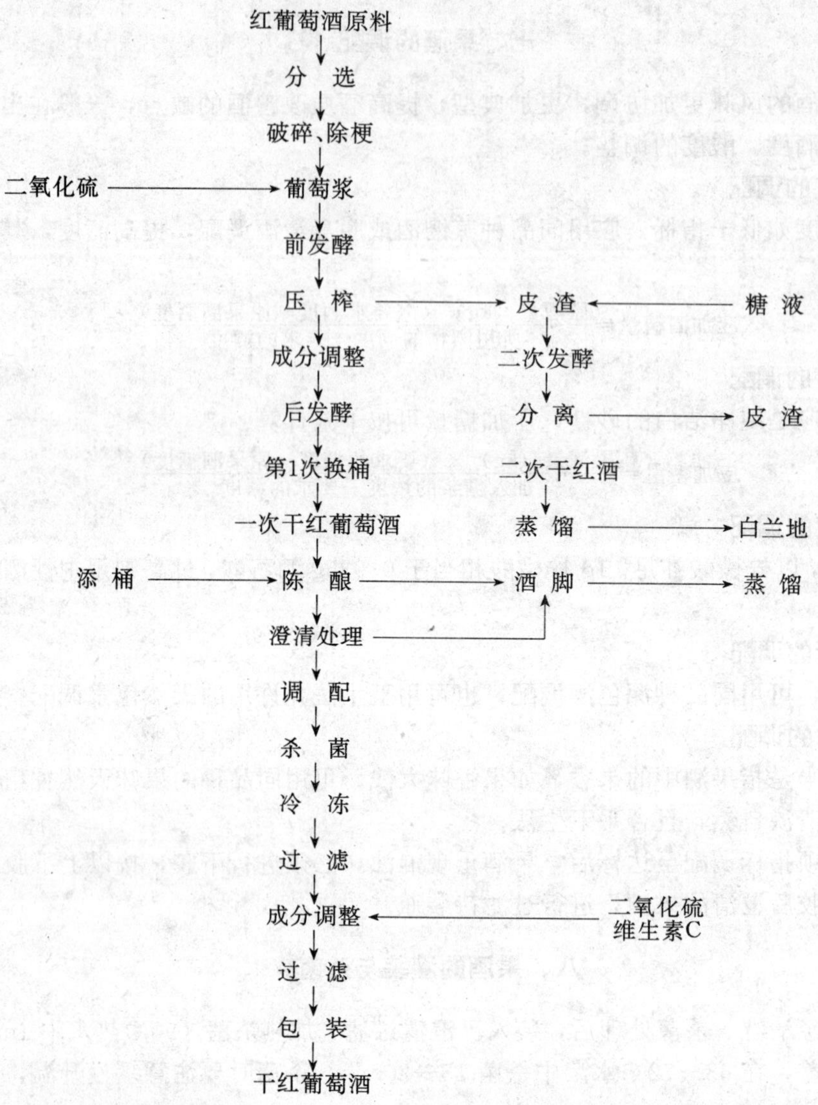

（二）原料的选择及处理

1. 原料选择

要酿制优质的红葡萄酒，必须精心选择原料，一般选择法国兰、晚红蜜、北醇、北玫、北红等为原料。进厂原料及时进行分选，除去霉烂及病虫害果、不成熟果等。

2. 原料处理

原料洗涤干净后，破碎和取梗。最后采用破碎去梗输浆泵联合设备，酿制干红葡萄酒一定要去梗，因在发酵阶段，特别是在发酵后产生酒精时，梗浸在汁中，很容易将果梗中的青梗味、苦味和带有麻的感觉浸到酒中。如果没有去梗设备，应注意在发酵温度较高时，及早进行压榨分离，一般不超过 3 天。在发酵温度较低时，果渣浸泡时间也不超过 5 天。

3. 葡萄浆处理

为了获得良好的芳香物质和色素，一般葡萄浆用下法处理：

(1) 混合发酵法：采用深、浅色葡萄原料混合发酵来加深葡萄酒的色泽。

(2) 旋转发酵法：将果汁及皮渣在旋转罐中充分搅拌接触，发酵产生二氧化碳，浸提皮上的色素及芳香物质。

（3）热浸法：原料色泽较浅或原料欠佳时，可用热浸提法生产红葡萄酒，通过加热果浆，提高色素和芳香物质的溶解，然后进行皮渣分离发酵。

（4）白兰地浸泡法：将发酵后的皮渣蒸馏所得的白兰地浸泡染色葡萄品种，将会获得较好的调红葡萄酒色素的溶液。红葡萄酒不允许用食用色素调色。

（三）前发酵

将葡萄浆装入发酵容器的80%，控制温度在30℃以下发酵5—7天，如温度超过30℃，应采取降温措施，严格控制温度。

（四）分离压榨

前发酵结束后，应立即将酒液与皮渣分离，否则，过多的单宁溶于酒中，使酒味过于苦涩，影响风味。分离出来的自流液称干红葡萄酒。调整成分后转入后发酵。分离出来的皮渣，可以加糖进行二次发酵，此发酵的红葡萄酒可作普通酒，也可蒸馏成白兰地作为调配酒使用。

（五）后发酵

由于酒、渣分离，给新酒带入少量空气，促使酒中酵母的活力，将酒中的剩余残糖继续分解转化成酒精。后发酵残糖一般可在4g/L以下。这时沉淀物逐渐下沉，酒慢慢澄清。一般需1个月左右，才能完成后发酵的任务。由于后发酵能促进酒的酯化作用，使酒逐渐成熟，色、香、味逐渐趋于完整。

（六）陈酿贮存

后发酵结束，调整成分，采用健康同品种、同酒基的原酒添满容器，并在酒面上撒少量酒精进行贮存。

陈酿结束后，按产品要求进行成分调整，澄清、过滤、装瓶密封，杀菌成品。

二、柑橘酒的加工

柑橘汁酿制的果酒具有独特的风味，深受人民群众的欢迎，也是我国原料丰富的产品。

柑橘类果汁一般含酸量高，含糖量不够，酿制时酸度过高有碍酵母菌的活动，糖量不够则达不到要求的酒精标准，所以在发酵前必须对果汁各因素进行调整。

（一）原料的选择及处理

供酿酒的柑橘类果实以充分成熟的甜橙、蜜柑和红橘较为适宜。一般在酿制之前以蔗糖或糖稀补足需糖量。

柑橘类果实都有一层厚的外皮，含有橙皮甙等物质，会给酒带来不良的风味。所以在榨汁之前应除去外皮，再搅烂压榨。如以甜橙为原料，由于皮厚紧密相连，不易剥开，可将果实横切对剖，再用旋锥形榨汁机，逐个榨汁，其出汁率约为65%。

将柑橘汁液加热至45℃时，加入0.3%的果胶酶制剂，搅拌均匀，并保持45℃的温度经过5—6h即得透明澄清的果汁。

（二）果汁调整

果汁含糖量要求达到22%，酸度0.5%—0.6%为宜，如不合标准可按前述方法进行调整。

（三）发酵及管理

参见前述发酵及管理。

（四）陈酿

后发酵约1个月左右完毕，再行换桶，除去沉淀物，取精液密封陈酿。也要经常检查，防止密封破坏，如有漏酒现象，应及时处理。陈酿可提高酒的风味，陈酿的时间可视情况要求而定。

（五）过滤、装瓶

酿好的酒经过澄清、过滤后获透明桔子酒可立即装瓶，瓶不可装得太满，否则在杀菌时因受热膨胀而使瓶子破裂。

（六）杀菌

装瓶封盖后，在70—72℃温水中杀菌15—20min，就可包装销售。柑橘酒成品为红黄透明，味美、有浓郁的柑橘香气，微带苦涩味。

三、余甘子酒的加工

余甘子酒系余干子果实为原料，采用浸泡与发酵相结合的工艺，进行陈酿，精心调整配制而成的低度果酒。

余干子为大戟科油柑属植物，又名滇橄榄，为常绿或落叶灌木或小乔木，产于热带及干热河谷地带，温带也有。主产云南、广西、四川等省区。由于营养丰富，有阻断亚硝胺形成的功能，逐步被开发为保健抗癌食品。又由于产地广、产量高成为一个很有开发价值的野果资源。

立冬后果实成熟，果实青黄色，生食时，初进嘴嚼有强烈的酸涩味，继后回味爽甜。酿酒要求原料：成熟、绿黄色、新鲜、无腐烂、发霉、无杂质果。

（一）工艺流程

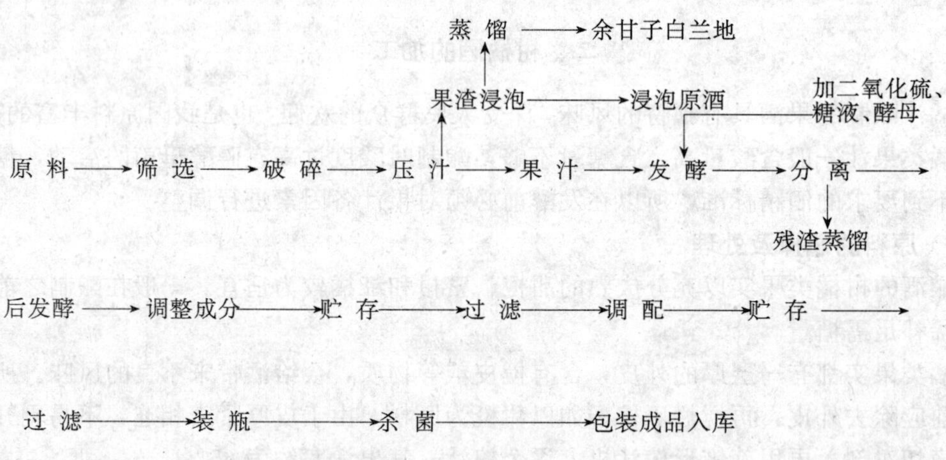

（二）工艺流程说明

1. 补加18%的白砂糖进行前发酵，搅拌均匀后，接入人工培养的原果野生酵母5%—7%（破碎前，采用木制器具击碎，严禁与铁接触）。

2. 前发酵温度一般掌握在20—25℃，发酵时间5—7天。

3. 后发酵结束后，陈酿贮存1—2月，而后与浸泡原酒按比例小试至扩大比例生产，贮存1—2月。

4. 贮存期满后，用琼脂进行澄清处理、过滤。调配合格，再贮存陈酿半年以上。

5. 陈酿期满后，进行过滤，装瓶杀菌，一般采用水浴，温度在65—70℃，保持15min，自然冷却，包装成品入库。

（三）余干子酒的感官及理化指标

1. 感官指标

(1) 外观：色泽黄色或淡黄色，清亮透明，无明显的悬浮物，无沉淀。

(2) 香气：果香与酒香协调，余干子果清香味突出。

(3) 滋味及风格：入口清爽，圆润丰满，果香纯正，回味绵绵，具有余干子酒独特的典型风格。

2. 理化指标

酒精度（20℃V%）：14±0.5。

糖度（毫克/毫升）：12±0.5。

总酸（毫克/毫升）：0.65—0.70。

第四节　蒸 馏 果 酒

蒸馏果酒也就是果实白兰地，是将果实经酒精发酵后，用蒸馏方法提取的含芳香成分和高浓度（40℃以上）酒精的酒，也称果实白酒。一切水果都可制出蒸馏酒，生产方法有液体蒸馏如用葡萄酒蒸馏的白兰地；有用固体发酵和蒸馏的如柿子白酒。

利用果实作蒸馏酒，不仅果酒酿制剩下的残渣酒脚得到充分利用，而且一切果实及其它加工不合要求的原料均可利用，对充分合理利用果实资源具有很大的经济价值。

各种水果白兰地的酿制方法基本相同，以葡萄白兰地为例，说明蒸馏果酒的酿制方法。

一、原料酒的酿制

一般多用白葡萄酒作原料酒。原料酒的酿制实际是白葡萄酒的酿制。采用确已发酵完毕的新酒，酒精度为7—8度为宜。总酸度为0.7—0.8克/100毫升为好。除此，要酿制优质白兰地，还需要注意以下几点：

1. 白葡萄酒含单宁物质少，挥发性酸低，总酸高，其他杂质低，有利蒸馏后产生醇和柔美的风味。所以，选白葡萄酒比用红葡萄酒作原料酒好。

2. 要求酿制原料酒时的操作要格外小心，不可将葡萄种子压碎，否则，种子的内部脂肪酸味就会留在酒中，也不可压榨时长期与皮渣接渣，否则酒中有皮渣味。一切不良的气味，风味都会在白兰地蒸馏时进入酒中。

3. 在酿制原料酒时，不要加用亚硫酸，因为蒸馏时二氧化硫会还原成亚硫酸或其他气味恶劣的硫化物，使酒质变坏。

二、蒸 馏 原 理

蒸馏在于利用原料酒中各组分的不同沸点，分离酒液中的挥发性组分和提高酒精含量。

蒸馏是白兰地酿制上的主要操作，对产品的产量和质量有较大的影响。为了得到优质白兰地，在蒸馏时应尽量除去乙醛等毒性较大，刺激性较强的组分，同时要尽量保留较多的酯类、缩醛类以及一部分杂醇油。要掌握好各过程，必须了解原料酒种的挥发性杂质，一般依其沸点可分为3类：

第一、沸点低于酒精，主要是乙醛，沸点20℃，有毒性，除此，还有少数其他醛类和酯类如：乙酸乙酯（具香蕉、苹果香味）和甲醛乙酯（似桃香），但都有涩味。

第二、沸点与酒精相似，主要是甲醇，是酒中严格控制指标，对人体有毒害成分。此外，还有酯类，如异丁酸乙酯和异戊酸乙酯等。

第三、沸点高于酒精，主要是各级醇如戊醇、异戊醇、异丁醇、已醇和庚醇等，除此还有各种有机酸，其中以醋酸为主。

原料酒中的主要成分为酒精、水和芳香物质等。

蒸馏时挥发性组分与水分的分离情况如下：酒液中能相互混合的组分，如酒精和水，它们的混合蒸汽压低于这两种纯组分单独沸腾时的蒸汽压的总和。蒸馏的沸点温度决定于混合液中这两种组分的比例和糖分等其他可溶性物质的含量，当较易挥发的组分含量较大和糖分等含量较低时沸点较低。蒸馏时，气相中较易挥发的组分含量高于原液，因此酒精蒸馏后能提高酒精浓度。如表5—16。

表5—16 蒸馏时原液和馏出液的酒精浓度和沸点

原酒的酒精浓度（%容）	沸 点（℃）	馏出液或气相中的酒精浓度（%容）
0	100	0
1	99	13
2	97	28
3	96	36
5	95	42
7	94	50
10	92	55
15	90.2	60
20	88	71
30	86	78
40	83.5	82
50	83	85

蒸馏时酒液中不能相互混合的组分，如水与戊醇，则能沸腾于其中任一纯组分的沸点温度。气相中组分的相对含量决定于组分的相对挥发性，而与原液中各组分的含量无关。因此低浓度酒液中的戊醇，蒸馏时也能聚集到前馏液中。

根据上述情况，酒液蒸馏时，除酒精能逐渐馏出外。杂醇油和若干酯类当有水存在时也能同时馏出，集中于前馏液中。若无水存在，则依其沸点高低而顺次馏出，集中于后馏液中。沸点低于酒精的乙醛等杂质能及早馏出，沸点与酒精相近的杂质与酒精同时馏出。

三、蒸馏方式

酒精蒸馏分罐式或塔式两种。白兰地制造上以罐式蒸馏为主。罐式由蒸馏罐、预热器和冷凝器所组成。塔式为酒精蒸馏塔，制造高浓度白兰地用，生产操作连续化、酒度高、酒度稳定，能分馏多组分，但制得的白兰地，风味和香味较差，似食用酒精。罐式蒸馏制取的白兰地，酒中芳香物质含量高，风味和香味都较好。但它的操作不连续化，无分馏作用，不能除去乙醛和杂醇油等不良组分。为此，蒸馏时必须适当除去前馏液和后馏液，故生产上称为截头去尾，一般去前馏液约0.4%—2%。当蒸馏酒度降到50°以下时，而除去后馏液，就可保持白兰地具有适当的酒度和良好品质。除去的前后馏液又可另行蒸馏，也可加入到原料酒中进行蒸馏。罐式蒸馏出酒液，经冷凝器后，出酒的温度应在20℃以下，减少酒液的蒸发。

蒸馏的终点以酒精浓度下降到1%为宜。一般蒸馏1次。是否重蒸要看酒醪浓度和白兰地质量而定，第2次蒸馏宜用文火缓缓进行，以免高沸点杂质进入酒液中。

四、白兰地的老熟

新酒有较浓烈的蒸馏味，香气不协调，辛辣，酒精味突出等缺点。这些问题都需经过滤老熟来解决，一般老熟的办法有两种。

1. 自然老熟

将新酒装入橡木桶中密封，存放在通风、干燥、阴凉的室内，让其自然老熟，一般需4—5年时间。时间愈长，橡木中含的单宁、色素及芳香物质被酒精溶解得越多。木桶周壁有透气性，使酒液得到氧化缓缓的进行氧化、酯化作用，原来近乎无色的酒精变得金黄，降低了辛辣味，变成细致柔和芳香的白兰地，除木桶外，也可用搪瓷或镶砖涂料的水泥池或有涂料的金属桶等大型容器贮存老熟，但须在装白兰地的同时，装入一定量的橡木片或刨花（橡木皮的需要量，根据桶或池的容积计算出白兰地与接触橡木的面积），贮存期中经常注入空气，也能得到与橡木桶同样老熟的效果。

2. 人工老熟

由于白兰地自然老熟需时太长，占地面积大，积压较多资金，贮存中酒耗也大，所以采用人工加速老熟，在短时间内可获得自然老熟的效果。据实践，将白兰地置于40℃以上的高温中5—6天，或置于−15—−20℃的低温3—4天；或加强通风，或加臭氧等以加速酯化氧化作用，均能缩短老熟期限。北京东郊葡萄酒厂等研究，将传统老熟2年以上的酒，加入0.4%橡香粉在55℃下保温5—10天冷后过滤。

为了提前饮用，也可先行加工，酌加糖色，使其变成金黄色（少加蔗糖，一般在0.5%以下），以增加甜味；此外还可增加些香精，如水芹、香草精、苦杏仁油等，以增加香味。

五、调　配

调配是按品质指标结合有经验的人口尝鉴评进行。将不同的原白兰地按比例进行混合勾兑，以求得一致的独特风格。白兰地的酒度为40—45度，如高于50度，可加蒸馏水稀释。

通过调配的白兰地还须贮存一段时间，使风味调合，若出现混浊，须过滤或加胶澄清，使清晰透明，即成成品。

第二十九章　汽 酒 生 产

第一节　汽酒生产概况

一、汽酒生产特点

汽酒又叫起泡酒、发泡酒，是指二氧化碳低醇度酒，而优质汽酒是香槟酒的仿制品，香槟酒出自法国香槟地区，用黑比诺葡萄为原料，将葡萄汁置于瓶中，经自然发酵，产生二氧化碳的一种美味酒，进而发展到葡萄汁中充二氧化碳，前者在香槟地区生产的叫香槟酒，在其他地区生产的叫大香槟，前者叫小香槟。今天，人们对汽酒的定义，已不限于对香槟地区生产的葡萄酒称为香槟酒了。

汽酒是通过用果汁、香料、食用有机酸、食糖，脱氧酒精和消毒水进行配制，再加入二氧化碳的一种酒，汽酒是一种含乙醇度很低的清凉饮料，除优质香槟酒含酒精10%左右外，一般汽酒的酒精含量在3%—4%左右，口味甚多，各地相异，有的偏甜，有的偏酸，有的偏香，总之都具有低乙醇、果香、酸甜适中、爽口、清凉解渴的作用，深受人们的喜爱。汽酒已逐渐成为节日宴宾、佐餐的佳品。为了采用鲜果作原料生产各种水果香槟外，还将历来属于传统饮料的茶、氨基酸等营养物品配制成营养型汽酒，或将人参、枸杞、芦丁芋等物配制成保健型汽酒。此外，汽酒与啤酒、麦精露等传统含气、低醇以至无醇饮料掺合在一起配制成复合型汽酒，更是近年来汽酒发展的新方向。这些种类繁多，风味别致的汽酒新品种的出现，充分显示了汽酒具有品种更新快，市场适应性强，原材料来源广，经济效益较高的特点，也是汽酒能快速发展的因素之一。

汽酒生产的设备简单，工艺简便，投资不大，又可因地制宜，就地取材，因此易于发展。但要产出高质量的汽酒也要有独特的技术，既要做到汽酒符合质量要求，又要为消费者喜爱；既要营养丰富、又要有良好的风味、令人悦目舒畅，还要价廉物美，所以要从精心选择原料，合理而先进的生产工艺，精细的配方等方面着手，才能生产出受广大群众欢迎的产品。

必须指出，我国目前生产的汽酒大多是配制汽酒，与国际上的汽酒或起泡酒不同，这也是我国汽酒生产急切需要解决的问题。

二、汽酒生产方式

汽酒生产按汽酒生产品种和原料，可分为发酵法和人工充气法两种，发酵法指在生产过程中采用全部或部分发酵方法，如大香槟酒，采用全发酵，属全发酵香槟酒。小香槟虽从果汁开始制成果酒是采用发酵法，但原酒进一步加工成香槟酒时，酒中二氧化碳人工加入。

目前，国内汽酒生产大多采用人工充气法。

（一）发酵法

可分全发酵和半发酵，全发酵法用于生产高级香槟酒。半发酵生产一般香槟酒。按生产方式又可分为瓶内二次发酵法、大罐密闭发酵法及原酒人工充气法三种。

1．瓶内二次发酵法

此法为全发酵，自1679年发明香槟酒以来，传统的生产工艺仍保持着瓶内二次发酵法，该法的优点是酒质优良，但操作繁杂，周期长，占地大，投资也高，限制了香槟的大规模工业化生产。以葡萄香槟为例，概述瓶内二次发酵法的基本工序：

(1) 原料分选：葡萄成熟采摘后，必须就地进行分选工作，以除去不成熟的和破碎的果。

(2) 压汁：分选好的葡萄，经压榨机榨出汁后，分别得到质量不同的原汁，用以制造不同质量的香槟酒。先流出的葡萄汁称为一号葡萄汁，其量不超过葡萄重量的50%。这部分葡萄汁糖、酸高，色泽清亮，质量好，杂质少，能酿制优质香槟酒。后来流出来的葡萄汁，由于含糖、酸低，色泽深，单宁含量高，只能酿造一般香槟或用来作为调整用酒。

(3) 沉淀：压榨后葡萄汁必须在沉淀槽中沉淀24h以上，以便将葡萄汁中的不溶性微粒（泥土细粒、不溶性色素、不溶性蛋白质、果胶质等）逐渐沉淀除去，为了得到高沉淀率，还可采用3种方法：①机械处理沉淀法。即采用离心机与过滤机进行强迫分离。②物理处理沉淀法。即采用冷冻法促进不溶性蛋白质，果胶质等的自然凝聚。③化学药品处理沉淀法。即采用亚硫酸处理葡萄汁，使葡萄汁延迟发酵，使蛋白质等有足够的时间沉淀。

(4) 杀菌：经沉淀后的澄清葡萄汁，必须通过套管连续杀菌机或薄板杀菌机在65—75℃温度下进行杀菌处理，可以达到：①杀死葡萄汁中的各种病菌。②破坏葡萄汁中的氧化酶，以保护葡萄汁中的色素。③促进葡萄汁中一部分蛋白质在加热情况下凝固，沉淀。葡萄汁经杀菌后直接送入预先消毒过的贮罐中。

(5) 成分调整：葡萄汁中所含的主要成分是糖、酸、单宁和色素，当这些成分不符合酿制香槟酒的要求时，必须进行调整。

(6) 发酵：葡萄汁成分调整符合要求后，即可加入酵母装桶发酵，香槟酒原酒发酵一般采用200L的小桶，发酵温度一般不低于12℃。

(7) 澄清：当葡萄汁在桶中主发酵结束后，酒中的酒石酸盐一部分凝结成块而同原酒中的悬浮物一起逐渐沉降到桶底，酒也就逐渐澄清。

(8) 换桶：香槟酒原酒主发酵后经过3次换桶，换桶的目的：①及时调整原酒成分，以达到要求的口感。②将桶中澄清的酒与混浊的酒分开，以得澄清透明的原酒。经过3次换桶后，清澈透明的酒可达97%左右。

(9) 装瓶前的检查：香槟酒原酒在装瓶发酵前必须进行味、色成分和微生物检查，以确保发酵的质量。

(10) 装瓶发酵：原酒经过上述严格检查后，即可装瓶进行二次发酵，以10℃左右低温发酵为宜，发酵后酒质清香细腻，二氧化碳含量高。如发酵温度在18℃以上，则发酵速度快，酒质比较粗糙，二氧化碳含量较低。原酒在瓶内二次发酵中，会产生大量的沉淀物，其中包括酵母菌，这些沉淀物通过香槟酒瓶口倒放，集中沉淀，冷冻和去除旧塞，换上新塞等一系列工序除去。

(11) 调味：香槟酒在换塞时必须对酒进行调味处理，调味时可根据市场需要和产品特点分别加入蔗糖糖浆，陈年葡萄酒或白兰地。香槟酒加入糖浆可改善酒的风味，增加醇厚感；有些国家以朗姆酒代替陈年葡萄酒加入香槟酒，也是为了使香槟酒带有一种特殊的香味；加入白兰地主要是补充酒精含量不足，防止香槟酒在加入糖浆后重新发酵，同时也增加了香槟酒的香味，提高了香槟酒的口感质量。香槟酒只有经过精心的调味处理，才能赋有特色，成为一种适应市场需要的产品。

2. 大罐密闭发酵

为了适应大规模生产的需要，通过多年的研究，终于在 1851 年第 1 次试验成功了香槟酒大型容器密闭发酵，1907 年、1919 年分别由夏尔曼与薛塞比亚先后改进了原先的设计，制造出了较为合理的香槟发酵罐，使香槟酒得以在大罐密闭发酵。

大罐发酵法与瓶内发酵法在生产原理上是一致的，大罐发酵法是瓶内发酵法的放大和简化，在葡萄分选、榨汁、沉淀澄清、杀菌等处理是相同的，只是二次发酵不是装在小瓶里，是在大罐内进行，发酵结束后进行压滤和装瓶，或存放在密闭罐内，待需要装瓶时，仍需要决定装瓶时间和装瓶数量。并可以在装瓶前根据市场需要进行临时调味。

大罐发酵法的缺点是酒质较差，特别在压滤、装瓶过程中，酒中二氧化碳损失较多，即使如此，大罐发酵法仍然是香槟酒工业化生产的主要方式。

3. 原酒人工充气法

属半发酵法，其工艺特点是鲜果压汁、果汁经发酵为原酒，原酒不行二次发酵，直接用人工方法充二氧化碳。原酒人工充气法的要点如下。

(1) 成分调整：葡萄原酒按香槟酒要求可分为调整酒精含量、糖含量，并加入一定量的覆盆子、白鸢尾根香料，调整酒精含量时，可根据香槟酒质量要求分别采用精制酒精，优质白兰地等。调整含糖量时可采用精制甘蔗糖，一般不用甜菜糖，因甜菜糖在加工过程中往往含有微量的甜菜碱，会给香槟酒带来不愉快的气味。

(2) 冷冻及过滤：葡萄原酒成分调整后，需送入—5℃冷库中加以冷冻处理，需时一周以上。通过冷冻处理可使原酒调整后各组分间形成或带入的不溶性物质以及原酒本身的不稳定物质如果酸、酒石酸氢钾、蛋白质等，在冷冻过程中尽可能析出，凝结，并趁冻过滤。

(3) 充二氧化碳：原酒过滤后，通过二氧化碳混合机与二氧化碳混合。混合过程中，原酒必须保持冷冻状态，使二氧化碳充分溶于酒中。

(4) 装瓶：经二氧化碳充气后的原酒，就是成品香槟酒，立即装瓶密封就为成品。

此法是发酵法中工艺较简单的一种，但生产出的香槟酒质量也较差。

（二）人工充气法

它是我国目前生产汽酒的主要方法。如果工艺和原料选择不好，产品无销路。现将人工充气法生产汽酒的基本工序介绍如下。

1. 配料

将果汁、精制酒精、蔗糖转化为糖浆、香精、色素、柠檬酸等，按需要比例加水混匀，因酒度较低，需加适量防腐剂，然后杀菌、过滤，成为汽酒原浆，相当于原酒。

2. 冷冻无菌水制备

自来水或是其它符合饮用水卫生标准的水（通过砂芯过滤，紫外线消毒后）经冷冻机冷却到 0—1℃备用。

3. 汽水混合：冷冻无菌水与二氧化碳气体在汽水混合机内混合成为含二氧化碳的冷冻无菌水。

4. 灌装：汽酒原浆与含二氧化碳的冷冻无菌水按比例通过灌装机装瓶，经压盖、检验、贴商标即为成品。

三、汽酒分类

汽酒是指含有二氧化碳的一种低度酒，实际上是一种低度酒的碳酸饮料。

（一）从名称含义上可包括4类

1. 以麦芽、大麦等为原料，通过发酵酿制而成的传统饮料，如啤酒、麦精露（格瓦斯）、以及最近上市的麦精可乐、可乐啤等。

2. 以上各类水果为原料，通过全发酵或半发酵制成果酒型饮料如葡萄大、小香槟、苹果大、小香槟等。

3. 以果汁、精制酒精、香料、糖为主体的配制饮料，如柠檬汽酒、橘子汽酒、巧克力汽酒、猕猴汽酒等。

4. 随着消费市场的扩大，消费对象的变化，近年来还不断出现了上述几种类型汽酒的混合物，如葡萄啤酒、汽水啤酒、菊花啤酒等。

但从我国目前的生产实际和人们习惯方面看，所谓汽酒主要还是指以酒精、香精、糖为主体的配制饮料。

（二）从生产原料及生产方式又可分为3类

1. 传统香槟型

国际上普遍将含有一定量二氧化碳气体的果酒（包括葡萄酒、橘子酒、苹果酒等）称作香槟酒或起泡酒。如采用香槟酒生产工艺生产的上述各种果酒称作传统香槟酒，它的特点是：

（1）以天然鲜果或果汁为基本原料，采用发酵方法先酿制成原酒。

（2）原酒可分别采用瓶内二次发酵法，大罐密闭发酵法，或人工充气法制成汽酒。

果酒中二氧化碳气体是通过发酵自然产生的，所以二氧化碳在酒中比较稳定，开瓶时逸出平稳，速度较慢，逸出时间长，酒味比较醇和，这种香槟酒称自然香槟或大香槟。如果酒中二氧化碳气体是通过人工充气的方法加入的，则二氧化碳在酒中的稳定性差，开瓶时逸出急促，速度也快，逸出时间短，爆声大，酒味比较淡薄，这种香槟酒称人工香槟或小香槟。

2. 果香配制型

传统香槟型酒的天然果香特点，加上食用香精及少量天然果汁的方法配制而成的人工汽酒。其工艺特点为：

（1）以精制酒精、甜味料、食用果香香精等为基本原料，补充少量天然果汁以改善成品口感。

（2）各种成分均在充气前临时配制，这种酒缺乏发酵酒固有的醇厚感，香气欠协调，酒味也淡薄。

（3）这类型酒大多配制成甜型或半甜型酒，糖分含量在4%以上，通常为6%—18%，以改善酒味淡薄感。

3. 配制混合型

近年来汽酒生产已逐渐从单一的果香型发展到包括传统饮料型、营养型、保健型及汽啤复合型等多种类型，来适合消费市场和消费者的需要，这些类型汽酒，均属人工配制，统称配制混合型，其特点是：

（1）生产工艺采用人工配制方式，其中汽啤复合型有部分发酵过程。

(2) 香型变化灵活，品种更新快。

第二节　香槟酒的生产

香槟酒，实际上是含二氧化碳的白葡萄酒，又称起泡葡萄酒，属于汽酒的一个类型，起源于法国香槟地区而得名。这种酒最早是由法国香槟地区的一所修道院的一个酿酒修士，通过一次偶然的机会制造出来的。却一直流传至今，深受世界各国人民的欢迎。在法国政府规定只有用香槟地区产的葡萄为原料生产出来的起泡葡萄酒，才能叫香槟酒。但由于香槟酒的色香、味具佳，倍受人们欢迎，所有世界其他国家都仿制此酒，并均取名香槟酒，实际上是香槟法酿制的起泡白葡萄酒。

一、香槟酒的分类

(一) 根据其所含二氧化碳的压力大小分类

1. 大香槟：瓶内香槟酒含的二氧化碳压力达到450—500kPa。因为酒的压力大，开瓶时木塞会脱瓶而飞，有清脆的响声。最好饮用时放在冰水中放置2—3h，使瓶内二氧化碳气体稳定，开瓶时酒才不会溢出，而且使酒味更加清凉爽口。

2. 中香槟：瓶内酒的二氧化碳压力为400—450kPa。

3. 小香槟：瓶内酒的二氧化碳压力为300—400kPa。

(二) 根据二氧化碳来源分类

1. 大香槟：酒中二氧化碳气体是由酵母发酵生成的而且压力达到450kPa。

2. 小香槟：原酒中的二氧化碳气体是人工充入的。

(三) 根据含糖量多少分类

1. 干香槟酒：含糖量3%以下。

2. 半干香槟酒：含糖量4.5%—5%。

3. 甜香槟酒：含糖量6%—8%。

二、发酵汽酒的生产

发酵汽酒一般以香槟法生产最为典型，这种方法生产的酒是一种含有二氧化碳气体的高档起泡葡萄酒。它是采用瓶式发酵方法，通常采用主发酵后的干白葡萄酒，再加糖浆和人工培养酵母，在瓶中进行缓缓的后发酵。二氧化碳溶于水中，发酵的酒瓶插入地下室木制带孔的架子上，完成发酵任务。

(一) 工艺流程

原料选择→干白葡萄酒→调配→加酵母→装瓶压塞→二次发酵→拔塞→陈酿→包装成品

(二) 工艺过程

1. 原料选择

用于酿制香槟酒的原料白葡萄酒，最好是采用龙眼、黑比诺、霞为丽或白福尔等优良葡萄品种，而酒液应当是清亮透明、色泽淡白（这是大多数香槟酒原料特有的色泽，经瓶装发酵后，这一色泽将转变成漂亮的浅稻草色），风味协调。所以对原酒发酵要求是将优良品种在地头分选。当天运输，当天双压板压汁，不经破碎直接榨汁。出汁率一般掌握65%左右，进行原汁发酵。

2. 调配

原酒进行第 2 次发酵时，工艺较为复杂，操作人员必须认真细致，一丝不苟，首先进行原料白葡萄酒的调配。

(1) 酒度调配

酒度应达到 11.5—12.5 度，但不可低于 10 度，如酒度过低，装瓶发酵时加适量的糖，不可多加，否则瓶内产生二氧化碳过多，引起瓶子爆炸。酒度过高，可加蒸馏水稀释，否则造成瓶内发酵困难。酒度调整须在装瓶前 2 个月进行为佳。

(2) 酸度的调整

原料白葡萄酒的酸度应为：总酸（按硫酸计）4.5—7.3g/L，挥发酸（按醋酸计）不得超过 0.5g/L。

(3) 含糖量的调整

在瓶装发酵过程中，由于酵母菌在瓶中产生 101kPa 的二氧化碳大约消耗 0.4%的糖，而产瓶内发酵后一般要求压力达到 450—500kPa。所以酵母菌要在每升原料白葡萄酒中消耗大约 20g 糖。因为原料白葡萄酒中总含有少量残糖，一般含量在 1g/L 左右。因此，每升原料白葡萄酒中只要添加的糖应为甘蔗糖，不可用甜菜糖。

加糖时应先把糖用原料白葡萄酒调配成糖浆，然后加入酒液中。一般糖浆配制浓度为 50%，若配制 100L 糖浆，可按以下配比：

甘蔗糖	50kg
原料白葡萄酒	68.5L

由于 50kg 糖溶解后体积为 31.5L，所以配制完容积为 100L，每升含糖 500g。

(4) 防腐剂含量

原料白葡萄酒含亚硫酸时应为 0.003—0.005g/L，切不可过高。

3. 酒母培养

酿制香槟酒的酵母与一般葡萄酒酵母不同，应采用凝聚性能好的香槟酵母，到目前为止，比较适于酿制香槟的酵母菌种有 4 种。

(1) 魏尔惹勒酵母：特点是香味协调完美，凝聚性较好，不粘于瓶壁，酒液清亮。

(2) 亚威惹酵母：特点是香味悦人，而且凝聚性较好，不粘于瓶壁，酒液清亮。

(3) 亚伊酵母：特点是香味突出，凝聚性较好，不粘于瓶壁上，但酒液不很清亮。

(4) 克纳曼酵母：特点是香味悦人，但凝聚性差，粘于壁瓶不易澄清。

以上酵母菌种可采取两种或两种以上方式进行混合发酵，来提高香槟酒的质量。

酒母的培养应在原料白葡萄酒调配加糖之前的 8 天开始。酒母培养液采用含糖 0.5%—0.7%的原料白葡萄酒。先将试管斜面的酵母菌种接种于试管培养液中，摇匀，于 25℃下培养，待试管培养液发酵后，将其接种于装有 250L 培养液的加仑瓶或木桶中培养，当发酵液残糖下降至 1—2g/L 时，即可投入使用。在酒母培养过程中，由于酵母菌的大量繁殖需要大量氧气，因此每隔 6—8h 要进行 1 次强烈搅拌。

4. 加酒母及装瓶压盖

当瓶装调配好的原料白葡萄酒时，要留 3cm 空隙补加糖和酒母用。酒液装入特别的厚瓶中（能耐 100kPa 即 10 个大气压的瓶子），加入溶液溶积 3%的酵母，搅匀，立即塞上事先已经湿润的软木塞，并用铁丝捆牢。

5. 瓶内发酵

已装好酒的瓶子，送入地下室或酒窖中，瓶子要水平堆放，使瓶内的酒与软木塞保持接触，以免瓶塞干而漏气。堆放场地要平整。堆放高度不超过20层。发酵期大约30天，在发酵过程中会产生热量，窖温要控制在10—15℃，否则气温高二氧化碳吸收降低，会使酒瓶炸裂，损失产品。

6. 拔塞

拔塞的主要目的是把沉淀的酵母从瓶中清除。首先要把酒瓶放在特制的架子上，瓶口向下；并经常震动瓶子，让瓶底的酵母都沉积在瓶口的木塞上。完全沉积后，把瓶颈浸入冰浴中冷却，待颈部冻结后立即拔塞，沉积物便随时用手擦掉，并立即补充由白葡萄酒（酒度20度）配制成的含50%的糖液，换上新瓶塞，仍用铁丝扎牢，倒放或横卧在酒窖中。

7. 陈酿

拔塞后，酒仍放酒窖中陈酿半年至一年。在此期间，酒液与酵母的自溶反应，使酒获得香槟酒。

制成的香槟酒酒精度应为12—13度，总酸应为0.7%，挥发酸不超过0.07%，总糖应为5%，瓶内压力（20℃）应达到400—500kPa，酒液含二氧化碳为150—220ppm，游离二氧化碳为20ppm。酒色应为金黄色透明，酒味微甜酸，含有葡萄的芳香和酒的酯香，爽口宜人。

第三节　人工充气法汽酒生产

一、工艺流程

人工充气法汽酒生产有两种方法：即一步法和二步法。

（一）一步法（又叫混合灌装法）

工艺流程如下：

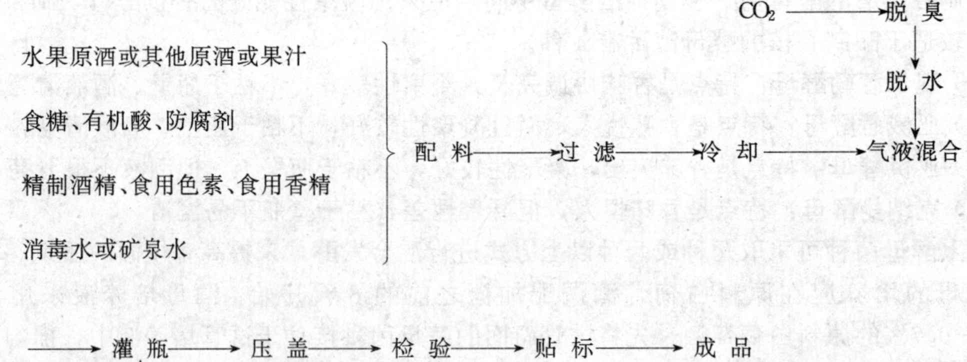

是将糖浆、酒精和水进行配料、消毒、混合，再进行冷冻、过滤、压入二氧化碳、灌瓶压盖而成。其优缺点是：

1. 在配制过程中，汽酒的各种成分先进行均匀混合，更有利各成分的协调一致，也不受灌装设置的影响，因此质量稳定。

2. 由于汽酒中各成分先进行混合，产生的蛋白质和果胶之类沉淀析出，经过滤后，使成品澄清透明。

3. 由于汽酒全部冷冻到1—3℃，压入二氧化碳气体后再灌瓶压盖，能使汽酒溶解更多的二氧化碳气体，成品汽足沫多。

4. 减少了灌浆等设备，降低投资，简化了操作。

5. 在冷冻和灌水系统中都是汽酒，因此这些设备和管道都粘着糖质原料，容易污染杂菌。

6. 在灌瓶过程中，所溢出的都是成品，造成的损失较大。

7. 清洗和消毒费工。

（二）两步法（二次灌装法）

工艺流程如下：

水果原酒或其他原酒果汁
食糖、防腐剂、有机酸
精制酒精、食用色素、食用香精 }配料→浓缩液冷却→过滤

滴水瓶←冲瓶←消毒←刷瓶←碱水←空瓶

→灌浆→灌水→压盖→检验→贴标→成品

↑（灌水）

碳酸水←汽水混合←冷冻←消毒水

↑（汽水混合）

CO_2

是将糖浆和酒精等原料进行混合，经灭菌成浓缩液，按定量装入瓶内，另将饮用水进行冷冻，压入二氧化碳气体后，灌入预先加好浓缩液的瓶中，压盖而成。其优点是：

1. 操作要求较低，上马快。
2. 灌装时损失较小。
3. 管道和设备容易清洗，不易感染杂菌。
4. 由于糖浆定量不准，因而造成每瓶质量不同，误差较大。
5. 糖浆未经冷冻，二氧化碳气体溶解度差，造成瓶内汽压不足。
6. 需要糖浆等定量设备。

总上述，一步法与二步法相比各有利弊，无论采用何种方法，都应根据其优缺点，扬长避短。采用一步法时，特别要严格掌握设备的清洗、消毒杀菌工作，尤其是要清除设备和管道的死角，防止杂菌污染，同时要改进灌装设备，减少汽酒的泄漏。采用二步法时，工艺的关键在于糖浆定量必须准确，每班要多次进行校正，以求得产品质量的一致，目前国内采用二步法生产汽酒都为汽水生产设置，要生产高质的人工充气法汽酒应以一步法生产为佳。

二、配　方

要生产出上等合格的汽酒，只有用上等的原料，独特的配方、严格的工艺、精心的管理。除此，还要根据各地区生活习惯，饮食爱好不同，调出适合大众口味的汽酒。制定配方时也要采取因地制宜，利用当地资源优势，生产出营养丰富，具有保健功效的独特产品。设计一个配方，要反复试验，广泛听取当地消费者的意见，不能千篇一律，要推陈出新，具有独特风格。并对生产中出现的杂质进行全面系统的质量检查，使之符合卫生标准，所以配方制定必须做到以下几点。

第一，多采用来源广的天然原料，少采用合成原料。

第二，严格控制原、辅材料的质量标准。

第三，食品添加剂严格执行“卫生法”规定标准，不得超过。

第四，不得添加对人体有害的物质。

第五，要用各种果酒或果汁，反对三精（酒精、香精、糖精）酒。

第六，在保证质量的基础上，千方百计降低成本，使产品价廉物美。

在汽酒配方中，任何一个成分都会影响酒的风味，但其最为重要的是糖、酒、酸三大要素。三者比例合适，则色、香、味俱全，否则将会比例失调，影响风味。一般来说，糖与酒的比例适宜，则酒质醇和，糖和酸比例适宜，则酒质柔和，甘甜爽口。根据各厂经验，认为糖、酒、酸三大要素的比例应在一定的范围内波动，跳离这个范围，往往酒的色、香、味会失格。一般糖酸比值在30—36，酒糖比值0.4—0.5，酒酸比值10—15为宜。这是一般的规律，由于汽酒所用原料、果汁类型成分各地差距较大，各地口味习惯也不同，因此，不能死搬硬套，还需不断实践总结，创造出各地欢迎的优质汽酒。

三、工艺要求

以二步法的工艺要点介绍几个重点：

（一）水处理

1. 按水的质量加入0.015%的硫酸铝（苦矾）。先将苦矾捣碎，以热水溶化，加入缸中，再放入待处理的水，让其沉淀，4h以后再过滤。

(1) 滤好的水贮时间一般不能超过8h。并要保证水缸、过滤器、砂棒等用具设备清洁。

(2) 运瓶：提前推进30—50箱瓶子。使瓶子逐渐升温，以防下水时温差太大而炸裂。

(3) 泡瓶：将酒瓶用40—50℃，0.5%—1%的碱水浸泡30min。碱浓度不宜太高，否则易引起操作人员皮肤碱中毒。

(4) 刷瓶：将瓶用40—50℃水刷洗两遍，如瓶子太脏，可加入0.3%—0.5%的碱。第1次刷完后，要放在控水架上，控净水后再放入第2遍水槽，以防1、2遍刷瓶水混合，影响刷瓶效果。

(5) 消毒：瓶刷洗后放入有效浓度为200ppm的漂白粉水消毒，必须倒出瓶水。

(6) 冲瓶：控净水的瓶，再用强力水冲洗。一般水压大于400kPa，并为过滤消毒过的处理水。

(7) 验瓶：剔除破口、破裂、刷不净等不合格瓶。

2. 刷洗箱子：(1) 选用结实完好的木箱或塑料箱。(2) 用热水或碱水刷洗，整齐堆放。

3. 灌料：每瓶灌入糖38度的糖浆料160ml。

4. 混合：消毒水温应控制在10℃以下，便于二氧化碳溶于水中。根据不同季节，混合机及二氧化碳钢瓶放出压力控制在400—600kPa。

5. 灌水：压力应与混合机保持基本平衡，一般为350—550kPa，调节好灌装嘴子，处理好灌装速度与泡沫的关系，使灌水量适当。

6. 压盖：瓶盖洗净用蒸汽或沸水煮沸5min水消毒，注意盖子压正，压严。

（二）成品检验

1. 压盖后要经传送线或倒瓶，使料液混合均匀。

2. 注意检后出少料、气量不足、有杂质、均匀度不够、压盖不严等不合格品。

3. 商标要盖出厂日期、验质员代号、便于检查责任。商标要贴正、整齐、牢固。

4. 装箱数量要准确，入库后要堆放整齐、牢固。

四、质量标准

1. 色：浅棕黄色，透明，无悬浮物。泡沫洁白，细腻，挂杯持久。

2. 具有陈酿的酒香和果香味。

3. 味道：甜、微酸，味道醇正，清香爽口。

4. 理化指标

酒精度：4±0.5 度；糖度：8±0.5 度。

酸度：0.2—0.3 度；气压：220kPa。

第四节　汽酒生产的配方设计及配方举例

一、苹果汽酒

规格：34 箱配料（34×24×1.25）

配料：

糖	50kg	柠檬酸	0.15kg
苹果酒	60 瓶	香精	0.3kg
食用酒精	13.5kg	糖色	2.5kg

成品酒质量：糖度：9—10 度。　酒度：3—3.5 度。

二、广柑汽酒

（一）成品要求

酒度：4%（V），糖度 6.5%

酸度：0.25%，含汁率 5%

（二）使用材料及其成分

1. 醇化广柑汁：酒度 20%（V），酸度：0.6g/100ml，总糖：0.5g/100ml。

2. 广柑原汁发酵酒：酒度 15%（V），酸度：0.6g/100ml，糖度：0.5g/100ml。

3. 糖度：浓度 65.8%（Wt/Wt）。

4. 脱臭酒基：酒度 60%（V）。

（三）配制条件

1. 以配制 100 升汽酒用糖浆为计算基础。

2. 冲稀倍数为 4，即 500g 瓶灌装糖浆 125g 充汽水到 500g。

（四）配制用量如表 5—17。

三、青梅汽酒

（每瓶 600ml 计，1000 瓶用料）

白糖	45kg	柠檬酸	1.5kg
糖精	90g	青梅浓缩汁	100kg
色素	适量	苯甲酸钠	120g
青梅香精	600ml	酒精	20kg

表 5—17　广柑汽酒配制用量

成分名称	用量
脱臭酒基	18L
糖浆（混合）	29.75L
其中：白糖	19.4kg
冰糖	6.74kg
原汁发酵酒	8L
醇化广柑汁	20L
柠檬酸	0.832kg
香精：广柑香精	240g
甘　油	1.25kg
色素：柠檬黄	12g
胭脂红	8g
加处理水	加至 100L
加浆用水	加至每瓶规定容量

备注：(1) 色素用量和比例，以调到与鲜广柑色彩相似的量，为配制用量。

(2) CO_2 装瓶压力为 400kPa。

第五节　汽酒生产用酒精要求

一、食用酒精的质量及标准

酒精又名乙醇，分子式为 C_2H_5OH，是无色透明易挥发和易燃的液体，相对密度 0.7893（20/4℃），熔点－117.3℃，沸点 78.4℃，酒精和水可以互溶。酒精除含乙醇约 95%（V/V）外，还含有多种杂质，包括醛类、醇类、酸类和脂类。

（一）**醛类**：如乙醛、丙烯醛等。

（二）**醇类**：如甲醇、丙醇、异戊醇等，通常将丙醇以上的醇类统称为杂醇油。

（三）**酸类**：如乙酸、丙酸等。

（四）**酯类**：如乙酸乙酯、巳酸乙酯等，这些酯类是白酒中主要的香气成分，但对汽酒却是异香、异味。

上述物质，除了直接影响汽酒风味外，其中一些对人体还是有害的，如丙烯醛，是一种催泪性气体。甲醇，对人体的视神经有毒害作用，重者可导致失明。杂醇油，是一类油状物质，对人体的中枢神经有麻痹作用，是饮酒后引起的头痛、口干舌燥的主要原因。因此，我国对食用酒精的质量有十分严格的要求，其主要指标应符合国家一级酒精的质量标准（见表 5—18）。

配酒用酒精除主要质量指标符合国家酒精的质量标准外，还必须进行脱臭，氧化处理，以减少酒精的辛辣味。

二、酒精的脱臭提纯处理

酒精的纯正与否，直接影响配制酒的质量，为了保证配制酒的纯正。虽达国家二级标

表 5—18　酒精质量国家标准

指标名称	优级	一级	二级	三级	四级
外　观	透明无杂粒的液体				
色　度 ≤	10				/
气　味	无异味或不愉快气味				/
酒精［%（V）］≥	96.0	95.5	95.0	95.0	95.0
硫酸试验［（铂一钴）］≤	10	15	100	/	/
氧化试验（min）≥	30	25	15	2	/
醛（以乙醛计%）≤	0.0004	0.0010	0.0030	/	/
杂醇油（以异丁醇、异戊醇计%）≤	0.0004	0.0025	0.01	0.04	/
甲　醇（%）≤	0.06	0.12	0.16	0.25	/
酸（以乙酸计%）≤	0.0015	0.0015	0.0020	0.0020	/
酯（以乙酸乙酯计%）≤	0.0025	0.0038	/	/	/
不挥发物≤	0.0020	0.0020	0.0025	0.0025	/

准酒精也需采用去掉杂味的一些措施，使之得到纯净的基础酒。目前国内采用的处理方法有以下几种：活性炭法、高锰酸钾法、氢氧化钠法、醇铝法、活性碳与高锰酸钾联合法以及高锰酸钾活性炭氢氧化钠联合法、复馏法。现介绍儿种常用方法：

（一）活性炭法

1．处理依据

活性炭因加热时释放出树脂，具有巨大的吸附表面。是酒精许多微量组分的吸附剂，能把酒精中一些愉快的、不愉快的成分都吸附掉。它可以吸附酒精中的臭味、色素及部分杂醇油。另一方面活性碳也是一种催化剂，具有促进乙醇和微量组分的氧化作用，而产生有机酸，它再与醇结合形成复合脂。用活性炭处理后的酒精，游离的酯和酸都有增加，其中所含的游离低碳酸和一些高碳酸，部分能形成酯，从而改善了酒基的风味。如：

$$C_3H_2COOH + C_2H_5OH \xrightarrow{\text{活性碳}} C_3H_7COOC_2H_5 + H_2O$$

2．处理剂用量

活性炭主要除去酒精中的苦涩味和异臭味，用量少了，达不到某些脱臭的目的；用量过多，酒的辛辣味反而增加。根据不同的酒精活性炭用量不同的原则，通过小试验，由感官鉴定，再决定活性炭的准确用量。活性炭的一般用量为酒精量（57—65 度）的 0.01%—0.1%。试验方法如下：将要处理的酒精取一定量装入 10 个小容器内，分别加 0.01%、0.02%、0.03%、0.04%、0.05%、0.06%、0.07%、0.08%、0.09%、0.1%量的活性炭，在常温下处理 24h，前半段时间不断搅拌，后半段时间静置澄清，经过过滤后进行口尝评比和反复对比，凡是得到酒精味淡，醇和，带甜味（或微带甜味）的那个样品的活性炭用量适当。如样品用此无效果者，则重试验，一般在 0.03%—0.05%，设 10 个样品依前法试验直到满足效果为最适用量。一般酒精（二级、三级）配制的 57%—65%的酒基，活性碳的用量为 0.03%—0.05%，即 1L 酒精中加入 0.3—0.5g 活性碳进行处理，其效果较好。

（二）高锰酸钾法

1．处理依据

高锰酸钾是一种强烈的氧化剂，它的水溶液无论在酸性或碱性溶液中都能将酒基中的酸及不饱和的化合物氧化。

$$2KMnO_4+3CH_3CHO+NaOH \rightarrow CH_3COONa+2CH_3COOK+2MnO_2+H_2O$$

无 NaOH 反应则如下：

$$2RCH_2OH+KMnO_4 \rightarrow 2RCHO+MnO_2+K+H_2O$$

$$RCHO+KMnO_4 \rightarrow RCOOK+MnO_2$$

2. 处理剂用量

不同的酒基所含的杂质成分也不相同。杂质多的、臭味强的用量就多，基本上成正比。高锰酸钾是一种强氧化剂，用量过多，它将氧化乙醇，并且多余的锰离子遗留在酒中，影响酒的风味，对人体健康不利。酒精经高锰酸钾处理后，还要经过复蒸，如不再进行复蒸，则更应严格的控制高锰酸钾的用量在最少范围。在大生产中，对酒精所用高锰酸钾的处理，必须进行预先测定，其方法如下：取需处理而有代表性的释酒样（57—65 度）10ml 放进 150ml 的三角瓶中，用 0.2%的高锰酸钾溶液滴于酒样中摇匀，待颜色消失后再滴入几滴摇匀，直至 40min 左右，酒样中开始出现褐色沉淀为止。根据滴定耗用高锰酸钾的毫升数，可计算出单位容量酒样耗用高锰酸钾的耗用量。例如已稀释为 57%的酒精浓度的样品 10ml，耗用了浓度为 0.2%的高锰酸钾溶液 5ml，则 1l 这样的酒精应加多少克高锰酸钾？

解：每升酒精的高锰酸钾用量 G

$$G=\frac{5\times0.0002}{10}\times1000=0.1\ (g/l)$$

一般情况下，高锰酸钾用量为酒精（57—65 度）量的 0.01%—0.015%，应控制在 0.02%以下。用高锰酸钾处理酒精，主要是除去酒精中的臭味、醛味与其它还原性物质。

（三）氢氧化钠法

1. 处理依据

氢氧化钠是一种碱性溶液，添加在酒精中所起的作用如下：

（1）分解酒精中的酯生成醇和有机盐类

$$RCOOR'+NaOH \rightarrow R'OH+RCOONa$$

有机盐类是比较稳定的，可用蒸馏方法与酒精分离。

（2）中和挥发性的醋酸，生成不挥发性的醋酸钠。

$$CH_3COOH+NaOH \rightarrow CH_3COONa+H_2O$$

（3）可使乙醛缩合生成棕色树脂状物质（醛树脂）沉淀下来。

$$nCH_3CHO \xrightarrow[\text{加热}]{NaOH} (CH_3CHO)_n \downarrow$$

使用氢氧化钠时应事先测定它的用量，因为多余的氢氧化钠还会使酒精变成乙醛，给酒带来苦涩味，并且影响酒的风味。

2. 处理剂用量

取已稀释为 60 度有代表性的酒精 50ml，准确加入 0.1mol/L 的 NaOH 溶液 10ml，加热回流 30min（或静置 24h），待冷却后加入 0.05mol/L 的 $H_2SO_4$10ml，以酚酞作指示剂，再用 0.1mol/L NaOH 滴定至终点（微红），根据滴定用去的 NaOH 毫升数，即可计算出每升 60 度酒精所需的 NaOH 的用量。

例如：有 60 度的酒精样品 50ml，滴定时耗用去 0.1012mol/L 的 NaOH2.2ml，问 1L 这样的酒精需氢氧化钠多少克？

解：1L 酒精需加 NaOH 量为 G

$$G=\frac{2.2\times0.1012\times0.004}{50\times0.1}\times1000=0.178\ (g/l)$$

式中：0.004 为 1ml0.1mol/l 的标准液中 NaOH 的克数；

0.1 为换算成 0.1mol/l 标准 NaOH 的因数；

1000 为 1l 酒基所耗用 NaOH 量。

氢氧化钠的用量一般为酒精量的 0.01%—0.02%

（四）醇铝作用法

醇铝作用法主要是把酒基中的醛类氧化还原生成酯类，生成的酯主要有下面几种：

铝与乙醇和杂醇油反应生成醇铝和氢气

$$RCH_2OH+Al\rightarrow (RCH_2O)_3Al+H_2\uparrow$$

醇铝把乙醛氧化还原成乙酸乙酯

$$CH_3CHO+CH_3CHO\xrightarrow{(CH_3CH_2O)_3Al}CH_3COOCH_2CH_3$$

把糠醛氧化还原成 α-呋喃甲酸，α-呋喃甲酯。

由于乙醛与糠醛同时存在，且乙醛比糠醛更易氧化，而且在醇铝的作用下还能生成较多的乙酸 α-呋喃中酯和较少量的 α-呋喃甲酸乙酯。这就是用铝容器装酒去醛增酯作用，使酒质变好的原因。

处理方法：一般将纯铝线用砂子布擦去外层氧化铝薄膜，迅速放入酒基中，7 天左右，当酒基发生酯香味时取出铝线，此法也用于酒类的陈酿而加速成熟。

（五）单纯复馏法

此法靠在复馏过程中，去头排尾，把酒精的头级杂质（低沸点物质如醛类、甲醇等）和尾级杂质（高沸点物质如杂醇油）排除掉。酒头要去掉 2%—3%，酒尾可排去 5%—8%，最后蒸馏到 5 度以下时，尾水可以不要或单独处理，当蒸馏冷凝液浓度在 40 度以下时，可把这些冷凝酒液作为下次复蒸时的底锅水使用。中流酒可作为净化酒基使用，感官品尝，气味纯正，酒精味淡醇和微甜。

第三十章 露 酒 生 产

第一节 露酒的含义及分类

一、露酒的定义

发酵酒、蒸馏酒与配制酒组成饮料的 3 大酒类。配制酒又叫露酒、兑制酒、花色酒、甚至有人称为药酒或洋酒（指仿外国的配制酒），后面的两种称法显然是片面的。

露酒主要以发酵酒、蒸馏酒或优质酒精为酒基配以一定的物料呈色、香、味，经过规定的工艺过程调配而成。换句话说，露酒不是全部从发酵或蒸馏途径获得酒精成分的，而是选用现成的酒种作为酒基，然后通过一定的配制程序加工而成的一种新酒。其呈色、香、味的物质有：天然和人造的色素和食用香精，动物骨、植物的花、茎、叶、根等，各种果汁、有机酸、维生素、蜂蜜、砂糖以及某些食物添加剂等。

二、露酒的分类

露酒中除了白兰地等少数的西方蒸馏酒外，都不属于世界性定型产品，在工艺上无一定的规范，从原料至成品，也无统一的标准，类别庞杂，难以划分。但总的可分为两种：一种是以所用的酒基来分，一种是以所用的香料及药材来分。现将露酒的分类简述如下。

1. 花类露酒：以植物的花、叶、根、茎等为香源，采用黄酒、葡萄酒、白酒、酒精或啤酒等不同酒基调配而成的酒，具有明显的花香。如桂花酒、玫瑰酒。

2. 果类露酒：采用不同的酒基，调入果汁或用酒基浸泡破碎后的果实，或用果汁发酵及皮汁混合发酵的原酒与酒基调配，或采用半发酵半浸泡（用酒基）的工艺配制，再经贮存，以突出果香。这种酒的酒度和糖度均不宜过高，如山楂酒、刺梨酒、蜜橘酒、猕猴桃酒等。

3. 芳香植物露酒：这里所指的芳香植物不包括花类植物。采用不同的酒基，加入芳香植物直接浸泡，或浸泡后再蒸馏，经过贮存，成品要求诸香和谐，口味协调。大部分原料为中药材，也可称药香型露酒。如竹叶青、五加皮等。苦艾酒和味美思等也属此类。

4. 滋补型露酒：大多数用白酒或黄酒作酒基，调配各类动植物药材，采用浸渍法或药材单独处理，再混合配制而成，具有一定的滋补作用。如人参露酒、人参白兰地、鹿茸酒、十全大补酒等。

5. 西方蒸馏酒类：包括白兰地、威士忌、兰姆酒、俄得卡、金酒等。这些产品的工艺及成品质量均有要求和标准，是国际上定型产品，我们在仿制时不能随心配制，以免造成混乱。

6. 西方利口酒类：以精制酒精为酒基，调入香、味等物质配制而成。含糖高达 30%以上，浓度较大，产品芳香浓郁，口味醇厚，留香丰满持久。如薄荷酒、可可酒等。

7. 其他香型酒类：一些不能归类的新酒，如奶蜜酒等。

第二节　露酒的生产及调配

一、酒基的处理

用以调配各种饮料酒的基础酒称为酒基。常用作酒基的有白酒和食用酒精。一般白酒比酒精杂质多且价格高，生产露酒的厂家多半采用国标二级酒精。经过净化处理，能配制出优质露酒。国标二级酒精的处理参照第二十九章第五节办法处理。

二、调味与调香料

配制露酒使用的调味料和调香料都应具有独特的味道，芳香和颜色，而这些调味料、调香料多数是以酒精浸剂、酒精水果浸泡液，醇化果汁、芳香酒精的形式进入露酒的。这些重要的半成品的质量直接影响酒的风格和口味。调味料主要是以酒精水果浸泡液、醇化果汁及酒精浸泡剂，而调香料主要以芳香酒精和人造香精为主。

（一）酒精水果浸泡液的制作

1. 工艺流程

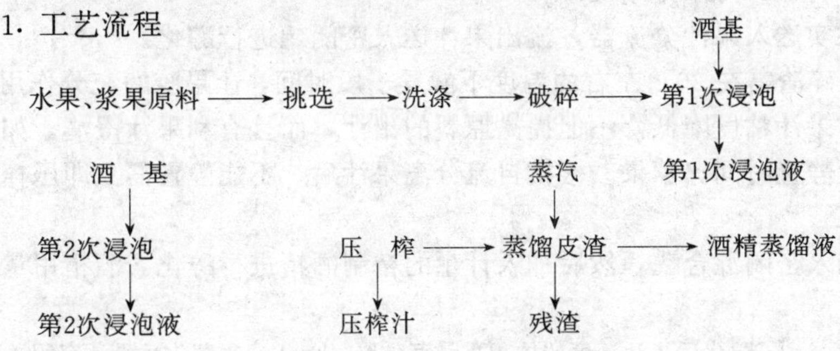

2. 操作要点

(1) 挑选出来的新鲜水果原料要进行洗涤和破碎。干原料和杏类不需洗涤，对杏类原料只除核。表面覆盖细皮带核的新鲜水果、浆果（柑桔等）要略加破碎。细皮浆果无需破碎。

(2) 破碎好的水果，浆果原料与流出汁一起装入浸提罐。鲜原料用 50%的酒基浸泡，干原料用 60%—65%酒基甚至 85%酒基浸泡，预防和减少某些成分在成品中折出沉淀。

(3) 第一次浸泡时，每天定时搅拌，新鲜原料浸渍 6 昼夜，干原料浸渍 10 昼夜。新原料酒精水果浸出液酒度为 30 度，干原料浸出液酒度为 45 度。为了提高萃取效率要求原料完全浸没于酒基溶液中。液面至少要高于原料 10cm。

(4) 将第 1 次浸渍液取光后，进行第 2 次浸渍，结束时取出浸渍液，两次浸渍液混合后叫酒精水果浸出液。留下皮渣压榨，渣送入蒸馏釜中蒸馏回收酒精，压榨汁经澄清后并入浸出液待使用。

(5) 1t 干原料分两次浸渍，其酒精水果浸泡液的总得率为 3850—7500L，酒精浓度为 35—47 度，浸出物为 4.5—13.7g/100ml。而新鲜原料浸渍总得率 1650—3830L，酒精浓度为 25—26 度，浸出物为 2.6—6.5g/100ml。

（二）制备醇化果汁的方法

压榨新鲜的水果、浆果的果汁加入酒精后的液体称为醇化果汁。用醇化果汁添加制酒基中配成的饮料酒比用果汁直接加入制配制酒中风味要好，要爽口柔和、协调得多。

1. 工艺流程

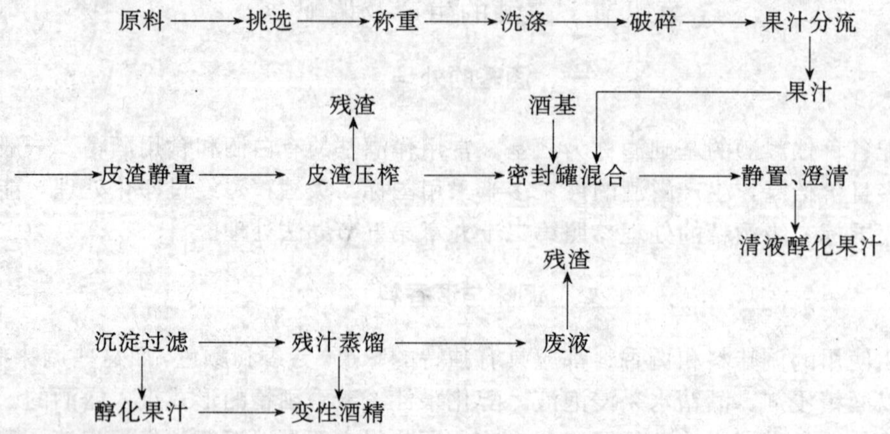

2. 操作要点

(1) 将进厂的原料挑选除腐烂、破碎和没有成熟的果子，将好的果实进行称重、洗涤。薄皮与柔软的果实如杏、柿、莓果等不洗。

(2) 将破碎好的果实送入果汁分流器，流出果汁送入密闭罐进行醇化。

(3) 分流果汁后的碎渣需在20℃左右的温度下静置一段时间，让果胶酶充分作用，使细胞壁的通透性增高，果汁粘度降低，不但提高原料的出汁率而且有利果汁澄清。如向碎渣加果胶酶制剂可缩短静置时间。苹果、樱桃自流分离果汁后，不能静置需立即压榨，否则氧化褐变。

(4) 将压榨汁也加入密闭混合罐，然后加入计量的精制酒精进行醇化。酒精用量可用下式计算：

$$\text{醇化时所需的酒精量 (L)} = \frac{\text{醇化后果汁酒度的体积重量百分比 (kg/L)} \times \text{醇化后果汁容积 (L)}}{\text{脱臭酒精的体积重量百分比 (kg/L)}}$$

例如：配制80L酒精浓度为16%的醇化果汁，问要酒精浓度为65%的脱臭酒精多少升？

解：首先查表65%、16%的酒精浓度的体积重量酒精浓度为：

$$65\% = 51.3\% \ (W_t/V) \qquad 16\% = 12.62\% \ (W_t/V)$$

$$\text{醇化时所需 65\% 的酒精量 (L)} = \frac{12.62\% \times 80\text{L}}{51.3\%} = 19.68\text{L}$$

(5) 把酒精与果汁混合均匀，于10—15℃的温度下静置15—20天，最后过滤，其滤液为醇化果汁，可作为配制露酒时的调味料，但也有调香和调色的作用。

(6) 用在生产无酒精饮料的醇化果汁或低酒度的饮料，酒精醇化后不应超过16%，因为酒精对这类饮料有不良影响。生产烈性甜酒，果露酒则相反。为了避免在成品饮料中析出沉淀，要求醇化果汁酒精含量不低于25%。用于配制汽酒和小香槟的醇化果汁酒精浓度常为15%—20%。用于配制其它果酒和花露酒的醇化果汁其酒精浓度常为20%—30%。

(7) 1t水果或浆果料能获得840L醇化果汁，在同样的鲜果原料下醇化果汁的质量要高于酒精水果浸泡液，这些果汁除了能提味、提香、提色、保鲜作用外，还能防腐，可较长期贮藏，保证终年的原料供应。

(三) 制备酒精浸剂的方法

用干粉状香精油原料或非芳香（药材）原料制备的酒精浸剂。

1. 工艺流程

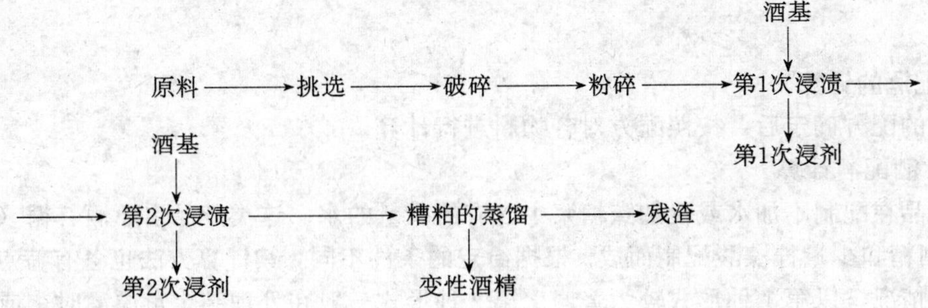

2. 操作要点

第 1 次浸渍酒精浓度为 50%—80%，第 2 次浸渍酒精浓度为 40%—70%，一般都为 10—20 昼夜，为一些皮壳类和药材为配制酒的，药酒和滋补酒用一般酒度为 40%—85%，低了常会析出沉淀。

（四）制备芳香酒精的方法

芳香酒精是用酒精溶液通过蒸汽蒸馏、冷凝、冷却挥发性物质所获得的产品。方法是选出原料粉碎后加入蒸釜中，直接加酒基入釜，酒基浓度，鲜原料 60%，干原料 50%，直接蒸馏冷却后即为产品备用。要切头去尾 15%才行。

三、调 香 香 精

露酒用的香精应为水溶性的食用香精，符合食品卫生标准的天然和人造香精，用量按标准。

四、着 色 剂

有天然色素和人工合成色素两种，在露酒上常以果实的自然色泽为酒色，浅色酒为半配以焦糖色素，或红黄搭配加焦糖色，着色要自然。

五、露酒的用水

要符合国家饮用水标准，特别对硬度的要求，只能在 2°—6°，一般配制以新生产的蒸馏水为宜。

六、露酒的调配

为了得到高质量，符合市场要求的露酒，必须要精心地进行调配。

（一）原酒的选择

为了协调果酒风味，缩小同一品种原酒之间色、香、味等质量方面的差别，可在同一品种的原酒中，选用不同的酒龄、不同色泽、不同工艺生产出来的原酒勾兑，原酒选好后，先进行感观评定，然后取样化验，分析酒精、残糖、总糖、挥发酸和单宁等含量。

（二）配料的化验

用于配酒的酒精、白糖和柠檬酸等配料，使用前要分析其浓度、纯度等作为调配时的依据。

（三）配方的确定

根据原酒和配料的分析结果，按设计的成品酒的质量要求，通过计算确定配方。一般配制露酒的酒度为 18%—40%，糖分 8%—55%，酸度 0.18%—0.84%，从中找出最佳配方。

（四）配酒的计算

当合理的配方确定后，按照配方对各物料进行计算。

1. 全汁酒配酒计算

这类产品在配制不加水或仅加点糖浆中含有的少量的水。这类产品由原酒、糖（或糖浆）、精制酒精和少量柠檬酸配制而成。根据给定的条件不同，其计算方法也各有特点，结合我国当前情况，以第 1 种形式较为普遍。第 2 种形式一般在处理结余量原酒时，或是贮到一定量的原酒时果用。第 3 种形式是采用 3 种含糖的原酒配制一种新酒，不外加其它成分，此法在国外很普遍。在此只介绍第 1、2 种形式。

（1）配制成品容量已定，求各种物料组成量，一般称之为“内加”。

例 1：葡萄原酒酒度 15 度；残糖 0.4 度；总酸 0.6 度；精制葡萄酒精 85 度；糖浆浓度 100 度；要求配制成的成品酒酒度 16 度；糖度 12 度；总酸 0.65 度，求配制 100L 这样的酒，所需要的原酒、酒精、糖浆和柠檬酸量各为多少？

解：设所需原酒为 xL，糖浆为 yL，精制酒精为 zL，则根据题意，可以列出以下 3 个方程：

总体积方程：$x+y+z=100$ (1)

总酒度方程：$15x+85z=100\times16$ (2)

总糖度方程：$0.4x+100y=100\times12$ (3)

按三元一次联立方程组来解，则可得到

$x=84.4L$ （原酒用量）

$y=11.6L$ （糖浆用量）

$z=3.94L$ （酒精用量）

将原酒 84.4L，糖浆 11.6L，精制葡萄酒精 3.94L 混合在一起，总体积为 100L，配成品的酒度为 16 度、糖度 12 度，完全符合要求。

柠檬酸用量很少，按下式计算出来溶解后投入酒中即可。

$$柠檬酸用量=\frac{100\times0.65-84.4\times0.6}{114.9}=0.125kg$$

（2）原酒数量已定，求达到要求的酒度和糖度需添加的精制酒精和糖浆量各多少？

例 2：现有葡萄原酒 80L，原酒酒度为 15 度，残糖 0.4 度，总酸 0.6 度，精制葡萄酒精 85 度，糖浆糖度 100 度；要求配制成酒度 16 度，糖度 12 度，总酸 0.65 度；求各组分用量为多少？

解：这种情况一般称之为“外加”，意思是在定量原酒以外，添加其他组份调配而成。

设所需精制葡萄酒精为 xL，糖浆为 yL，配成后总体积为 ZL，根据题意可以列出以下 3 个方程：

总体积方程：$80+x+y=Z$ (1)

总酒度方程：$80\times15+85x=16Z$ (2)

总糖度方程：$80\times0.4+100y=12Z$ (3)

换三元一次联立方程组来解，得下列值：

$x=3.73L$ （葡萄酒精用量）

$y=11.05L$ （糖浆用量）

$$Z=94.78L \qquad \text{（配成后总体积）}$$

$$\text{柠檬酸用量}=\frac{94.78\times0.65-80\times0.6}{114.9}=0.12kg$$

以上两种情况是用含糖度 100 度（100g/100ml）的糖浆配酒，如用白糖直接溶于酒中，则计算时要作相应的修改，从例 2 来看，总体方程改为：$x+0.62y+Z=100$（注：0.62 为 1kg 糖溶解后的体积 L）。

其它方程不变，求解后得：

$$x=89.8L \qquad \text{（原酒用量）}$$

$$y=11.64L \qquad \text{（白糖用量）}$$

$$Z=2.98L \qquad \text{（酒精用量）}$$

为了验证计算结果是否正确，可把各种原酒的酒度，糖度分别相加，计算出总酒度、总糖度除以配成酒后的总体积，即可求得配成后的酒的酒度、糖度，如果符合要求，证明其计算是正确的。

2. 非全汁酒配制计算

这类产品其原酒含有固定成分的比例，只要计算出酒精、糖精、糖（或糖浆）、柠檬酸用量后，加水调配并定容即可，其计算方法如下：

$$\text{酒精用量}=\frac{\text{要求总酒度}-\text{原酒总酒度}}{\text{使用酒精的酒度}}$$

$$\text{糖用量}=\frac{\text{要求总糖度}-\text{原酒的总糖度}}{1kg\ \text{蔗糖相当的葡萄糖糖度}}$$

注：1g 白糖（蔗糖）相当于 1.053g 葡萄糖，但市售的蔗糖含糖量为 95%左右，因此 1g 蔗糖相当于 1g 葡萄糖。

$$\text{柠檬酸用量}=\frac{\text{要求总酸度}-\text{原酒总酸度}}{1kg\ \text{柠檬酸相当于的酒石酸酸度}}$$

注：柠檬酸 1g 相当于酒石酸 1.172g，通常柠檬酸纯度为 98%，1g 柠檬酸相当于 1.149g 酒石酸。

例 3：要求配制含汁率 30%的西蕃莲汽酒 100L，原酒的酒度为 115%，残糖为 0.4g/100ml，总酸为 0.6g/100ml，配成的西蕃莲汽酒要求：酒度 8 度，总酸度 0.25 度。求需要加精制的 84 度酒精多少升？白糖及柠檬酸用量为多少 kg？

解：按上述公式进行计算。先查表，找出它们分别在 4°、11.5°、84°时每升中含纯酒精的重量？再进行计算。

$$84\%\text{酒精用量}=\frac{0.0316\times1000-0.0908\times1000\times30\%}{0.663}=6.576L$$

若要通过精确计算，还必须把计算结果通过比重 d_{20}^{20} 和 d_{4}^{20} 的换算以及温度与标温 20℃ 的容量、重量的校正。

$$\text{糖用量}=\frac{1000\times8-0.4\times30\%}{100}=78.8kg$$

$$\text{柠檬酸量}=\frac{1000\times0.25-0.6\times1000\times30\%}{114.9}=0.61kg$$

将白糖、柠檬酸加热水溶解后，和原酒 300L，酒精 6.576L 用泵输入到配制酒桶中，加软化水定量至 1000L 时即成要求的产品。

（五）调配

调配露酒一般采用容量法，配酒容器，大厂使用配制酒桶，小厂使用公斤盆。

1. 按配方称出各物料，先用配酒容器取原酒，加入砂糖（或糖度）充分搅拌均匀，再加蒸馏水或凉开水至定量。

2. 若果酒色泽太淡，可添加一些色素（按卫生法要求），让其色彩自然而明亮。

3. 加胶澄清

为了加速酒的澄清，调配后还要根据各种配酒的情况，加入适量的澄清剂。一般杏、李、猕猴桃、毛叶枣、滇橄榄酒，宜选用琼脂为澄清剂，收到良好效果。苹果、梨宜选用明胶或蛋清为澄清剂，也收到良好效果。

4. 后熟

配制后的酒有较明显的“生味”，有时刺鼻、酒味不协调，不柔和，需要贮存一段时间（3个月至半年）以便酒的风味更醇厚、芳香、绵延，这是因为在贮存中发生如下变化：

(1) 物理变化：特别是以脱臭酒精为酒基的露酒，在贮存过程中，由于酒分子与水分子间距离靠得越来越近，它们逐渐“缔含”了，使酒精分子活性变小，酒的刺激即暴烈性大大减弱，口味变柔和。同时酒中低沸点的醛类、硫化氢等成分在贮存中有所挥发，使酒减轻了异味。并在贮存期间，酒的澄清和生物稳定性也大大提高。

(2) 化学变化：酒中的部分醇和酸发生酯化反应生成酯香，使酒度和酸度略有下降，促使口味更加协调。酒在贮存中发生一系列的氧化、还原、合成、分解等反应，使杂醇油和单宁等成分有所下降。醇类的氧化，还原生成相应的酸和醛，改善了酒味，还有醇醛缩合反应等降低了酒异味。

5. 冷热处理

(1) 冷处理：以葡萄原酒为酒基的配制酒，经过冷冻后酒中的酒石酸盐大量析出，酒中的溶解含量增高，使酒中的单宁、色素和有机胶以及溶解状态的亚铁盐类被氧化而沉淀，从而提高酒的澄清度和风味。冷冻的方法有人工和自然两种方法，不管用哪种方法，都要使冷冻的温度在各种配酒冰点以上0.5—1℃时，才能收到良好的效果。

(2) 热处理：一般控制在50—60℃，时间约10天。热处理能促进酒老熟，提高酒的稳定性。

(3) 冷热交互处理：配制酒进行冷热交互处理效果较好，通常处理先热后冷为好，挥发酯生成量高，各厂多采用此法。处理方法是，将酒升温至60℃保持一周，再降至－2℃保持一周。在确定冷冻酒度前应先测出酒的冰点，以免使酒结冰而影响酒的口味。

6. 添加防腐剂

当配制的酒酒度达不到16度时，都需要防腐剂，否则不能存放。添防腐剂的种类及剂量按卫生法规定，防腐剂应加在加酸之前，以免发生沉淀。

7. 装瓶、封口

各项指标达到标准的成熟配制酒，过滤后立即装瓶，酒瓶按消毒程序消毒干净瓶，装好酒液后立即封口。

8. 消毒、贴标、装箱、入库

凡酒度低于16度的配制酒，均放入温度60—80℃的消毒槽内，保温20min，然后擦干贴标，在16度以上的配制酒，贴标装箱入库。

第三节　露酒加工举例

一、果露酒的加工

（一）猕猴桃露酒

1. 原料选择

选择成熟度高的果实，除去腐烂的果实。

2. 清洗消毒

用0.02%的高锰酸钾溶液浸泡果实10min，然后用清水冲洗干净，沥干水分。

3. 破碎

将洗净的果实用破碎机破碎成果浆。

4. 压榨取汁

破碎果实送压榨机压榨取汁，也可用滤布手工挤汁。压榨后的果汁加入15%的清水，拌均，进行第2次压榨，然后将两次压榨的果汁合在一起备用。

5. 调配（按以下配方调配）

猕猴桃果汁　100kg　　砂糖　10kg

脱臭处理的96度食用酒精　10kg

调配完毕后放入缸内贮存5天，经过滤后装瓶，在70—75℃的热水中灭菌20min。

（二）山楂（红果）露酒

山楂露酒的生产，可以采用鲜山楂，也可用干楂。

1. 鲜山楂露酒

（1）原料选择：应选择成熟度高的山楂果实，去除杂质和霉烂果。

（2）清洗：先将果实用0.05%的高锰酸钾溶液浸泡5—10min，然后用清水冲洗至水中无红色为止。

（3）破碎：用滚筒式破碎机将果实压碎，但果核要保持完整。

（4）酒精浸泡：将破碎的果实入缸，并按果实重量的1.5倍添加50度的脱臭酒精，将容器密闭，浸泡1—2个月，使果实内的可溶性物质充分溶出，然后分出浸泡第1液。果渣再用25度的脱臭酒精浸泡10—15天，然后过滤并压榨得第2液，压榨后的果渣可蒸馏得第3液，将3液合并为原酒。

（5）酒液澄清：先将10—15g明胶用清水浸泡12h，倒掉浸泡水，再添加清水并置于水浴中加热溶化，此时添加少量酒液，拌匀后倒入100L酒液中，搅拌均匀，密封缸口，于8—15℃贮存2—3月，最后过滤待用。

（6）配制（按以下配方配制）

山楂原酒	30%	柠檬酸	0.3%
脱臭酒精	8%	砂　糖	15%
胭脂红	0.005%以下	凉开水	50%

配好后放缸内贮存5—10天后进行过滤，装瓶，灭菌。

2. 成品山楂露酒：色泽暗红、清亮透明，并有山楂果香、甜酸爽口。

二、仿洋酒的加工

（一）味美思（Vermouth）

为大众消费者爱好，因为它是鸡尾酒的主体，许多鸡尾酒都离不了它。味美思有意大利型、法国型、中国型等。意大利味美思药料以苦艾为主，酒基是香葡萄酒、苦艾味较重。法国型味美思以白葡萄酒为酒基，只加药不加糖，味道较淡。我国味美思自成体系，用龙眼白葡萄酒为酒基，加多种中药材配成。生产方法有 4 种：在葡萄酒中加药材直接浸泡；预先制成香料液再配入葡萄酒中；葡萄汁发酵时加入药材；味美思中充入二氧化碳，成味美思汽酒。

中国式味美思的配制

（1）配方

10—11 度龙眼白葡萄酒　90L

85 度脱臭酒精	9L	大茴香	350g
白　　菖	150g	苦桂皮	350g
威　灵　仙	125g	大　黄	25g
小　车　菊	150g	苦黄楝木	15g
迷迭香香料	50g	白　术	125g
香　　草	0.25g	花椒根	60g

注：香草 0.25g 溶于酒精中。迷迭香香料的制法：取迷迭香 1kg，放于 80 度的 3L 脱臭酒精中，浸泡 5 天后加 3L 水混匀，进行蒸馏，取开头 3L 馏出液即为迷迭香香料。

欧美国家的味美思酒度一般在 12—17 度之间；而我国的味美思一般不低于 18 度。

（2）操作要点

酒基准备：选用优质的白葡萄酒或兑制甜葡萄酒。添加所需量脱臭酒精后，再加入转化糖到一定糖度。

药材浸泡：按配方将药材用砂布包好，直接浸泡在上述酒基中，浸泡 10—15 天后过滤，再放置 10—15 天。可用葡萄汁、葡萄酒或药材浸出液进一步调整口味及香气。

过滤、装瓶：待配酒澄清后再过滤 1 次，即可装瓶，封口即成成品。

（二）仿白兰地

由水果的果浆汁或皮渣经发酵、蒸馏制成的蒸馏酒，称为白兰地。白兰地分为 2 种，即葡萄白兰地和水果白兰地。由于葡萄白兰地产量最大，往往就叫白兰地，而以其他水果生产的白兰地则冠以水果名称，如樱桃白兰地、苹果白兰地等。我们介绍的是用酒精配制成的仿白兰地。对配制用的酒精有严格的要求，一般以一级优质酒精为酒基，用二级食用酒精必须进行脱臭处理，才能保证质量。着色要求用糖色。

法国的可涅克（Cognac）白兰地很出名，模仿它的配制白兰地也就多了。国内仿白兰地酒的产量近年有一定的增长。现介绍其中的一个配方如下：

1. 配方

陈年兰姆酒	2L	核桃浸出液	2L
葡萄糖浆	3L	柠檬酸	2g
苦杏仁浸出液	2L	儿　茶	15g
托罗香膏	5—8g	脱臭酒精 85%	1L

脱臭酒精　　　42%100L

2. 制作

将85度的脱臭酒精1L，放在带盖的瓷杯中，放入托罗香膏5—8g，儿茶15g，浸渍8—10天后，再与核桃浸出液、苦杏仁浸出液、柠檬酸溶解液一起投入到稀释成42度的脱臭酒精100L中，连续搅拌1h后。再兑入葡萄糖浆3L，再搅拌均匀后，贮藏3个月，过滤、装瓶。

三、鸡尾酒的加工

鸡尾酒大约可分为7大类：第1类是用美国威士忌调制；第2类是用白兰地调剂；第3类是用琴酒调制；第4类是用兰姆酒调制；第5类是用雪莉酒调制；第6类是用伏特加酒调制；第7类是用苏格兰威士忌调制。其配方很多，现每类举出一个配方供模仿参考。

（一）美国威士忌鸡尾酒

捧腹大笑酒

材料：2/5波本威士忌，1/5柠檬汁，
　　　1/5桔子法，1/5纯糖浆。

配制法：把以上材料和碎冰块放进调酒杯中，搅匀，滤进古典酒杯内，用柠檬皮把酒杯口四周擦均匀，一上口就有鲜柠檬的清香味。

（二）白兰地鸡尾酒

珍重再见

材料：2/4白兰地，1/4橘皮甜酒，
　　　1/4风梨汁，一滴白色薄荷酒。

配制法：把以上的材料和碎冰块放进调酒杯内，搅匀，滤进香槟酒杯内，用牙签穿菠萝1小块，红樱桃1枚，薄荷叶1片放进缸内，作为点缀。

（三）琴酒鸡尾酒

祝福

材料：1/3琴酒，1/3雪莉酒，1/3法国苦艾酒，一滴橘味甜酒。

配制法：把以上的材料和碎冰块放进调酒杯内，搅匀，滤进鸡尾酒杯内，用柠檬皮1小片点缀。

（四）兰姆酒鸡尾酒

高潮

材料：2/4兰姆酒，1/4莱姆果汁，1/4香蕉酒。

配制法：把上材料和碎冰块放进调酒杯内，搅匀，滤进鸡尾酒杯内，用柠檬皮1小片点缀。

（五）雪莉鸡尾酒

妙午

材料：1/3雪莉酒，1/3琴酒，1/3樱桃白兰地，1滴橘子酒。

配制法：把以上材料和碎冰块放进调酒壶内，摇匀，滤进鸡尾酒杯内，用红樱桃点缀。

（六）伏特加鸡尾酒

白玫瑰

材料：1/2伏特加酒，1/2玫瑰露，1小片柠檬皮。

配制法：把以上的材料和碎冰块放进调酒杯内，搅匀，滤进鸡尾酒杯内，再加半茶匙石榴糖浆，让它浮在酒面上，作为点缀。

（七）苏格兰威士忌鸡尾酒

青春

材料：2/4 威士忌，1/4 橘子酒，1/4 香蕉酒。

配制法：把以上的材料和冰块放进调酒壶内，摇匀，滤进鸡尾酒杯内，加 1 茶匙鲜奶油作为点缀。

（八）世界流行的鸡尾酒

苹果鸡尾酒

材料：3/5 苹果酒，1/5 石榴浆，1/5 柠檬汁。

配制法：把以上材料和碎冰块放进调酒杯内，搅匀，滤进鸡尾酒杯内。

（九）家庭自制美酒

苹果甜酒

（1）原料

脱臭酒精	2.3L	白砂糖	500g
苹果香精	2g	苹果汁	500g
甘　油	4g	糖　精	1g
柠檬胶	4g	冷开水	4.5L

（2）配制法

①取干净容器，先放入 0.3L 的脱臭酒精，然后倒入苹果汁，搅拌均匀，待用。

②将柠檬酸用少量的温开水溶化，然后冷却过滤。

③取干净容器，将糖、糖精放入，加入少量的沸水，使糖液充分溶解，然后将 2L 的脱臭酒精放入，搅拌均匀，再将苹果汁、柠檬酸、甘油放入，搅拌至混合均匀，最后将冷开水放入，搅拌均匀。

④静置冷却前加入苹果香精，搅拌均匀，然后置于贮存桶内贮存 2—3 个月，进行过滤，去渣取酒液，即可饮用。

一、附　录

食品添加剂卫生管理办法：

第一条　根据《中华人民共和国食品卫生法（试行）》和《中华人民共和国标准化管理条例》的规定，为加强食品添加剂质量卫生管理，防止食品污染，保障人民身体健康，特制定本办法。

第二条　本管理办法用法定义如下：

食品添加剂：指为改善食品质和色、香、味以及防腐和加工工艺的需要而加入食品中的化学合成或者天然物质。

卫生评价：包括生产工艺、理化性质、质量标准、使用效果、范围、加入量、毒理学评价及检验方法等综合性的安全评价。

第三条　使用食品添加剂必须符合卫生部颁发的《食品添加剂使用卫生标准》。

鉴于有些食品添加剂具有一定毒性，应尽可能不用或少用。必须使用时应严格控制使用范围和使用量。

第四条　食品添加剂必须符合质量标准，并由国务院主管部门会同卫生部或省、自治区、直辖市主管部门会同卫生部门审查，颁发定点生产证明书、生产许可证，方可生产。

第五条　凡列入食品添加剂使用卫生标准的品种，在国家未颁发标准前，可制订地方（或企业）质量卫生标准，由生产厂提出，经省、自治区、直辖市主管部门及卫生主管部门进行审查后，报地方标准局批准，按生产管理办的有关规定颁发临时许可证。

第六条　生产或使用新的食品添加剂应由生产单位提出，卫生监督部门初审，提交全国食品添加剂标准化技术委员会审议。

第七条　食品添加剂使用卫生标准由全国食品添加剂标准化技术委员会审议通过后报卫生部批准颁发。食品添加剂规格质量国家标准由全国食品添加剂标准技术委员会审议，其中有卫生意义的指标，由主管部门送卫生部审查后，报国家标准局批准颁发。

第八条　食品添加剂的安全性毒理学评价程序由卫生部制定。

第九条　专供婴儿的主辅食品除按规定可加入强化剂外，不得加入人工甜味剂、色素、香精、谷氨酸钠及不适宜的添加剂。（按：谷氢酸钠已不限制使用）。

第十条　不得以掩盖食品腐败变质或伪造、掺假为目的而使用食品使添加剂，不得使用污染或变质的食品添加剂，使用食品添加剂不得有夸大虚伪的宣传内容。

第十一条　食品添加剂的生产单位应按规定的质量标准进行生产，逐批检验。经营部门加强验收，卫生部门加强监督检查。食品添加剂包装上应注明：

1. 食品添加剂品名及生产许可证号。
2. 质量标准、规格、并标注“食品添加剂”字样。
3. 使用说明。
4. 生产厂名、批量、生产日期、保存期限。

第十二条　进口的食品添加剂必须符合我国规定的品种和质量标准。进口食品中添加剂必须符合我国规定的使用卫生标准。外贸及有关部门向外商定货时，必须按照我国规定的质量及卫生标准签订合同。其合同副本及输出国允许使用食品添加剂的有关品种、标准、安全性评价等资料应提供给卫生部门，并按我国进口食品卫生管理的有关规定办理审批手续。

第十三条 进口香料的部门或单位，应向输出国厂商提供配方中香料、辅料名称、毒理学资料及有关国家允许使用的证明，如不能提供时要进行毒理试验，方可在国内销售。

第十四条 复合食品添加剂中各单项物质必须符合国家规定的使用范围和使用量，生产前必须经省、自治区、直辖市的食品卫生监督机构批准。

第十五条 出国食品添加剂，可根据国外要求生产，但转内销时必须符合我国规定。

第十六条 凡违反本办法的按食品卫生法规进行处理。

第十七条 本管理办法自 1987 年 1 月 1 日施行，原办法作废。

二、附　表

附表 1　砂糖溶解量表

1	2	3	4	5	6	7
Brix20° 砂糖重量 %　比	比　重	配成 1L 糖液需要		对 1L 水需要		波美度 (Be') 15°
		干燥砂糖量 (g)	水　量 (ml)	砂糖的 添加量	配出的 糖液量	
50	1.230	614.8	614.8	1000	1626.5	27.7
51	1.235	629.9	605.2	1040.8	1652.3	28.2
52	1.241	645.1	595.5	1093.3	1679.3	28.8
53	1.246	660.5	585.7	1127.7	1707.4	29.3
54	1.252	676.0	575.9	1173.8	1736.4	29.8
55	1.257	691.6	565.9	1222.1	1767.1	30.4
56	1.263	707.4	555.8	1272.8	1799.2	30.9
57	1.269	723.3	545.7	1325.5	1832.5	31.4
58	1.275	739.4	535.4	1381.0	1867.7	31.9
59	1.281	755.5	525.1	1438.8	1904.4	32.5
60	1.286	771.9	514.5	1500.3	1943.6	31.0
61	1.292	788.3	504.0	1564.1	1984.1	33.5
62	1.298	804.9	493.4	1631.3	2026.7	34.0
63	1.304	821.7	483.6	1699.1	2069.4	34.5
64	1.310	838.6	471.7	1777.8	2120.5	35.1
65	1.316	855.5	460.7	1857.1	2170.6	35.6

附表 2　蔗糖溶于 20℃水时的体积增加 (g/100ml)

溶于 100ml 水中的糖 (g)	所得溶液			溶于 100ml 水中的糖 (g)	所得溶液		
	锤　度 (Brix)	比　重 (20/4℃)	体积极增加 ml		锤　度 (Brix)	比　重 (20/4℃)	体积极增加 ml
5	4.7699	1.01694	3.078	100	50.0442	1.22981	62.483
10	9.1055	1.03446	6.165	110	52.4250	1.24301	68.802
15	13.0635	1.05093	9.259	120	54.5893	1.25520	75.130
20	16.6912	1.06645	12.357	130	56.5752	1.26649	81.465
25	20.0283	1.08109	15.461	140	58.3763	1.27696	87.808
30	23.1083	1.09491	18.570	150	60.0424	1.28671	94.157
35	25.9599	1.10799	21.683	160	61.5803	1.29579	100.513
40	28.6075	1.12037	24.801	170	33.0042	1.30429	106.873
50	33.3726	1.14327	31.048	180	64.3263	1.31225	113.239
55	35.5243	1.15387	34.177	190	65.5572	1.31972	119.609
60	37.5414	1.16396	37.310	200	66.7059	1.32675	125.984
65	39.4361	1.17356	40.447	210	67.7805	1.33337	132.362
70	41.2193	1.18273	43.587	220	68.7880	1.33961	138.744
75	42.9004	1.19147	46.729	230	69.7343	1.34551	145.129
80	44.4881	1.19983	49.874	240	70.6249	1.35110	151.517
90	47.4125	1.21546	56.174				

附表 3　蔗糖糖锤度（Brix）比重和波美度比较表

锤 度 (Brix)	比 重 (20°/20℃)	比 重 (20°/4℃)	波美度 (Be′)	锤 度 (Brix)	比 重 (20°/20℃)	比 重 (20°/4℃)	波美度 (Be′)
0.0	1.00000	0.998231	0.00	6.8	1.02689	1.025077	3.80
0.2	1.00078	0.999010	0.11	7.0	1.02770	1.025885	3.91
0.4	1.00155	0.999786	0.22	7.2	1.02851	1.026694	4.02
0.6	1.00233	1.000563	0.34	7.4	1.02932	1.027504	4.13
0.8	1.00311	1.001342	0.45	7.6	1.03013	1.028316	4.24
1.0	1.00389	1.002120	0.56	7.8	1.03095	1.029128	4.35
1.2	1.00167	1.002897	0.67	8.0	1.03176	1.029942	4.46
1.4	1.00545	1.003675	0.79	8.2	1.03258	1.030757	4.58
1.6	1.00623	1.004453	0.90	8.4	1.03340	1.031573	4.69
1.8	1.00701	1.005234	1.01	8.6	1.03422	1.032391	4.80
2.0	1.00779	1.006015	1.12	8.8	1.03504	1.033209	4.91
2.2	1.00858	1.006796	1.23	9.0	1.03586	1.034029	5.02
2.4	1.00936	1.007580	1.34	9.2	1.03668	1.034850	5.13
2.6	1.01015	1.008363	1.46	9.4	1.03750	1.035671	5.24
2.8	1.01093	1.009148	1.57	9.6	1.03833	1.036494	5.35
3.0	1.01172	1.009934	1.68	9.8	1.03915	1.037318	5.46
3.2	1.01251	1.010721	1.79	10.0	1.03998	1.038143	5.57
3.4	1.01330	1.011510	1.90	10.2	1.04081	1.038970	5.68
3.6	1.01409	1.012298	2.02	10.4	1.04164	1.039797	5.80
3.8	1.01488	1.013080	2.13	10.6	1.04247	1.040626	5.91
4.0	1.01567	1.013881	2.24	10.8	1.04330	1.041456	6.02
4.2	1.01647	1.014673	2.35	11.0	1.04413	1.042288	6.13
4.4	1.01726	1.015476	2.46	11.2	1.04497	1.043124	6.24
4.6	1.01806	1.016261	2.57	11.4	1.04580	1.043954	6.35
4.8	1.01886	1.017058	2.68	11.6	1.04664	1.044788	6.46
5.0	1.01965	1.017854	2.79	11.8	1.04747	1.045625	6.57
5.2	1.02045	1.018652	2.91	12.0	1.04831	1.046462	6.68
5.4	1.02125	1.019451	3.02	12.2	1.04915	1.047300	6.79
5.6	1.02206	1.020251	3.13	12.4	1.04999	1.048140	6.90
5.8	1.02286	1.021053	3.24	12.6	1.05084	1.048980	7.02
6.0	1.02366	1.021855	3.35	12.8	1.05168	1.049822	7.13
6.2	1.02447	1.022659	3.46	13.0	1.05252	1.050665	7.24
6.4	1.02527	1.023463	3.57	13.2	1.05337	1.051510	7.35
6.6	1.02608	1.024270	3.69	13.4	1.05422	1.052356	7.46

（续）

锤 度 (Brix)	比 重 (20°/20℃)	比 重 (20°/4℃)	波美度 (Be′)	锤 度 (Brix)	比 重 (20°/20℃)	比 重 (20°/4℃)	波美度 (Be′)
13.6	1.05506	1.053202	7.57	20.4	1.08465	1.082737	11.32
13.8	1.05591	1.054000	7.68	20.6	1.08554	1.083628	11.43
14.0	1.05677	1.054900	7.79	20.8	1.08644	1.084520	11.54
14.2	1.05762	1.055751	7.90	21.0	1.08733	1.085414	11.65
14.4	1.05847	1.056602	8.01	21.2	1.08823	1.086309	11.76
14.6	1.05933	1.057455	8.12	21.4	1.08913	1.087205	11.87
14.8	1.06018	1.058310	8.23	21.6	1.09003	1.088101	11.98
15.0	1.06104	1.059165	8.34	21.8	1.09093	1.089000	11.09
15.2	1.06190	1.060022	8.45	22.0	1.09183	1.89900	12.20
15.4	1.06276	1.060880	8.56	22.2	1.09273	1.090802	12.31
15.6	1.06362	1.061738	8.67	22.4	1.09364	1.091704	12.42
15.8	1.06448	1.062598	8.78	22.6	1.09454	1.092607	12.52
16.0	1.06534	1.063460	8.89	22.8	1.09545	1.093513	12.63
16.2	1.06621	1.064324	9.00	23.0	1.09636	1.094420	12.74
16.4	1.06707	1.065188	9.11	23.2	1.09727	1.095328	12.85
16.6	1.06794	1.066054	9.22	23.4	1.09818	1.096236	12.96
16.8	1.06881	1.066921	9.33	23.6	1.09900	1.097147	12.07
17.0	1.06968	1.067789	9.45	23.8	1.10000	1.098058	12.18
17.2	1.07055	1.068658	9.56	24.0	1.10092	1.098971	13.29
17.4	1.07142	1.069529	9.67	24.2	1.10183	1.099886	13.40
17.6	1.07229	1.070400	9.78	24.4	1.10275	1.100802	13.51
17.8	1.07317	1.071273	9.89	24.6	1.10367	1.101718	13.62
18.0	1.07404	1.072147	10.0	24.8	1.10459	1.102637	13.73
18.2	1.07492	1.073023	10.11	25.0	1.10551	1.103557	13.84
18.4	1.07580	1.073900	10.22	25.2	1.10643	1.104478	13.95
18.6	1.07668	1.074777	10.33	25.4	1.10736	1.105400	14.06
18.8	1.07756	1.075657	10.44	25.6	1.10828	1.106324	14.17
19.0	1.07844	1.076537	10.55	25.8	1.10921	1.107248	14.28
19.2	1.07932	1.077419	10.66	26.0	1.11014	1.108175	14.39
19.4	1.08021	1.078302	10.77	26.2	1.11106	1.109103	14.49
19.6	1.08110	1.079177	10.88	26.4	1.11200	1.110033	14.60
19.8	1.08198	1.080072	10.99	26.6	1.11293	1.110963	14.71
20.0	1.08287	1.080959	11.10	26.8	1.11386	1.111895	14.82
20.2	1.08376	1.081848	11.21	27.0	1.11480	1.112828	14.93

（续）

锤 度 (Brix)	比 重 (20°/20℃)	比 重 (20°/4℃)	波美度 (Be′)	锤 度 (Brix)	比 重 (20°/20℃)	比 重 (20°/4℃)	波美度 (Be′)
27.2	1.11573	1.113763	15.04	33.8	1.14739	1.145363	18.63
27.4	1.11667	1.114697	15.15	34.0	1.14837	1.146345	18.73
27.6	1.11761	1.115635	15.26	34.2	1.14936	1.147328	18.84
27.8	1.11855	1.116572	15.37	34.4	1.15034	1.148313	18.95
28.0	1.11949	1.117512	15.48	34.6	1.15133	1.149298	19.06
28.2	1.12043	1.118453	15.59	34.8	1.15232	1.150286	19.17
28.4	1.12138	1.119395	15.69	35.0	1.15331	1.151275	19.28
28.6	1.12232	1.120339	15.58	35.2	1.15430	1.152265	19.38
28.8	1.12327	1.121284	15.91	35.4	1.15530	1.153256	19.49
29.0	1.12422	1.122231	16.02	35.6	1.15629	1.154249	19.60
29.2	1.12517	1.123179	16.13	35.8	1.15729	1.155242	19.71
29.4	1.12612	1.124128	16.24	36.0	1.15828	1.156238	19.81
29.6	1.12707	1.125079	16.35	36.2	1.15928	1.157235	19.92
29.8	1.12802	1.126030	16.46	36.4	1.16023	1.158233	20.03
30.0	1.12898	1.126984	16.57	36.6	1.16128	1.159233	20.14
30.2	1.12993	1.127939	16.67	36.8	1.16228	1.160233	20.25
30.4	1.13089	1.128896	16.78	37.0	1.16329	1.161236	20.35
30.6	1.13185	1.129853	16.89	37.2	1.16430	1.162240	20.46
30.8	1.13281	1.130812	17.00	37.4	1.16530	1.163245	20.57
31.0	1.13378	1.131773	17.11	37.6	1.16631	1.164252	20.68
31.2	1.13474	1.132735	17.22	37.8	1.16732	1.165259	20.78
31.4	1.13570	1.133698	17.33	38.0	1.16833	1.166269	20.89
31.6	1.13667	1.134663	17.43	38.2	1.16934	1.167281	21.00
31.8	1.13764	1.135628	17.54	38.4	1.17036	1.168293	21.11
32.0	1.13861	1.136596	17.65	38.6	1.17138	1.169307	21.21
32.2	1.13958	1.137565	17.76	38.8	1.17239	1.170322	21.32
32.4	1.14055	1.138534	17.87	39.0	1.17341	1.171340	21.43
32.6	1.14152	1.139506	17.98	39.2	1.17443	1.172359	21.54
32.8	1.14250	1.130479	18.08	39.4	1.17545	1.173379	21.64
33.0	1.14347	1.141453	18.19	39.6	1.17648	1.174400	21.75
33.2	1.14445	1.142529	18.30	39.8	1.17750	1.175423	21.86
33.4	1.14543	1.143405	18.41	40.0	1.17853	1.176447	21.97
33.6	1.14641	1.144384	18.52	40.2	1.17956	1.177473	22.07

（续）

锤 度 (Brix)	比 重 (20°/20℃)	比 重 (20°/4℃)	波美度 (Be′)	锤 度 (Brix)	比 重 (20°/20℃)	比 重 (20°/4℃)	波美度 (Be′)
40.4	1.18058	1.178501	22.18	47.2	1.21646	1.214317	25.80
40.6	1.18162	1.179527	22.29	47.4	1.21755	1.215395	25.91
40.8	1.18265	1.180560	22.39	47.6	1.21863	1.216476	26.01
41.0	1.18368	1.181592	22.50	47.8	1.21971	1.217559	26.12
41.2	1.18472	1.182625	22.61	48.0	1.22080	1.218643	26.23
41.4	1.18575	1.183660	22.72	48.2	1.22189	1.219729	26.33
41.6	1.18679	1.184696	22.82	48.4	1.22298	1.220815	26.44
41.8	1.18733	1.185734	22.93	48.6	1.22406	1.221904	26.54
42.0	1.18887	1.186773	23.04	48.8	1.22516	1.222995	26.66
42.2	1.18992	1.187814	23.14	49.0	1.22625	1.224086	26.75
42.4	1.19096	1.188856	23.25	49.2	1.22735	1.225180	26.86
42.6	1.19201	1.189901	23.36	49.4	1.22844	1.226274	26.96
42.8	1.19305	1.190946	23.46	49.6	1.22954	1.227371	27.07
43.0	1.19410	1.191993	23.57	49.8	1.23064	1.228469	27.18
43.2	1.19515	1.193041	23.68	50.0	1.23174	1.229567	27.28
43.4	1.19620	1.194090	23.78	50.2	1.23284	1.230668	27.39
43.6	1.19726	1.195141	23.89	50.4	1.23395	1.231770	27.49
43.8	1.19831	1.196193	24.00	50.6	1.23506	1.232874	27.60
44.0	1.19936	1.197247	24.10	50.8	1.23616	1.233979	27.70
44.2	1.20042	1.198303	24.21	51.0	1.23727	1.235085	27.81
44.4	1.20143	1.199360	24.32	51.2	1.23838	1.236194	27.91
44.6	1.20254	1.200420	24.42	51.4	1.23949	1.237303	28.02
44.8	1.20360	1.201480	24.53	51.6	1.23060	1.238414	28.12
45.0	1.20467	1.202540	24.63	51.8	1.24172	1.239527	28.23
45.2	1.20573	1.203603	24.74	52.0	1.24284	1.240641	28.33
45.4	1.20680	1.204663	24.85	52.2	1.24395	1.241757	28.44
45.6	1.20787	1.205783	24.95	52.4	1.24507	1.242873	28.54
45.8	1.20894	1.206801	25.06	52.6	1.24619	1.243992	28.65
46.0	1.21001	1.207870	25.17	52.8	1.24731	1.245113	28.75
46.2	1.21108	1.208940	25.27	53.0	1.24844	1.246234	28.86
46.4	1.21215	1.210013	25.38	53.2	1.24956	1.247358	28.96
46.6	1.21323	1.211086	25.48	53.4	1.25069	1.248482	29.06
46.8	1.21431	1.212162	25.59	53.6	1.25182	1.210600	20.17
47.0	1.21538	1.213238	25.70	53.8	1.25295	1.250737	29.27

（续）

锤 度 (Brix)	比 重 (20°/20℃)	比 重 (20°/4℃)	波美度 (Be′)	锤 度 (Brix)	比 重 (20°/20℃)	比 重 (20°/4℃)	波美度 (Be′)
54.0	1.25408	1.251866	29.38	60.8	1.29346	1.291172	32.90
54.2	1.25521	1.252997	29.48	61.0	1.29464	1.292354	33.00
54.4	1.25635	1.254129	29.59	61.2	1.29583	1.293539	33.10
54.6	1.25748	1.255264	29.69	61.4	1.29701	1.294725	33.20
54.8	1.25862	1.256400	29.80	61.6	1.29820	1.295911	33.31
55.0	1.25976	1.257535	29.90	61.8	1.29940	1.297100	33.41
55.2	1.26090	1.258674	30.00	62.0	1.30059	1.298291	33.51
55.4	1.26204	1.259815	30.11	62.2	1.30178	1.299483	33.61
55.6	1.26319	1.260955	30.21	62.4	1.30298	1.300677	33.72
55.8	1.26433	1.262099	30.32	62.6	1.30418	1.301871	33.82
56.0	1.26548	1.263243	30.42	62.8	1.30537	1.303068	33.92
56.2	1.26663	1.264390	30.52	63.0	1.30657	1.304267	34.02
56.4	1.26773	1.265537	30.63	63.2	1.30778	1.305467	34.12
56.6	1.26893	1.266686	30.73	63.4	1.30898	1.306669	34.23
56.8	1.27008	1.267837	30.83	63.6	1.31019	1.307872	34.33
57.0	1.27123	1.268989	30.94	63.8	1.31139	1.309077	34.43
57.2	1.27239	1.270143	31.04	64.0	1.31260	1.310282	34.53
57.4	1.27355	1.271299	31.15	64.2	1.31381	1.311489	34.63
57.6	1.27471	1.272455	31.25	64.4	1.31502	1.312699	34.74
57.8	1.27587	1.273614	31.35	64.6	1.31623	1.313909	34.84
58.0	1.27703	1.274774	31.46	64.8	1.31745	1.315121	34.94
58.2	1.27819	1.275936	31.56	65.0	1.31866	1.316334	35.04
58.4	1.27936	1.277098	31.66	65.2	1.31988	1.317549	35.14
58.6	1.28052	1.278262	31.76	65.4	1.32110	1.318766	35.24
58.8	1.28169	1.279428	31.87	65.6	1.32232	1.319983	35.34
59.0	1.28286	1.280595	31.97	65.8	1.32354	1.321203	35.45
59.2	1.28404	1.281764	32.07	66.0	1.32476	1.322425	35.55
59.4	1.28520	1.282935	32.18	66.2	1.32599	1.323648	35.65
59.6	1.28638	1.284107	32.28	66.4	1.32722	1.324872	35.75
59.8	1.28755	1.285281	32.38	66.6	1.32844	1.326097	35.85
60.0	1.28873	1.286456	32.49	66.8	1.32967	1.327325	35.95
60.2	1.28991	1.287633	32.59	67.0	1.33090	1.328554	36.05
60.4	1.29109	1.288811	32.69	67.2	1.33214	1.329785	36.15
60.6	1.29227	1.289991	32.79	67.4	1.33337	1.331017	36.25

(续)

锤 度 (Brix)	比 重 (20°/20℃)	比 重 (20°/4℃)	波美度 (Be′)	锤 度 (Brix)	比 重 (20°/20℃)	比 重 (20°/4℃)	波美度 (Be′)
67.6	1.33460	1.332250	36.35	74.4	1.37754	1.375105	39.74
67.8	1.33584	1.333485	36.45	74.6	1.37883	1.376392	39.84
68.0	1.33708	1.334722	36.55	74.8	1.38012	1.377680	39.94
68.2	1.33832	1.335961	36.66	75.0	1.38141	1.378971	40.03
68.4	1.33957	1.337200	36.78	75.2	1.38270	1.380262	40.13
68.6	1.34081	1.338441	36.86	75.4	1.38400	1.381555	40.23
68.8	1.34205	1.339681	36.96	75.6	1.38530	1.382851	40.33
69.0	1.34330	1.340988	37.06	75.8	1.38660	1.384148	40.43
69.2	1.34455	1.342174	37.16	76.0	1.38790	1.385446	40.53
69.4	1.34580	1.343421	37.26	76.2	1.38920	1.386745	40.62
69.6	1.34705	1.344671	37.36	76.4	1.39050	1.388054	40.72
69.8	1.34830	1.345922	37.46	76.6	1.39180	1.389347	40.82
70.0	1.34956	1.347174	37.56	76.8	1.39311	1.390651	40.92
70.2	1.35081	1.348427	37.66	77.0	1.39442	1.391956	41.01
70.4	1.35207	1.349682	37.76	77.2	1.39573	1.393263	41.11
70.6	1.35333	1.350939	37.86	77.4	1.39704	1.394571	41.21
70.8	1.35458	1.352197	37.96	77.6	1.39835	1.395881	41.31
71.0	1.35585	1.353456	38.06	77.8	1.39966	1.397192	41.40
71.2	1.35711	1.354717	38.16	78.0	1.40098	1.398505	41.50
71.4	1.35838	1.255980	38.26	78.2	1.40230	1.399819	41.60
71.6	1.35964	1.357245	38.35	78.4	1.40361	1.401134	41.70
71.8	1.36091	1.358511	38.45	78.6	1.40493	1.402425	41.79
72.0	1.36218	1.359778	38.55	78.8	1.40625	1.403771	41.89
72.2	1.36346	1.361047	38.65	79.0	1.40758	1.405091	41.99
72.4	1.36473	1.372317	38.75	79.2	1.40890	1.406412	42.08
72.6	1.36600	1.363590	38.85	79.4	1.40023	1.407735	42.18
72.8	1.36728	1.364864	38.95	79.6	1.41155	1.409061	42.28
73.0	1.36856	1.366169	39.05	79.8	1.41288	1.410387	42.37
73.2	1.36983	1.367415	39.15	80.0	1.41421	1.411715	42.47
73.4	1.37111	1.368693	39.25	80.2	1.41554	1.413044	42.57
73.6	1.37240	1.369973	39.35	80.4	1.41688	1.414374	42.66
73.8	1.37368	1.371254	39.44	80.6	1.41821	1.415706	42.76
74.0	1.37496	1.372536	39.54	80.8	1.41955	1.417039	42.85
74.2	1.37625	1.373820	39.64	81.0	1.42088	1.418374	42.95

（续）

锤 度 (Brix)	比 重 (20°/20℃)	比 重 (20°/4℃)	波美度 (Be′)	锤 度 (Brix)	比 重 (20°/20℃)	比 重 (20°/4℃)	波美度 (Be′)
81.2	1.42222	1.419711	43.05	88.0	1.46862	1.466032	46.27
81.4	1.42356	1.421049	43.14	88.2	1.47002	1.467420	46.36
81.6	1.42490	1.422390	43.24	88.4	1.47141	1.468810	46.45
81.8	1.42625	1.423730	43.33	88.6	1.47280	1.470200	46.55
82.0	1.42759	1.425072	43.43	88.8	1.47420	1.471592	46.64
82.2	1.42894	1.426416	43.53	89.0	1.47559	1.472986	46.73
82.4	1.43029	1.427761	43.62	89.2	1.47699	1.474381	46.83
82.6	1.43164	1.429109	43.72	89.4	1.47839	1.475779	46.92
82.8	1.43298	1.430457	43.81	89.6	1.47979	1.477176	47.01
83.0	1.43434	1.431807	43.91	89.8	1.48119	1.478575	47.11
83.2	1.43569	1.433158	44.00	90.0	1.48259	1.479976	47.20
83.4	1.43705	1.434511	44.10	90.2	1.48400	1.481378	47.29
83.6	1.43841	1.435866	44.19	90.4	1.48540	1.482782	47.38
83.8	1.43976	1.437222	44.29	90.6	1.48681	1.484187	47.48
84.0	1.44112	1.438579	44.38	90.8	1.48822	1.485593	47.57
84.2	1.44249	1.439938	44.48	91.0	1.48963	1.487002	47.66
84.4	1.44385	1.441299	44.57	91.2	1.49104	1.488411	47.75
84.6	1.44521	1.442661	44.67	91.4	1.49246	1.489823	47.84
84.8	1.44658	1.444024	44.76	91.6	1.49387	1.491234	47.94
85.0	1.44794	1.445388	44.86	91.8	1.49529	1.492647	48.03
85.2	1.44931	1.446754	44.95	92.0	1.49671	1.494063	48.12
85.4	1.45068	1.448121	45.05	92.2	1.49812	1.495479	48.21
85.6	1.45205	1.449491	45.14	92.4	1.49954	1.496897	48.30
85.8	1.45343	1.450869	45.24	92.6	1.50097	1.498316	48.40
86.0	1.45480	1.452232	45.33	92.8	1.50289	1.499736	48.49
86.2	1.45618	1.45365	45.42	93.0	1.50381	1.501158	48.58
86.4	1.45755	1.454980	45.52	93.2	1.50524	1.502582	48.67
86.6	1.45893	1.456357	45.61	93.4	1.50667	1.504006	48.76
86.8	1.46031	1.457735	45.71	93.6	1.50810	1.505432	48.85
87.0	1.46170	1.459114	45.80	93.8	1.50952	1.506859	48.94
87.2	1.46308	1.460495	45.89	94.0	1.51096	1.508289	49.03
87.4	1.46446	1.461877	45.99	94.2	1.51239	1.509720	49.12
87.6	1.46585	1.463260	46.08	94.4	1.51382	1.511151	49.22
87.8	1.46724	1.464645	46.17	94.6	1.51520	1.512585	49.31

(续)

锤 度 (Brix)	比 重 (20°/20℃)	比 重 (20°/4℃)	波美度 (Be′)	锤 度 (Brix)	比 重 (20°/20℃)	比 重 (20°/4℃)	波美度 (Be′)
94.8	1.51670	1.514019	49.40	97.6	1.53696	1.534248	50.66
95.0	1.51814	1.515455	49.49	97.8	1.53842	1.535704	50.75
95.2	1.51958	1.516893	49.58	98.0	1.53988	1.537161	50.84
95.4	1.52102	1.518332	49.67	98.2	1.54134	1.538618	51.98
95.6	1.52246	1.519771	49.76	98.4	1.54280	1.540076	51.02
95.8	1.52390	1.521212	49.85	98.6	1.54426	1.541536	51.10
96.0	1.52535	1.522656	49.94	98.8	1.54573	1.542998	51.19
96.2	1.52680	1.524100	50.03	99.0	1.54719	1.544462	51.28
96.4	1.52824	1.525546	50.12	99.2	1.54866	1.545926	51.37
96.6	1.52969	1.526933	50.21	99.4	1.55013	1.547392	51.46
96.8	1.53114	1.528441	50.30	99.6	1.55160	1.548861	51.55
97.0	1.53260	1.529891	50.39	99.8	1.55307	1.550329	51.64
97.2	1.53405	1.531342	50.48	100.0	1.55454	1.551800	51.73
97.4	1.53551	1.532794	50.57				

附表 4 葡萄糖浓度与比重的关系

%	2	4	6	8	10
d20/4℃	1.0058	1.0138	1.0216	1.0296	1.0377
%	12	14	16	18	20
d20/4℃	1.0460	1.0542	1.0626	1.0712	1.0798
%	22	24	26	28	30
d20/4℃	1.0886	1.0974	1.1064	1.1155	1.1247

附表 5 氢氧化钠比重表（15℃）

NaOH（%）	比 重	NaOH（%）	比 重	NaOH（%）	比 重	NaOH（%）	比 重
1	1.012	16	1.181	31	1.343	46	1.499
2	1.023	17	1.192	32	1.351	47	1.508
3	1.035	18	1.202	33	1.363	48	1.519
4	1.045	19	1.213	34	1.374	49	1.529
5	1.059	20	1.225	35	1.384	50	1.540
6	1.070	21	1.236	36	1.395	51	1.550
7	1.081	22	1.247	37	1.405	52	1.560
8	1.092	23	1.258	38	1.415	53	1.570
9	1.103	24	1.269	39	1.426	54	1.580
10	1.115	25	1.279	40	1.437	55	1.591
11	1.126	26	1.290	41	1.447	56	1.601
12	1.137	27	1.300	42	1.456	57	1.611
13	1.148	28	1.310	43	1.468	58	1.622
14	1.159	29	1.321	44	1.478	59	1.633
15	1.170	30	1.332	45	1.488	60	1.643

附表 6 柠檬酸水溶液比重表（15℃）

$C_6H_8O_7H_2O$（%）	波美度（Be′）	比 重	g/l	$C_6H_8O_7H_2O$（%）	波美度（Be′）	比 重	g/l
2	1.1	1.0074	20.15	36	19.1	1.1515	414.5
4	2.2	1.0149	40.60	38	20.1	1.1612	441.3
6	3.2	1.0227	61.36	40	21.2	1.1709	468.4
8	4.3	1.0309	82.47	42	22.3	1.1814	496.2
10	5.5	1.0392	103.9	44	23.1	1.1899	532.6
12	6.5	1.0470	125.6	46	24.2	1.1998	551.9
14	7.6	1.0549	147.7	48	25.2	1.2103	580.9
16	8.9	1.0632	170.1	50	26.2	1.2204	610.2
18	9.7	1.0718	192.9	52	27.2	1.2307	640.0
20	10.8	1.0805	216.1	54	28.2	1.2410	670.1
22	11.8	1.0889	239.6	56	29.1	1.2514	700.8
24	12.8	1.0972	263.3	58	30.2	1.2627	732.4
26	13.9	1.1060	287.6	60	31.2	1.2738	764.3
28	15.0	1.1152	312.3	62	32.2	1.2849	796.6
30	16.0	1.1244	337.3	64	33.1	1.2960	829.4
32	17.1	1.1332	362.6	66	34.1	1.3071	862.7
34	18.1	1.1422	388.3				

附表 7　酒石酸水溶液比重表

C_6H_6O (%)	波美度 (Be′)	比　重	g/l	C_6H_6O (%)	波美度 (Be′)	比　重	g/l
1	0.8	1.0015	10.05	30	19.0	1.2505	345.2
2	1.3	1.0090	20.18	32	20.2	1.1615	371.7
4	2.6	1.0179	40.72	34	21.3	1.1726	398.7
6	3.9	1.0273	61.64	36	22.5	1.1840	426.2
8	5.2	1.0371	82.97	38	23.8	1.1959	454.4
10	6.5	1.0469	104.7	40	25.0	1.2078	483.1
12	7.8	1.0565	126.8	42	26.1	1.2198	512.3
14	9.0	1.0661	149.3	44	27.3	1.2317	541.9
16	10.3	1.0761	172.2	46	28.5	1.2441	572.3
18	11.5	1.0865	195.6	48	29.6	1.2568	603.3
20	12.8	1.0969	219.4	50	30.8	1.2696	643.8
22	14.0	1.1072	243.6	52	32.0	1.2828	667.1
24	15.2	1.1175	268.2	54	33.1	1.2961	699.9
26	16.5	1.1282	293.3	56	34.3	1.3093	733.2
28	17.7	1.1393	319.0				

附表 8　磷酸水溶液比重表

H_2PO_4 (%)	波美度 (Be′)	比　重	g/l	H_2PO_4 (%)	波美度 (Be′)	比　重	g/l
1	0.6	1.0038	10.04	28	20.7	1.1665	326.6
2	1.3	1.0092	20.18	30	22.2	1.1805	354.2
4	2.8	1.0200	40.80	35	25.8	1.2160	425.6
6	4.3	1.0309	61.85	40	29.4	1.2540	501.6
8	5.3	1.0420	83.36	45	33.2	1.2930	581.9
10	7.3	1.0532	105.3	50	36.4	1.3350	667.5
12	8.8	1.0647	127.8	55	39.9	1.3790	758.5
14	10.3	1.0764	150.7	60	43.3	1.4260	855.6
16	11.8	1.0884	174.1	65	46.7	1.4750	958.8
18	13.3	1.1008	198.1	70	50.0	1.5260	1068.0
20	14.8	1.1134	222.7	75	53.2	1.5790	1184.0
22	16.3	1.1263	247.8	80	56.2	1.6330	1306.0
24	17.8	1.1395	273.5	85	59.2	1.6890	1436.0
26	19.2	1.1529	299.8				

附表 9　二氧化碳气含量倍数表

倍 kg / ℃	0	0. 14	0. 28	0. 42	0. 56	0. 69	0. 83	0. 97	1. 11	1. 25	1. 39	1. 57	1. 66
1	1.6	1.9	2.1	2.3	2.5	2.7	2.9	3.2	3.4	3.6	3.8	4.1	4.3
2	1.6	1.8	2.0	2.2	2.4	2.6	2.8	3.0	3.3	3.5	3.7	3.9	4.1
3	1.5	1.7	2.0	2.2	2.4	2.6	2.8	3.0	3.2	3.4	3.6	3.8	4.0
4	1.5	1.7	1.9	2.1	2.3	2.5	2.7	2.9	3.1	3.3	3.5	3.7	3.9
5	1.4	1.6	1.8	2.0	2.2	2.4	2.6	2.8	2.9	3.1	3.3	3.5	3.7
6	1.4	1.6	1.7	1.9	2.1	2.3	2.5	2.7	2.8	3.0	3.2	3.4	3.6
7	1.3	1.5	1.7	1.8	2.0	2.2	2.4	2.5	2.7	2.9	3.1	3.3	3.4
8	1.3	1.5	1.6	1.8	2.0	2.2	2.3	2.5	2.7	2.8	3.0	3.2	3.4
9	1.2	1.4	1.6	1.7	1.9	2.2	2.2	2.4	2.6	2.7	2.9	3.1	3.2
10	1.2	1.4	1.5	1.7	1.8	2.0	2.2	2.3	2.5	2.6	2.8	2.9	3.1
11	1.2	1.3	1.5	1.6	1.8	1.9	2.1	2.2	2.4	2.5	2.7	2.8	2.9
12	1.1	1.3	1.4	1.6	1.7	1.9	2.0	2.2	2.3	2.4	2.6	2.7	2.9
13	1.1	1.2	1.4	1.6	1.7	1.8	2.0	2.1	2.3	2.4	2.6	2.7	2.8
14	1.1	1.2	1.3	1.5	1.6	1.7	1.9	2.0	2.2	2.3	2.5	2.6	2.7
15	1.0	1.2	1.3	1.4	1.6	1.7	1.8	2.0	2.1	2.2	2.4	2.5	2.7
16	1.0	1.1	1.2	1.4	1.5	1.6	1.8	1.9	2.0	2.2	2.3	2.4	2.6
17	1.0	1.1	1.2	1.3	1.5	1.6	1.7	1.8	2.0	2.1	2.2	2.4	2.5
18	0.9	1.1	1.2	1.3	1.4	1.6	1.7	1.8	1.9	2.1	2.2	2.3	2.4
19	0.9	1.0	1.2	1.3	1.4	1.5	1.6	1.8	1.9	2.0	2.1	2.2	2.4
20	0.9	1.0	1.1	1.2	1.3	1.5	1.6	1.7	1.8	1.9	2.0	2.2	2.3
21	0.8	1.0	1.1	1.2	1.3	1.4	1.5	1.6	1.7	1.9	2.0	2.1	2.2
22	0.8	0.9	1.0	1.2	1.3	1.4	1.5	1.6	1.7	1.8	1.9	2.0	2.1
23	0.8	0.9	1.0	1.1	1.2	1.4	1.5	1.6	1.7	1.8	1.9	2.0	2.1
24	0.8	0.9	1.0	1.1	1.2	1.3	1.4	1.5	1.6	1.7	1.8	1.9	2.0
25	0.8	0.9	1.0	1.1	1.2	1.3	1.4	1.5	1.6	1.7	1.8	1.9	2.0
26	0.7	0.8	0.9	1.0	1.1	1.2	1.3	1.4	1.5	1.6	1.7	1.8	1.9
27	0.7	0.8	0.9	1.0	1.1	1.2	1.3	1.4	1.5	1.6	1.7	1.8	1.9
28	0.7	0.8	0.9	1.0	1.1	1.2	1.3	1.4	1.5	1.6	1.6	1.7	1.8
0	1.0	1.9	2.2	2.4	2.6	2.9	3.1	3.3	3.5	3.8	4.0	4.2	4.4

（续）

kg / 倍 / ℃	1.80	1.94	2.08	2.22	2.43	2.50	2.64	2.78	2.96	3.06	3.19	3.33	3.47
1	4.5	4.7	4.9	5.2	5.4	5.6	5.8	6.0	6.2	6.5	6.8	7.0	7.2
2	4.3	4.5	4.7	5.0	5.2	5.4	5.6	5.8	6.0	6.2	6.4	6.6	6.9
3	4.2	4.4	4.6	4.9	5.1	5.3	5.5	5.7	5.9	6.1	6.3	6.5	6.7
4	4.0	4.3	4.5	4.7	4.9	5.1	5.3	5.4	5.7	5.9	6.1	6.2	6.4
5	3.9	4.1	4.2	4.4	4.6	4.8	5.0	5.2	5.4	5.6	5.8	6.0	6.2
6	3.8	3.9	4.1	4.3	4.5	4.7	4.8	5.0	5.2	5.4	5.6	5.8	6.0
7	3.6	3.9	4.1	4.1	4.3	4.5	4.7	4.8	5.1	5.2	5.4	5.6	5.7
8	3.5	3.7	3.9	4.0	4.2	4.4	4.6	4.7	4.9	5.1	5.3	5.4	5.6
9	3.4	3.6	3.7	3.9	4.1	4.2	4.4	4.6	4.7	4.9	5.1	5.2	5.4
10	3.3	3.4	3.5	3.7	3.9	4.0	4.3	4.4	4.5	4.7	4.9	5.0	5.2
11	3.2	3.3	3.5	3.6	3.8	3.9	4.1	4.2	4.4	4.5	4.7	4.9	5.0
12	3.0	3.2	3.3	3.5	3.6	3.8	3.9	4.1	4.2	4.4	4.6	4.7	4.8
13	3.0	3.1	3.2	3.4	3.6	3.7	3.9	4.0	4.1	4.3	4.4	4.6	4.7
14	2.9	3.0	3.2	3.3	3.5	3.6	3.7	3.9	4.0	4.1	4.2	4.4	4.6
15	2.8	2.9	3.1	3.2	3.3	3.5	3.6	3.7	3.9	4.0	4.2	4.3	4.4
16	2.7	2.8	2.9	3.0	3.1	3.2	3.4	3.5	3.6	3.7	3.9	4.0	4.1
17	2.6	2.7	2.9	3.0	3.1	3.2	3.4	3.5	3.6	3.7	3.9	4.0	4.1
18	2.6	2.7	2.8	2.9	3.1	3.2	3.3	3.5	3.6	3.7	3.8	3.9	4.1
19	2.5	2.6	2.7	2.8	3.0	3.1	3.2	3.3	3.5	3.6	3.7	3.8	3.9
20	2.4	2.5	2.6	2.7	2.9	3.0	3.1	3.2	3.3	3.5	3.6	3.7	3.8
21	2.3	2.4	2.5	2.7	2.8	2.9	3.0	3.1	3.2	3.5	3.5	3.6	3.7
22	2.2	2.4	2.5	2.6	2.7	2.8	2.9	3.0	3.1	3.2	3.4	3.5	3.6
23	2.2	2.3	2.4	2.5	2.6	2.8	2.9	3.0	3.1	3.2	3.3	3.4	3.5
24	2.2	2.3	2.4	2.5	2.6	2.7	2.8	2.9	3.0	3.1	3.2	3.3	3.4
25	2.1	2.2	2.3	2.4	2.5	2.6	2.7	2.8	2.9	3.0	3.1	3.2	3.3
26	2.0	2.1	2.2	2.3	2.4	2.5	2.6	2.7	2.8	2.9	3.0	3.1	3.2
27	2.0	2.1	2.2	2.3	2.3	2.4	2.5	2.6	2.7	2.8	2.9	3.0	3.1
28	1.9	2.0	2.1	2.2	2.3	2.4	2.5	2.6	2.7	2.8	2.9	3.0	3.1
0	4.7	4.9	5.2	5.4	5.6	5.8	5.8	6.3	6.5	6.7	7.0	7.2	7.4

（续）

kg / 倍 / ℃	3.68	3.75	3.89	4.02	4.15	4.36	4.44	4.56	4.72	4.85	5.00	5.14	5.27
1	7.4	7.6	7.8	8.0	8.2	8.4	8.7	8.9	9.1	9.3	9.6	9.8	10.2
2	7.1	7.3	7.5	7.7	7.9	8.1	8.3	8.6	8.8	9.0	9.2	9.4	9.6
3	6.9	7.1	7.4	7.6	7.8	8.0	8.2	8.4	8.6	8.8	9.0	9.2	9.4
4	6.6	6.8	7.0	7.2	7.4	7.6	7.8	8.0	8.2	8.4	8.6	8.8	9.0
5	6.4	6.6	6.8	7.0	7.1	7.3	7.5	7.7	7.9	8.1	8.3	8.5	8.7
6	6.1	6.3	6.5	6.7	6.9	7.0	7.2	7.4	7.6	7.8	8.0	8.2	8.3
7	5.9	6.1	6.2	6.4	6.6	6.8	6.9	7.1	7.3	7.5	7.7	7.8	8.0
8	5.8	6.0	6.1	6.3	6.4	6.6	6.8	7.0	7.2	7.4	7.5	7.7	7.9
9	5.6	5.7	5.9	6.1	6.2	6.4	6.6	6.8	6.9	7.1	7.2	7.4	7.6
10	5.4	5.5	5.7	5.9	6.0	6.2	6.3	6.5	6.6	5.8	7.0	7.1	7.3
11	5.2	5.3	5.5	5.6	5.8	5.9	6.1	6.3	6.4	6.6	6.7	6.9	7.0
12	5.0	5.2	5.3	5.4	5.5	5.7	5.8	6.0	6.2	6.3	6.5	6.6	6.8
13	4.9	5.1	5.2	5.3	5.4	5.6	5.8	5.9	6.1	6.2	6.3	6.5	6.0
14	4.7	4.9	5.0	5.2	5.3	5.4	5.6	5.7	5.9	6.0	6.1	6.2	6.4
15	4.6	4.7	4.8	5.0	5.1	5.3	5.4	5.5	5.7	5.8	5.9	6.1	6.2
16	4.3	4.4	4.5	4.7	4.8	4.9	5.1	5.2	5.3	5.5	5.6	5.9	6.0
17	4.2	4.4	4.5	4.6	4.8	4.9	5.0	5.2	5.3	5.4	5.5	5.7	5.8
18	4.2	4.3	4.4	4.6	4.7	4.8	4.9	5.1	5.2	5.3	5.4	5.5	5.7
19	4.1	4.2	4.3	4.4	4.5	4.7	4.8	4.9	5.0	5.2	5.3	5.4	5.5
20	3.0	4.0	4.2	4.3	4.4	4.5	4.6	4.7	4.8	5.0	5.1	5.2	5.4
21	3.8	3.9	4.0	4.1	4.2	4.3	4.5	4.6	4.7	4.8	4.9	5.1	5.2
22	3.7	3.8	3.9	4.0	4.1	4.2	4.3	4.4	4.6	4.7	4.8	4.9	5.0
23	3.6	3.7	3.8	3.9	4.0	4.1	4.2	4.4	4.5	4.5	4.7	4.8	4.9
24	3.5	3.6	3.7	3.8	3.9	4.0	4.1	4.2	4.3	4.4	4.5	4.7	4.8
25	3.4	3.5	3.6	3.7	3.8	3.9	4.0	4.1	4.2	4.3	4.4	4.5	4.6
26	3.3	3.4	3.5	3.6	3.7	3.8	3.9	4.0	4.1	4.2	4.3	4.4	4.5
27	3.2	3.3	3.4	3.5	3.6	3.7	3.8	3.9	4.0	4.1	4.2	4.3	4.4
28	3.2	3.3	3.4	3.5	3.6	3.7	3.8	3.9	4.0	4.1	4.2	4.3	4.3
0	7.7	7.9	8.2	8.4	8.6	8.8	9.0	9.3	9.5	9.7	10.0	10.4	10.4

附表 10　在 20℃时酒精水溶液的比重与酒精含量换算表

d_{20}^{20}	酒精含量			d_{20}^{20}	酒精含量		
	重量（%）	容量（%）	克/100 毫升		重量（%）	容量（%）	克/100 毫升
1.0000	0.00	0.00	0.00	0.9959	2.22	2.79	2.20
0.9999	0.05	0.07	0.05	0.9958	2.28	2.86	2.26
0.9998	0.11	0.13	0.10	0.9957	2.33	2.93	2.32
0.9997	0.16	0.20	0.16	0.9956	2.39	3.00	2.37
0.9996	0.21	0.27	0.21	0.9955	2.44	3.08	2.43
0.9995	0.27	0.34	0.26	0.9954	2.50	3.15	2.48
0.9994	0.32	0.40	0.32	0.9953	2.56	3.22	2.54
0.9993	0.37	0.47	0.37	0.9952	2.61	3.29	2.59
0.9992	0.43	0.54	0.42	0.9951	2.67	3.36	2.65
0.9991	0.48	0.61	0.48	0.9950	2.72	3.43	2.70
0.9990	0.53	0.67	0.53	0.9949	2.78	3.50	2.76
0.9989	0.59	0.74	0.59	0.9948	2.84	3.57	2.82
0.9988	0.64	0.81	0.64	0.9947	2.89	3.64	2.87
0.9987	0.70	0.88	0.69	0.9946	2.95	3.71	2.93
0.9986	0.75	0.94	0.74	0.9945	3.00	3.78	2.98
0.9985	0.80	1.01	0.80	0.9944	3.06	3.85	3.04
0.9984	0.86	1.08	0.85	0.9943	3.12	3.92	3.10
0.9983	0.91	1.15	0.90	0.9942	3.18	4.00	3.16
0.9982	0.96	1.21	0.96	0.9941	3.24	4.07	3.21
0.9981	1.02	1.28	1.01	0.9940	3.30	4.14	3.27
0.9980	1.07	1.35	1.06	0.9939	3.35	4.22	3.33
0.9979	1.12	1.42	1.12	0.9938	3.41	4.29	3.38
0.9978	1.18	1.49	1.17	0.9937	3.47	4.36	3.44
0.9977	1.23	1.56	1.23	0.9936	3.53	4.43	3.50
0.9976	1.29	1.62	1.29	0.9935	3.59	4.51	3.56
0.9975	1.34	1.69	1.34	0.9934	3.64	4.58	3.61
0.9974	1.40	1.76	1.39	0.9933	3.70	4.65	3.67
0.9973	1.45	1.83	1.44	0.9932	3.76	4.72	3.73
0.9972	1.50	1.90	1.50	0.9931	3.82	4.80	3.78
0.9971	1.56	1.97	1.55	0.9930	3.88	4.87	3.84
0.9970	1.61	2.03	1.60	0.9929	3.94	4.94	3.90
0.9969	1.67	2.10	1.66	0.9928	3.99	5.01	3.96
0.9968	1.72	2.17	1.71	0.9927	4.05	5.09	4.02
0.9967	1.78	2.24	1.77	0.9926	4.12	5.16	4.08
0.9966	1.83	2.31	1.82	0.9925	4.18	5.24	4.14
0.9965	1.88	2.38	1.88	0.9924	4.24	5.32	4.20
0.9964	1.94	2.44	1.93	0.9923	4.30	5.39	4.26
0.9963	1.99	2.51	1.98	0.9922	4.36	5.47	4.31
0.9962	2.05	2.58	2.04	0.9921	4.42	5.54	4.37
0.9961	2.11	2.65	2.09	0.9920	4.48	5.62	4.43
0.9960	2.16	2.72	2.15	0.9919	4.54	5.69	4.49

（续）

d_{20}^{20}	酒精含量			d_{20}^{20}	酒精含量		
	重量（%）	容量（%）	克/100毫升		重量（%）	容量（%）	克/100毫升
0.9918	4.60	5.77	4.55	0.9878	7.15	8.93	7.05
0.9917	4.66	5.84	4.61	0.9877	7.21	9.01	7.11
0.9916	4.72	5.92	4.67	0.9876	7.28	9.10	7.18
0.9915	4.78	6.00	4.73	0.9875	7.35	9.18	7.24
0.9914	4.84	6.07	4.79	0.9874	7.42	9.26	7.31
0.9913	4.90	6.15	4.85	0.9873	7.48	9.34	7.37
0.9912	4.96	6.22	4.91	0.9872	7.55	9.43	7.44
0.9911	5.02	6.30	4.97	0.9871	7.62	9.51	7.50
0.9910	5.09	6.38	5.03	0.9870	7.68	9.59	7.57
0.9909	5.15	6.46	5.09	0.9869	7.75	9.68	7.64
0.9908	5.21	6.53	5.16	0.9868	7.82	9.76	7.70
0.9907	5.28	6.61	5.22	0.9867	7.88	9.84	7.77
0.9906	5.34	6.69	5.28	0.9866	7.95	9.92	7.83
0.9905	5.40	6.77	5.34	0.9865	8.02	10.01	7.90
0.9904	5.46	6.84	5.40	0.9864	8.09	10.09	7.96
0.9903	5.53	6.92	5.46	0.9863	8.16	10.17	8.08
0.9902	5.59	7.00	5.52	0.9862	8.22	10.26	8.09
0.9901	5.65	7.08	5.59	0.9861	8.29	10.34	8.16
0.9900	5.72	7.16	5.65	0.9860	8.36	10.42	8.22
0.9899	5.78	7.24	5.71	0.9859	8.42	10.51	8.29
0.9898	5.84	7.31	5.77	0.9858	8.49	10.50	8.36
0.9897	5.90	7.39	5.83	0.9857	8.56	10.67	8.42
0.9896	5.97	7.47	5.90	0.9856	8.63	10.76	8.40
0.9895	6.03	7.55	5.96	0.9855	8.70	10.84	8.55
0.9894	6.10	7.63	6.02	0.9854	8.76	10.92	8.62
0.9893	6.16	7.71	6.09	0.9853	8.83	11.00	8.68
0.9892	6.23	7.79	6.15	0.9852	8.90	11.09	8.75
0.9891	6.29	7.87	6.21	0.9851	8.97	11.17	8.82
0.9890	6.36	7.95	6.28	0.9850	9.03	11.26	8.83
0.9889	6.42	8.03	6.34	0.9849	9.10	11.34	8.95
0.9888	6.49	8.12	6.40	0.9848	9.17	11.43	9.02
0.9887	6.56	8.20	6.47	0.9847	9.24	11.51	9.08
0.9886	6.62	8.28	6.53	0.9846	9.31	11.60	9.15
0.9885	6.69	8.36	6.60	0.9845	9.38	11.68	9.22
0.9884	6.75	8.44	6.66	0.9844	9.45	11.77	9.20
0.9883	6.82	8.52	6.72	0.9843	9.52	11.85	9.35
0.9882	6.88	8.60	6.79	0.9842	9.59	11.94	9.42
0.9881	6.95	8.68	6.85	0.9841	9.66	12.02	9.40
0.9880	7.01	8.76	6.92	0.9840	9.73	12.11	9.56
0.9879	7.08	8.85	6.98				

主要参考文献

1. 华南农学院编．《果品贮藏加工学》．北京：农业出版社，1979年
2. 无锡、天津轻工学院合编．《食品工艺学》．北京：轻工业出版社，1982年
3. 陈学平．业兴轻编著．《果品加工》．北京：农业出版社，1988年
4. 杨巨斌，朱慧芬编著．《果脯蜜饯加工技术手册》，北京：科学出版社，1988年
5. 李雅飞编．《食品罐藏工艺学》．上海：上海交大出版社，1988年
6. 邵长富、赵晋府主编．《软饮料工艺学》．北京：轻工业出版社，1991年
7. 无锡、天津轻工学院合编．《食品微生物学》．北京：轻工业出版社，1983年
8. 杨满珊、赵士英编．《罐头生产工艺与新技术》．北京：中国食品出版社，1989年
9. 陈中伦编．《罐头生产技术问答》．北京：轻工业出版社，1986年
10. 河北农大主编．《果树栽培学（各论）》．北京：农业出版社，1980年
11. 万正良、黄来法、欧阳敏编．《饮料生产技术与配方》．南昌：江西科技出版社，1987年
12. 杨卯君编．《实用软饮料加工》．天津：天津科技出版社，1988年
13. 郑友军、王滨编．《软饮料加工实用手册》．南宁：广西科技出版社，1986年
14. 郭继科编．《冷饮生产基本知识》．北京：轻工业出版社，1989年
15. 蒋俊兰、梁瑞璋、王钊．《野香橼综合加工利用的研究》．西南林学院学报，1987年第2期
16. 蒋俊兰等．《云南紫果西番莲营养成分分析及加工利用的研究》．中国水土保持，1992年第1期
17. 王金生等研究报告．《桦树汁的开发利用技术报告》．青海省农林科学院林科所，1990年1月
18. 张家荣、林鹤松．《茶叶中维生素E及其茶叶品质关系的研究》．中国茶叶，1991年第1期